엑셀 2010

이주현 저

EXCEL 2010

일진사

　엑셀은 일반적으로 널리 사용되고 있는 프로그램 중에서도 가장 우수하고 다양한 기능을 가진 매력적인 프로그램입니다. 엑셀하면 먼저 떠올리게 되는 계산뿐만 아니라 편리한 문서 작성 기능, 쉽고 효율적인 데이터베이스 기능을 활용하면 빠르고 정확하게 업무 처리를 할 수 있습니다.

　그럼에도 불구하고 엑셀 프로그램을 이용해 업무 처리를 하는 사용자들이 좀 더 간편하고 효율적인 방법을 두고 어려운 방법으로 작업하는 모습을 보며 필자는 항상 안타까운 마음을 가지고 있었습니다. 이번 기회를 통해 이 책을 선택해 보시는 독자들이 엑셀을 좀 더 요령 있게 사용할 수 있는 길잡이가 되었으면 하는 바람으로 이 책을 집필하였습니다.

　워낙 다양한 분야에 사용되는 프로그램이다 보니 엑셀을 처음 사용하는 사용자는 그리 많지 않을 것입니다. 이 책은 엑셀의 기초 지식은 가지고 있으나 효율적인 방법으로 사용하고 있지 못한 사용자들이 보다 빠르고 정확한 사용 방법을 받아들여 엑셀 작업의 생산성을 높일 수 있도록 쓰여졌습니다. 또한 엑셀의 전반적인 기능에 대해 이해하고 이를 활용할 수 있도록 자주 사용되는 기능 위주로 자세한 해설과 함께 내용을 구성하였습니다. 책의 예제를 열고 내용을 따라해 보는 것만으로도 자신의 엑셀 사용 방법을 점검하고 훌륭한 기능을 받아들일 수 있을 것입니다. 또한 단원별로 수록된 연습 문제를 통해 자연스럽게 반복과 응용이 되도록 하였습니다.

　마지막으로 강의로 얻어진 지식들을 이렇게 책을 통해 나눌 수 있는 기회를 주시고 많은 도움을 주신 **일진사** 직원 여러분들과 박상용 교수님께 감사드립니다. 또한 이 책을 집필할 수 있도록 격려를 아끼지 않았던 사랑하는 나의 가족, 지인들에게도 감사의 말씀을 드립니다.

저자 씀

차례

엑셀 2010 기본기부터!

엑셀은 대표적인 계산 프로그램으로, 계산뿐만 아니라 일반 문서 작성에서도 다양하게 활용되고 있어 가장 친숙한 프로그램 중 하나로 꼽힙니다. 하지만 엑셀을 좀 한다는 사용자들도 보다 빠르고 유용한 기능을 두고 어렵게 작업하는 경우가 의외로 많습니다. 자주 사용하는 기능과 항상 보는 메뉴도 한 번 더 짚어보고 내가 사용하는 방법보다 좋은 방법을 받아들인다면 보다 효율적으로 엑셀을 사용하여, 작업의 생산성을 높일 수 있을 것입니다.

1 엑셀 2010 꼼꼼히 살펴보기

엑셀 2010은 2007의 리본 메뉴를 기본으로 더욱 향상된 기능을 추가하여 수식 계산이나 데이터를 보다 효율적이고 비주얼하게 관리할 수 있습니다. 흥미로운 스프레드시트 프로그램의 발전사를 시작으로 통합 문서를 다루는 방법까지 살펴보도록 합시다.

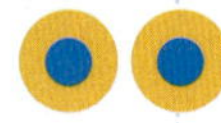

스프레드시트 & 엑셀 이야기

표 작성에서부터 복잡한 수식 계산이나 통계 작업, 그래프 작업 등을 간편하게 처리해 주는 프로그램을 스프레드시트라고 합니다. 확장을 뜻하는 스프레드(spread), 용지를 뜻하는 시트(sheet)가 합쳐진 스프레드시트는 원래 미국에서 경리·회계 업무에 사용하던 일정한 양식의 계산 용지를 의미했습니다. 이것을 화면으로 그대로 옮겨 함수 등을 이용해 자동화한 것이 스프레드시트의 시초가 되었고, 틀린 부분만 수정해 주면 해당 부분이 자동으로 계산되어 큰 환영을 받았습니다. 현재는 주로 기업의 경리·회계 업무, 정보 관리 등에 널리 사용되고 있습니다.

최초의 스프레드시트는 비지칼크(VisiCalk)입니다. 당시 하버드대학 경영대학원생이었던 브릭클린(Bricklin)은 "숫자 하나만 대입하면 자동으로 복잡한 계산을 해주는 마술 칠판이 있다면 어떨까?"라는 상상을 했고, 이 초기 아이디어에 프랭크스톤(Frankston)이 합세하여 공동으로 소프트웨어 개발에 들어갔습니다. 이들은 1979년 세계 최초의 전자식 스프레드시트인 비지칼크를 개발했습니다. 비지칼크는 몇 개의 셀만을 이용해서 단순 계산만 할 수 있는 프로그램이었지만, 컴퓨터를 취미용 장난감에서 업무용 도구로 전환시키는 데 결정적 역할을 한 것으로 평가받고 있습니다.

그러나 비지칼크는 5년 정도 사용된 뒤, 비지칼크 개발 초기에 고용했던 직원 중한 명인 IBM의 미치 카포(Mitch Kapor)가 개발한 로터스 $1-2-3$(Lotus1$-2-3$)으로 대체

됩니다. 이 또한 사용이 편리하고 차트와 데이터베이스의 통합 기능 등을 갖춘 강력한 스프레드시트 프로그램이었으나 엑셀 프로그램의 등장으로 운명을 다하게 됩니다.

1985년에 출시되어 애플사의 매킨토시에 처음 사용된 엑셀은 마우스 작업이 가능한 인터페이스를 갖추고 있었는데, 도스 사용자들이 많았던 당시 엑셀 프로그램을 사용하기 위해 매킨토시 컴퓨터를 구입하는 사람이 많았을 정도로 인기를 얻게 됩니다. 이후 1987년 윈도우 OS가 개발되면서 2.0버전이 출시되었고, 윈도우용 로터스 1 - 2 - 3(Lotus1 - 2 - 3)의 개발이 늦어지자 1988년에는 엑셀이 로터스 1 - 2 - 3(Lotus1 - 2 - 3)의 판매량을 앞서기 시작했습니다. 마이크로소프트는 매 2년 정도마다 새로운 버전을 출시함으로써 소프트웨어 시장에서의 우위를 이어나갑니다. 1993년부터 엑셀은 비주얼 베이직에 기반한 자동화 기능과 사용자 지정 함수를 가능하게 하였고, 이는 이 프로그램의 강력한 강점이 되었습니다. 이 책에서 사용할 엑셀 버전은 14이며, 마이크로소프트 엑셀 2010으로 불리고 있습니다. 엑셀 2010 이후로도 엑셀은 계속하여 새로운 버전으로 진화하고 있습니다.

오늘날의 엑셀은 작업 능력의 향상과 함께 데이터베이스 및 그래픽 기능이 추가되고 다양한 함수를 제공해주며 통신 기능까지 갖추어 회사의 재정 현황을 파악하고 회사의 중요한 결정을 미리 검토하는 데 중요한 역할을 하고 있습니다.

엑셀 2010 인터페이스와 친해지기

프로그램의 다양한 기능을 알기에 앞서 화면 구성을 익히는 것은 엑셀을 잘 다루기 위한 기본적인 단계입니다. 2007 버전이 이전 버전과 화면 구성에서 많은 변화가 있었던 것과는 달리, 2010 버전은 2007 버전 인터페이스와 거의 유사하지만 좀 더 사용자의 스타일에 맞추어 사용하기 편리하도록 진화하였습니다. 먼저 각 구성요소를 익혀보도록 하겠습니다.

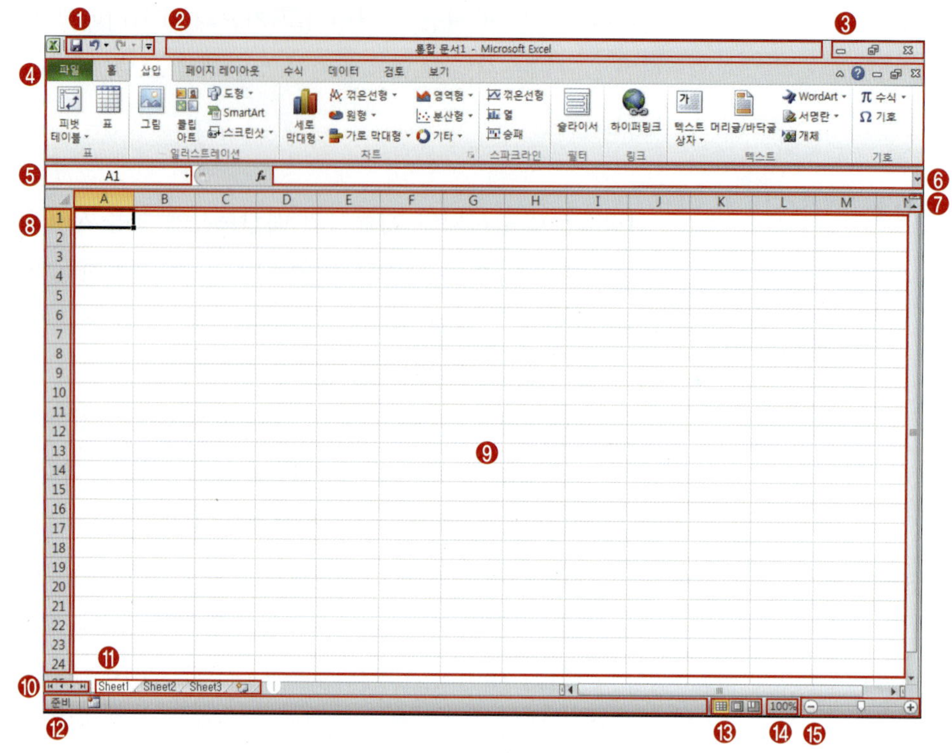

❶ **빠른 실행 도구 모음** : 자주 사용하는 명령을 등록하여 빠르게 찾아 쓸 수 있도록 하는 도구 모음입니다.

❷ **제목 표시줄** : 현재 열려 있는 파일의 이름과 프로그램의 이름(Microsoft Excel)이 표시됩니다. 아직 저장하지 않은 파일의 경우 통합 문서1, 통합 문서2… 의 임시 파일명이 표시됩니다.

❸ **창 조정 메뉴** : 엑셀 프로그램 창의 크기를 조정하거나 닫습니다.

❹ **리본 메뉴** : 엑셀 2010에서는 서로 관련 있는 메뉴가 파일을 제외한 7개의 탭으로 분류되어 있고 각 탭은 다시 그룹으로 분류됩니다. 각 그룹은 다시 명령들로 분류할 수 있습니다.

❺ **이름 상자** : 선택한 셀 범위를 확인하거나 이름을 정의할 수 있습니다.

❻ **수식 입력줄** : 셀에 데이터를 입력하거나 입력한 데이터를 확인합니다.

❼ **열 머리글** : 워크시트의 열번호를 알파벳으로 표시하며 A부터 XFD까지 16384개의 열이 있습니다.

❽ **행 머리글** : 워크시트의 행번호를 숫자로 표시하며 1048576행까지 있습니다.

❾ **워크시트** : 엑셀에서 실제 작업이 이루어지는 공간으로 한 개의 칸은 셀(cell)이라고 부릅니다.

❿ **시트 탭 이동 버튼** : 시트의 수가 많아서 시트 탭을 모두 볼 수 없을 때 시트 탭을 편리하게 이동할 수 있도록 해주는 버튼입니다.

⓫ **시트 탭** : 시트명이 표시되는 곳으로 작업할 시트를 선택하면 해당 시트로 이동하며 흰색으로 표시됩니다.

⓬ **상태 표시줄** : 현재 파일의 작업 상태를 표시합니다.

⓭ **보기 모드** : 기본/페이지 레이아웃/페이지 나누기 미리 보기의 세 가지 모드를 선택할 수 있습니다.

⓮ **확대/축소 비율** : 확대/축소 대화 상자를 열어 비율을 지정할 수 있습니다.

⓯ **확대/축소 슬라이더** : 화면을 확대/축소할 때 사용합니다.

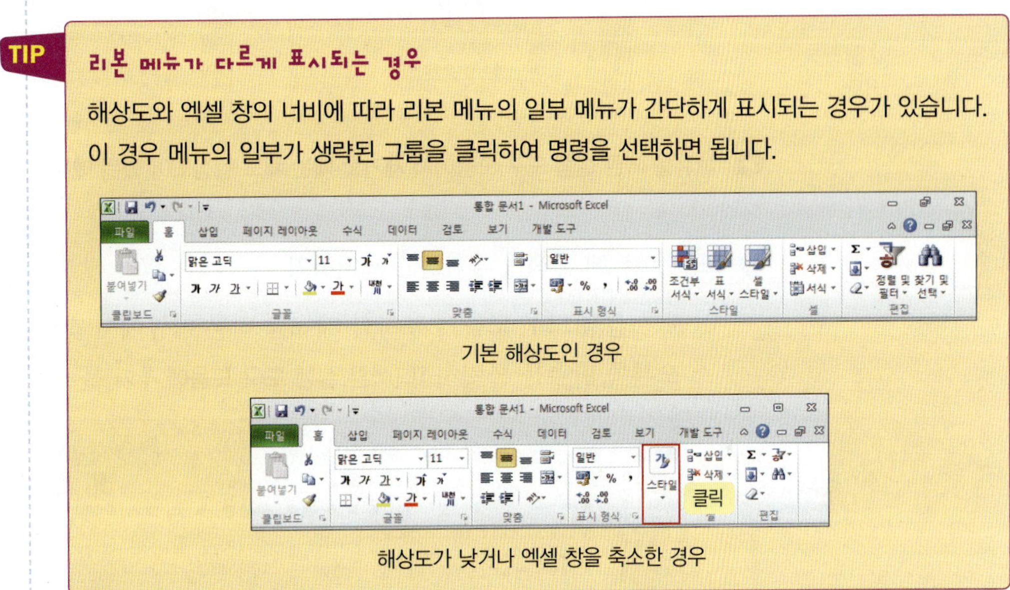

빠른 실행 도구 모음 다루기

엑셀 2007부터 추가된 빠른 실행 도구 모음은 자주 사용하는 명령을 등록해 놓고 편리하게 사용할 수 있는 기능입니다. 리본 메뉴와 달리 항상 화면에 표시되므로 사용자의 작업 특성을 고려하여 등록해 놓으면 훨씬 더 효율적인 작업을 할 수 있습니다.

◆ 빠른 실행 도구 모음 사용자 지정 목록에서 추가하고 제거하기

빠른 실행 도구 모음 사용자 지정 단추를 클릭하면 [저장], [실행 취소], [다시 실행]이 기본 명령으로 설정되어 있습니다. [새로 만들기], [열기], [빠른 인쇄], [인쇄 미리 보기 및 인쇄] 메뉴를 클릭하여 추가합니다.

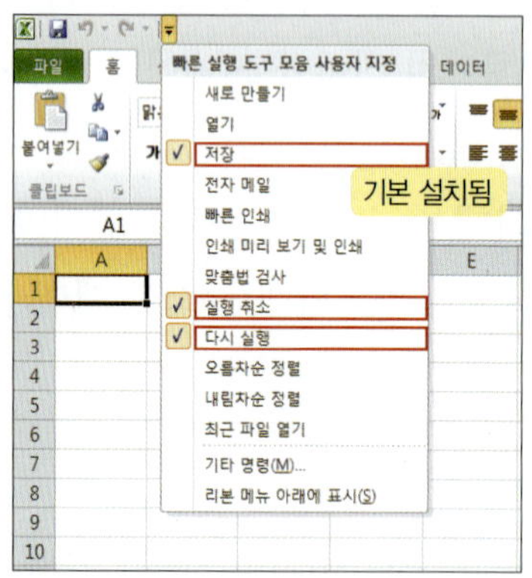

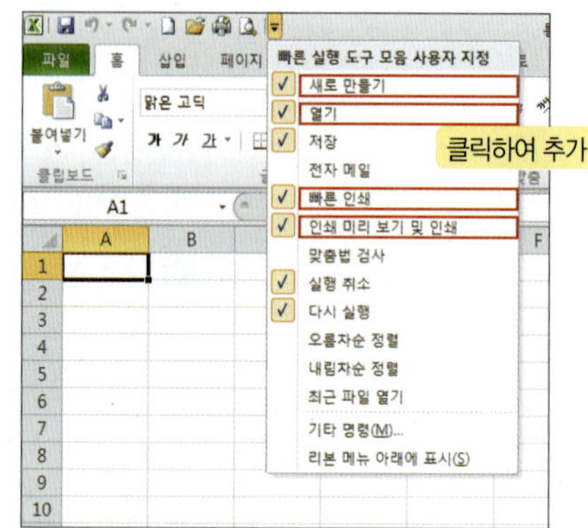

메뉴를 빠른 실행 도구 모음에서 제거할 때는 체크 설정되어 있는 메뉴를 클릭하여 해제하면 됩니다.

◆ 리본 메뉴에서 직접 추가하고 제거하기

빠른 실행 도구 모음에 추가할 메뉴를 리본 메뉴에서 찾아 해당 메뉴 위에서 마우스 오른쪽 단추를 클릭하고 [빠른 실행 도구 모음에 추가]를 선택합니다.

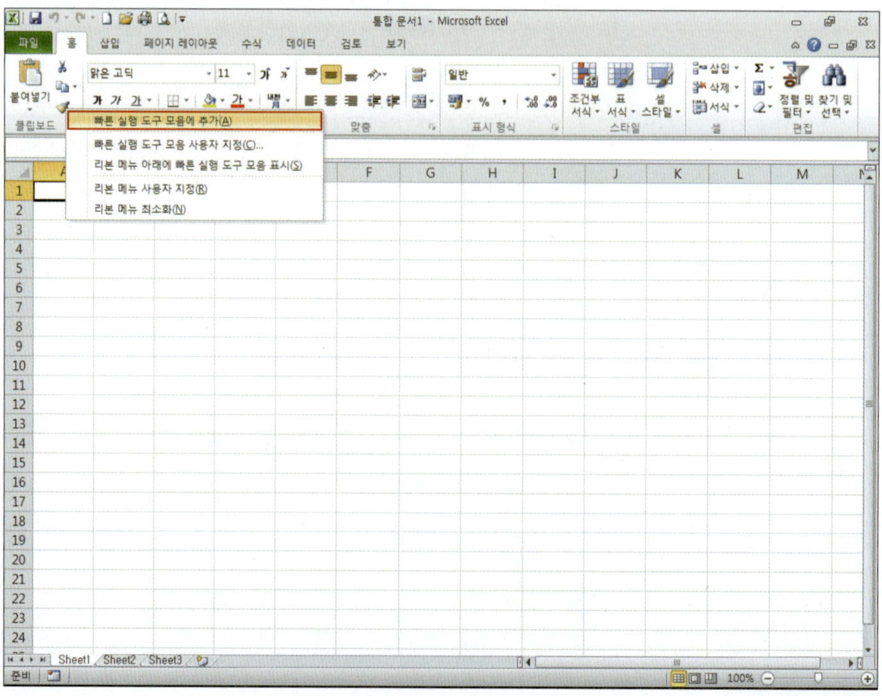

　빠른 실행 도구 모음 사용자 지정 단추를 클릭하고, '기타 명령'을 선택한 후, 명령 선택 목록에서 '리본 메뉴에 없는 명령'을 선택하고 명령 목록에서 '균등 분할'을 선택하고 [추가] 버튼을 클릭합니다. [위로 이동] 버튼 또는 [아래로 이동] 버튼을 클릭하여 순서를 조정합니다.

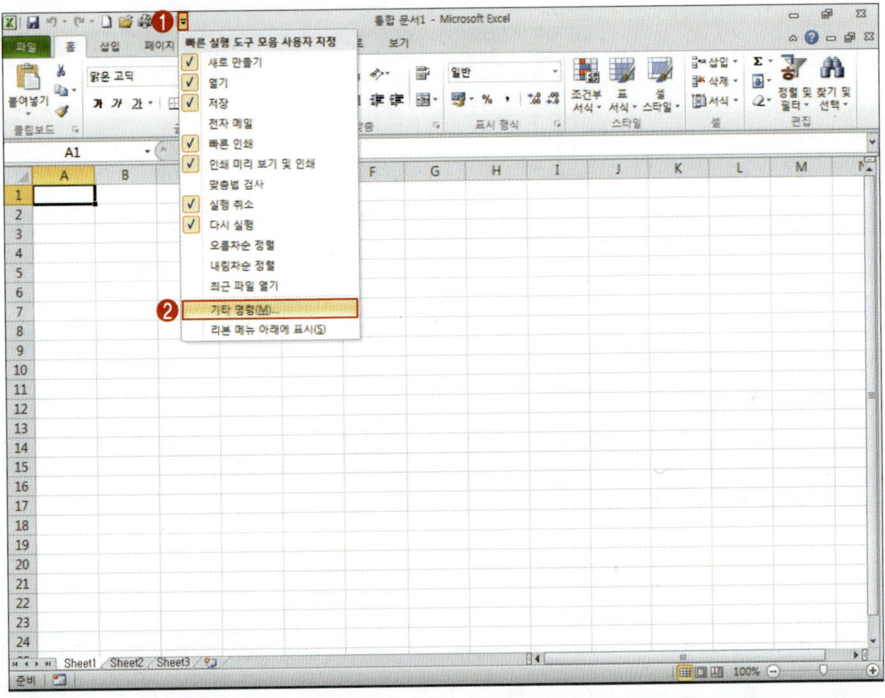

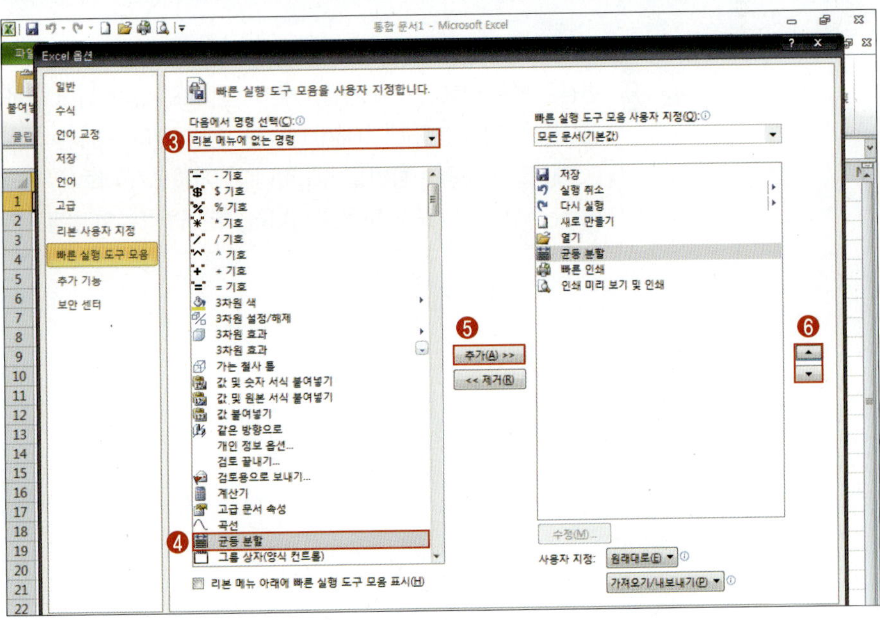

빠른 실행 도구 모음에서 메뉴를 제거할 때는 오른쪽 사용자 지정 메뉴 목록에서 제거할 메뉴를 선택하고 **[제거]** 버튼을 클릭합니다. 메뉴를 원래의 목록으로 사용하려면 오른쪽 아래에 있는 **[원래대로]** 버튼을 눌러 '빠른 실행 도구 모음만 다시 설정' 또는 '모든 사용자 지정 다시 설정' 메뉴 중 선택하여 복원합니다. '모든 사용자 지정 다시 설정' 메뉴를 선택하면 리본 메뉴를 포함한 모든 설정을 한 번에 모두 삭제할 수 있습니다.

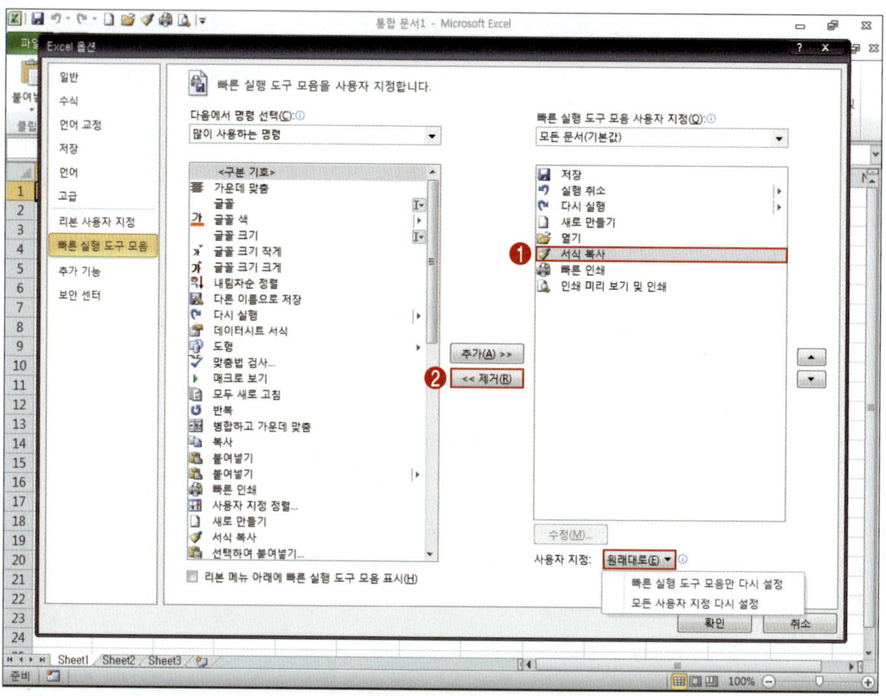

TIP 변경된 빠른 실행 도구 모음을 다른 PC에서도 사용하려면 대화 상자의 '가져오기/내보내기 − 모든 사용자 지정 항목 내보내기' 메뉴를 사용합니다. 자세한 내용은 P18의 추가된 리본 탭을 다른 PC에서도 사용하는 방법을 참고합니다. '가져오기/내보내기 − 모든 사용자 지정 항목 내보내기' 메뉴는 빠른 실행 도구 모음뿐 아니라 리본 탭 메뉴의 변경 사항까지 모두 저장됩니다.

리본 메뉴 위치 조정

빠른 실행 도구 모음 사용자 지정 버튼을 클릭한 후 '리본 메뉴 아래에 표시'를 클릭하면 빠른
실행 도구 모음이 리본 메뉴 아래로 이동합니다. 다시 원래의 위치로 복원하려면 '리본 메뉴 위
에 표시'를 클릭합니다.

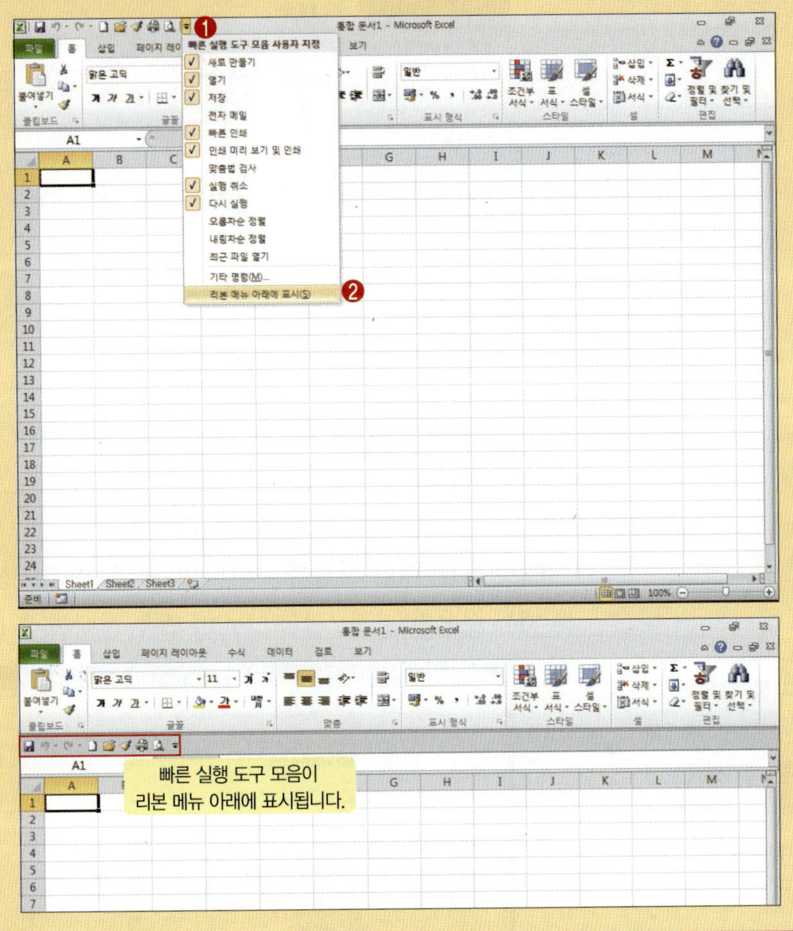

나만의 리본 탭으로 메뉴 만들기

　엑셀 2007에서는 리본 메뉴를 사용자의 필요에 따라 변경하여 사용하려면 엑셀의
기본 제공 기능이 아닌 XML에디터를 사용해야 하는 번거로움이 있었습니다. 2010
버전에서는 리본 메뉴 구성을 사용자의 작업 특성에 맞추어 보다 간편하게 편집하
여 사용할 수 있습니다. 리본 메뉴에 새로운 탭을 추가하고 몇 가지 명령을 추가하
여 나만의 리본 탭을 만들어 보도록 합니다.

[파일] 탭을 선택한 다음 [옵션] 메뉴를 클릭합니다.

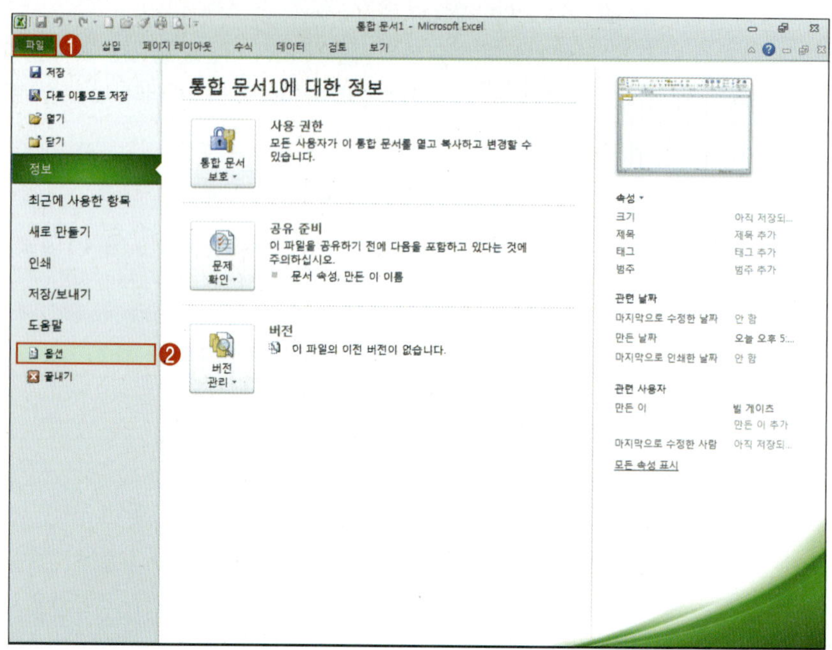

[Excel 옵션] 대화 상자가 나타나면 [리본 사용자 지정] 메뉴를 선택합니다. 오른쪽 리본 메뉴 사용자 지정 목록의 [보기] 탭을 선택한 후 [새 탭] 버튼을 클릭합니다.

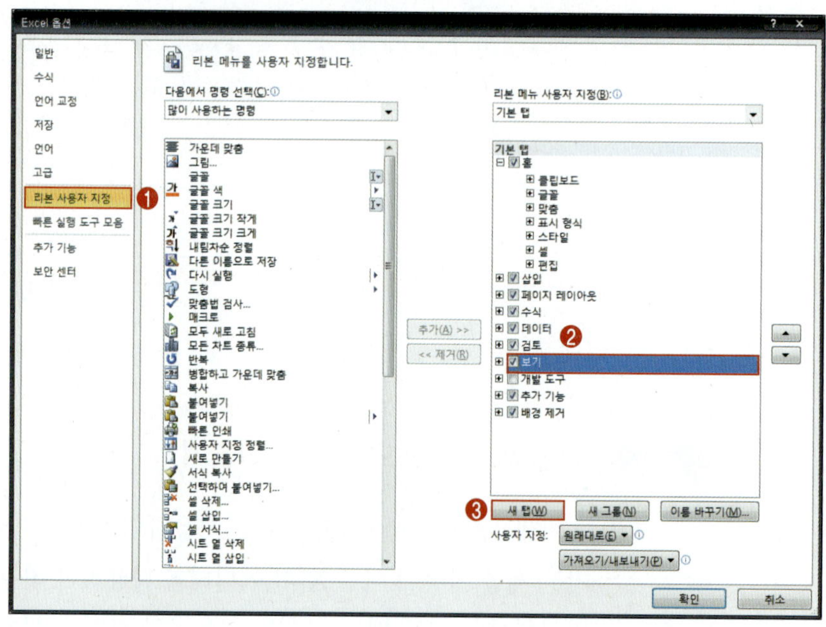

추가된 [새 탭(사용자 지정)] 메뉴를 선택한 후 [이름 바꾸기]를 클릭하여 대화 상자가 열리면 변경할 이름으로 수정한 후 [확인] 버튼을 클릭합니다.

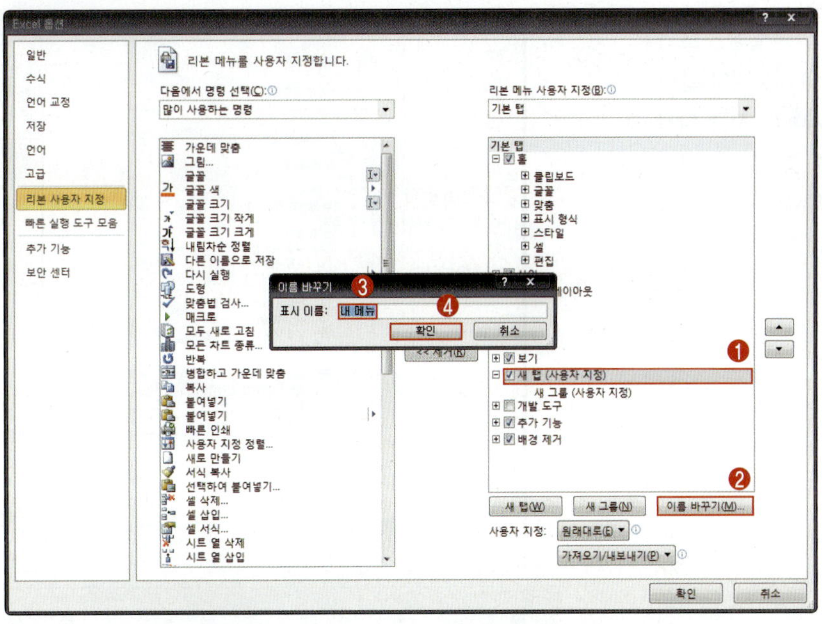

[새 그룹(사용자 지정)]을 선택하여 같은 방법으로 홈으로 변경한 후 왼쪽 목록에서 추가할 명령 아이콘을 선택하고 [추가] 버튼을 클릭하면 해당 그룹에 명령이 추가됩니다.

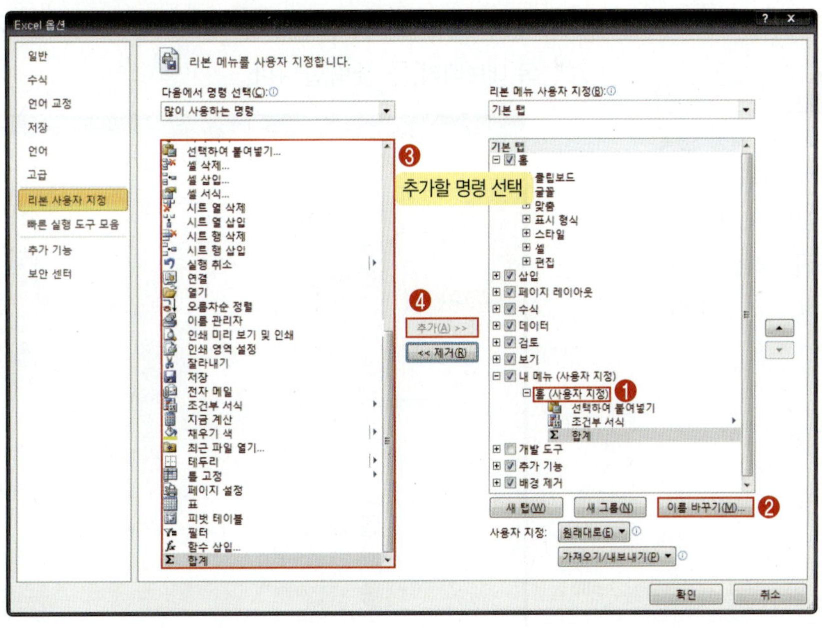

TIP

추가된 탭, 그룹, 명령을 제거하려면 해당 항목을 선택한 후 [제거] 버튼을 누르고, 순서는 [위로 이동], [아래로 이동] 버튼(⬍)으로 조정합니다.

같은 방법으로 탭, 그룹, 명령을 추가 변경한 후 [확인] 버튼을 클릭하여 나만의 메뉴 탭으로 편리하게 활용할 수 있습니다.

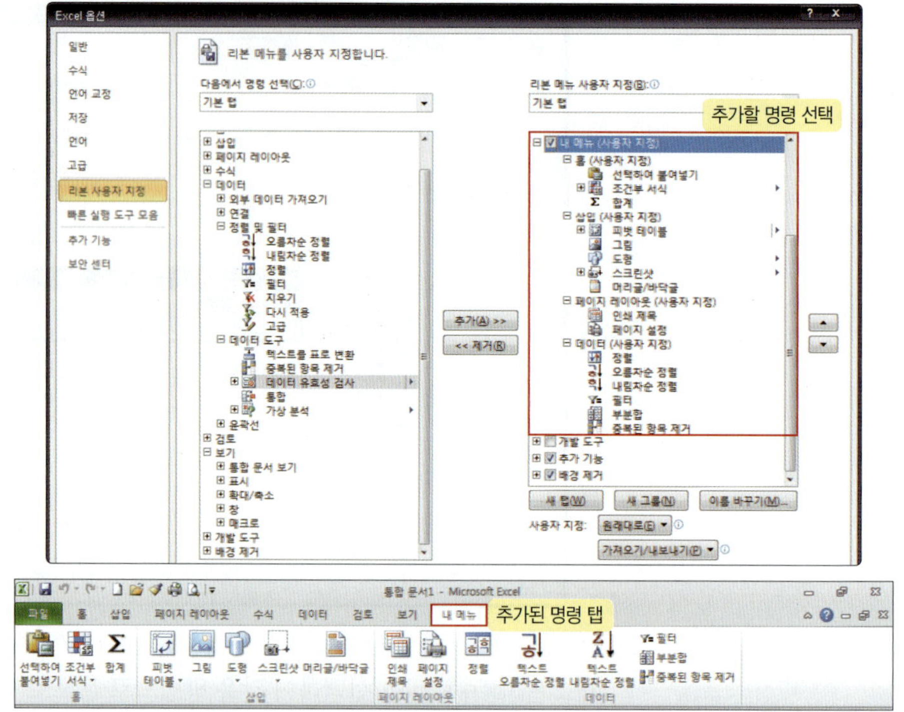

추가된 리본 탭을 다른 PC에서도 사용하려면 [가져오기/내보내기]−[모든 사용자 지정 항목 내보내기]를 클릭합니다.

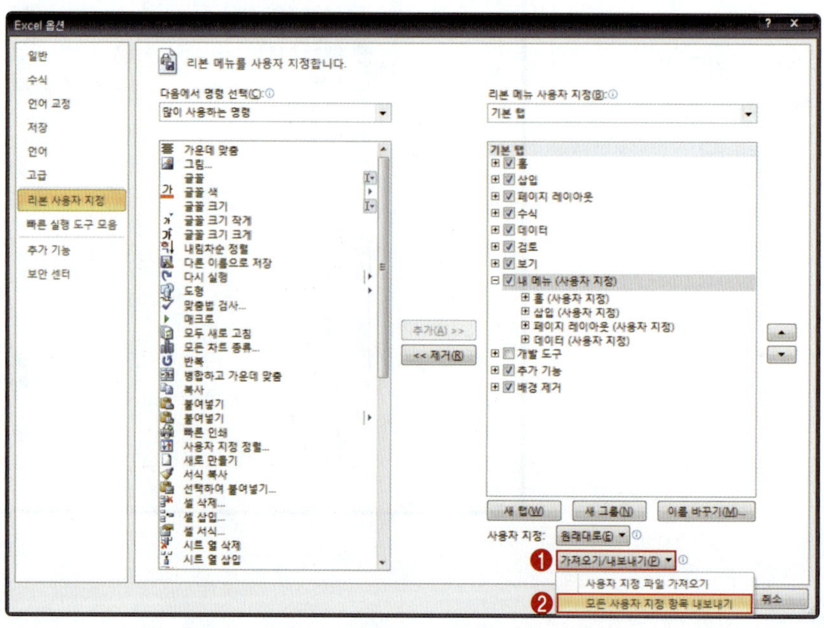

파일 저장 대화 상자가 열리면 원하는 위치와 파일명을 입력하고 [저장]을 클릭합니다. 저장한 리본 메뉴 설정을 사용할 PC에서 [가져오기/내보내기]-[모든 사용자 지정 항목 가져오기]를 클릭하여 저장한 파일을 선택하고 [확인]을 클릭하면 변경된 리본 설정을 사용할 수 있습니다.

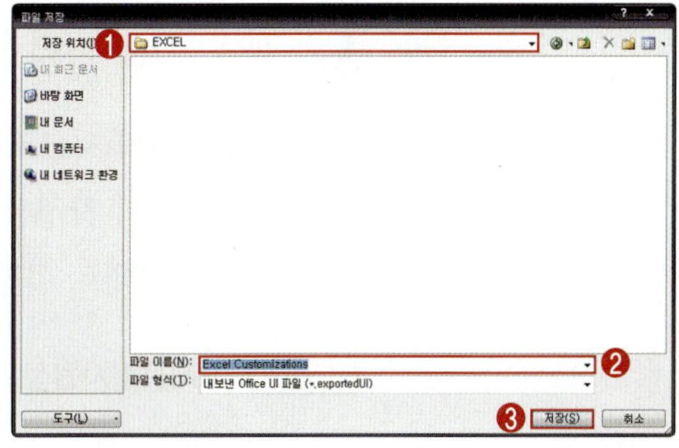

리본 메뉴 최소화하기

리본 메뉴는 2003 이전 버전의 방식에 비해 화면을 많이 차지하는 단점이 있습니다. 작업 공간을 넓게 사용하기 위해 명령 아이콘을 숨기거나 표시하는 방법은 다음과 같습니다.

- 현재 활성화되어 있는 리본의 탭을 더블 클릭합니다.
- 리본 우측 상단의 [리본 메뉴 최소화] 버튼을 클릭합니다.
- 단축키인 Ctrl + F1 을 사용합니다.

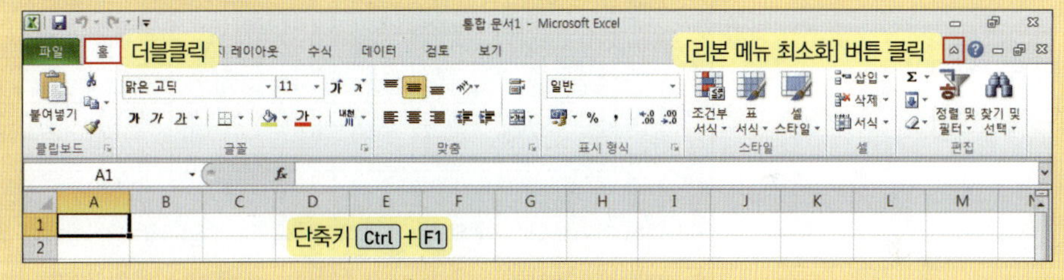

리본 메뉴가 다음과 같이 최소화됩니다.

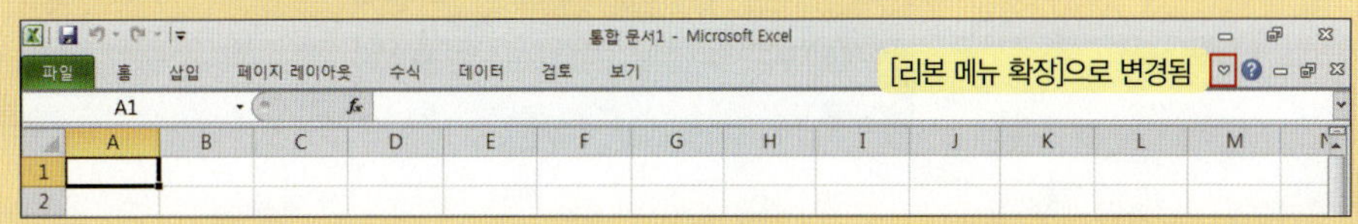

사용할 리본 탭을 클릭하면 다시 해당 탭이 펼쳐집니다. 이 경우 워크시트에서 작업하는 동안은 다시 리본 메뉴가 최소화되므로 완전히 확장하여 사용하려면 원하는 리본 탭을 더블클릭하거나 리본 우측 상단의 [리본 메뉴 확장] 버튼을 클릭, 또는 단축키인 Ctrl + F1 을 사용합니다.

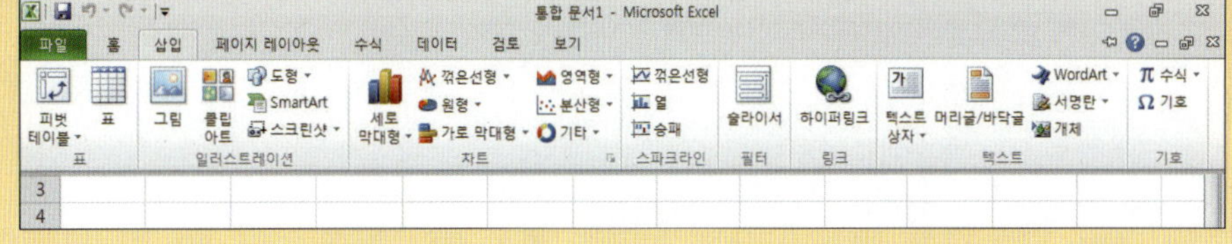

⬤⬤ 엑셀 2010 통합 문서 다루기

여러 개의 시트로 구성되어 있는 엑셀 문서를 하나의 파일로 저장할 수 있기 때문에 엑셀에서 작성한 문서를 '통합 문서'라고 합니다. 통합 문서를 열어 작업하기 좋은 보기 상태로 설정하고, 이를 저장하는 다양한 방법을 알아봅니다.

예제 파일 **PART1** 사원정보

[파일]-[열기] 메뉴를 사용하여 '사원정보' 예제를 불러옵니다. 오른쪽 아래 확대/축소 비율을 클릭하여 원하는 비율을 선택 또는 사용자 지정 비율을 입력하거나 확대/축소 슬라이더를 이용하여 보기 비율을 설정합니다.

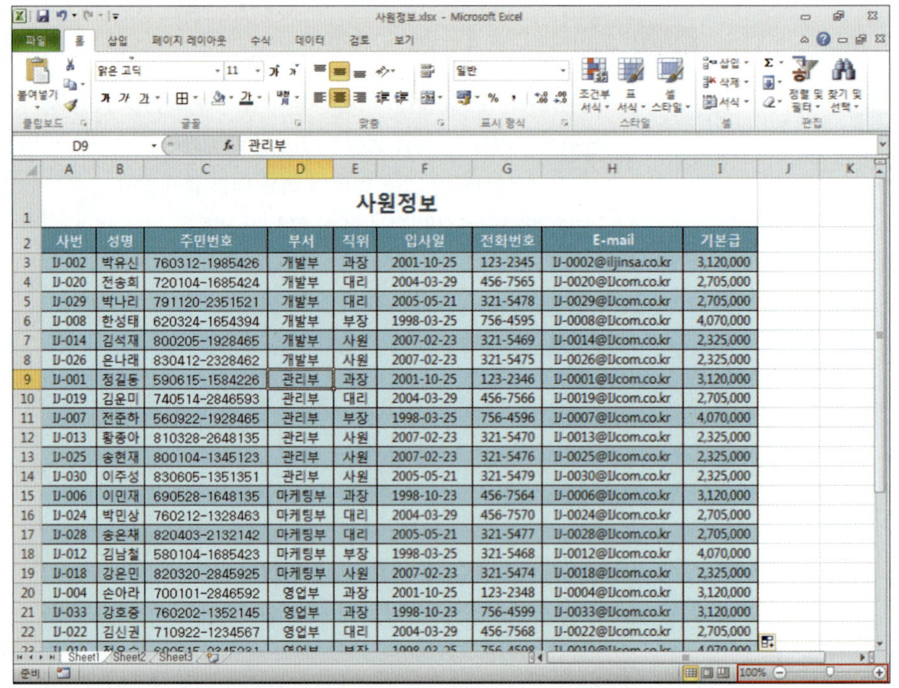

> **TIP** 데이터의 일부 영역을 선택하고 **[보기]** 탭-**[확대/축소]** 그룹-**[선택 영역 확대/축소]** 메뉴를 클릭하면 선택 영역이 화면에 맞추어 확대/축소 됩니다.

숫자가 입력되어 있는 셀 영역을 선택하면 상태 표시줄에 해당 범위의 평균, 개수, 합계가 표시됩니다.

상태 표시줄에 표시되는 항목을 변경하기 위해 상태 표시줄에서 마우스 오른쪽 버튼을 클릭합니다. 상태 표시줄 사용자 지정 메뉴 중 Num Lock 을 클릭하면 키보드의 Num Lock 이 설정된 경우 상태 표시줄에 표시해줍니다. 사용자 지정 메뉴의 기타 다른 항목도 체트 또는 체트 해제하여 상태 표시줄에 표시 여부를 설정할 수 있습니다.

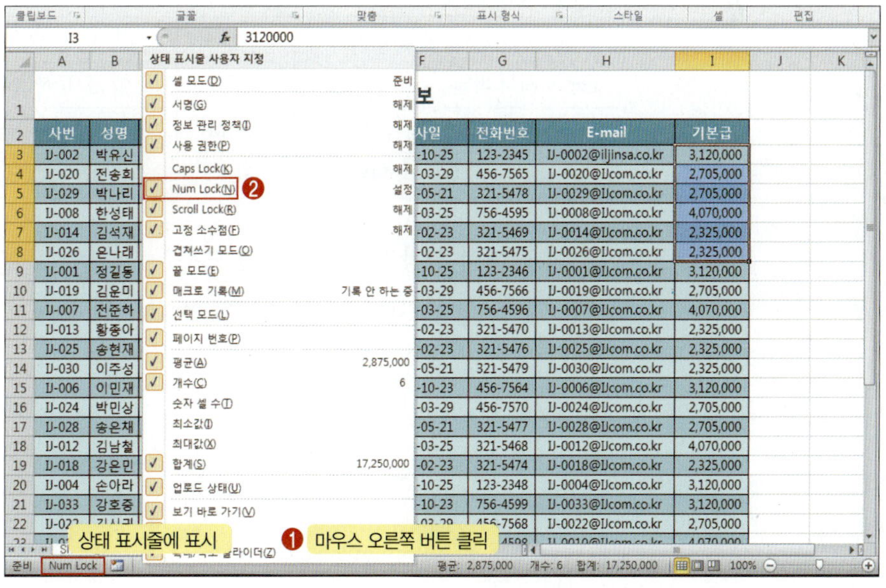

문서 작성이 완료되면 빠른 실행 도구 모음의 [저장] 버튼을 사용하거나 [파일]−[다른 이름으로 저장] 메뉴를 사용하여 통합 문서를 저장합니다.

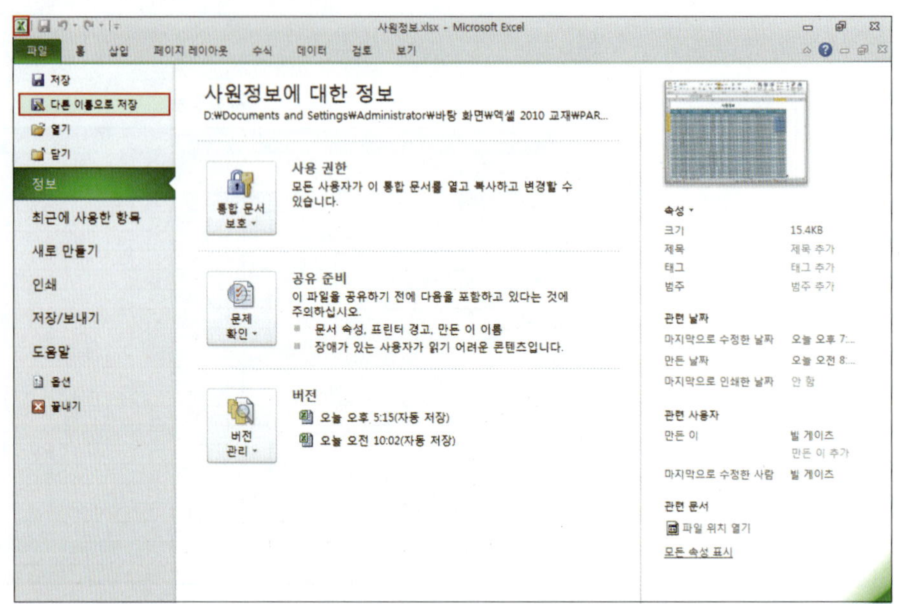

엑셀 2010에서 사용할 수 있는 대표적인 파일 형식은 다음 표를 참고합니다.

파일 형식	확장자	특징
Excel 통합 문서	XLSX	엑셀 2007～2010 기본 파일, 매크로 포함 안됨
Excel 매크로 사용 통합 문서	XLSM	매크로 저장 가능한 엑셀 2007～2010 기본 파일
Excel 바이너리 통합 문서	XLSB	파일 크기가 큰 파일에 적합한 저장 형식
Excel 97～2003 통합 문서	XLS	엑셀 97～2003 기본 파일
Excel 서식 파일	XLTX	엑셀 2007～2010 서식 파일, 매크로 포함 안됨
Excel 매크로 사용 서식 파일	XLTM	매크로 저장 가능한 엑셀 2007～2010 서식 파일
Excel 97～2003 서식 파일	XLT	엑셀 97～2003 형식의 서식 파일

위의 표에서 확장자를 살펴보면 모두

‘XL’ + ‘S’ or ‘A’ or ‘T’ or ‘B’ + ‘X’ or ‘M’ 의 순서로 조합된 확장자임을 알 수 있습니다.

각 확장자는 다음의 의미를 담고 있습니다.

예 XLSX → Excel + 일반 엑셀 포맷 + 매크로 포함 안됨

XL	XL	Excel의 약자
S or A or T or B	S	Spreadsheet : 일반 엑셀 포맷
	A	Add-in : 추가 기능 파일
	T	Tamplate : 서식 파일
	B	Binary : 속도가 빠른 바이너리 파일
X or M	X	Macro Free XML : 매크로 포함 안 됨
	M	Macro Enabled : 매크로가 포함됨

TIP

엑셀 파일을 PDF 파일로 저장하기

[파일]−[저장/보내기]를 클릭한 후 [PDF/XPS 문서 만들기]를 클릭합니다. [PDF/XPS 만들기]를 클릭한 후 대화 상자가 열리면 원하는 경로와 파일명을 설정한 후 [게시]를 클릭해 파일을 저장합니다.

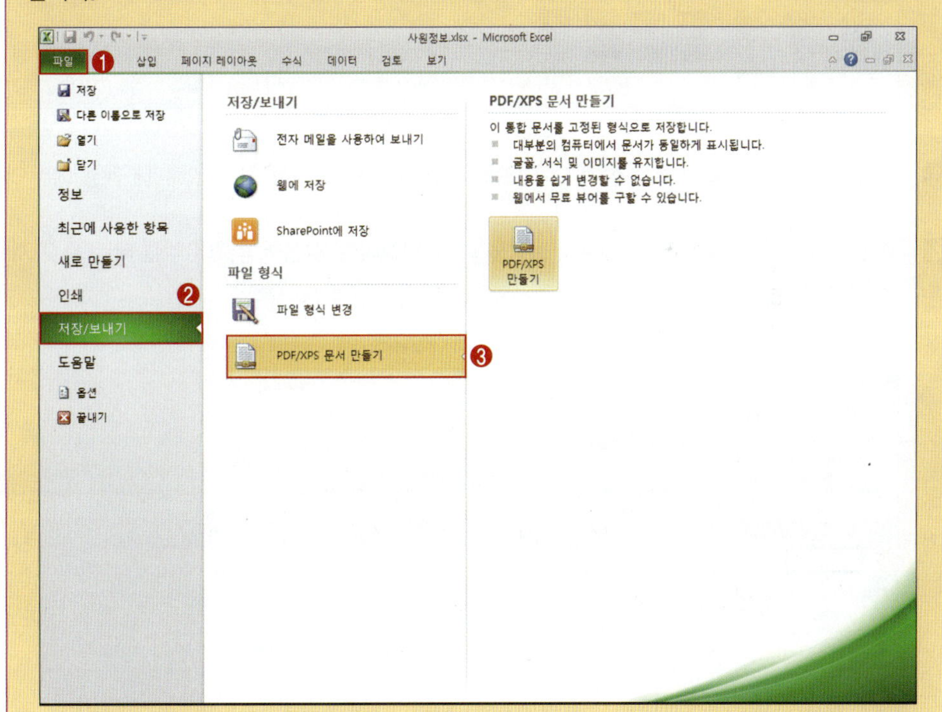

예제 파일 | 신입사원

예제 파일 | 신입사원.pdf, 내 엑셀 메뉴.exportedUI

◉ **엑셀 2010을 실행한 후 다음을 실행하시오.**

1 빠른 실행 도구 모음을 "원래대로" 설정한 후 "서식 복사" 메뉴를 추가합니다.

2 리본 메뉴의 [홈] 탭 오른쪽에 다음과 같은 리본 메뉴를 만들어 추가합니다.

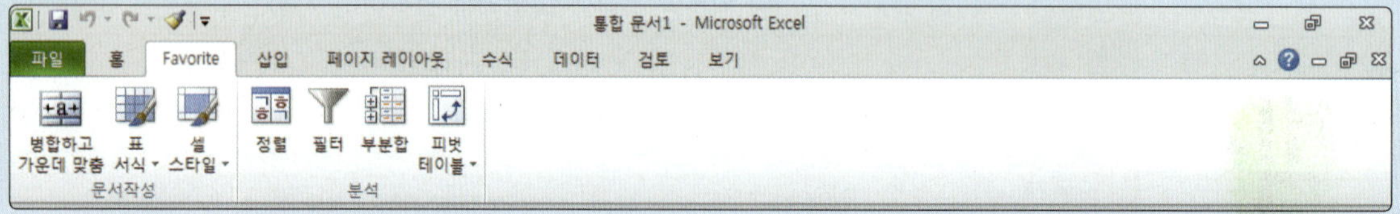

3 추가된 "Favorite" 탭과 빠른 실행 도구 모음을 다른 PC에서도 사용하기 위해 '내 엑셀 메뉴'라는 이름으로 내보내기 합니다.

4 빠른 실행 도구 모음 및 리본 메뉴의 설정을 다시 '원래대로' 설정한 후 "내 엑셀 메뉴"를 가져오기하여 사용자 지정한 메뉴로 변경되는지 확인합니다.

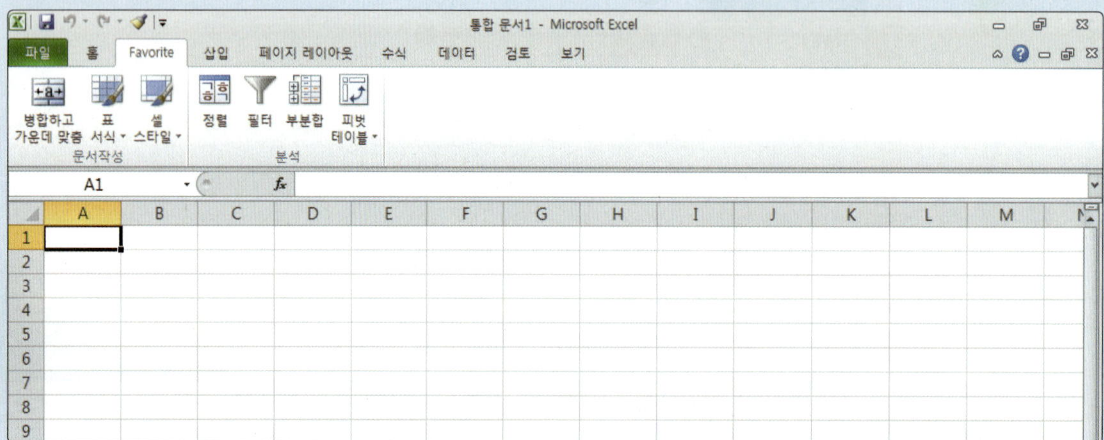

5 "신입사원" 파일을 열어 같은 이름의 PDF 파일로 저장하시오.

part 2

알아야 편해진다!
엑셀 문서 작성과 인쇄

엑셀을 통해 가장 쉽게 할 수 있는 작업이 문서 양식을 작성하고 작성된 문서를 인쇄하는 작업일 것입니다. 가장 기본이 되는 기능이다 보니 같은 작업을 더 쉽게 처리할 수 있는 방법이 있거나 추가되어도 내가 하는 방법을 습관적으로 고수하는 분들이 의외로 많습니다. 특히 복사나 정렬 등의 숨겨진 기능을 익혀 작업의 효율을 높이도록 합니다.

1 막힘없는 데이터 입력과 셀 작업하기

엑셀 데이터의 종류와 입력 방법, 서식 적용 등을 보다 편리한 방법으로 익혀봅니다.

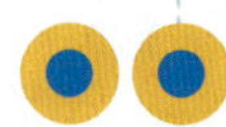 **다양한 형식의 데이터 입력**

엑셀에서는 어떤 종류의 데이터를 입력하느냐에 따라 정렬 방법이 다르게 표시되며 계산을 할 수 있는지 없는지도 구분됩니다. 데이터의 특성을 정확히 알고 작업을 해야 계산이나 데이터 관리 등의 작업을 할 때에도 어려움 없이 작업할 수 있으며 데이터의 용도에 맞지 않아 수정하는 데 드는 번거로움과 시간 낭비를 줄일 수 있습니다.

다음은 엑셀에서 사용되는 데이터의 예와 특성을 표로 나타내 보았습니다.

직접 셀에 입력하면서 정리해보도록 합니다.

입력 데이터	화면에 표시되는 데이터	데이터 종류	정렬	계산
엑셀	엑셀	문자	왼쪽	불가능
엑셀 2010	엑셀 2010	문자	왼쪽	불가능
12345	12345	숫자	오른쪽	가능
01234	1234	숫자	오른쪽	가능
'01234	01234	문자	왼쪽	불가능
12-9-1 12/9/1	2012-09-01	날짜	오른쪽	가능
9-1 9/1	09월 01일	날짜	오른쪽	가능
'9-1 '9/1	9/1 9-1	문자	왼쪽	불가능

입력 데이터	화면에 표시되는 데이터	데이터 종류	정렬	계산
=9−1 =9/1	8 9	수식	오른쪽	가능
9:1:1	9:01:01	시간	오른쪽	가능
TRUE FLASE	TRUE FLASE	논리값	오른쪽	가능

'(아포스트로피)를 숫자 데이터의 앞에 붙이면 문자로 인식되며, 왼쪽 끝의 '0'을 표시하거나 '−'또는 '/'를 날짜 구분 기호가 아닌 일반 기호로 입력할 수 있습니다. 논리값인 TRUE와 FLASE는 각각 1과 0으로 인식되어 계산됩니다.

다양한 특수 문자와 기호 입력하기

키보드에서 입력할 수 없는 특수 문자는 한글 자음+[한자]키를 사용하거나 [삽입]−[기호] 메뉴를 사용해서 입력합니다.

한글 자음 + [한자]

특수 문자를 입력할 셀에 한글 자음을 입력한 후 [한자]키를 누르면 입력한 자음에 할당된 특수 문자 목록이 표시됩니다. 확장 버튼(》)을 누르면 목록이 펼쳐지고 입력하고자 하는 특수 문자를 선택하면 입력됩니다.

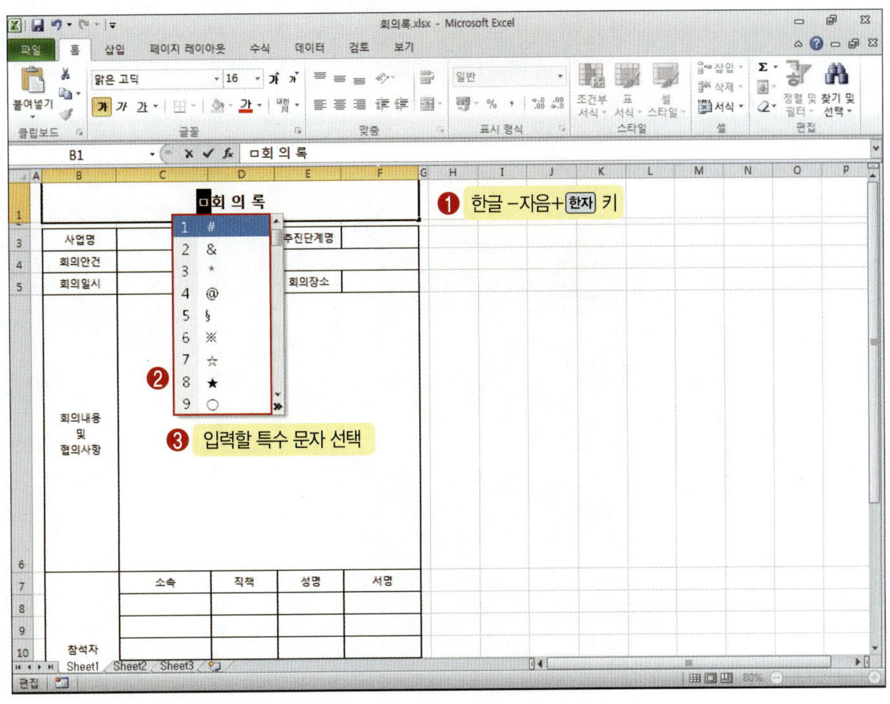

주요 한글 자음별 특수 문자

모든 자음과 한자 키를 누르면 특수 문자 목록이 나타나도록 할당되어 있습니다. 이 중 일반적으로 가장 많이 사용되는 특수 문자는 다음과 같습니다.

ㄱ
문장 부호

ㄹ
단위

ㅁ
도형

ㅇ
영문 원문자/괄호 문자

ㅅ
한글 원문자/괄호 문자

ㅈ
숫자

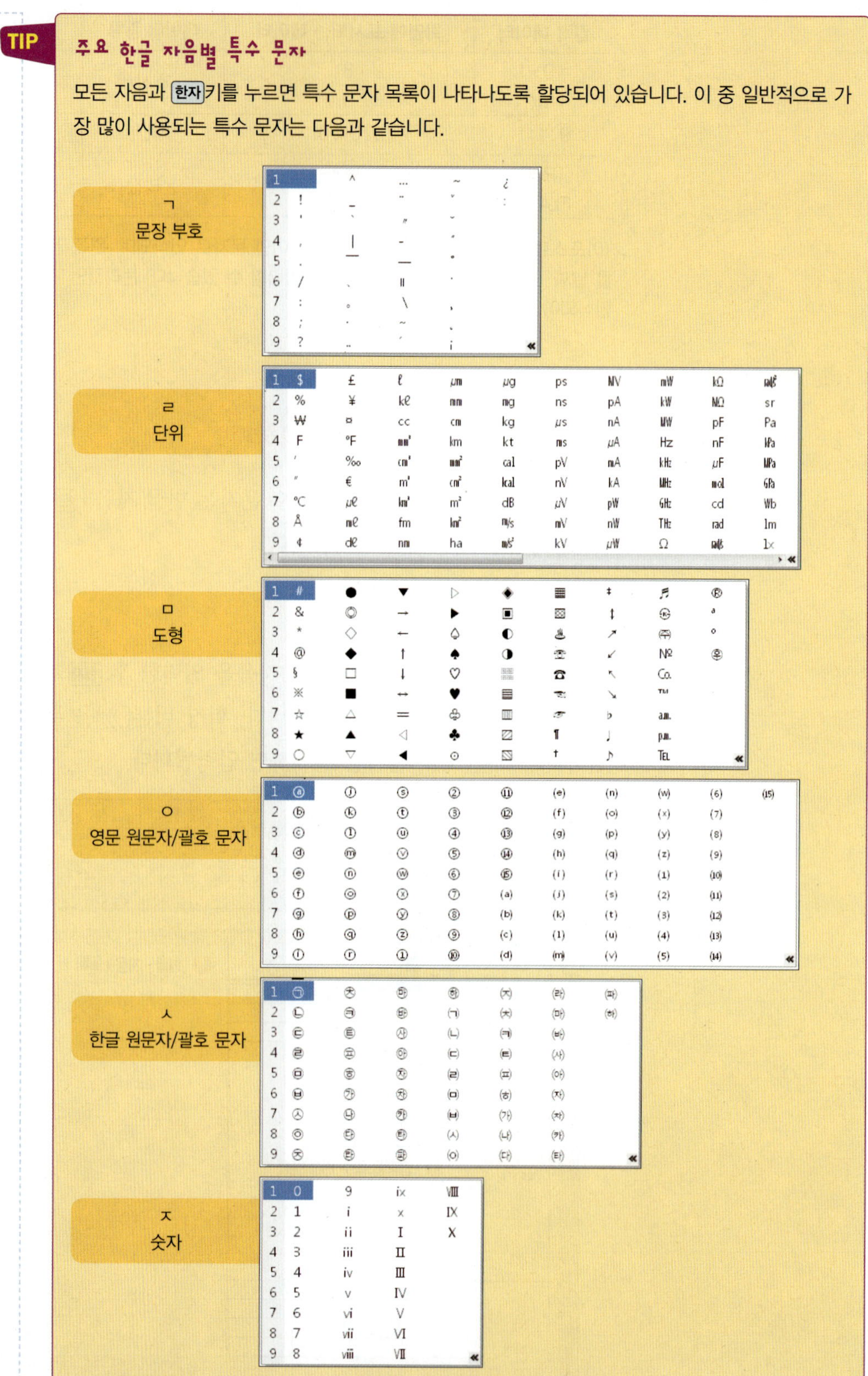

◆ [삽입]–[기호] 메뉴

[삽입]–[기호] 메뉴를 클릭하면 [기호] 대화 상자가 열립니다. 하위 집합에서 원하는 기호 목록을 선택하거나 글꼴을 webdings, wingdings, wingdings2, wingdings3로 선택하면 다양한 기호를 삽입할 수 있습니다.

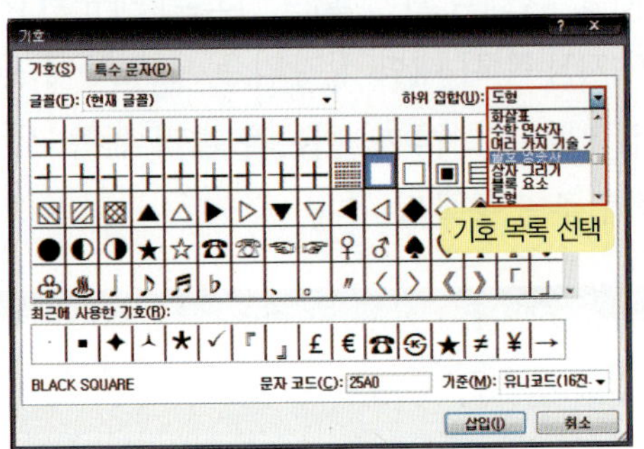
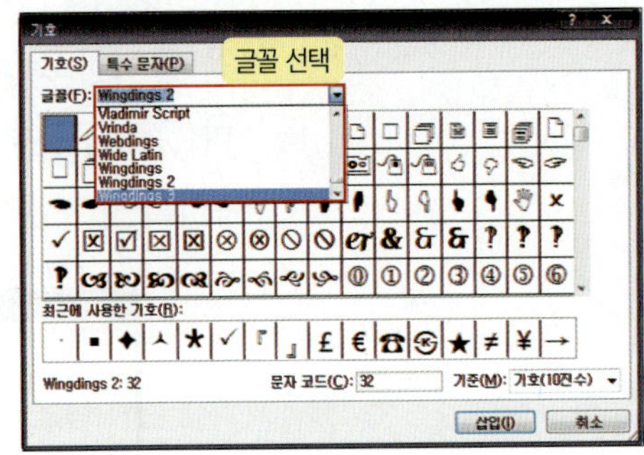

많은 양의 데이터도 한 번에 자동 채우기

엑셀에서 사용되는 유용한 기능 중의 하나인 자동 채우기 기능은 데이터 입력을 쉽고 빠르게 도와주는 기능입니다. 셀이나 영역을 선택하면 셀 테두리 오른쪽 하단에 작은 사각형이 표시되는데, 이를 '채우기 핸들'이라고 부릅니다. 채우기 핸들 위에 마우스 포인터를 놓으면 (+) 모양으로 변경되는데, 이 상태에서 원하는 방향으로 드래그하면 자동 채우기를 할 수 있습니다. 데이터의 형식에 따라 Ctrl 키를 사용하느냐에 따라 다양한 방법으로 데이터를 채우기 할 수 있습니다.

데이터 종류별 자동 채우기 방법은 다음과 같습니다.

	드래그	Ctrl + 드래그
숫자	셀 복사	연속 데이터 채우기
문자, 날짜/시간	연속 데이터 채우기	셀 복사

> **TIP**
> 자동 채우기 기능을 마우스 드래그 대신 단축키로 실행할 수도 있습니다.
> Ctrl + D : 행 방향으로 자동 채우기(선택 영역 첫 행의 데이터를 나머지행에 복사)
> Ctrl + R : 열 방향으로 자동 채우기(선택 영역 첫 열의 데이터를 나머지열에 복사)

문자 데이터 중에서 요일과 월 등 일반적으로 널리 사용되는 연속 데이터는 이미 엑셀에 기본 목록으로 등록되어 있어 연속 데이터 채우기가 가능합니다. 이외의 사용자의 특성에 따라 자주 사용하는 연속 데이터가 있다면 사용자 지정 목록으로 등록하여 사용합니다.

사용자 지정 목록 등록은 [파일]−[옵션]−[고급] 메뉴의 [사용자 지정 목록 편집] 버튼을 클릭하고 [사용자 지정 목록] 대화 상자의 목록 항목에 원하는 목록을 [Enter]나 콤마(,)로 구분하여 입력합니다. [추가] 버튼을 눌러 왼쪽 '사용자 지정 목록'에 추가되면 [확인] 버튼을 눌러 주면 등록됩니다.

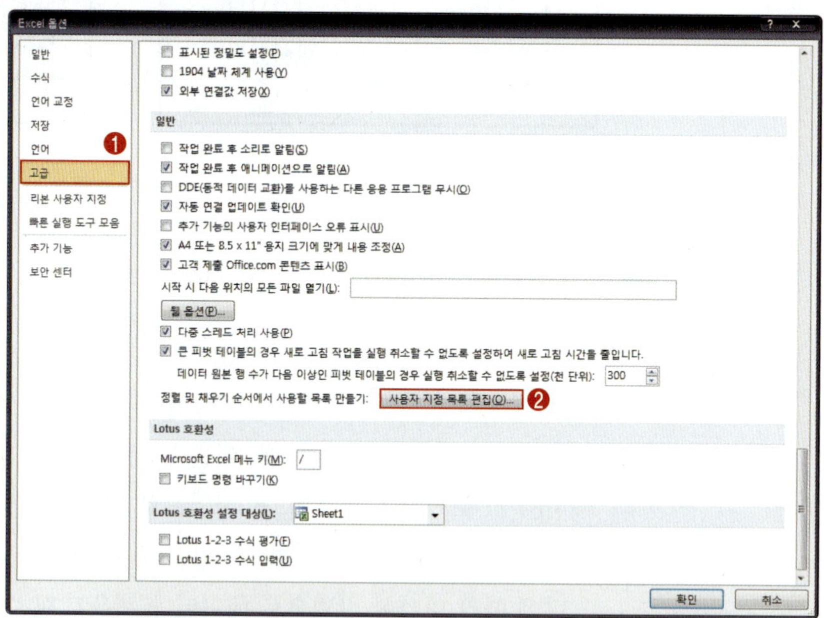

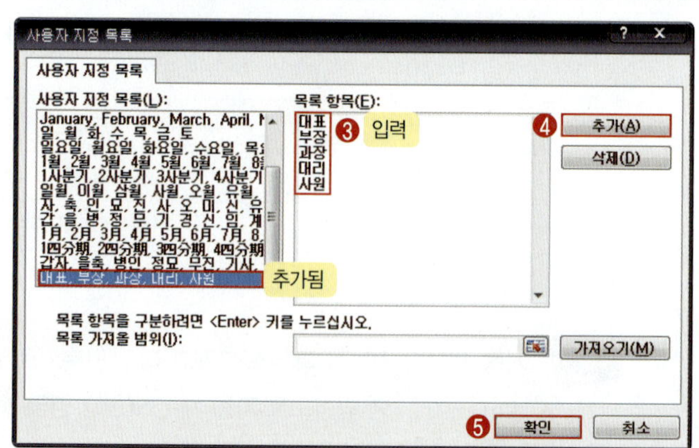

1. **[사용자 지정 목록]** 대화 상자의 '목록 가져올 범위'를 사용하면 워크시트에 입력된 값을 **[가져 오기]** 버튼을 사용하여 **[사용자 지정 목록]**에 추가할 수 있습니다.

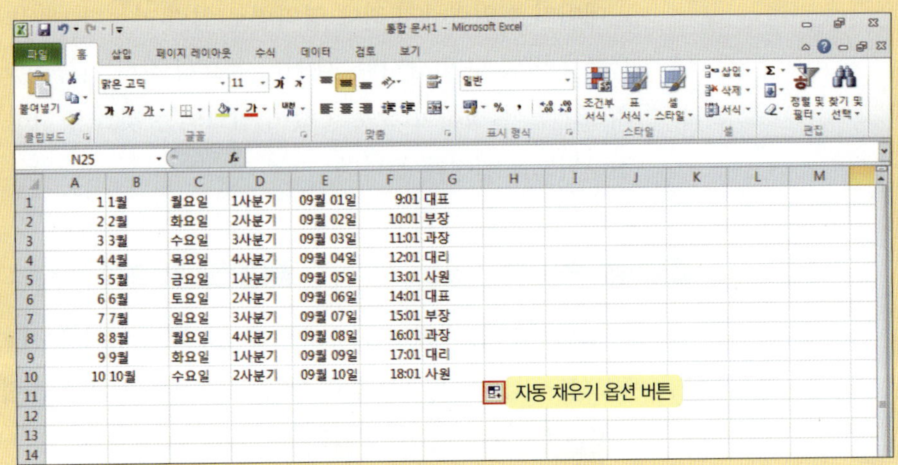

2. 자동 채우기를 한 후 데이터의 우측 하단에 표시되는 '자동 채우기 옵션' 버튼을 사용하면 셀 복사와 연속 데이터 채우기 또는 서식 적용 유무를 선택하여 적용할 수 있습니다. 날짜의 경우 채우기 단위를 일, 평일, 월, 년으로 선택하여 연속 데이터 채우기를 할 수 있습니다. 단, 자동 채우기를 한 후 다른 작업을 하면 '자동 채우기 옵션' 버튼이 사라지므로 곧바로 기능을 사용하거나 다시 자동 채우기 하여 버튼이 나타나면 사용합니다.

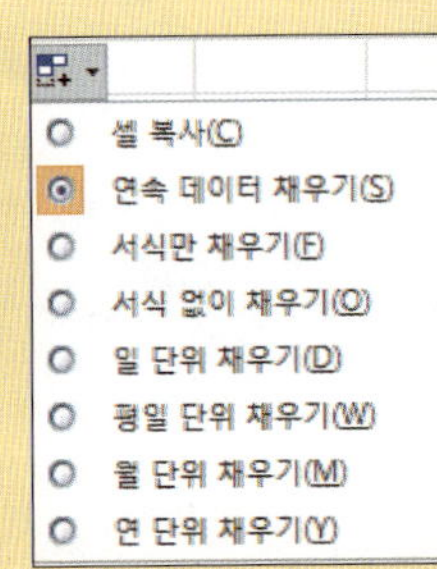

3. 연속된 셀에 동일 데이터 또는 연속 데이터를 입력할 때에는 자동 채우기 기능을 사용하지만 비연속 셀에 동일 데이터를 입력하고자 할 때에는 단축키를 사용하면 됩니다. 우선 동일 데이터를 입력하고자 하는 셀을 선택한 후 데이터를 입력하고 Ctrl + Enter 를 눌러 주면 데이터가 한 번에 입력됩니다.

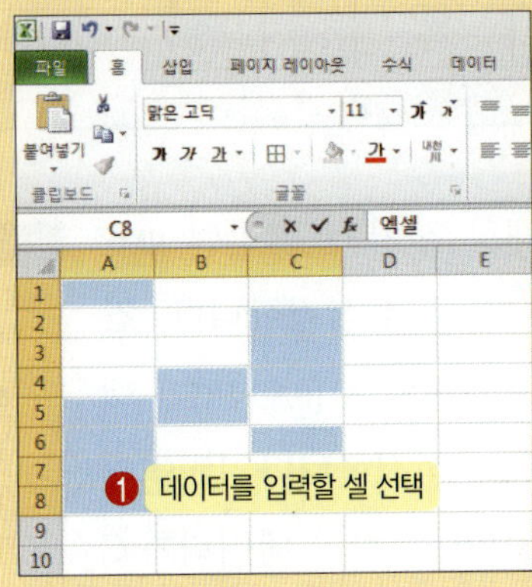

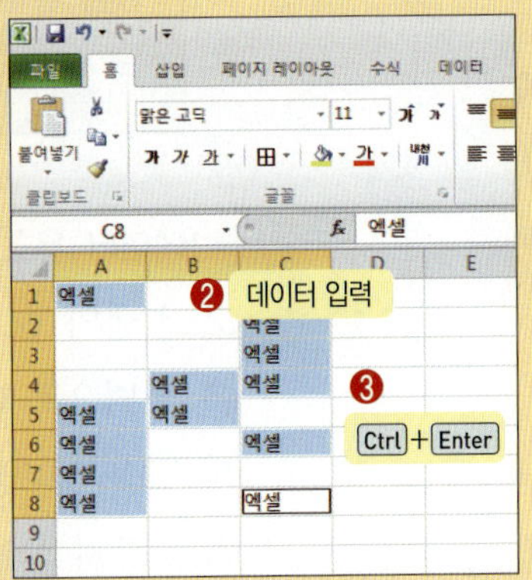

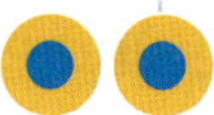 **입력 데이터를 목록으로 표시하기**

데이터를 입력하기 전에 영역별로 입력 가능한 데이터를 조건으로 제한하면 입력 오류를 줄일 수 있습니다. 데이터 유효성 검사 기능을 이용하여 입력 가능한 데이터의 조건을 설정하여 잘못된 값이 입력되는 것을 방지하고 한글과 영문 모드로 자동 전환되도록 설정해 봅니다.

 PART2 직원정보카드   **PART2** 직원정보카드 완성

'직원정보카드' 예제를 불러온 후 B4:B23 영역을 선택하고 [데이터] 탭-[데이터 도구]그룹-[데이터 유효성 검사] 메뉴의 아이콘 부분을 클릭합니다.

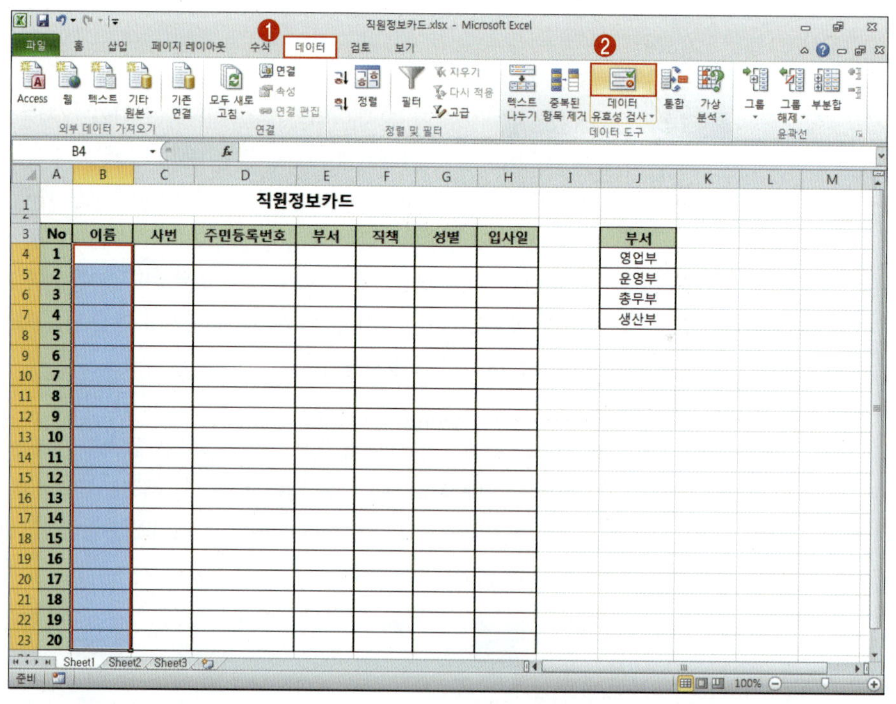

[데이터 유효성] 대화 상자가 열리면 [IME 모드] 탭의 '모드'를 '한글'로 설정합니다. 같은 방법으로 C4:C23 영역은 [IME 모드] 탭의 '모드'를 '영문'으로 설정합니다. 한/영 키를 누르지 않아도 B열에는 한글 데이터가 C열에는 영문 데이터가 입력됩니다.

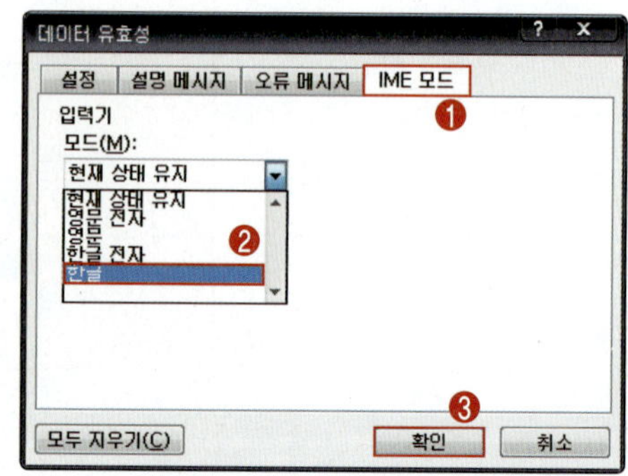

데이터 입력 시 한글과 영문 데이터를 번갈아 입력하려면 한/영 키를 눌러 변경해야 하는 번거로움이 있습니다. [IME 모드]로 한글과 영문을 미리 지정해 놓으면 한/영 키를 누르지 않아도 해당 셀을 클릭했을 때 자동으로 설정되므로 편리합니다. 한글을 입력할 경우 '한글 전자'나 '한글'이 별 차이없이 입력되지만 영문을 입력하는 경우에는 '영문 전자'를 설정하면 영문자 다음에 공백이 한 개씩 입력되므로 주의합니다.

예 '영문 전자' 설정 후 'data' 입력 → 'ｄａｔａ' 로 표시됨

　　C4:C23 영역을 선택한 후 [데이터 유효성] 대화 상자의 [설정] 탭의 '제한 대상'은 '사용자 지정'으로 '수식'은 '= COUNTIF($C$4:C4,C4) = 1'로 설정합니다.

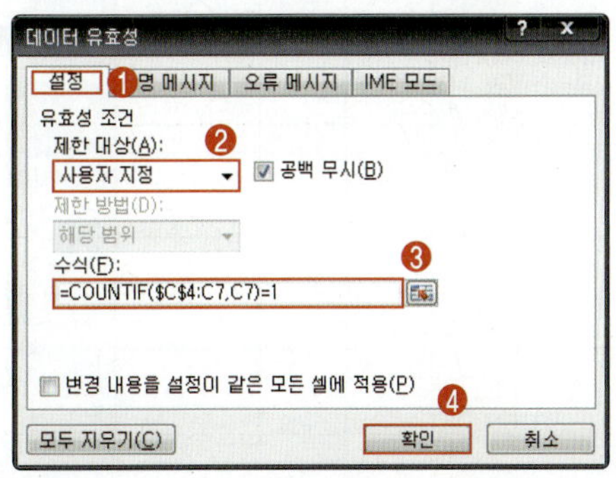

　　D4:D23 영역을 선택한 후 [데이터 유효성] 대화 상자의 [설정] 탭의 '제한 대상'은 '텍스트 길이'로 '제한 방법'은 '＝', '길이'는 '13'으로 설정합니다.

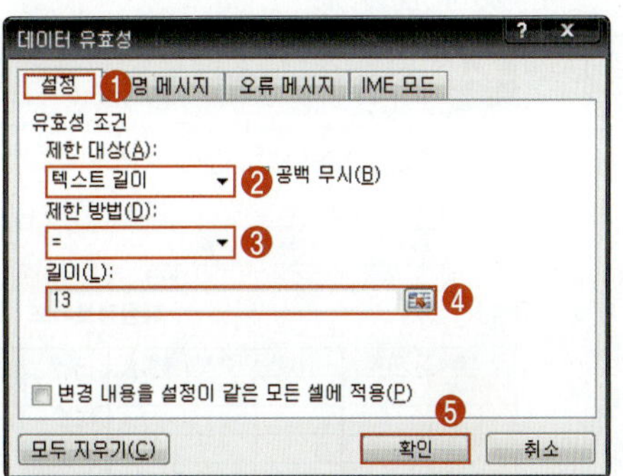

문자 수가 13이 아닌 데이터를 입력하면 다음과 같은 메시지가 화면에 표시되어 [다시 시도]를 누르고 조건에 맞는 데이터를 입력하거나 [취소] 버튼을 눌러야 합니다.

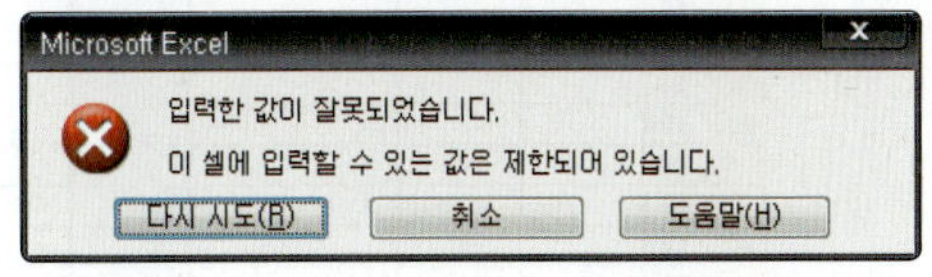

E4:E23 영역을 선택한 후 [데이터 유효성] 대화 상자의 [설정] 탭의 '제한 대상'은 '목록'으로 '원본'은 부서 목록이 입력되어 있는 J4:J7 영역을 드래그하여 설정합니다.

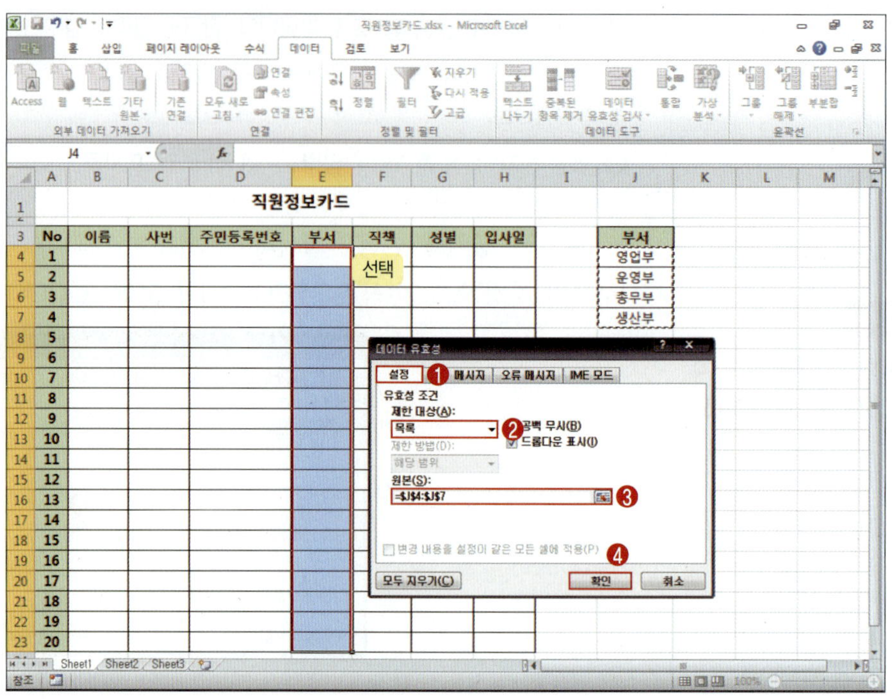

해당 범위를 선택하면 미리 설정한 데이터가 목록으로 나타나 선택하여 입력할 수 있게 됩니다.

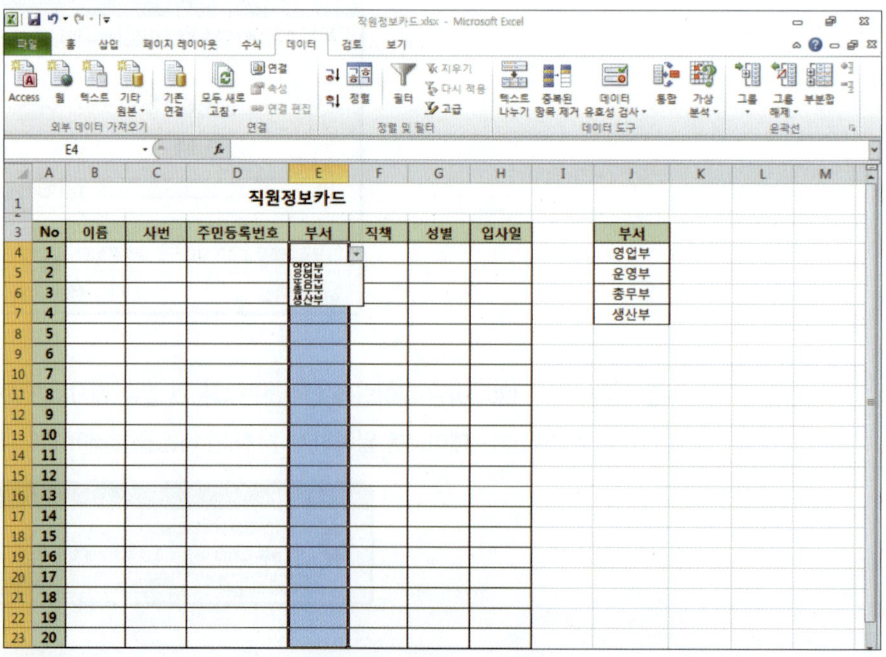

F4:F23 영역을 선택한 후 [데이터 유효성] 대화 상자의 [설정] 탭의 '제한 대상'은 '목록' 으로 '원본'은 '인턴, 사원, 대리, 과장, 부장, 사장'을 입력하여 설정합니다.

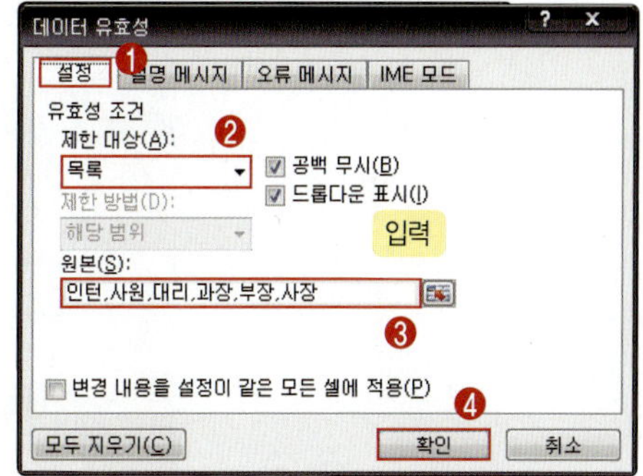

G4:G23 영역을 선택한 후 [데이터 유효성] 대화 상자의 [설정] 탭의 '제한 대상'은 '목록'으로 '원본'은 '인턴, 사원, 대리, 과장, 부장, 사장'을 입력하여 설정합니다. [오류 메시지] 탭의 '제목'에 '입력 오류'를 '오류 메시지'에 '"남" 또는 "여"만 입력 가능합니다.'라고 입력합니다.

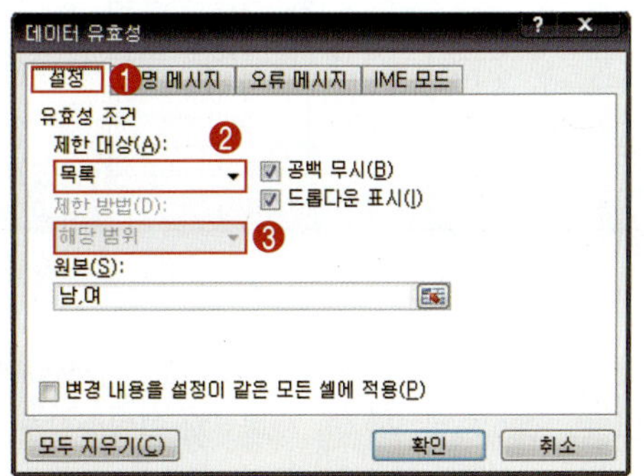
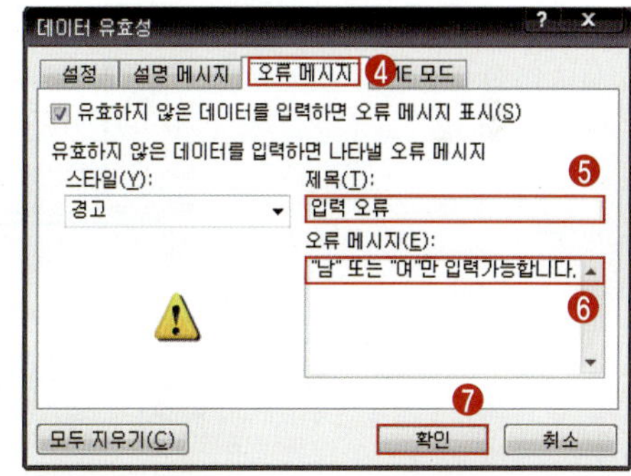

오류 메시지 탭을 설정한 후 잘못된 데이터를 입력하고 Enter 키를 누르면 설정한 오류 메시지가 다음과 같이 화면에 표시됩니다.

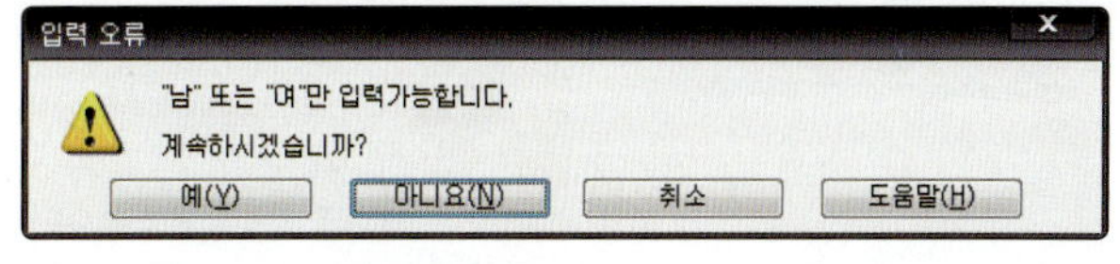

H4:H23 영역을 선택한 후 [데이터 유효성] 대화 상자의 [설정] 탭의 '제한 대상'은 '날짜'로 '제한 방법'은 '> =', '시작 날짜'는 '1998 – 05 – 02'를 설정합니다.

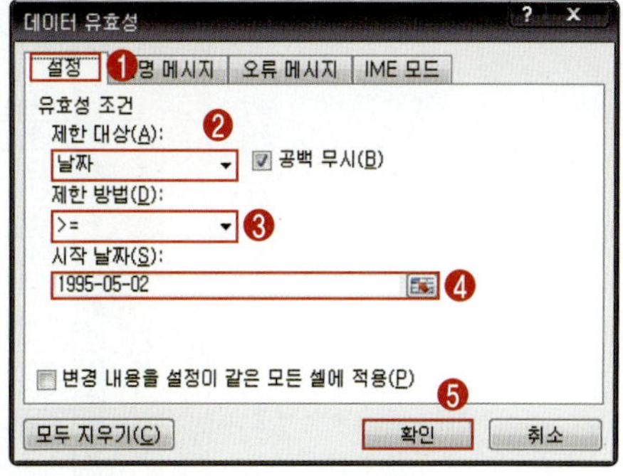

날짜 데이터 입력시 제한 방법을 '> ='로 하면 1995년 5월 2일 이후의 날짜만 입력할 수 있습니다.

J열 머리글 위에서 마우스 오른쪽 버튼을 클릭하고 [숨기기]를 선택합니다.

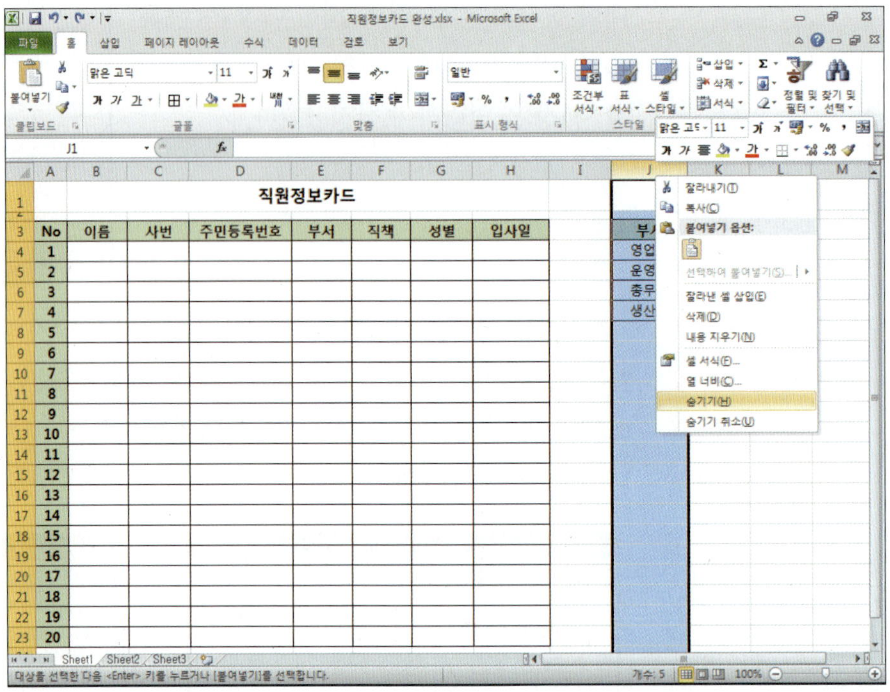

TIP 숨기기는 많은 데이터로 작업할 때 데이터를 지우지 않으면서 화면에서 숨겨 작업에 방해가 되지 않게 하는 방법입니다. 데이터를 완전히 삭제하지 않았으므로 숨기기 한 열의 양쪽열을 선택하고 오른쪽 마우스를 클릭한 후 **[숨기기 취소]**를 선택하면 다시 화면에 나타나도록 할 수 있습니다.

데이터를 입력하면서 유효성 검사가 잘 설정되었는지 확인해 봅니다.

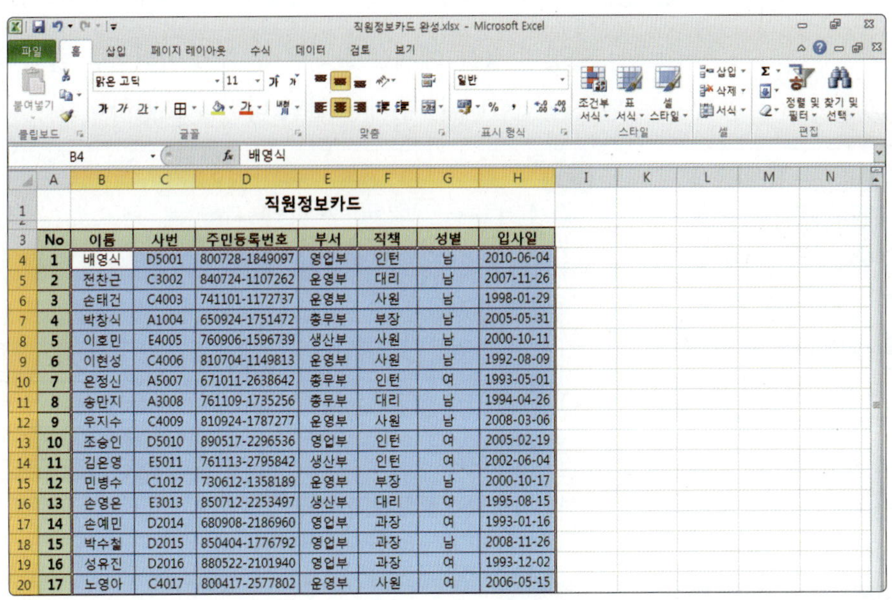

TIP 유효성 검사를 해제하려면 [데이터 유효성] 대화 상자의 [모두 지우기] 버튼을 클릭하면 됩니다.

여러 가지 유효성 검사가 적용되어 있는 영역을 선택하고 [데이터 유효성 검사] 메뉴를 선택하면 다음과 같은 메시지 창이 나타나고 [확인] 버튼을 누르면 한꺼번에 제거할 수 있습니다.

데이터 이동 / 복사 / 선택하여 붙여넣기

데이터 작업을 하다 보면 데이터의 위치를 변경 또는 복사하여 문서를 편집하거나 새로운 문서를 작성해야 하는 경우가 종종 있습니다. 데이터의 이동/복사를 수행할 때 표시되는 옵션 메뉴를 잘 알고 사용하면 별도의 편집 작업 없이도 필요에 맞는 데이터로 활용할 수 있어 편리합니다.

‘출장비 정산’ 예제를 불러온 후 A열 머리글을 클릭하고 Ctrl + + 를 눌러 한 개의 열을 삽입합니다. 추가된 열의 너비를 조정합니다.

일 차	날짜	교 통 비	식 비	숙 박 비	출장수당	비고
1	5/9	₩ 30,000	₩ 10,000	₩ 50,000	₩ 30,000	
2	5/10	₩ 10,000	₩ 10,000	₩ 50,000	₩ 30,000	
3	5/11	₩ 10,000	₩ 10,000	₩ 50,000	₩ 30,000	
4	5/12	₩ 10,000	₩ 10,000	₩ 50,000	₩ 30,000	
5	5/13	₩ 30,000	₩ 10,000		₩ 30,000	
합 계		₩ 90,000	₩ 50,000	₩ 200,000	₩ 150,000	
총 합 계		₩			490,000	

F5:H8 영역을 선택하고 선택 영역의 테두리를 누른 후 드래그하여 B5셀로 이동합니다.

일 차	날짜	교 통 비	식 비	숙 박 비	출장수당	비고
1	5/9	₩ 30,000	₩ 10,000	₩ 50,000	₩ 30,000	
2	5/10	₩ 10,000	₩ 10,000	₩ 50,000	₩ 30,000	
3	5/11	₩ 10,000	₩ 10,000	₩ 50,000	₩ 30,000	
4	5/12	₩ 10,000	₩ 10,000	₩ 50,000	₩ 30,000	
5	5/13	₩ 30,000	₩ 10,000		₩ 30,000	
합 계		₩ 90,000	₩ 50,000	₩ 200,000	₩ 150,000	
총 합 계		₩			490,000	

TIP

Ctrl + + 는 행/열을 삽입, Ctrl + - 는 행/열을 삭제하는 단축키입니다. 여러 개의 행이나 열을 한꺼번에 삽입/삭제 할 때는 필요한 개수만큼의 행이나 열을 선택한 후 단축키를 사용하면 됩니다. 단축키 대신 오른쪽 마우스를 클릭하여 나오는 단축 메뉴 중 [삽입] 또는 [삭제] 메뉴를 사용할 수도 있습니다.

TIP

1. 이동할 영역에 병합된 셀이 포함된 경우, 드래그하여 복사하는 기능을 사용할 수 없는 경우도 있습니다.

2. 마우스로 동일 시트의 내용을 복사할 때는 Ctrl 을 누른 채 드래그합니다.

J10셀에 '1.2'를 입력한 후 Enter 를 누릅니다. J10셀을 다시 선택한 후 Ctrl + C 를 눌러 복사합니다. D11:D15 영역을 선택하고 [홈] 탭 – [클립보드] 그룹 – [붙여 넣기] 메뉴의 [선택하여 붙여넣기]를 선택합니다.

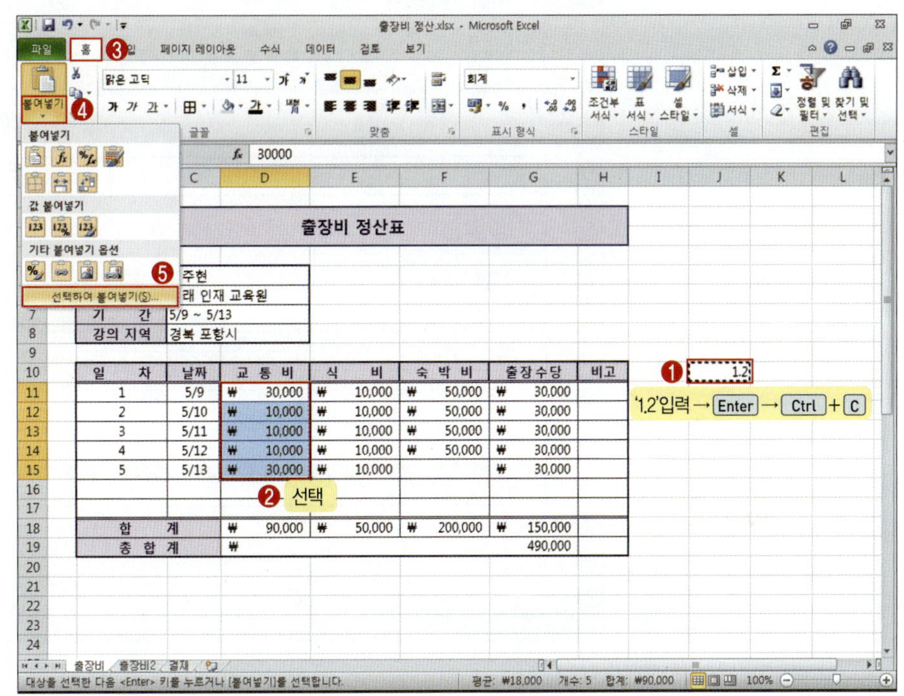

[선택하여 붙여넣기] 대화 상자의 '붙여넣기'를 '값'으로 '연산'을 '곱하기'로 설정합니다.

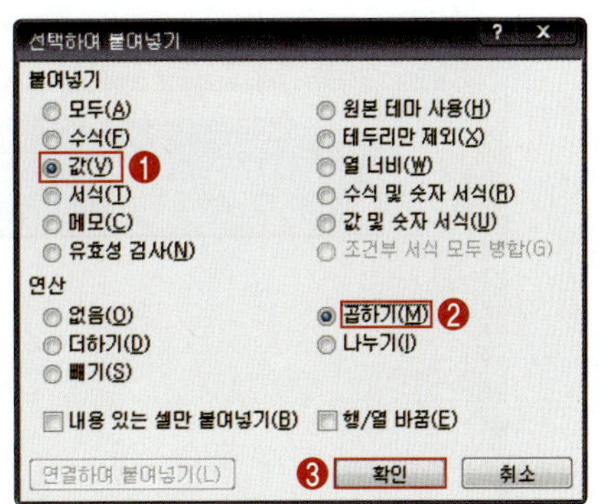

원래의 교통비에 '1.2'를 곱한 값으로 결과가 표시되면 J10셀을 선택하고 Delete 키를 눌러 삭제합니다.

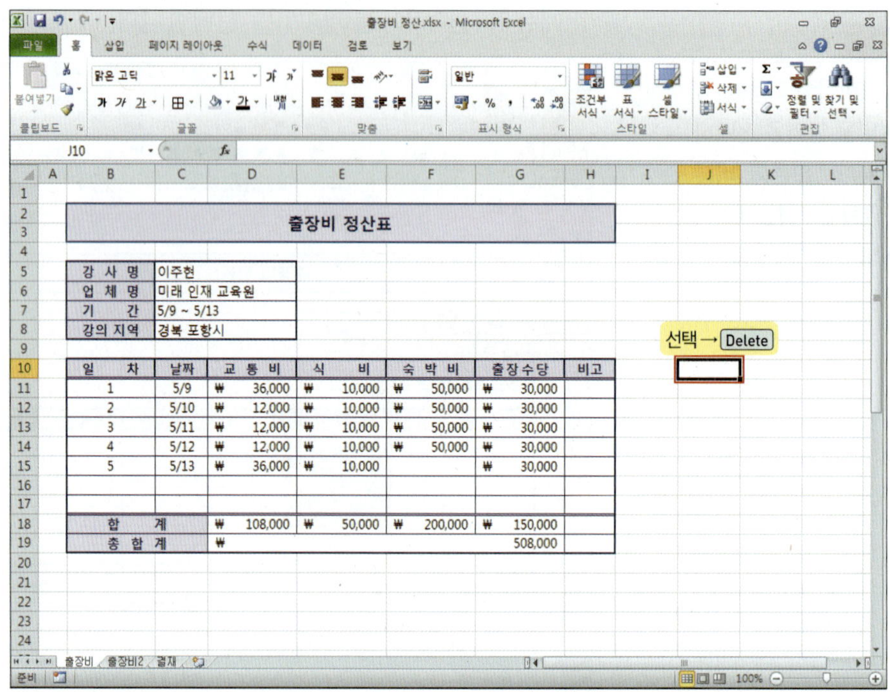

'결재' 시트를 클릭하고 B2:E3 영역을 선택하고 Ctrl + C 를 눌러 복사합니다.

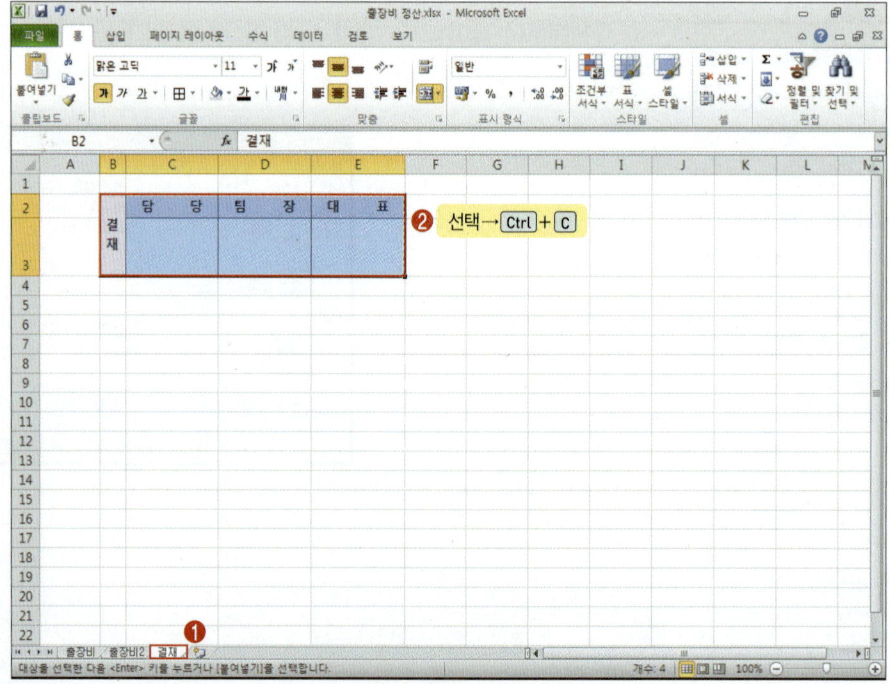

'출장비' 시트의 E5셀을 클릭하고 [홈] 탭-[클립보드] 그룹-[붙여넣기] 메뉴의 [그림]을 선택합니다.

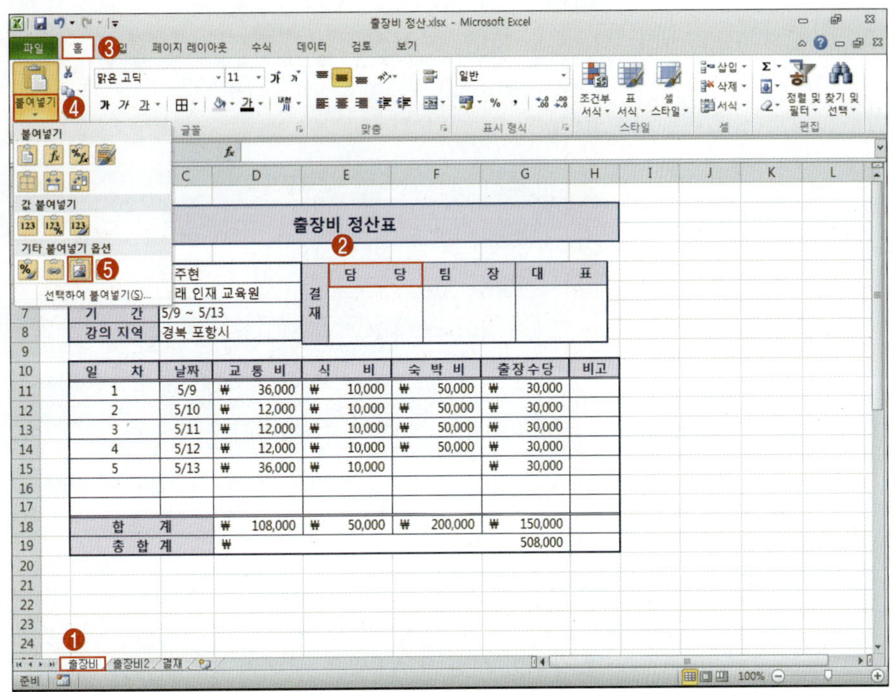

E5셀에 삽입된 이미지의 사이즈와 위치를 보기 좋게 조정합니다.

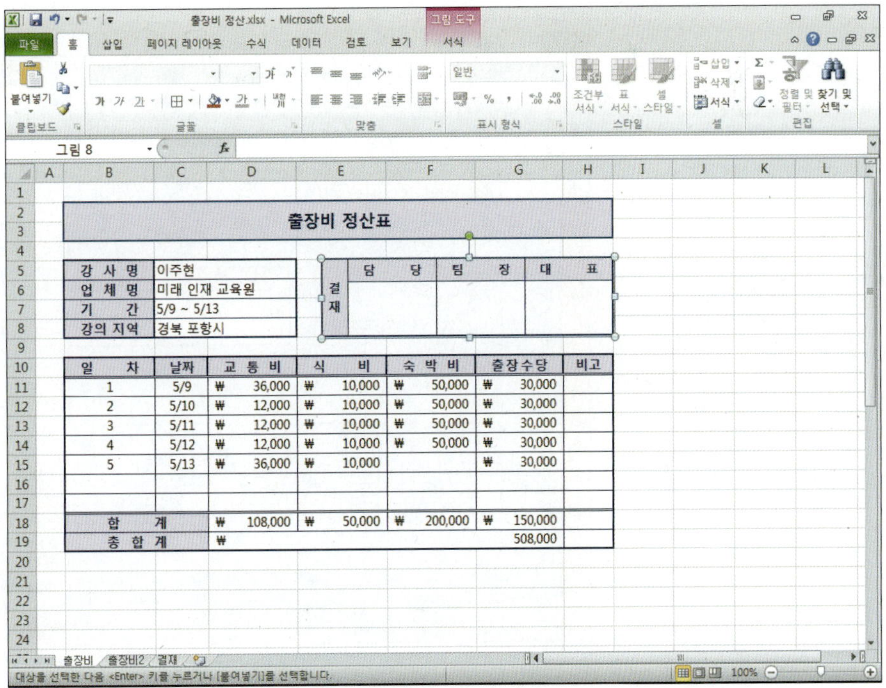

A1:H19 영역을 선택하고 Ctrl + C 를 눌러 복사합니다.

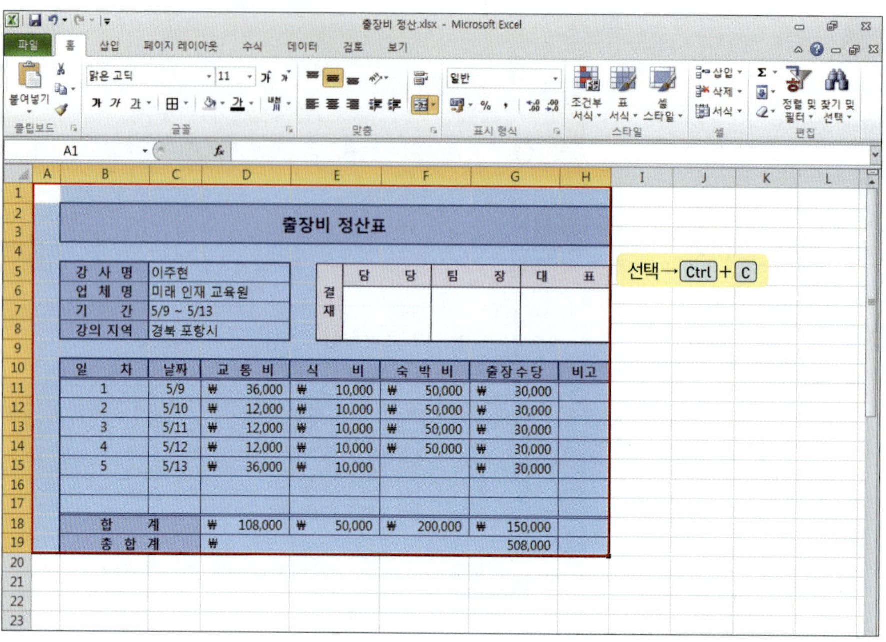

‘출장비2’ 시트의 A1셀을 선택하고 Ctrl + V 를 눌러 붙여넣기 합니다. 붙여넣기
한 후 해당 영역 우측 하단에 나타나는 붙여넣기 옵션 버튼을 눌러 ‘원본 열 너비 유
지’ 옵션을 선택하면 원본의 열 너비와 같게 조정됩니다.

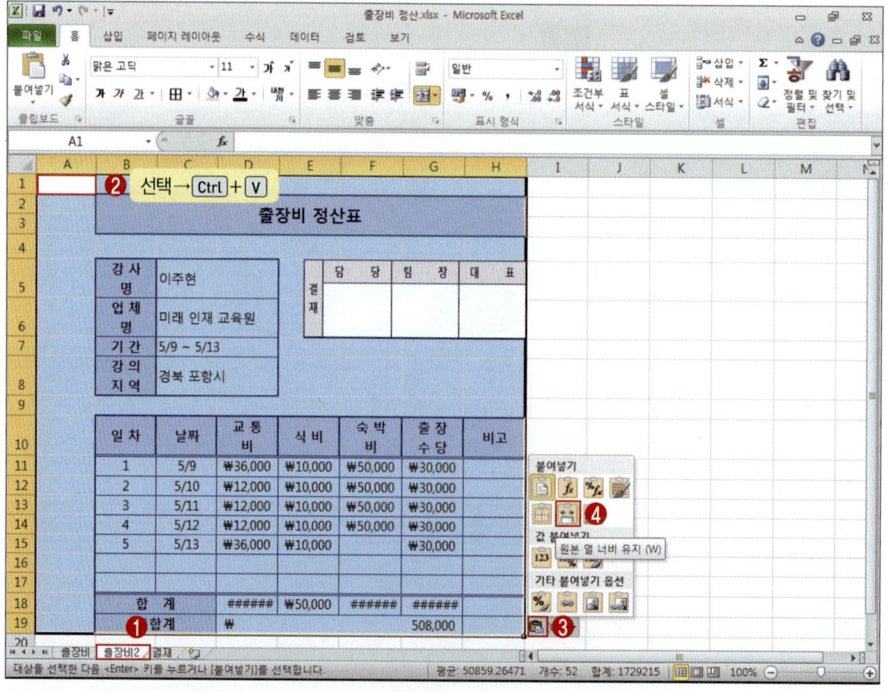

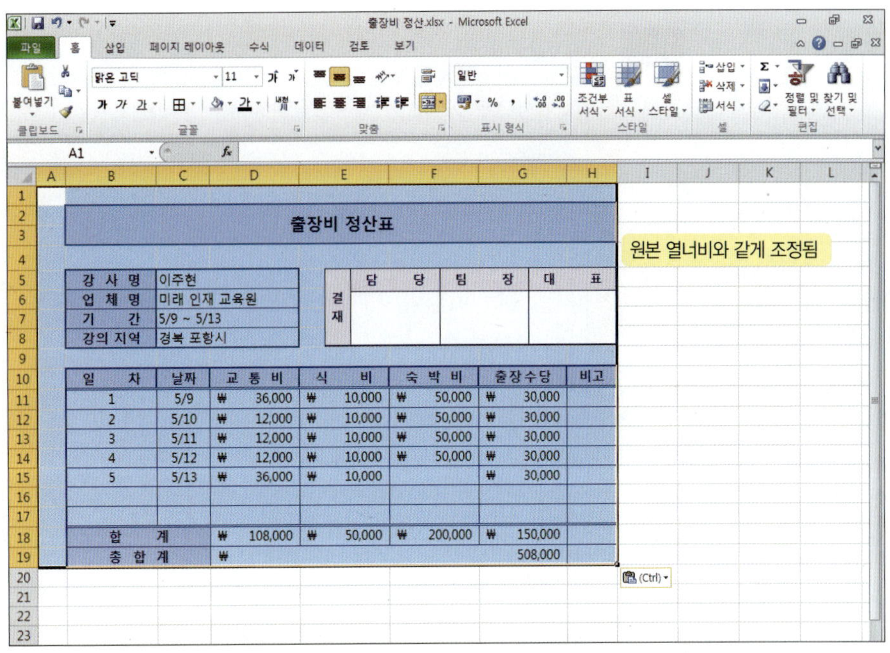

마우스로 다른 시트의 내용을 복사하려면

복사할 영역을 선택하고 선택 영역의 가장자리에 마우스를 댄 채로 Ctrl 과 Alt 를 누르면서 복사할 시트명에 마우스 포인터가 위치하도록 합니다. 잠시 기다려 화면이 붙여 넣을 시트로 전환되면 붙여넣기 할 영역으로 마우스를 가져간 후 떼면 붙여넣기 됩니다. 이때 복사하여 삽입하는 것처럼 '붙여넣기 옵션'이 나타나지는 않으므로 열 너비는 별도로 설정해 주거나 원본 열 너비를 복사하여 사용합니다.

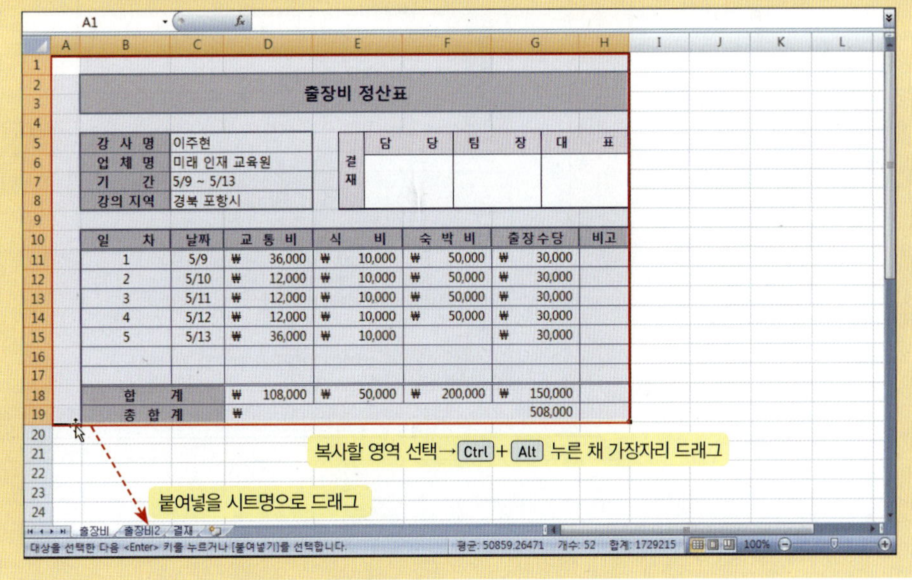

TIP

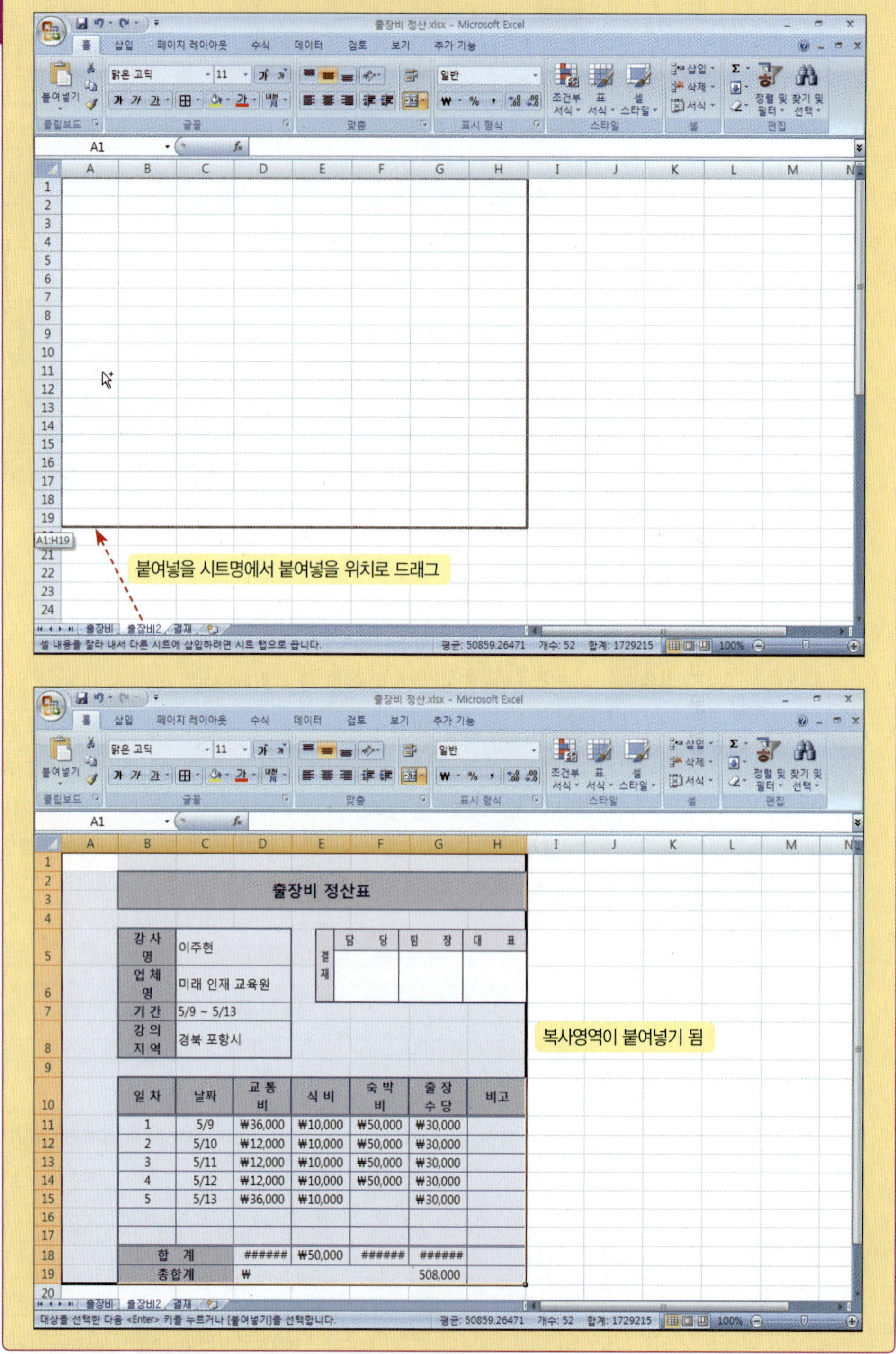

붙여넣을 시트명에서 붙여넣을 위치로 드래그
복사영역이 붙여넣기 됨

  기본 서식으로 문서 작성하기

엑셀은 계산 작업을 할 때 편리한 프로그램이지만 많은 기업에서는 계산이 필요 없는 일반 문서를 작성할 때도 엑셀을 이용하고 있습니다. 셀 병합, 열과 행의 크기 조정, 맞춤 등과 같은 간단한 기능을 이용하여 '거래명세표' 양식을 작성하고 입력할 데이터의 특성에 맞게 서식도 적용해 봅시다.

완성 파일 **PART2** 거래명세표

새 문서를 열고 A열 머리글과 1행 머리글이 만나는 교차 지점을 클릭하여 워크시트 전체를 선택한 후 열 머리글 위에서 오른쪽 마우스를 눌러 [열 너비] 메뉴를 선택합니다.

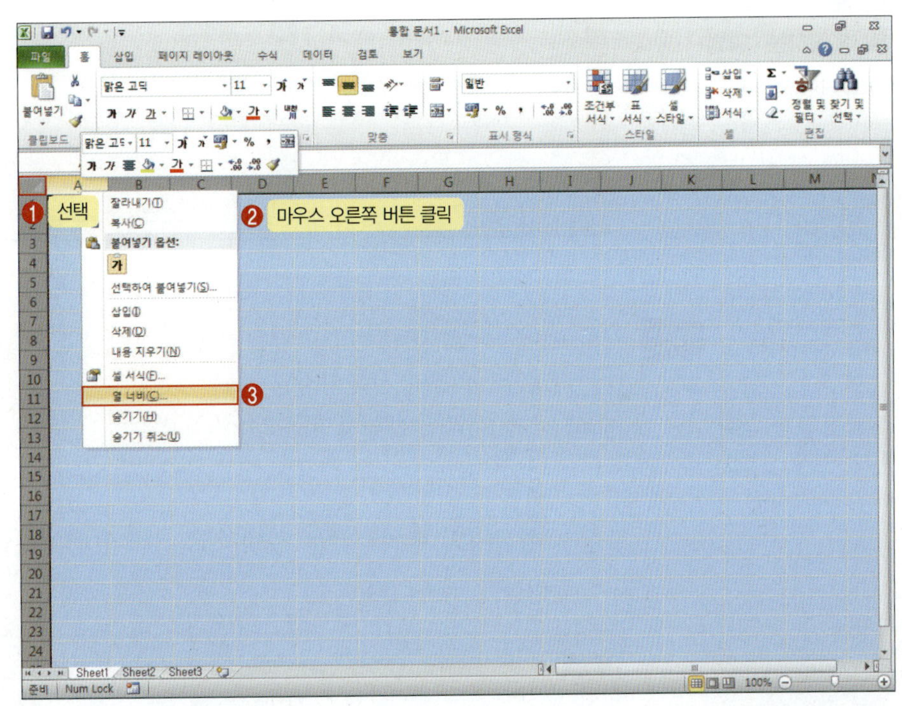

열 너비를 "3.5"로 지정하고 [확인] 버튼을 클릭하면 열 너비가 수치에 맞춰 조정됩니다.

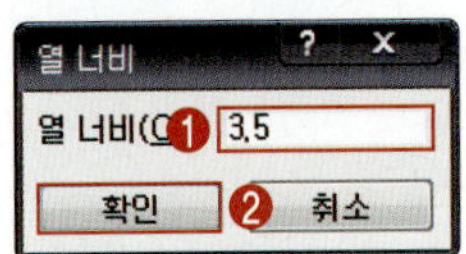

실무 작업에서는 열너비를 마우스로 조정하여 주로 사용하지만 여기에서는 예제와 같은 너비를 적용하기 위해 수치를 사용했습니다.

마우스로 열너비를 같은 사이즈로 조정하려면 여러 개의 열을 선택한 상태로 범위 안에 있는 열 머리글 사이 경계선에서 마우스를 드래그하고, 데이터 너비만큼 각각 다르게 지정하려면 열 머리글 사이 경계선에서 마우스를 더블 클릭합니다. 행 높이를 조정하는 방법 역시 같습니다.

A열 머리글을 클릭하고 Ctrl 을 누른 상태로 K열 머리글을 다시 클릭한 후 열 너비를 '2.5'로 지정합니다.

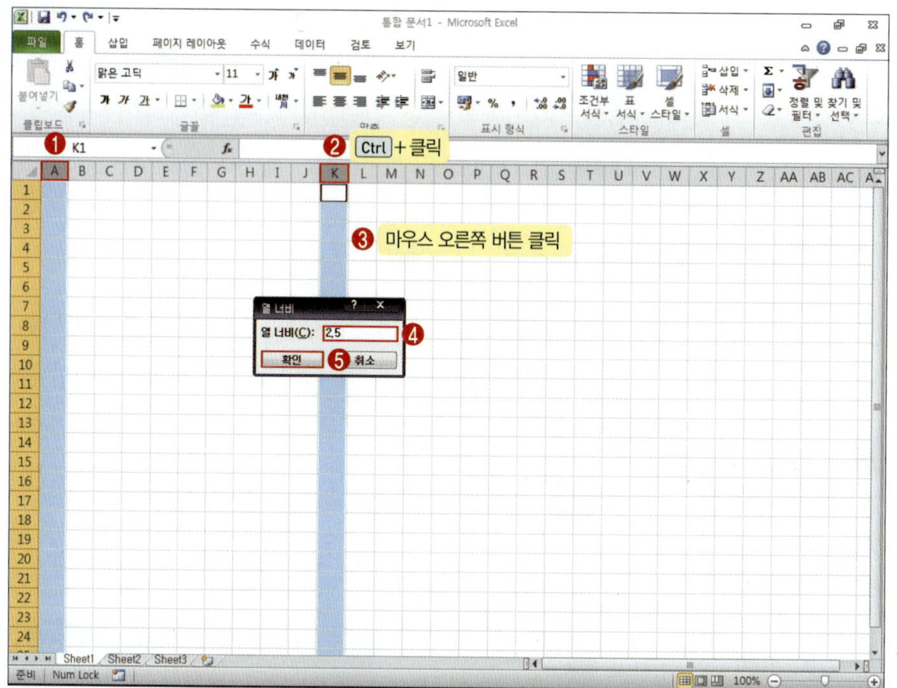

Ctrl 또는 Shift 를 사용하면 여러 셀을 한꺼번에 선택할 수 있습니다.
Ctrl –비연속 셀(영역) 선택 시 사용
Shift –연속 셀(영역) 선택 시 사용

1행~5행까지의 행머리글을 선택하고 선택된 행머리글의 경계선에 마우스를 대고 행 높이를 늘려줍니다.

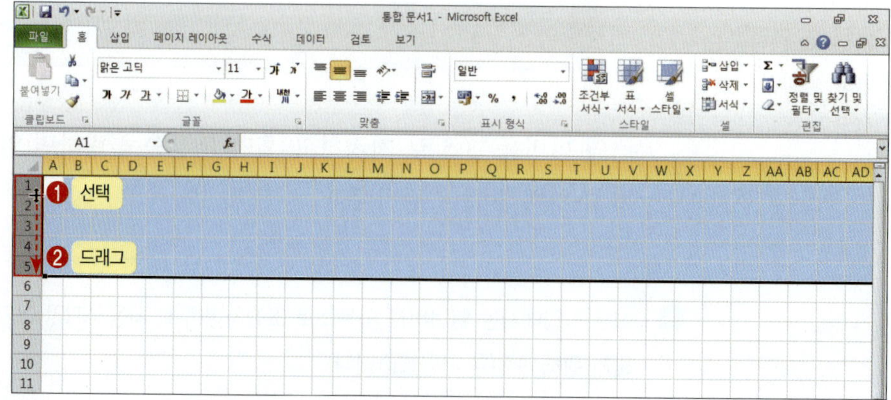

A1:T1영역을 선택한 후 [홈] 탭 – [맞춤] 그룹 – [병합하고 가운데 맞춤]을 설정합니다.

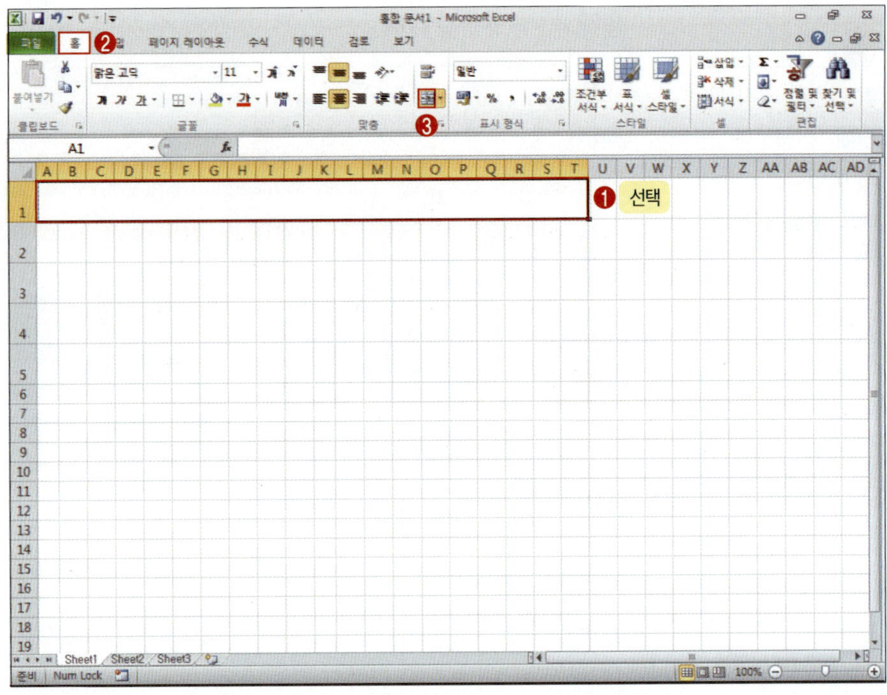

B2:C5 영역을 선택하고 Ctrl 을 누른 상태로 L2:M5 영역을 선택한 후 [홈] 탭 – [맞춤] 그룹 – [병합하고 가운데 맞춤] – [전체 병합]을 설정합니다.

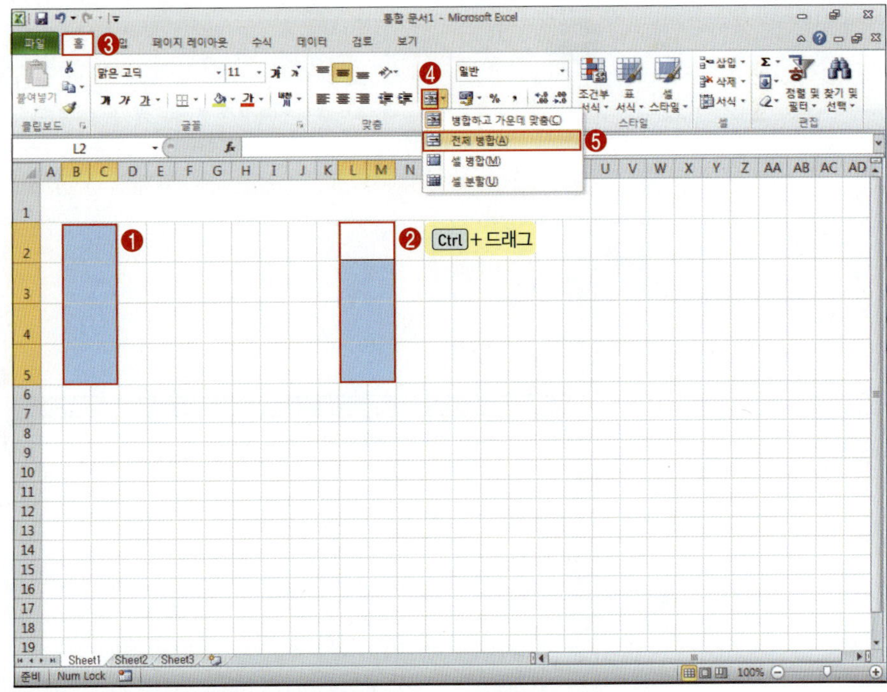

Ctrl 을 누른 상태로 다음 영역을 각각 선택하고 [병합하고 가운데 맞춤] 메뉴를 사용해 각각 병합합니다.

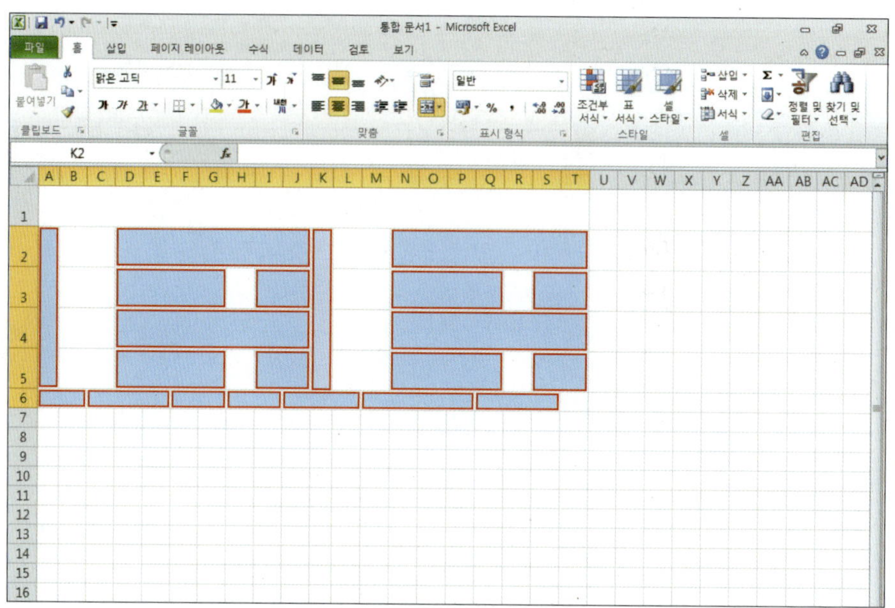

A6:T6 영역을 선택한 후 오른쪽 아래 채우기 핸들에 마우스를 대고 아래로 22행까지 드래그하면 드래그한 영역에 셀 병합이 적용됩니다. 셀 병합이 적용된 영역의 행 머리글을 선택하고 경계선을 아래로 드래그하여 행 높이를 늘려줍니다.

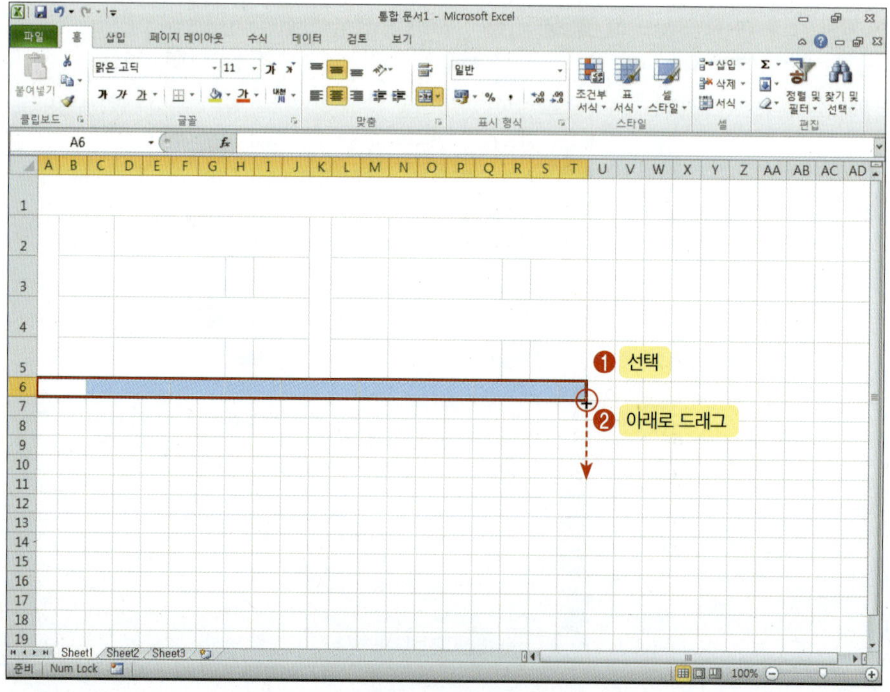

A2:A5, K2:K5 영역을 선택한 후 [홈] 탭 – [맞춤] 그룹 – [방향] – [세로 쓰기]를 선택
합니다.

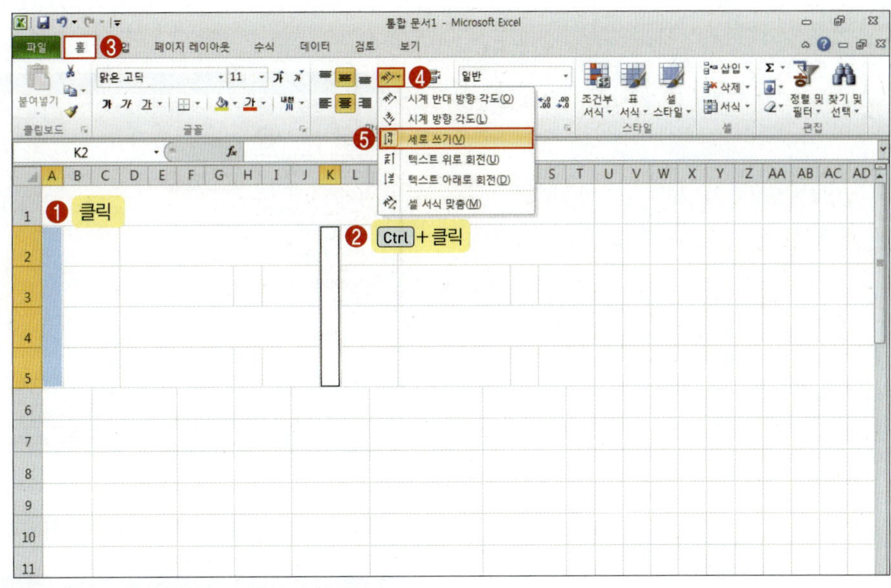

각 셀에 다음 내용을 입력합니다. B3, B4, L3, L4셀은 Alt + Enter 를 눌러 줄 바
꿈 해줍니다.

예 B3셀 : "상호" 입력 → Alt + Enter → "(법인명)" 입력

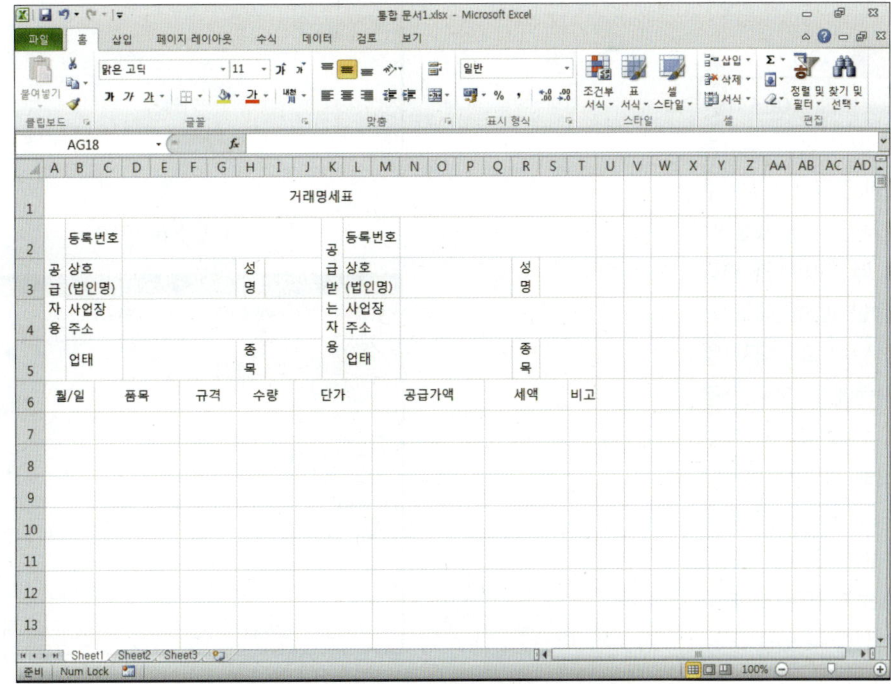

다음 영역을 선택하고 [Ctrl]+[1] 키를 눌러 셀 서식 대화 상자가 열리면 [맞춤] 탭에서 다음과 같이 설정합니다.

A1:T1 영역

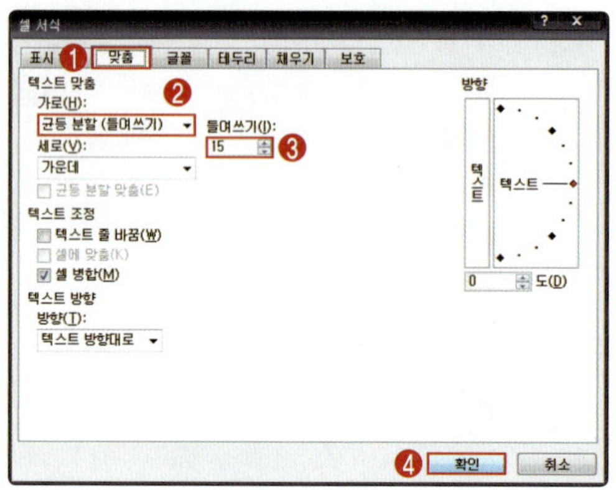

B2:C5, L2:M5 영역

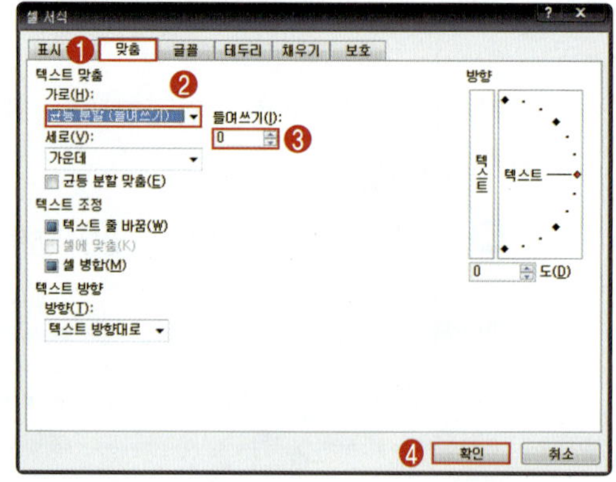

균등 분할(들여쓰기)은 셀의 여백 없이 문자를 동일한 간격으로 맞춰주는 기능입니다. 표를 작성할 때 알아두면 편리한 정렬 방법인데도 리본 메뉴에 표시되지 않기 때문에 잘 모르는 경우가 많습니다. 글자수에 비해 셀의 너비가 넓은 경우 들여쓰기 값을 지정하면 양쪽 여백이 생겨 보기 좋은 셀 맞춤을 지정할 수 있습니다.

C6:S6 영역

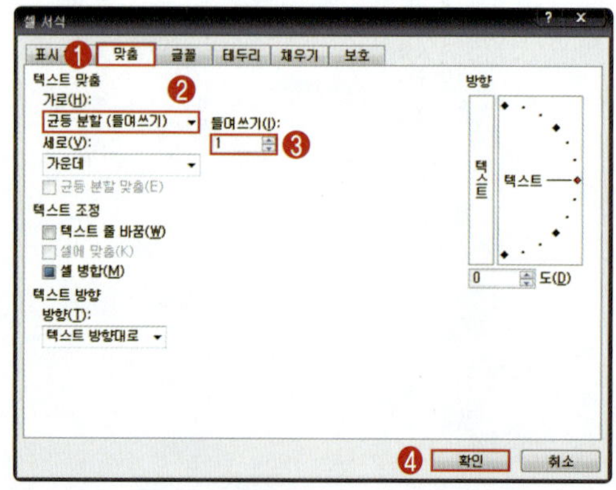

셀 스타일 기능은 2007 버전에서 추가된 기능으로 글자 서식, 채우기 색 등을 일일이 적용하기 번거로울 때 이미 만들어져 있는 스타일 중에서 한 번에 선택하여 적용할 수 있는 기능입니다. [새 셀 스타일] 메뉴를 이용하면 자주 사용하는 스타일을 직접 만들어 놓고 반복해서 편리하게 사용할 수 있습니다. 새 셀 스타일을 등록하는 방법은 54p를 참고합니다.

A1:T1 영역을 선택하고 [홈] 탭 – [스타일] 그룹 – [셀 스타일] – [제목]을 클릭합니다.

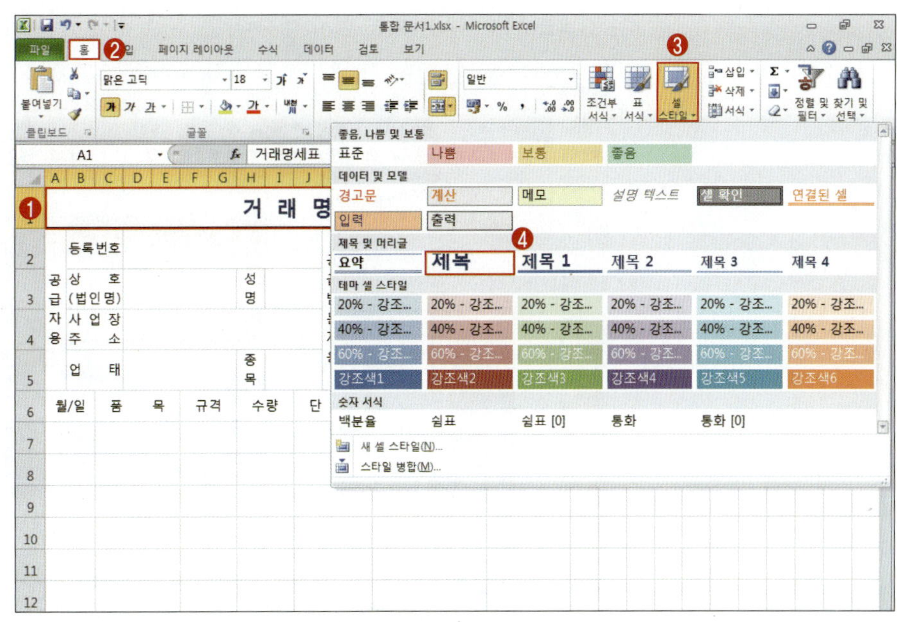

페이지 레이아웃 버튼을 눌러 보기 방식을 변경한 후 A23 : A25 영역에 각각 "공급가액", "세액", "총액"을 입력하고 행별로 A열부터 L열까지 병합합니다. M23 : T25 영역도 행별로 병합합니다. [홈] 탭 – [글꼴] 그룹의 [굵게]와 [글꼴 크기] 메뉴를 사용하여 글자 서식을 지정합니다.

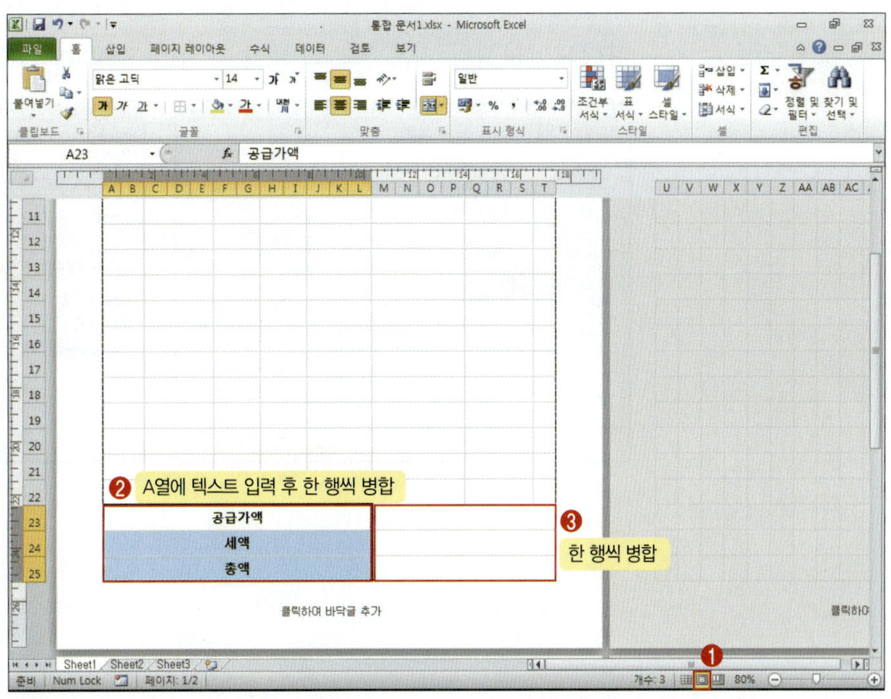

제목을 제외한 내용이 입력된 셀을 모두 선택하고 [홈] 탭-[글꼴] 그룹-[테두리]-[모든 테두리]와 [굵은 상자 테두리]를 적용하여 "거래명세표"를 완성합니다.

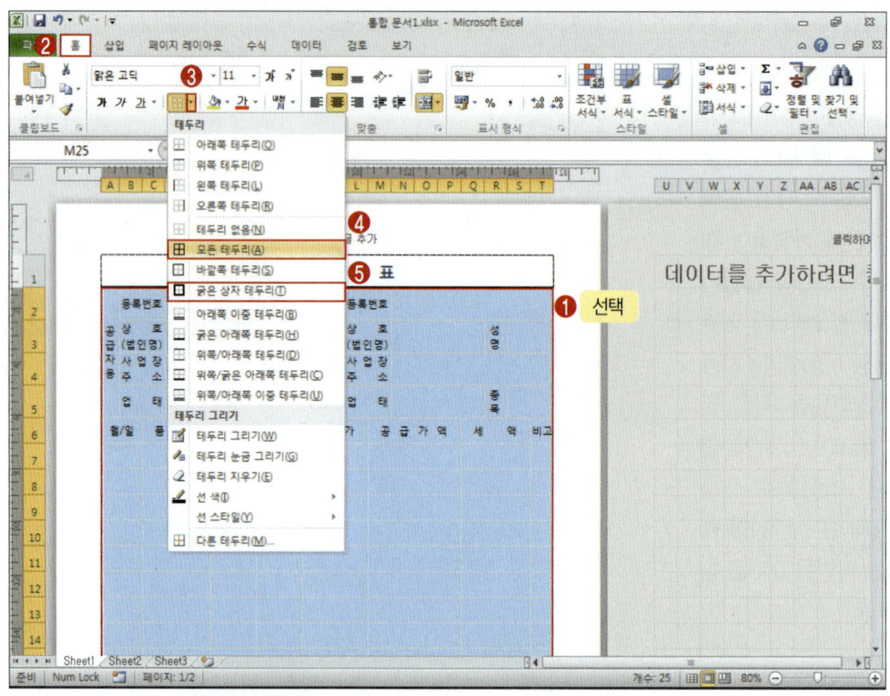

D3, N3셀은 Ctrl + 1 키를 눌러 셀 서식 대화 상자가 열리면 [맞춤] 탭에서 텍스트 조정 항목을 '셀에 맞춤'으로 설정하고, D4, N4셀은 '텍스트 줄 바꿈'으로 설정합니다. D4, N4셀의 '가로 텍스트 맞춤'은 '왼쪽(들여쓰기)'으로 합니다.

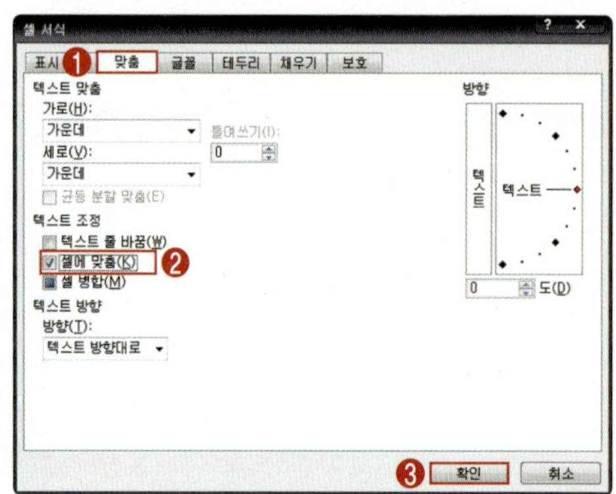

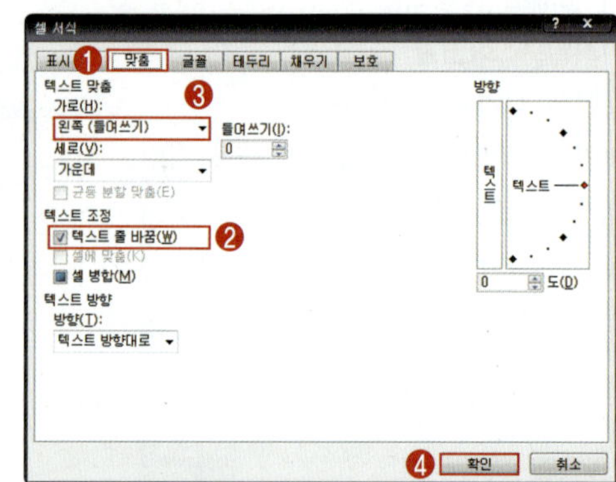

각 셀에 다음 데이터를 입력해 봅니다.

D3 : 일진사

D4 : 서울 특별시 용산구 효창동 5 – 104호 일진빌딩

N3 : 충북 미래 인재 교육원

N4 : 충청북도 청주시 상당구 북문로 2가 116 – 94

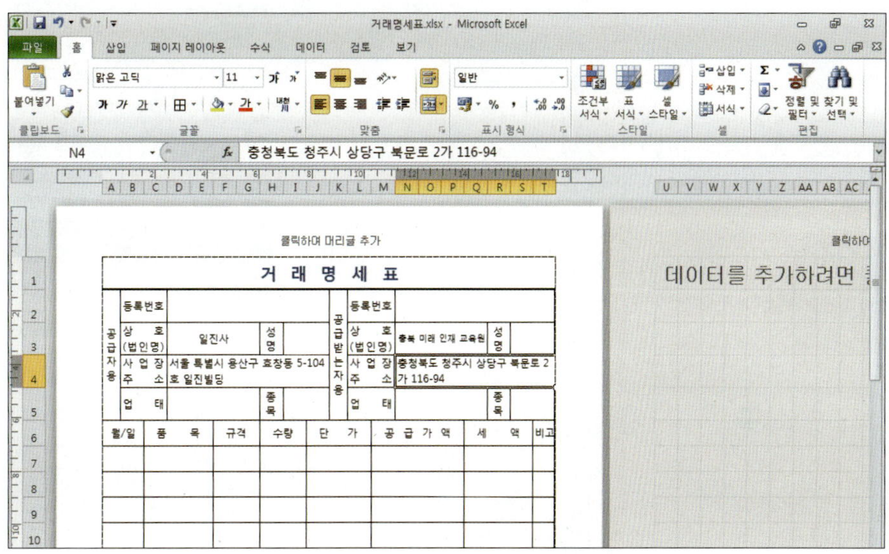

▶ 데이터의 문자수가 짧은 D3셀과는 달리 N3셀은 너비에 맞춰 텍스트의 크기가 작게 자동 조정됩니다.
D4, N4셀의 경우 텍스트의 양에 맞춰 자동으로 줄 바꿈 됩니다.

TIP 방향키와 단축키를 이용한 셀 선택

단축키	선택 결과	단축키	선택 결과
↓ 또는 enter	아래 셀로 이동	→ 또는 tab	오른쪽 셀로 이동
→ 또는 Shift + tab	왼쪽 셀로 이동	↑ 또는 Shift + enter	위쪽 셀로 이동
Ctrl + Space Bar	행 전체 선택	Shift + Space Bar	열 전체 선택
Ctrl + → / + ←	작업영역의 열기준 첫셀, 끝셀 선택	Ctrl + ↑ / + ↓	작업영역의 행기준 끝셀, 첫셀 선택
Ctrl + Shift + → / + ←	연속된 데이터 열범위 선택	Ctrl + Shift + ↑ / + ↓	연속된 데이터 행 범위 선택
Ctrl + Home / End	작업영역의 첫 셀 / 끝 셀 선택	Ctrl + PageUP / PageDown	시트 이동 (이전 / 다음)

나만의 셀 스타일 만들어 사용하기

[홈] 탭-[스타일] 그룹-[셀 스타일]-[새 셀 스타일]을 클릭합니다.

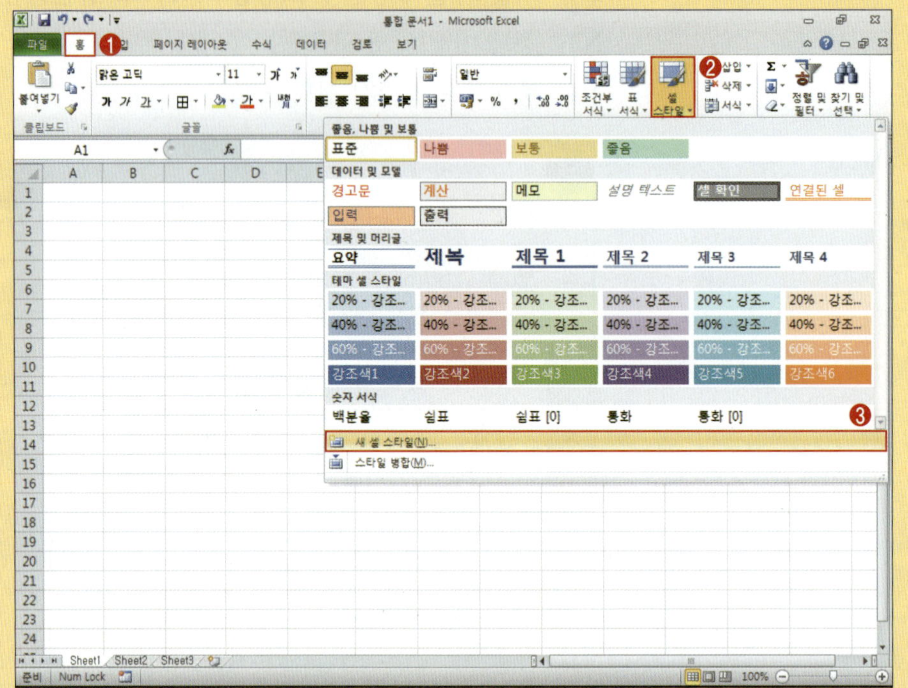

스타일 이름에 '문서 제목'이라고 입력하고 [서식] 버튼을 클릭합니다.

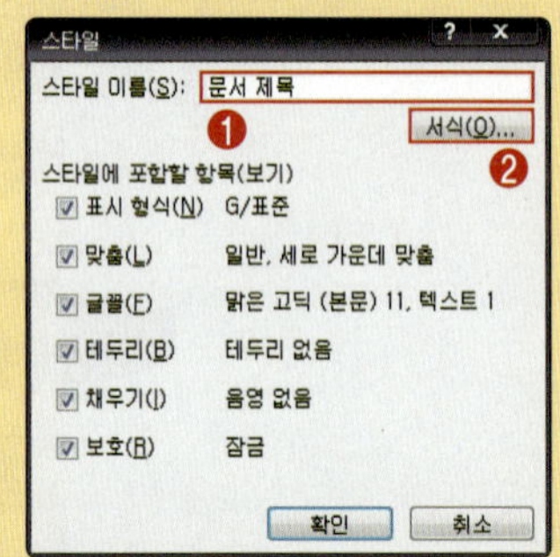

셀 서식 대화 상자가 열리면 [맞춤] 탭의 가로 텍스트 맞춤을 [가운데]로 [글꼴] 탭의 '굵게', '크기 : 18', '색 : 진한 파랑'을 설정하고, [채우기] 탭의 배경색을 '진한 파랑, 텍스트 2, 80 % 더 밝게'로 설정한 후 [확인] 버튼을 클릭합니다.

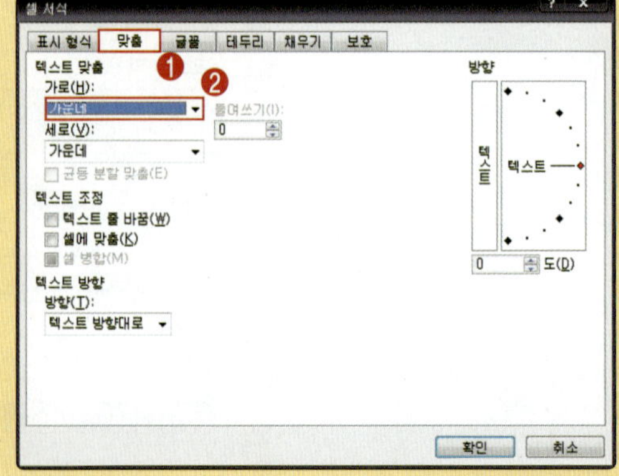

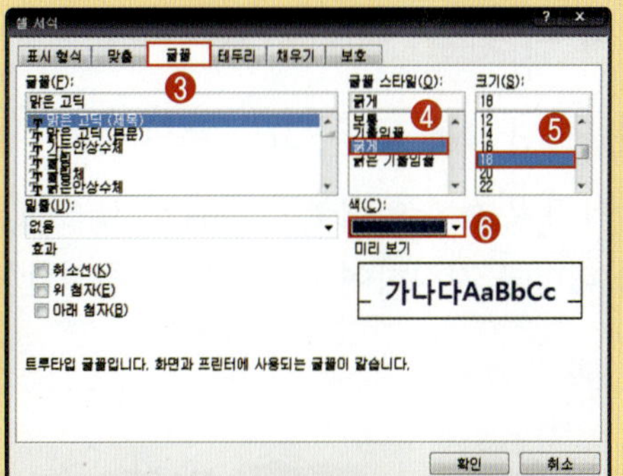

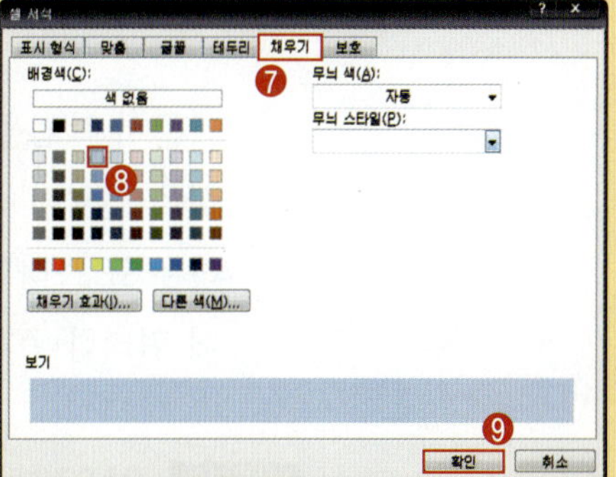

[홈] 탭-[스타일] 그룹-[셀 스타일] 메뉴를 선택해 보면 '사용자 지정' 항목에 '문서 제목' 셀 스타일이 등록되어 있어 원하는 영역에 적용할 수 있습니다.

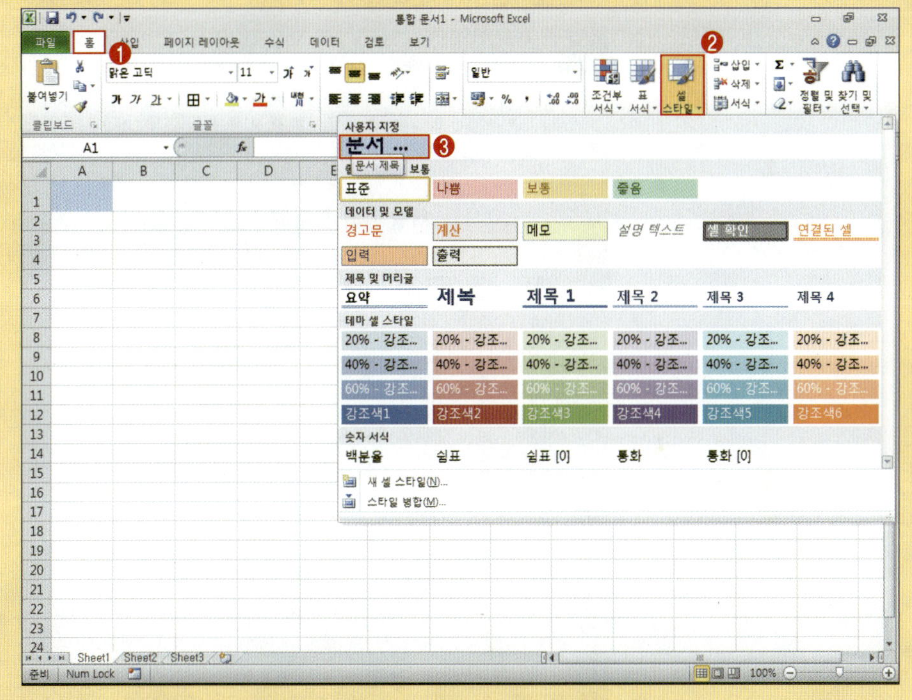

셀 스타일을 해제하려면 [셀 스타일] 메뉴의 [표준]을 사용하면 됩니다.

 **표 스타일과 테마 지정으로 비주얼 살리기**

　문서 작업을 하다보면 제목, 내용, 요약 등의 각각 다른 데이터가 삽입된 셀의 서식을 일일이 적용하기 번거로운 경우가 있습니다. 이럴 때 엑셀에서 기본으로 제공하는 표 스타일과 테마를 지정하여 변경하면 비주얼한 서식을 빠르게 설정할 수 있어 편리합니다.

예제 파일　**PART2** 체형 관리 현황표　　　완성 파일　**PART2** 체형 관리 현황표 완성

　[파일]-[열기] 메뉴를 사용하여 '체형 관리 현황표' 예제를 불러옵니다. F3셀에 단축키 Ctrl + ; (세미콜론)을 사용하여 오늘 날짜를 입력합니다.

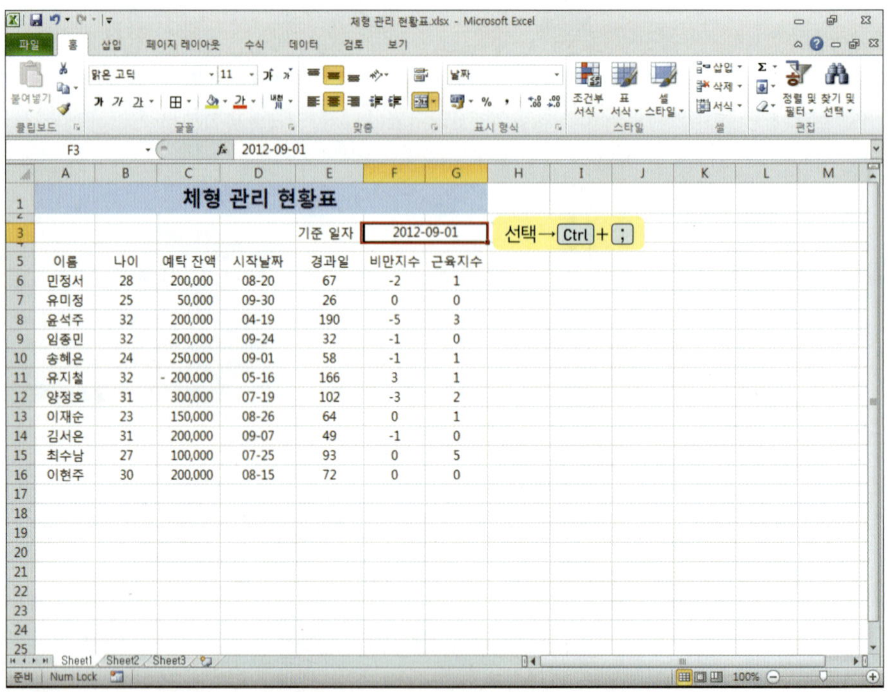

A5 : G16 영역의 한 셀을 클릭한 후 [홈] 탭−[스타일] 그룹−[표 서식] 메뉴를 눌러 '표 스타일 보통 9'를 선택합니다.

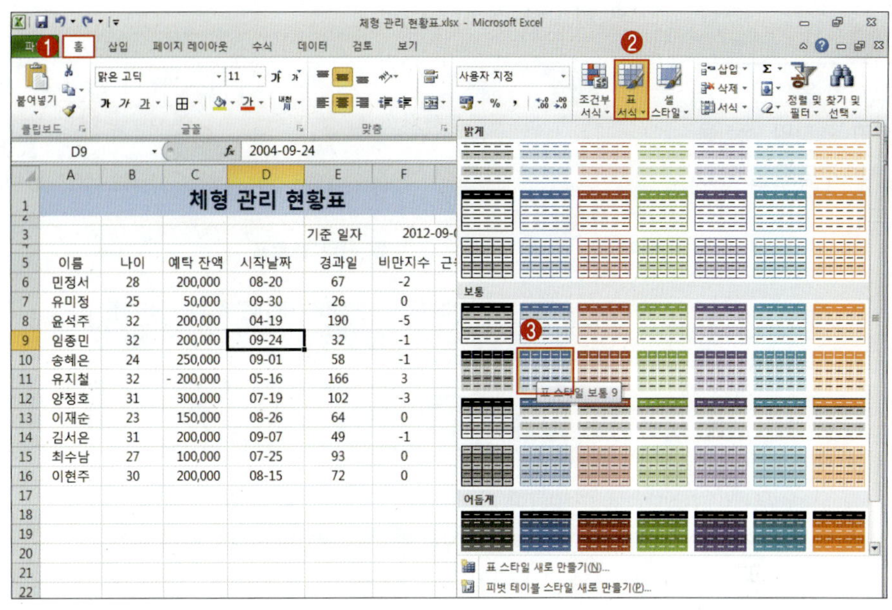

[표 서식] 대화 상자가 열리면 범위가 맞는지 확인하고 [확인] 버튼을 클릭합니다.

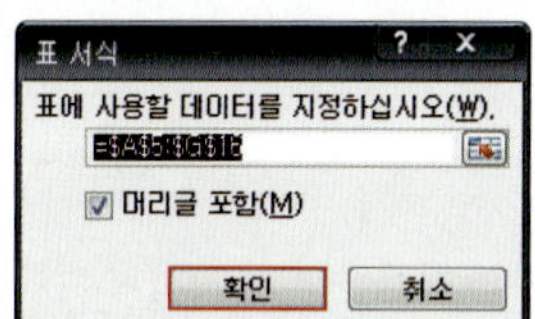

데이터 범위에 선택한 표 서식이 적용되면서 표로 변경되고 [보기] 탭 오른쪽에 [표 도구]−[디자인] 탭이 나타납니다.

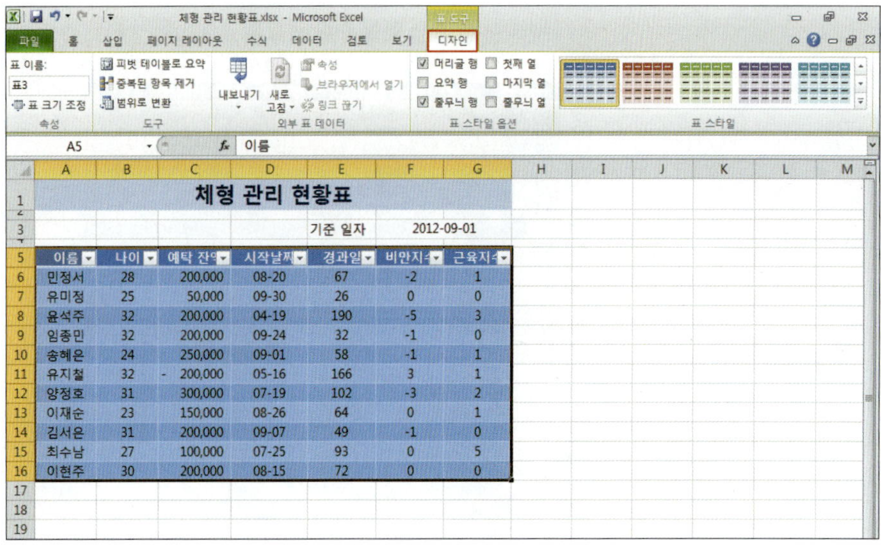

　　[디자인] 탭－[표 스타일 옵션] 그룹의 '첫째 열'과 '요약 행'을 체크 표시하면 첫째 열
에 서식이 변경되고 G17셀에 수치 데이터의 합계가 요약값으로 되어 표시되는 것
을 확인할 수 있습니다.

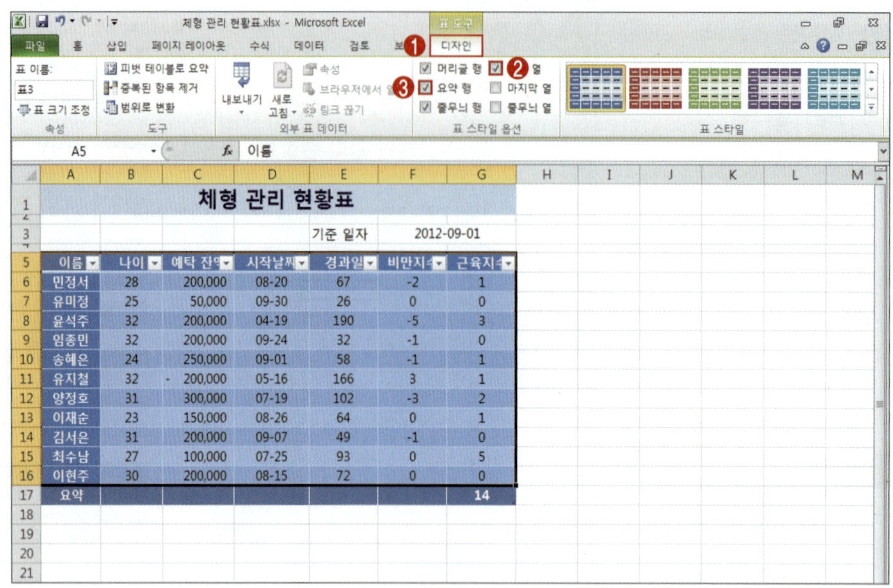

　　G17셀을 선택하여 오른쪽에 나타나는 버튼을 클릭하여 '평균'을 선택합니다.
E17, F17셀도 같은 방법으로 평균을 선택하여 결과값이 셀에 표시되도록 합니다.

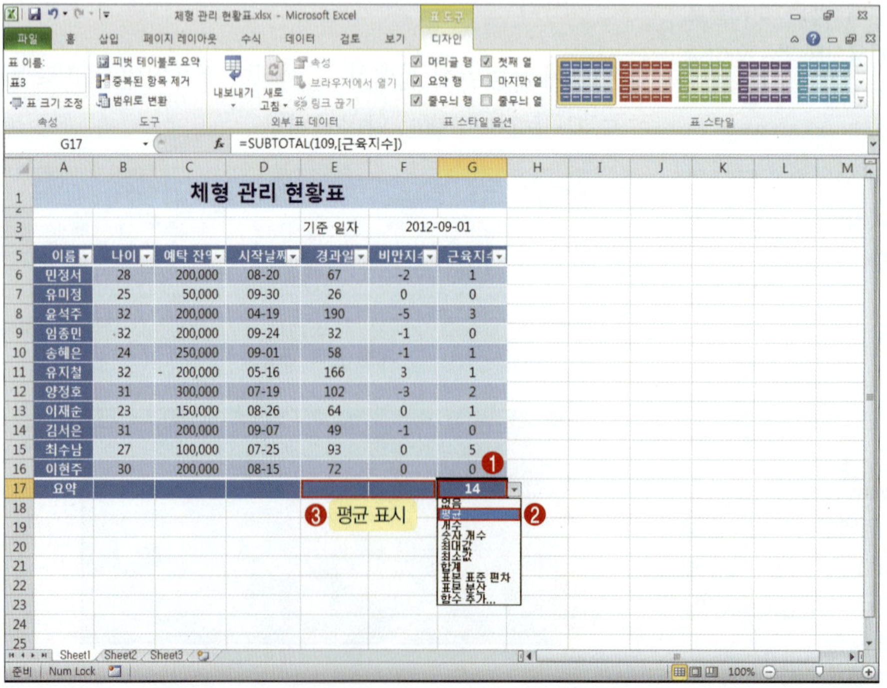

E17 : G17셀의 평균값은 [홈] 탭 - [표시 형식] 그룹 - [자릿수 줄임]을 여러 번 클릭하
여 소수점 둘째자리까지만 표시되도록 합니다.

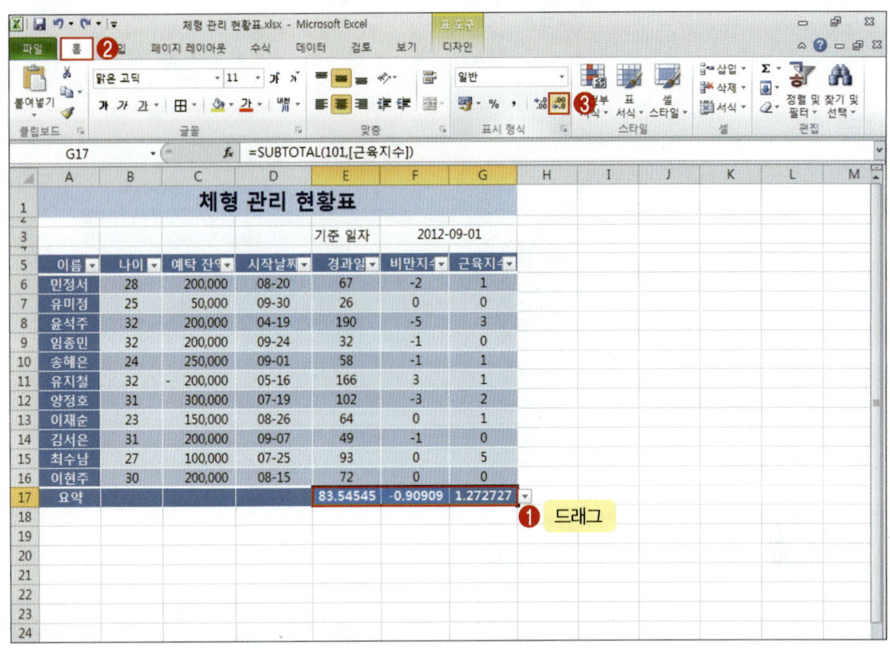

데이터 범위가 표로 변경되면서 추가로 표시된 필터 버튼 등을 없애고 정상 범위
로 되돌리려면 [디자인] 탭 - [도구] 그룹 - [범위로 변환] 메뉴를 클릭합니다.

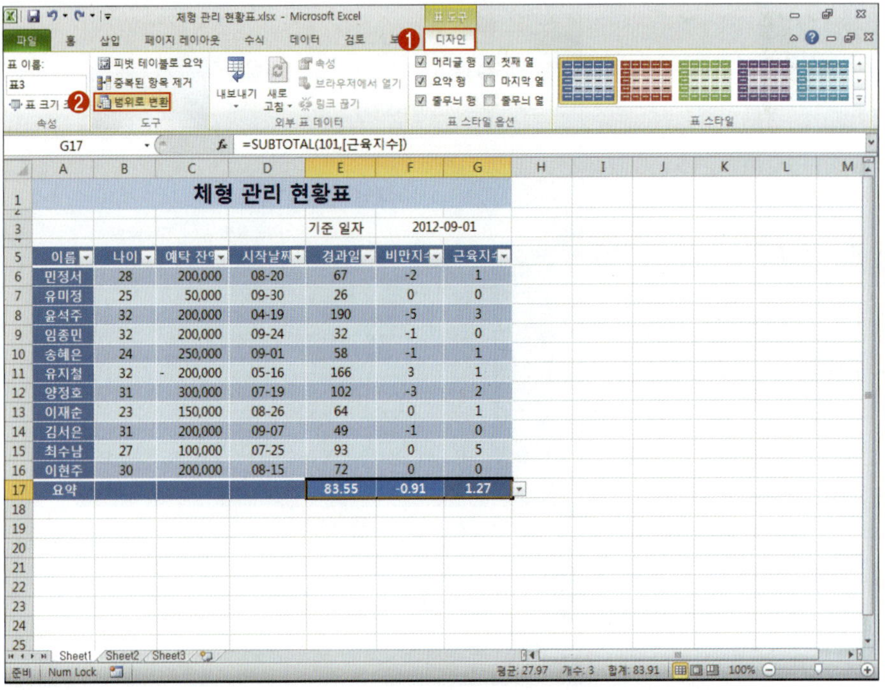

서식을 남겨둔 상태로 테이블 특유의 기능이 제거됩니다.

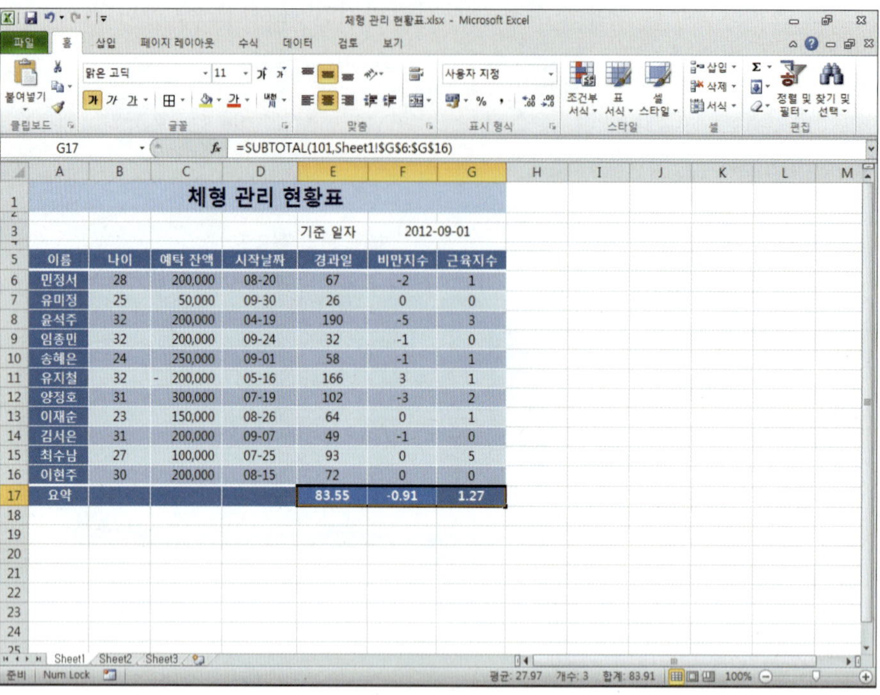

A17:D17영역을 선택하여 [홈] 탭 – [맞춤] 그룹 – [병합하고 가운데 맞춤] 메뉴를 클릭하여 하나의 셀로 병합합니다.

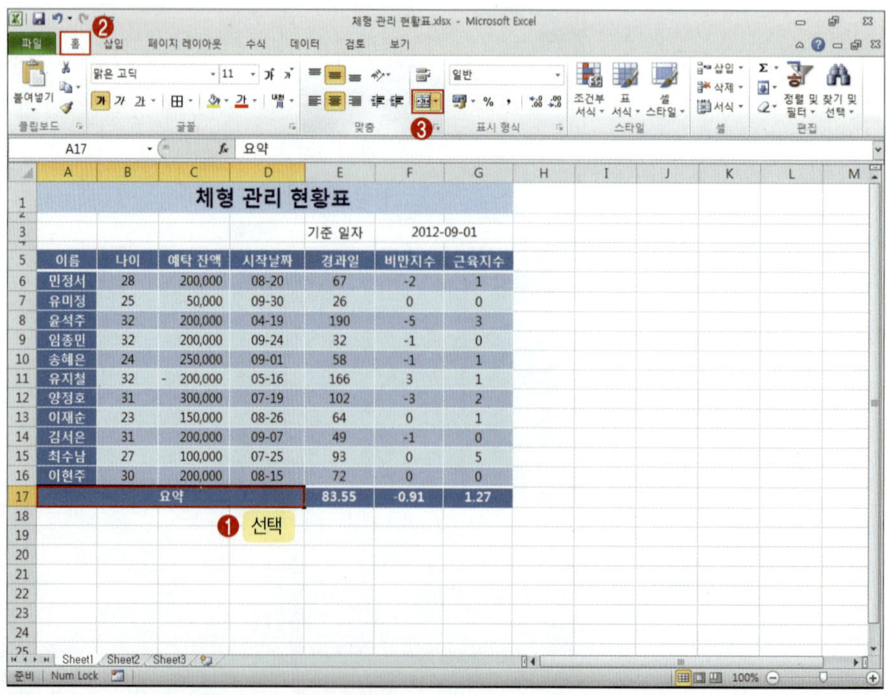

[페이지 레이아웃] 탭–[테마] 그룹–[테마] 목록에서 '모듈'을 선택합니다. 색상과 글꼴이 변경됩니다.

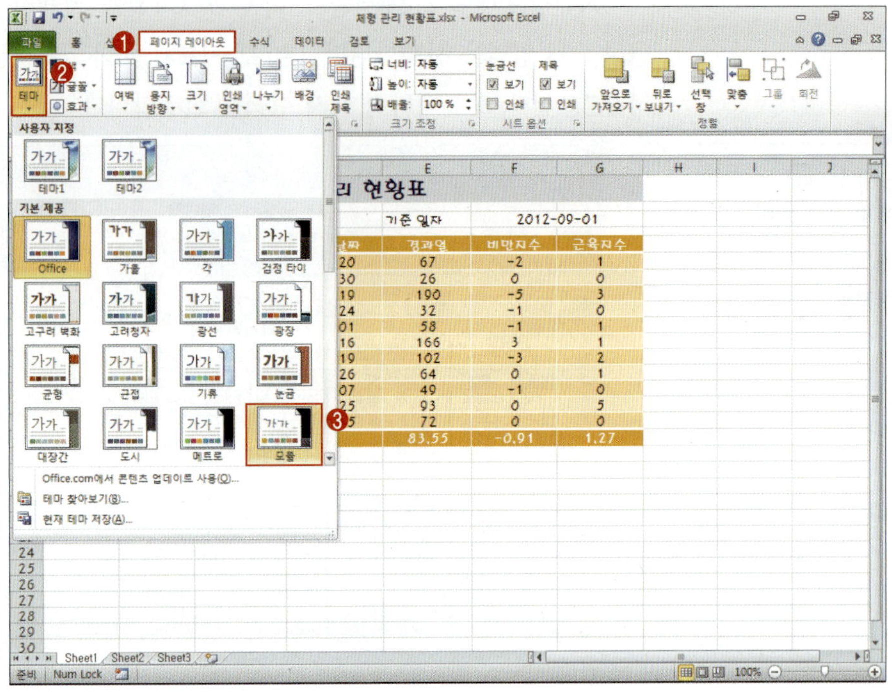

다양한 데이터의 표시 형식 지정하기

엑셀에서는 셀 서식을 활용하여 숫자, 날짜, 문자 등의 데이터 종류에 따라 다양한 표시 형식을 지정할 수 있습니다. 동일한 데이터도 표시 형식에 따라 화면에서는 다르게 표현할 수 있어 많은

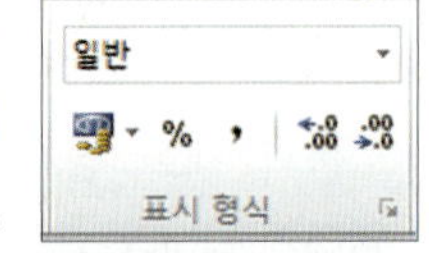

데이터의 입력과 편집에 편리하게 이용할 수 있습니다. 또한 데이터를 읽고 분석하는 데 보다 효율적인 자료를 작성할 수 있습니다. 리본 메뉴의 [홈] 탭–[표시 형식] 그룹을 사용하거나 [셀 서식] 대화 상자의 [표시 형식] 탭을 사용하여 표시 형식을 설정하여 봅니다.

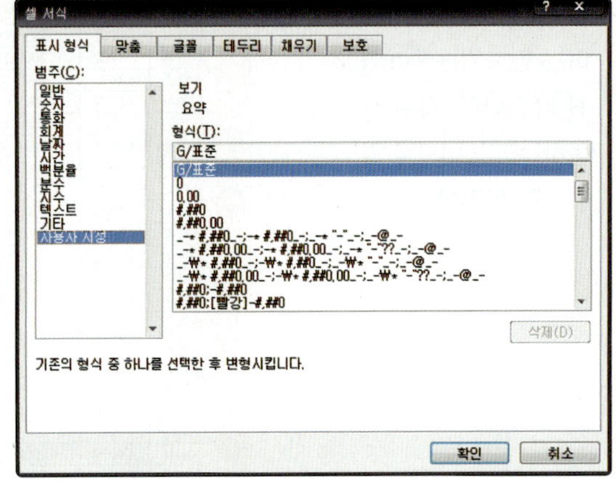

'직원정보카드 2' 예제를 불러온 후 C4셀을 선택한 후 Ctrl+Shift+↓를 눌러 C4:C33 영역을 선택합니다. [홈] 탭-[표시 형식] 그룹-[표시 형식] 목록 버튼을 눌러 [간단한 날짜]를 선택하여 표시 형식을 설정합니다.

TIP

Ctrl + Shift + ↓는 해당 열의 마지막 데이터가 있는 셀까지 범위를 지정할 수 있습니다.

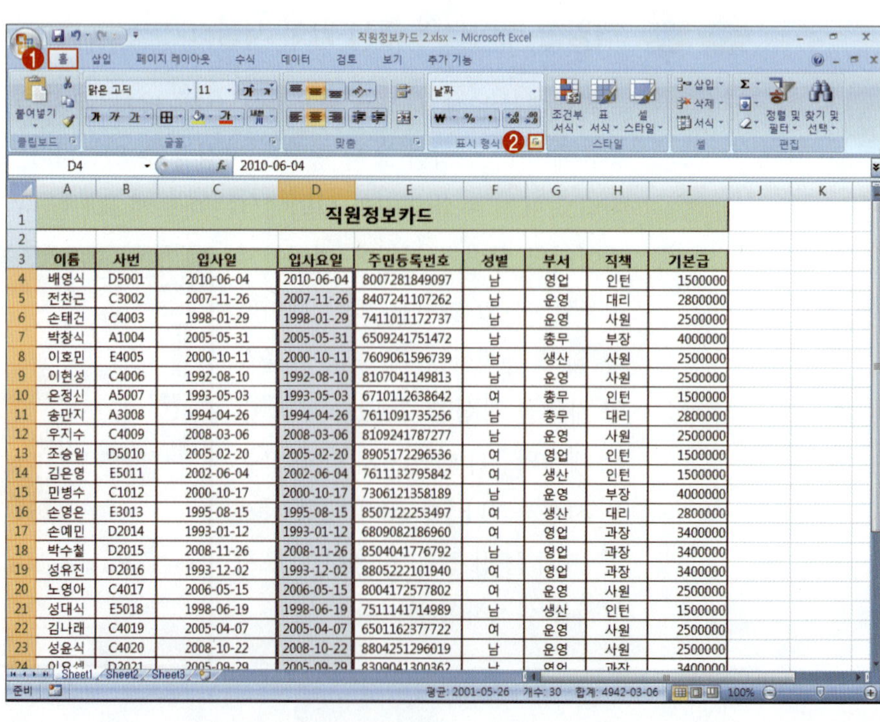

D4:D33 영역을 선택한 후 [홈] 탭-[표시 형식] 그룹의 [대화 상자 열기] 버튼을 클릭합니다.

TIP

1. 그룹명의 오른쪽에 붙어 있는 [대화 상자 열기] 버튼을 누르면 각 그룹의 대화 상자가 열리게 됩니다.
2. 셀 서식 대화 상자를 여는 단축키는 'Ctrl+1'입니다. 자주 사용하는 기능이므로 외워두면 편리합니다.

셀 서식 대화 상자가 열리면 [표시 형식] 탭의 '사용자 지정' 범주를 선택하고 형식에 'aaa'라고 입력한 후 [확인] 버튼을 누릅니다.

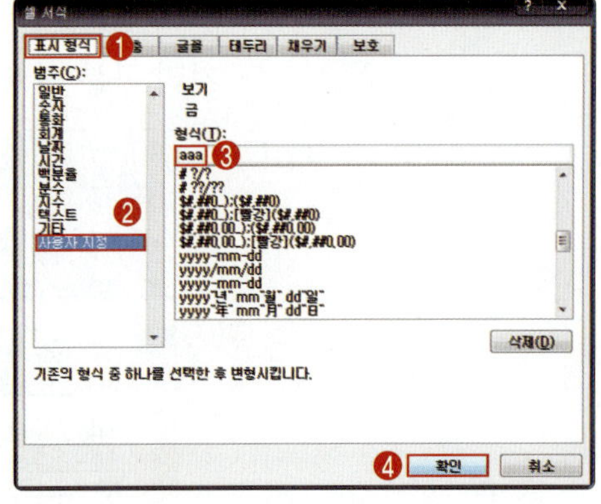

E4:E33 영역을 선택한 후 셀 서식 대화 상자를 열어 [표시 형식]탭의 '기타' 범주를 선택하고 형식에 '주민등록번호'를 선택한 후 [확인] 버튼을 누릅니다.

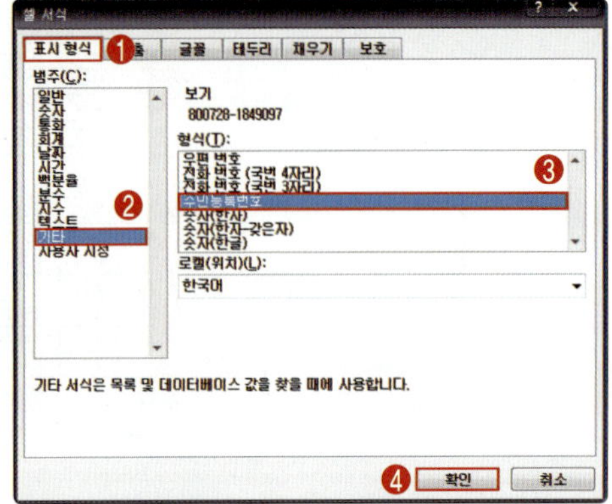

G4:G33 영역을 선택한 후 셀 서식 대화 상자를 열어 [표시 형식] 탭의 '사용자 지정' 범주를 선택하고 형식에 '@부'를 입력한 후 [확인] 버튼을 누릅니다.

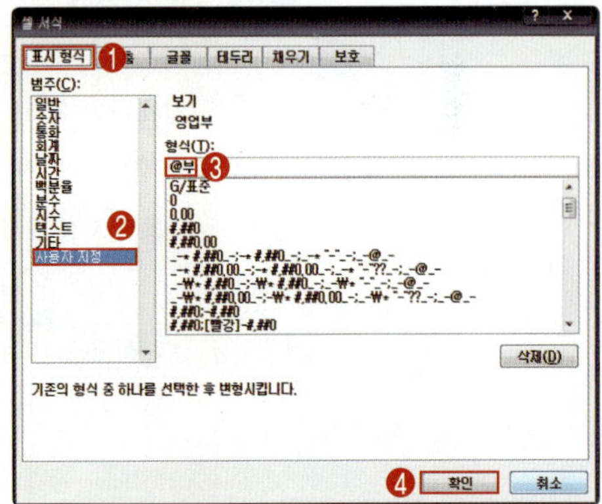

I4:I33 영역을 선택한 후 [홈] 탭−[표시 형식] 그룹−[쉼표 스타일]을 선택합니다. 세 자리 구분 기호로 쉼표가 적용되어 큰 수치의 데이터도 읽기 편하게 설정됩니다.

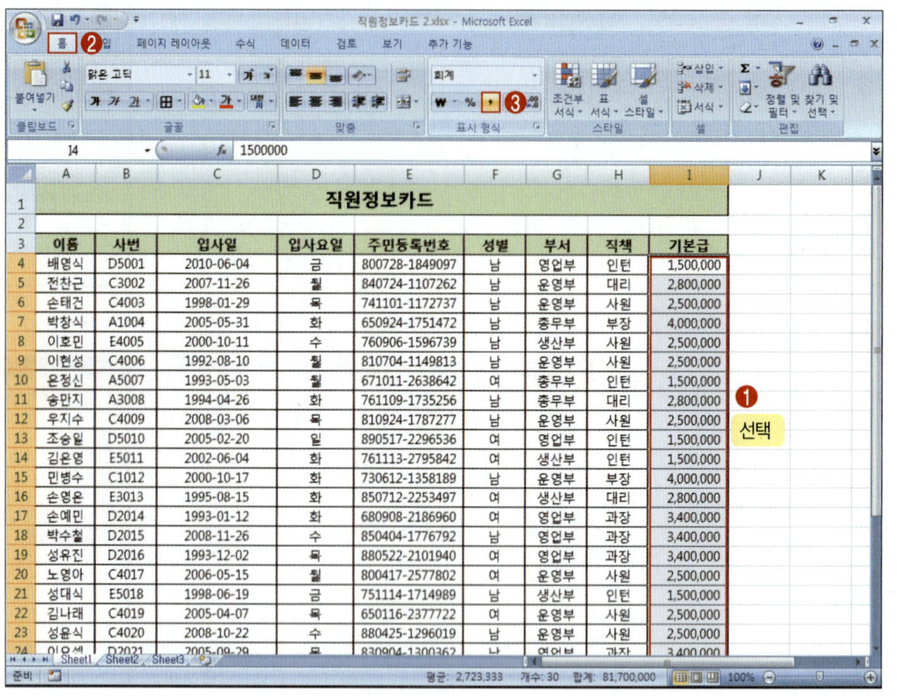

TIP

표시 형식

지정하고자 하는 서식이 표시 형식의 다른 범주에 없을 때 '사용자 지정' 표시 형식을 선택하고 사용자가 직접 서식을 작성하여 사용할 수 있습니다. 다양한 데이터 표시 형식을 정리해 보도록 합니다.

사용자 지정 표시 형식

서식 코드와 기능		예시		
서식 코드	기능	입력 데이터	표시 형식	화면 표시
G/표준	아무 형식도 지정하지 않음	10	G/표준	10
#	숫자의 자릿수 표시 (의미없는 0은 표시하지 않음)	001	# ####	1 1
0	숫자의 자릿수 표시 (의미없는 0도 표시함)	001	0 000	1 001
?	필요 없는 자릿수의 공백 추가	123.4567	?.???	123.456
;	양수;음수;o;문자열 구분 조건에 따른 표시 형식을 구분해줌	123 −123 0 문자	[검정];[파랑];[빨강];[녹색]	123 −123 0 문자

서식 코드와 기능		예시		
서식 코드	기능	입력 데이터	표시 형식	화면 표시
[ ]	색깔이나 조건 지정	123	[빨강]	123
,	천 단위 구분 기호	12340	#,##0	1,2340
		12340	#,###	1,234 표시안함
*	*뒤에 입력한 문자를 셀이 채워질 때까지 반복 입력	*	*★	★★★★★
@	문자의 위치 표시	홍보	@"부"	홍보부
_(	공백표시	엑셀	_(@_(	엑셀

날짜/시간 표시 형식

서식 코드와 기능		예시		
서식 코드	기능	입력 데이터	표시 형식	화면 표시
YY	년도를 두자리로 표시	12	YY	12
YYYY	년도를 네자리로 표시	12	YYYY	2012
M	월을 한자리로 표시	5	M	5
MM	월을 두자리로 표시	5	MM	05
MMM	월을 영문약자로 표시	5	MMM	J
MMMM	월을 영문으로 표시	5	MMMM	JANUARY
D	일을 한자리로 표시	5	D	5
DD	일을 두자리로 표시	5	DD	05
DDD	요일을 영문약자로 표시	2012−05−05	DDD	SAT
DDDD	요일을 영문으로 표시	2012−05−05	DDDD	SATURDAY
AAA	요일을 한글 한글자로 표시	2012−05−05	AAA	토
AAAA	요일을 한글 세글자로 표시	2012−05−05	AAAA	토요일
H	시간을 한자리로 표시	5:5:5	H	5
HH	시간을 두자리로 표시	5:5:5	HH	05
M	분을 한자리로 표시	5:5:5	H:M	5:5
MM	분을 두자리로 표시	5:5:5	H:MM	5:05
S	초를 한자리로 표시	5:5:5	S	5
SS	초를 두자리로 표시	5:5:5	SS	05
[H]	경과된 시간 표시	5:5:5	[H]	5
[M]	경과된 분 표시	5:5:5	[M]	305
[S]	경과된 초 표시	5:5:5	[S]	18305

'견적서' 예제를 불러온 후 [보기] 탭 – [표시] 그룹 – [눈금선] 메뉴를 클릭하여 해제
합니다.

TIP

눈금선을 해제하면 셀의
윤곽이 화면에서 표시되
지 않습니다.

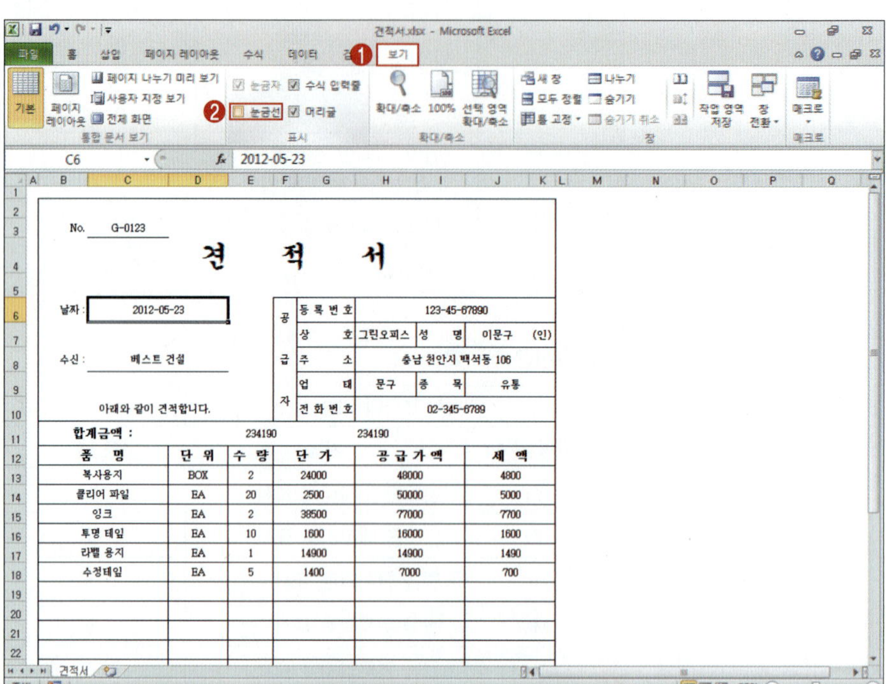

C6셀을 선택하고 [홈] 탭 – [표시 형식] 그룹 – [표시 형식] 목록 단추를 눌러 [자세한
날짜]를 선택합니다.

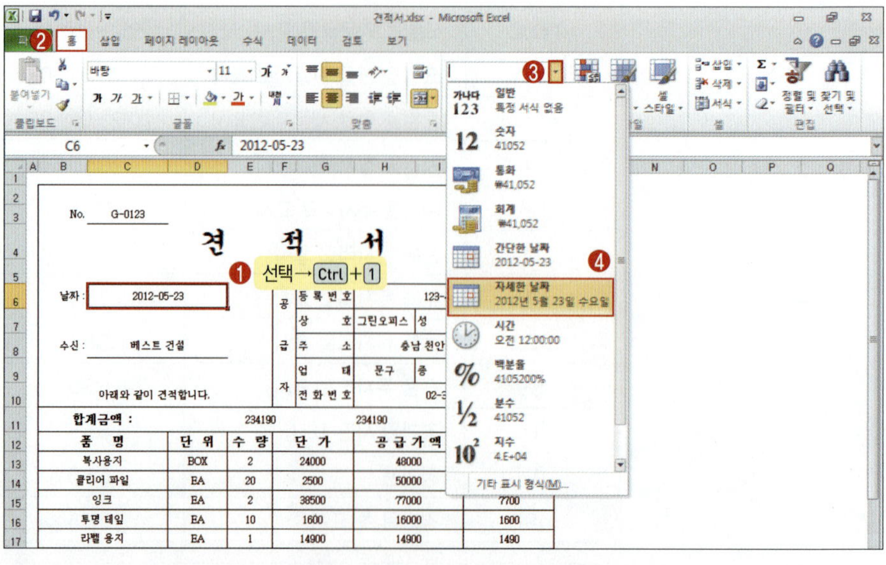

C8셀을 선택한 후 셀 서식 대화 상자를 열어 [표시 형식] 탭의 '사용자 지정' 범주를 선택하고 형식에 '@ 귀하'를 입력한 후 [확인] 버튼을 누릅니다.

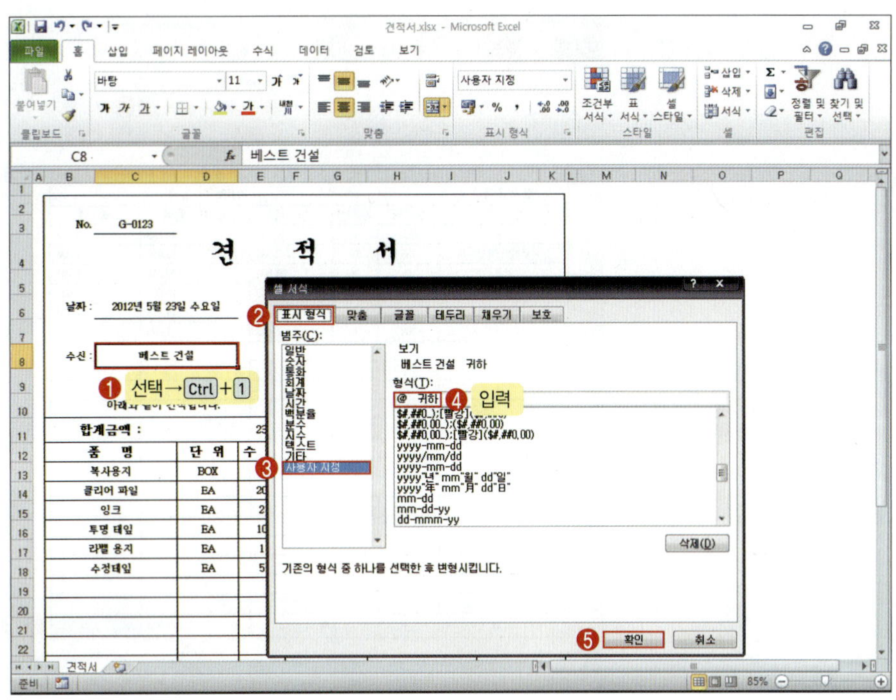

F13:K18 영역을 선택한 후 [홈] 탭-[표시 형식] 그룹-[쉼표 스타일]을 클릭하여 세 자리 구분 기호가 표시되도록 합니다.

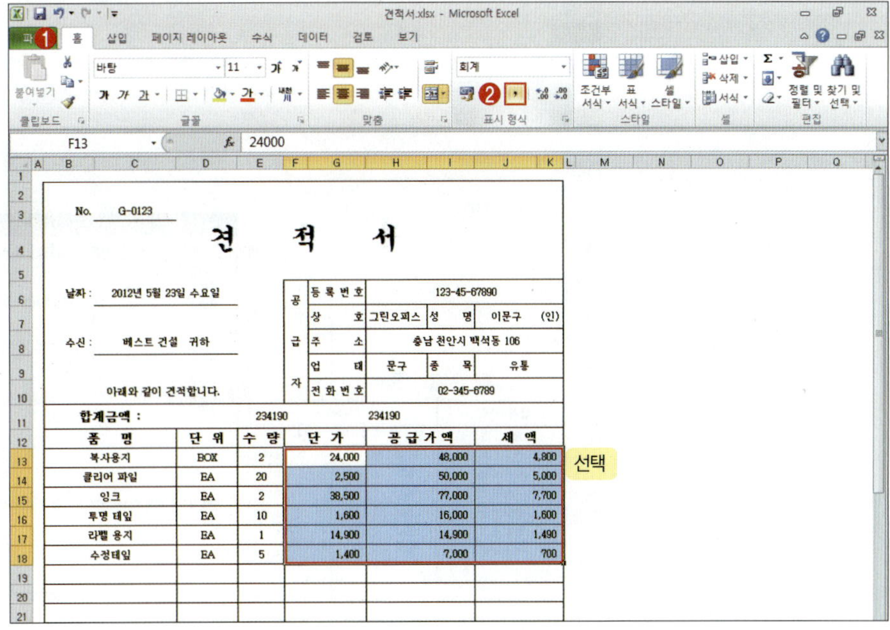

H33:K33 영역을 선택한 후 [홈] 탭 - [표시 형식] 그룹 - [회계 표시 형식]을 선택하여
회계 표시 형식이 적용되도록 합니다.

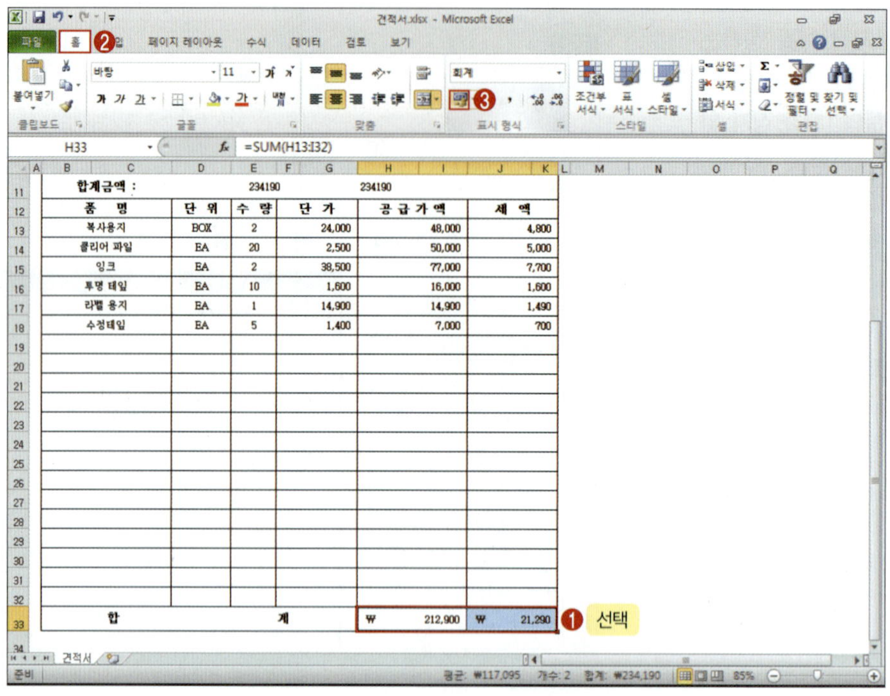

D11셀을 선택한 후 셀 서식 대화 상자를 열어 [표시 형식] 탭의 '기타' 범주를 선택
하고 형식에 '숫자(한글)'을 선택합니다.

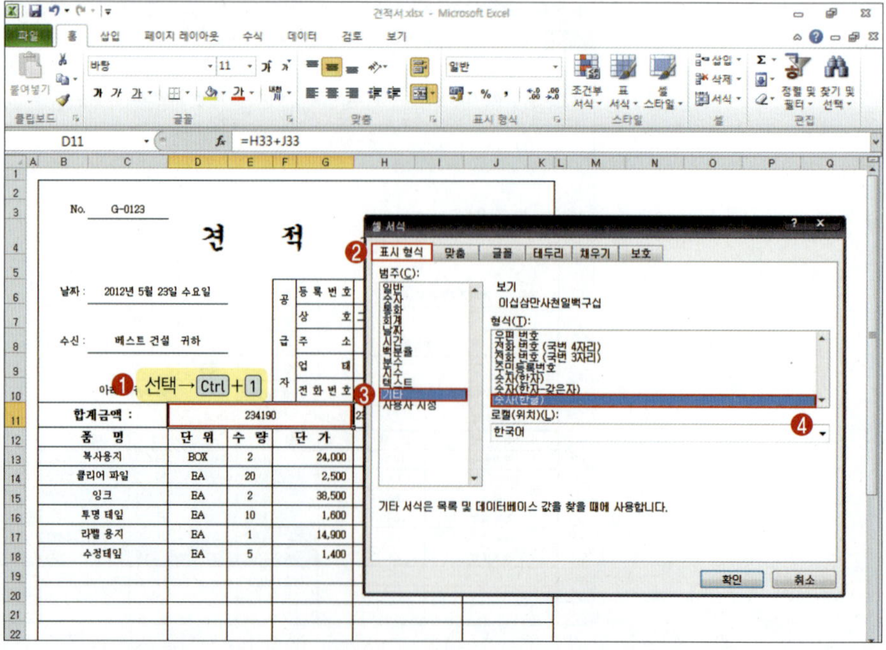

[표시 형식] 탭의 '사용자 지정' 범주를 선택하고 형식에 '[DBNum4][$-412]G/표준' 앞에 '일금'을, 뒤에 '원정'을 입력한 후 [확인] 버튼을 누릅니다.

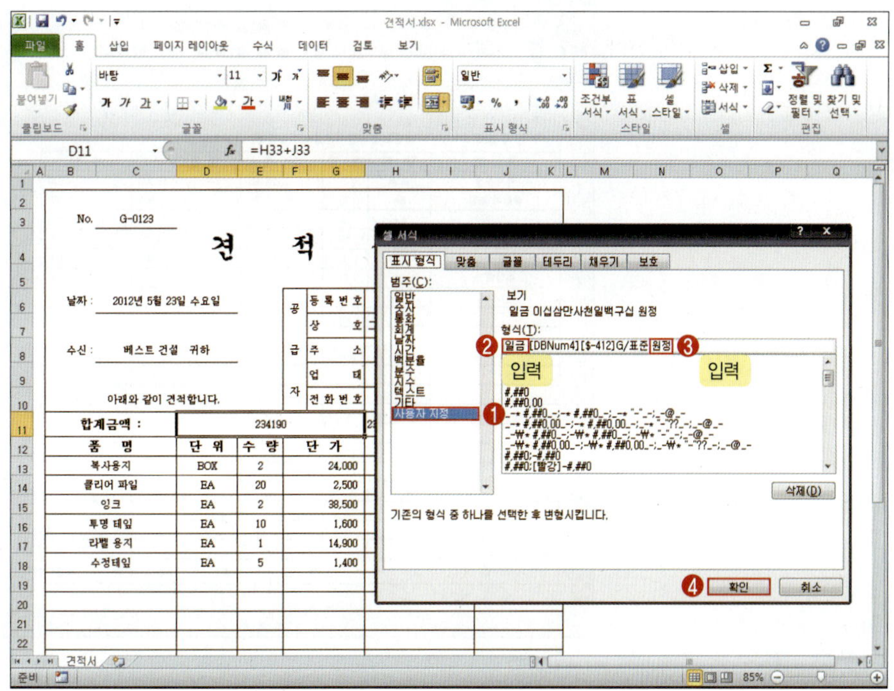

H11셀을 선택한 후 셀 서식 대화 상자를 열어 [표시 형식] 탭의 '사용자 지정' 범주를 선택하고 형식에 '(₩ #,##0)'을 입력한 후 [확인] 버튼을 클릭합니다.

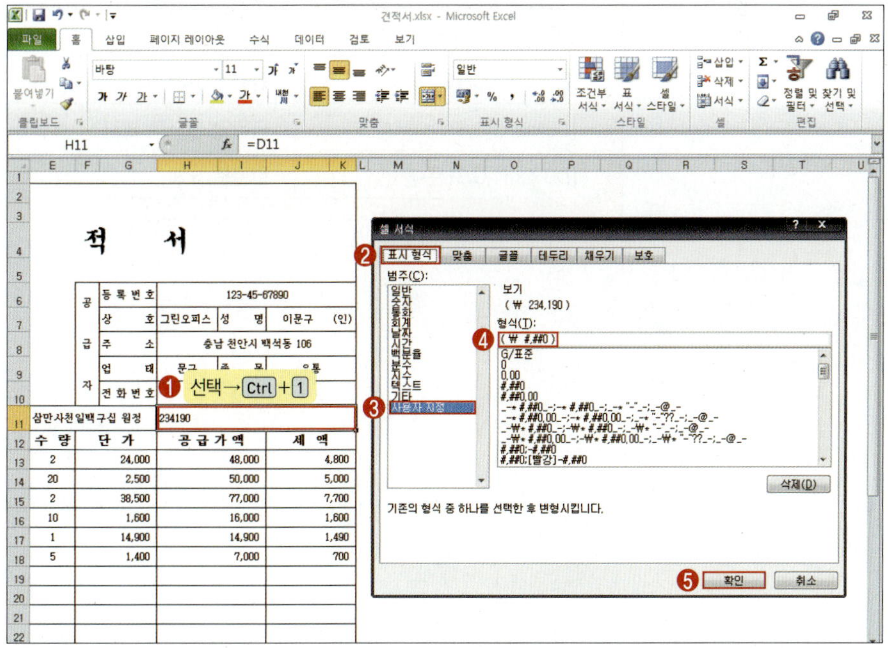

각 셀에 입력된 데이터에 알맞게 표시 형식이 적용되었습니다.

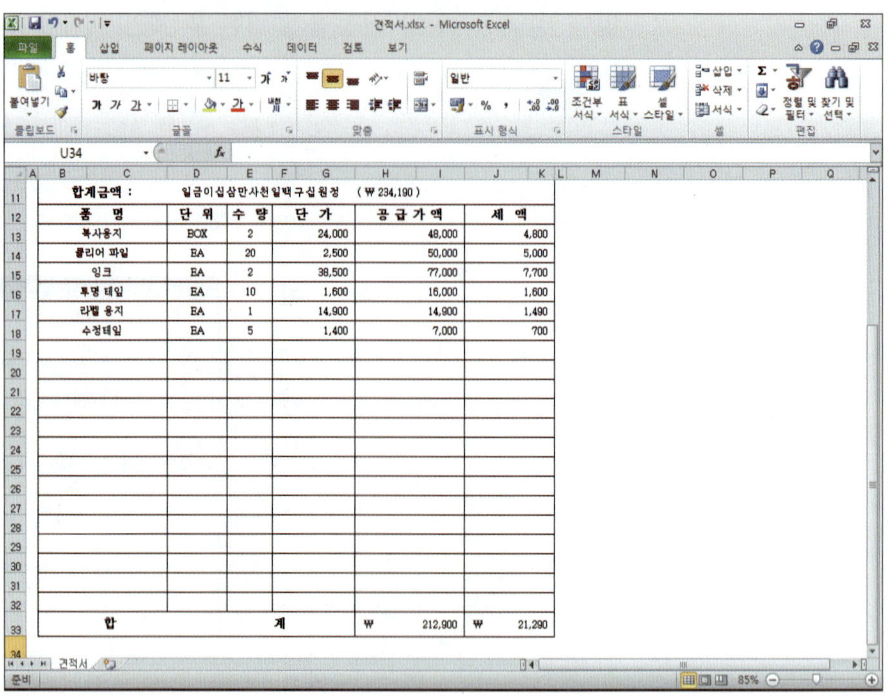

TIP

숫자 데이터를 한글이나 한자로 표현하고자 하는 경우 셀 서식의 [기타] 범주에서 다음 서식 코드를 선택하거나 [사용자 지정]에 입력합니다.

서식 코드	기능	화면 표시
[DBNum1]G/표준	한자로 표시	一万二千三白四十五
[DBNum2]G/표준	한자 갖은자 표시	壹萬貳阡參百四拾伍
[DBNum3]G/표준	단위만 한자로 표시	1万2千3白4十5
[DBNum4]G/표준	한글로 표시	일만이천삼백사십오

조건부 서식으로 작성하는 시각화 데이터

조건부 서식은 지정된 조건에 맞는 데이터에만 서식을 적용하여 강조해 주는 기능입니다. 조건부 서식의 데이터 막대, 색조, 아이콘 집합은 복잡한 수치 데이터를 한눈에 파악할 수 있도록 시각적으로 표현해 주는 기능입니다. 다양한 조건부 서식을 수치 데이터에 적용해 보도록 합니다.

예제 파일 **PART2** 농산물 도매 시세   **완성 파일** **PART2** 농산물 도매 시세 완성

[파일]-[열기] 메뉴를 사용하여 '농산물 도매 시세' 예제를 불러옵니다.

D3:D26 영역을 선택한 후 [홈] 탭-[스타일] 그룹-[조건부 서식] 메뉴를 눌러 [색조]-[빨강-흰색 색조]를 선택합니다.

TIP

[색조]는 수치 데이터의 많고 적음을 색상의 진하고 밝음으로 표시해 주는 기능입니다.

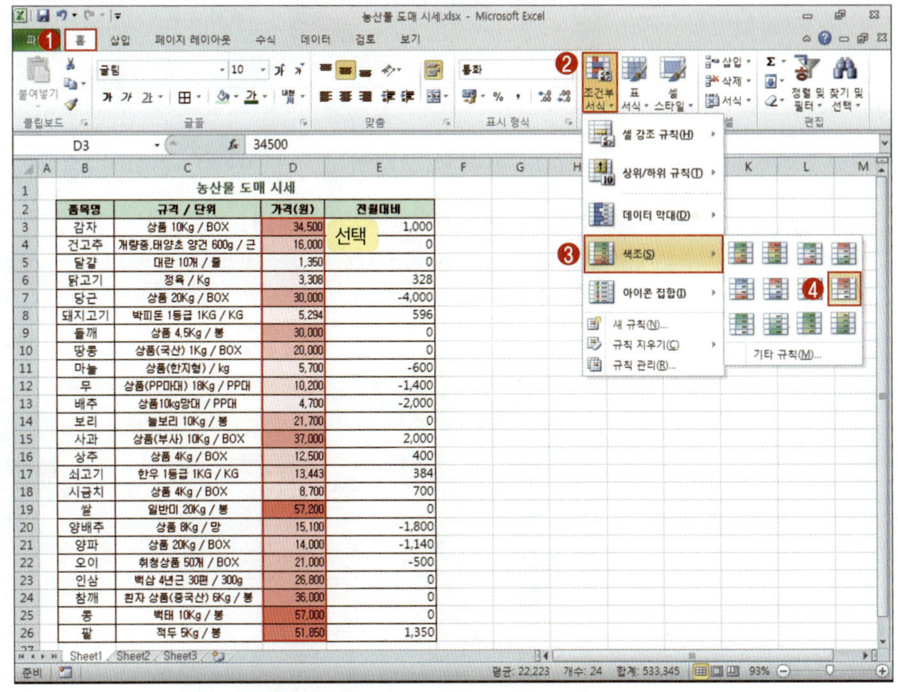

D3:D26 영역이 선택된 상태로 [홈] 탭−[스타일] 그룹−[조건부 서식] 메뉴를 눌러
[아이콘 집합]−[삼색 신호등(테두리)]을 선택합니다.

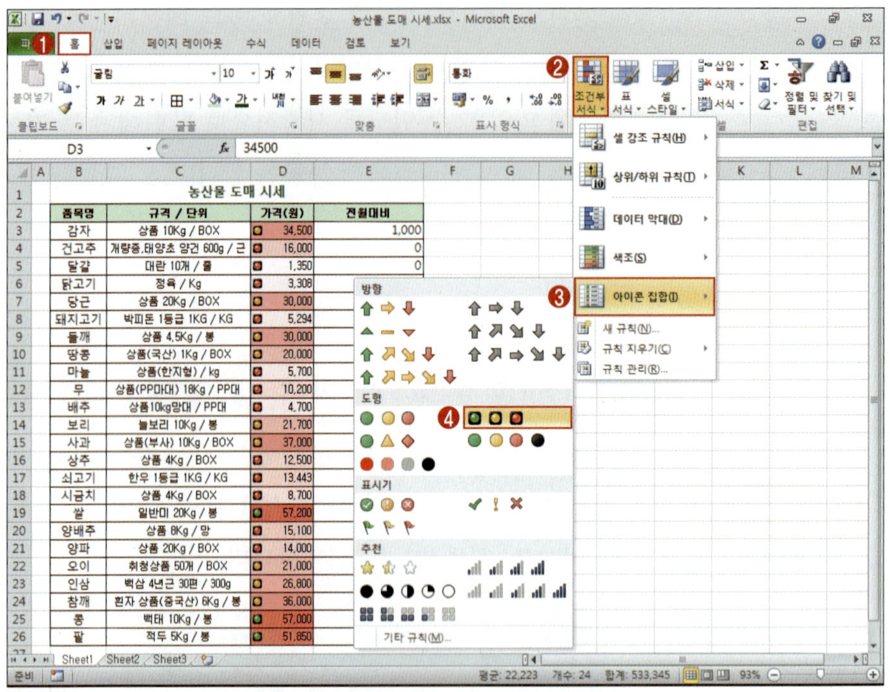

E3:E26 영역을 선택한 후 [홈] 탭−[스타일] 그룹−[조건부 서식] 메뉴를 눌러 [데이
터 막대]−[기타 규칙]을 선택합니다.

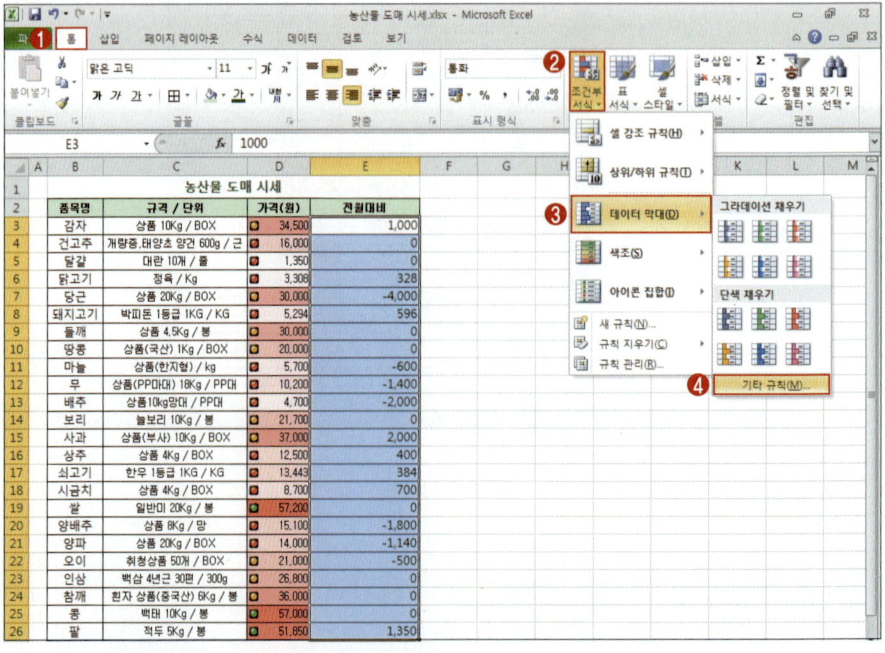

새 서식 규칙 대화 상자가 열리면 '막대만 표시' 항목을 체크하고 '채우기'는 '그라데이션 채우기'를 설정한 후 [음수 값 및 축] 버튼을 클릭합니다. 음수 값 및 축 설정 대화 상자가 열리면 '축 설정' 항목을 '셀 중간점'으로 선택한 후 [확인]−[확인]을 눌러 줍니다.

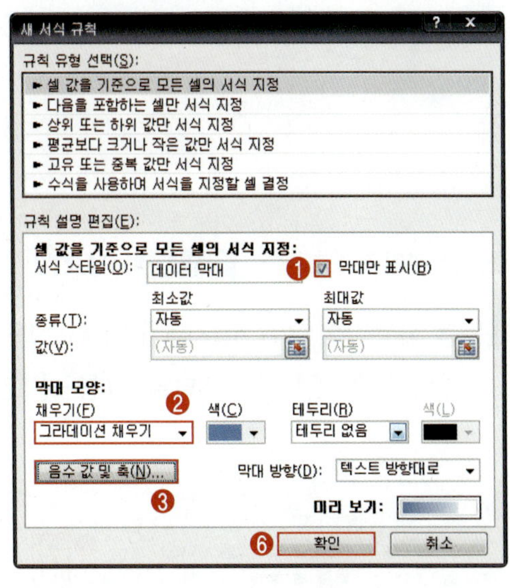
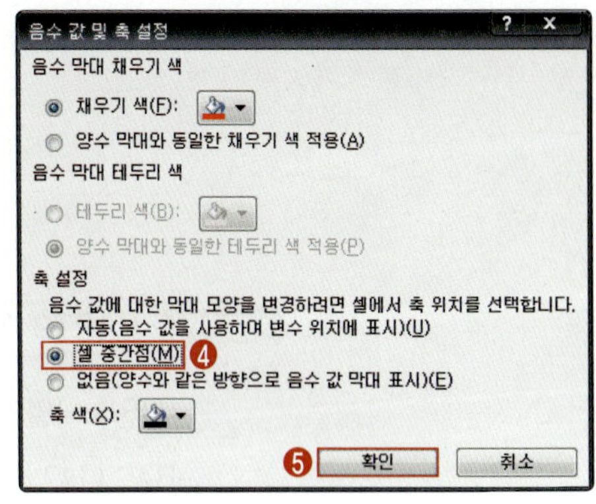

셀의 중간에 표시된 축을 기준으로 음수 값은 왼쪽 빨강색으로 양수 값은 오른쪽 파랑색 막대로 표시됩니다.

수식을 활용한 조건부 서식 적용하기

조건부 서식을 적용하는 다양한 방법 중 하나가 수식을 활용하는 방법입니다. 수식을 활용하여 조건부 서식을 적용하면 좀 더 복잡한 조건에 대한 서식 적용이 가능해집니다.

예제 파일 **PART2** 2월 소모품 구입 리스트   **완성 파일** **PART2** 2월 소모품 구입 리스트 완성

[파일]−[열기] 메뉴를 사용하여 '2월 소모품 구입 리스트' 예제를 불러옵니다.

B4 : G42 영역을 선택한 후 [홈] 탭−[스타일] 그룹−[조건부 서식] 메뉴의 [새 규칙]을 선택합니다.

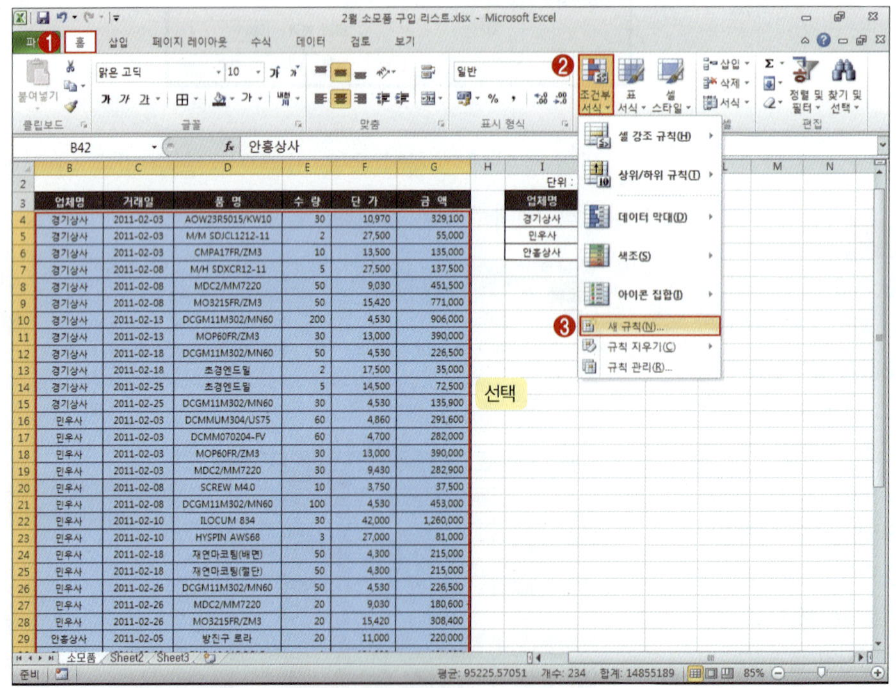

'= $B4 ="경기상사"'는 업체명이 '경기상사'인 셀을 찾는 조건식입니다. '= $B4'는 B4셀을 마우스로 클릭한 후 키보드의 F4키를 두 번 눌러 손쉽게 입력할 수 있습니다. 조건부 서식으로 행 전체에 서식을 지정할 때에는 조건식에 들어갈 셀 주소를 혼합 참조로 사용합니다. 셀 주소에 '$'기호가 붙은 혼합 참조 기능은 105p를 참고합니다.

새 서식 규칙 대화 상자의 '수식을 사용하여 서식을 지정할 셀 결정'을 선택하고 '= $B4 = "경기상사"'를 수식으로 입력한 후 [서식] 버튼을 클릭합니다.

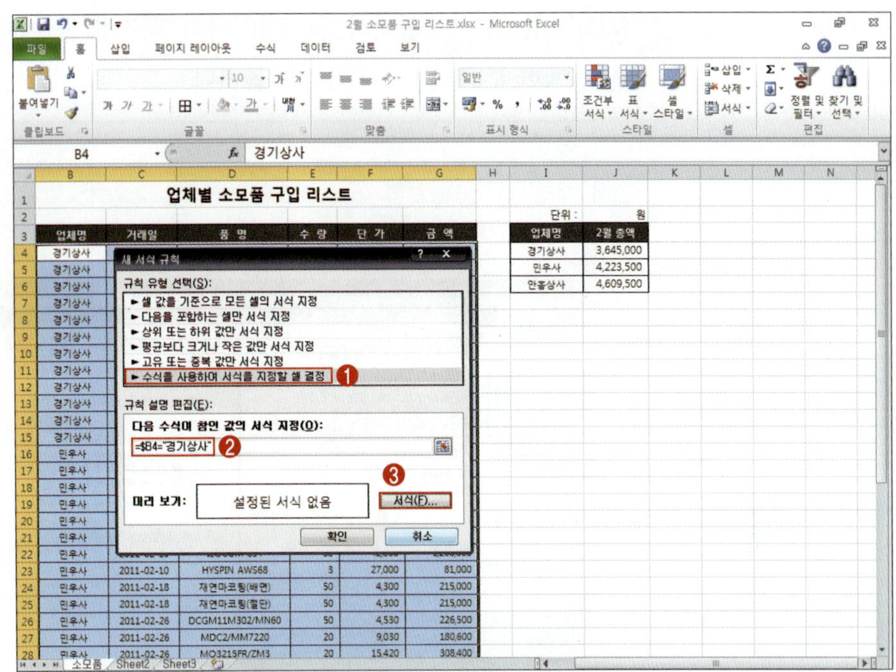

셀 서식 대화 상자가 열리면 [채우기] 탭의 '배경색'을 '주황, 강조 6, 80%, 더 밝게'를 선택한 후 [확인]−[확인]을 누릅니다.

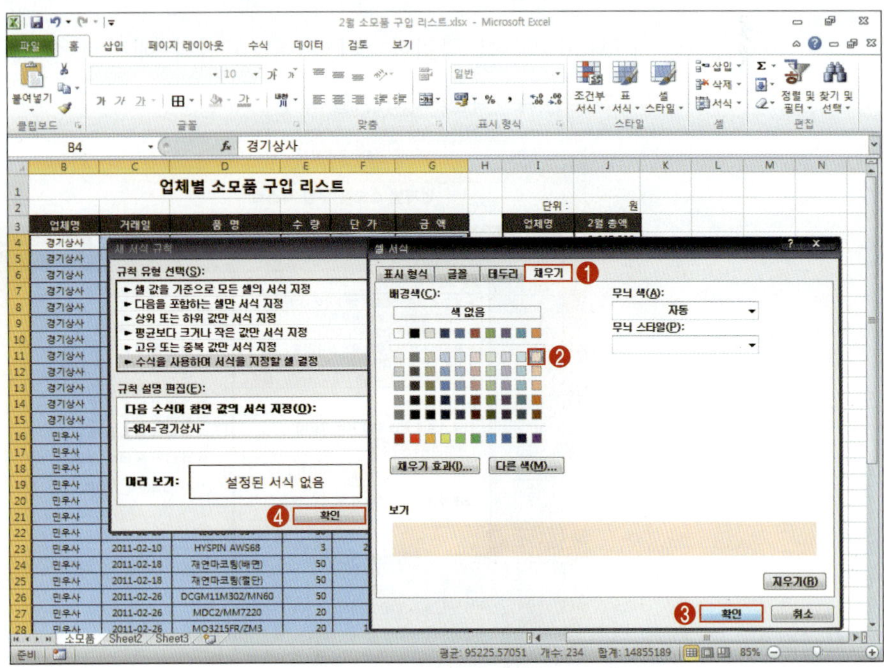

B4 : G42 영역이 선택되어 있는 상태로 새 서식 규칙 대화 상자의 '수식을 사용하여 서식을 지정할 셀 결정'을 선택하고 ' = $B4 = "민우사"'를 수식으로 입력한 후 [서식] 버튼을 클릭합니다. [채우기] 탭의 '배경색'을 '바다색, 강조 5, 80 %, 더 밝게'를 선택한 후 [확인]−[확인]을 누릅니다.

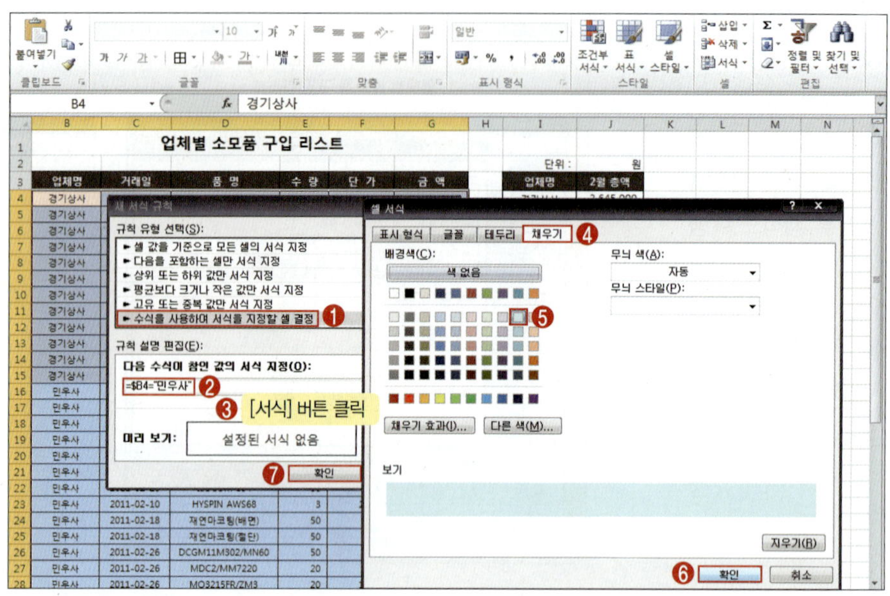

B4 : G42 영역이 선택되어 있는 상태로 새 서식 규칙 대화 상자의 '수식을 사용하여 서식을 지정할 셀 결정'을 선택하고 ' = $B4 = "안흥상사"'를 수식으로 입력한 후 [서식] 버튼을 클릭합니다. [채우기] 탭의 '배경색'을 '자주, 강조 4, 80 %, 더 밝게'를 선택한 후 [확인]−[확인]을 누릅니다.

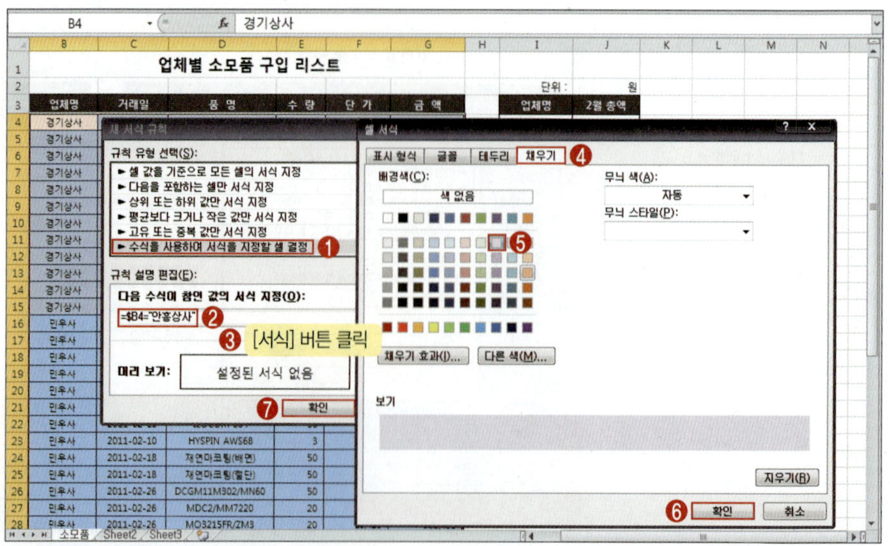

B4 : G42 영역이 선택되어 있는 상태로 새 서식 규칙 대화 상자의 '수식을 사용하여 서식을 지정할 셀 결정'을 선택하고 ' = $G4> = 1000000'을 수식으로 입력한 후 [서식] 버튼을 클릭합니다. [글꼴] 탭의 '글꼴 스타일'을 '굵게'로 '색'을 '빨강, 강조 2'를 선택한 후 [확인]−[확인]을 누릅니다.

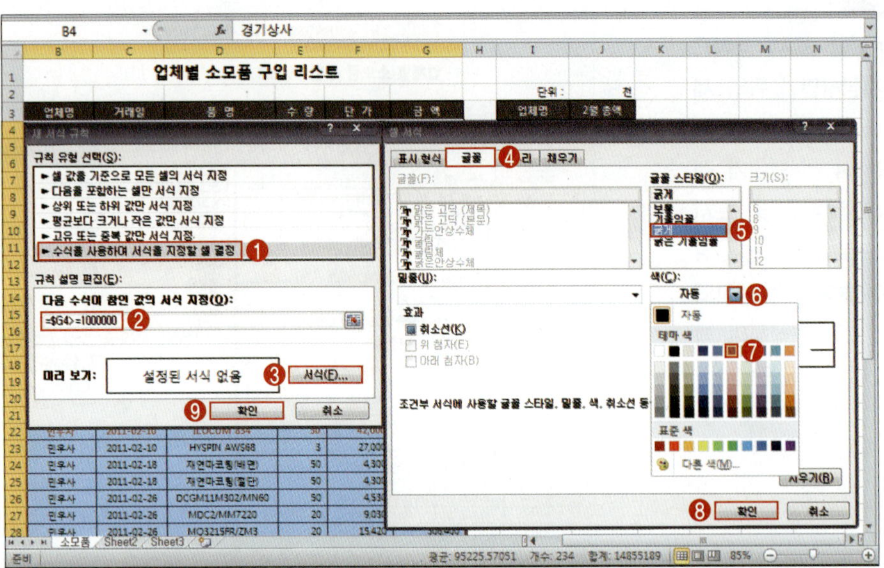

각 행별로 지정된 서식이 적용되었음을 확인할 수 있습니다.

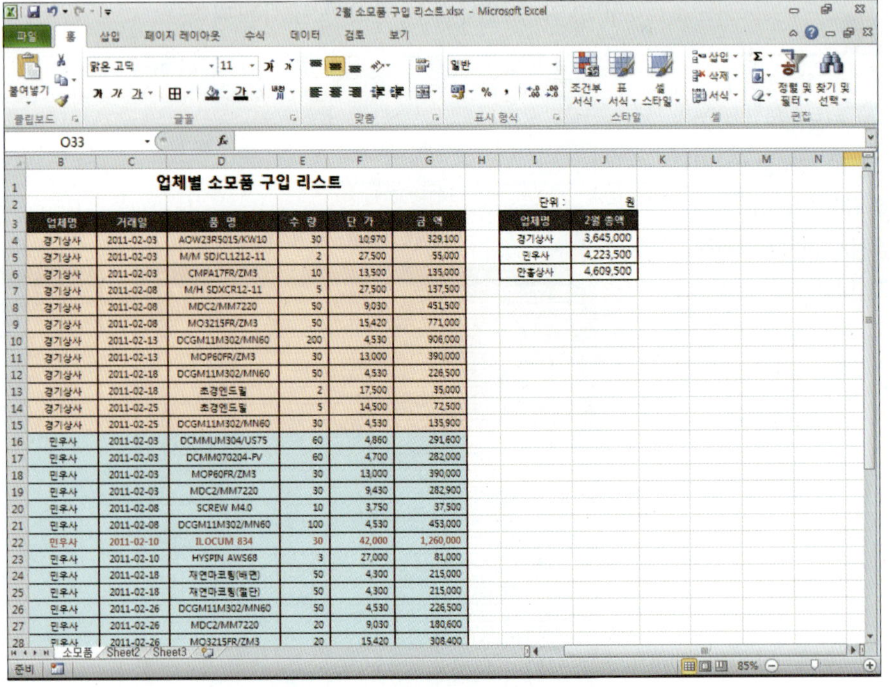

J4:J6 영역을 선택하고 새 서식 규칙 대화 상자의 '수식을 사용하여 서식을 지정할 셀 결정'을 선택하고 '=$J2="천"'을 수식으로 입력한 후 [서식] 버튼을 클릭합니다. [표시 형식] 탭의 '사용자 지정' 범주를 선택한 후 형식을 '#,###,'를 입력하고 [확인]−[확인]을 누릅니다.

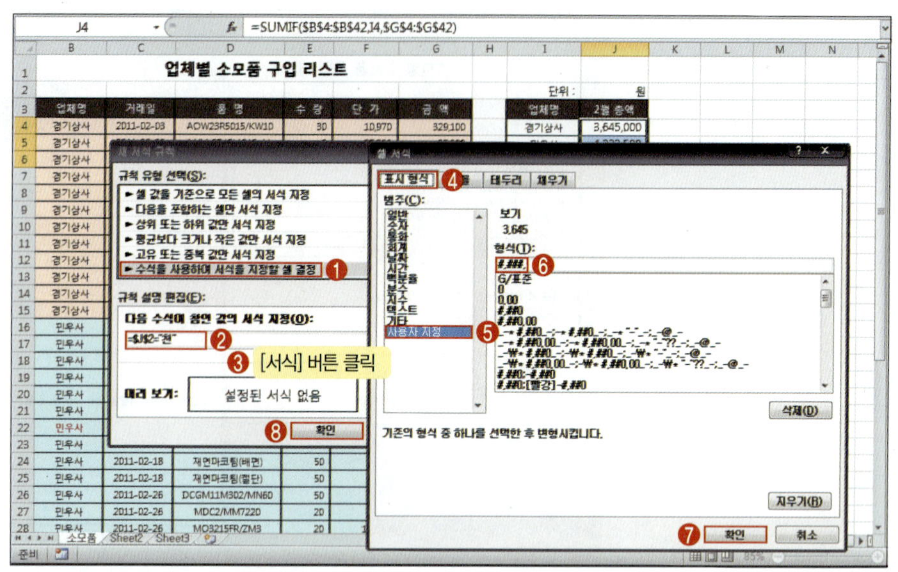

J2셀을 선택한 후 오른쪽에 있는 목록 버튼을 눌러 "천"을 선택하면 J4:J6 영역에 천 단위가 절사된 데이터가 표시됩니다.

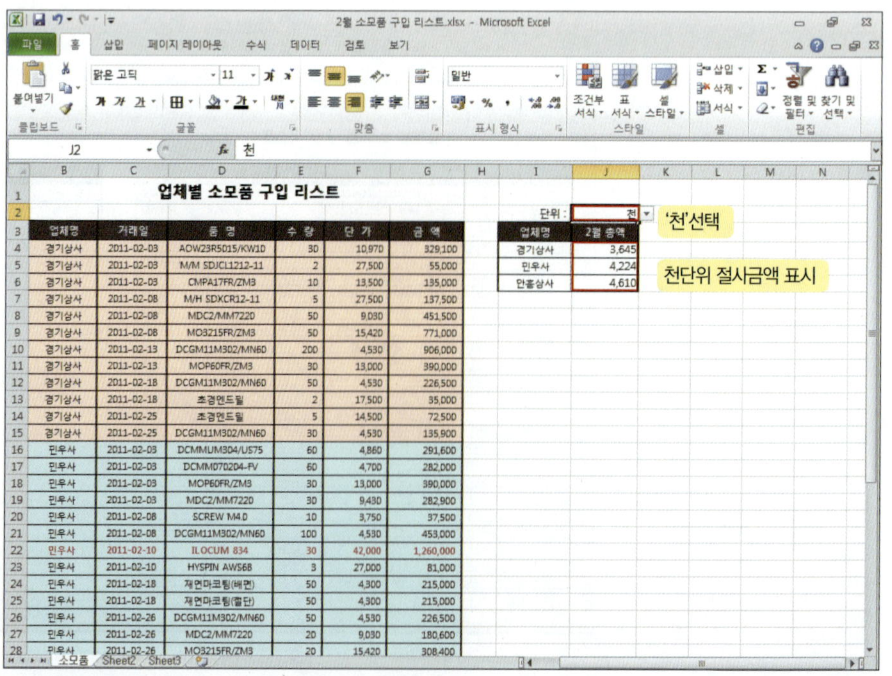

　워크시트는 서로 연관된 데이터를 각각 다른 문서로 저장하지 않아도 탭별로 구분하여 작업할 수 있는 효율적인 작업 공간입니다. 엑셀의 통합문서는 기본적으로 세 개의 워크시트를 제공하지만 추가, 삭제, 이동, 복사 등의 간단한 기능을 이용해 작업 용도에 맞게 활용할 수 있습니다.

예제 파일　**PART2** 매장별 매출 현황

완성 파일　**PART2** 매장별 매출 현황 완성, 1사분기 매장별 매출 현황 완성

　'매장별 매출 현황' 예제를 불러온 후 시트 삽입 단추(🖩)를 클릭하여 시트 탭 마지막에 새로운 시트를 삽입합니다.

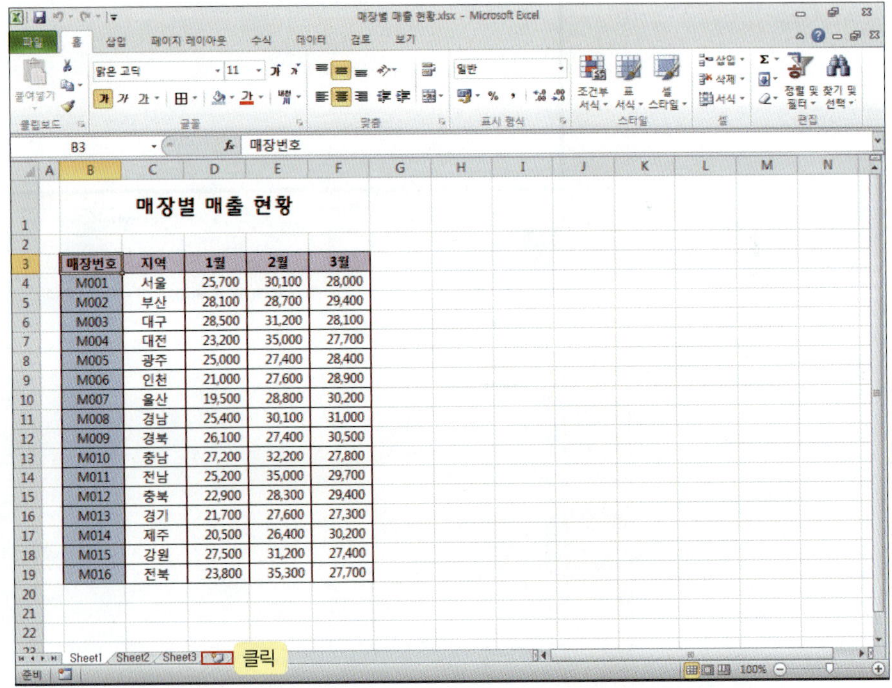

1. 맨 마지막이 아닌 원하는 위치에 시트를 삽입하려면 원하는 위치 오른쪽에 있는 시트를 선택한 후 오른쪽 마우스를 클릭하여 [삽입] 메뉴를 클릭하고 [워크시트]를 선택하여 삽입합니다.

2. 하나의 통합문서에 여러 개의 워크시트를 추가하여 사용하는 경우가 많은 작업자라면 기본 워크시트의 개수를 조절하여 사용합니다. Excel 옵션 대화 상자에서 [일반] 범주의 [포함할 시트 수]를 원하는 시트의 수로 변경하고 [확인]을 클릭합니다. 설정 이후에 열리는 엑셀 문서의 워크시트는 지정한 개수만큼 열리게 됩니다.

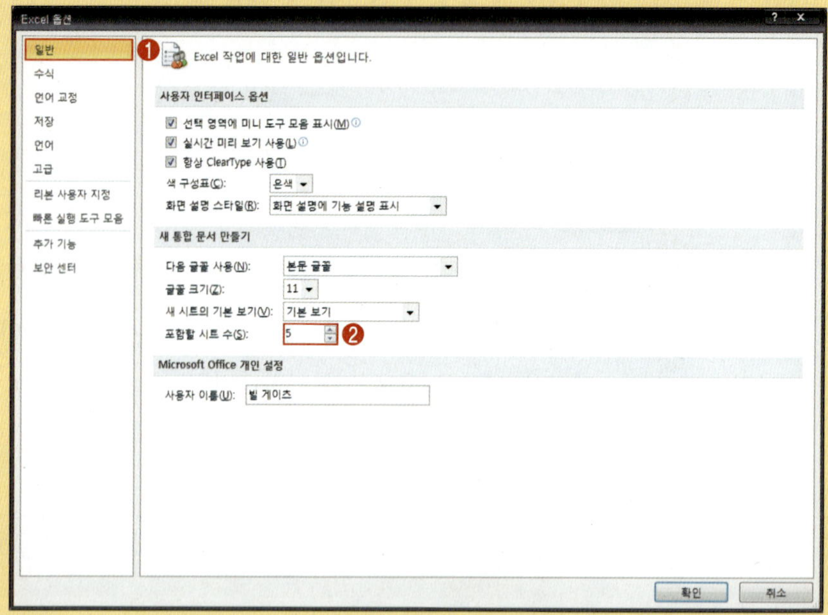

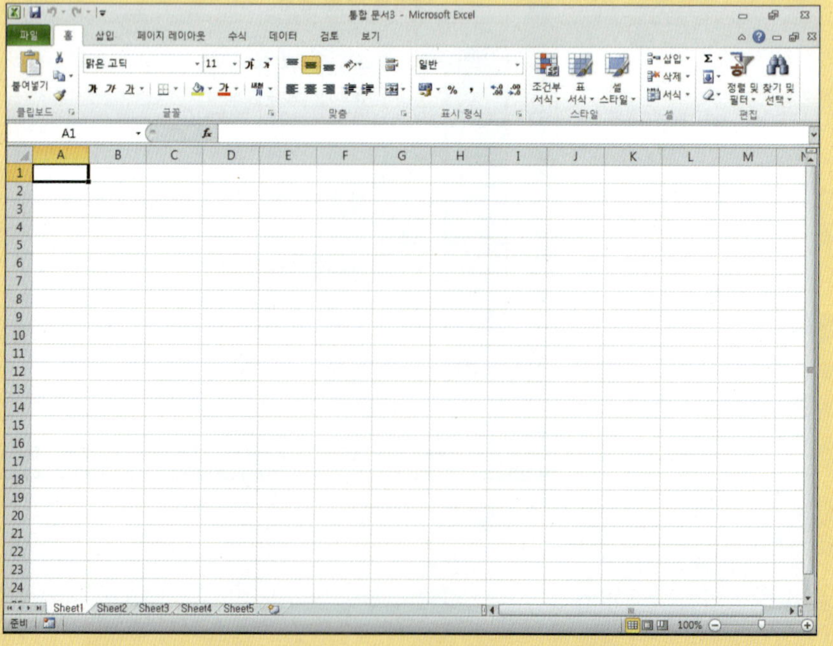

[Sheet1] 시트를 더블 클릭한 후 '1사분기'라고 입력하고 [Enter]를 눌러 이름을 변경합니다. 나머지 시트도 각각 같은 방법으로 '2사분기', '3사분기', '4사분기'로 이름 변경합니다.

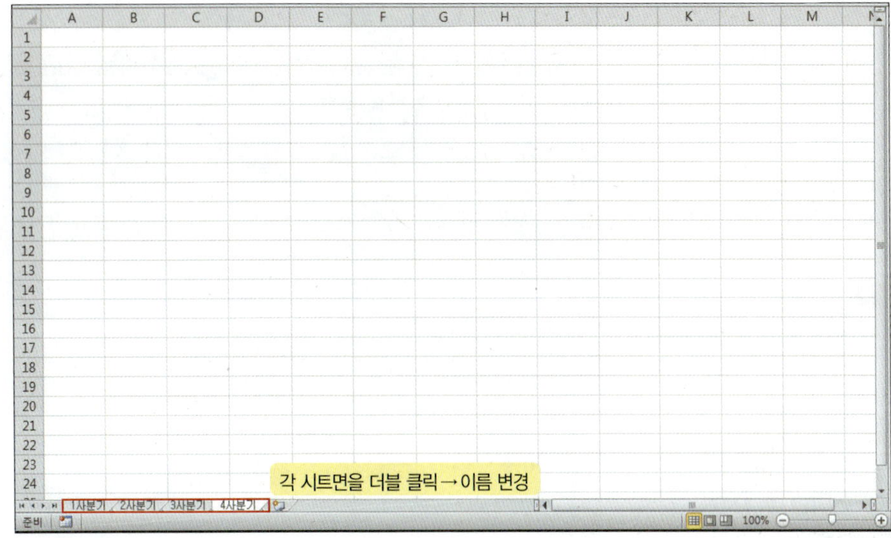

1사분기 시트를 클릭하고 Shift 를 누른 상태로 4분기 시트를 클릭하면 연속된 4개의 시트를 선택할 수 있습니다. 워크시트 전체 선택 버튼(　) 캡처 이미지 삽입을 눌러 시트 전체를 선택합니다.

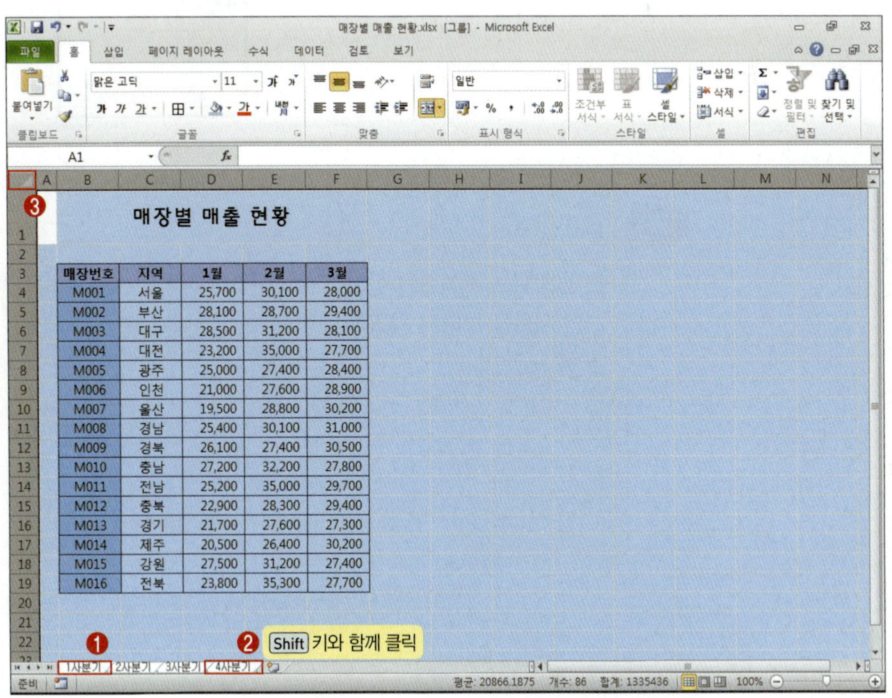

[홈] 탭 –[편집] 그룹 –[채우기] 메뉴를 눌러 [시트 그룹…]을 선택합니다.

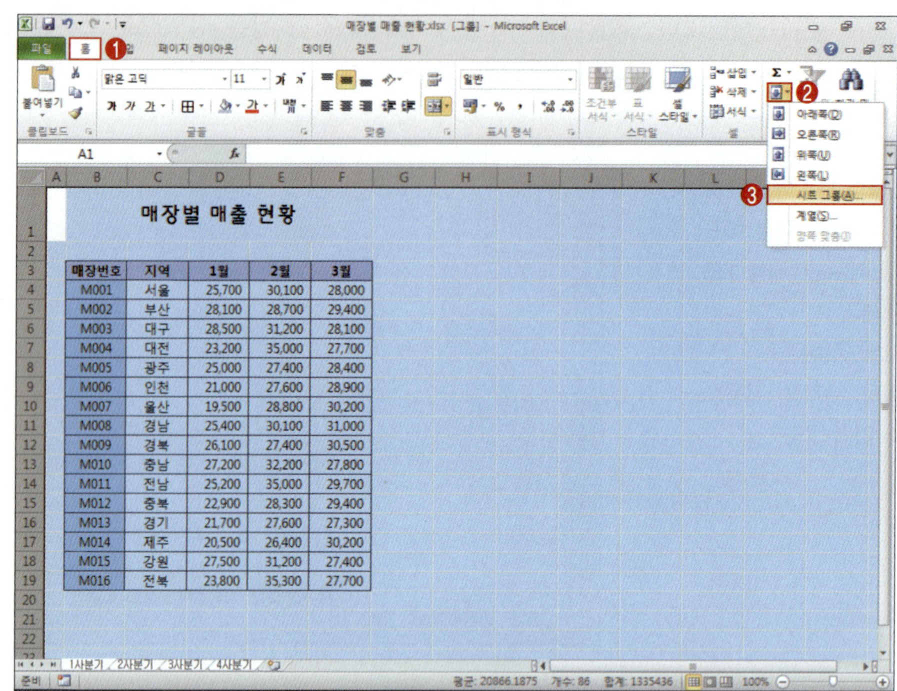

같은 시트가 여러개 필요한 경우 원본 시트와 함께 같은 내용이나 서식을 적용할 시트를 한꺼번에 선택한 후 [**시트 그룹 채우기**] 메뉴를 사용합니다.

이때 원본 시트를 먼저 클릭하여 선택해야 하고 대화 상자에서 '모두', '내용', '서식' 중 적용할 항목을 선택해 줍니다.

[시트 그룹 채우기] 대화 상자의 '모두'를 선택하고 [확인]을 누릅니다.

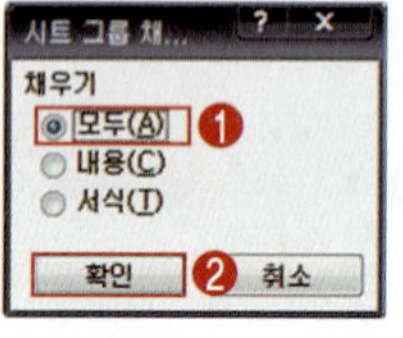

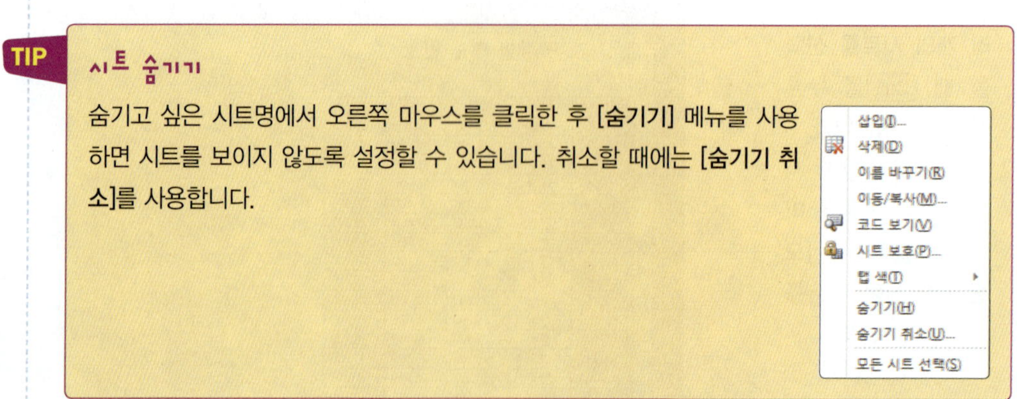

TIP

시트 숨기기

숨기고 싶은 시트명에서 오른쪽 마우스를 클릭한 후 [숨기기] 메뉴를 사용하면 시트를 보이지 않도록 설정할 수 있습니다. 취소할 때에는 [숨기기 취소]를 사용합니다.

2사분기 시트를 클릭하고 Shift 를 누른 상태로 4분기 시트를 클릭하여 오른쪽 3개의 시트를 선택합니다. C4 : F19셀을 선택한 후 Delete 버튼을 클릭하여 삭제합니다.

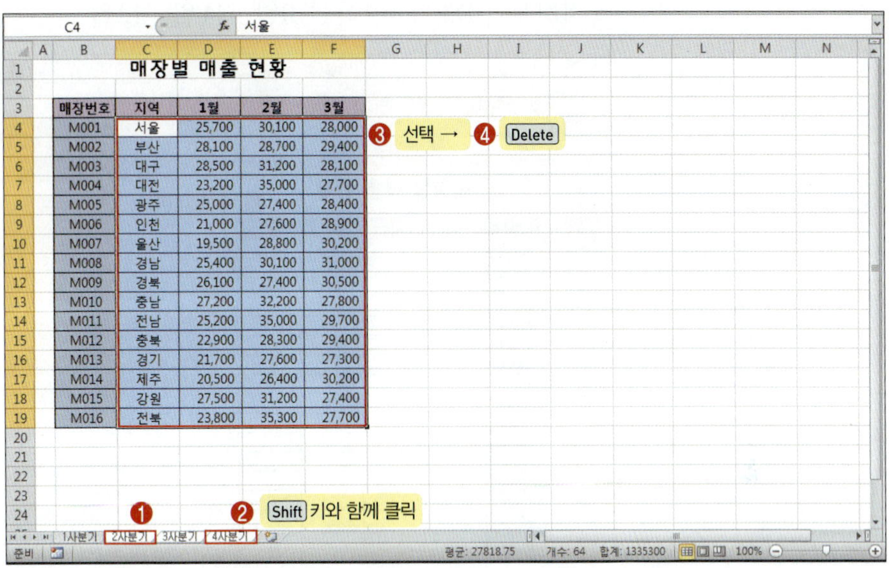

'2사분기', '3사분기', '4사분기' 시트를 확인해보면 다음과 같이 양식이 복사되어 있습니다.

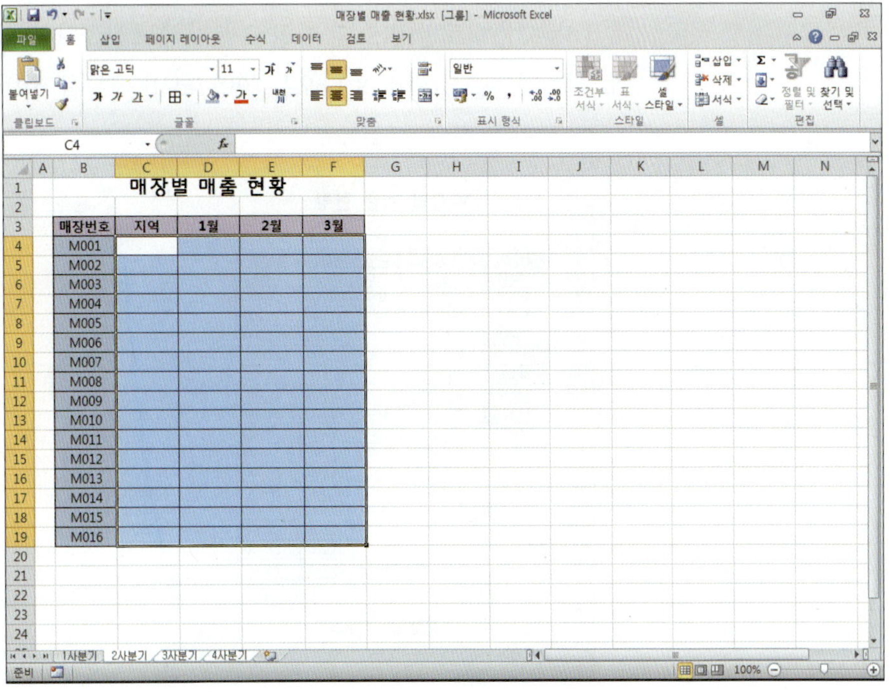

‘2사분기’ 시트의 D3 : F3 영역 데이터를 ‘4월’, ‘5월’, ‘6월’로 변경합니다. 나머지
시트의 D3 : F3 영역 데이터도 다음과 같이 수정합니다.

   – 3사분기 D3 : F3영역 : ‘7월’, ‘8월’, ‘9월’

   – 4사분기 D3 : F3영역 : ‘10월’, ‘11월’, ‘12월’

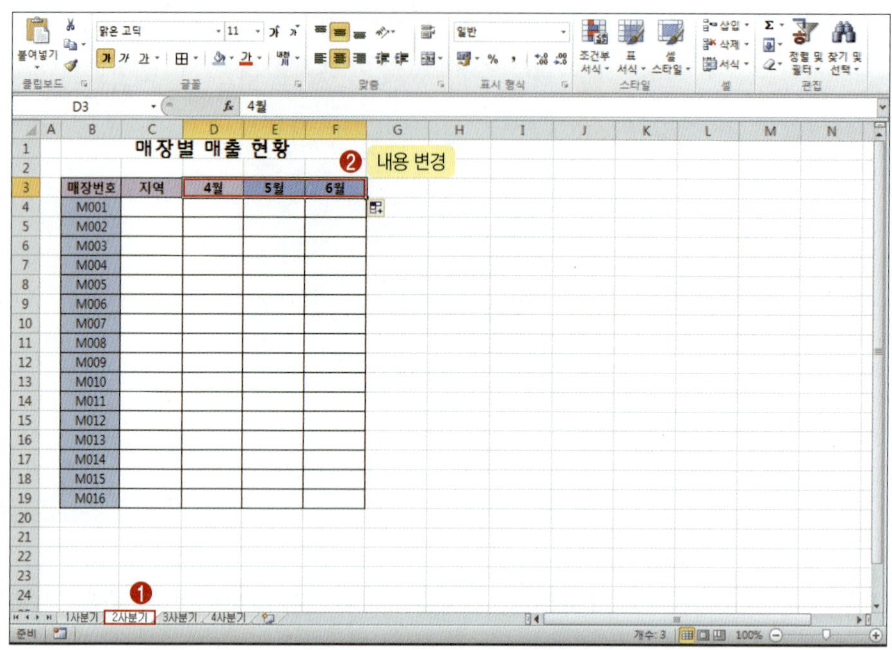

‘1사분기’ 시트만 별도의 파일로 복사해보겠습니다. ‘1사분기’ 시트 탭에서 마우스
오른쪽 버튼을 클릭하여 나오는 [이동/복사] 메뉴를 선택합니다.

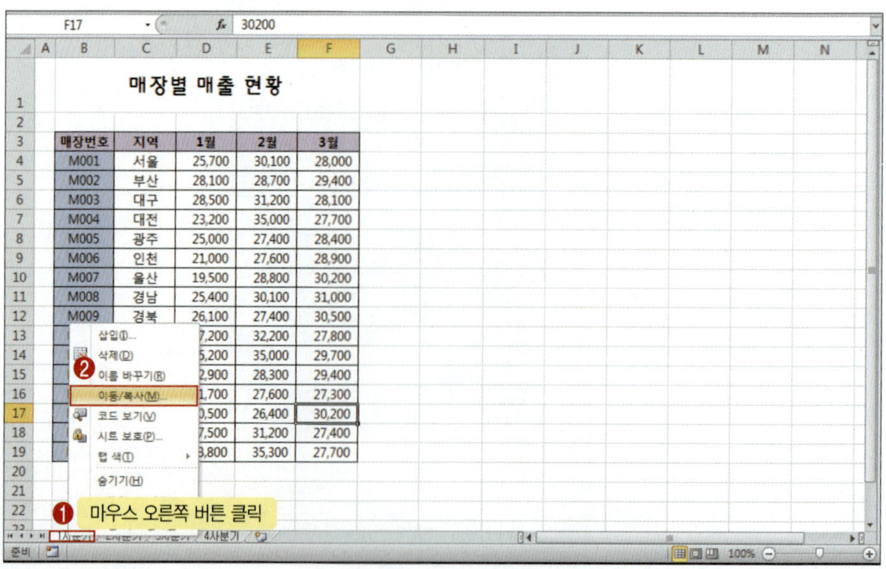

[이동/복사] 대화 상자의 '대상 통합 문서'를 (새 통합 문서)로 선택하고 '복사본 만들기'를 체크한 후 [확인] 버튼을 클릭합니다.

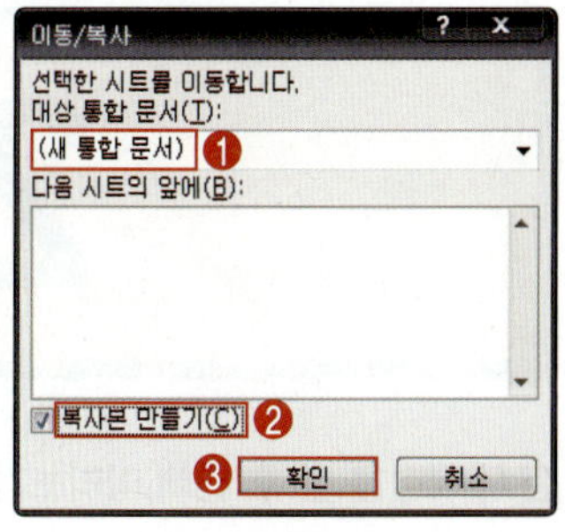

새 통합 문서에 '1사분기' 시트의 데이터만 복사되어 나타납니다. [빠른 실행 도구 모음]에 있는 [저장] 메뉴를 사용하여 '1사분기 매장별 매출 현황'이라는 이름으로 저장합니다.

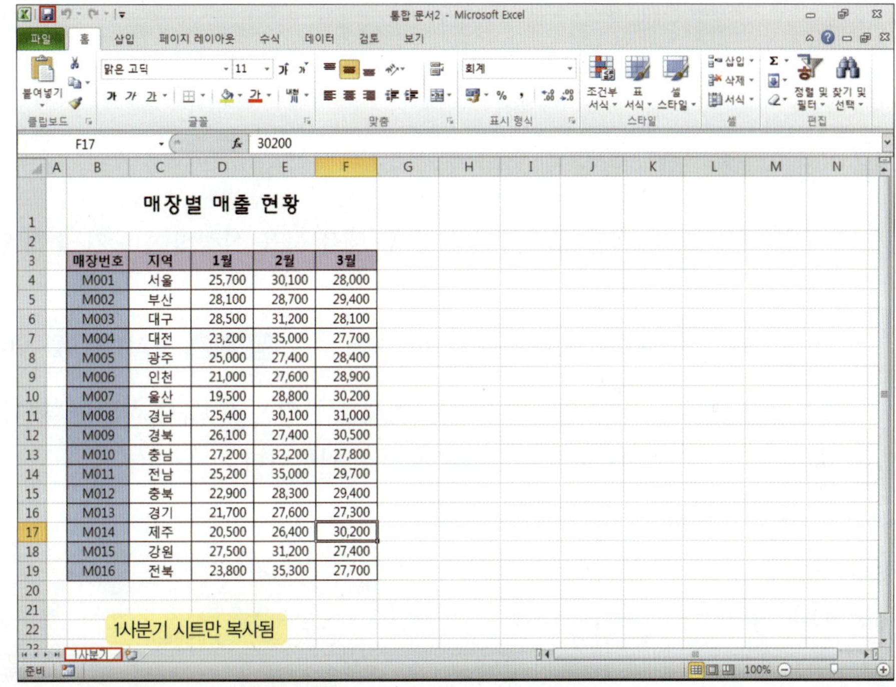

2 내 문서에 맞게 인쇄하기

문서 작성을 한 후 인쇄 미리보기를 하지 않고 그대로 인쇄하면 여백이 한 쪽으로 치우치거나 마지막 행이나 열이 다른 페이지로 넘어가는 경우가 종종 있습니다. 인쇄 설정을 익히고 미리보기를 확인하면 인쇄에 소요되는 시간과 비용을 절약할 수 있고 인쇄 목적에 맞는 보기 좋은 문서로 인쇄할 수 있습니다.

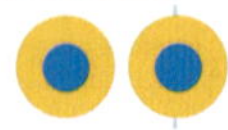 인쇄 설정하기

용지 방향이나 여백, 배율 등을 설정하여 보기 좋게 인쇄해 보도록 합니다.

예제 파일 PART2 9월 급여명세서   **완성 파일** PART2 9월 급여명세서 완성

'9월 급여명세서' 예제를 불러온 후 우측 하단의 '페이지 레이아웃'을 눌러 인쇄했을 때의 모양과 내용을 확인합니다.

TIP

이전 버전에서처럼 인쇄 미리보기 상태에서 인쇄를 위한 설정을 할 수도 있으나 내용 편집과 인쇄설정을 함께 할 수 있는 '페이지 레이아웃'이 좀 더 편리합니다.

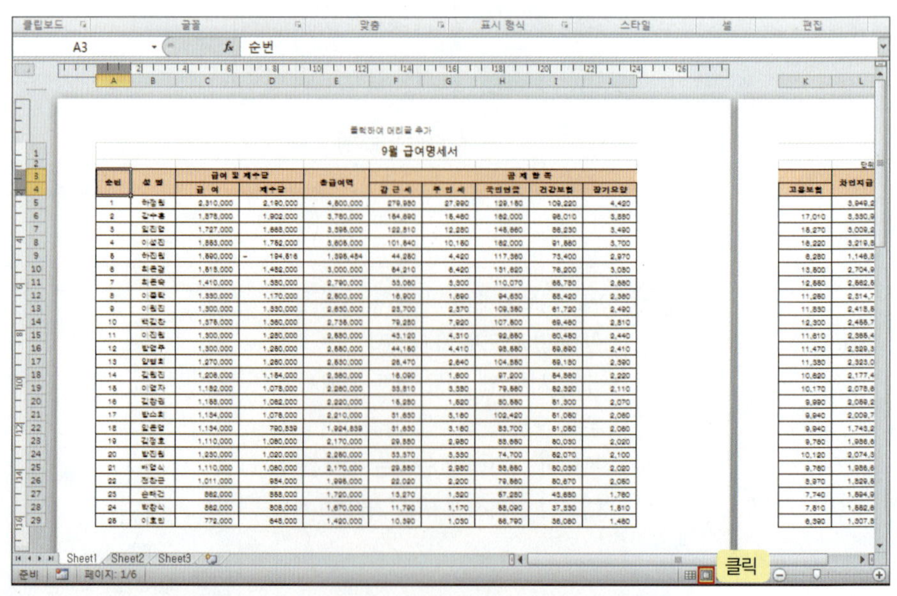

[페이지 레이아웃] 탭 – [페이지 설정] 그룹 – [용지 방향] 메뉴를 눌러 [가로]를 선택하여
용지 방향이 가로로 길게 설정되도록 합니다.

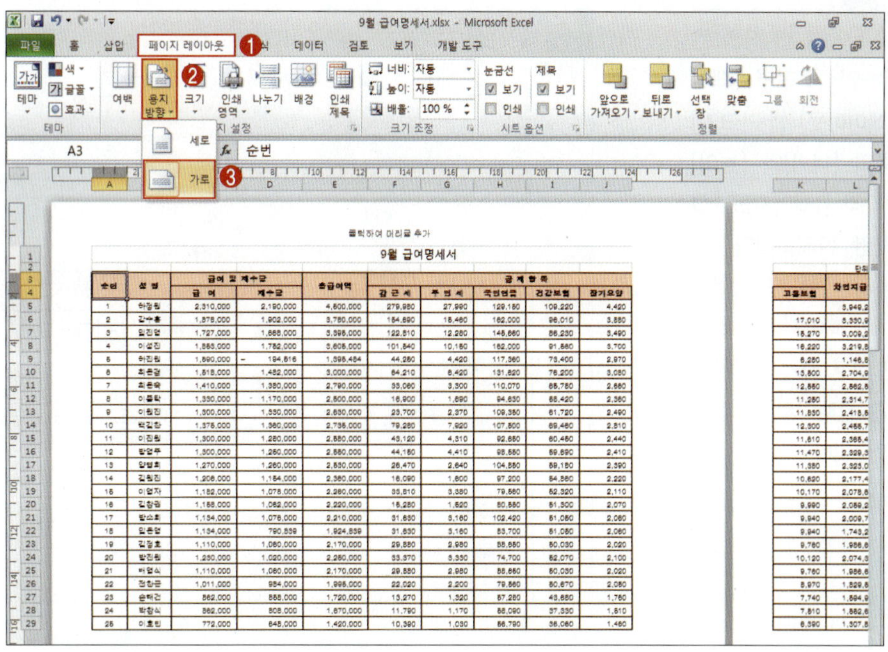

[페이지 레이아웃] 탭 – [페이지 설정] 그룹 – [여백] 메뉴의 [좁게]를 선택하여 여백을
줄이고 한 페이지에 인쇄될 내용이 많아지도록 설정합니다.

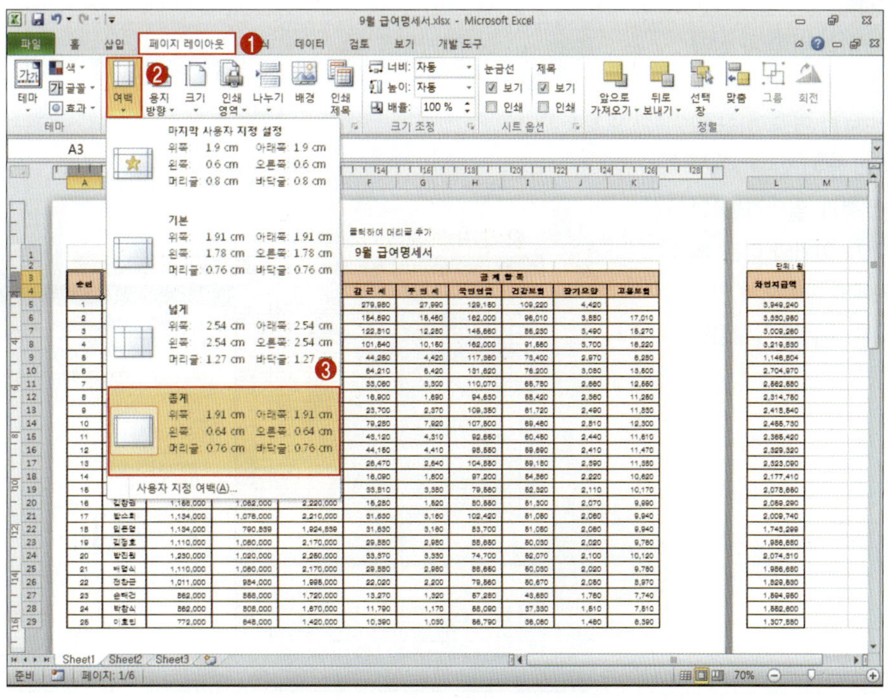

아직 오른쪽 페이지에 남아 있는 한 개의 열을 한 페이지에 맞추기 위해 [페이지 레이아웃] 탭-[크기] 그룹-[너비] 메뉴의 [1페이지]를 선택합니다.

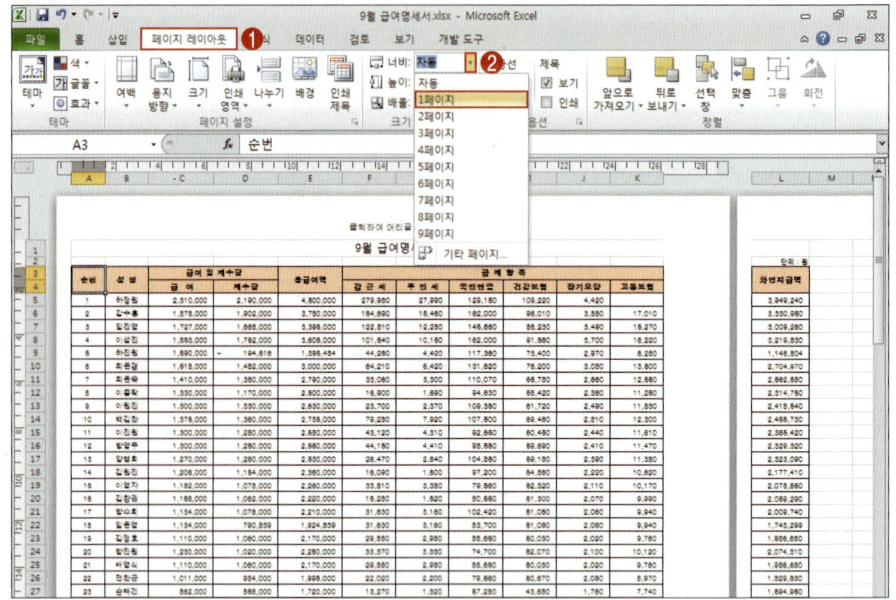

[페이지 레이아웃] 탭-[페이지 설정] 그룹-[인쇄 제목]를 선택하여 [페이지 설정] 대화 상자가 열리면 [시트] 탭의 '반복할 행'에 3행을 클릭하여 '$3:$4'가 입력되도록 합니다.

[페이지 설정] 대화 상자의 [여백] 탭을 선택하고 '페이지 가운데 맞춤'의 [가로]와 [세로] 항목을 모두 체크 설정한 후 [확인]을 누릅니다.

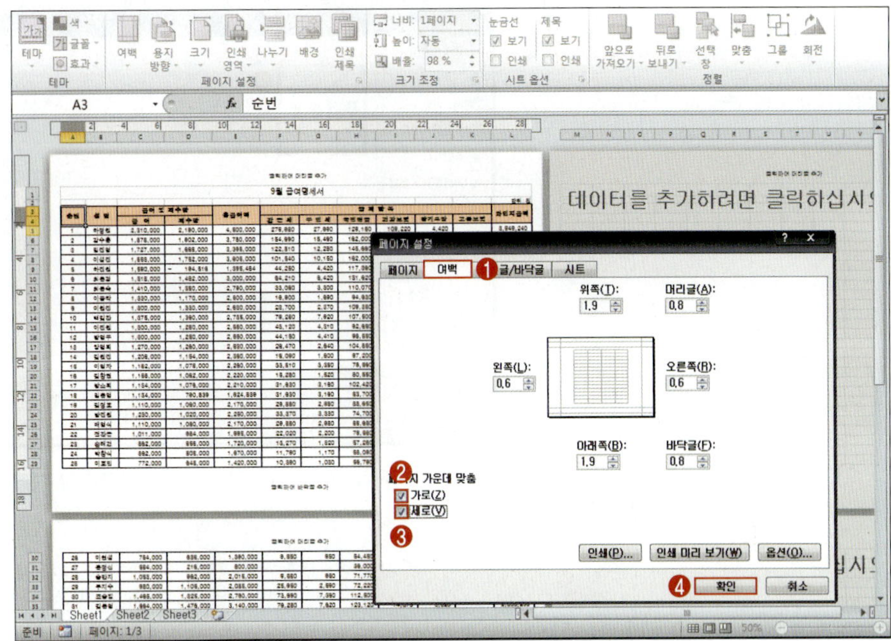

상단의 '클릭하여 머리글 추가'라고 표시된 머리글 왼쪽 영역을 선택한 후 [디자인] 탭 −[머리글/바닥글 요소] 그룹 −[그림] 메뉴를 클릭합니다.

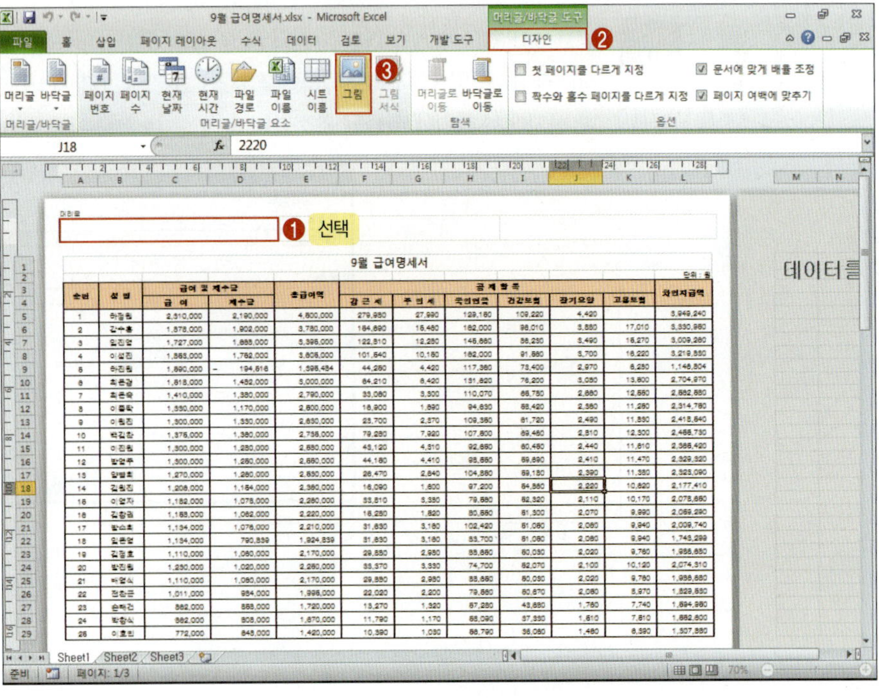

'그림 삽입' 대화 상자에서 '로고.png' 이미지를 선택하고 [삽입] 버튼을 클릭하여
로고 이미지를 삽입합니다.

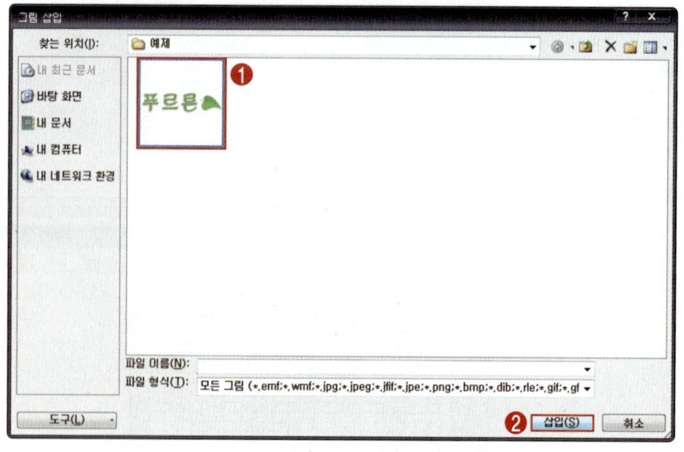

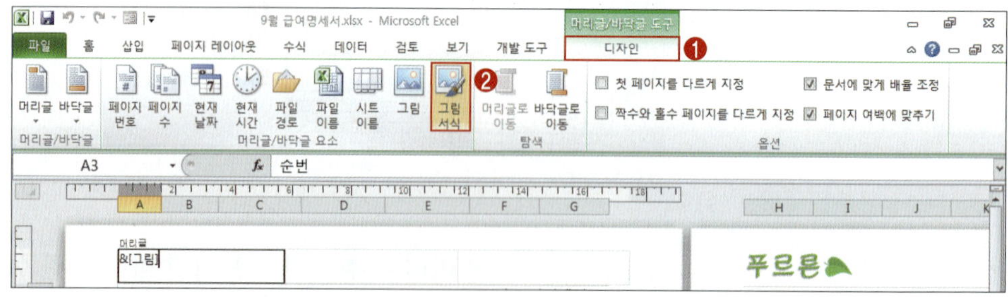

TIP 로고 이미지의 크기가 너무 크거나 작은 경우 머리글/바닥글로 삽입된 이비지가 선택되어 있는
상태로 [디자인] 탭-[머리글/바닥글 요소] 그룹-[그림 서식] 버튼을 눌러 열리는 그림 서식 대
화 상자에서 크기나 배율을 조정합니다.

하단의 '클릭하여 바닥글 추가'라고 표시된 바닥글 가운데 영역을 선택한 후 [디자인] 탭-[머리글/바닥글 요소] 그룹-[페이지 번호]를 클릭하고 '/'를 입력한 다음 다시 [페이지 수]를 클릭하여 페이지 번호와 전체 페이지 수가 함께 표시되도록 합니다.

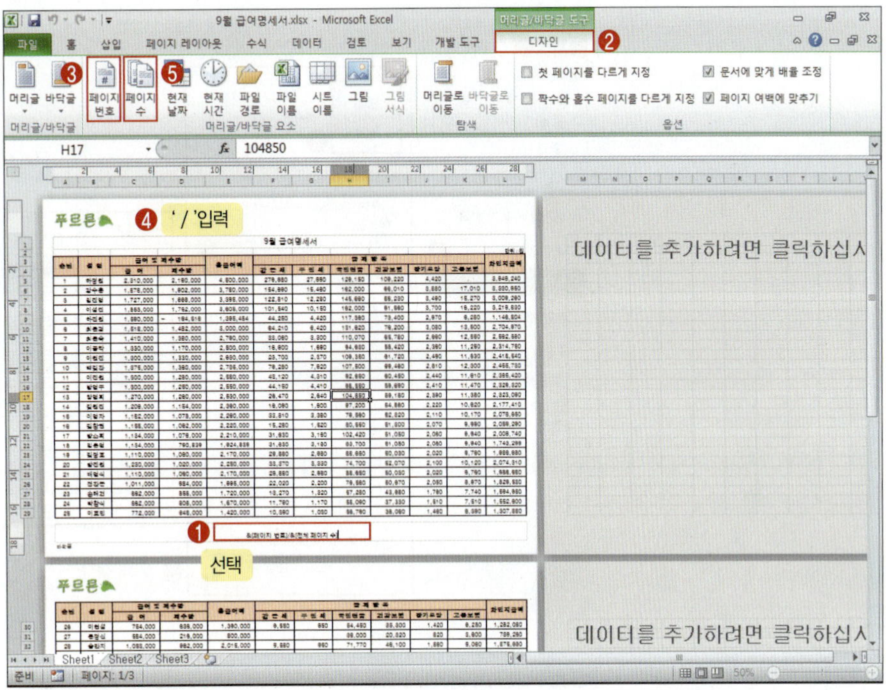

각 페이지 상단에 이름, 급여 등의 열 머리글과 페이지 머리글/바닥글이 표시되며 페이지의 가운데 적절한 여백으로 설정된 문서를 확인할 수 있습니다.

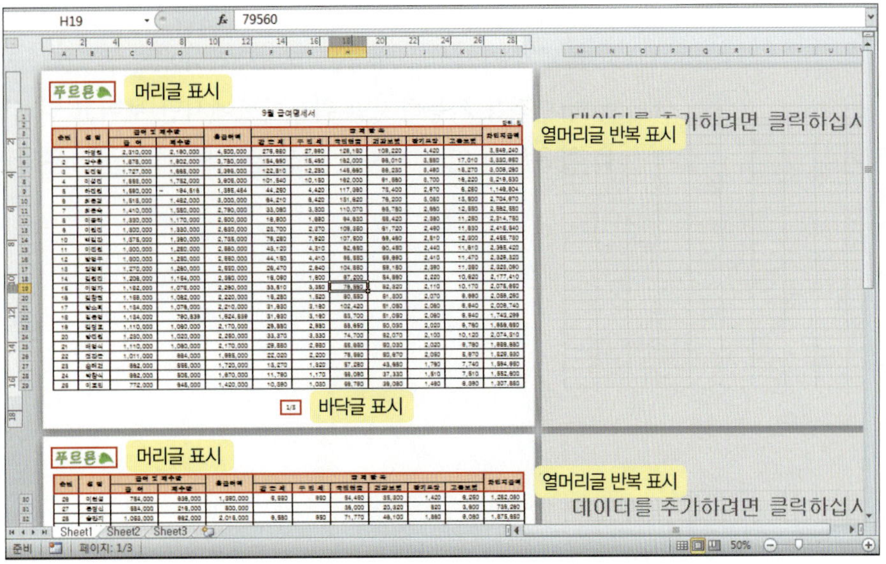

[파일] 탭－[인쇄] 메뉴를 클릭하면 오른쪽에 인쇄 미리 보기 화면이 제공됩니다. 필요에 따라 인쇄할 복사본의 개수 등의 설정 등을 선택하고 [인쇄] 버튼을 눌러 인쇄합니다.

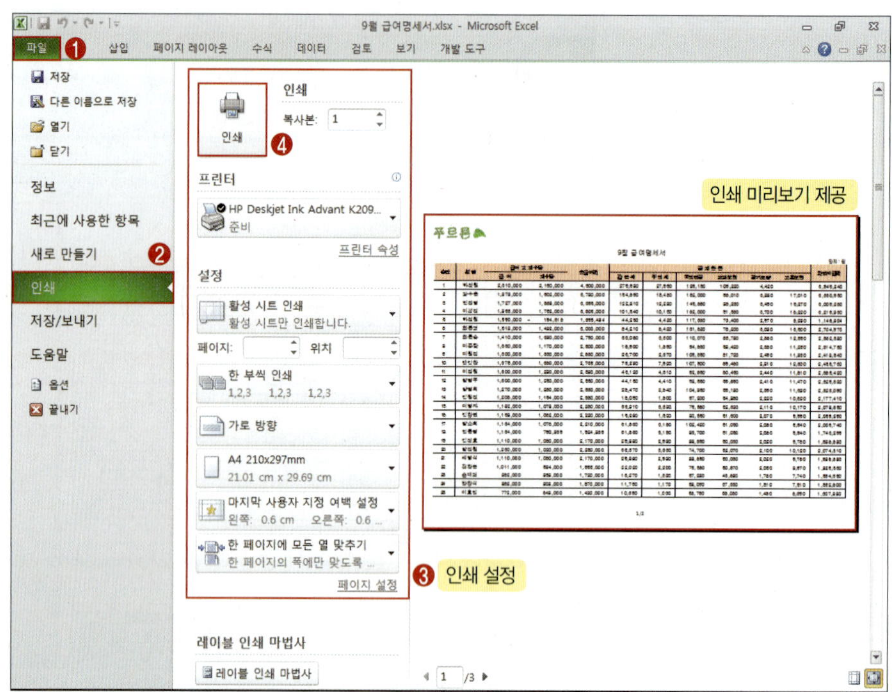

나만의 워크시트 배경 적용하고 인쇄하기

엑셀의 워크시트 배경은 [페이지 레이아웃] 탭－[페이지 설정] 그룹－[배경] 메뉴를 사용하여 적용 가능하지만 워크시트에서만 보이고 인쇄되지는 않습니다. 머리글 기능을 활용하여 인쇄 가능한 엑셀 문서의 배경을 적용해 보도록 합니다.

'7월 달력' 예제를 불러온 후 이 배경을 인쇄 시에도 적용되도록 하려면 상단의 '클릭하여 머리글 추가'라고 표시된 머리글 왼쪽 영역을 선택한 후 [디자인] 탭－[머리글/바닥글 요소] 그룹－[그림] 메뉴를 클릭합니다.

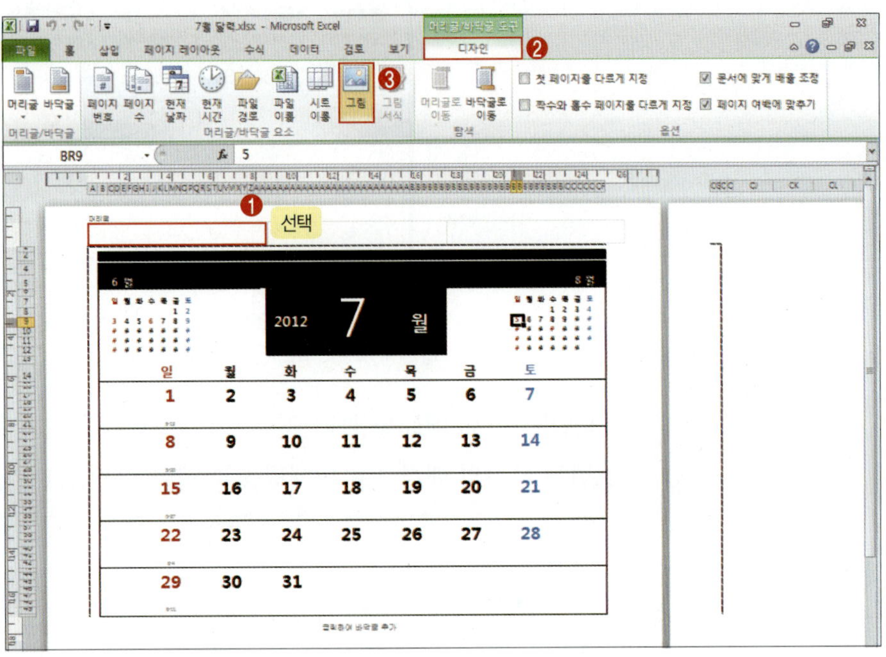

'그림 삽입' 대화 상자에서 '배경.jpg' 이미지를 선택하고 [삽입] 버튼을 클릭하여 이미지를 삽입합니다.

[디자인] 탭 - [머리글/바닥글 요소] 그룹 - [그림 서식] 버튼을 눌러 열리는 그림 서식 대화 상자에서 [그림] 탭의 [이미지 조절] 항목의 '밝기'를 '70'으로 설정하여 이미지를 흐리게 설정한 후 [확인] 버튼을 클릭합니다.

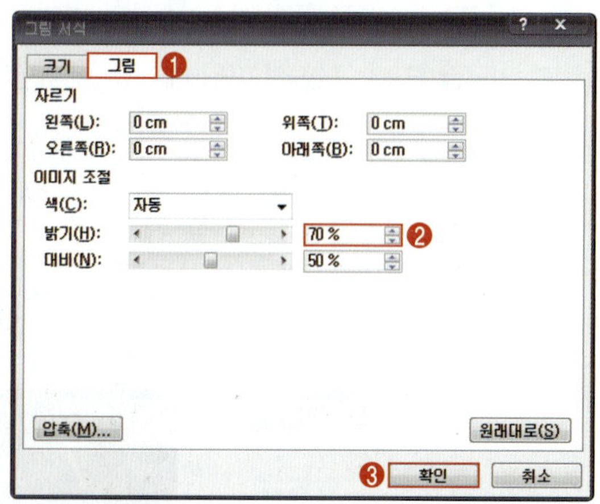

[파일] - [인쇄] 메뉴를 눌러 인쇄 미리보기를 확인해 보면 머리글로 삽입한 이미지가 전체 문서의 배경으로 인쇄됨을 확인할 수 있습니다.

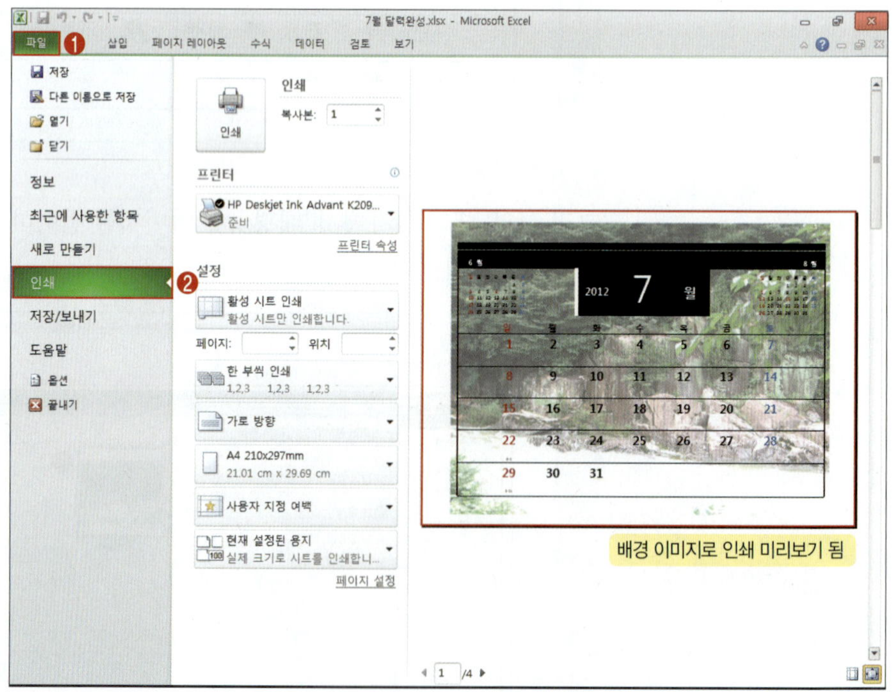

주소 라벨 인쇄하기

엑셀 2007부터 추가된 레이블 인쇄 마법사 기능을 이용하면 레이블 인쇄 시 보다 빠르고 편리하게 작업할 수 있습니다. 레이블 인쇄 마법사 기능을 추가하고 주소록을 활용하여 라벨을 인쇄해 봅니다.

 PART2 전국 도서관 주소록

'전국 도서관 주소록' 예제를 불러온 후 [파일]-[옵션] 메뉴를 클릭하여 [추가기능]의 '레이블 인쇄 마법사'를 선택하고 [이동] 버튼을 누릅니다.

> **TIP**
>
> [레이블 인쇄 마법사]기능을 사용하려면 추가 기능을 설치해야 합니다.

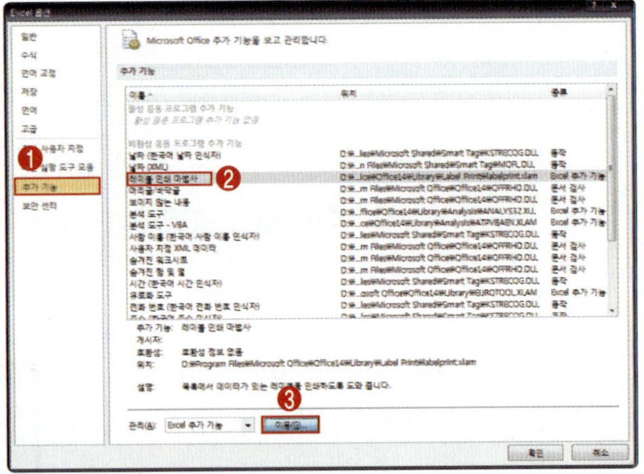

[추가 기능] 대화 상자가 열리면 '레이블 인쇄 마법사' 항목의 체크 박스를 클릭하여 설정하고 [확인] 버튼을 클릭합니다.

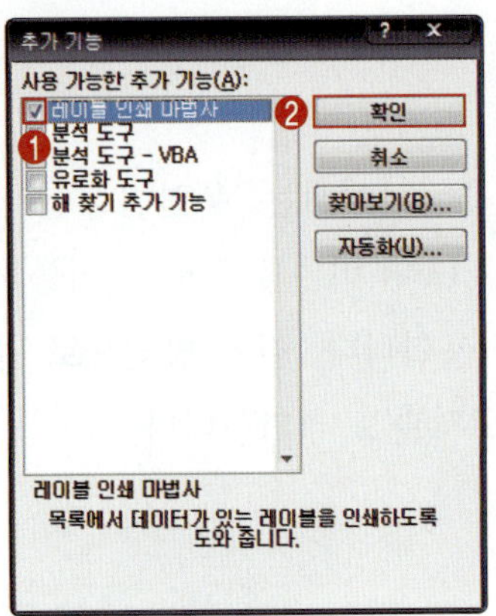

'첫 행은 열 머리글임'이 선택되면 선택영역의 첫 행을 레이블로 인식하여 레이블을 편집할 때 사용할 수 있습니다.

[파일]−[인쇄] 메뉴를 클릭하면 '레이블 인쇄 마법사' 메뉴가 추가되어 나타납니다. [레이블 인쇄 마법사] 버튼을 클릭합니다.

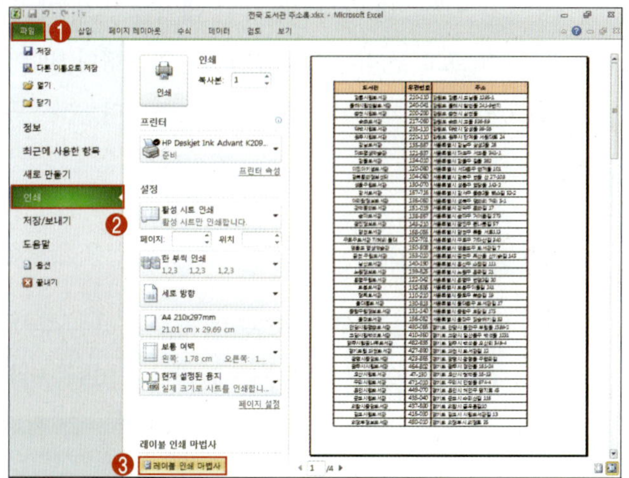

1단계에서는 인쇄할 주소록의 범위를 드래그하여 설정한 후 [다음]을 클릭합니다.

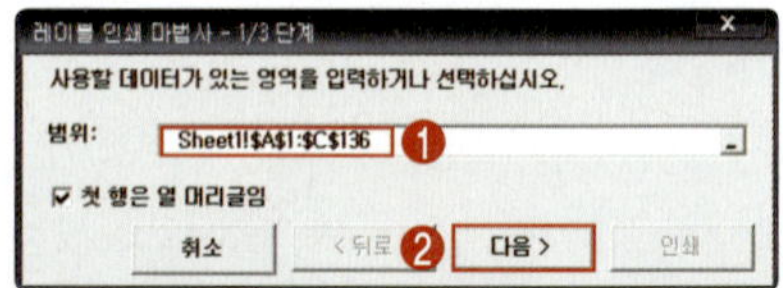

인쇄 시 사용할 라벨지의 [제조 회사]와 [제품 번호]를 확인하여 설정합니다.

2단계에서는 레이블 용지 형식, 레이블 제조 회사, 제품 번호를 선택한 후 [다음] 버튼을 클릭합니다.

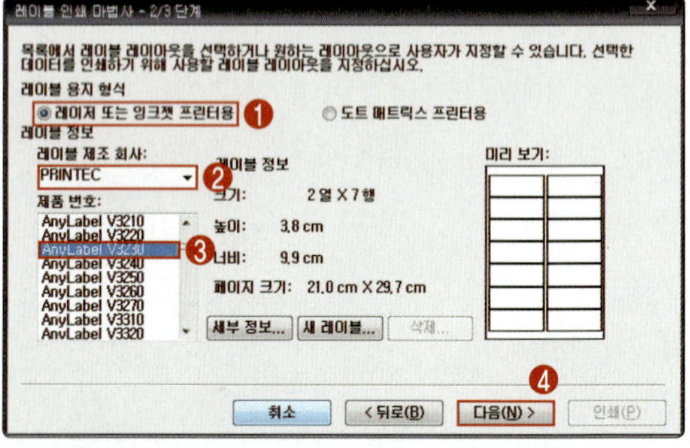

3단계에서는 '우편번호'를 선택하고 (▷) 버튼을 눌러 레이블 서식에 적용합니다. 같은 방법으로 '주소'와 '도서관'도 추가합니다.

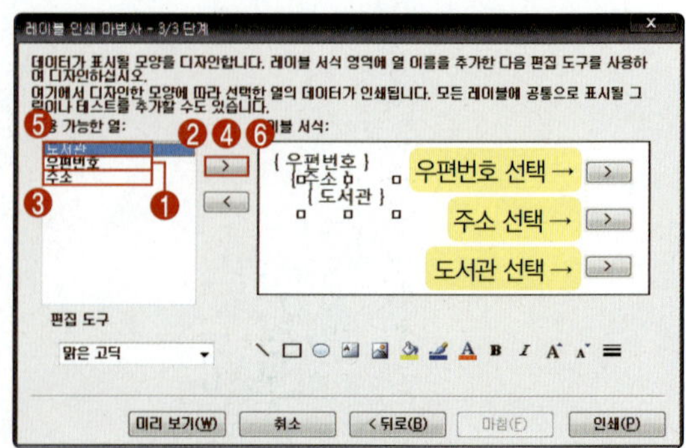

대화 상자의 아래쪽 텍스트 상자(▣) 버튼을 클릭하여 추가한 후 '관장님 귀하'라고 입력합니다.

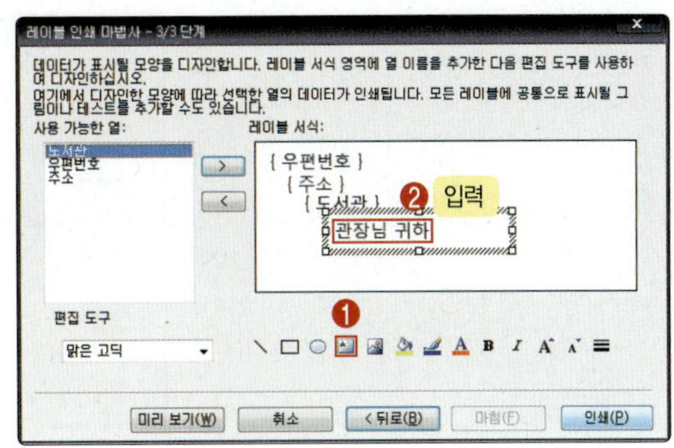

각 레이블의 위치를 조정하고 각 열의 데이터 크기에 맞춰 크기도 함께 조정한 후 [미리보기] 버튼을 누릅니다.

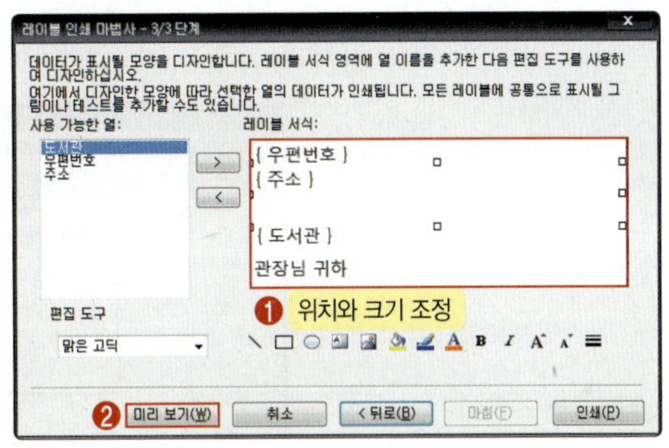

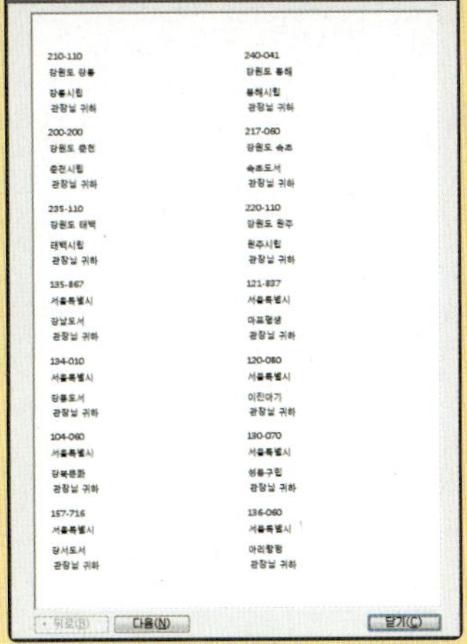

미리보기 화면으로 데이터 전체가 표시되는지 확인한 후 [닫기] 버튼을 클릭합니다.

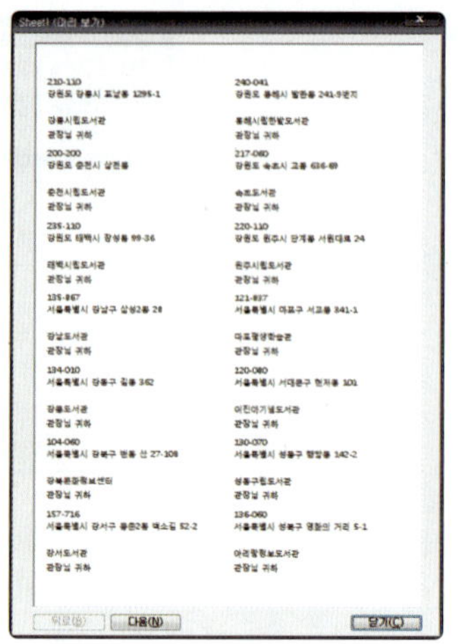

[인쇄] 버튼을 눌러 주소 라벨을 인쇄합니다.

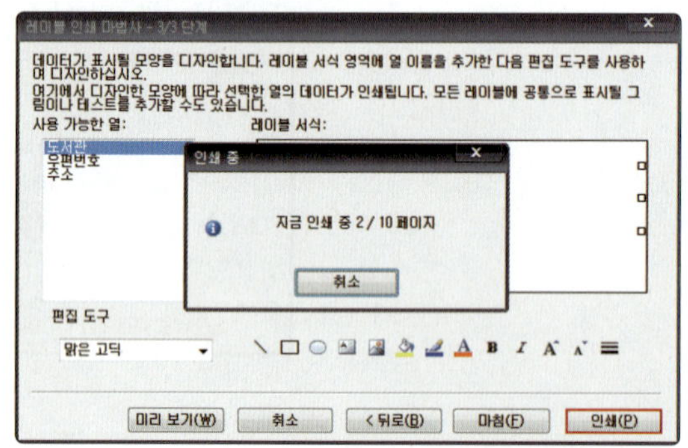

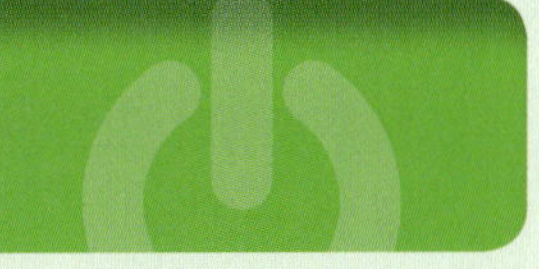

예제 파일 납품일정표

예제 파일 납품일정표 완성

◉ **"납품일정표" 파일을 열고 다음을 실행하시오.**

1 "납품일정표"시트의 B5:B14 영역에 "제품목록"시트의 B3:B12 영역의 데이터만 입력 가능하도록 목록으로 제한하시오. 잘못된 데이터가 입력되면 "목록에서 선택하세요"라는 오류 메시지가 입력되도록 하시오.

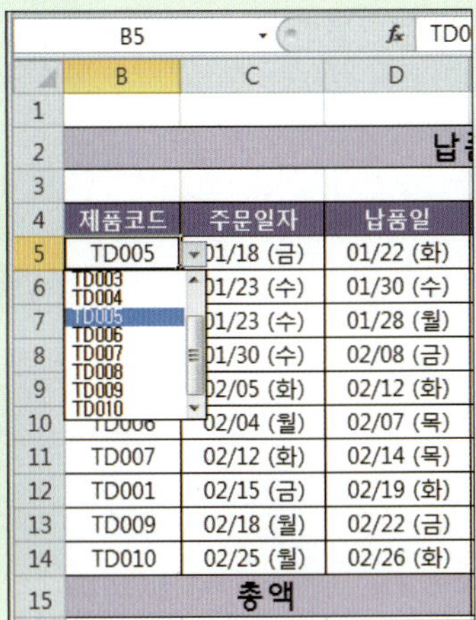

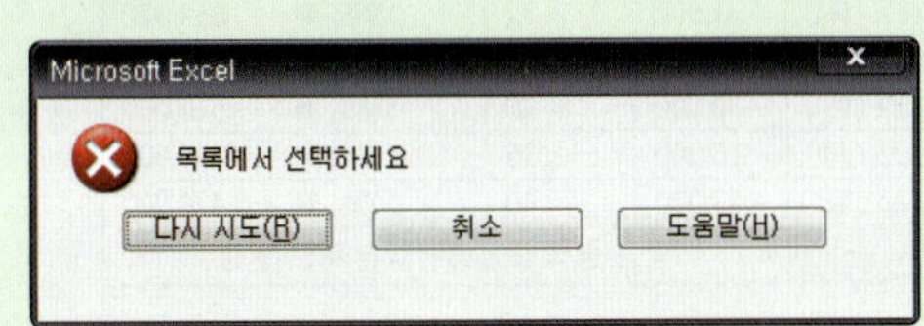

2 F5:F14 영역에 100 이하의 데이터만 입력 가능하도록 제한하시오.

3 C5:D14 영역의 데이터가 다음과 같이 표시되도록 표시 형식을 지정하시오.

예 2013–01–18 → 01/18 (금)

4 G5:G14 영역의 데이터는 백분율로 H5:H14 영역의 데이터는 회계 형식으로 표시되도록 표시 형식을 지정하시오.

5 E15 셀의 총액이 다음과 같이 표시되도록 표시 형식을 지정하시오.

예 일금 구백팔십만칠천삼백육십 원정

6 서식 복사 기능을 이용하여 B2셀의 서식을 B15셀에 붙여 넣으시오.

7 "요소" 테마를 설정하여 문서의 서식을 변경하시오.

8 J5셀의 값과 "선택하여 붙여넣기" 기능을 사용하여 G5:G14 영역의 데이터를 각각 10%씩 더한 값으로 변경하시오. 값이 변경된 후 J5셀의 값은 삭제하시오.

예 5% → 15%

10% → 20%

15% → 25%

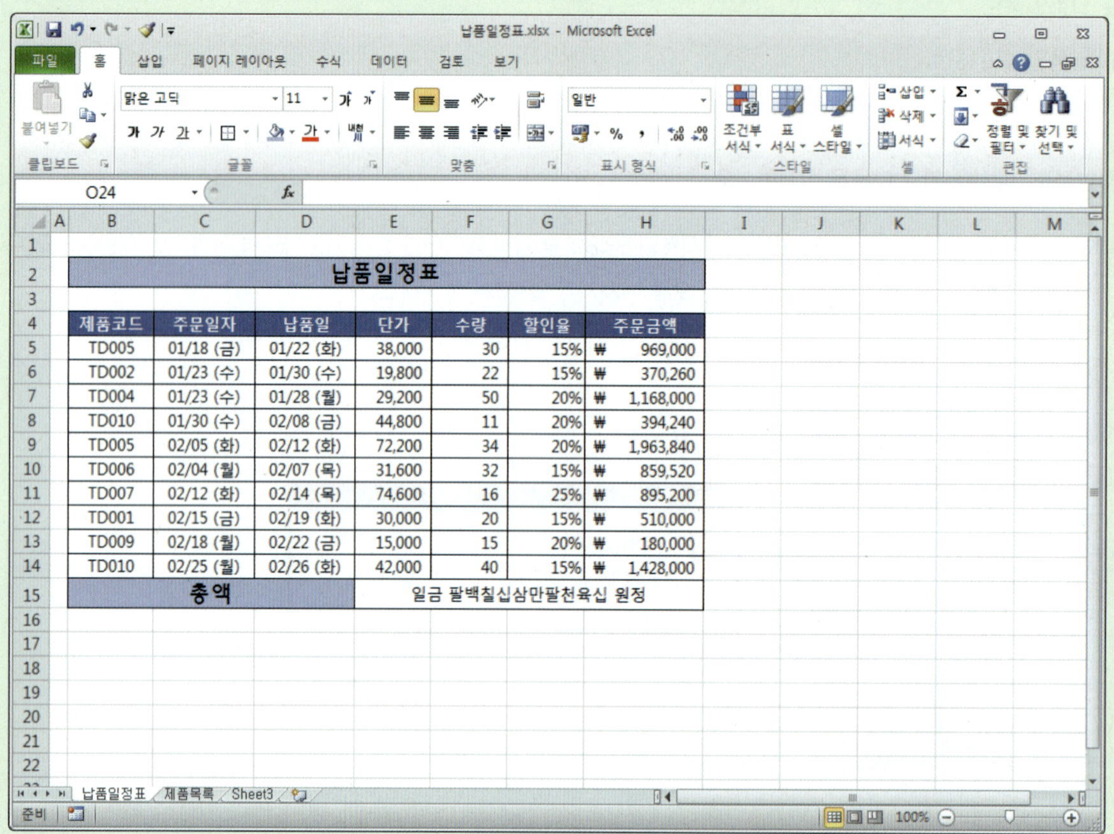

예제 파일 불량률 집계

예제 파일 불량률 집계 완성

◉ **"불량률 집계" 파일을 열고 다음을 실행하시오.**

9 "통합" 시트의 4행에 "작성자" 시트의 B2:E2 영역을 그림으로 붙여넣으시오.

10 C6:F18 영역을 범위로 변환하여 표 기능을 해제하시오.

11 D7:D18 영역에 "주황 데이터 막대"를 그라데이션 채우기 하시오.

12 "불량률"이 0.2% 이상인 품목의 행 전체의 글꼴에 굵게, 파랑을 적용하시오.

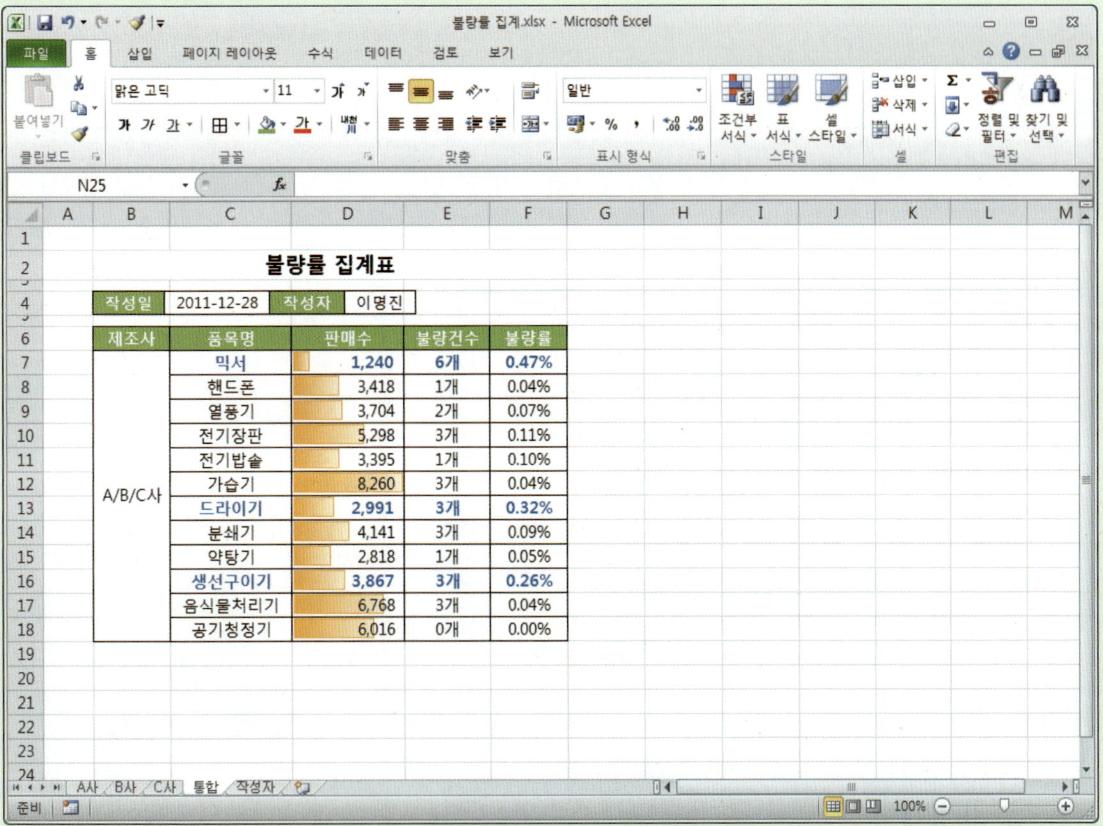

◉ **"직원 정보" 파일을 열고 다음을 실행하시오.**

13 "페이지 레이아웃" 보기로 변경하고 "용지 방향"은 "가로"로 설정하시오.

14 I열과 J열이 별도의 페이지로 나누어 인쇄되지 않고 같은 페이지로 인쇄될 수 있도록 설정하시오.

15 4행이 다른 페이지에서도 반복하여 인쇄되도록 설정하시오.

16 각 페이지 하단 중앙에 페이지 번호가 다음과 같이 표시되도록 설정하시오.

예 – 1 –

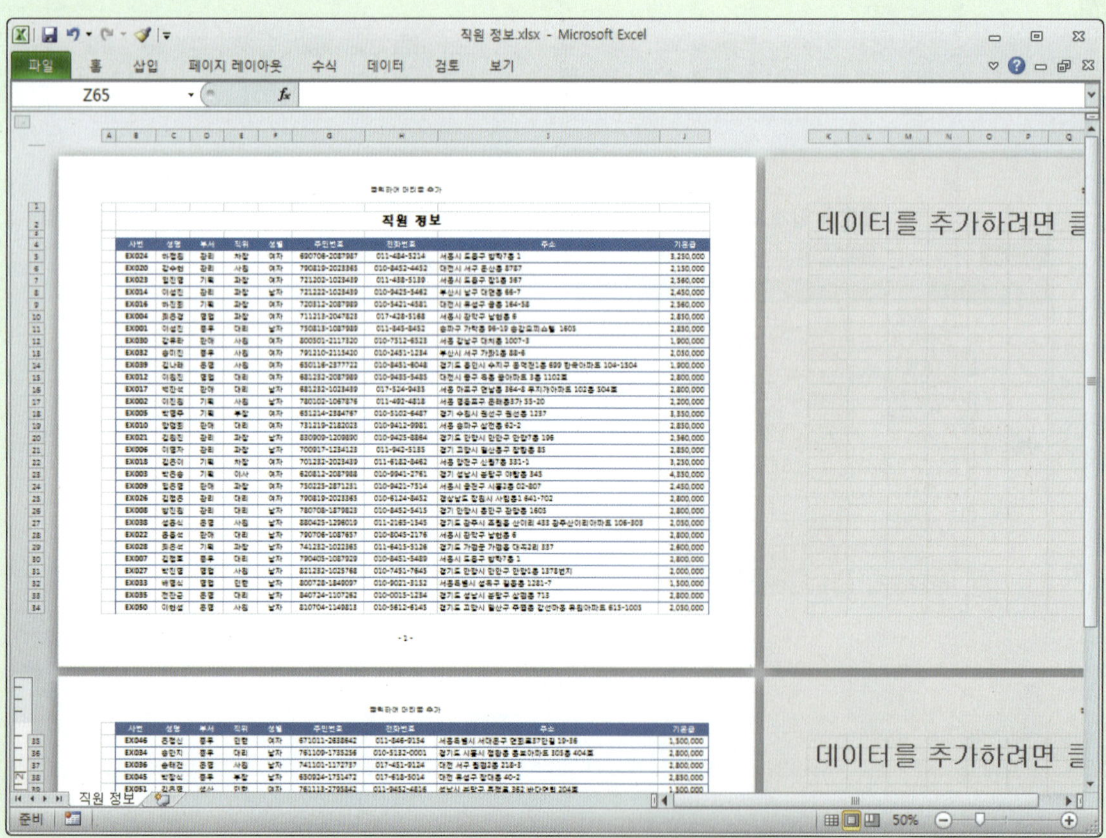

part 3

계산의 최강자!
함수를 제대로 활용하자

엑셀 하면 가장 먼저 떠오르는 단어가 계산이라고 할 수 있을 만큼 엑셀의 수식은 엑셀 프로그램을 대표하는 강력한 기능입니다. 등호와 연산자를 사용하여 수식을 작성하는 방법부터 여러 개의 함수를 중첩하여 결과 값을 이끌어 내는 방법까지 다양하고 편리한 계산 방법을 익혀보도록 합니다.

1 수식 작성의 기본

엑셀의 수식은 등호(=)와 숫자 또는 셀 주소와 연산자로 이루어지며, 이는 일반적인 수학의 수식과 같은 순서로 입력합니다. 엑셀의 셀에 수식을 입력하면 결과 값이 셀에 표시되며 수식을 확인하려면 열 머리글 위에 있는 수식 입력줄을 확인합니다.

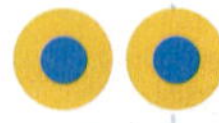 **연산자의 종류와 연산자 우선 순위**

수식 입력 시 사용되는 연산자는 산술, 비교, 연결, 참조의 네 가지로 구분됩니다. 하나의 수식에 여러 가지의 연산자를 함께 사용할 수 있습니다.

〈산술 연산자〉

일반적인 사칙 연산을 수행하는 연산자를 산술 연산자라고 합니다.

연산자	이름	의미	입력 예	결과
+	플러스	더하기	=1+2	3
−	마이너스	빼기 또는 음수기호	=1−2	−1
*	애스터리스크	곱하기	=3*2	6
/	슬래시	나누기	=6/2	3
%	퍼센트	백분율	=100%	1
^	캐럿	지수 (제곱)	=3^2	9

〈비교 연산자〉

값을 비교할 때 사용하는 연산자입니다.

연산자	의미	연산자	의미
=	같다	>	크다

연산자	의미	연산자	의미
<	작다	>=	크거나 같다
<=	작거나 같다	<>	같지 않다

〈연결 연산자〉

텍스트, 값, 수식 등을 서로 연결하여 결합할 때 사용하는 연산자입니다.

연산자	의미	입력 예	결과
&	텍스트를 연결	=100&"점"	100 점
		=100&200	100200

〈참조 연산자〉

연산자	의미	입력 예	결과
: (콜론)	~부터 ~까지	A1:B7	A1에서 B7까지 두 참조 영역 사이의 모든 셀을 참조함
, (콤마)	~와 ~	A1,B7	A1과 B7셀을 참조함
공백	두 참조 영역의 공통되는 셀 참조	A1:B7 B1:C7	A1:B7과 B1:C7의 공통범위인 B1:B7 영역을 참조함

〈연산자의 우선 순위〉

하나의 수식에서 여러 연산자를 사용한 경우가 많은데 계산 순서에 따라 결과 값이 달라질 수 있으므로 우선 순위를 알고 사용해야 합니다. 이 경우 연산자 우선 순위에 의해 계산 순서가 결정되며 연산자의 우선 순위는 다음 표와 같습니다. 연산자 우선 순위가 같은 경우에는 입력된 순서대로 계산되며 순서를 바꾸려면 수식에서 먼저 계산할 부분을 괄호로 묶어 입력합니다.

연산 순서	기호	의미
1	: , 공백	참조 연산자
2	%	백분율
3	^	지수
4	* /	곱하기 나누기
5	+ −	더하기 빼기
6	&	연결 연산자
7	= > < >= <= < >	비교 연산자

상대 참조 / 절대 참조 / 혼합 참조로 계산하기

엑셀의 각 셀은 열(A, B, C, …)머리글과 행(1, 2, 3, …)머리글로 조합한 셀 주소를 가지고 있습니다. 엑셀에서의 수식 작성 시 직접 숫자 데이터를 입력할 수도 있지만 데이터가 입력된 셀 주소를 참조하는 방식을 주로 사용합니다. 여러 셀의 값을 한 번에 계산하고 이 수식을 복사해서 사용하는 경우 수식 복사한 결과가 정확하려면 수식에 사용되는 주소를 정확히 사용해야 합니다.

셀 참조가 사용된 수식을 복사했을 때 참조한 주소가 변하는지 아닌지에 따라 상대 참조와 절대 참조, 혼합 참조로 구분됩니다. 셀 참조 방법은 참조할 셀을 클릭한 후 키보드의 F4 키를 눌러 변경합니다.

	F4 한 번	F4 두 번	F4 세 번
A1	$A$1	A$1	$A1
상대 참조	절대 참조	혼합 참조 (행고정)	혼합 참조 (열고정)

F4 를 누를 때마다 셀 참조 방식이 다음과 같이 변경되고 그 이상을 누르면 처음부터 다시 순환됩니다.

◆ 상대 참조와 절대 참조를 이용한 수식 작성하기

수식이 참조 주소가 복사된 방향에 맞춰 변경되는 것을 상대 참조라고 합니다. 예를 들어 [A1]셀을 참조하는 수식을 아래로 드래그하여 수식 복사하면 'A2, A3, …'과 같이 행 주소가 변경되고, 오른쪽으로 복사하면 'B1, C1, D1, …'과 같이 열 주소가 변경됩니다. 반면 수식을 복사해도 참조된 셀의 주소가 변경되지 않는 것을 절대 참조라 합니다. 절대 참조를 적용하려면 셀을 참조할 때 키보드의 F4 키를 눌러 $A$1처럼 $기호가 표시되도록 합니다.

'2월 소모품 구입 리스트' 예제를 불러옵니다. G4셀을 클릭한 후 "등호(=)"를 입력하고 E4셀을 클릭한 후 " * "를 입력하고 다시 F4셀을 클릭하면 수식이 입력됩니다.

SUM · × ✔ f_x =E4*F4

소모품 구입 리스트

업체명	거래일	품 명	수 량	단 가	금 액	할인 금액		할인율
								15%
경기상사	2011-02-03	AOW23R5015/KW10	30	10,970	=E4*F4			
경기상사	2011-02-03	M/M SDJCL1212-11	2	27,500				
경기상사	2011-02-03	CMPA17FR/ZM3	10	13,500				
민우사	2011-02-03	DCMMUM304/US75	60	4,860				
민우사	2011-02-03	DCMM070204-FV	60	4,700				
민우사	2011-02-03	MOP60FR/ZM3	30	13,000				
민우사	2011-02-03	MDC2/MM7220	30	9,430				
안흥상사	2011-02-05	방진구 로라	20	11,000				
경기상사	2011-02-08	M/H SDXCR12-11	5	27,500				
경기상사	2011-02-08	MDC2/MM7220	50	9,030				
경기상사	2011-02-08	MO3215FR/ZM3	50	15,420				
민우사	2011-02-08	SCREW M4.0	10	3,750				
민우사	2011-02-08	DCGM11M302/MN60	100	4,530				
안흥상사	2011-02-09	RNC-16 MOGGLE	1	101,000				
민우사	2011-02-10	ILOCUM 834	30	42,000				
민우사	2011-02-10	HYSPIN AWS68	3	27,000				
경기상사	2011-02-13	DCGM11M302/MN60	200	4,530				
경기상사	2011-02-13	MOP60FR/ZM3	30	13,000				
안흥상사	2011-02-16	종이앵글	100	1,400				
안흥상사	2011-02-16	슬리퍼	10	5,000				
안흥상사	2011-02-16	투대브루	30	11,000				

Enter 키를 눌러 수식의 결과값이 표시되면 G4셀의 채우기 핸들을 더블 클릭하여 수식을 복사합니다.

G4 · f_x =E4*F4

소모품 구입 리스트

업체명	거래일	품 명	수 량	단 가	금 액	할인 금액		할인율
								15%
경기상사	2011-02-03	AOW23R5015/KW10	30	10,970	329,100			
경기상사	2011-02-03	M/M SDJCL1212-11	2	27,500	55,000		더블 클릭	
경기상사	2011-02-03	CMPA17FR/ZM3	10	13,500	135,000			
민우사	2011-02-03	DCMMUM304/US75	60	4,860	291,600			
민우사	2011-02-03	DCMM070204-FV	60	4,700	282,000			
민우사	2011-02-03	MOP60FR/ZM3	30	13,000	390,000			
민우사	2011-02-03	MDC2/MM7220	30	9,430	282,900			
안흥상사	2011-02-05	방진구 로라	20	11,000	220,000			
경기상사	2011-02-08	M/H SDXCR12-11	5	27,500	137,500			
경기상사	2011-02-08	MDC2/MM7220	50	9,030	451,500			
경기상사	2011-02-08	MO3215FR/ZM3	50	15,420	771,000			
민우사	2011-02-08	SCREW M4.0	10	3,750	37,500			
민우사	2011-02-08	DCGM11M302/MN60	100	4,530	453,000			
안흥상사	2011-02-09	RNC-16 MOGGLE	1	101,000	101,000			
민우사	2011-02-10	ILOCUM 834	30	42,000	1,260,000			
민우사	2011-02-10	HYSPIN AWS68	3	27,000	81,000			
경기상사	2011-02-13	DCGM11M302/MN60	200	4,530	906,000			
경기상사	2011-02-13	MOP60FR/ZM3	30	13,000	390,000			
안흥상사	2011-02-16	종이앵글	100	1,400	140,000			
안흥상사	2011-02-16	슬리퍼	10	5,000	50,000			
안흥상사	2011-02-16	투대브루	30	11,000	330,000			

평균: 319,949   개수: 39   합계: 12,478,000   100%

H4셀을 선택한 후 '등호(=)'를 입력하고 G4셀을 클릭한 후 '−'를 입력하고 다시 G4셀을 클릭합니다. ' * '을 입력하고 J4셀을 클릭한 후 키보드의 F4 키를 눌러 $J$4 로 표시되는 절대 참조 형태로 변경합니다.

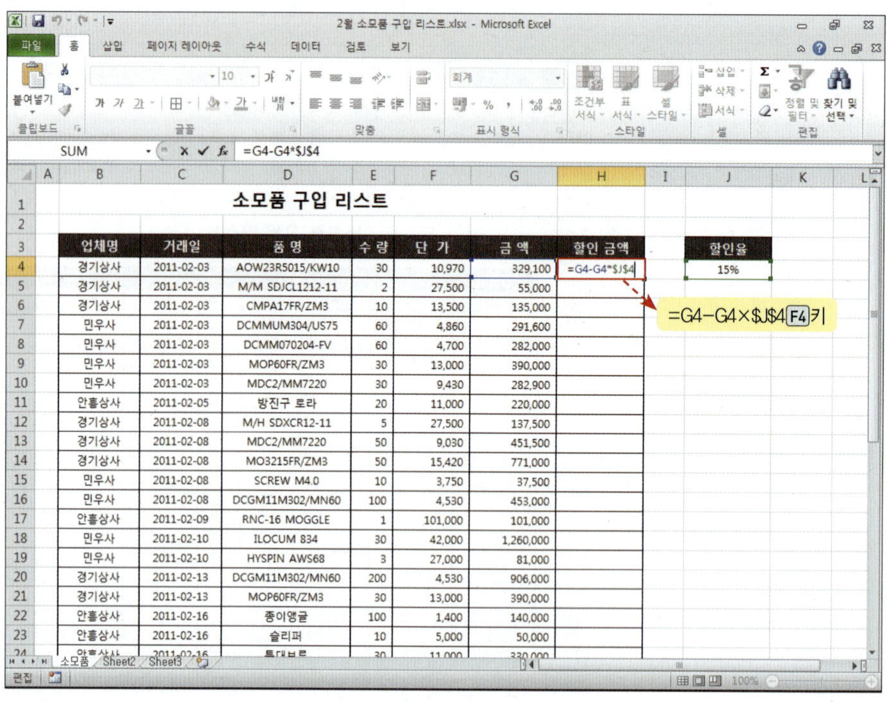

Enter 키를 눌러 수식의 결과값이 표시되면 H4셀의 채우기 핸들을 더블 클릭하여 수식을 복사합니다.

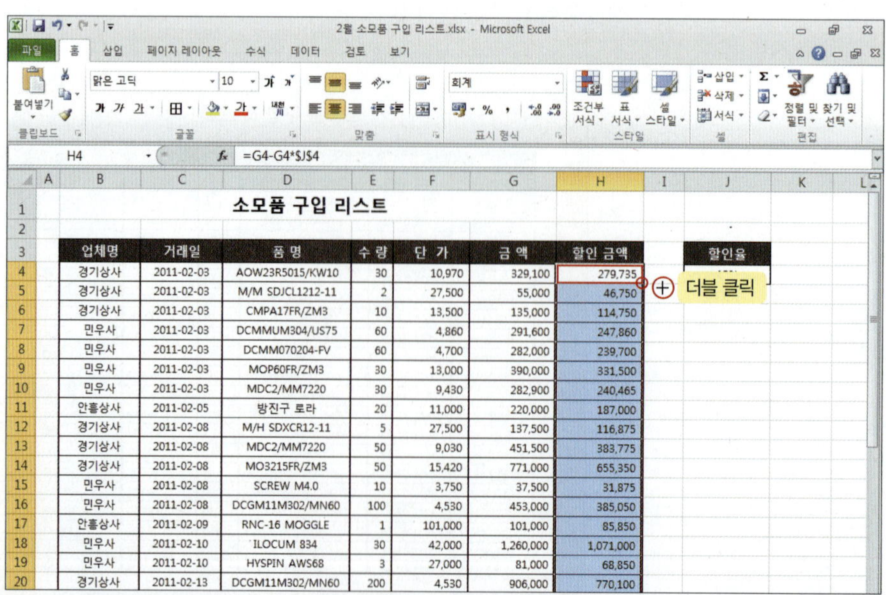

Ctrl + ' 을 누르면 시트 전체의 수식을 한 눈에 확인할 수 있습니다. H4셀에 입력된 수식을 보면 상대 참조인 G4의 경우 수식 복사를 했을 때 행값이 변하는 것을 확인할 수 있으며 반면 F4 키를 눌러 절대 참조를 적용한 J4셀의 경우 수식 복사를 해도 셀 주소가 변경되지 않았음을 확인할 수 있습니다. 다시 Ctrl + ' 을 누르면 원래대로 수식의 결과 값이 셀에 표시됩니다.

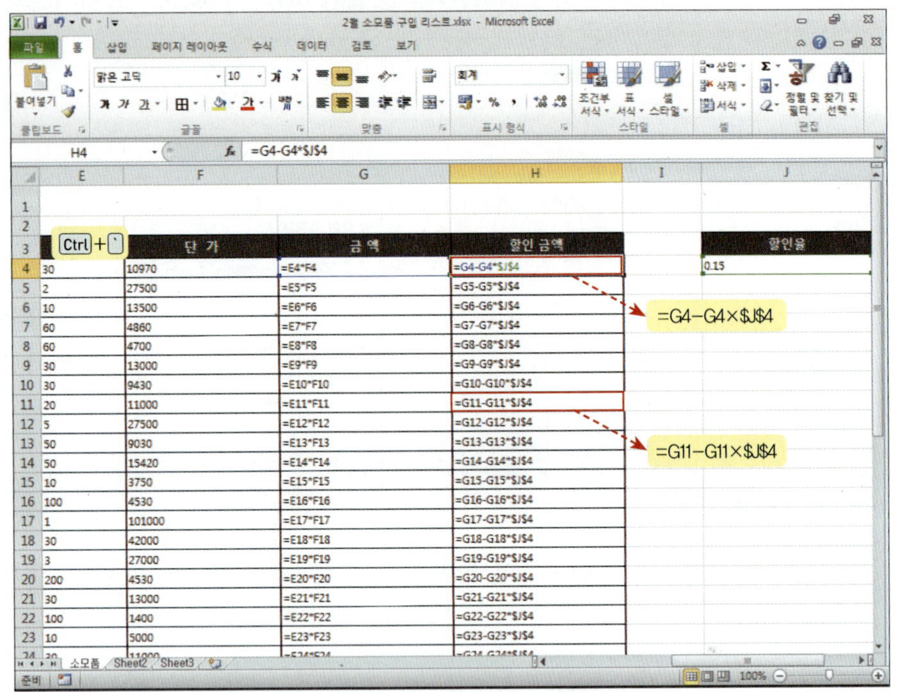

◆ 혼합 참조를 이용한 수식 작성하기

혼합 참조는 열이나 행 중 한쪽으로만 절대 참조를 적용하는 참조 방법으로 $ 기호가 사용된 주소만 변경되지 않고 나머지 부분은 변경됩니다. 예를 들어 A1셀을 참조할 때 A$1과 같이 입력하면 아래로 복사할 때는 셀 주소가 변경되지 않지만, 오른쪽 방향으로 복사하면 'B$1, C$1, …'과 같이 변경됩니다. 반대로 A1셀을 참조할 때 $A1과 같이 입력하면 아래로 복사할 때는 '$A2, $A3, …'과 같이 셀 주소가 변경되지만, 오른쪽 방향으로 복사하면 변경되지 않습니다.

‘금액별 할인 가격표’ 예제를 불러옵니다. C3셀을 클릭한 후 ‘등호(=)’를 입력하고 C2셀을 클릭한 후 키보드의 [F4]키를 두 번 눌러 C$2(행고정)로 표시되도록 합니다. ‘−’를 입력하고 앞의 방법과 같이 C$2를 입력한 후 ‘*’을 입력하고 다시 B3셀을 클릭한 후 [F4]키를 세 번 눌러 $B3(열고정)으로 표시되도록 합니다.

[Enter]키를 눌러 수식의 결과값이 표시되면 C3셀의 채우기 핸들을 더블 클릭하여 C3 : C10 영역에 수식을 복사합니다.

혼합 참조 요령 익히기

혼합 참조를 하여 행이나 열 중 한 방향으로만 절대 참조를 하는 경우 행고정으로 할지 열 고정으로 할지 혼동되는 경우가 흔히 있습니다. 이 때 할인율이 입력된 영역의 주소를 살펴보면 B3 : B10이므로 열 번호인 B가 변하지 않고 절대 참조 되도록 하기 위해 열 고정, 즉 $B3을 수식에 사용합니다. 반면 제품 가격이 입력된 영역의 주소를 살펴보면 C2 : F2이므로 행 번호인 2가 변하지 않고 절대 참조 되도록 하기 위해 행 고정 즉 C$2를 수식에 사용합니다. 즉, 열 번호나 행 번호 중 변경되지 않아야 하는 번호 앞에 '$' 기호가 표시되도록 혼합 참조를 적용합니다.

C10셀에 있는 채우기 핸들을 F10셀까지 드래그하여 수식을 복사합니다.

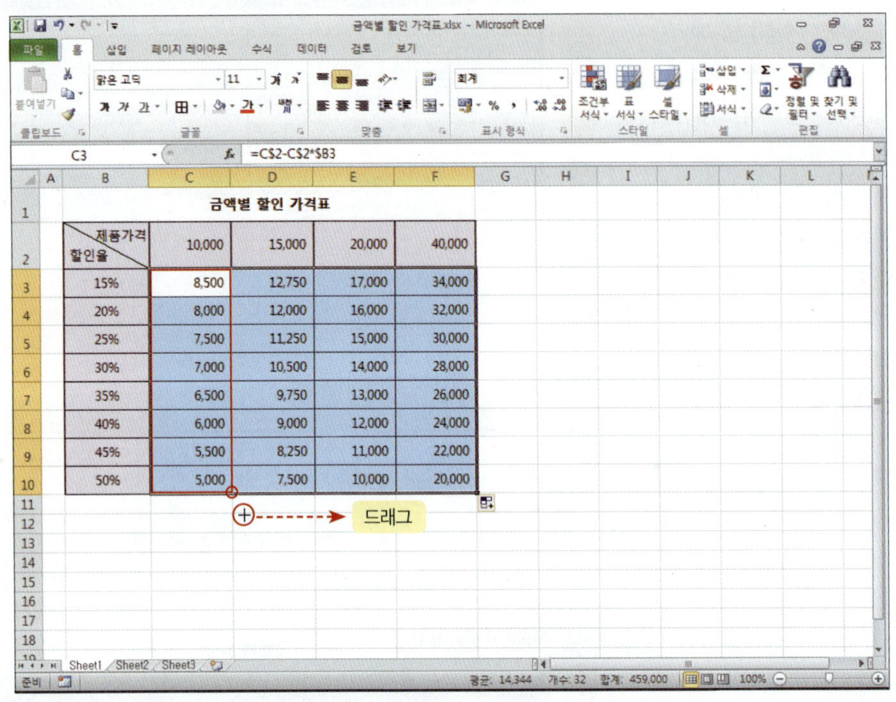

◆ 이름 정의를 이용한 수식 작성하기

이름 상자는 현재 셀 포인터의 위치 즉 선택된 셀을 셀 주소로 표시해 줍니다. 셀 주소는 열 번호와 행 번호의 조합으로 구성되며 두 개 이상의 셀을 선택하면 가장 왼쪽, 위쪽에 위치한 셀 주소만 이름 상자에 표시됩니다. 특정 셀이나 영역에 이름을 정의하면 수식 작성 시 쉽게 참조 영역을 적용할 수 있어 편리합니다.

'거래처 원장' 예제를 불러옵니다. B4:G12 영역을 선택한 후 이름 상자에 '거래처 원장'이라고 입력한 후 Enter 키를 눌러 이름 정의를 합니다.

TIP

1. 이름을 정의할 때에는 공백을 포함할 수 없고 셀 참조와 같은 형식 (예 : A1)도 사용할 수 없습니다. 정의된 이름을 확인 / 수정 / 삭제하려면 [수식] 탭 메뉴-[정의된 이름] 그룹의 [이름 관리자] 메뉴를 사용합니다.

2. 이름 상자의 [목록] 버튼을 누르면 정의된 이름 목록을 쉽게 선택할 수 있어 넓은 영역 선택 시 활용할 수 있습니다.

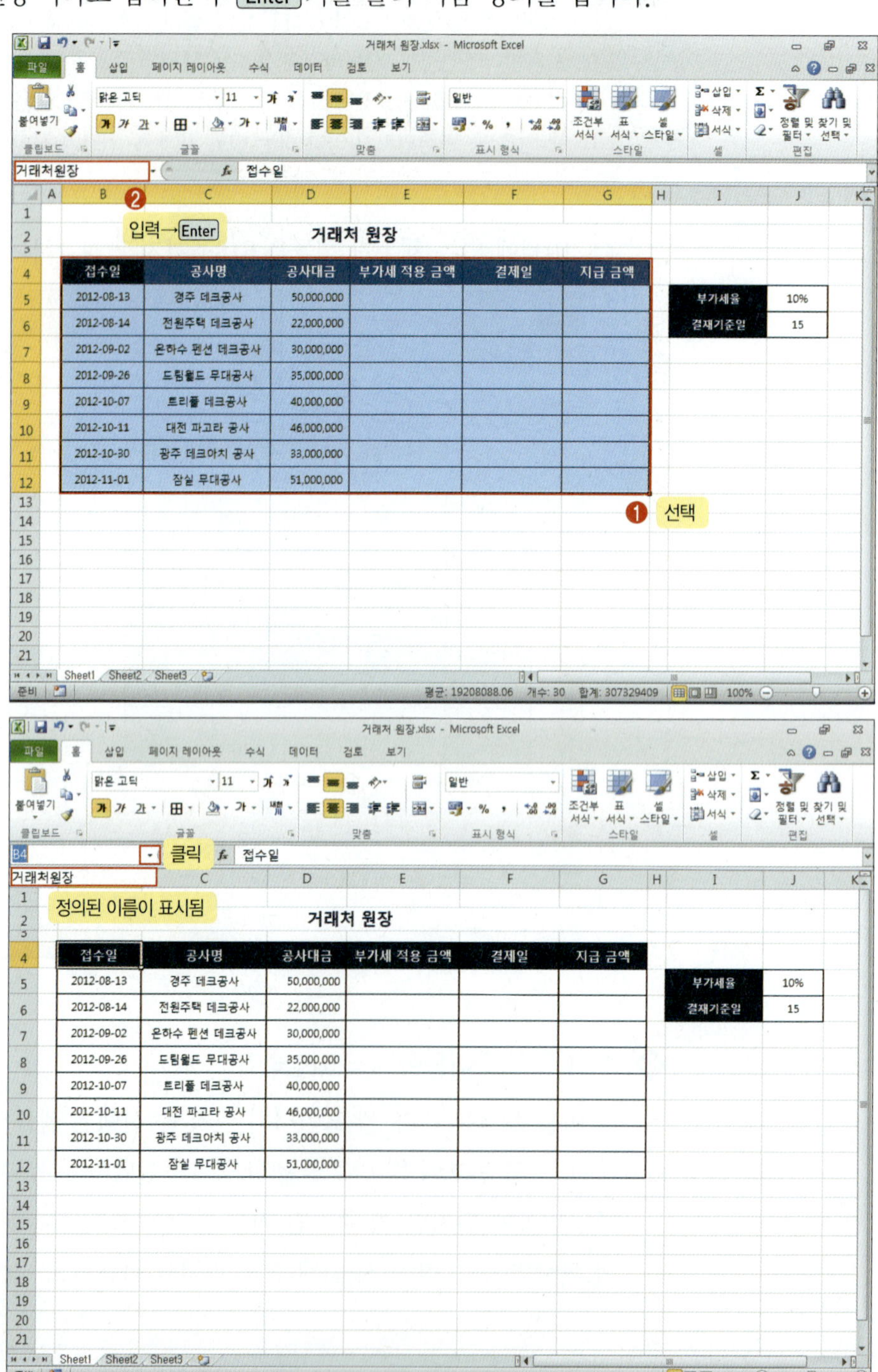

I5:J6 영역을 선택한 후 [수식] 탭 메뉴-[정의된 이름] 그룹의 [선택 영역에서 만들기] 메뉴를 선택합니다.

[선택 영역에서 만들기] 대화 상자에서 '왼쪽 열'을 선택한 후 [확인] 버튼을 누릅니다.

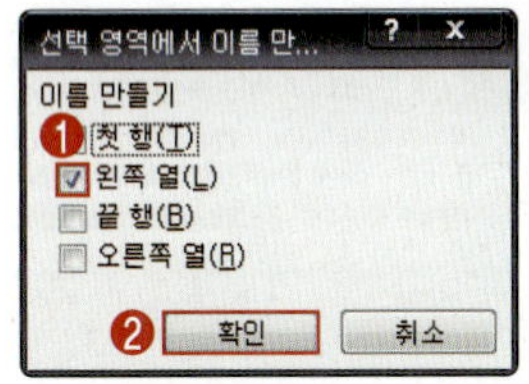

> **TIP**
>
> 첫 행-선택한 첫 행의 데이터를 이름으로, 나머지 행을 범위로 설정합니다.
> 왼쪽 열-선택한 첫 열의 데이터를 이름으로, 나머지 열을 범위로 설정합니다.
> 끝 행-선택한 마지막 행의 데이터를 이름으로, 나머지 행을 범위로 설정합니다.
> 오른쪽 행-선택한 오른쪽 열의 데이터를 이름으로, 나머지 열을 범위로 설정합니다.

J5셀을 선택하고 이름 상자를 확인하면 '부가세율', J6셀은 '결재기준일'이 각각 이름으로 정의되어 선택 영역의 가장 왼쪽 열 값이 이름으로 지정됨을 알 수 있습니다.

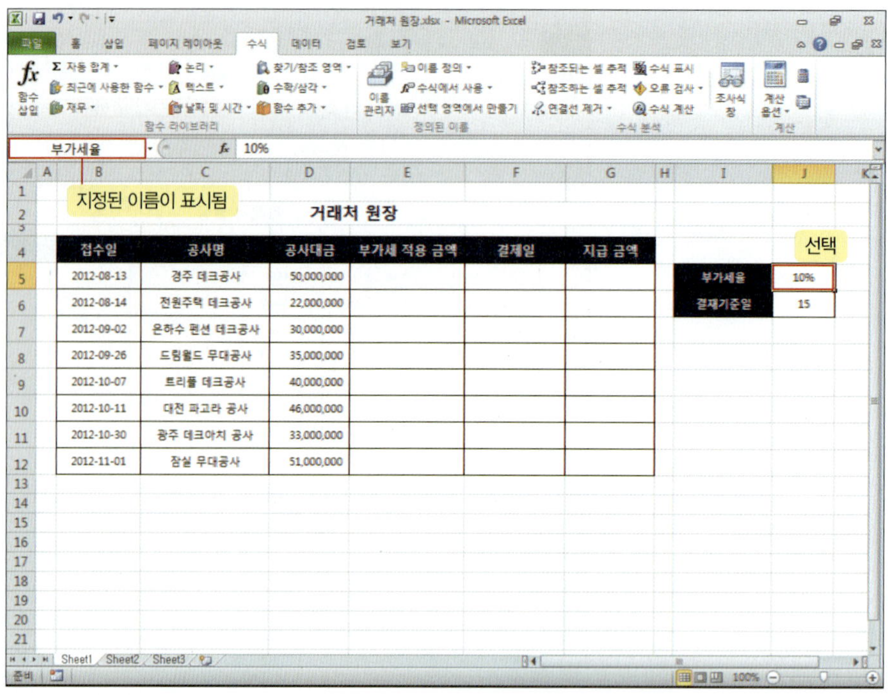

E5셀에 ' = D5+D5 * 부가세율'을 수식으로 입력한 후 Enter 를 누릅니다.

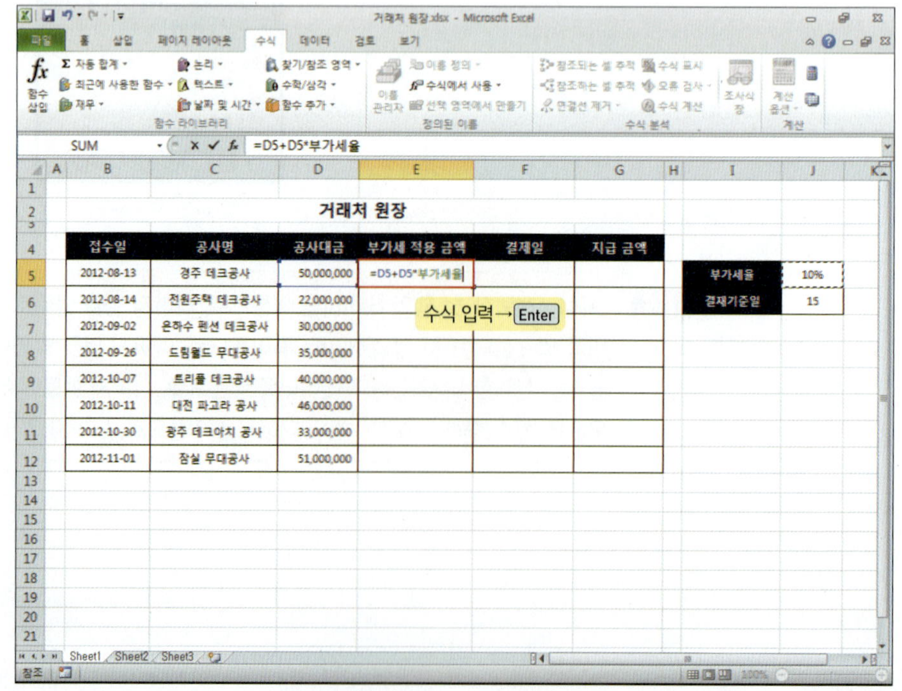

F5셀에 '= B5 + 결재기준일'을 수식으로 입력한 후 Enter 를 누릅니다.

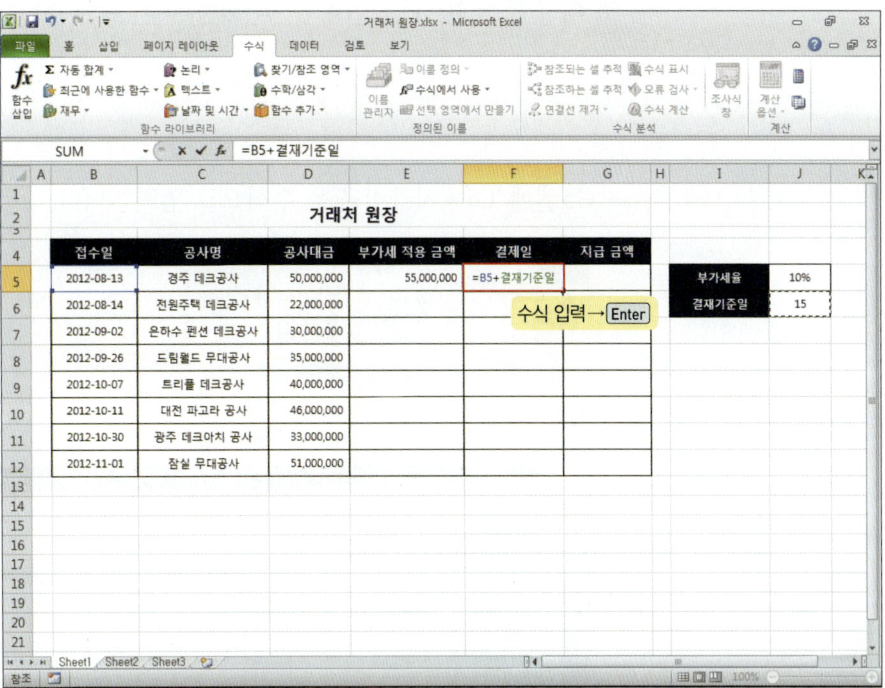

[수식] 탭 메뉴-[정의된 이름] 그룹의 [이름 정의] 메뉴를 선택합니다. 셀 영역이 아닌 숫자에 이름 정의를 할 것이므로 어떤 셀이 선택되어 있는지는 상관없습니다.

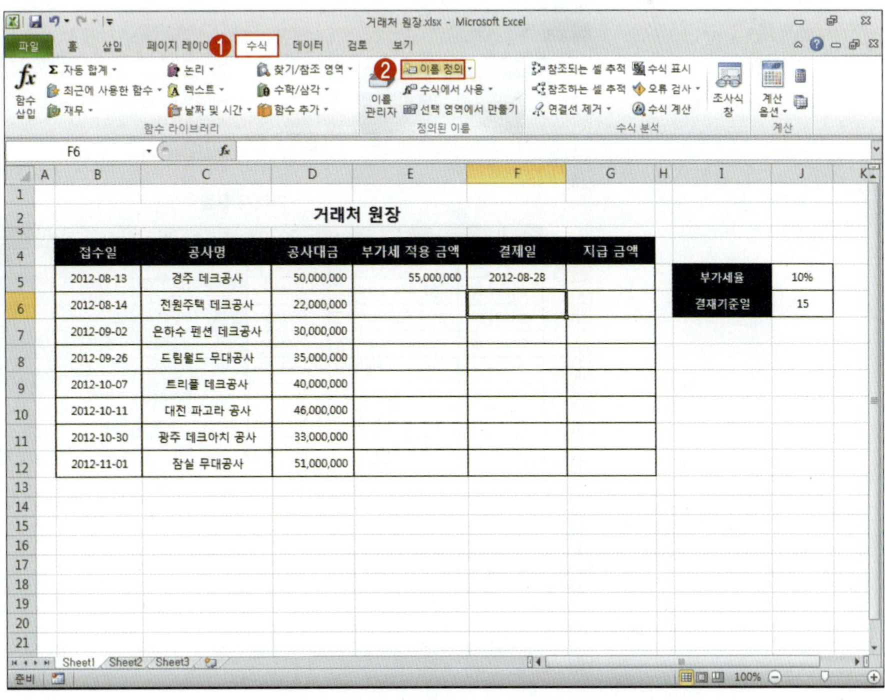

[새 이름] 대화 상자가 열리면 '이름'에 '지급비율'을, '참
조 대상'에 '= 30 %'를 입력한 후 [확인] 버튼을 누릅니다.

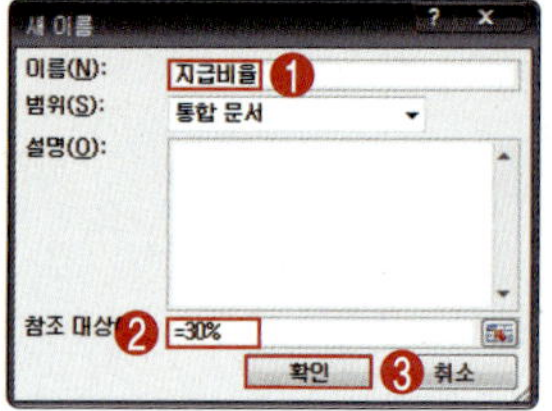

G5셀에 'E5 * 지급비율'을 수식으로 입력합니다.

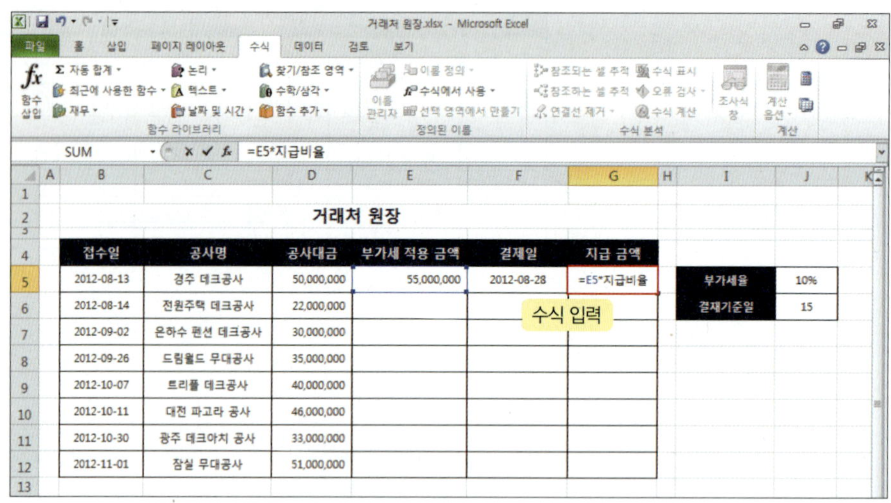

E5:G5 영역을 선택한 후 채우기 핸들을 아래로 드래그하여 수식 복사합니다.

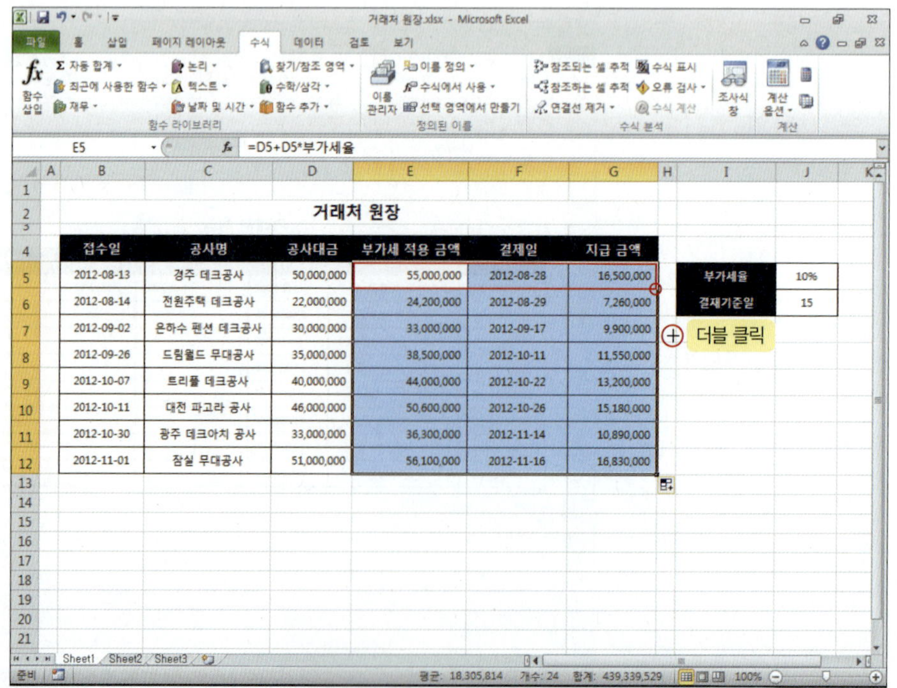

이름 정의 시 주의사항

이름에는 공백을 사용할 수 없습니다.

이름은 영어 또는 한글 문자나 밑줄로 시작해야 하고, 숫자나 기타 기호로 시작할 수 없습니다.

영문자의 이름은 대/소문자를 구분하지 않습니다.

이름은 최대 255자까지 사용할 수 있습니다.

셀 참조 주소와 같은 이름은 사용할 수 없습니다.

정의된 이름을 편집하려면 [수식] 탭 메뉴-[정의된 이름] 그룹의 [이름 관리자] 메뉴를 선택합니다. 참조 대상을 추가하거나 편집, 삭제 할 수 있습니다.

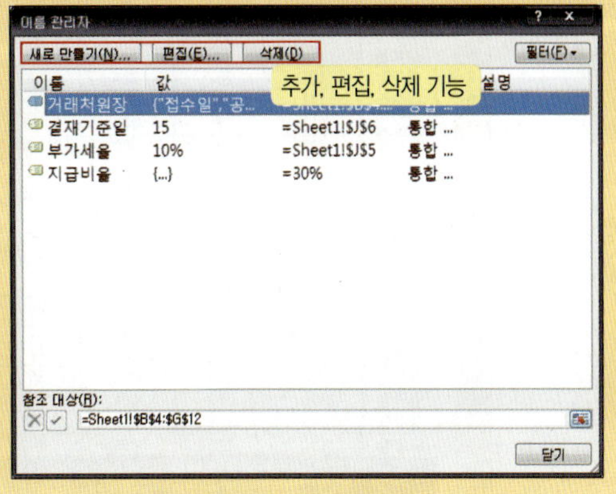

자동 합계로 간단히 계산하기

일반적으로 사칙연산 이외에 가장 많이 사용하는 계산은 합계와 평균일 것입니다. 합계, 평균과 함께 개수, 최대값, 최소값 등은 [홈] 탭의 [편집] 그룹과 [수식] 탭의 [함수 라이브러리] 그룹에 있는 [합계] 버튼으로 손쉽게 계산 가능합니다.

'지점별 영업 현황표' 예제를 불러옵니다. G4 : G23 영역을 선택한 후 [홈] 탭의 [편집] 그룹의 [합계] 메뉴를 선택합니다.

지점명	1사분기	2사분기	3사분기	4사분기	합계	평균		지점 개수
강남점	250	179	120	261	810			
강동점	167	112	202	120	601			
강복점	72	255	222	207	756			
광주점	191	282	224	342	1039			
대구점	111	145	374	164	794			
대전점	211	156	273	58	698			
마산점	422	64	200	164	850			
부산점	304	111	184	271	870			
수원점	229	331	158	120	838			
안양점	110	205	180	127	622			
용산점	202	199	232	77	710			
울산점	75	157	314	179	725			
인천점	201	104	304	281	890			
일산점	134	252	344	205	935			
전주점	213	237	198	153	801			
제주점	385	206	7	184	782			
창원점	265	135	98	351	849			
천안점	308	298	164	242	1012			
청주점	176	165	247	246	834			
포항점	100	120	155	242	617			선택
평균 최대값								
평균 최소값								

G4 : G23 영역에 결과 값이 계산되어 표시됩니다.

지점명	1사분기	2사분기	3사분기	4사분기	합계	평균		지점 개수
강남점	250	179	120	261	810			
강동점	167	112	202	120	601			
강복점	72	255	222	207	756			
광주점	191	282	224	342	1039			
대구점	111	145	374	164	794			
대전점	211	156	273	58	698			
마산점	422	64	200	164	850			
부산점	304	111	184	271	870			
수원점	229	331	158	120	838			
안양점	110	205	180	127	622			
용산점	202	199	232	77	710			
울산점	75	157	314	179	725			
인천점	201	104	304	281	890			
일산점	134	252	344	205	935			
전주점	213	237	198	153	801			
제주점	385	206	7	184	782			
창원점	265	135	98	351	849			
천안점	308	298	164	242	1012			
청주점	176	165	247	246	834			
포항점	100	120	155	242	617			
평균 최대값								
평균 최소값				결과 값 표시				

C4 : G23 영역을 선택한 후 [합계] 메뉴를 사용하거나 G4셀의 값만 계산한 후 수식 복사해도 결과 값은 같습니다.

H4셀을 선택한 후 [홈] 탭의 [편집] 그룹의 [합계] 메뉴의 목록 단추를 눌러 [평균]을 선택합니다.

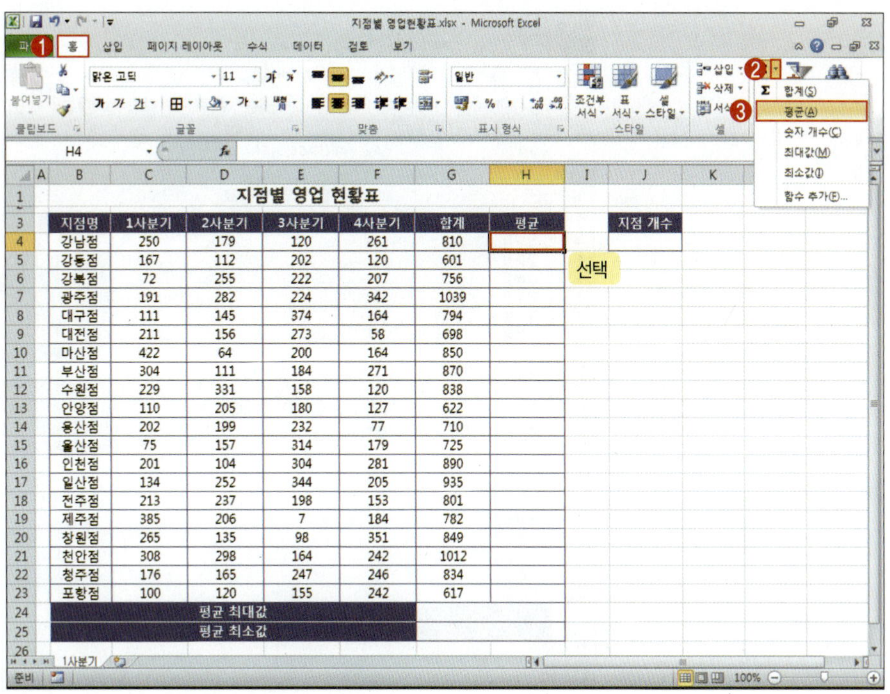

평균을 구할 데이터 범위가 합계까지 포함되어 있으므로 C4셀에서 F4셀까지 드래그하여 다시 범위를 지정한 후 Enter 키를 누릅니다.

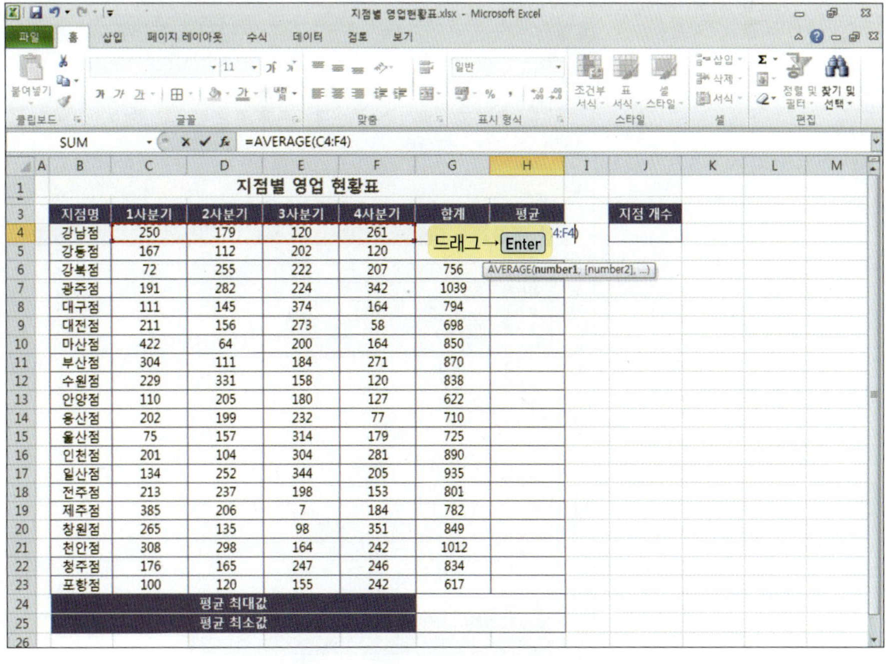

H4셀의 채우기 핸들을 H23셀까지 드래그하여 수식 복사한 후 [홈] 탭의 [표시형식] 그룹의 [자릿수 늘림] 메뉴를 눌러 소수점 둘째자리까지 표시되도록 조정합니다.

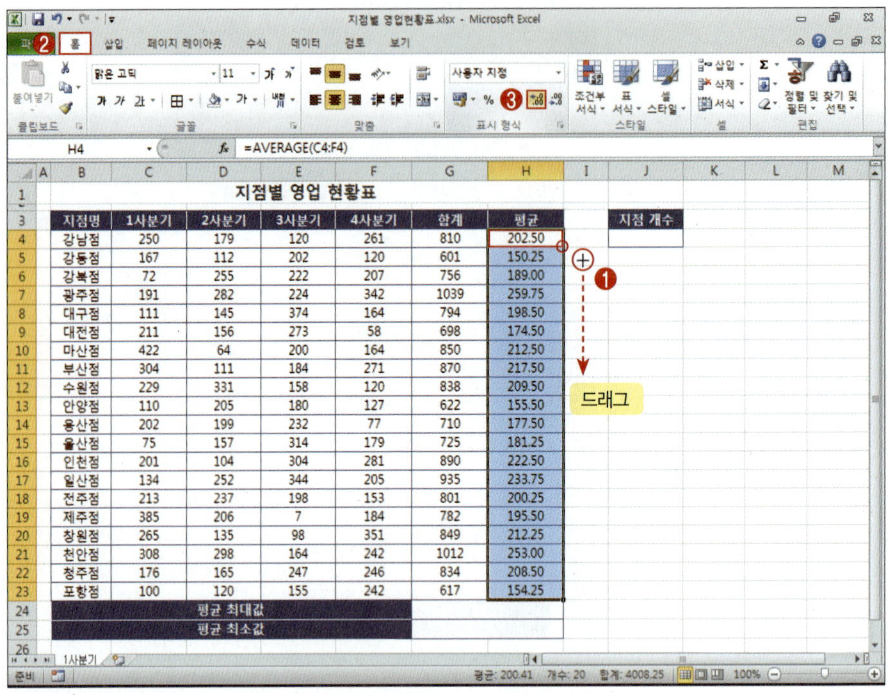

G24셀을 선택한 후 [홈] 탭의 [편집] 그룹의 [합계] 메뉴의 목록 단추를 눌러 [최대값]을 선택합니다.

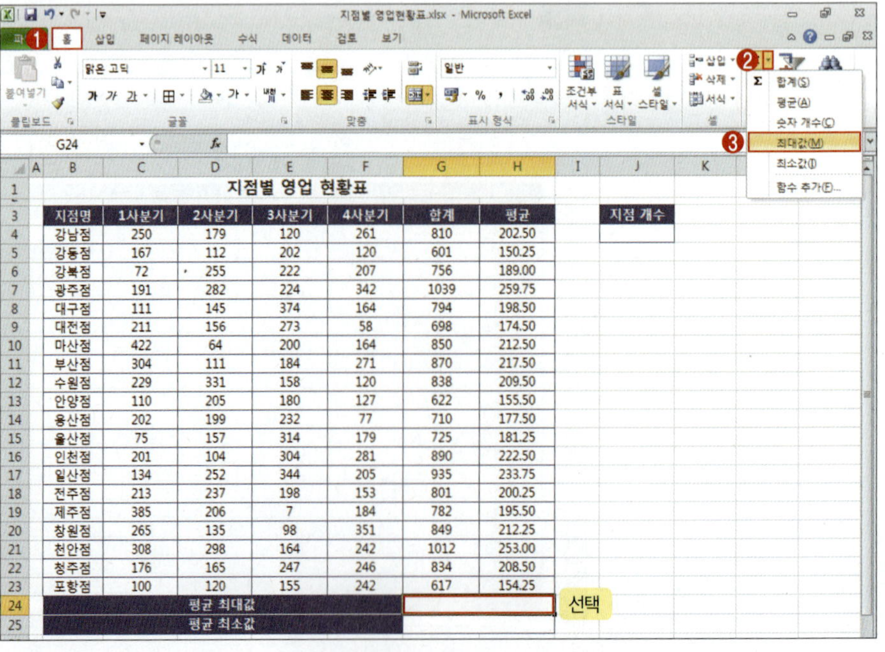

최대값을 구할 데이터 범위로 H4:H23 영역을 드래그하여 다시 지정한 후
Enter 키를 누릅니다.

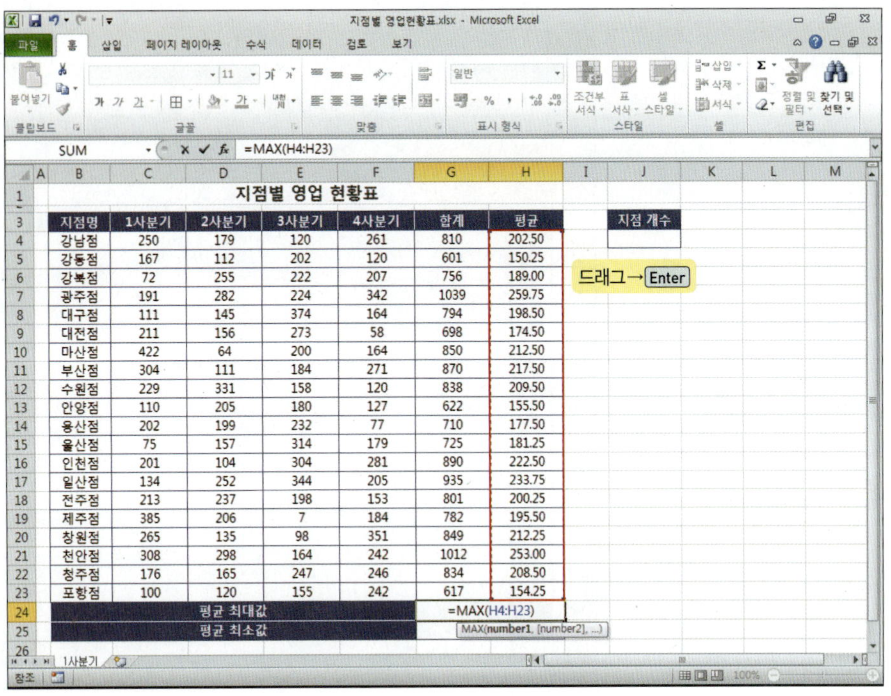

G25셀을 선택한 후 [홈] 탭의 [편집] 그룹의 [합계] 메뉴의 목록 단추를 눌러 [최소값]을 선택합니다.

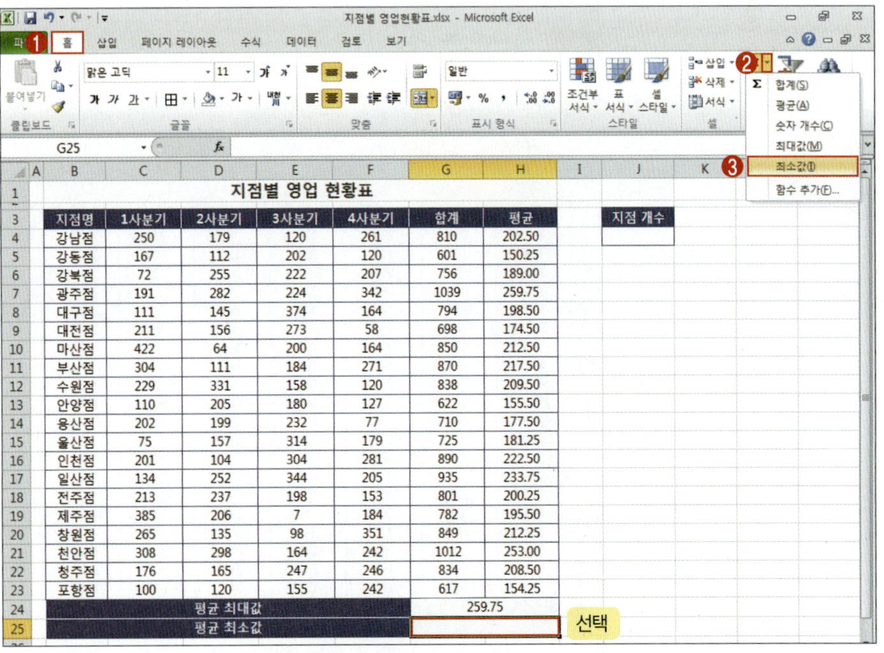

최소값을 구할 데이터 범위로 **H4:H23** 영역을 드래그하여 다시 지정한 후 `Enter` 키를 누릅니다.

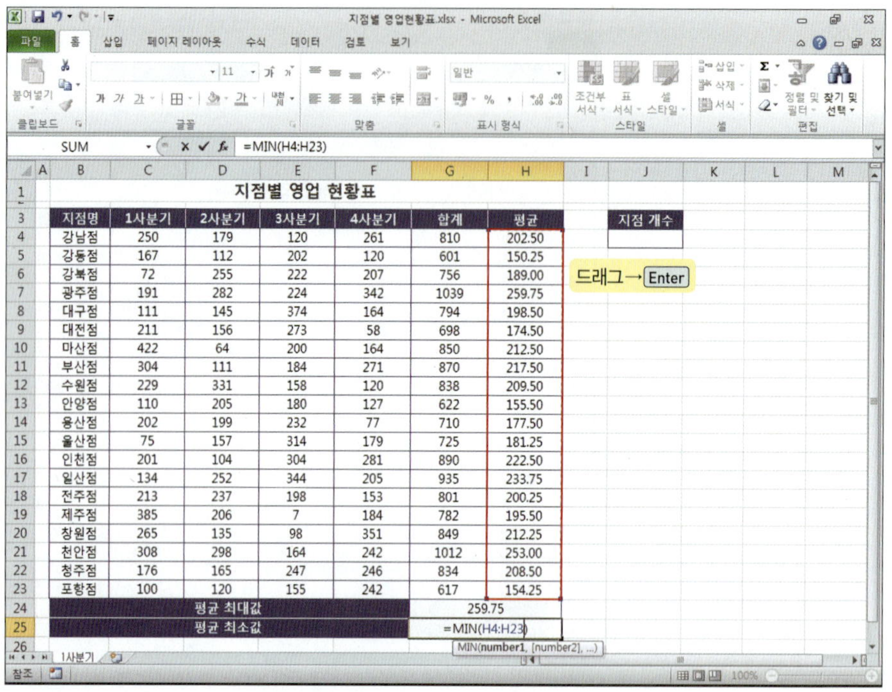

J4셀을 선택한 후 [홈] 탭의 [편집] 그룹의 [합계] 메뉴의 목록 단추를 눌러 [숫자 개수]를 선택합니다.

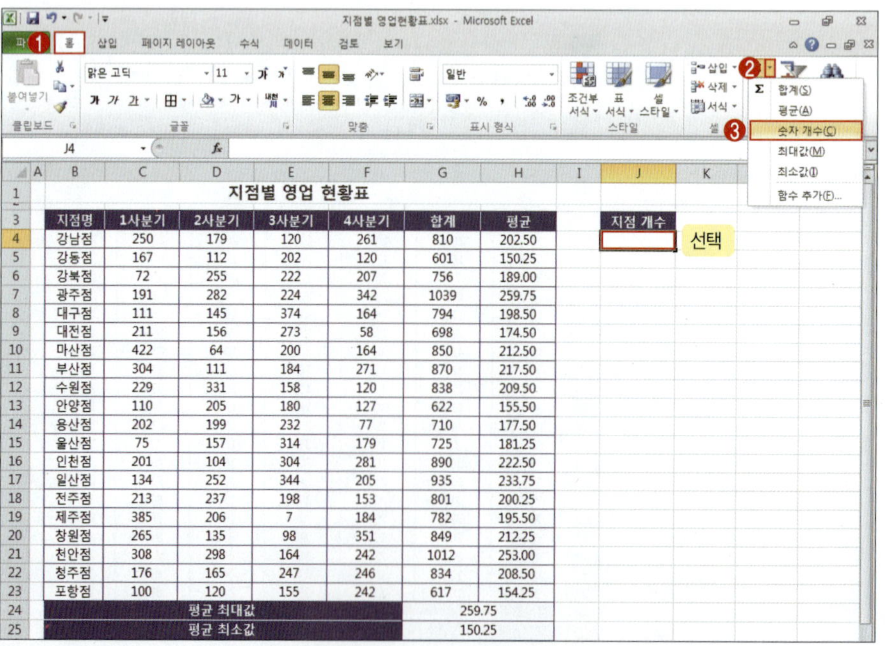

[숫자 개수]를 선택할 때 입력되는 COUNT함수는 숫자 데이터가 입력된 셀의 개수를 세는 함수이므로 B열을 제외한 나머지 한 열을 범위로 지정하면 같은 결과를 얻을 수 있습니다. B열을 범위로 지정하여 문자 데이터가 입력된 셀의 개수를 계산하려면 COUNTA 함수를 사용하며 125p의 내용을 참고합니다.

지점 개수를 구할 데이터 범위로 H4:H23 영역을 드래그하여 다시 지정한 후 Enter 키를 누릅니다.

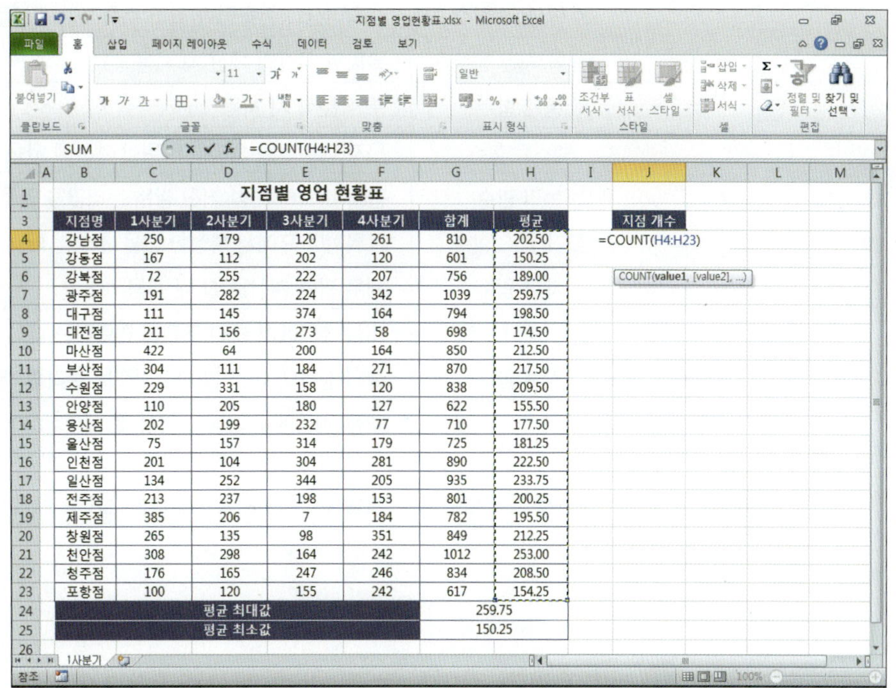

〈함수식의 형식〉

각각의 함수에 따라서 함수식의 형식이 조금씩 달라집니다. 가장 기본적인 함수로 기본 함수 형식을 익히고 이어지는 내용에서 함수에 따른 형식을 자세히 살펴보도록 하겠습니다.

= SUM(C4 : F4)

= 함수명(인수1, 인수2, 인수3, …)

1. **등호(=)** : 모든 수식은 ' = '를 반드시 입력합니다.

2. **함수명** : 계산을 수행할 함수 이름이 표시됩니다.

3. **괄호** : 인수가 입력되는 영역을 지정하며 인수가 없는 함수에서도 반드시 입력합니다.

4. **인수** : 결과 값을 계산하기 위해 필요한 데이터를 의미합니다. 숫자, 문자, 논리값, 셀 주소, 수식 등이 사용됩니다.

5. **쉼표** : 인수와 인수의 구분을 쉼표로 합니다.

〈함수의 종류〉

함수 범주	내용
수학/삼각 함수	사칙연산과 반올림과 같이 수학적인 계산을 하는 용도로 사용
날짜/시간 함수	날짜와 시간의 계산 시 사용
통계 함수	통계 분석 시 사용
텍스트 함수	문자 데이터를 처리하기 위한 계산에 사용
논리 함수	값을 비교하여 참 거짓 같은 논리값을 얻을 때 사용
찾기/참조 함수	목록이나 표에서 특정한 값을 추출할 때 사용
재무 함수	재무 관련 계산을 할 때 사용
데이터베이스 함수	대상 영역에서 특정 조건에 만족하는 데이터를 계산할 때 사용
정보 함수	셀의 정보에 대한 참이나 거짓을 돌려줄 때 사용
호환성 함수	엑셀 2010에서 기능이 향상 및 세분화하여 별도의 함수 이름을 추가한 경우 이전 버전과의 호환을 위해 기존 버전의 이름을 유지한 함수
사용자 정의 함수	엑셀에서 기본제공되지 않는 함수를 직접 만들어 사용

알고 보면 간단한 누적 합계 계산하기

시간이나 적립금 등 일상에서 누적 합계를 계산해야 하는 경우가 있습니다. 합계를 구하는 함수 SUM을 이용해 계산영역만 알맞게 수정하여 지정해주면 간단하게 누적값을 구할 수 있습니다.

예제 파일 **PART3** 적립금 누적표   완성 파일 **PART3** 적립금 누적표 완성

'적립금 누적표' 예제를 불러옵니다. E4셀을 선택한 후 '= SUM(C4:$C$4)'를 수식으로 입력합니다.

F4셀을 선택한 후 위와 같은 방법으로 '= SUM(D4:$D$4)'를 수식으로 입력합니다.

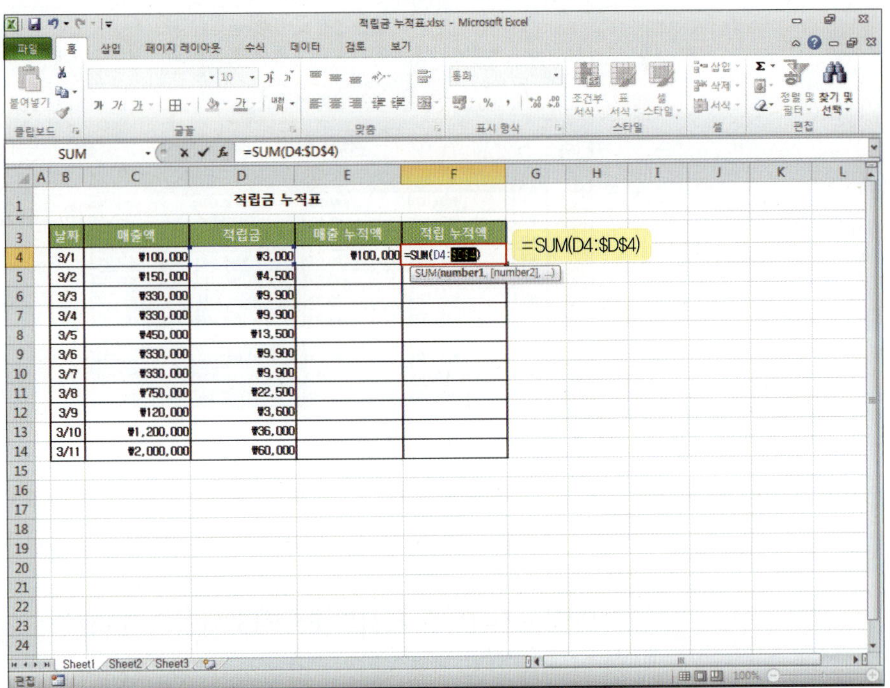

1. 수식 입력시 [홈] 탭의 [편집] 그룹의 [합계] 메뉴를 선택하면 '= SUM(C4:D4)'가 수식으로 자동 입력됩니다. C4셀을 클릭한 후 '콜론(:)'을 입력하면 '= SUM(C4:C4)'로 수식이 변경됩니다. 이 때 둘 중 한 개의 C4를 블록 설정한 후 F4 키를 눌러 절대 참조로 설정합니다. 블록 설정하지 않고 그대로 F4 키를 누르면 '= SUM($C$4)'로 수식이 변경되므로 주의합니다.

2. '= SUM(C4:$C$4)'는 누적 셀 합계를 계산하는 수식입니다. $C$4는 절대 참조이므로 수식 복사 시 셀 주소가 변경되지 않고 C4는 상대 참조이므로 수식 복사 시 셀 주소가 변경되는 원리로 누적값을 계산할 수 있습니다. Ctrl + ` 키를 눌러 수식의 셀 주소의 변화를 살펴보면 좀 더 쉽게 이해할 수 있습니다.

E4:F4영역을 선택한 후 F4셀의 채우기 핸들을 더블 클릭하여 수식을 복사합니다.

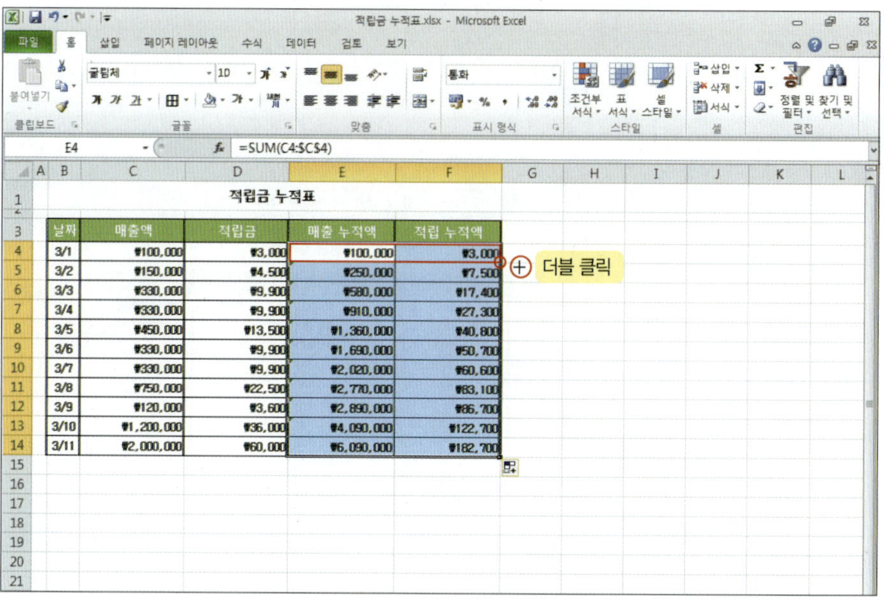

오류 표식(▣)이 표시된 E5:E13 영역을 선택하고 오류 추적 스마트 태그를 누르면 다음과 같은 단축 메뉴를 확인할 수 있습니다. 수식이 입력된 셀과 인접한 셀을 합계 범위에서 생략해서 오류 표식을 표시했다는 오류 발생의 원인 설명이 첫 번째 항목으로 표시되어 있습니다. 오류 표식을 숨기기 위해 [오류 무시] 메뉴를 클릭합니다.

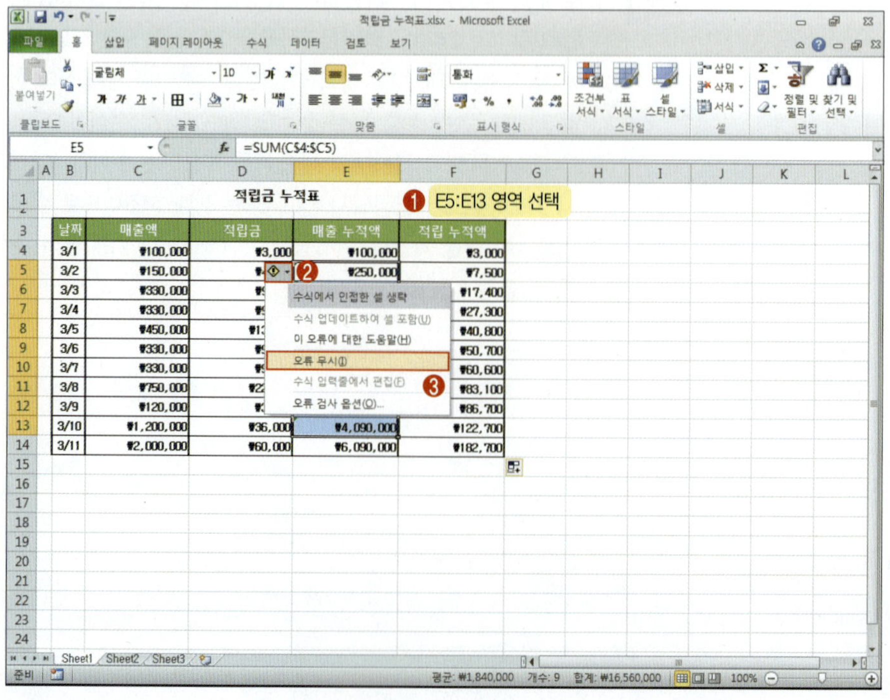

1. 오류의 원인에 따라 단축 메뉴가 달라지며 오류 표식이 있다고 해서 수식이 반드시 잘못된 것은 아닙니다. 오류 추적 스마트 태그를 누르면 오류 발생 원인과 해결 방안을 안내해주므로 참고합니다.

2. 오류 표식이 더 이상 나타나지 않도록 설정하려면 [파일] 탭-[옵션]을 클릭하여 [Excel 옵션] 대화 상자가 나타나면 [수식] 범주를 선택한 후 [오류 검사] 그룹의 [다른 작업을 수행하면서 오류 검사]를 체크 해제한 후 [확인]을 클릭합니다.

   특정 상황에 따라 오류 표식이 나타나는 것을 방지하려면 [오류 검사 규칙] 그룹의 항목을 확인해 체크 해제합니다.

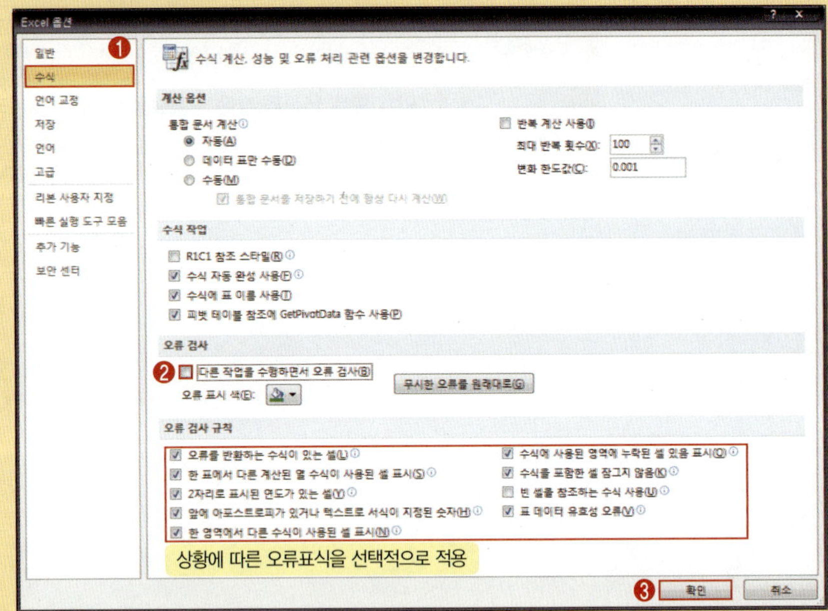

수식 오류의 원인과 해결 방법

엑셀에서 수식을 작성하다 보면 오류가 나타나는 경우가 있습니다. 상황별 오류의 원인과 해결 방법을 알아보도록 합니다.

오류 표시	오류 원인	해결 방법
#####	열 너비에 비해 숫자 데이터가 길 때 표시됩니다.	열 너비를 늘립니다.
#DIV/0!	숫자를 0이나 빈 셀로 나눌 때 표시됩니다.	나누는 수를 0이나 빈 셀 이외의 다른 값으로 변경합니다.
#N/A	수식에 사용할 수 없는 값을 지정했을 때 표시됩니다.	수식에 사용된 값을 변경합니다.
#NAME?	정의되지 않은 이름 또는 잘못된 셀 이름을 사용하거나 함수의 철자가 틀렸을 때 표시됩니다.	셀 이름 또는 함수 이름 수정합니다.

오류 표시	오류 원인	해결 방법
#NULL!	교차하지 않는 두 영역을 교차하는 것으로 지정했을 때 표시됩니다. 예를 들어 = SUM(A1:A20 C10:E15)은 교차 영역이 없으므로 #NULL! 오류가 발생합니다.	두 영역이 교차하도록 영역을 다시 지정합니다.
#NUM!	숫자 값을 잘못 사용하거나 또는 결과 값이 너무 크거나 작아서 표시할 수 없을 때 표시됩니다.	수식에 사용된 값 또는 결과 값을 확인합니다.
#REF!	유효하지 않은 셀을 참조하거나 참조 셀을 삭제했을 때 표시됩니다.	참조 셀 확인합니다.
#VALUE!	인수 또는 연산을 잘못 사용했을 때 표시됩니다.	논리값이나 숫자가 필요한 수식에 잘못 적용된 텍스트를 제거하거나 수정합니다.

2 실용 실무 함수 정복하기

통계 함수

통계 함수는 데이터를 분석할 때 특정 조건에 부합하는 데이터 수를 구하거나 순위 등을 구하기 위해 사용하는 함수입니다.

다양한 방법으로 개수 구하기

데이터가 입력된 셀의 개수를 계산하는 함수가 COUNT입니다. 셀에 입력된 데이터의 종류가 문자인지 숫자인지 또는 빈 셀인지에 따라, 조건의 유무에 따라 상황에 맞는 함수를 선택하여 사용합니다.

= COUNT(value1, [value2], …)

COUNT 숫자 데이터가 입력된 셀의 개수를 셉니다.
형식 : = COUNT(영역)
영역 : 셀의 개수를 구할 영역을 지정합니다.

= COUNTA(value1, [value2], …)

COUNTA 함수는 비어 있지 않은 셀의 개수를 셉니다.
형식 : = COUNTA(영역)
영역 : 셀의 개수를 구할 영역을 지정합니다.

= COUNTBLANK(Range)

COUNTBLANK 함수는 빈 셀의 개수를 셉니다.
형식 : = COUNTBLANK(영역)
영역 : 셀의 개수를 구할 영역을 지정합니다.

COUNTIF 함수는 지정한 조건을 만족하는 셀의 개수를 셉니다.

형식 : = COUNTIF(영역, 조건)

영역 : 셀의 개수를 구할 영역을 지정합니다.

조건 : 영역 내의 값과 비교할 조건으로 비교 연산자와 값으로 구성됩니다.
　　　 문자 데이터가 조건인 경우에는 비교 연산자를 사용하지 않아도 됩니다.

COUNTIFS 함수는 여러 개의 조건을 모두 만족하는 셀의 개수를 셉니다.

형식 : = COUNTIFS(영역1, 조건1, 영역2, 조건2)

영역 : 셀의 개수를 구할 영역을 지정합니다.

조건 : 영역 내의 값과 비교할 조건으로 비교 연산자와 값으로 구성됩니다.
　　　 문자 데이터가 조건인 경우에는 비교 연산자를 사용하지 않아도 됩니다.

예제 파일 **PART3** 컴퓨터 강좌 현황　　　**완성 파일** **PART3** 컴퓨터 강좌 현황 완성

'컴퓨터 강좌 현황' 예제를 불러옵니다. K3셀을 선택한 후 [함수 삽입](f_x)버튼을 눌러 [함수 마법사] 대화 상자가 열리면 '통계' 범주를 선택하고 'COUNTA' 함수를 선택한 후 [확인] 버튼을 클릭합니다.

TIP

함수 이름을 잘 모르거나 함수 이름은 아는데 범주를 잘 모르는 경우 계산 내용이나 함수 이름을 [함수 검색]란에 입력하고 [검색] 버튼을 누르면 해당되는 함수를 찾아줍니다. 또한 범주를 모르는 경우에는 범주를 '모두'로 선택하면 모든 범주의 함수를 [함수 선택] 목록에 표시해 줍니다.

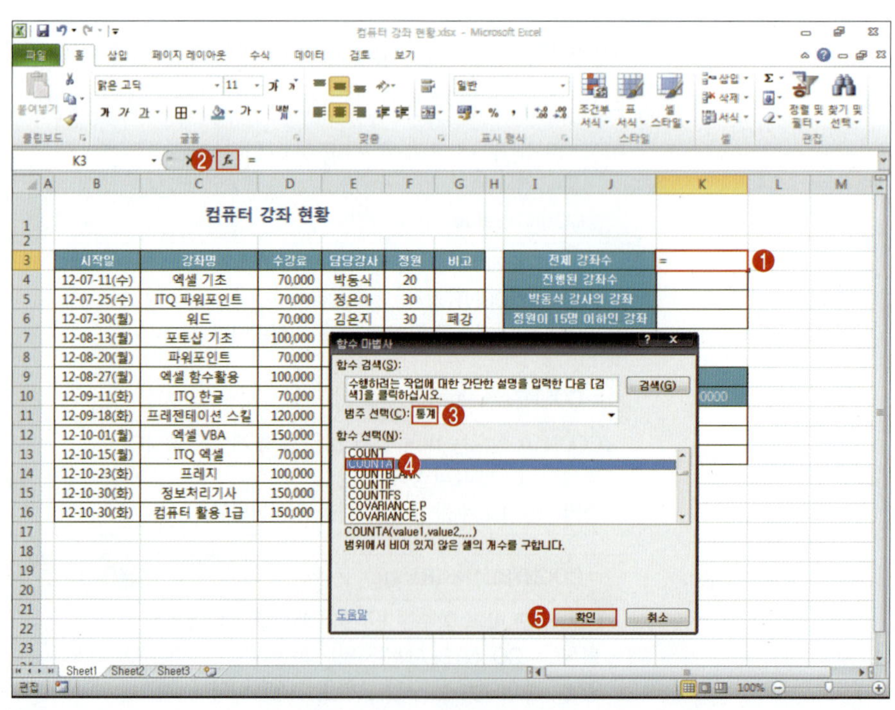

함수 인수 창이 열리면 C4:C16 영역을 드래그한 후 [확인] 버튼을 클릭합니다.

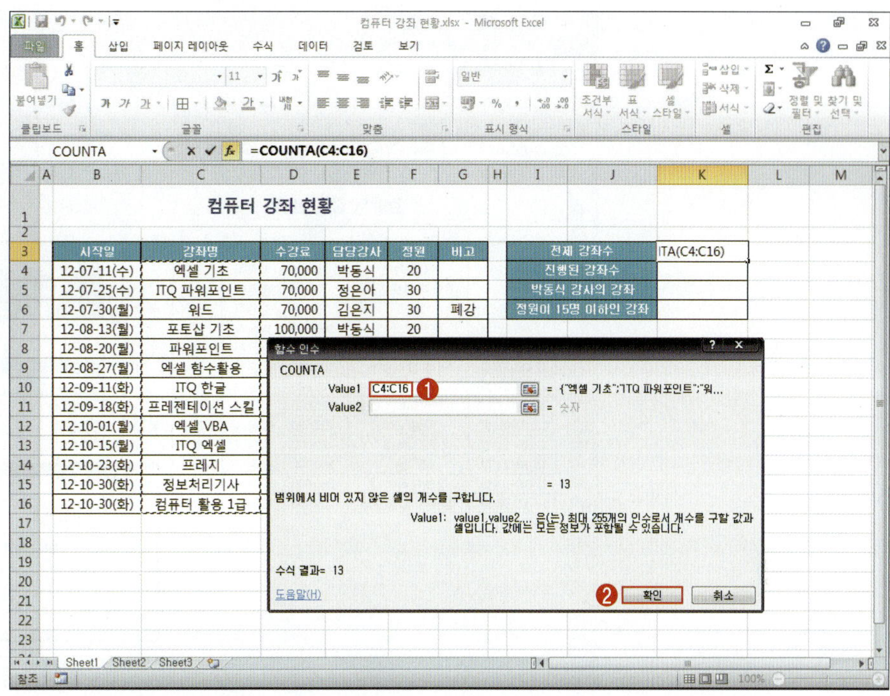

K4셀을 선택한 후 [함수 삽입](f_x)버튼을 눌러 [함수 마법사] 대화 상자가 열리면 '통계' 범주를 선택하고 'COUNTBLANK' 함수를 선택한 후 [확인] 버튼을 클릭합니다.

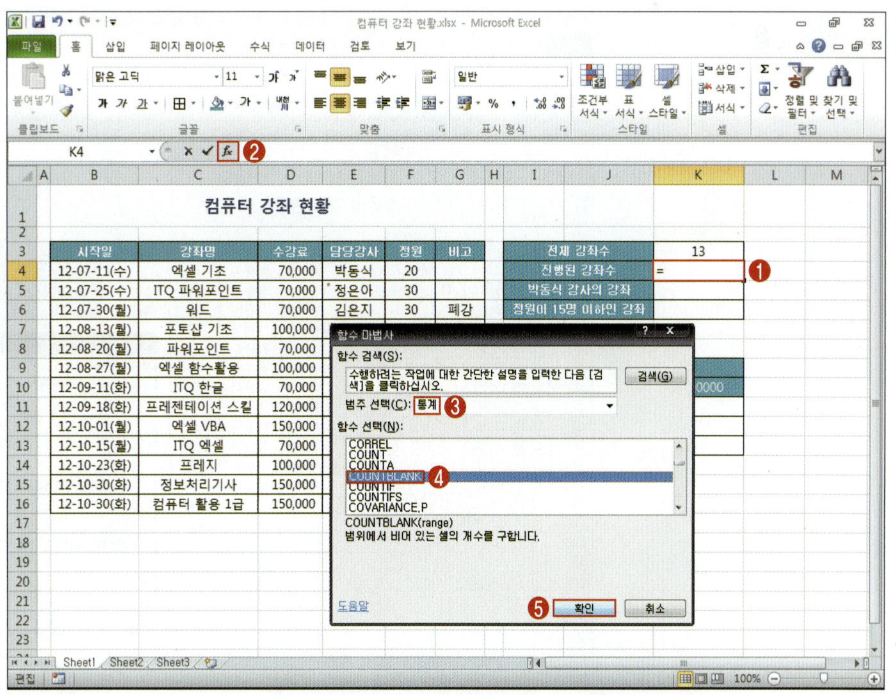

함수 인수 창이 열리면 G4:G16 영역을 드래그한 후 [확인] 버튼을 클릭합니다.

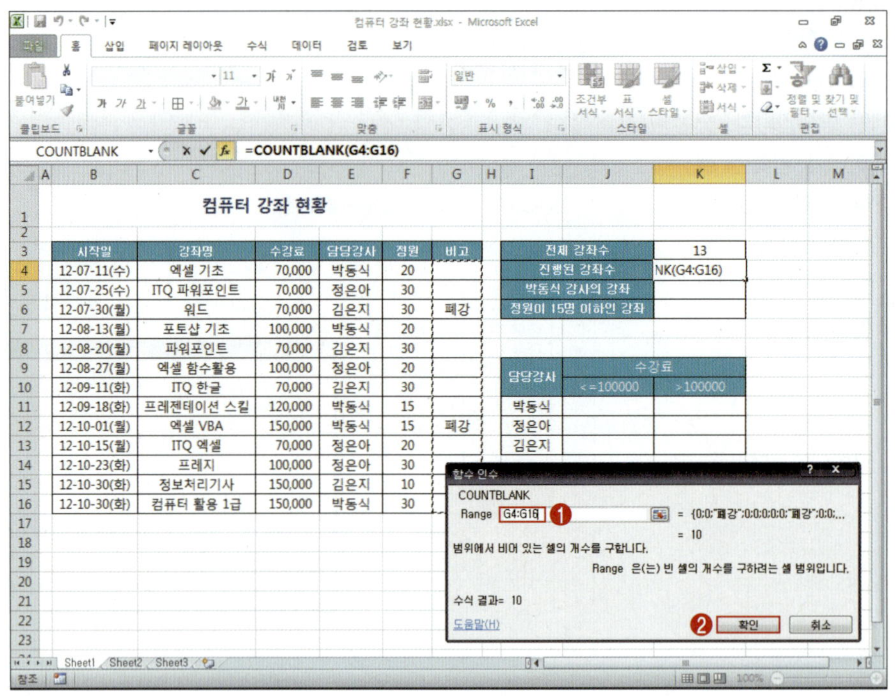

K5셀을 선택한 후 [함수 삽입](*fx*)버튼을 눌러 [함수 마법사] 대화 상자가 열리면 '통계' 범주를 선택하고 'COUNTIF' 함수를 선택한 후 [확인] 버튼을 클릭합니다.

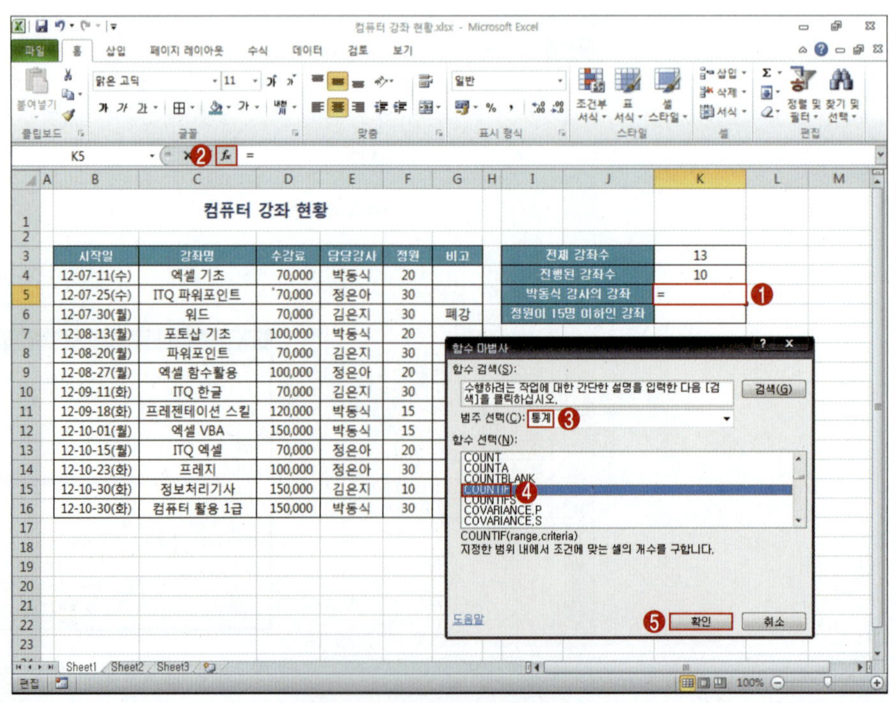

함수 인수 창이 열리면 Range란에 E4:E16영역을 드래그합니다. Criteria란에 '박동식'을 입력한 후 [확인] 버튼을 클릭합니다.

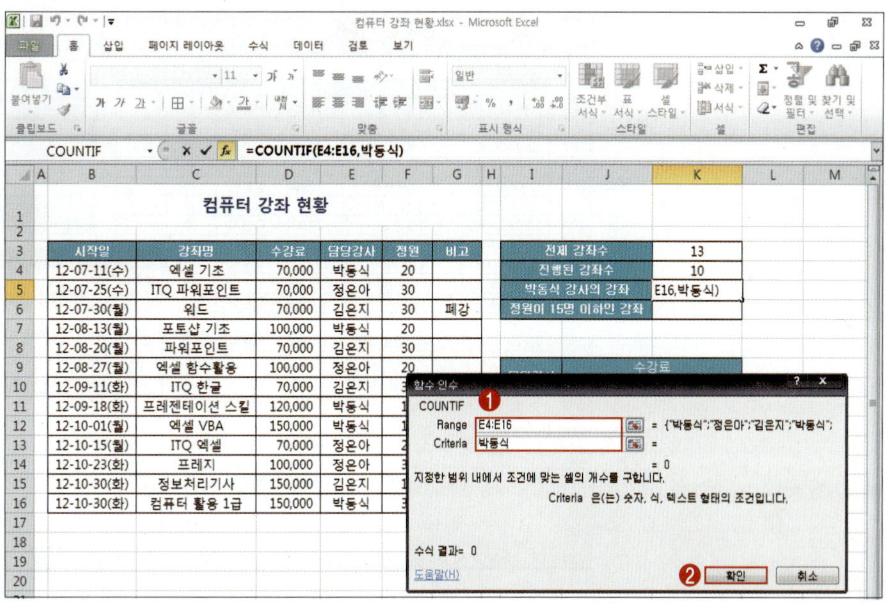

K6셀을 선택한 후 [함수 삽입](f_x)버튼을 눌러 [함수 마법사] 대화 상자가 열리면 '통계' 범주를 선택하고 'COUNTIF' 함수를 선택한 후 [확인] 버튼을 클릭합니다. 함수 인수 창이 열리면 Range란에 F4:F16영역을 드래그합니다. Criteria란에 '< = 15'을 입력한 후 [확인] 버튼을 클릭합니다.

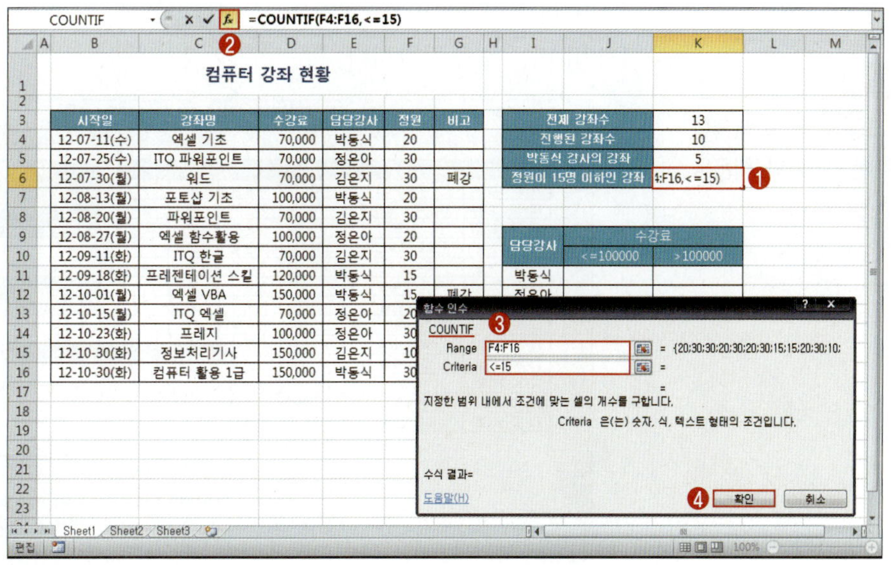

J11셀을 선택한 후 [함수 삽입](*fx*)버튼을 눌러 [함수 마법사] 대화 상자가 열리면 '통계' 범주를 선택하고 'COUNTIFS' 함수를 선택한 후 [확인] 버튼을 클릭합니다.

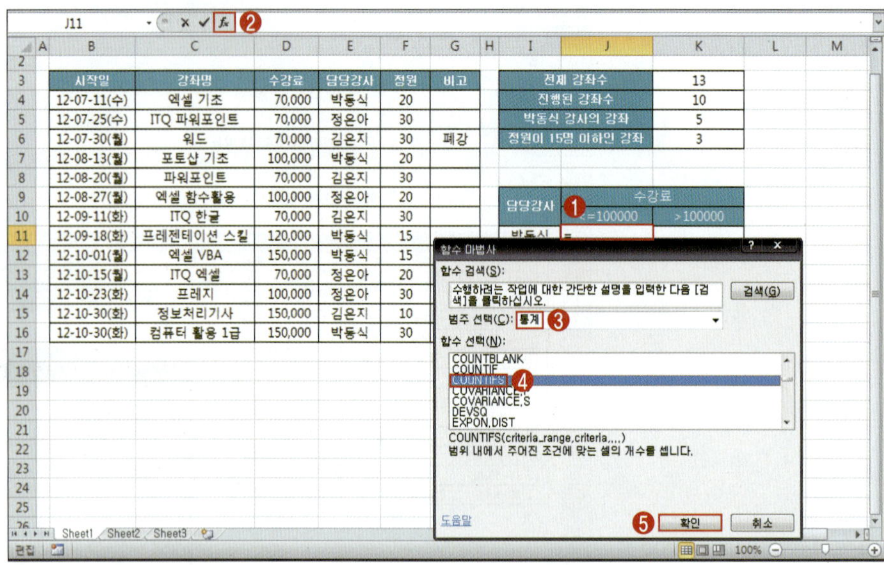

함수 인수 창이 열리면 Criteria_Range1란에 E4:E16 영역을 드래그한 후 F4 키를 한 번 눌러 $E$4:$E$16(절대 참조)로 설정합니다. Criteria1란에 I11셀을 클릭한 후 F4 키를 세 번 눌러 $I11(열 고정)으로 설정합니다. Criteria_Range2란에 D4:D16 영역을 드래그한 후 F4 키를 한 번 눌러 $D$4:$D$16(절대 참조)로 설정합니다. Criteria2란에 [J10] 셀을 클릭한 후 F4 키를 두 번 눌러 J$10(행 고정)으로 설정한 후 [확인] 버튼을 클릭합니다.

J11셀을 선택하고 채우기 핸들을 오른쪽으로 한 번 아래쪽으로 다시 한 번 드래그하여 수식 복사합니다.

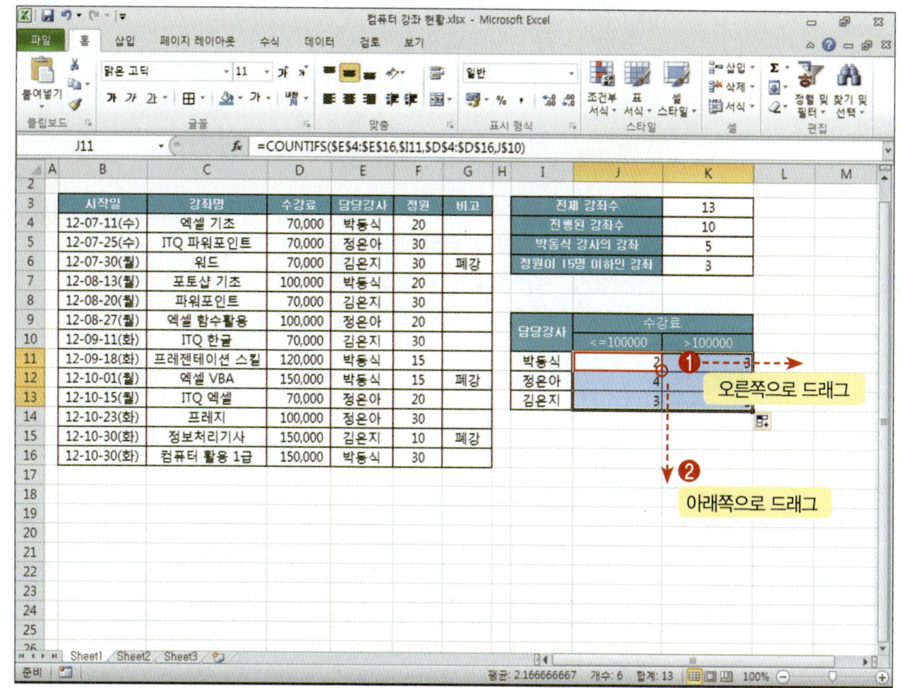

병합된 셀의 일련 번호와 순위 계산하기

데이터가 입력된 셀의 개수를 계산하는 함수인 COUNTA를 이용하여 병합된 셀의 일련번호를 계산할 수 있습니다. 또한 수치 데이터의 순위를 구하는 RANK 함수와 몇 번째로 크거나 작은 값을 찾는 LARGE 또는 SMALL 함수를 이용하여 데이터를 분석해 보도록 합니다.

= RANK(Number,Ref,Order)

= RANK.EQ(Number,Ref,Order)

= RANK.AVG(Number,Ref,Order)

RANK 숫자 데이터의 순위를 계산합니다.

형식 : = RANK(값, 범위, 옵션)

값 : 순위를 구하려는 수

범위 : 순위를 구하려는 수의 범위

옵션 : 순위 결정 방법, 0 또는 생략 시 내림차순, 0이 아닌 값을 지정하면 오름차순

LARGE 함수는 숫자 데이터 범위에서 K번째로 큰 값을 반환합니다.
형식 : = LARGE(영역, 숫자)
영역 : 큰 값을 비교할 영역을 지정
숫자 : 몇 번째로 큰 값을 찾는지 지정

SMALL 함수는 숫자 데이터 범위에서 K번째로 작은 값을 반환합니다.
형식 : = SMALL(영역, 숫자)
영역 : 작은 값을 비교할 영역을 지정
숫자 : 몇 번째로 작은 값을 찾는지 지정

예제 파일 **PART3** 불량률 보고서　　　　**완성 파일** **PART3** 불량률 보고서 완성

'불량률 보고서' 예제를 불러옵니다. B5:B22 영역을 선택하고 '통계' 범주의 'COUNTA' 함수를 선택한 후 [확인] 버튼을 클릭합니다. 함수 인수 창이 열리면 Value1란에 클릭한 후 C5셀을 클릭하고 '콜론(:)'을 입력하면 범위가 'C5:C5'로 설정됩니다. 이때 둘 중 한 개의 'C5'를 블록 설정한 후 F4 키를 눌러 '$C$5:C5'로 설정합니다. 블록을 설정하지 않고 그대로 F4 키를 누르면 '= COUNTA($C$5)'로 수식이 변경되므로 주의합니다.

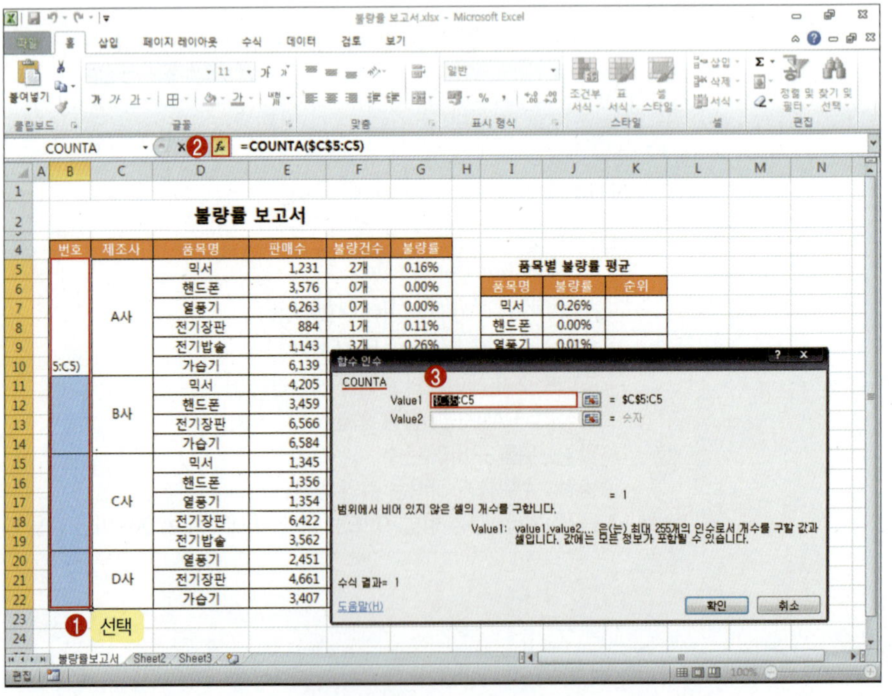

= COUNTA($C$5:C5)는 누적 셀 개수를 계산하는 수식입니다. $C$5는 절대참조이므로 수식 복사 시 셀 주소가 변경되지 않고 C5는 상대참조이므로 수식 복사 시 셀 주소가 변경되는 원리로 누적값을 계산할 수 있습니다.

[확인] 버튼을 클릭하는 대신 `Ctrl`+`Enter` 키를 눌러 수식을 채웁니다.

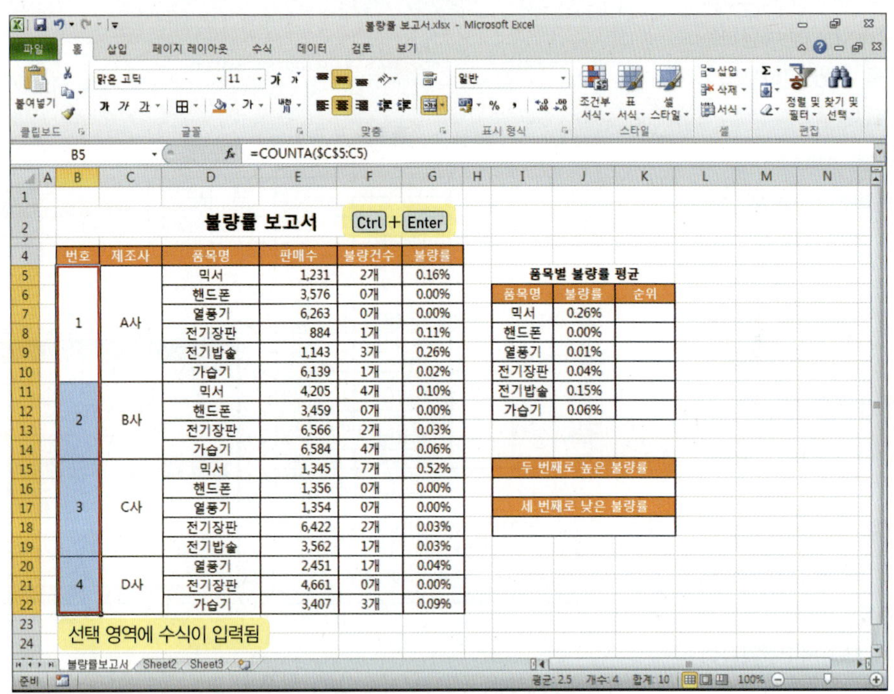

`Ctrl`+`Enter` 는 선택된 여러 셀에 동일 데이터를 입력하는 단축키입니다. 수식을 복사할 셀 범위를 미리 드래그하여 선택한 다음 수식을 입력하고 `Ctrl`+`Enter` 를 누르면 셀에 설정되어 있는 서식을 바꾸지 않고 수식만 입력할 수 있습니다. B열의 병합된 셀의 개수가 각각 다르므로 셀 크기가 동일하지 않아 수식복사를 할 수 없으므로 미리 수식을 적용할 영역을 선택한 후 `Ctrl`+`Enter` 를 사용해야 합니다.

　　K7셀을 선택하고 '통계' 범주의 'RANK.EQ' 함수를 선택한 후 [확인] 버튼을 클릭합니다. 함수 인수 창이 열리면 Number란에 'J7'셀을 클릭하여 지정하고, Ref란에 'J7:J12'영역을 드래그한 후 F4 키를 눌러줍니다. Order란에 '1'을 입력한 후 [확인] 버튼을 클릭합니다.

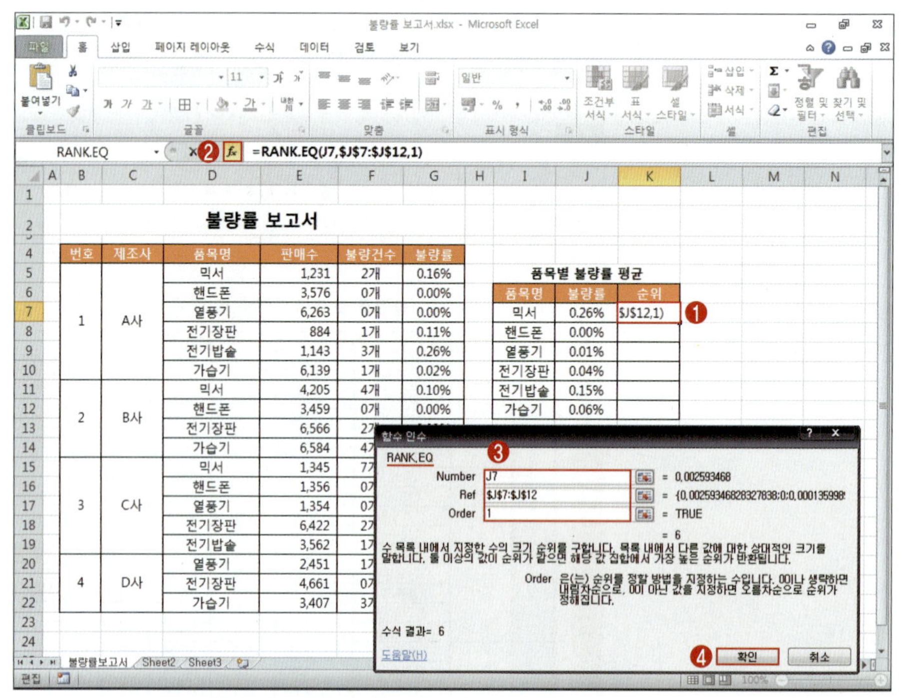

〈RANK, RANK.EQ, RANK.AVG 함수 비교〉

총점	RANK	RANK.EQ	RANK.ARG
100	1	1	1
99	2	2	2
53	8	8	8
89	3	3	4
89	3	3	4
70	7	7	7
71	6	6	6
89	3	3	4

　　RANK 함수와 RANK.EQ 함수는 동점이 세 개인 경우 동점 순위(3~5위)의 첫 번째인 3위가 동일하게 표시되지만 RANK.AVG 함수는 동점 순위(3~5위)의 평균값인 '4'가 순위로 표시됩니다.

수식 입력줄 오른쪽 끝에 클릭한 후 '&"위"'를 입력하고 Enter 키를 누릅니다. 채우기 핸들을 더블 클릭하여 수식 복사합니다.

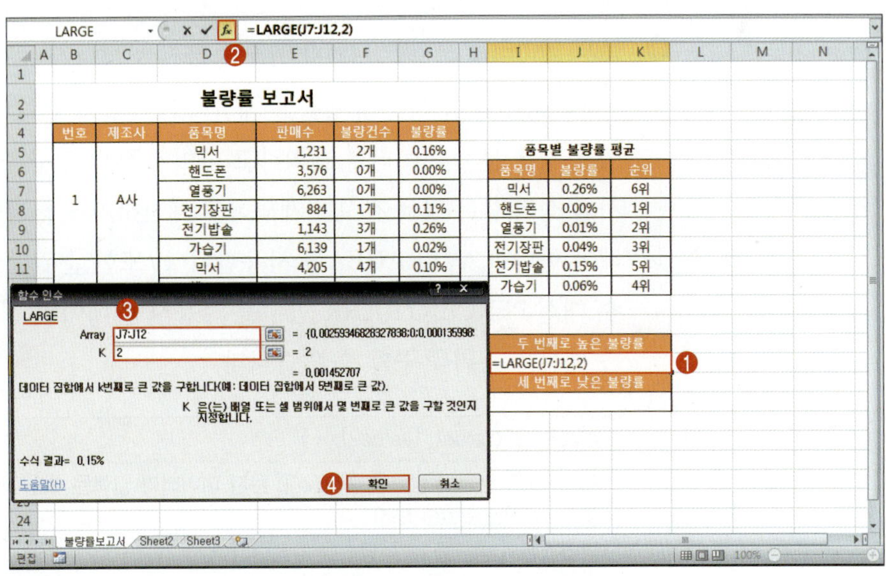

I16셀을 클릭한 후 '통계' 범주의 'LARGE' 함수를 선택한 후 [확인] 버튼을 클릭합니다. 함수 인수 창이 열리면 Array란에 'J7:J12' 영역을 드래그하여 지정하고, K란에 '2'을 입력한 후 [확인] 버튼을 클릭합니다.

I18셀을 클릭한 후 '통계' 범주의 'SMALL' 함수를 선택한 후 [확인] 버튼을 클릭합니다. 함수 인수 창이 열리면 Array란에 'J7:J12' 영역을 드래그하여 지정하고, K란에 '3'을 입력한 후 [확인] 버튼을 클릭합니다.

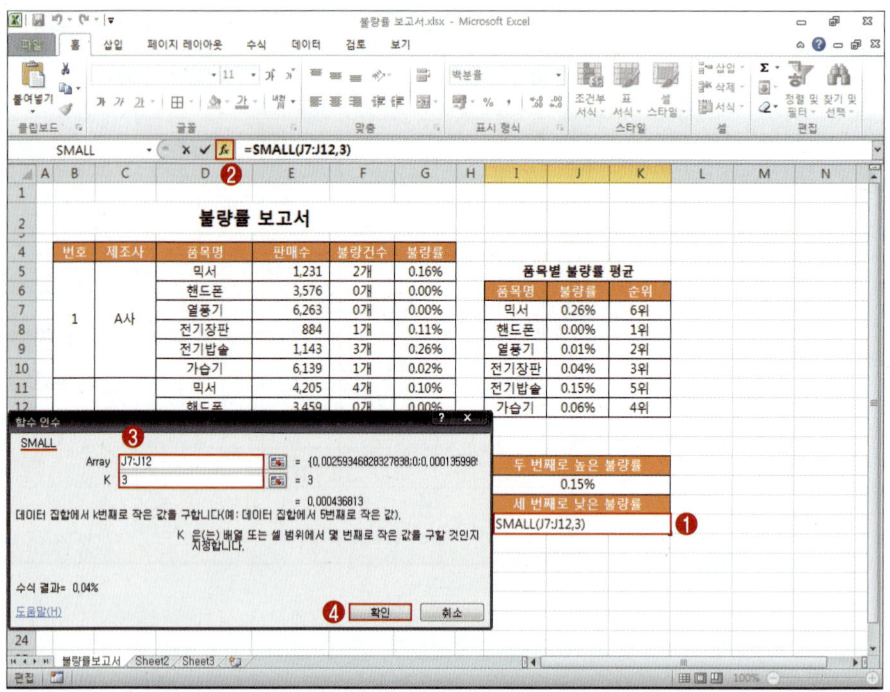

문자 데이터를 포함한 평균과 백분율 순위 구하기

AVERAGE를 이용해 평균을 계산하면 데이터 영역의 데이터 중에 문자 데이터가 있는 경우 문자 데이터를 제외하고 나머지 셀의 평균을 계산하게 됩니다. 예를 들어 시험 성적 같은 경우 결시를 제외하고 계산하기도 하지만 결시를 0점 처리해서 계산해야 한다면 AVERAGEA를 사용합니다. 또한 순위를 구할 때 사용하는 RANK 함수 대신 PERCENTRANK 함수를 사용하면 데이터 집합에서 특정 값의 상대 순위 즉 백분율 순위를 구할 수 있습니다.

AVERAGE(value1, [value2], …)

AVERAGE 영역의 평균을 구합니다. 문자 데이터가 입력된 셀은 제외하고 계산됩니다.
형식 : = AVERAGE(영역)
영역 : 셀의 평균을 구할 영역을 지정합니다.

AVERAGEA 영역의 평균을 구합니다. 문자 데이터가 입력되거나 비어 있는 셀은 0으로 계산됩니다.
형식 : = AVERAGEA(영역)
영역 : 셀의 평균을 구할 영역을 지정합니다.

= PERCENTRANK.INC(array, x, significance)
PERCENTRANK 함수는 숫자 데이터 범위에서 K번째로 작은 값을 반환합니다.
형식 : = PERCENTRANK(범위, 값, 자릿수)
범위 : 순위를 구하려는 수의 범위
값 : 순위를 구하려는 수
자릿수 : 백분율 값의 유효 자릿수, 생략하면 세 자릿수(0.xxx)가 표시

예제 파일 **PART3** 영어 성적표   **완성 파일** **PART3** 영어 성적표 완성

'영어 성적표' 예제를 불러옵니다. G3셀을 선택한 후 '통계' 범주의 'AVERAGEA' 함수를 선택한 후 [확인] 버튼을 클릭합니다. 함수 인수 창이 열리면 Value1란에 'C3:E3'영역을 드래그하여 삽입한 후 [확인] 버튼을 클릭하고 G3셀의 채우기 핸들을 더블 클릭하여 수식을 복사합니다.

TIP

'결시'를 0점으로 계산 하기 위해 AVERAGE 대신 AVERAGEA를 사 용합니다.

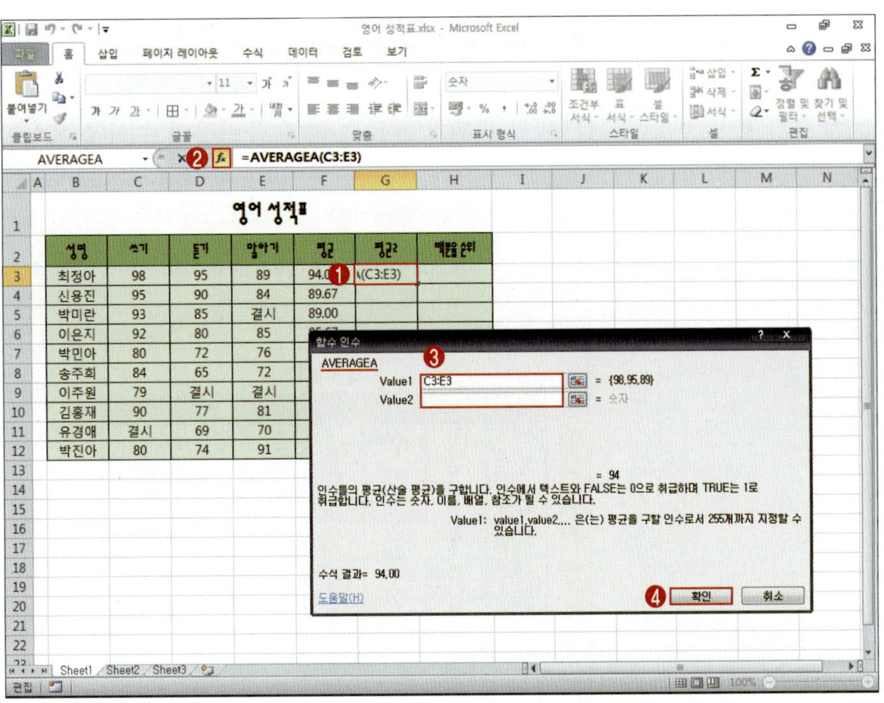

H3셀을 선택한 후 '호환성(Compativility)' 범주의 'PERCENTRANK' 함수를 선택한 후 [확인] 버튼을 클릭합니다. 함수 인수 창이 열리면 array란에 'G3:G12' 영역을 드래그하여 삽입한 후 F4키를 눌러 절대 참조로 변경합니다. X란에 G3셀을 클릭하고 significance란에 '1'을 입력한 후 [확인] 버튼을 클릭합니다.

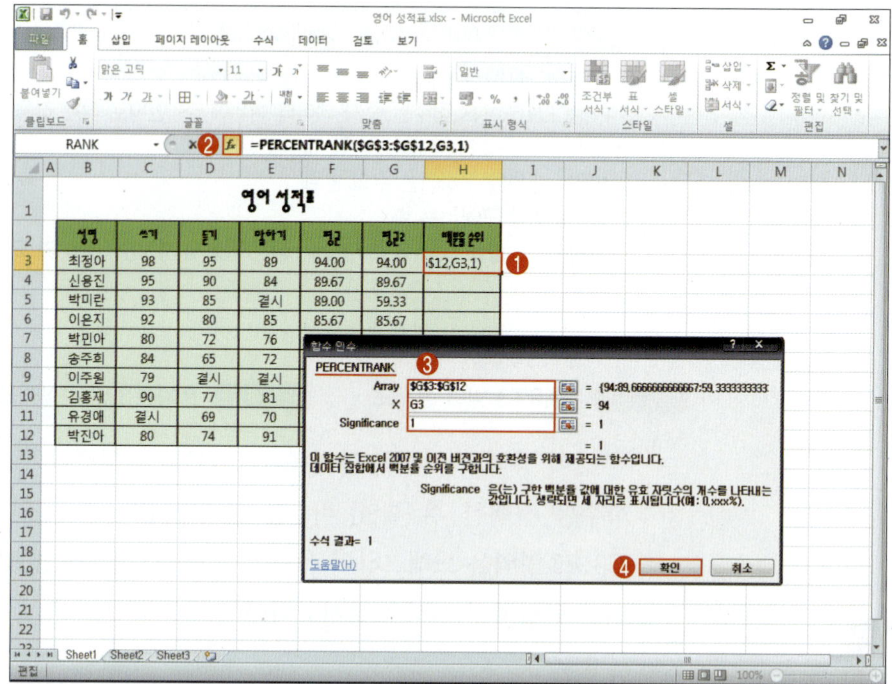

H3셀의 채우기 핸들을 더블 클릭하여 수식을 복사합니다.

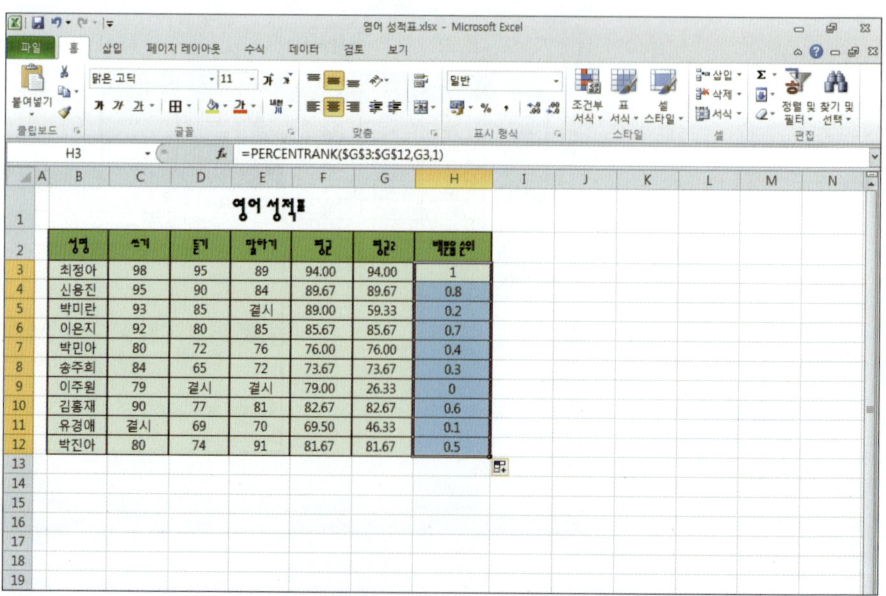

한 가지 항목을 기준으로 순위를 계산하면 동순위가 많이 나오는 경우가 있습니다. RANK 함수와 COUNTIFS 함수를 사용하여 동순위의 경우 다른 항목을 조건으로 추가하여 순위를 가려낼 수 있도록 합니다. 또한 AVERAGEIFS 함수로 다중 조건에 따른 평균을 계산해 보도록 합니다.

= AVERAGEIFS(Average_Range,Criteria_Range1,Criteria1,[Criteria_Range2, Criteria2], …)

AVERAGEIFS 함수는 여러 개의 조건을 모두 만족하는 셀의 평균을 구합니다.
형식 : = AVERAGEIFS(영역1, 조건1, 영역2, 조건2)
영역 : 셀의 평균을 구할 영역을 지정합니다.
조건 : 영역 내의 값과 비교할 조건으로 비교 연산자와 값으로 구성됩니다.
　　　 문자 데이터가 조건인 경우에는 비교 연산자를 사용하지 않아도 됩니다.

예제 파일 **PART3** 성적표　　　　**완성 파일** **PART3** 성적표 완성

'성적표' 예제를 불러옵니다. B5:B27 영역을 선택한 후 이름 상자에 '학과'라고 입력한 후 Enter 키를 누릅니다.

학과	학년	이름	20 출석	20 과제	30 중간고사	30 기말고사	100 총점	순위
컴퓨터정보	1	하정원	20	18	5	10	53	
미디어영상	2	강수훈	20	20	30	28	98	
미디어영상	2	임진영	16	18	5	28	67	
스마트폰	1	이성진	19	18	15	29	81	
미디어영상	2	하진원	16	15	15	25	71	
인터넷보안	1	최은경	20	12	25	25	82	
컴퓨터정보	1	최은숙	20	12	25	15	72	
컴퓨터정보	2	이종탁	19	18	25	15	77	
컴퓨터정보	1	이원진	20	20	28	16	84	
스마트폰	1	백김찬	20	18	15	5	58	
컴퓨터정보	2	이진원	10	12	28	30	80	
컴퓨터정보	2	방영주	20	20	28	30	98	
스마트폰	1	양명희	18	18	28	10	74	
스마트폰	2	김원진	20	15	30	22	87	
컴퓨터정보	1	이영자	19	15	28	28	90	
미디어영상	1	김창권	16	12	10	28	66	
미디어영상	2	방소회	20	18	28	20	86	
컴퓨터정보	1	임은영	20	20	25	25	90	
인터넷보안	1	김정호	20	18	25	20	83	
인터넷보안	2	방진원	5	18	28	25	76	
인터넷보안	2	배영시	20	15	10	30	75	

학과/학년별 성적 평균

학년\학과	1	2
컴퓨터정보		
스마트폰		
미디어영상		
인터넷보안		

C5:C27 영역에 '학년', H5:H27 영역에 '기말고사', I5:I27 영역에 '총점'이라는 이름을 각각 정의합니다.

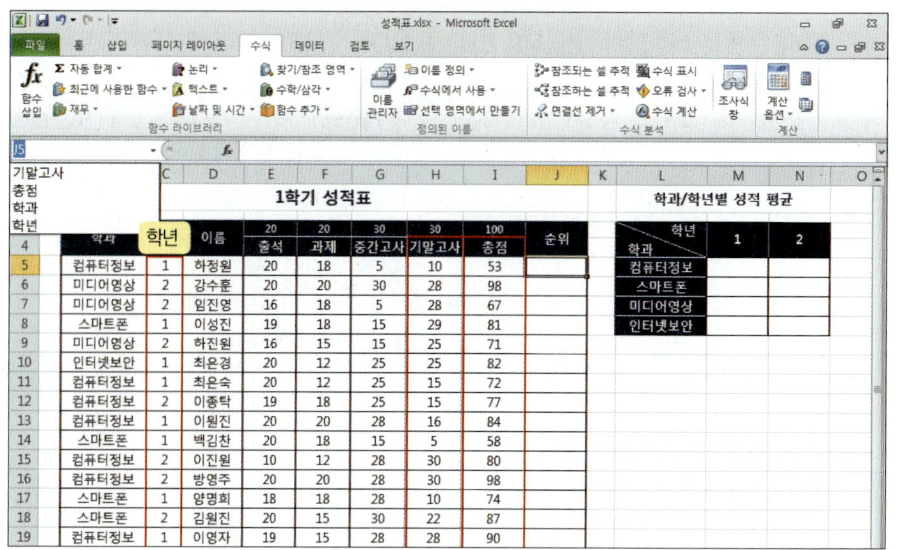

J5셀을 선택하고 '통계' 범주의 'RANK.EQ' 함수를 선택한 후 [확인] 버튼을 클릭합니다. 함수 인수 창이 열리면 Number란에 'I5'셀을 클릭하여 지정하고, Ref란에 'I5:I27' 영역을 드래그하거나 '총점'을 입력합니다. Order 항목은 내림차순이므로 생략하고 [확인] 버튼을 클릭합니다.

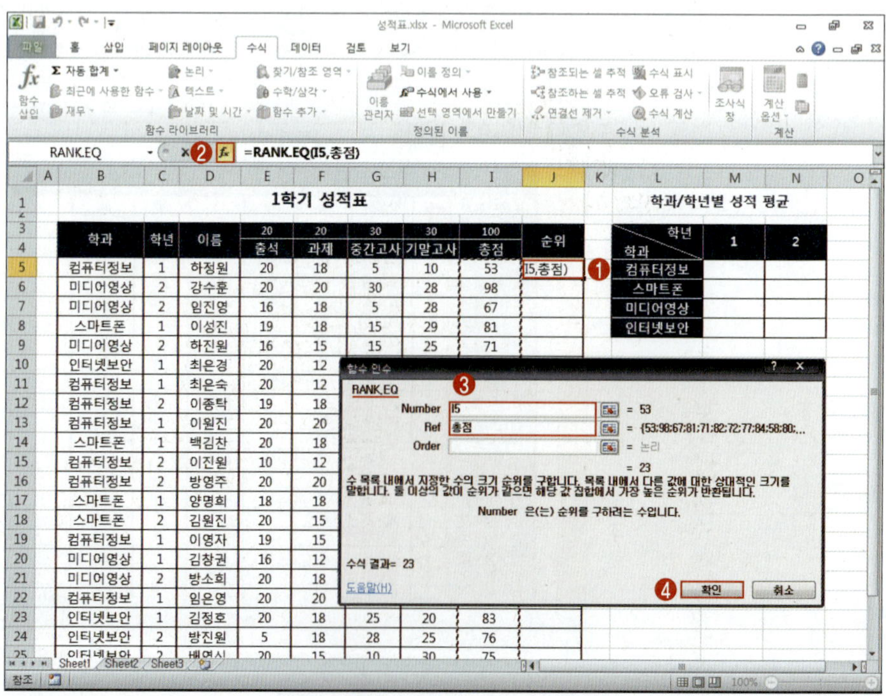

　　J5셀이 선택된 상태로 수식 입력줄에 '+'를 입력한 후 함수 삽입 버튼을 눌러 '통계'
범주의 'COUNTIFS' 함수를 선택한 후 [확인] 버튼을 클릭합니다. Criteria_range1란
에 '총점'을 입력, Criteria1란에 'I5'셀을 클릭, Criteria_range2란에 '기말고사'를 입
력, Criteria2란에 '">"&H5'를 입력한 후 [확인] 버튼을 클릭합니다.

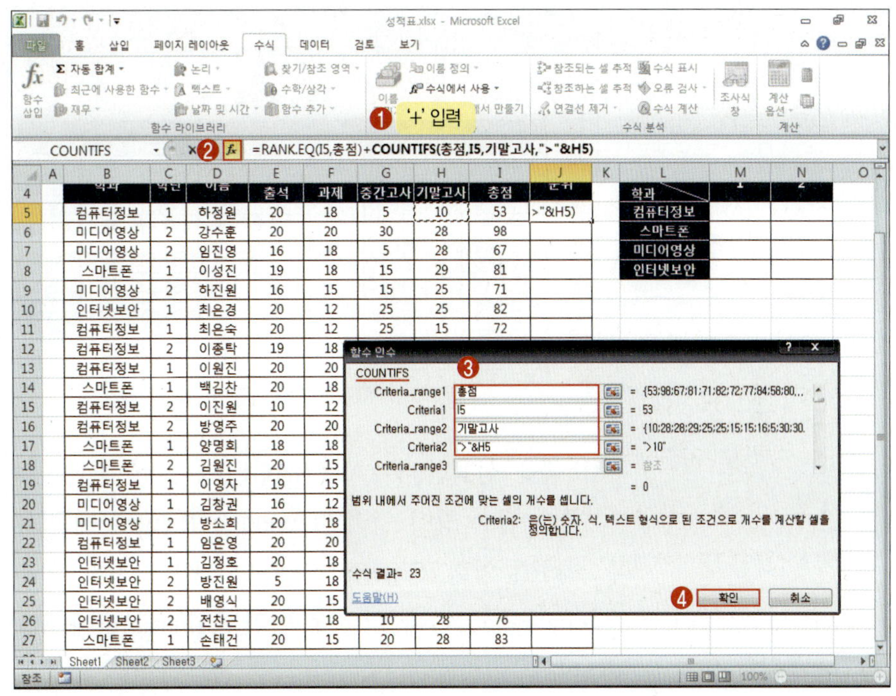

TIP

각 함수는 다음의 역할을 수행합니다.

- 'RANK.EQ'함수식 : 총점을 기준으로 순위를 구합니다.(동점자는 동순위로 표시됨)

- 'COUNTIFS'함수식 : 총점이 같고 기말 고사 점수가 높은 항목의 개수를 구합니다.

▶ 즉, 총점이 같은 경우는 동점자 즉 같은 순위에 있는 경우이므로 예를 들어 총점이 '98'점으로
동점인 경우 기말 고사가 '28'점이면 보다 높은 점수인 '30'점이 있어 기존 순위인 1위에 1을 더하
게 되어 2위가 되고 기말고사가 '30'점인 경우는 이보다 높은 점수가 없어 그대로 1위가 됩니다.

COUNTIFS 함수식에서 조건입력란에 부등호를 포함한 조건을 입력하는 경우 부등호를 ""(따옴
표)로 감싸고 '&' 기호를 입력해야 합니다. ('">"&H5')

J5셀의 채우기 핸들을 더블 클릭하여 수식을 복사합니다. 동일 순위 없이 값이 채워집니다.

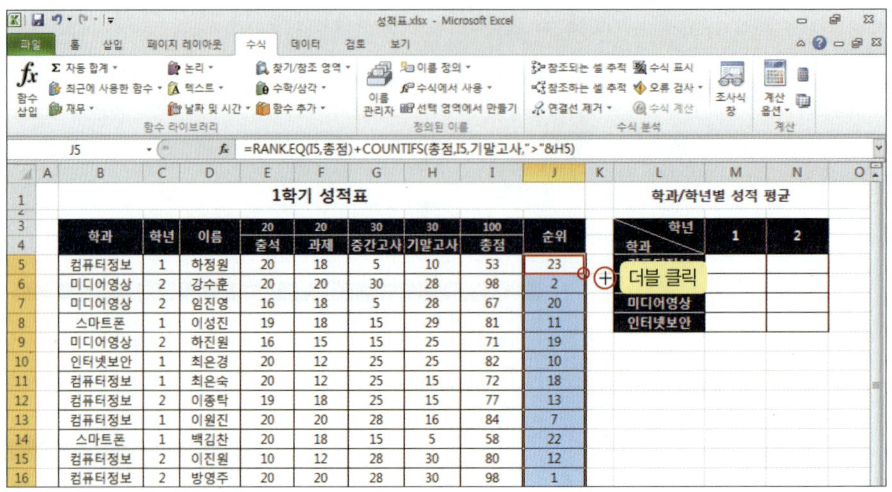

M5셀을 선택한 후 'AVERAGEIFS' 함수를 선택한 후 [확인] 버튼을 클릭합니다. 함수 인수 창이 열리면 Average_Range란에 '총점'을 입력, Criteria_range1란에 '학과'를 입력, Criteria1란에 'L5'셀을 클릭한 후 F4키를 3번 눌러 $L5로 입력, Criteria_range2란에 '학년'을 입력, Criteria2란에 'M3'을 입력한 후 F4키를 2번 눌러 M$3로 입력한 후 [확인] 버튼을 클릭합니다.

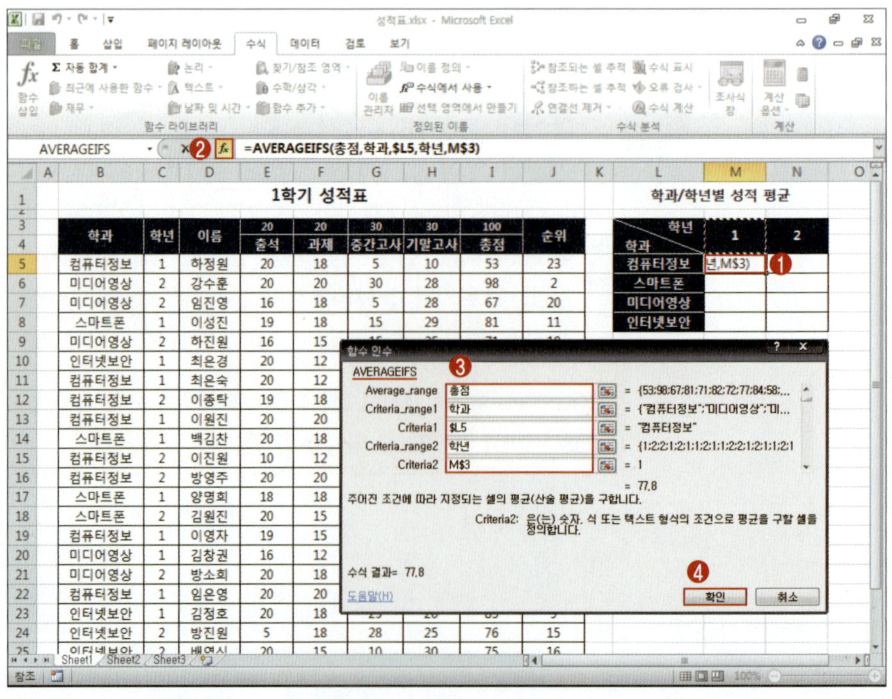

M5 : N8영역에 수식 복사하여 값을 채워줍니다.

수식 입력줄: `=AVERAGEIFS(총점,학과,$L5,학년,M$3)`

1학기 성적표

학과	학년	이름	20 출석	20 과제	30 중간고사	30 기말고사	100 총점	순위
컴퓨터정보	1	하정원	20	18	5	10	53	23
미디어영상	2	강수훈	20	20	30	28	98	2
미디어영상	2	임진영	16	18	5	28	67	20
스마트폰	1	이성진	19	18	15	29	81	11
미디어영상	2	하진원	16	15	15	25	71	19
인터넷보안	1	최은경	20	12	25	25	82	10
컴퓨터정보	1	최은숙	20	12	25	15	72	18
컴퓨터정보	2	이종탁	19	18	25	15	77	13
컴퓨터정보	1	이원진	20	20	28	16	84	7
스마트폰	1	백김찬	20	18	15	5	58	22
컴퓨터정보	2	이진원	10	12	28	30	80	12
컴퓨터정보	2	방영주	20	20	28	30	98	1
스마트폰	1	양명회	18	18	28	10	74	17
스마트폰	2	김원진	20	15	30	22	87	5
컴퓨터정보	1	이영자	19	15	28	28	90	3
미디어영상	1	김창권	16	12	10	28	66	21
미디어영상	2	방소회	20	18	28	20	86	6
컴퓨터정보	1	임은영	20	20	25	25	90	4
인터넷보안	1	김정호	20	18	25	20	83	9
인터넷보안	2	방진원	5	18	28	25	76	15
인터넷보안	2	배영식	20	15	10	30	75	16

학과/학년별 성적 평균

학과 \ 학년	오른쪽으로 드래그	
컴퓨터정보	77.8	85.0
스마트폰	74.0	87.0
미디어영상	66.0	80.5
인터넷보안	82.5	75.7

수학/삼각 함수

　수학/삼각 함수는 사칙 연산과 반올림과 같이 수학적인 계산을 하는 용도로 사용하는 함수입니다. 여기에서 여러 가지를 중첩하여 계산하는 방법도 익히도록 합니다.

◆ 가중치를 적용해 합산하고 원하는 자릿수로 반올림하기

　배열의 값을 곱하거나 곱한 값을 더하는 PRODUCT와 SUMPRODUCT, 숫자 데이터를 반올림해서 원하는 자릿수로 표시해 주는 ROUND 함수를 익혀봅니다.

= PRODUCT(number1, [number2], …)

PRODUCT 영역의 숫자들을 모두 곱합니다.
형식 : = PRODUCT(영역)
영역 : 곱할 숫자들의 영역을 지정합니다.

= SUMPRODUCT(array1, [array2], …)

PRODUCT 대응되는 영역을 각각 곱하여 더한 값을 구합니다.
형식 : = SUMPRODUCT(영역)
영역 : 대응되는 영역을 지정합니다.

ROUNDUP(number, num_digits) 올림
ROUND(number, num_digits) 반올림
ROUNDDOWN(number, num_digits) 내림

ROUND 함수는 숫자 데이터를 반올림합니다.
형식 : = ROUND(숫자, 자릿수)
숫자 : 반올림할 숫자를 지정합니다.
자릿수 : 소수 자릿수를 지정합니다. 정수를 나타내는 0을 기준으로 소수자리수는 양수로 정수부는
음수(−)로 표시합니다.

 PART3 외국어 총점　　　 **PART3** 외국어 총점 완성

'외국어 총점' 예제를 불러옵니다. F4셀을 선택한 후 '수학/삼각' 범주의 'PRODUCT' 함수를 선택한 후 [확인] 버튼을 클릭합니다. 함수 인수 창이 열리면 Number1란에 'C4'셀을 클릭하여 지정하고, Number2란에 'C2'셀을 클릭하여 지정한 후 F4 키를 눌러 'C$2'로 설정하고 [확인] 버튼을 클릭합니다.

TIP

C4셀의 점수는 수식 복사 시 행 열 모두 주소가 변경되어야 하고, C2셀의 가중치는 행값은 유지되고 열값만 변경되어야 하므로 C$2로 행고정해 줍니다.

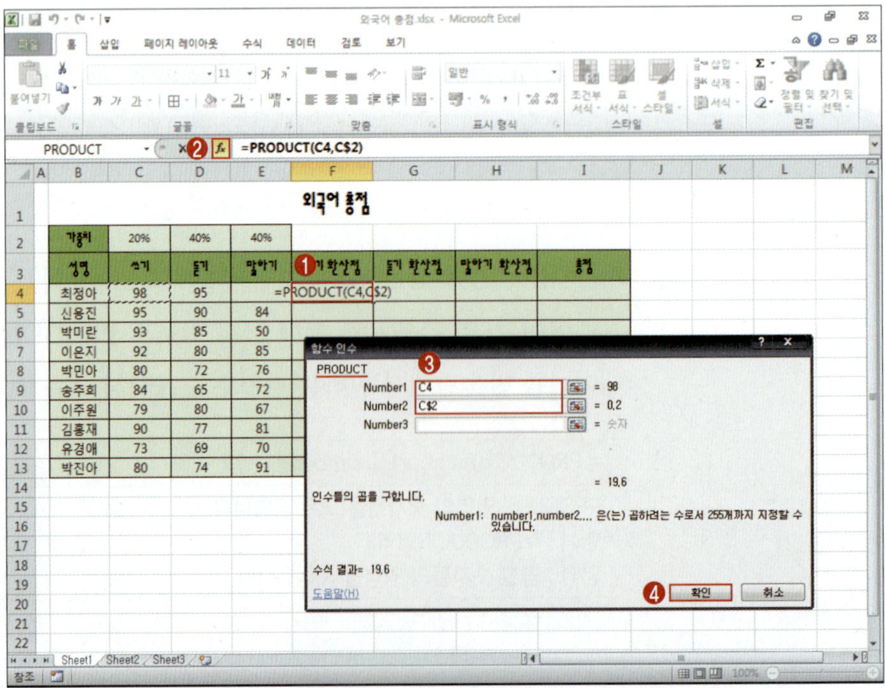

F4 셀의 채우기 핸들을 오른쪽으로, 다시 아래쪽으로 드래그하여 F4:H13 영역에 수식 복사합니다.

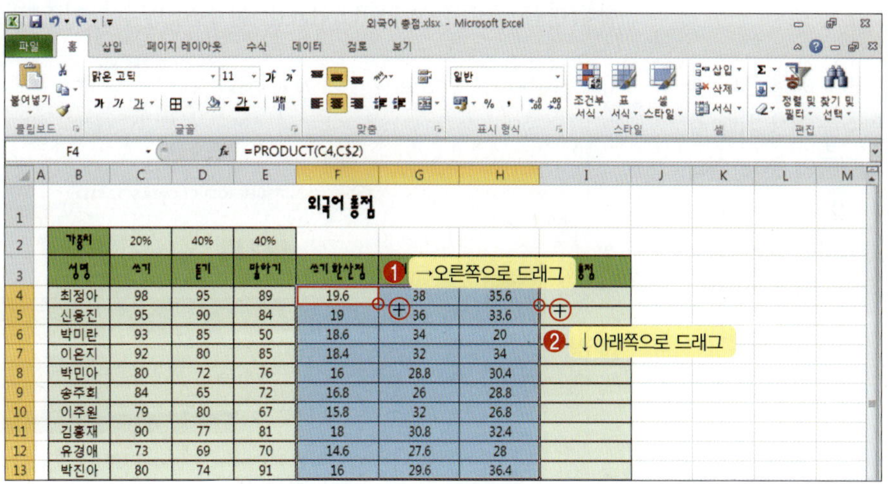

I4셀을 선택한 후 '수학/삼각' 범주의 'ROUNDUP' 함수를 선택한 후 [확인] 버튼을 클릭합니다. 함수 인수 창이 열리면 함수 삽입 단추 왼쪽에 있는 함수 목록 단추를 눌러 다음에 계산할 'SUMPRODUCT' 함수가 있는지 확인합니다. 없으면 '함수 추가'메뉴를 클릭하고 'SUMPRODUCT' 함수를 선택한 후 [확인] 버튼을 클릭하여 함수 인수창을 엽니다.

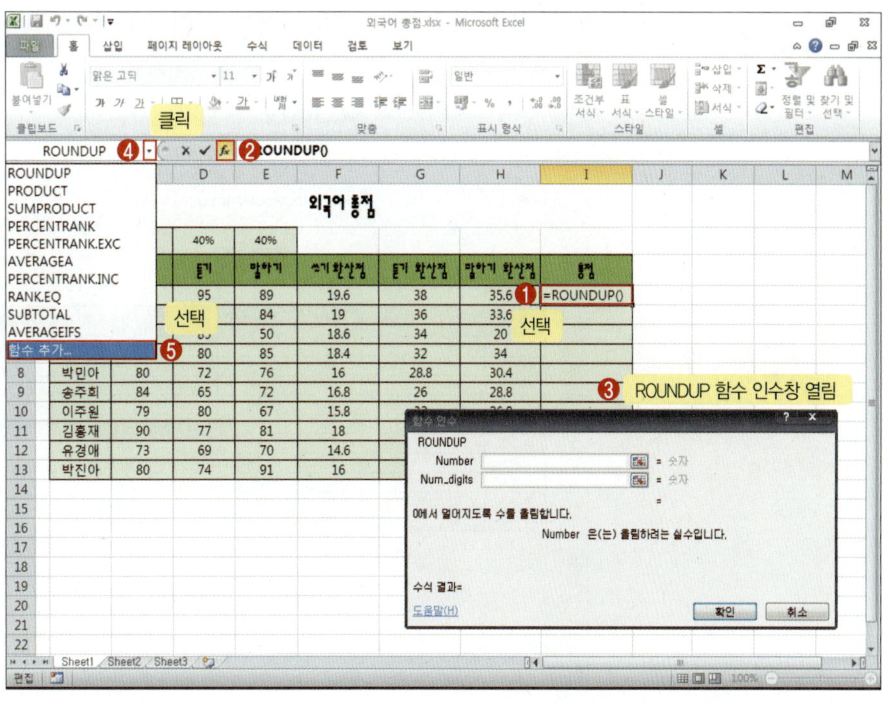

Array1란에 'C4 : E4'셀을 클릭하여 지정하고, Array2란에 'C2 : E2'셀을 드래그하여 지정한 후 F4 키를 눌러 '$C$2:$E$2'로 설정한 후 수식 입력줄의 ROUNDUP 함수명을 클릭하여 ROUNDUP 함수의 인수창이 열리도록 합니다.

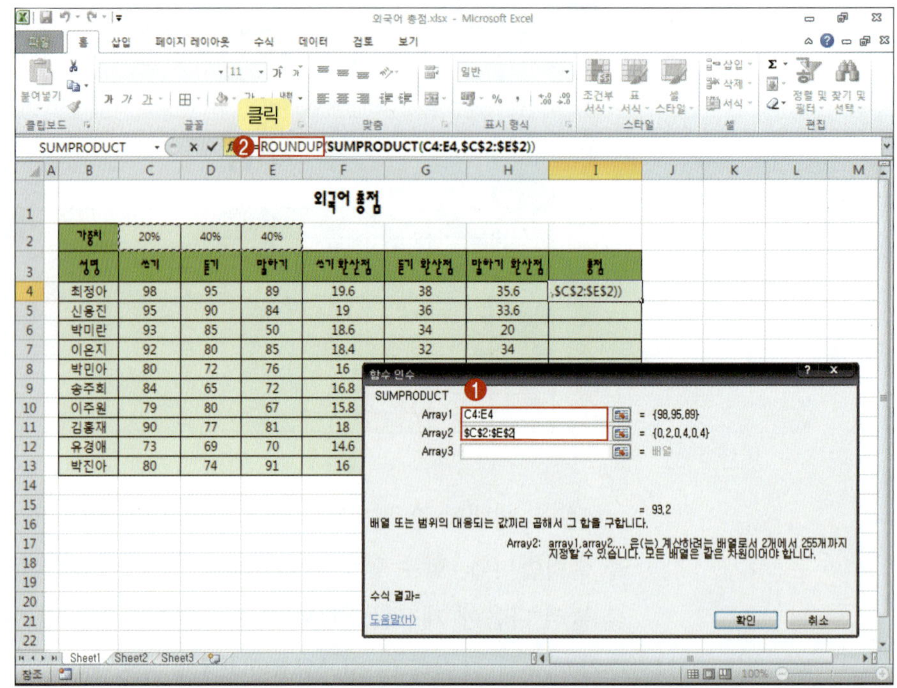

함수 인수 창의 Num_digits란에 '1'이라고 적고 [확인] 버튼을 클릭합니다.

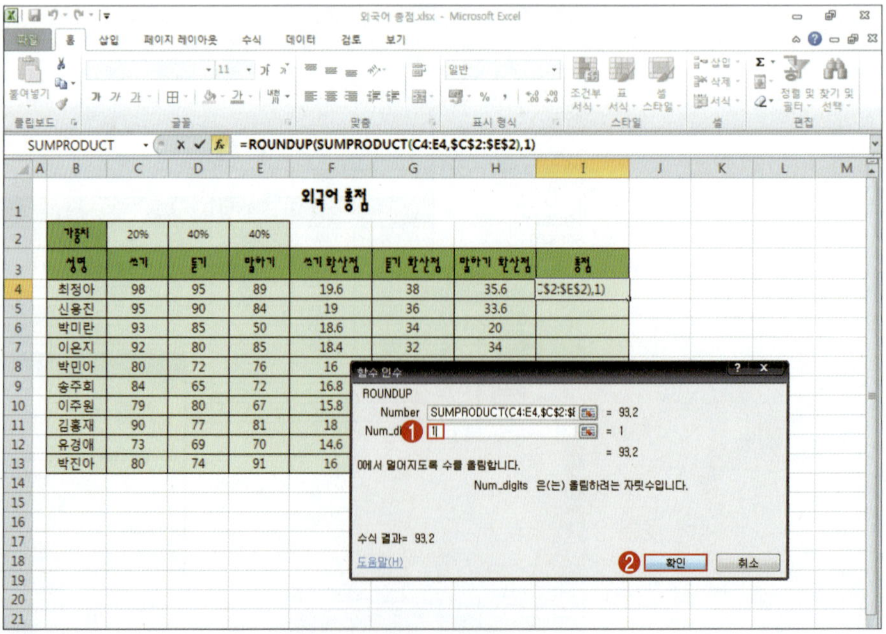

ROUND 계열 함수의 사용 예

함수	숫자	소수자리수		
		2	0	-2
ROUNDUP	234.678	234.68	235	300
ROUND	234.678	234.68	235	200
ROUNDDOWN	234.678	234.67	234	200

 항목별로 누계값 계산하기

조건에 맞는 항목의 합계만을 계산하는 SUMIF, SUMIFS 함수를 이용하여 항목별 누계값을 계산해 봅니다.

SUMIF(Range, Criteria, [Sum_range])

SUMIF 조건에 맞는 항목의 합계를 구합니다.
형식 : =SUMIF(조건영역, 조건, 실제 계산 범위)
영역 : 조건이 포함된 범위를 지정합니다.
조건 : 영역 내의 값과 비교할 조건으로 비교 연산자와 값으로 구성됩니다.
　　　 문자 데이터가 조건인 경우에는 비교 연산자를 사용하지 않아도 됩니다.
실제 계산 범위 : 실제 합계를 계산할 범위를 지정합니다.

SUMIFS(Sum_range, Criteria_range1, Criteria1, [Criteria_range2, Criteria2], ...)

SUMIFS 조건에 맞는 항목의 합계를 구합니다.
형식 : =SUMIFS(실제 계산 범위, 영역, 조건)
실제 계산 범위 : 실제 합계를 계산할 범위를 지정합니다.
영역 : 조건이 포함된 범위를 지정합니다.
조건 : 영역 내의 값과 비교할 조건으로 비교 연산자와 값으로 구성됩니다.
　　　 문자 데이터가 조건인 경우에는 비교 연산자를 사용하지 않아도 됩니다.

‘업체별 소모품 구입표’ 예제를 불러옵니다. H4셀을 선택한 후 ‘= B4&” : “&’를 입력합니다.

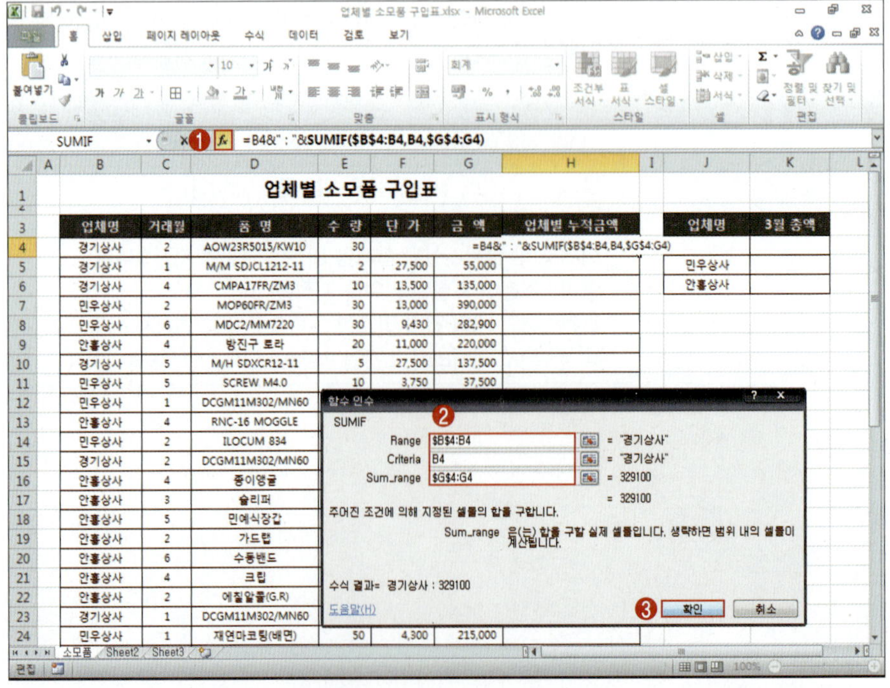

‘수학/삼각’범주의 ‘SUMIF’ 함수를 선택한 후 [확인] 버튼을 클릭합니다. 함수 인수 창이 열리면 Range란에 ‘$B$4:B4’를 입력하고, Criteria란에 ‘B4’셀을 클릭하여 지정한 후 Sum_range란에 ‘$G$4:G4’를 입력하고 [확인] 버튼을 클릭합니다.

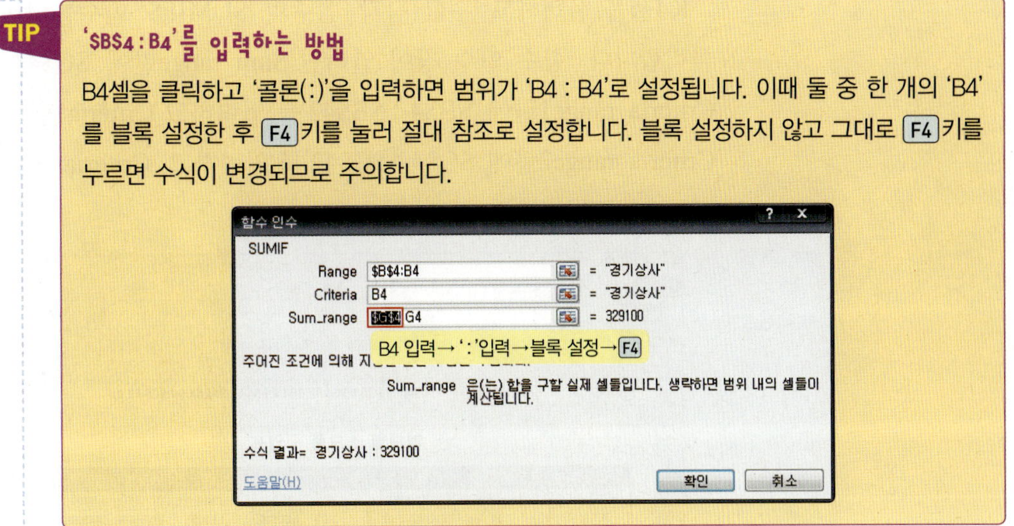

B4셀을 클릭하고 '콜론(:)'을 입력하면 범위가 'B4 : B4'로 설정됩니다. 이때 둘 중 한 개의 'B4'를 블록 설정한 후 F4 키를 눌러 절대 참조로 설정합니다. 블록 설정하지 않고 그대로 F4 키를 누르면 수식이 변경되므로 주의합니다.

H4셀을 더블 클릭하여 수식을 복사하면 각 업체명과 업체별 누적금액이 H열에 표시됩니다.

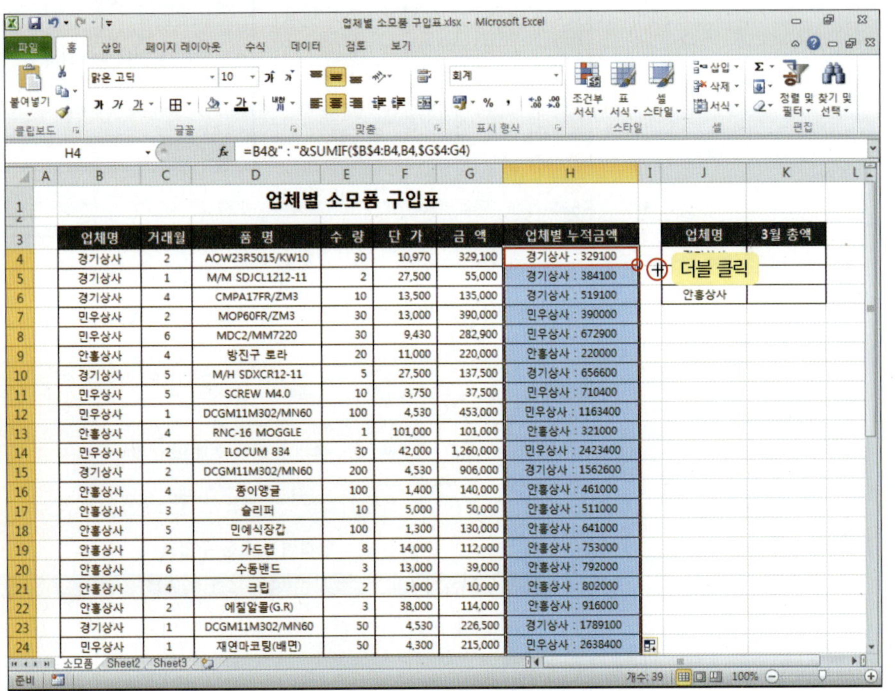

K4셀을 선택하고 '수학/삼각' 범주의 'SUMIFS' 함수를 선택한 후 [확인] 버튼을 클릭합니다. 함수 인수 창이 열리면 Sum_range란에 '$G$4 : $G$42'를 입력하고, Criteria_range1란에 '$B$4 : $B$42'를 입력하고 Criteria1란에 '$J4'를 입력합니다. Criteria_range2란에 '$C$4 : $C$42'를 입력하고, Criteria란에 '3'을 입력한 후 [확인] 버튼을 클릭합니다.

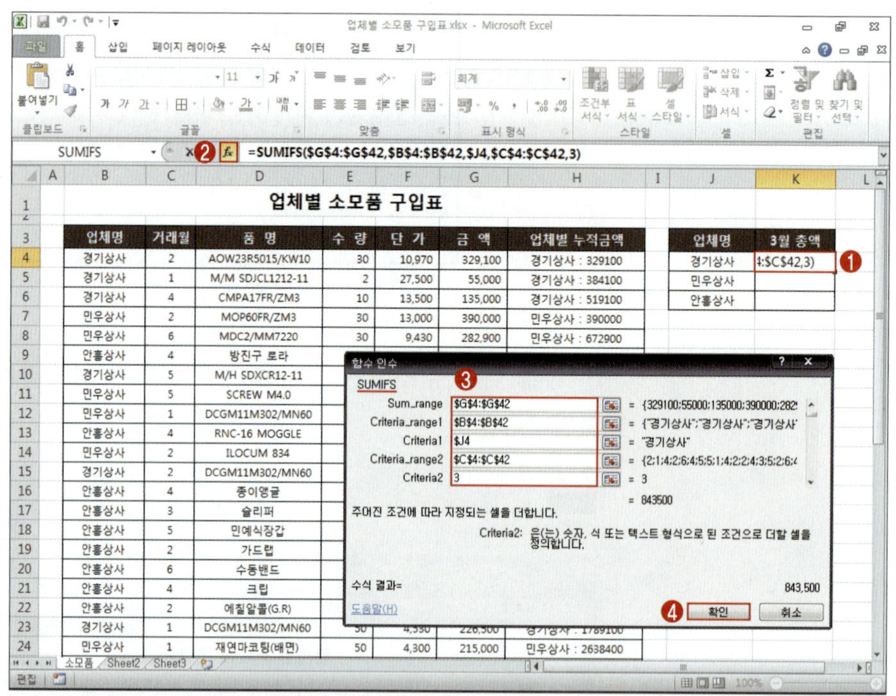

K4셀을 더블 클릭하여 수식을 복사합니다.

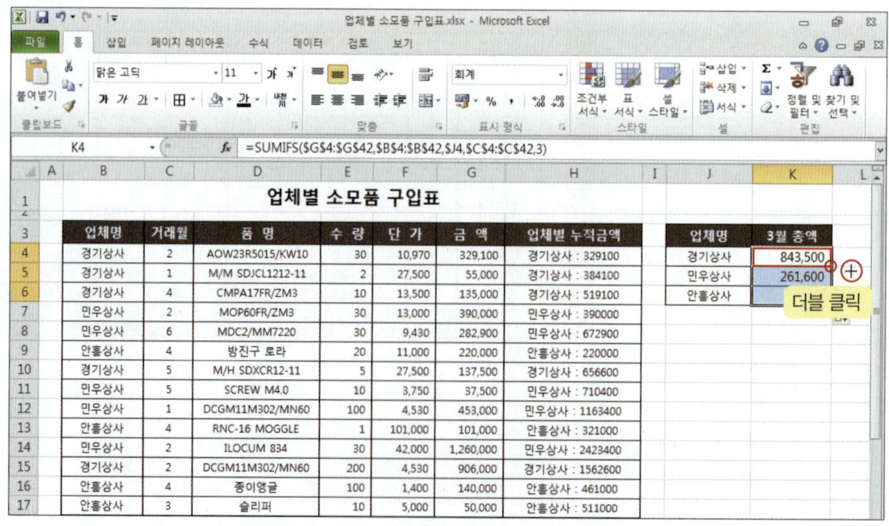

날짜/시간 함수

날짜/시간 함수는 현재 날짜나 시간을 표시하거나 날짜와 시간을 계산할 때 사용합니다. 급여 계산이나 작업일정 관리 등에 다양하게 활용할 수 있습니다.

◆ 올해 생일 요일 계산하기

날짜 데이터를 년, 월, 일로 년, 월, 일을 나타내는 데이터를 날짜 데이터로 변환할 수 있으며 날짜 데이터에서 요일만 추출하여 표시할 수도 있습니다. 생년월일에서 올해년도의 생일과 생일의 요일을 계산해 봅니다.

= TODAY( )

TODAY 현재 날짜를 표시합니다.
형식 : = TODAY( )

= NOW( )

NOW 현재 날짜와 시간을 표시합니다.
형식 : = NOW( )

= DATE(Year,Month,Day)

DATE 숫자로 입력된 연, 월, 일을 날짜 형식으로 표시합니다.
형식 : = DATE(년, 월, 일)
년 : 년도를 나타내는 값 입력합니다.
월 : 월을 나타내는 값 입력합니다.
일 : 일을 나타내는 값 입력합니다.

= YEAR(Serial_Number)
= MONTH(Serial_Number)
= DAY(Serial_Number)

YEAR 날짜 데이터에서 년도를 추출해서 표시합니다.
형식 : = YEAR(값)
값 : 날짜 데이터 값이나 셀을 입력합니다.

= WEEKDAY(Serial_number, [Return_type])

날짜에 해당하는 요일을 숫자로 반환합니다.
형식 : = WEEKDAY(날짜, **[옵션]**)
날짜 : 요일을 계산할 날짜 데이터를 입력합니다.
옵션 : 반환값의 순서를 결정하는 옵션입니다.
　　　 1 또는 생략－1(일요일)에서 7(토요일) 사이의 숫자
　　　 2－1(월요일)에서 7(일요일) 사이의 숫자
　　　 3－0(월요일)에서 6(일요일) 사이의 숫자

‘직원 기념일’ 예제를 불러온 후 I5셀을 선택하고 ‘날짜/시간’ 범주의 ‘DATE’ 함수를 선택합니다. 함수 인수 창의 Year란에 ‘YEAR(TODAY( ))’를 입력하고, Month란에 ‘MONTH(H5)’셀을 클릭하여 지정한 후 Day란에 ‘DAY(H5)’를 입력하고 [확인] 버튼을 클릭합니다.

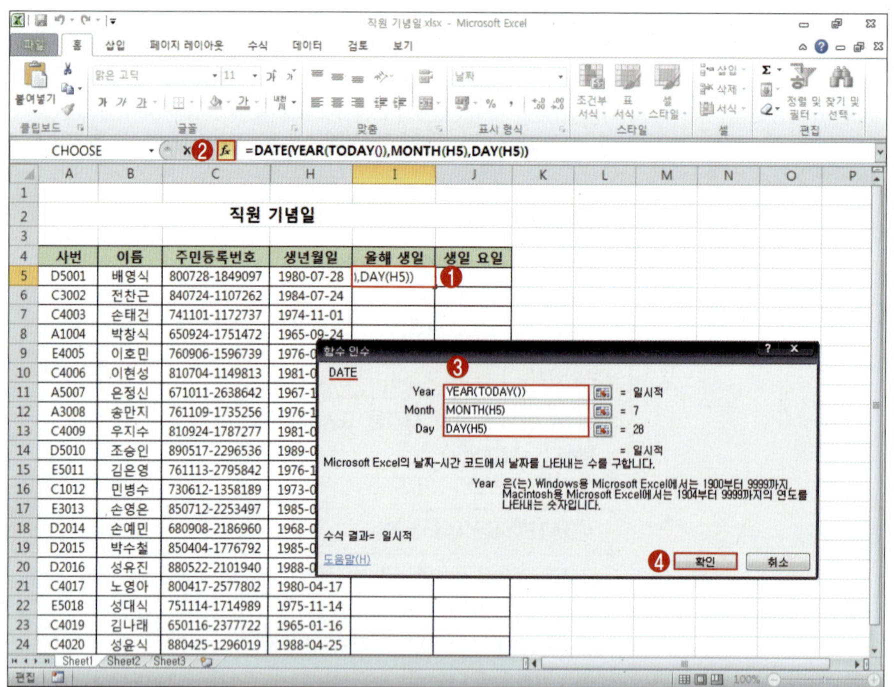

> **TIP**
>
> 1. DATE 함수의 Year, Month, Day 인수에는 각각 년, 월, 일을 나타내는 숫자 데이터를 입력하면 되지만 H열의 데이터가 날짜 데이터이므로 년, 월, 일을 각각 추출하기 위해 인수별로 Year, Month, Day 함수를 사용합니다.
>
> 2. YEAR(TODAY())는 오늘 날짜에서 년도를 추출 즉, 올해의 년도를 구하는 수식입니다. 날짜를 이용한 수식에서 많이 사용되므로 익혀둡니다.
>
> 3. TODAY 함수는 오늘 날짜를 계산하는 함수이므로 결과 값이 유동적으로 변경되며 괄호 안에 인수를 표시할 필요가 없습니다.

J5셀을 선택하고 '찾기/참조' 범주의 'CHOOSE' 함수를 선택합니다. 함수 인수 창의 Index_num란에 'WEEKDAY(I5)'를 입력하고, Value1~Value7란에 '일'~'토'까지 요일명을 순서대로 입력한 후 [확인] 버튼을 클릭합니다.

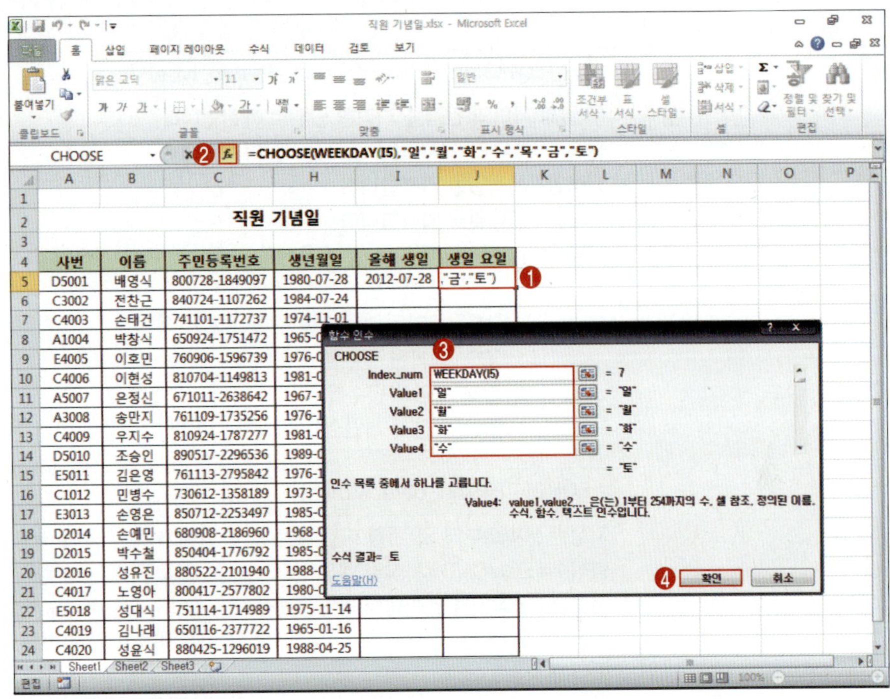

I5:J5 영역의 채우기 핸들을 더블 클릭하여 수식을 복사합니다.

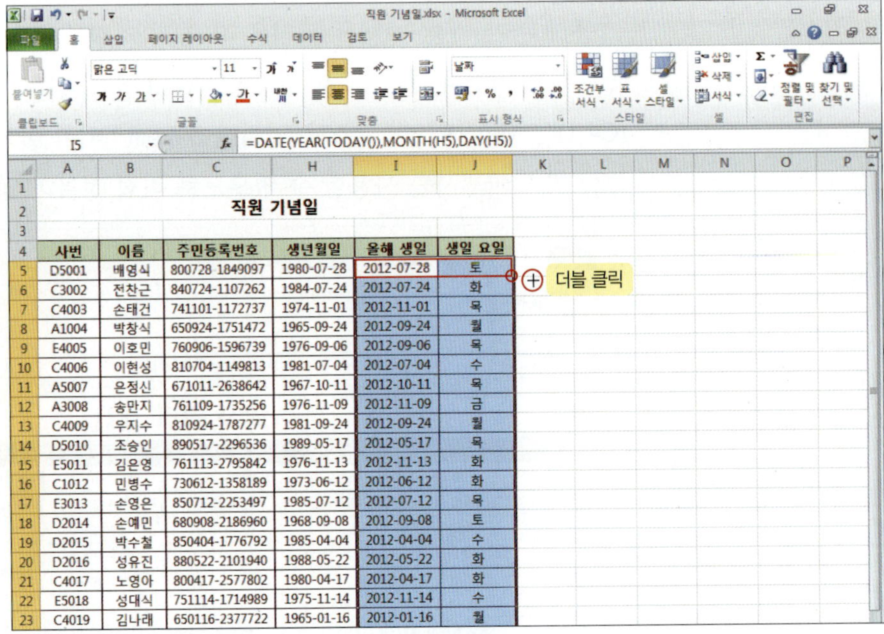

두 날짜 데이터 사이의 경과일을 년, 월, 일 등의 원하는 날짜 옵션으로 계산하고 특정 날짜를 기준으로 전/후 달의 말일을 계산해 봅니다.

= DATEDIF(Start_date, End_date, Return_type)

두 날짜 사이의 간격을 지정한 단위로 계산합니다.
형식 : = DATEDIF(시작일, 종료일, "날짜 옵션")
시작일 : 시작일을 입력합니다.
소요일 : 종료일을 입력합니다.
날짜 단위 : 구하고자 하는 날짜 옵션을 따옴표로 묶어 지정합니다.
　　　"Y" – 경과된 년도수를 구합니다.
　　　"M" – 경과된 개월수를 구합니다.
　　　"D" – 경과된 일수를 구합니다.
　　　"YM" – 경과 년수를 제외한 나머지 개월수를 구합니다.
　　　"MD" – 경과 개월수를 제외한 나머지 일수를 구합니다.

= EOMONTH(Start_date, Months)

지정한 날짜로부터 몇 개월 이전 또는 이후 날짜가 속한 달의 마지막 날짜를 계산합니다.
형식 : = EOMONTH(시작일, 월)
시작일 : 시작일을 입력합니다.
개월 수 : 시작일 전/후의 개월수로 양수를 사용하면 이후 날짜를, 음수를 사용하면 이전 날짜를 구합니다.

예제 파일 **PART3** 공사 관리 대장　　　**완성 파일** **PART3** 공사 관리 대장 완성

'공사 관리 대장' 예제를 불러온 후 공사 기간을 계산하기 위해 E4셀을 선택하고 '= DATEDIF(C4,D4,"Y")&"년 "&DATEDIF(C4,D4,"YM")&"개월 "&DATEDIF (C4,D4,"MD")&"일"' 수식을 입력한 후 Enter 키를 눌러 계산합니다. DATEDIF 함수는 함수 마법사를 사용할 수 없으므로 직접 정확히 입력하여 사용합니다.

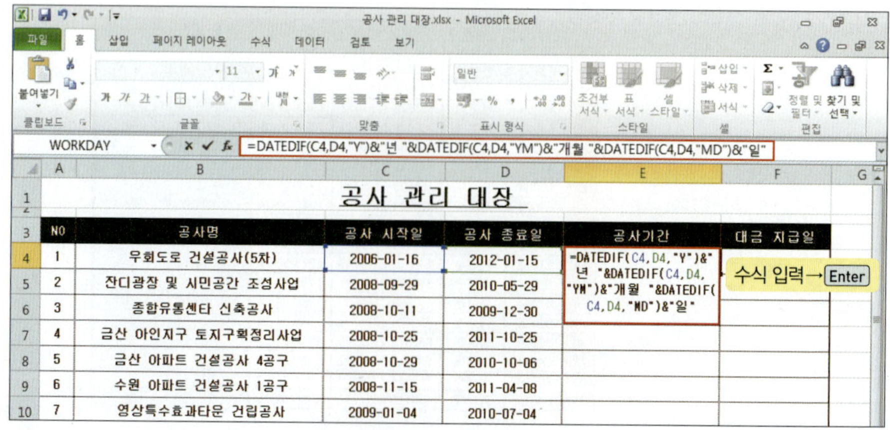

DATEDIF 함수의 세 번째 인수는 두 날짜 사이의 차이를 구하는 옵션으로 여기서는 경과된 년도 수, 경과 년수를 제외한 나머지 개월수, 경과 개월수를 제외한 나머지 일수를 계산하는 과정이므로 'Y', 'YM', 'MD'를 사용합니다. 세 번째 인수 입력 시 반드시 ""로 묶어 주어야 하며 세 개의 계산식의 결과를 연결하기 위해 '&'연산자를 사용합니다.

대금 지급일을 공사 종료일 다음달 말일로 계산하기 위해 F4셀을 선택하고 '날짜/시간' 범주의 'EOMONTH' 함수를 선택합니다. 함수 인수 창의 Start_date란에 D4셀을 클릭하여 적용하고, Months란에 '1'을 입력한 후 [확인] 버튼을 클릭합니다.

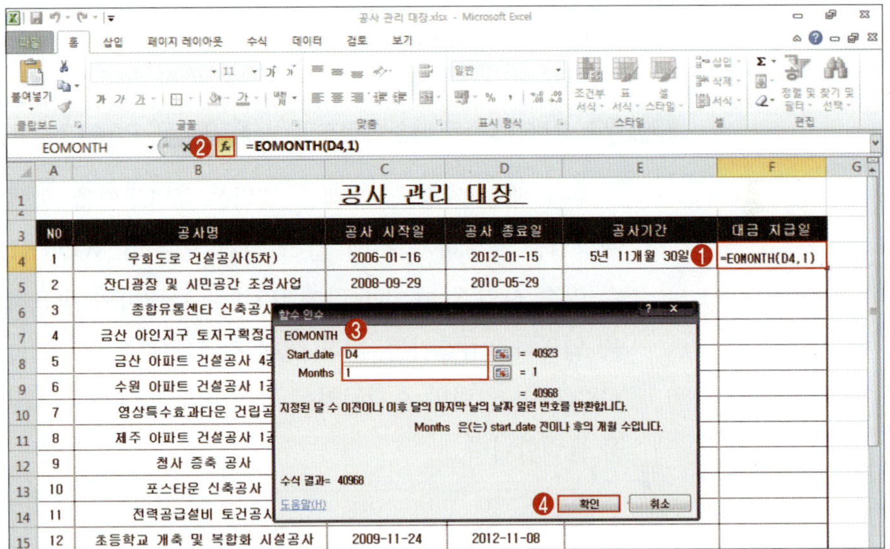

E4:F4 영역의 채우기 핸들을 아래로 드래그하여 수식 복사합니다.

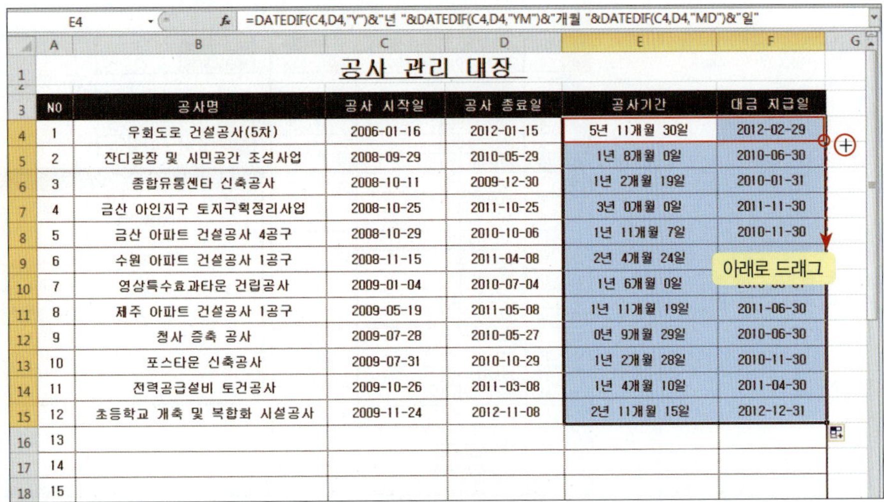

◆ 배송 예정일과 처리 일수 계산하기

날짜 데이터에 작업 일수를 합산해 작업 종료일을 계산할 때 주말과 공휴일로 인한 오차가 발생하지 않도록 적절한 함수를 활용해 봅니다.

WORKDAY(Start_date, Days, [Holidays])

휴일을 적용한 작업 종료일을 계산합니다.
형식 : =WORKDAY(시작일, 소요일, **[휴일]**)
시작일 : 시작일을 입력합니다.
소요일 : 소요되는 일수를 입력합니다.
휴일 : 작업 일수에서 제외되는 날짜 데이터 목록을 입력합니다.

예제 파일 **PART3** 주문 배송 예정표   **완성 파일** **PART3** 주문 배송 예정표 완성

'주문 배송 예정표' 예제를 불러온 후 C5셀을 선택합니다. 휴일을 반영한 배송 예정일을 계산하기 위해 '날짜/시간' 범주의 'WORKDAY' 함수를 선택합니다. 함수 인수 창의 Start_date란에 B5셀을 클릭하여 적용하고, Days란에 'G4+G5' 수식을 입력하고 F4 키를 눌러 절대 참조($G$4+$G$5)를 적용합니다. Holidays란에 'G8:G9'를 입력한 후 F4 키를 눌러 절대 참조($G$8:$G$9)를 적용한 후 [확인] 버튼을 클릭합니다.

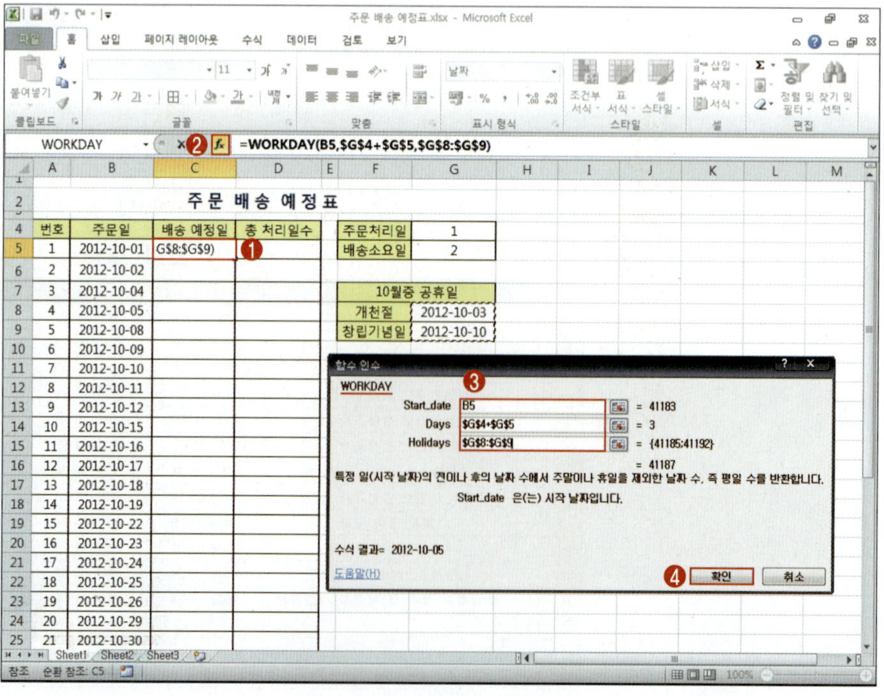

1. Days란에 '$G$4+$G$5' 대신 'SUM($G$4:$G$5)'를 사용해도 됩니다.

2. WORKDAY 함수는 시작일부터 주말과 휴일을 제외한 작업일을 적용하여 종료일을 계산합니다. 만약 토요일 일요일을 모두 휴무인 5일제 근무가 아닌 일요일만 휴무인 6일제 근무를 기준으로 계산해야 한다면 WORKDAY.INTL 함수를 사용하여 계산합니다. 이때 토요일을 작업 일수에서 제외하기 위해 세 번째 인수를 "11"로 지정하고 나머지는 WORKDAY 함수와 같은 방법으로 계산합니다.

예 WORKDAY. INTL(B5, $G$4 + $G$5, 11, $G$8 : $G$9)

휴일을 포함한 총 처리일을 계산하기 위해 D5셀을 선택하고 '= DATEDIF(B5,C5, "D")' 수식을 입력한 후 Enter 키를 눌러 계산합니다.

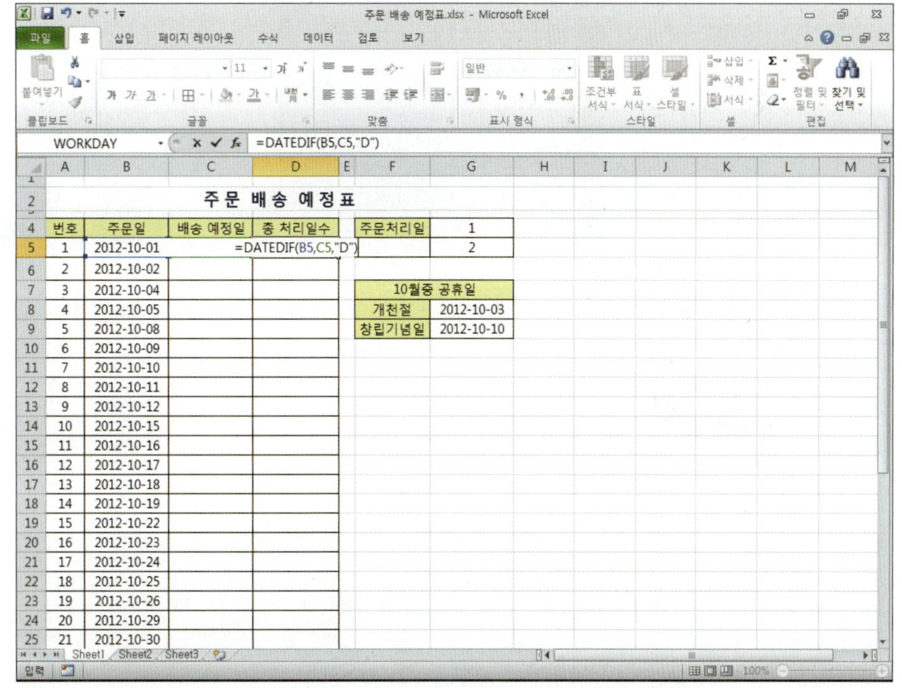

DATEDIF 함수의 세 번째 인수는 두 날짜 사이의 차이를 구하는 옵션으로 여기서는 일자를 계산하는 과정이므로 'D'를 사용합니다. 세 번째 인수 입력 시 반드시 ""로 묶어 주어야 합니다.

C5:D5 영역을 선택한 후 채우기 핸들을 더블 클릭하여 수식을 복사합니다.

주문 배송 예정표

번호	주문일	배송 예정일	총 처리일수
1	2012-10-01	2012-10-05	4
2	2012-10-02	2012-10-08	6
3	2012-10-04	2012-10-09	5
4	2012-10-05	2012-10-11	6
5	2012-10-08	2012-10-12	4
6	2012-10-09	2012-10-15	6
7	2012-10-10	2012-10-15	5
8	2012-10-11	2012-10-16	5
9	2012-10-12	2012-10-17	5
10	2012-10-15	2012-10-18	3
11	2012-10-16	2012-10-19	3
12	2012-10-17	2012-10-22	5
13	2012-10-18	2012-10-23	5
14	2012-10-19	2012-10-24	5
15	2012-10-22	2012-10-25	3
16	2012-10-23	2012-10-26	3
17	2012-10-24	2012-10-29	5
18	2012-10-25	2012-10-30	5
19	2012-10-26	2012-10-31	5
20	2012-10-29	2012-11-01	3
21	2012-10-30	2012-11-02	3

주문처리일: 1, 2

10월중 공휴일
개천절 2012-10-03
창립기념일 2012-10-10

논리 함수

제시된 조건에 따라 참인지, 거짓인지를 판별하고, 그에 따른 각각 다른 결과 값을 표시해주는 함수가 논리 함수입니다. 다른 함수와 중첩하여 사용하면 다양한 실무 문서에 편리하게 활용할 수 있습니다.

◆ 논리 함수를 이용한 성적 판정

대표적인 논리 함수인 IF 함수는 제시된 조건과 그 결과가 참인지 거짓인지에 따라 다양한 결과 값을 표시할 수 있습니다. 조건이 여러 가지인 경우 IF 함수를 중첩하거나 조건끼리의 관계에 따라 AND 함수나 OR 함수를 중첩하여 사용합니다.

= IF(Logical_test, [Value_if_true], [Value_if_false])

조건에 따라 해당하는 참 값과 거짓 값을 입력합니다.
형식 : = IF(조건, 참, 거짓)
조건 : 참과 거짓을 판별할 조건을 입력합니다.
참 : 조건이 맞을 때 표시할 값을 지정합니다.
거짓 : 조건이 맞지 않을 때 표시할 값을 지정합니다.

= AND(logical1, [logical2], …)

모든 조건을 만족해야 참(True)값을 표시해 줍니다.
형식 : = AND(조건)
조건 : 참과 거짓을 판별할 조건을 입력합니다.

= OR(logical1, [logical2], …)

모든 조건 중 하나라도 만족하면 참(True)값을 표시해 줍니다.
형식 : = OR(조건)
조건 : 참과 거짓을 판별할 조건을 입력합니다.

예제 파일 **PART3** 성적통계표   **완성 파일** **PART3** 성적통계표 완성

'성적통계표' 예제를 불러온 후 I8셀을 선택하고 '논리' 범주의 'IF' 함수를 선택합니다. 함수 인수 창의 Logical_test란에 'D8< = 10'을 입력하고, Value_if_true란에 '경고'를, Value_if_false란에 따옴표를 두 번("") 입력한 후 [확인] 버튼을 클릭합니다.

TIP

TIP

조건이 거짓일 때 공백을 표시하기 위해 Value_if_false란을 빈칸으로 두면 'false'가 표시되므로 따옴표를 두 번("") 입력하여야 합니다.

J8셀을 선택하고 'IF' 함수를 선택한 후 함수 인수 창의 Logical_test란에 'H8 >＝80'을 입력하고, Value_if_true란에 'A'를 입력합니다. Value_if_false란에 클릭한 후 함수 삽입 버튼 왼쪽의 'IF' 함수를 클릭하여 엽니다.

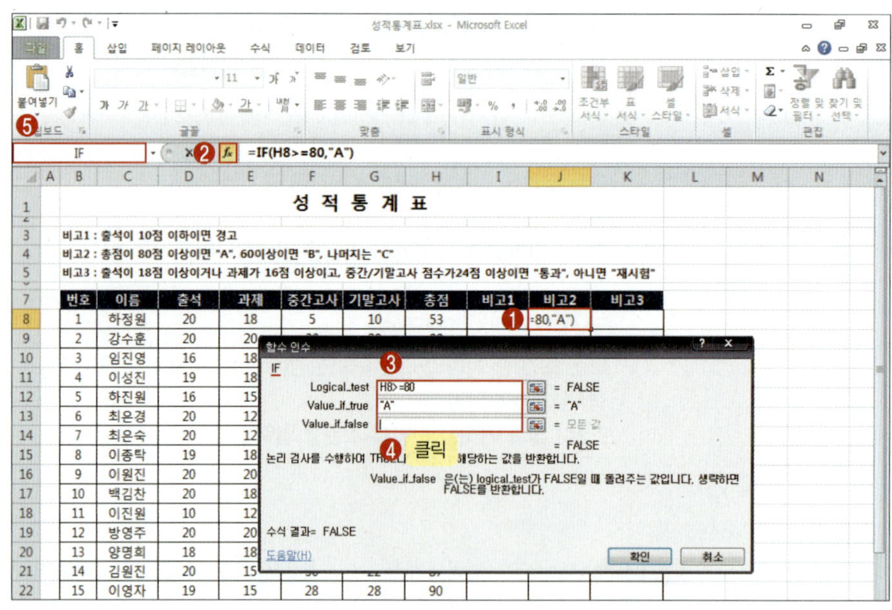

새로 열린 함수 인수 창의 Logical_test란에 'H8>＝60'을 입력하고, Value_if_true란에 'B'를 입력합니다. Value_if_false란에 'C'를 입력한 후 [확인] 버튼을 클릭합니다.

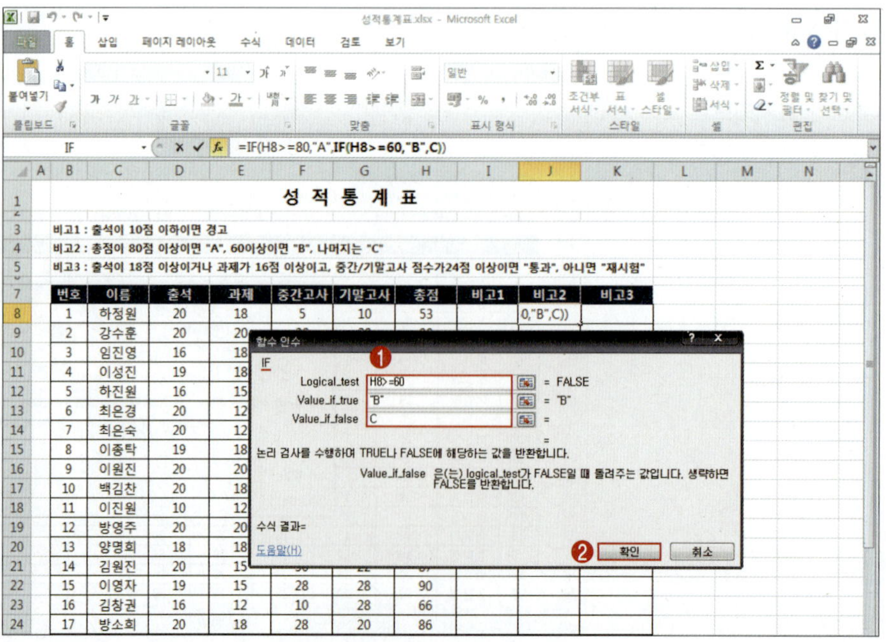

K8셀을 선택하고 'IF' 함수를 선택한 후 함수 인수 창의 Logical_test란에서 함수 삽입 버튼 왼쪽의 함수 목록 버튼을 클릭하여 'OR' 함수를 선택합니다. 함수 목록에 'OR' 함수가 없으면 '함수 추가' 메뉴를 사용하여 선택합니다.

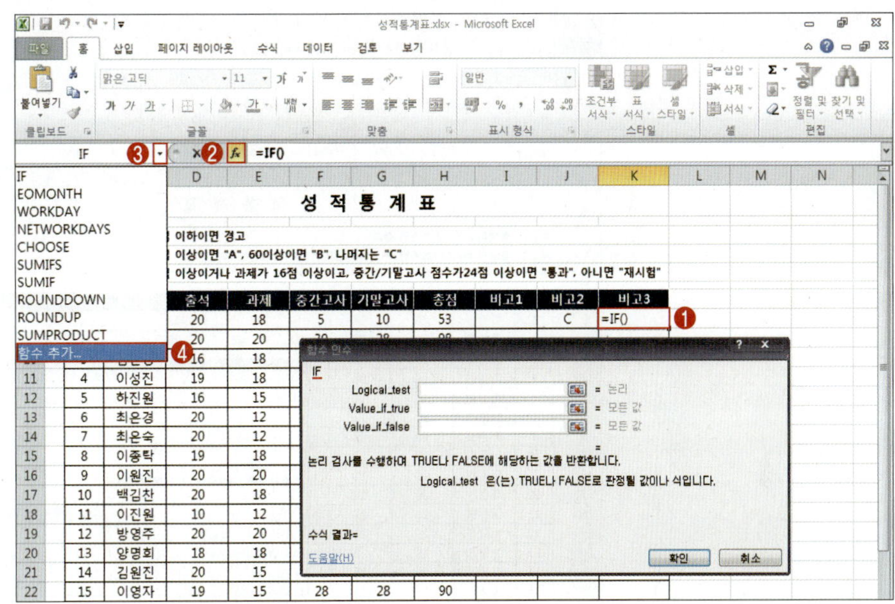

'OR' 함수 인수 창의 Logical1란에 'D8 >= 18'을 입력하고 Logical2란을 클릭한 후 함수 삽입 버튼 왼쪽의 함수 목록 버튼을 클릭하여 'AND' 함수를 선택합니다.

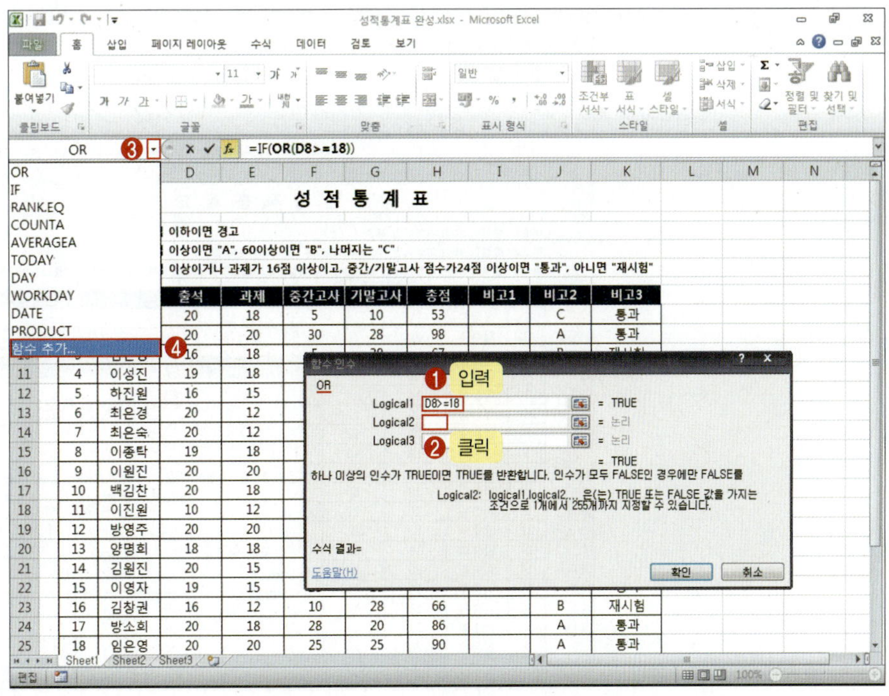

'AND' 함수 인수 창의 Logical1란에 'E8> = 16'을 입력하고 Logical2란에 'F8
> = 24'를, Logical2란에 'G8> = 24'를 입력한 후 수식 입력줄의 'IF' 함수를 클릭
합니다.

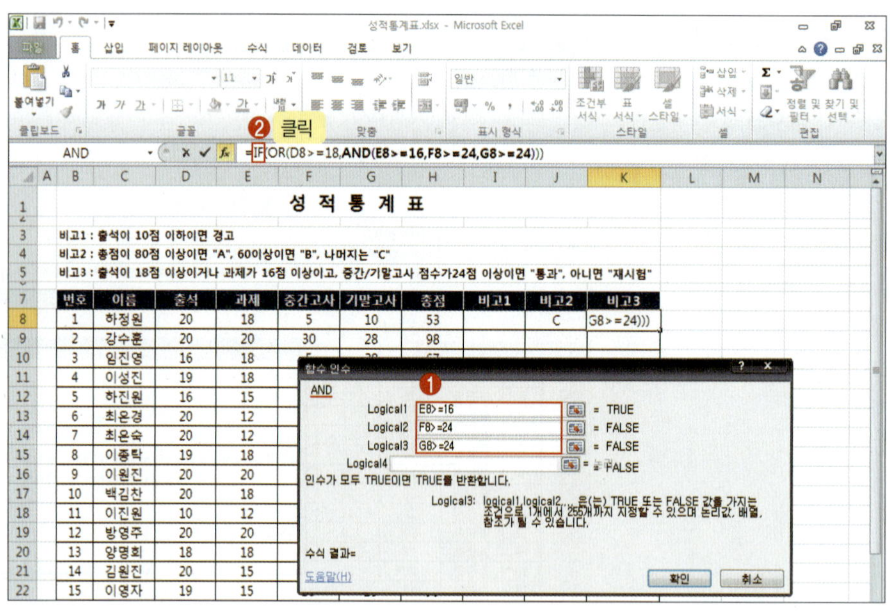

IF 함수 인수 창의 Value_if_true란에 '통과'를 입력하고 Value_if_false란에 '재시
험'을 입력한 후 [확인] 버튼을 클릭합니다.

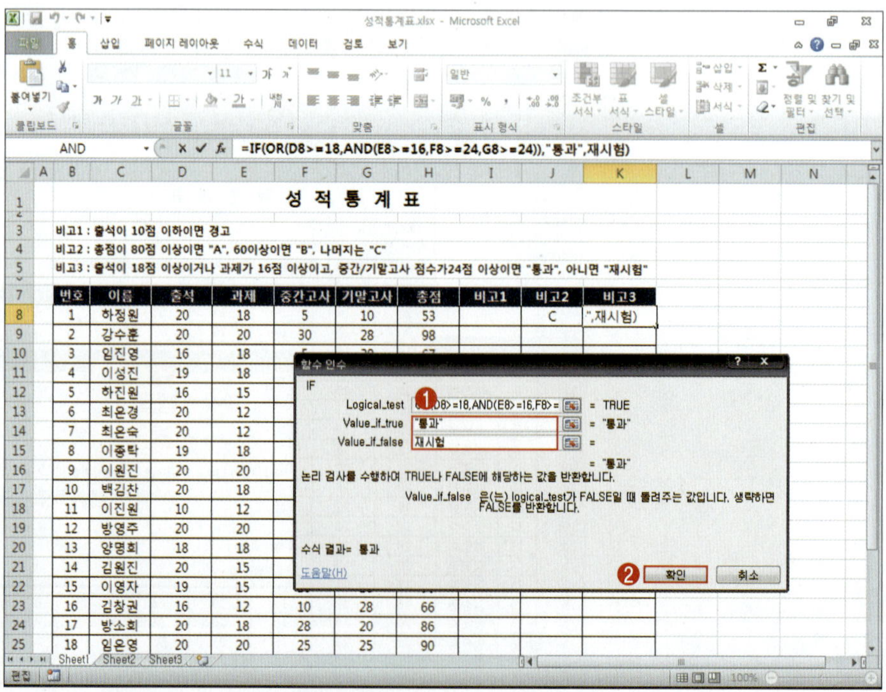

I8:K8 영역의 채우기 핸들을 더블 클릭하여 수식 복사합니다.

번호	이름	출석	과제	중간고사	기말고사	총점	비고1	비고2	비고3
1	하정원	20	18	5	10	53		C	통과
2	강수훈	20	20	30	28	98		A	통과
3	임진영	16	18	5	28	67		B	재시험
4	이성진	19	18	15	29	81		A	통과
5	하진원	16	15	15	25	71		B	재시험
6	최온경	20	12	25	25	82		A	통과
7	최온숙	20	12	25	15	72		B	통과
8	이종탁	19	18	25	15	77		B	통과
9	이원진	20	20	28	16	84		A	통과
10	백김찬	20	18	15	5	58		C	통과
11	이진원	10	12	28	30	80	경고	A	재시험
12	방영주	20	20	28	30	98		A	통과
13	양명회	18	18	28	10	74		B	통과
14	김원진	20	15	30	22	87		A	통과
15	이영자	19	15	28	28	90		A	통과
16	김창권	16	12	10	28	66		B	재시험
17	방소회	20	18	28	20	86		A	통과
18	임온영	20	20	25	25	90		A	통과

공백 셀과 오류 셀 처리하여 이익률 계산하기

데이터를 관리하다 보면 값이 없는 빈 셀이 있거나 혹은 오류가 표시되는 계산 값이 있습니다. 이런 셀을 판별하여 지정한 값으로 반환하면 오류 표시 없이 깔끔하게 작업을 할 수 있습니다.

= ISBLANK(Value)

현재 셀이 빈 셀이면 참값을 반환해 주는 함수입니다.
형식 : = ISBLANK(값)
값 : 빈 셀인지 판별할 값입니다.

= IFERROR(Value, Value_if_error)

현재 셀에 입력된 값이 오류 값이면 참값을 반환해 주는 함수입니다.
형식 : = IFERROR(값, 오류 시 표시할 값)
값 : 오류를 검사할 값입니다.
오류 시 표시할 값 : 오류가 있을 때 화면에 표시할 값을 지정합니다.

'품목별 이익률' 예제를 불러온 후 E5셀을 선택하고 '논리' 범주의 'IF' 함수를 선택합니다.

'IF' 함수를 선택한 후 함수 인수 창의 Logical_test란에서 함수 삽입 버튼 왼쪽의 함수 목록 버튼을 클릭하여 'OR' 함수를 선택합니다.

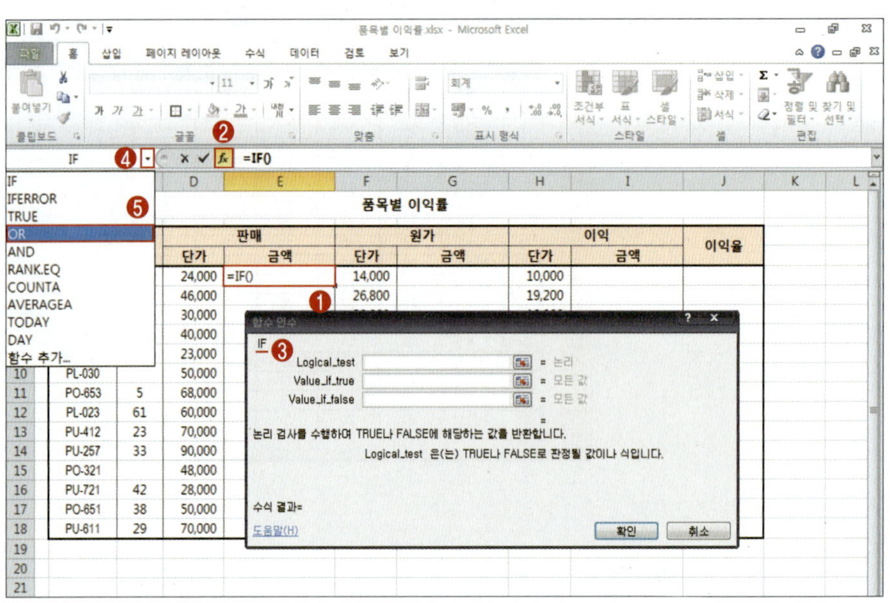

TIP

E열에서 계산한 판매 금액을 복사하여 G열의 원가 금액과 I열의 이익 금액을 계산하는 예제입니다. C열의 단가는 수식 복사했을 때 행주소는 변경되지만 열주소는 변경되지 않도록 하기 위해 $C5로 입력하여 열고정 혼합 참조를 사용합니다. D열의 단가는 각각 F열, H열의 원가의 단가와 이익의 단가로 계산하기 위해 상대 참조를 그대로 사용합니다.

'OR' 함수 인수 창의 Logical1란에 'ISBLANK($C5)'를, Logical2란에 'ISBLANK(D5)'을 입력한 후 수식 입력줄에 IF를 클릭합니다.

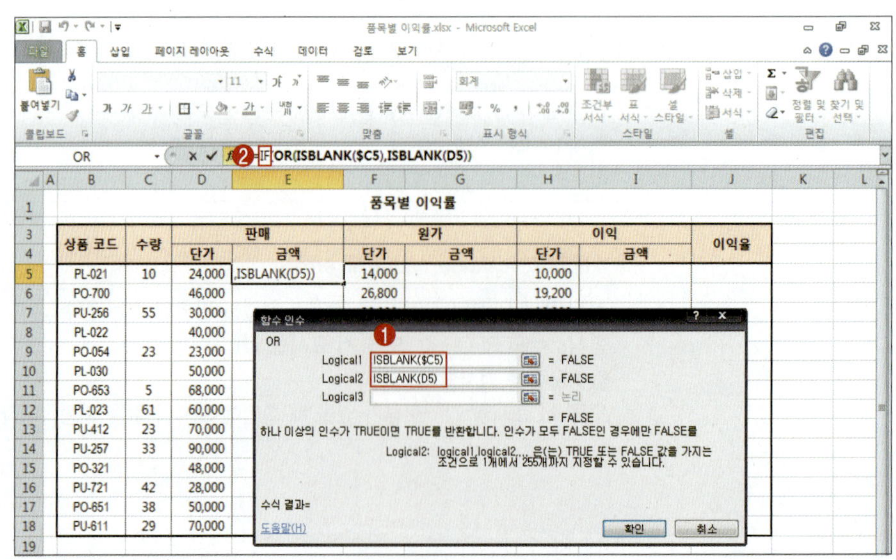

IF 함수 인수 창의 Value_if_true란에 "''"를 입력하고 Value_if_false란에 '$C5 * D5'를 입력한 후 [확인] 버튼을 클릭합니다.

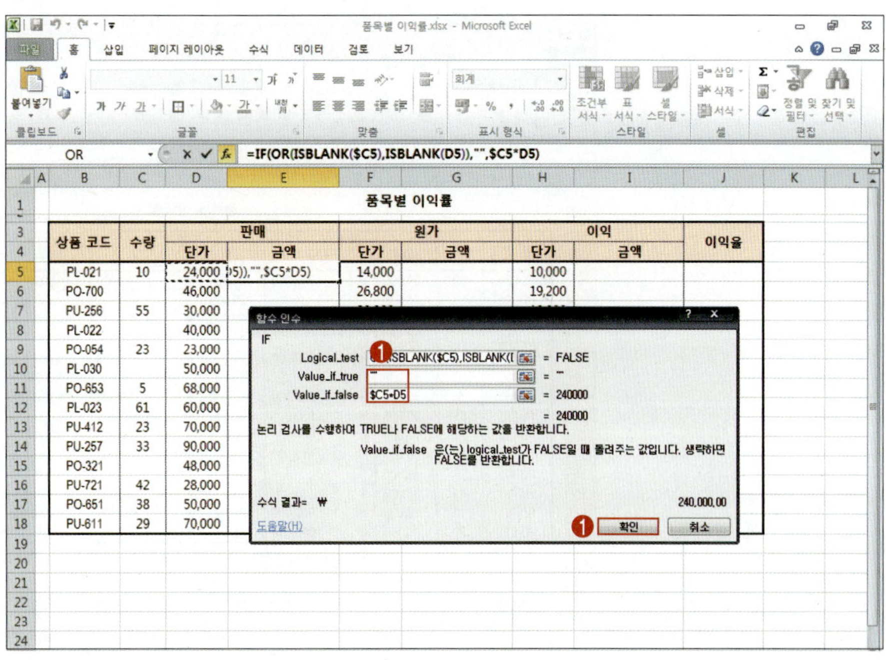

E5셀의 채우기 핸들을 더블 클릭하여 수식 복사한 후 [채우기 옵션] 버튼을 누르고 [서식 없이 채우기]를 선택하여 적용합니다.

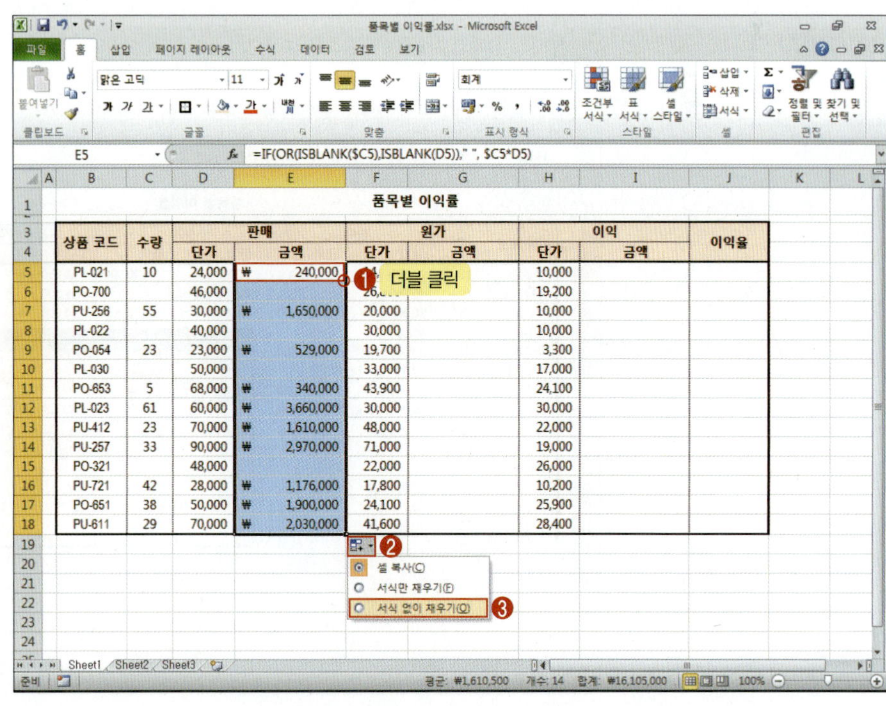

E5:E18 영역을 드래그하여 선택하고 Ctrl+C를 눌러 복사합니다. G5셀과 I5셀을 각각 클릭한 후 Ctrl+V를 눌러 붙여넣기 합니다.

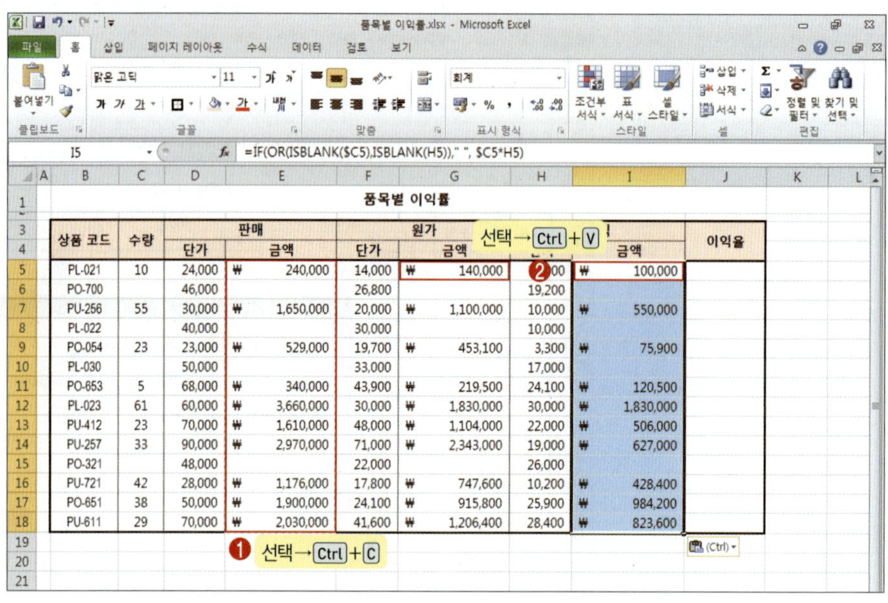

J5셀을 선택하고 '논리' 범주의 'IFERROR' 함수를 선택한 후 함수 인수 창의 Value란에 'I5/E5'를 입력하고 Value_if_error란에 '없음'을 입력하고 [확인] 버튼을 클릭합니다.

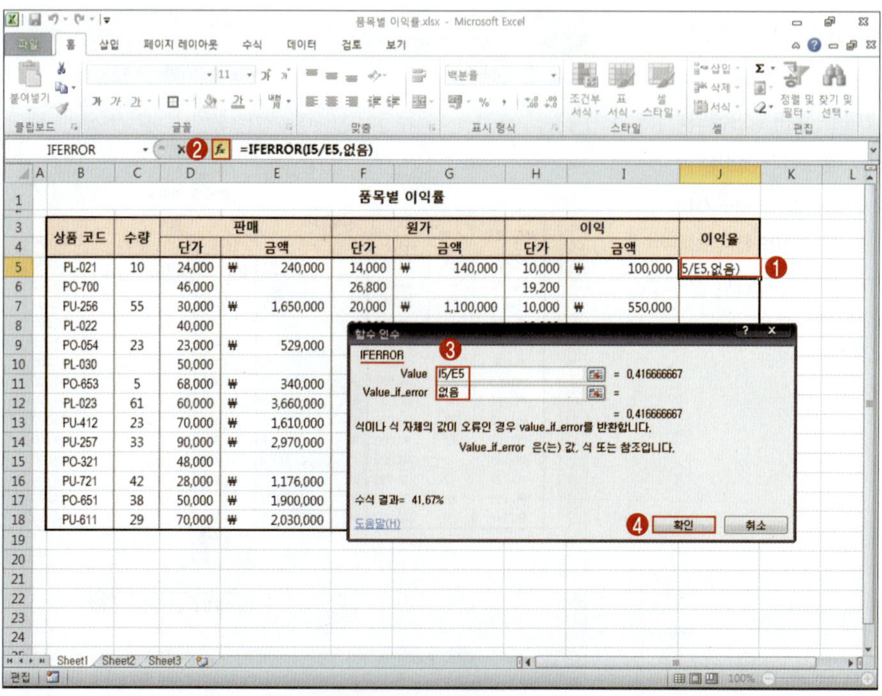

J5셀의 채우기 핸들을 더블 클릭하여 수식 복사한 후 [채우기 옵션] 버튼을 누르고 [서식 없이 채우기]를 선택하여 적용합니다.

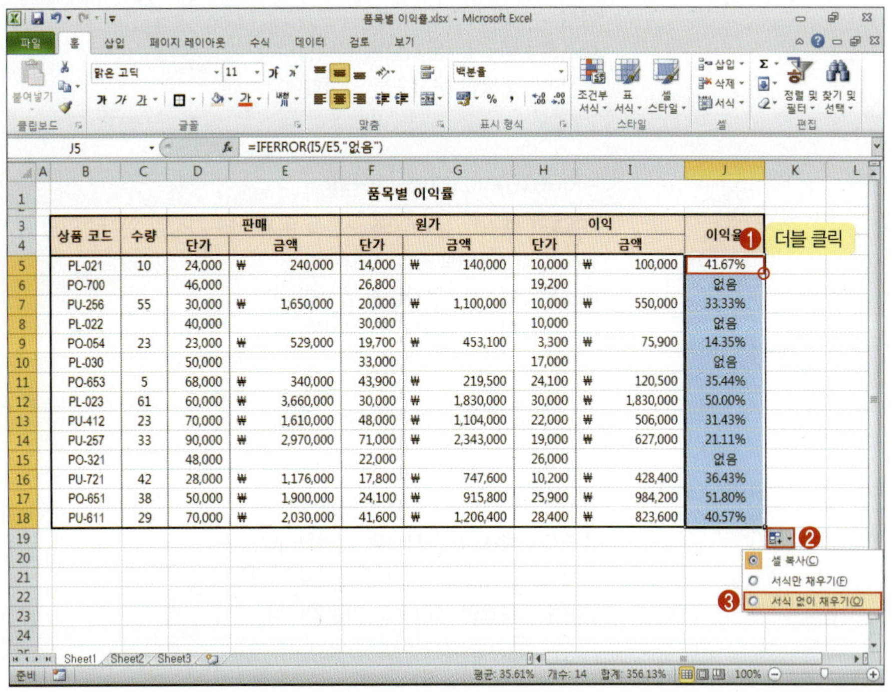

텍스트 함수

이미 입력되어 있는 데이터를 원하는 형태로 변경하는 역할을 하는 함수가 텍스트 함수입니다. 문자열 중 원하는 부분만 추출/변경하거나 재구성하기 위한 활용도 높은 함수들을 실습을 통해 익혀봅니다.

원하는 형태로 정보 재구성하기

사번에서 특정 정보를 나타내는 문자를 찾아 정보로 반환하거나 여러 문자를 연결하여 하나의 데이터로 취합하는 등 다양한 정보의 조합인 데이터를 원하는 데이터로 재구성해 보도록 합니다.

= LEFT(Text, [Num_chars])

LEFT 텍스트 문자열의 왼쪽 문자부터 지정한 문자수만큼 문자를 반환합니다.
형식 : = LEFT(텍스트, 문자수)
텍스트 : 텍스트 문자열을 입력합니다.
문자수 : 필요한 문자수를 지정합니다.

= RIGHT(Text, [Num_chars])

PRIGHT 텍스트 문자열의 오른쪽 문자부터 지정한 문자수만큼 문자를 반환합니다.
형식 : = RIGHT(텍스트, 문자수)
텍스트 : 텍스트 문자열을 입력합니다.
문자수 : 필요한 문자수를 지정합니다.

= MID(Text, Start_num, Num_chars)

MID 텍스트 문자열의 지정한 위치의 문자부터 지정한 문자수만큼 문자를 반환합니다.
형식 : = MID(텍스트, 시작 위치, 문자수)
텍스트 : 텍스트 문자열을 입력합니다.
시작 위치 : 반환을 시작할 위치를 지정합니다.
문자수 : 필요한 문자수를 지정합니다.

= CONCATENATE(text1, [text2], ...)

CONCATENATE 여러 텍스트 문자열을 하나의 텍스트 문자열로 결합니다.
형식 : = CONCATENATE(텍스트, 텍스트)
텍스트 : 결합할 문자열을 입력합니다.

= REPT(Text, Number_times)

REPT 텍스트를 지정한 횟수만큼 반복합니다.
형식 : = REPT(반복할 텍스트, 반복할 횟수)
반복할 텍스트 : 반복하여 표시할 텍스트를 입력합니다.
반복할 횟수 : 반복 횟수를 지정합니다.

= FIND(Find_text, Within_text, [Start_num])

FIND 텍스트 문자열의 오른쪽 문자부터 지정한 문자수만큼 문자를 반환합니다.
형식 : = FIND(찾을 텍스트, 문자열, 시작 위치)
찾을 텍스트 : 찾을 텍스트를 지정합니다.
문자열 : 텍스트를 찾을 문자열을 설정합니다.
시작 위치 : 반환을 시작할 위치를 지정합니다.

TRIM 문자열의 양쪽 공백을 제거합니다.
형식 : = TRIM(텍스트)
텍스트 : 공백을 제거할 텍스트를 입력합니다.

FIND 텍스트 문자열의 오른쪽 문자부터 지정한 문자수만큼 문자를 반환합니다.
형식 : = FIND(문자열, 바꿀 텍스트, 표시할 텍스트, 몇 번째 텍스트)
문자열 : 바꿀 텍스트가 있는 문자열을 입력합니다.
바꿀 텍스트 : 바꿀 텍스트를 지정합니다.
표시할 텍스트 : 바꿀 텍스트 대신 표시할 텍스트를 지정합니다.
몇 번째 텍스트 : 바꿀 텍스트가 여러 번 표시되는 경우 몇 번째 텍스트를 바꿀지 지정합니다.

예제 파일 **PART3** 직원 기본 정보   **완성 파일** **PART3** 직원 기본 정보 완성

'직원 기본 정보' 예제를 불러온 후 E5셀을 선택하고 '논리' 범주의 'IF' 함수를 선택합니다. 함수 인수 창의 Logical_test란에 LEFT(B5,1)="A"를, Value_if_true란에 '총무부'를 입력하고 Value_if_false란에 클릭한 후 함수 삽입 버튼 왼쪽의 'IF' 함수를 클릭하여 엽니다.

TIP

LEFT(B5,1) = "A"의 식에서 "A"는 문자 데이터이므로 반드시 따옴표("")로 묶어 주어야 합니다.

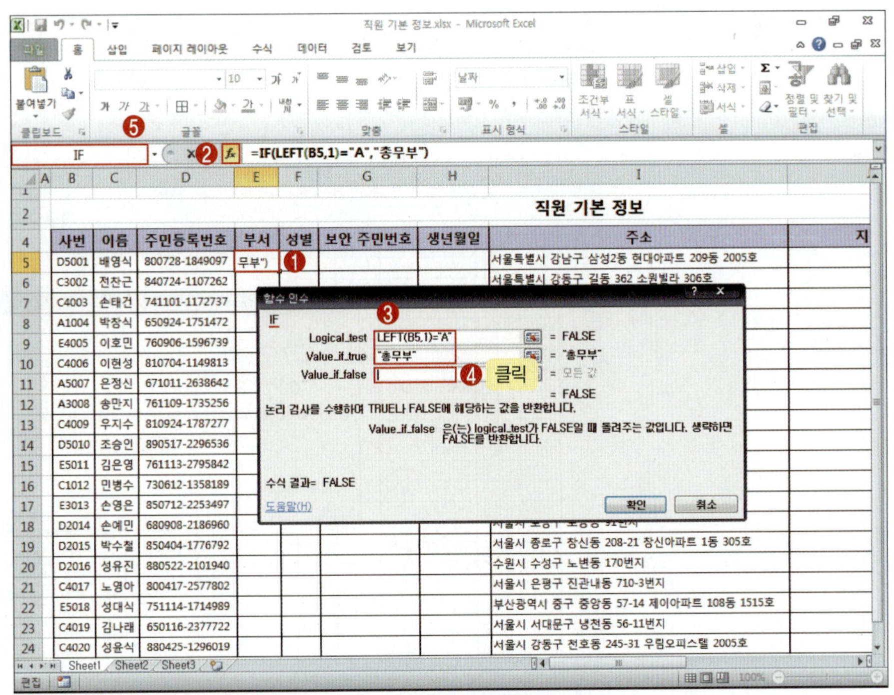

새로 열린 함수 인수 창의 Logical_test란에 LEFT(B5,1) = "C"를, Value_if_true 란에 '운영부'를 입력하고 Value_if_false란에 클릭한 후 함수 삽입 버튼 왼쪽의 'IF' 함수를 클릭하여 엽니다.

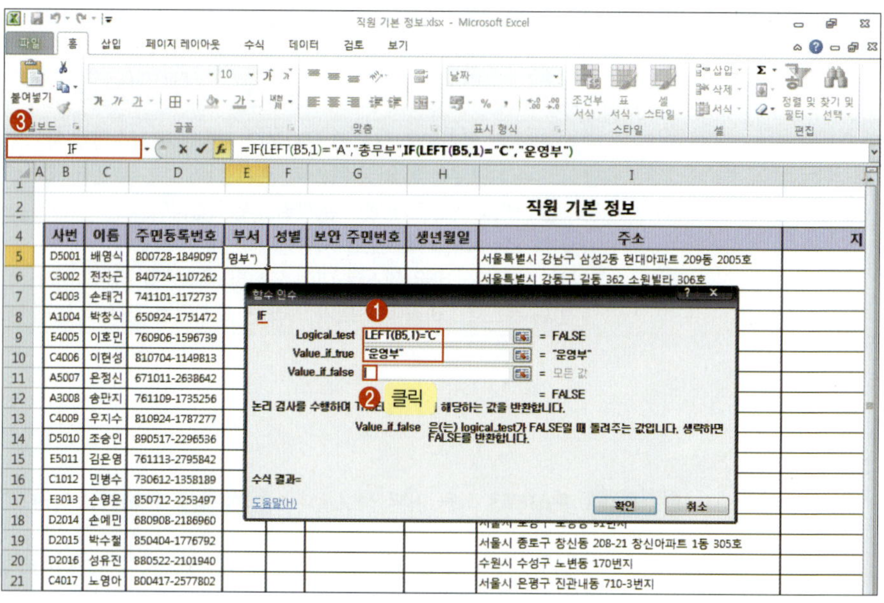

새로 열린 함수 인수 창의 Logical_test란에 LEFT(B5,1) = "D"를, Value_if_true 란에 '영업부', Value_if_false란에 '생산부'를 입력한 후 [확인] 버튼을 클릭합니다.

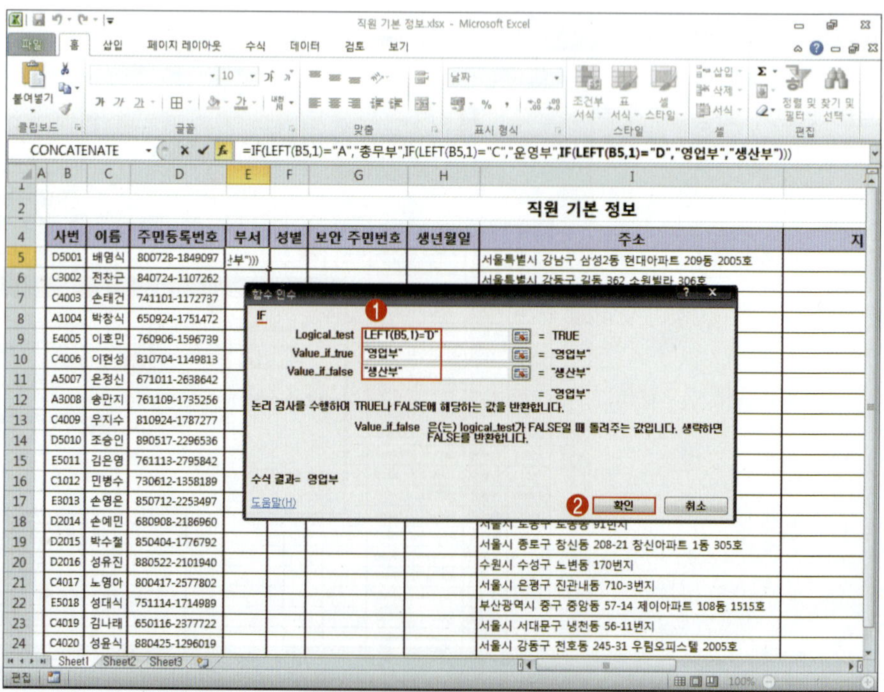

E5셀의 채우기 핸들을 더블 클릭하여 수식을 복사합니다.

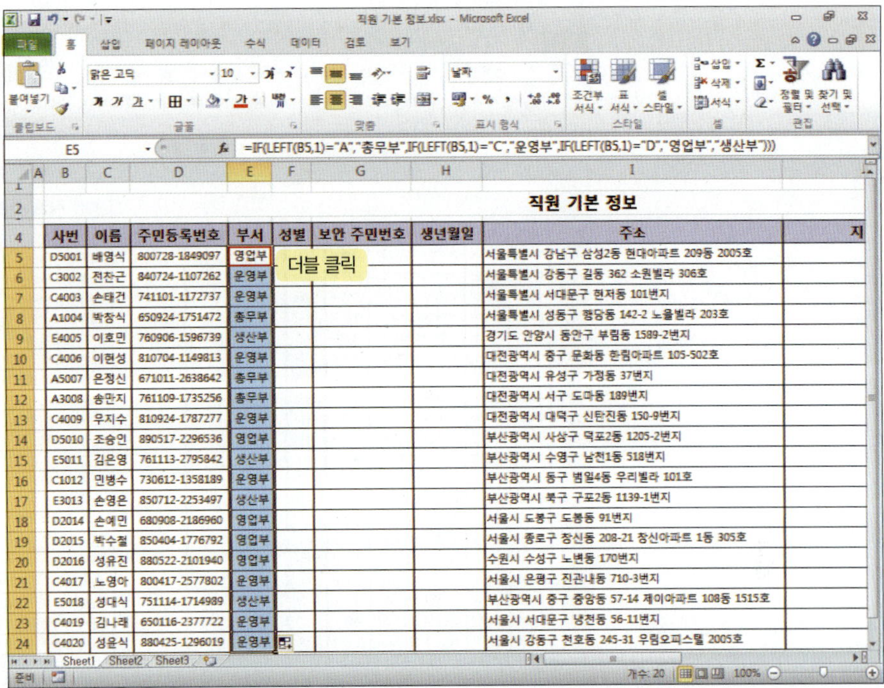

F5셀을 선택하고 'IF' 함수를 선택한 후 Logical_test란에 MID(D5,7,1) = "1"을, Value_if_true란에 '남자'를 입력하고 Value_if_false란에 '여자'를 입력한 후 [확인] 버튼을 클릭합니다.

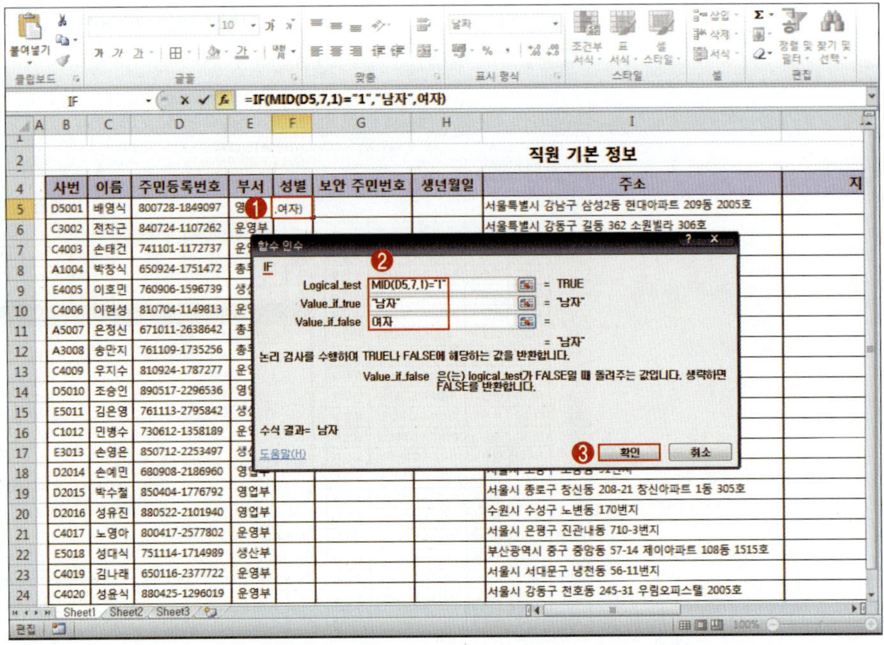

F5셀의 채우기 핸들을 더블 클릭하여 수식을 복사합니다.

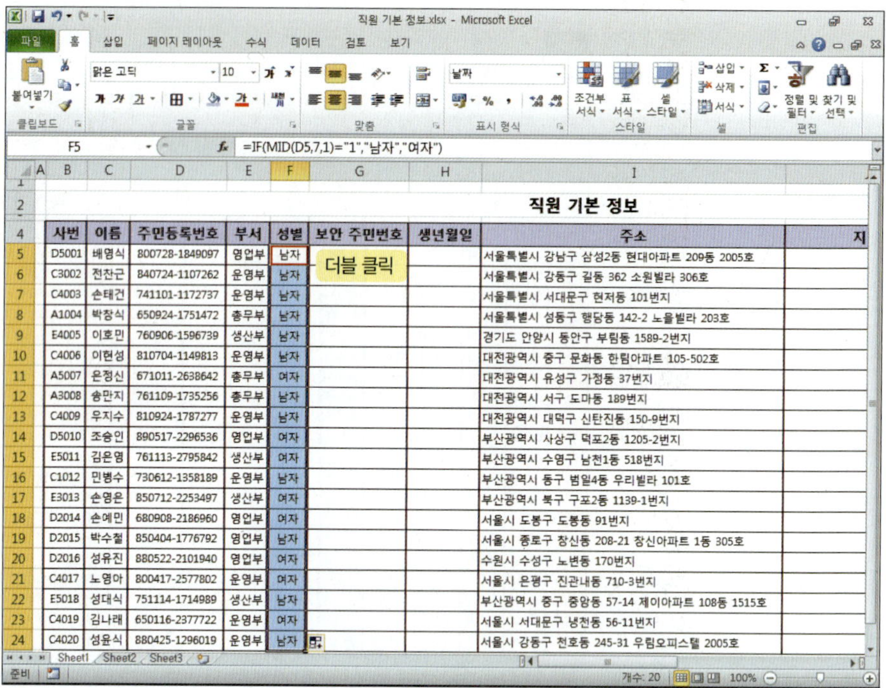

G5셀을 선택하고 '텍스트' 범주의 'CONCATENATE' 함수를 선택합니다. 함수 인수 창의 Text1란에 'LEFT(D5,6)'을, Text2란에 '-'을 Text3란에 'REPT("*",7)'을 입력한 후 [확인] 버튼을 클릭합니다.

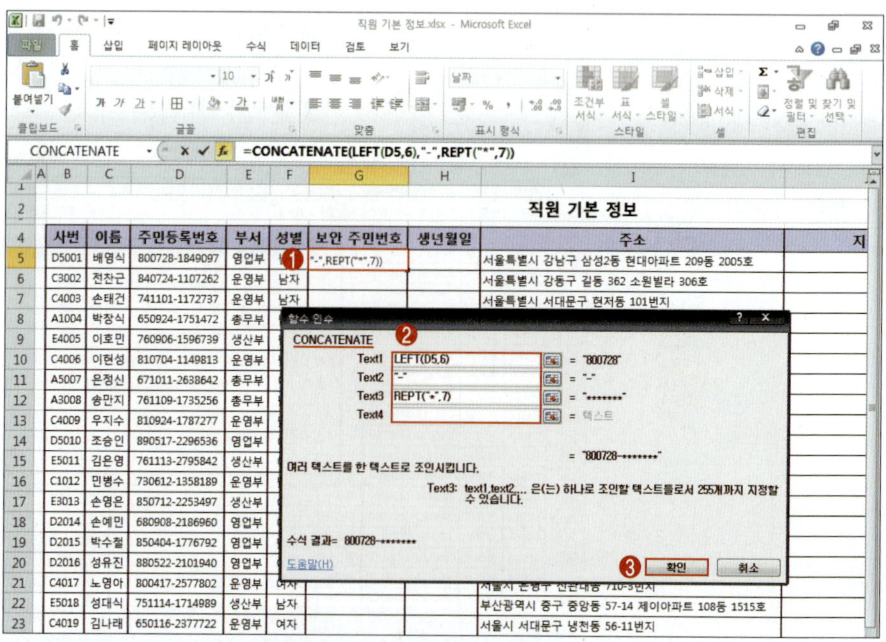

1. 'CONCATENATE' 함수는 식 또는 값 등을 서로 연결해 주는 기능의 함수입니다. 각 인수창에 연결하고자 하는 순으로 입력하여 사용합니다. D5 셀의 주민등록번호는 숫자로만 구성된 데이터로 하이픈(−)은 표시 형식을 지정하여 화면에 나타냈으므로 계산 시 주의합니다. 따라서 이 계산식의 두 번째 인수로 "−"을 입력합니다.

2. REPT("*", 7) 수식은 '*' 문자를 7번 표시하는 수식이므로 결과값은 '*******'로 표시됩니다.

3. CONCATENATE 함수 대신 앰퍼샌드(&) 연결 연산자를 사용하여 텍스트 항목을 결합할 수도 있습니다. 연결 연산자를 사용하여 수식을 변경하면 다음과 같습니다.

$$= LEFT(D5,6)\&"−"\&REPT("*",7)$$

G5셀의 채우기 핸들을 더블 클릭하여 수식을 복사합니다.

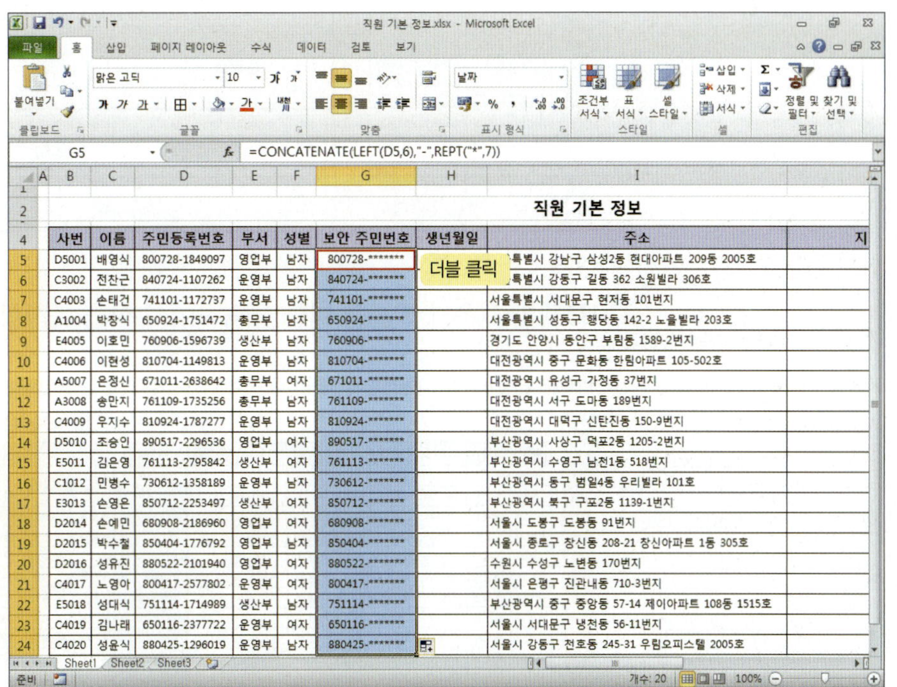

H5 셀을 클릭한 후 '날짜/시간' 범주의 'DATE'함수를 선택하고 함수 인수 창이 열리면 Year란에 'LEFT(D5,2)'를, Month란에 'MID(D5,3,2)'를, Day란에 'MID(D5,5,2)'를 입력한 후 [확인] 버튼을 클릭합니다.

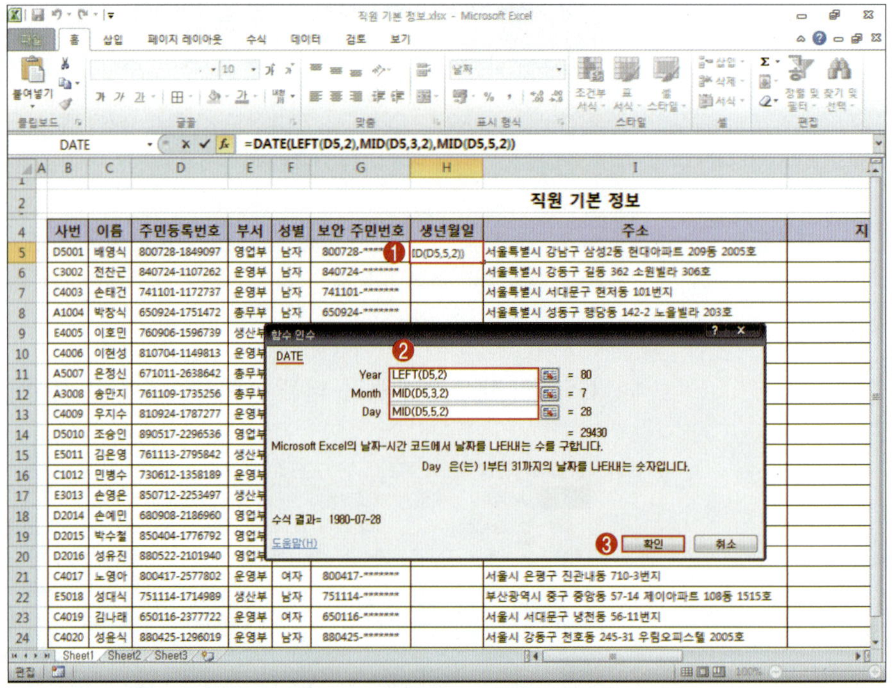

H5셀의 채우기 핸들을 더블 클릭하여 수식을 복사합니다.

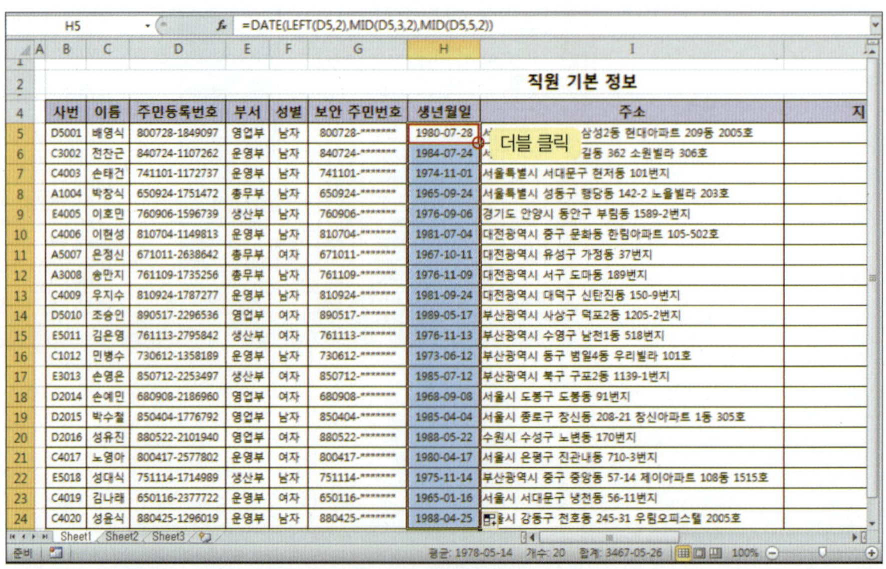

J5셀을 선택하고 '텍스트' 범주의 'LEFT' 함수를 선택합니다. 함수 인수 창의 Text 란에 'I5'를, Num_chars란에 'FIND("동",I5)'를 입력한 후 [확인] 버튼을 클릭합니다.

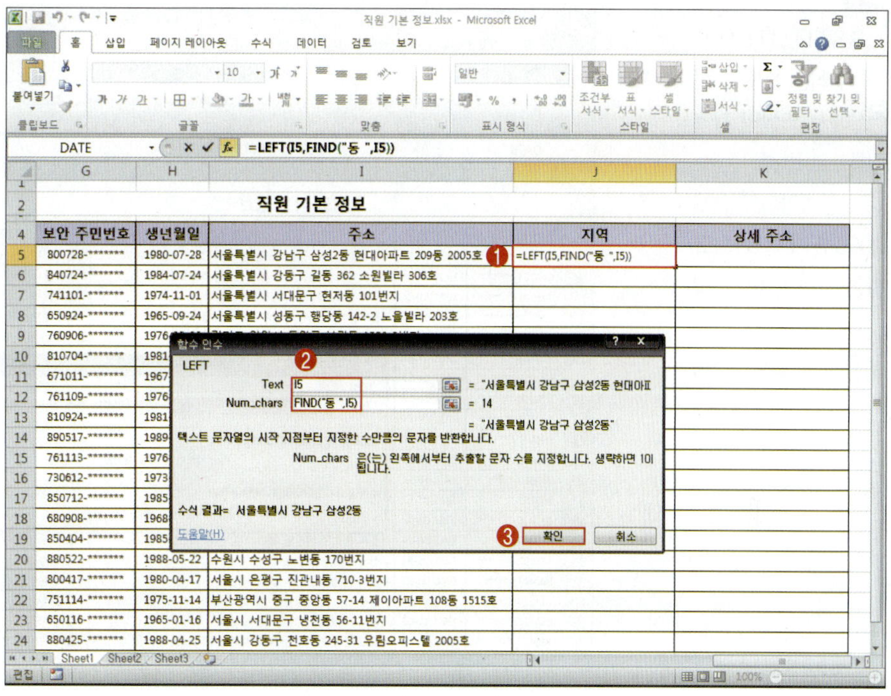

J5셀의 채우기 핸들을 더블 클릭하여 수식을 복사합니다.

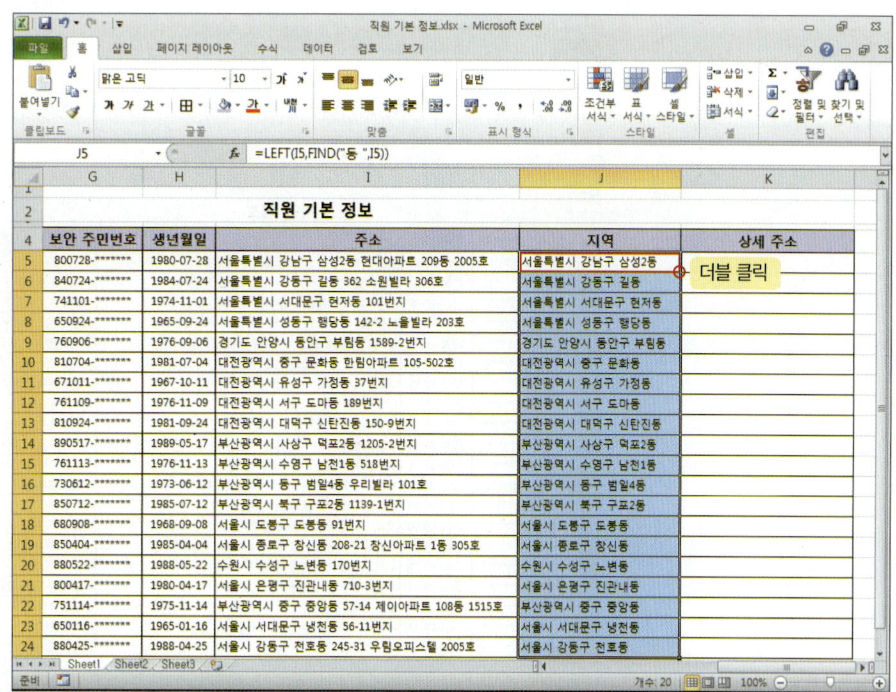

K5셀을 선택하고 '텍스트' 범주의 'TRIM' 함수를 선택합니다. 함수 인수 창의
Text란에 'SUBSTITUTE(I5,J5,"")'를 입력한 후 [확인] 버튼을 클릭합니다.

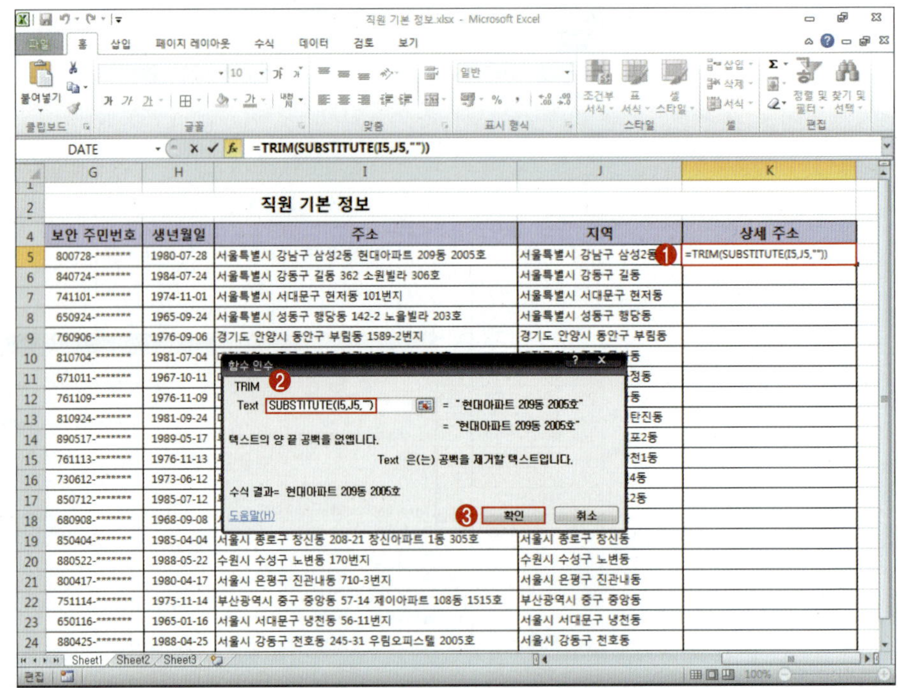

K5셀의 채우기 핸들을 더블 클릭하여 수식을 복사합니다.

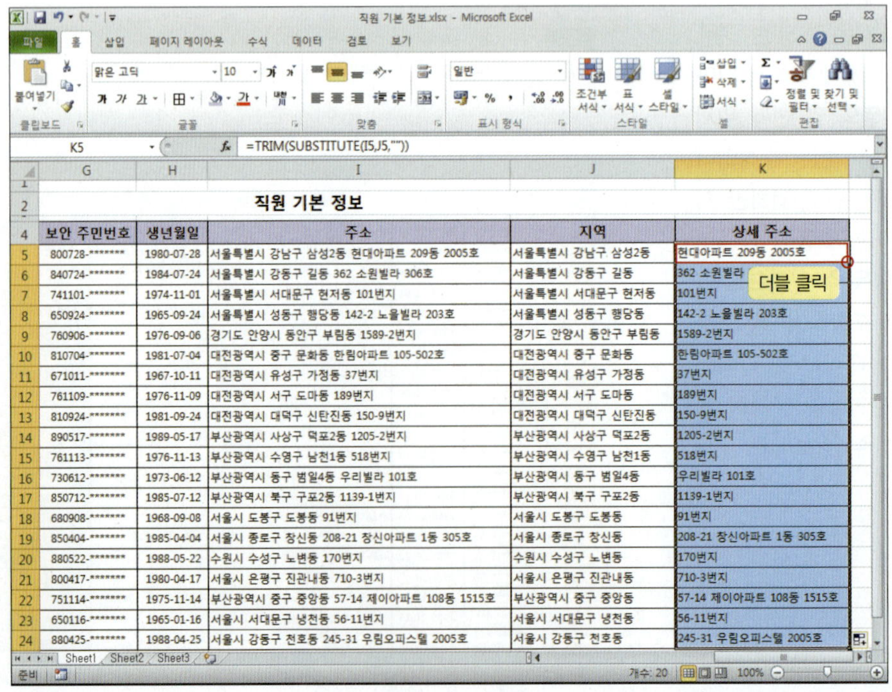

D열 열머리글을 클릭하고 Ctrl 을 누른 상태로 I열 열머리글을 클릭하고 마우스 오른쪽 버튼을 눌러 [숨기기] 메뉴를 선택하여 두 열의 데이터를 숨기기합니다.

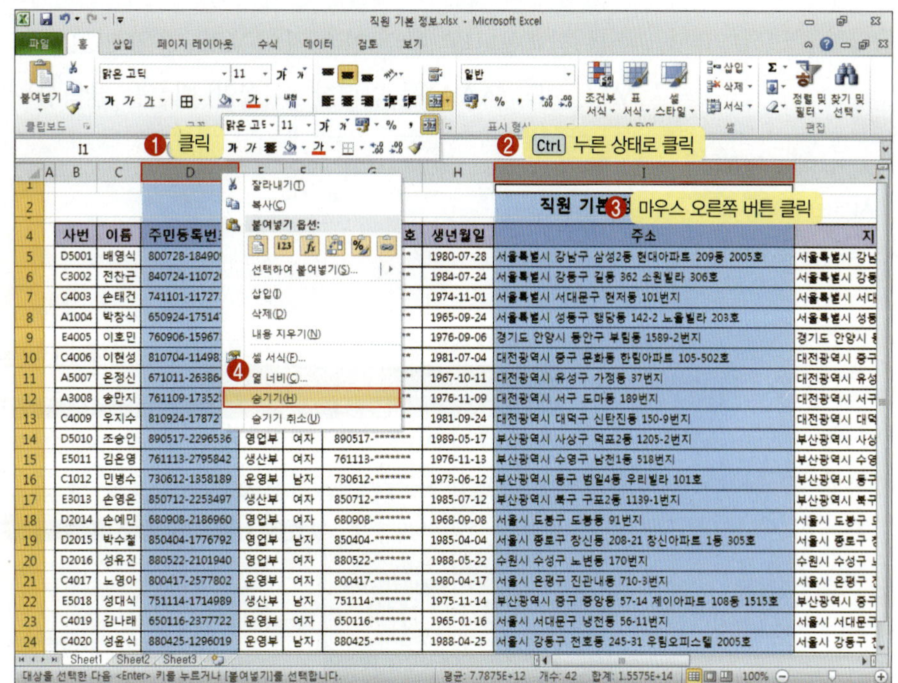

◆ **금액을 한 셀에 한 글자씩 나누어 입력하고 표시 형식 지정하기**

날짜, 금액 등의 숫자 데이터를 셀 서식을 사용하지 않고 텍스트 함수를 사용하여 원하는 형식으로 설정할 수 있습니다. 또한 세금 계산서 등에서 금액 입력 시 한 셀에 한 자리씩 나누어 입력할 수도 있습니다.

= TEXT(Value, Format_text)

TEXT 텍스트 문자열의 오른쪽 문자부터 지정한 문자 수만큼 문자를 반환합니다.
형식 : = TEXT(값, 표시 형식)
값 : 값을 입력합니다.
표시 형식 : 표시 형식을 지정합니다.

= NUMBERSTRING(Value, Type)

NUMBERSTRING 숫자를 한글이나 한자로 반환합니다.
형식 : = NUMBERSTRING(숫자, 변환 옵션)
숫자 : 표시 방법을 변경할 값을 입력합니다.
변환 옵션 : 금액을 표시할 방법을 지정합니다.

‘공급가액 계산서’ 예제를 불러온 후 I3셀을 선택하고 ‘텍스트’ 범주의 ‘TEXT’ 함수를 선택합니다. 함수 인수 창의 Value란에 ‘TODAY( )’를, Format_text란에 ‘YY. MM. DD. (AAA)’를 입력한 후 [확인] 버튼을 클릭합니다.

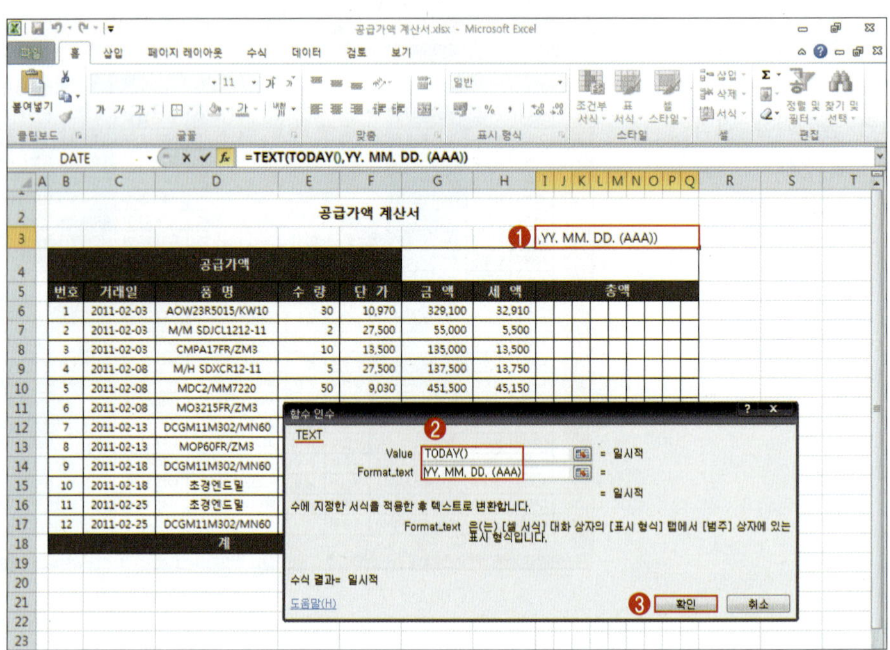

G4 셀을 클릭하고 다음 수식을 입력한 후 Enter 키를 누릅니다.
수식 : = NUMBERSTRING(G18+H18,1)& “원정”

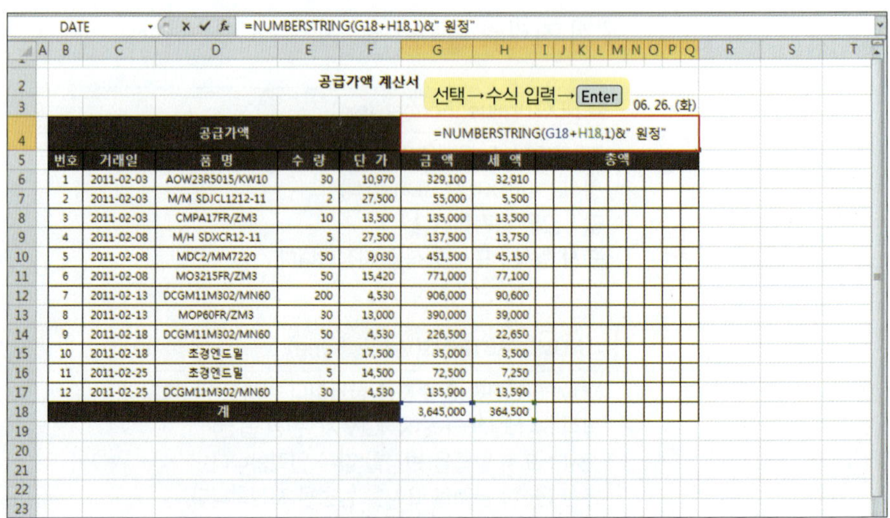

NUMBERSTRING 함수는 함수 마법사 목록에 없으므로 직접 입력하여 작성합니다.

Type은 1~3까지 입력할 수 있으며

1 : = NUMBERSTRING(123456,1) '십이만삼천사백오십육'

2 : = NUMBERSTRING(123456,2) '壹拾貳萬參阡四百伍拾六'

3 : = NUMBERSTRING(123456,3) '일이삼사오육'

으로 표시됩니다.

I6셀을 클릭하고 '텍스트' 범주의 'MID' 함수를 선택합니다. 함수 인수 창의 Text 란에 '(TEXT($G6 + $H6, "?????????")'를, Start_num란에 'COLUMN( ) − 8'를, Num_chars란에 '1'을 입력한 후 [확인] 버튼을 클릭합니다.

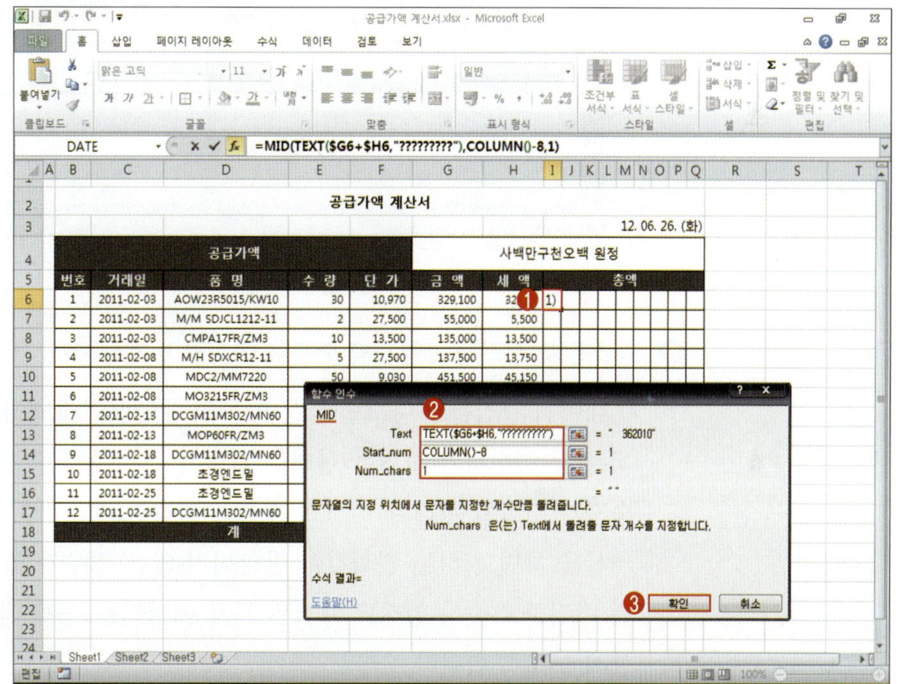

'(TEXT($G6 + $H6, "?????????")' 수식의 '$G6 + $H6'는 수식 복사했을 때 열 번호는 고정하고 행 번호는 변경되도록 하기 위해 열 고정 혼합 참조를 적용합니다. "?????????"는 금액과 세액의 곱을 아홉 자리로 지정하기 위해 사용합니다.

시작 문자에 'COLUMN( ) − 8' 수식을 입력하면 현재 셀의 열 번호가 9이므로 '−8'을 적용하면 '1'이 되고 오른쪽으로 수식 복사하면 '2, 3, 4…9'의 일련값으로 변경되어 각각 다른 위치의 시작 문자를 지정할 수 있습니다.

각 셀별로 한 자리씩 표시하기 위해 마지막 인수인 자릿수는 '1'로 설정합니다.

I6 셀의 채우기 핸들을 드래그하여 Q18셀까지 수식 복사합니다.

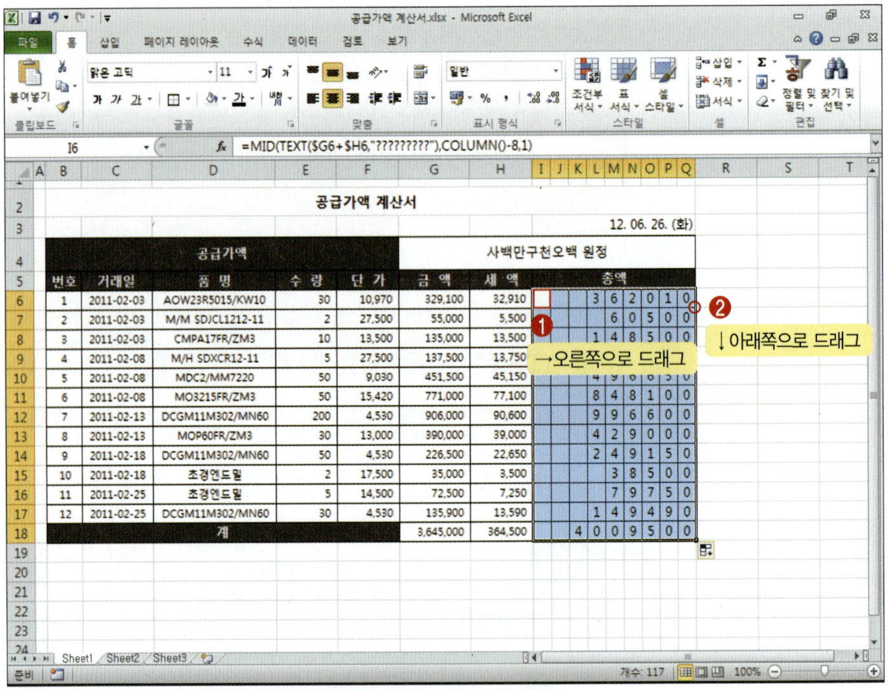

공급가액 계산서

12. 06. 26. (화)

번호	거래일	품 명	수 량	단 가	금 액	세 액	총액
1	2011-02-03	AOW23R5015/KW10	30	10,970	329,100	32,910	3 6 2 0 1 0
2	2011-02-03	M/M SDJCL1212-11	2	27,500	55,000	5,500	6 0 5 0 0
3	2011-02-03	CMPA17FR/ZM3	10	13,500	135,000	13,500	1 4 8 5 0 0
4	2011-02-08	M/H SDXCR12-11	5	27,500	137,500	13,750	
5	2011-02-08	MDC2/MM7220	50	9,030	451,500	45,150	4 9 6 6 5 0
6	2011-02-08	MO3215FR/ZM3	50	15,420	771,000	77,100	8 4 8 1 0 0
7	2011-02-13	DCGM11M302/MN60	200	4,530	906,000	90,600	9 9 6 6 0 0
8	2011-02-13	MOP60FR/ZM3	30	13,000	390,000	39,000	4 2 9 0 0 0
9	2011-02-18	DCGM11M302/MN60	50	4,530	226,500	22,650	2 4 9 1 5 0
10	2011-02-18	초경엔드밀	2	17,500	35,000	3,500	3 8 5 0 0
11	2011-02-25	초경엔드밀	5	14,500	72,500	7,250	7 9 7 5 0
12	2011-02-25	DCGM11M302/MN60	30	4,530	135,900	13,590	1 4 9 4 9 0
		계			3,645,000	364,500	4 0 0 9 5 0 0

◆ 대소문자 정리하고 문자를 숫자로 변환하여 계산하기

데이터 관리를 하다보면 같은 항목의 데이터인데도 대소문자가 각각 다르게 입력되는 등 관리하기 불편한 형태로 입력된 경우를 종종 볼 수 있습니다. 또한 문자와 숫자가 결합된 형태나 텍스트 함수로 추출한 데이터는 문자로 인식되어 이 값으로 계산을 하면 원하는 결과값이 반환되지 않은 경우가 있습니다. 영문자의 대소문자를 변경하고 숫자 형태로 표시된 문자 데이터를 숫자 데이터로 변경하여 수식을 계산해 보도록 합니다.

= UPPER(Text)

UPPER 텍스트를 대문자로 반환합니다.
형식 : = UPPER(텍스트)
텍스트 : 대문자로 변환할 텍스트를 지정합니다.

= LOWER(Text)

LOWER 텍스트를 소문자로 반환합니다.
형식 : = LOWER(텍스트)
텍스트 : 소문자로 변환할 텍스트를 지정합니다.

= PROPER(Text)

PROPER 각 단어의 첫 글자를 대문자로 바꿉니다.
형식 : = ROPER(텍스트)
텍스트 : 변환할 텍스트를 지정합니다.

= VALUE(Text)

VALUE 숫자를 나타내는 텍스트 문자열을 숫자로 변환합니다.
형식 : = VALUE(텍스트)
텍스트 : 변환할 텍스트를 지정합니다.

 PART3 회원 정보 카드   **PART3** 회원 정보 카드 완성

　'회원 정보 카드' 예제를 불러온 후 E4셀을 선택하고 '텍스트' 범주의 'UPPER' 함수를 선택합니다. 함수 인수 창에 'B4'셀을 클릭한 후 [확인] 버튼을 눌러 결과 값이 계산되면 채우기 핸들을 더블 클릭하여 수식 복사합니다.

E4:E33 영역을 선택하고 Ctrl + C 를 누릅니다.

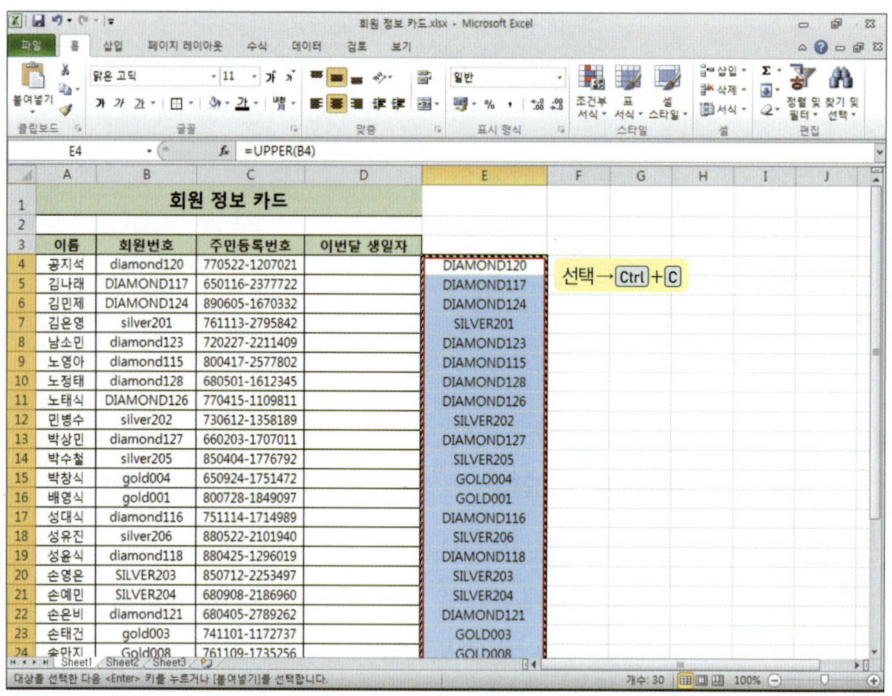

B4 셀을 선택하고 마우스 오른쪽 버튼을 클릭하여 [붙여넣기 옵션] 메뉴 중에 '값' 을 선택하여 값만 붙여넣기 합니다. E4:E33 영역을 선택하고 Delete 를 눌러 삭제 합니다.

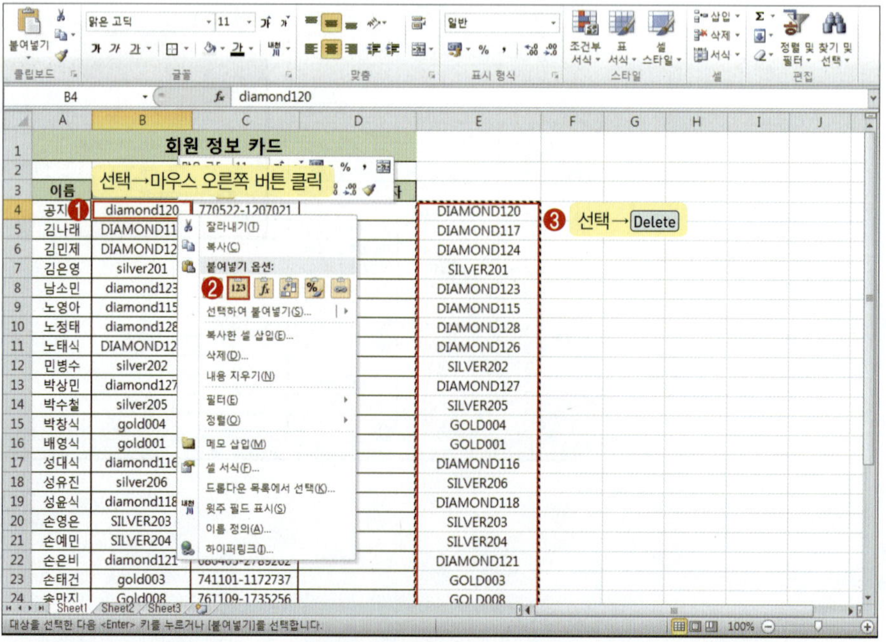

D4셀을 선택하고 '논리' 범주의 'IF' 함수를 선택하고 함수 인수 창의 Logical_test 란에 'VALUE(MID(C4,3,2)) = MONTH(TODAY())'을 입력하고, Value_if_true란에 '생일 문자 전송'를, Value_if_false란에 따옴표를 두 번("") 입력한 후 [확인] 버튼을 클릭합니다.

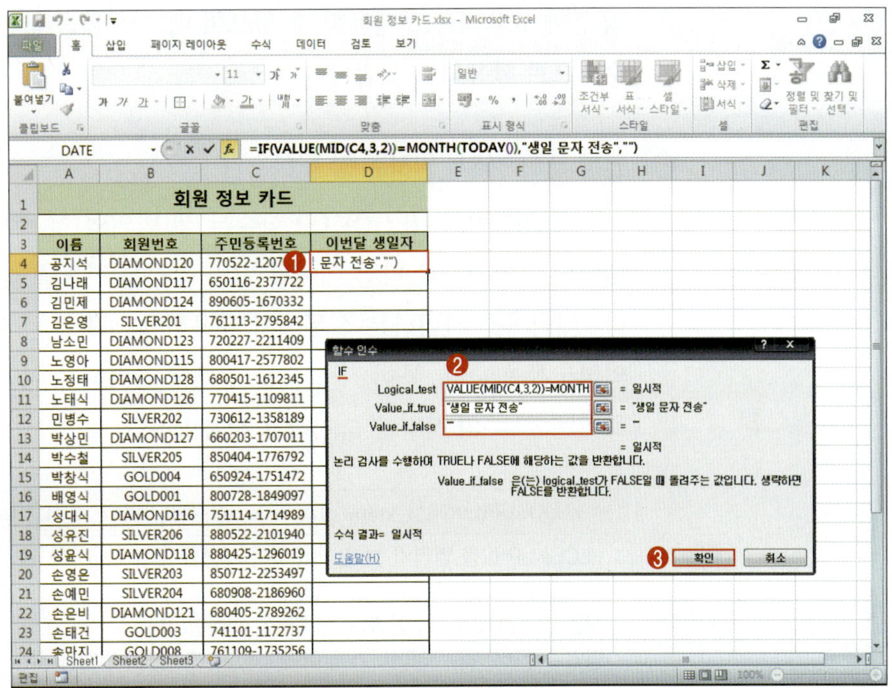

D4 셀의 채우기 핸들을 더블 클릭하여 수식을 복사합니다.

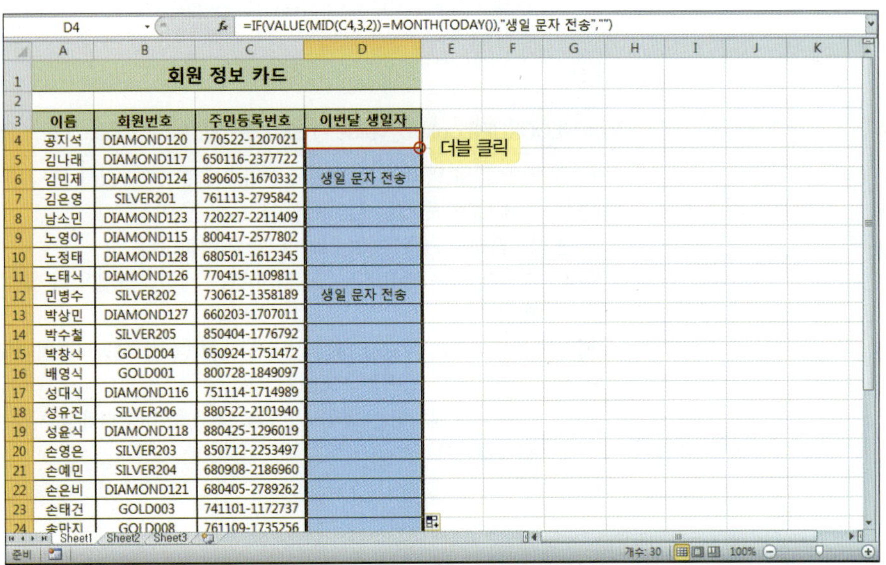

원본 데이터에서 다양한 조건을 기준으로 원하는 정보를 찾아 표시하거나 계산하는 데 사용되는 함수가 찾기/참조 함수입니다. 사원 데이터 관리나 제품 데이터 관리 등에 효율적으로 사용할 수 있으며 매크로 등을 활용한 자동화 문서 등에서도 필수적으로 활용되고 있습니다.

◆ 원본 데이터에서 원하는 값 찾아오기

VLOOKUP과 HLOOKUP 함수는 셀 범위의 첫 번째 열이나 첫 번째 행에 있는 데이터를 기준으로 다른 데이터 범위에 있는 정보를 찾아 올 때 사용하는 함수입니다. 데이터를 관리하는 실무에서 유용하게 사용되는 함수이므로 사용법을 정확히 익히도록 합니다. 특히 각 인수를 정확히 입력해야 원하는 결과값을 얻을 수 있으므로 인수별 주의 사항을 숙지하고 사용합니다.

= VLOOKUP(Lookup_value, Table_array, Col_index_num, [Range_lookup])

VLOOKUP 값을 영역의 첫 열에서 찾아 지정한 열의 값을 표시합니다.
형식 : = VLOOKUP(찾는 값, 영역, 열 번호, 옵션)
찾는 값 : 검색의 기준이 되는 데이터를 입력합니다.
영역 : 찾고자 하는 데이터가 입력되어 있는 테이블의 영역을 찾는 값이 첫 번째 열이 되도록 지정합니다.
열 번호 : 영역에서 찾고자 하는 값의 상대적 열 번호를 지정합니다.
옵션 : 검색 기준을 입력합니다.
　　　정확하게 일치하는 데이터는 FALSE(0)을 비슷하게 일치하는 데이터를 찾으려면 TRUE(1)을 입력합니다.

= HLOOKUP(Lookup_value, Table_array, Row_index_num, [Range_lookup])

HLOOKUP 값을 영역의 첫 행에서 찾아 지정한 행의 값을 표시합니다.
형식 : = HLOOKUP(찾는 값, 영역, 행 번호, 옵션)
찾는 값 : 검색의 기준이 되는 데이터를 입력합니다.
영역 : 찾고자 하는 데이터가 입력되어 있는 테이블의 영역을 찾는 값이 첫 번째 행이 되도록 지정합니다.
행 번호 : 영역에서 찾고자 하는 값의 상대적 행 번호를 지정합니다.
옵션 : 검색 기준을 입력합니다.
　　　정확하게 일치하는 데이터는 FALSE(0)을 비슷하게 일치하는 데이터를 찾으려면 TRUE(1)을 입력합니다.

‘판매 현황’ 예제를 불러온 후 ‘제품 단가’ 시트의 B3:F5 영역을 선택한 후 이름 상
자에 ‘단가’라고 입력하고 Enter 키를 눌러 이름 정의합니다.

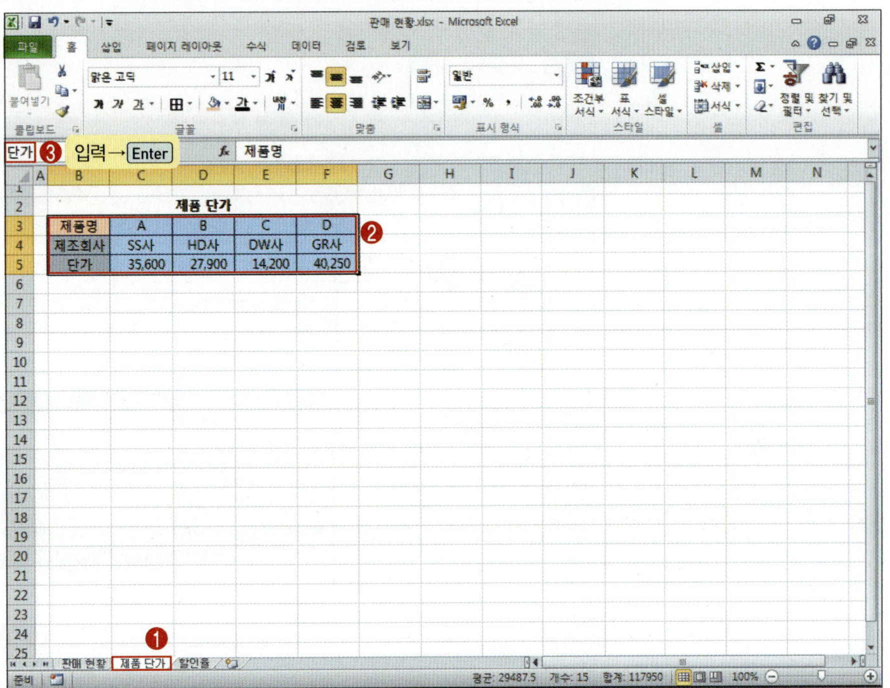

‘할인율’ 시트의 B3:C8 영역을 선택한 후 이름 상자에 ‘할인율’이라고 입력하고
Enter 키를 눌러 이름 정의합니다.

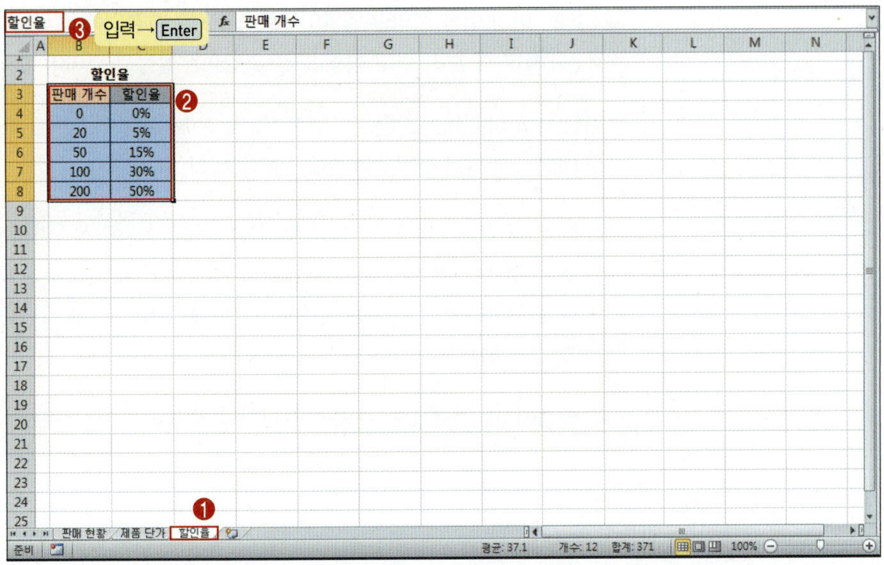

'판매 현황' 시트의 D5셀을 선택하고 '찾기/참조' 범주의 'HLOOKUP' 함수를 선택합니다. 함수 인수 창의 Lookup_value란에 'C5'셀을 클릭하여 적용하고, Table_array란에 '단가'를 입력하고 Row_index_num란에 '3'을 Range_lookup란에 '0'을 입력한 후 [확인] 버튼을 클릭합니다.

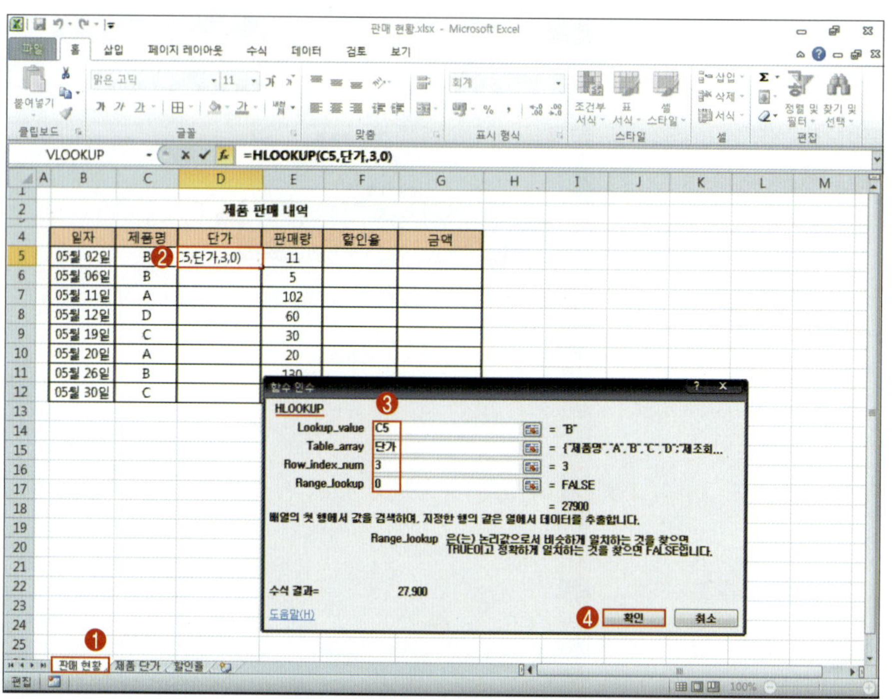

> **TIP**
>
> 1. Table_array란에 '단가'를 입력하는 대신 '제품 단가' 시트의 B3:F5 영역을 드래그하여 지정해도 미리 이름 정의한 영역이므로 '단가'로 변경되어 표시됩니다. 이름 정의하지 않은 경우에는 [F4] 키를 눌러 절대 참조($B$3:$F$5)로 설정해 주어야 수식 복사해도 제대로 계산됩니다.
>
> 2. Row_index_num란은 단가 영역의 세 번째 행에 '단가'에 해당하는 데이터가 있으므로 범위 내의 상대적인 행번호인 '3'을 입력합니다.
>
> 3. 첫 번째 인수로 입력한 C5셀의 제품명(B)은 정확하게 일치하는 값을 찾아야 하므로 Range_lookup란에 'FALSE' 즉 '0'을 입력합니다. 첫 번째 인수가 문자 데이터인 경우는 모두 'FALSE'로 숫자 데이터인 경우는 점수나 개수처럼 사이의 값이 존재하면 'TRUE'로 입력하고 정확히 그 값만 허용하는 경우는 'FALSE'를 입력합니다.
>
> 4. 엑셀에서는 논리값을 숫자로 표시할 경우 'FALSE'는 '0'으로 'TRUE'는 '1'로 표시합니다.

F5셀을 선택하고 '찾기/참조' 범주의 'VLOOKUP' 함수를 선택합니다. 함수 인수 창의 Lookup_value란에 'E5'셀을 클릭하여 적용하고, Table_array란에 '할인율'을 입력하고 Row_index_num란에 '2'를 Range_lookup란에 '1'을 입력한 후 [확인] 버튼을 클릭합니다.

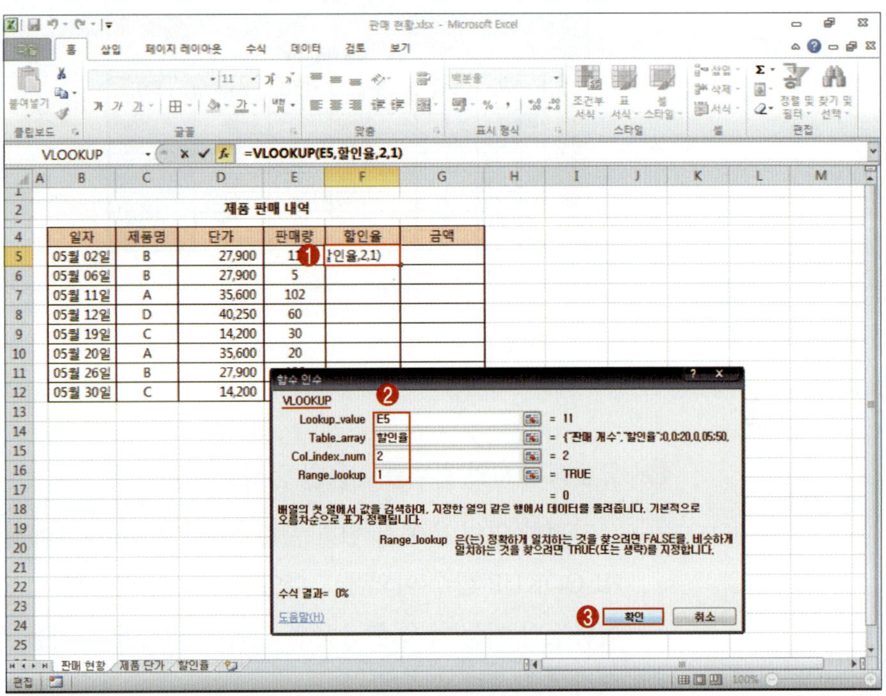

G5셀을 클릭한 후 '=(D5 − D5*F5)*E5' 수식을 입력한 후 Enter 키를 누릅니다.

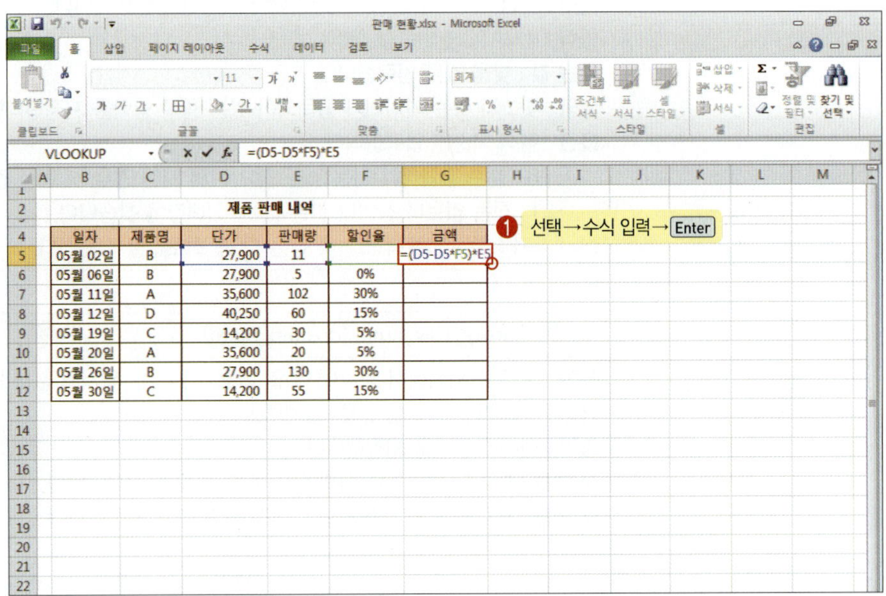

G5셀의 채우기 핸들을 더블 클릭하여 수식 복사합니다.

더블 클릭

◆ 유효성 검사와 함수를 이용한 검색 테이블 만들기

지정한 영역 내에서 원하는 값을 데이터 테이블에서 찾고자 할 때 VLOOKUP과 HLOOKUP 함수 이외에도 다양한 함수를 사용할 수 있습니다. 이때 유효성 검사나 이름정의 기능 등을 활용하면 더욱 편리하게 수식을 작성하고 필요한 데이터를 검색하여 사용할 수 있습니다.

= MATCH(lookup_value, lookup_array, [match_type])

MATCH 영역에서 값을 찾아 몇 번째 위치인지를 반환합니다.
형식 : = MATCH(찾는 값, 영역, 옵션)
찾는 값 : 찾을 값을 입력합니다.
영역 : 찾고자 하는 데이터가 입력되어 있는 항목 영역을 지정합니다.
옵션 : 검색 기준을 입력합니다.
　　　　0 : 찾는 값과 일치하는 것을 찾고 여러 개인 경우 첫 번째 값을 찾습니다.
　　　　1 : 찾는 값보다 작거나 같은 값 중 최대값을 찾습니다.
　　　－1 : 찾는 값보다 크거나 같은 값 중 최소값을 찾습니다.

= INDEX(array, row_num, [column_num])

INDEX 지정한 영역에서 행 번호와 열 번호가 만나는 위치의 값을 반환합니다.
형식 : = INDEX(영역, 행 번호, 열 번호)
영역 : 데이터 영역을 지정합니다.
행 번호 : 데이터 영역 내에서의 상대적 행 번호를 지정합니다.
열 번호 : 데이터 영역 내에서의 상대적 열 번호를 지정합니다.

'검색' 예제를 불러온 후 B3:F37 영역을 선택합니다. 이름 상자에 '데이터'라고 입력하고 Enter 키를 눌러 이름정의합니다.

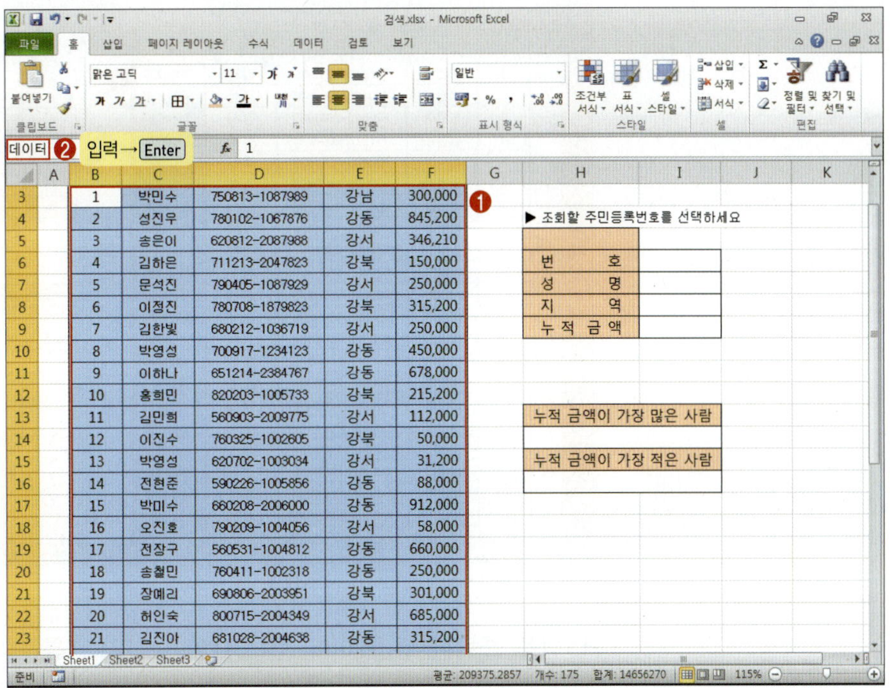

D3:D37 영역을 선택한 후 이름 상자에 '주민번호'라고 입력하고 Enter 키를 눌러 이름정의합니다.

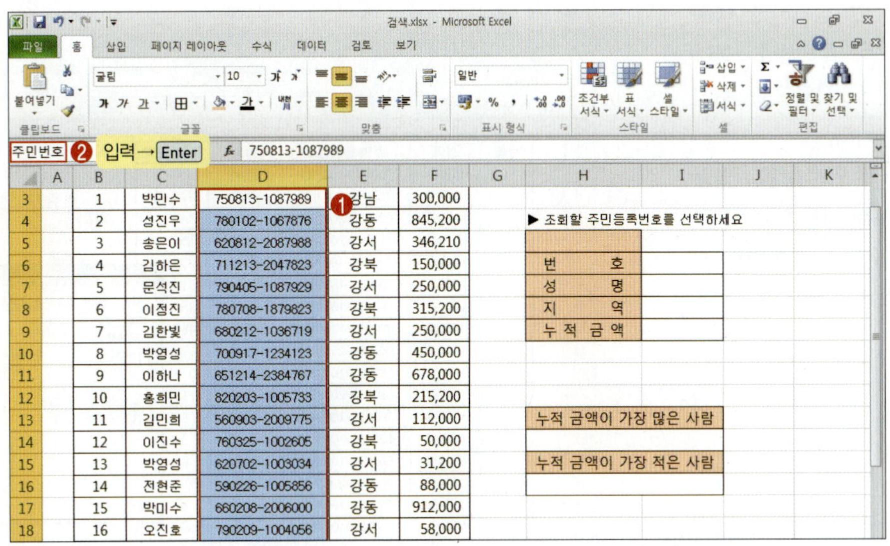

F3:F37 영역을 선택한 후 이름 상자에 '누적금액'이라고 입력하고 Enter 키를 눌러 이름 정의합니다.

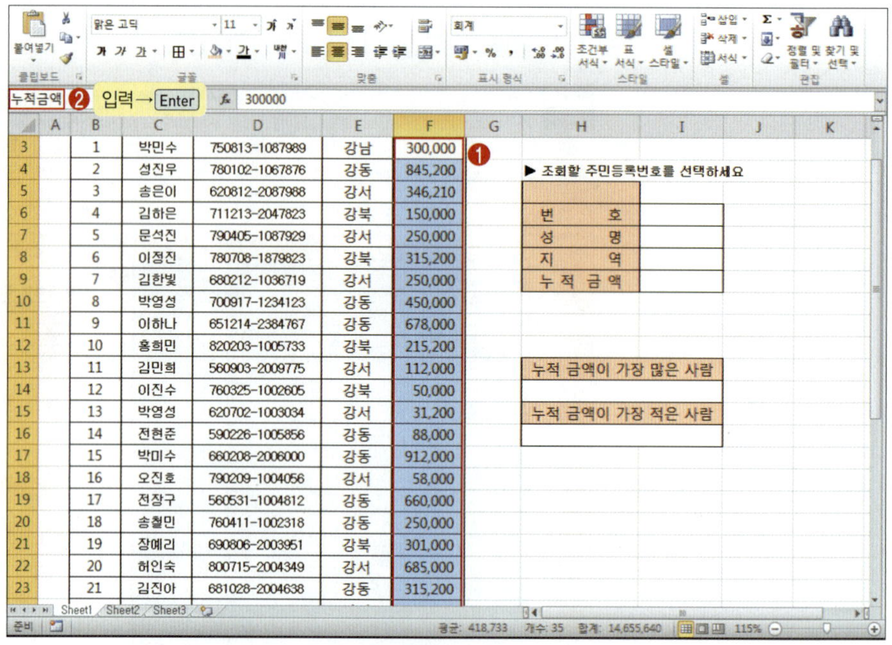

H5셀을 클릭한 후 [데이터] 탭 − [데이터 도구] 그룹 − [데이터 유효성 검사] 메뉴를 클릭합니다. [데이터 유효성 검사] 대화 상자가 열리면 [설정] 탭의 [제한 대상]을 '목록'으로 선택하고 [원본]란에 '＝주민번호'를 입력한 후 [확인] 버튼을 누릅니다.

1. 등호 (=) 없이 '주민번호'만 입력하면 목록으로 '주민번호' 하나만 표시되므로 주의합니다.
2. '＝주민번호'를 입력하는 대신 D3:D37 영역을 드래그하여 지정해도 됩니다.

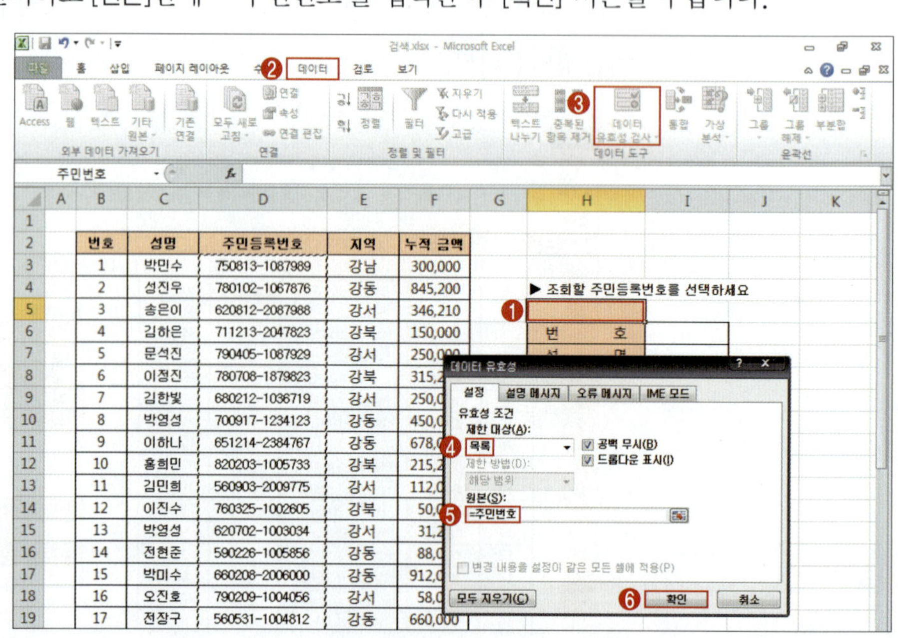

H5셀을 클릭하고 주민등록번호 목록에서 한 개를 선택합니다.

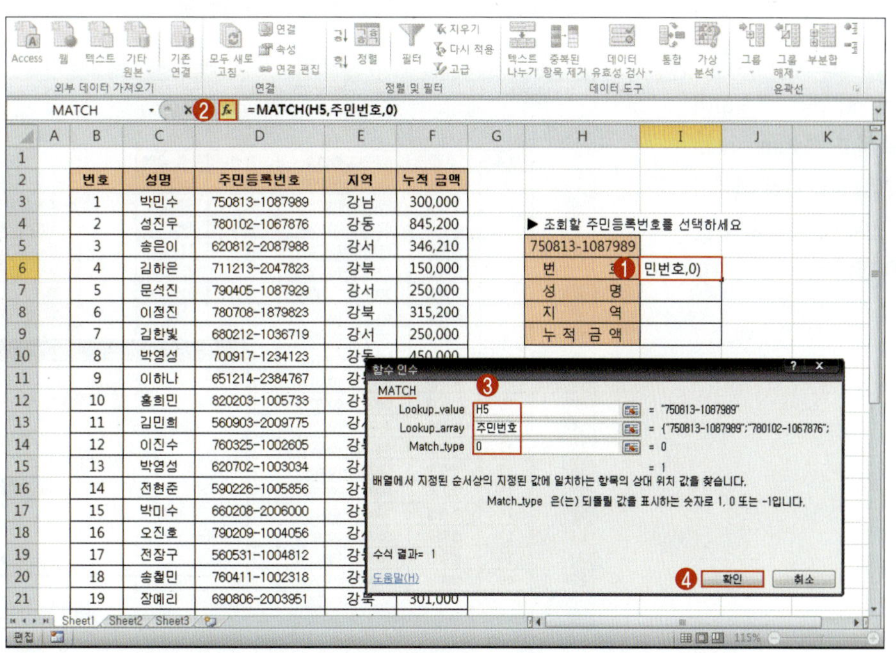

I6셀을 선택한 후 '찾기/참조' 범주의 'MATCH' 함수를 선택합니다. 함수 인수 창의 Lookup_value란에 'H5'셀을 클릭하여 적용하고, Lookup_array란에 '주민번호'를 입력하고 Match_type란에 '0'을 입력한 후 [확인] 버튼을 클릭합니다.

I7셀을 선택한 후 '찾기/참조' 범주의 'INDEX' 함수를 선택합니다.
'array.row_num.column_num'을 선택하고 [확인] 버튼을 클릭합니다.

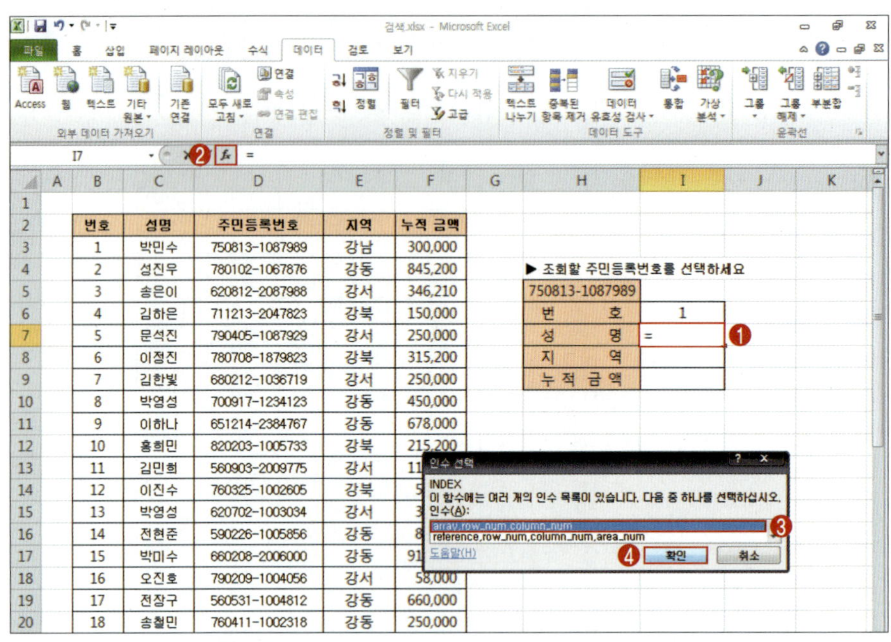

함수 인수 창의 Array란에 '데이터'를 입력하고, Row_num란에 'I6'셀을 클릭하여
입력하고 Column_num란에 '2'를 입력한 후 [확인] 버튼을 클릭합니다.

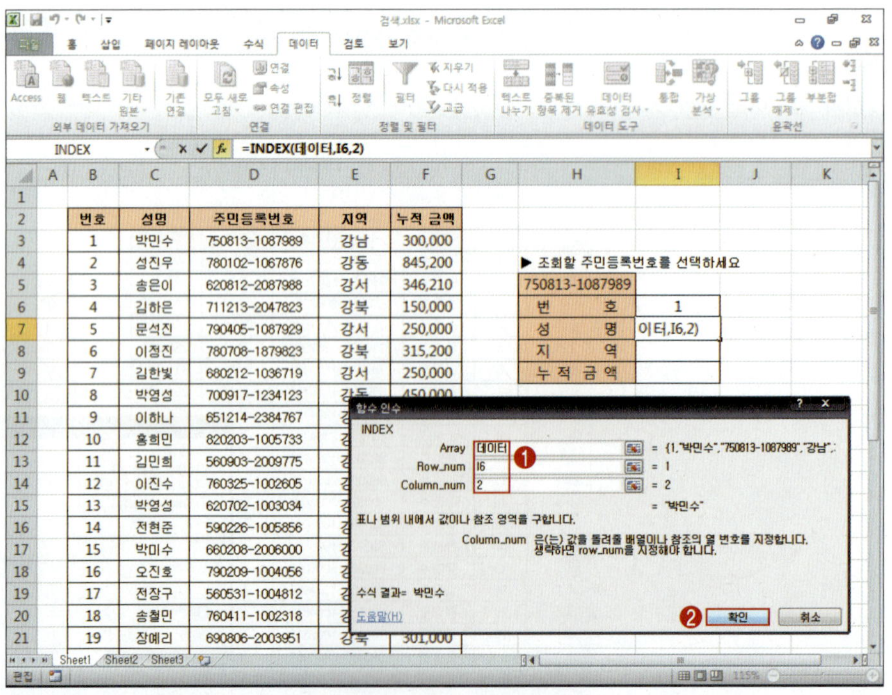

I8셀을 선택한 후 '찾기/참조' 범주의 'INDEX' 함수를 선택합니다. 'array.row_num.column_num'을 선택하고 [확인] 버튼을 클릭합니다. 함수 인수 창의 Array란에 '데이터'를 입력하고, Row_num란에 'I6'셀을 클릭하여 입력하고 Column_num란에 '4'를 입력한 후 [확인] 버튼을 클릭합니다.

I9셀을 선택한 후 '찾기/참조' 범주의 'INDEX' 함수를 선택합니다. 'array.row_num.column_num'을 선택하고 [확인] 버튼을 클릭합니다. 함수 인수 창의 Array란에 '데이터'를 입력하고, Row_num란에 'I6'셀을 클릭하여 입력하고 Column_num란에 '5'를 입력한 후 [확인] 버튼을 클릭합니다.

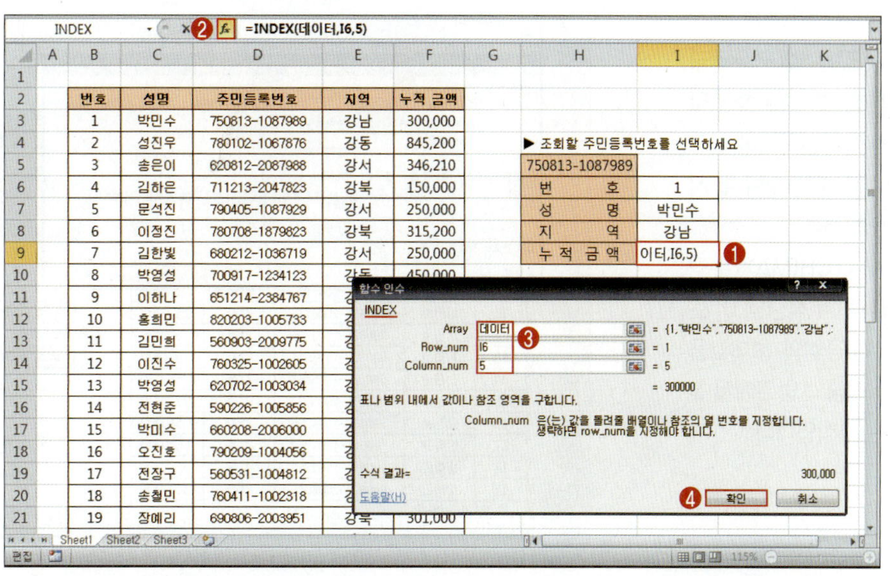

H5셀을 클릭하고 목록 버튼을 눌러 다른 주민등록번호를 선택해도 결과 값이 잘 조회되는지 확인해 봅니다.

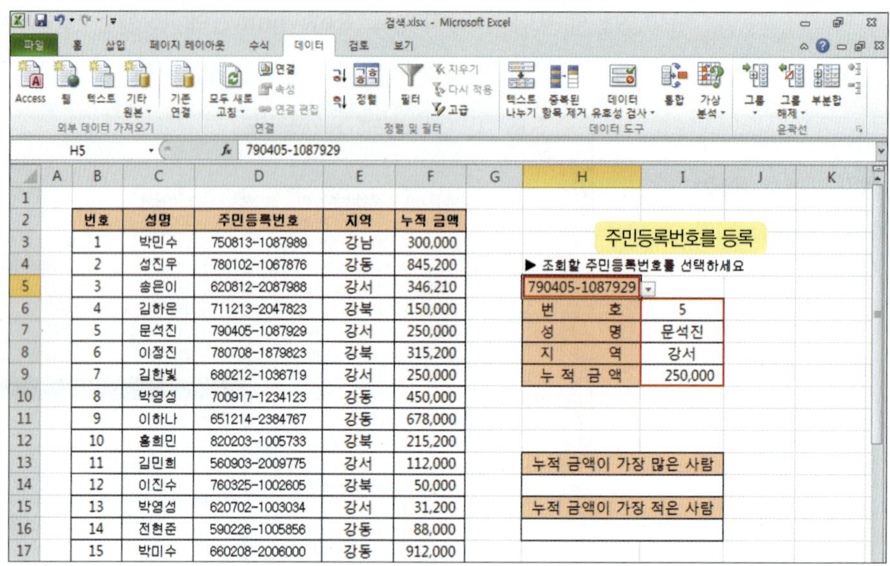

H14셀을 선택한 후 '찾기/참조' 범주의 'INDEX' 함수를 선택합니다. 'array.row_num.column_num'을 선택하고 [확인] 버튼을 클릭합니다. 함수 인수 창의 Array란에 '데이터'를 입력하고, Row_num란에 'MATCH(MAX(누적금액),누적금액,0)'를 입력하고 Column_num란에 '2'를 입력한 후 [확인] 버튼을 클릭합니다.

1. 'INDEX'함수의 두 번째 인수인 Row_num은 누적금액이 가장 큰 값을 찾아 누적금액 중 몇 번째 행의 값인지 확인하여야 하므로 MATCH 함수를 사용합니다.

2. 'MATCH(MAX(누적금액),누적금액,0)'는 누적금액의 최대값을 누적금액 범위에서 찾는 수식입니다.

H16셀을 선택한 후 '찾기/참조' 범주의 'INDEX' 함수를 선택합니다. 'array.row_num.column_num'을 선택하고 [확인] 버튼을 클릭합니다. 함수 인수 창의 Array 란에 '데이터'를 입력하고, Row_num란에 'MATCH(MIN(누적금액),누적금액,0)'를 입력하고 Column_num란에 '2'를 입력한 후 [확인] 버튼을 클릭합니다.

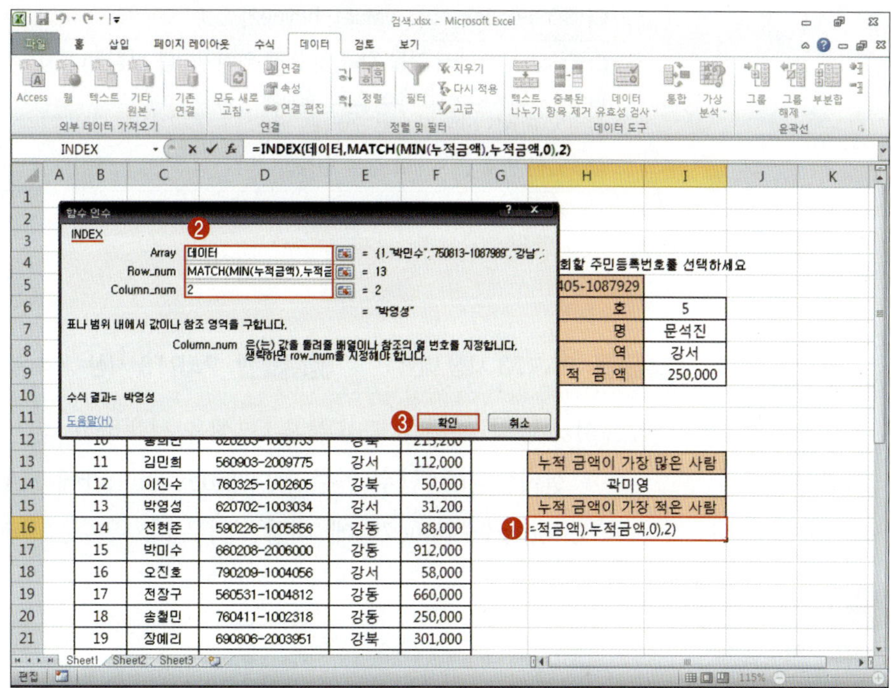

결과 값이 맞는지 다음을 보고 확인합니다.

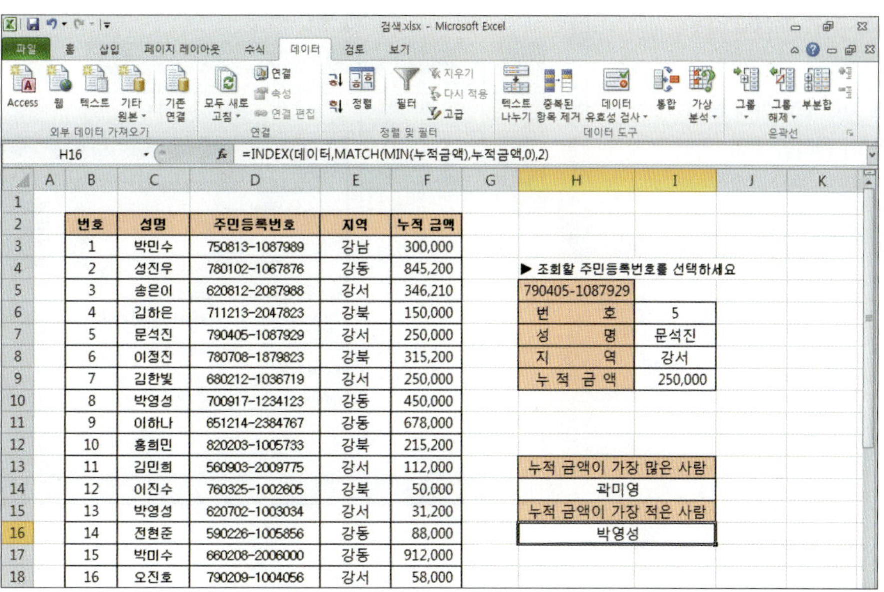

일련번호별로 대응하는 값을 표시하는 CHOOSE 함수를 사용하면 IF 함수를 사용하는 것에 비해 중첩 없이 간단한 수식으로 계산할 수 있어 편리합니다.

CHOOSE(index_num, value1, [value2], ...)

CHOOSE 영역에서 값을 찾아 몇 번째 위치인지를 반환합니다.
형식 : = CHOOSE(인덱스 번호, 값)
인덱스 번호 : 일련 번호를 지정합니다.
값 : 일련 번호 순서대로 값을 지정합니다.

예제 파일 **PART3** 시상 내역   **완성 파일** **PART3** 시상 내역 완성

'시상 내역' 예제를 불러온 후 G3셀을 선택하고 '찾기/참조' 범주의 'CHOOSE' 함수를 선택합니다. 함수 인수 창의 Index_num란에 'RANK(F3,\$F\$3:\$F\$9)'를 입력하고, Value1~Value7란에 '대상', '최우수', '우수', '장려', '장려', '장려', '장려'를 순서대로 입력한 후 [확인] 버튼을 클릭합니다.

TIP

이 수식을 IF 함수로 계산하려면 IF를 여섯 번 중첩하여야 합니다. 일련 번호 값에 대응하는 값을 표시하는 계산의 경우 CHOOSE를 사용하면 수식을 훨씬 간단하게 줄일 수 있어 편리합니다.

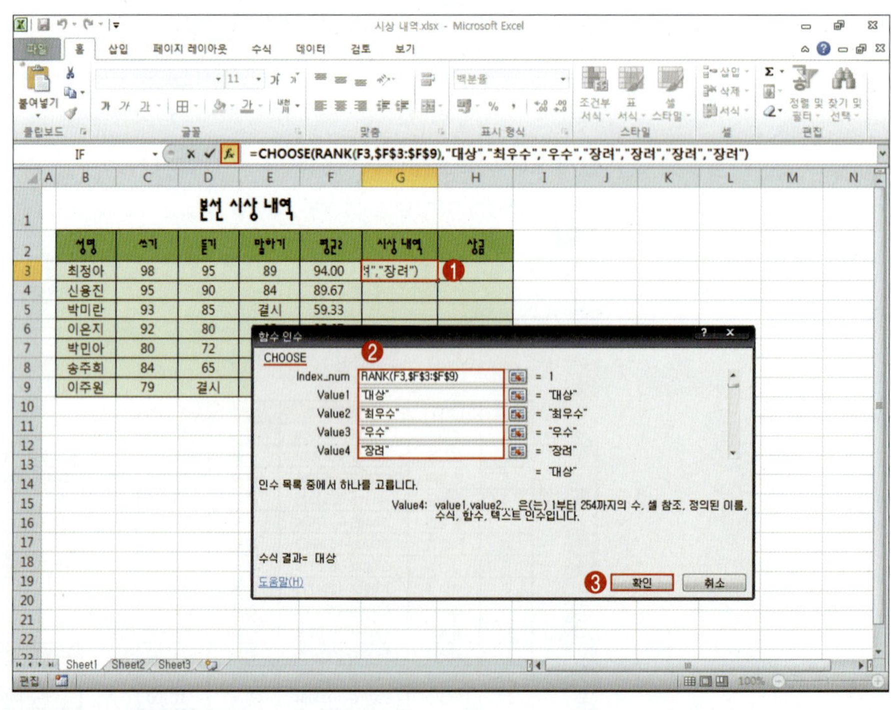

'IF' 함수를 선택한 후 함수 인수 창의 Logical_test란에 G3 = "최우수"를, Value_if_true란에 '1000000'을 입력하고 Value_if_false란에 '0'을 입력한 후 [확인] 버튼을 클릭합니다.

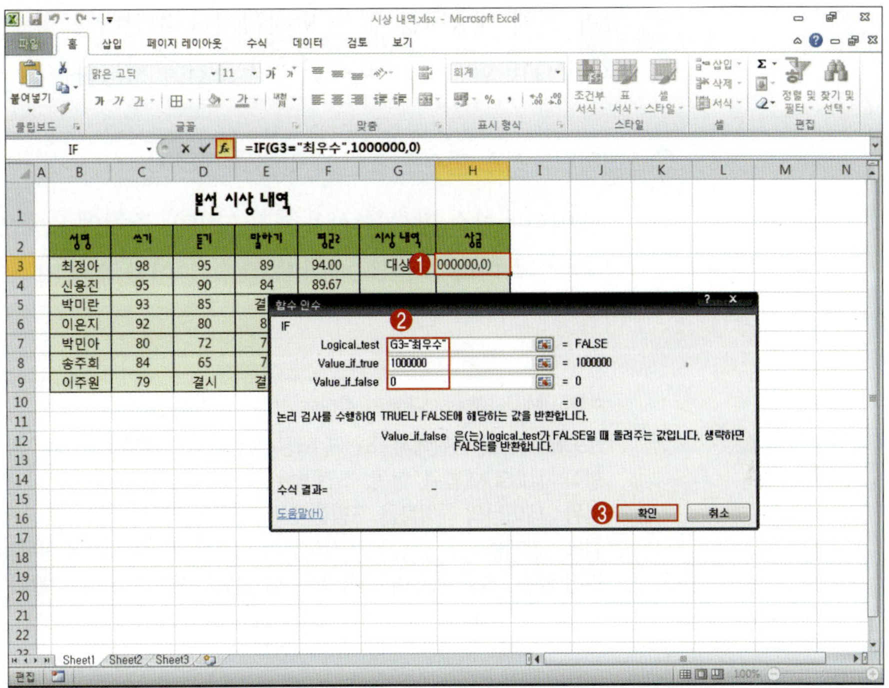

G3:H3 영역의 채우기 핸들을 더블 클릭하여 수식 복사합니다.

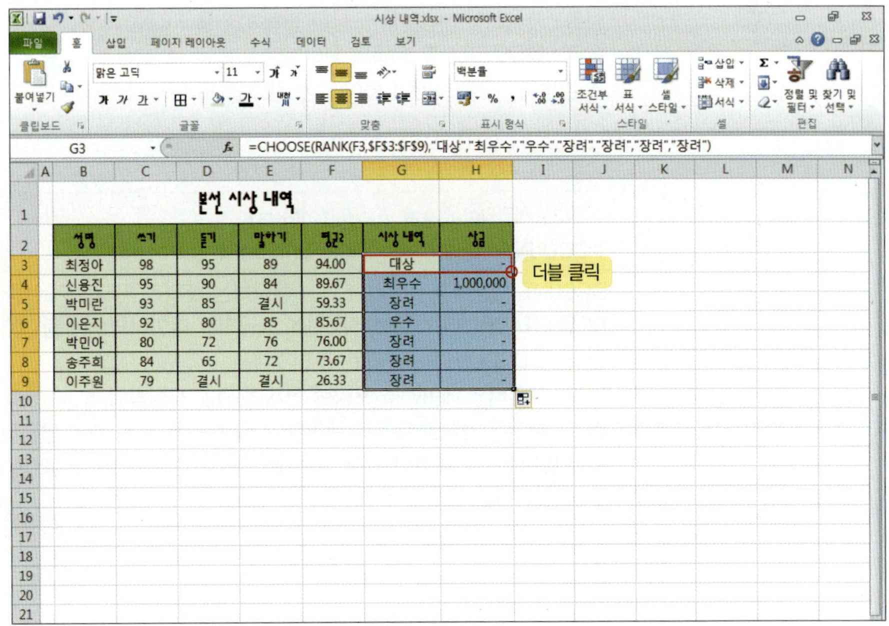

데이터베이스 함수

데이터베이스 함수는 데이터 범위 내에서 지정한 조건과 일치하는 열의 값을 찾아 그에 대응하는 값을 반환하거나 계산하는 함수입니다. 결과 값은 SUMIF, COUNTIF 함수 등과 비슷하지만 조건을 지정하는 방식이 다릅니다.

데이터베이스 함수로 조건에 맞춰 계산하기

데이터베이스 함수를 사용하면 다양한 조건에 맞추어 결과값을 반환하거나 계산할 수 있습니다. 데이터베이스 함수를 이용하여 고객별 현황을 집계해 보도록 합니다.

= DSUM(Database, Field, Criteria)

DSUM 지정한 범위에서 조건에 해당하는 값의 합계를 계산합니다.
형식 : = DSUM(범위, 항목, 조건 범위)
범위 : 데이터의 레이블을 포함한 전체 범위를 지정합니다.
항목 : 합계를 계산할 항목의 레이블이 입력된 셀, 혹은 해당 항목의 상대적 열 번호를 지정합니다.
조건 범위 : 찾을 조건이 들어 있는 셀 범위로 반드시 열 레이블과 조건이 입력된 셀을 같이 지정합니다.

= DAVERAGE(Database, Field, Criteria)

DAVERAGE 지정한 범위에서 조건에 해당하는 값의 평균을 계산합니다.
형식 : = DAVERAGE(범위, 항목, 조건 범위)
범위 : 데이터의 레이블을 포함한 전체 범위를 지정합니다.
항목 : 평균을 계산할 항목의 레이블이 입력된 셀, 혹은 해당 항목의 상대적 열 번호를 지정합니다.
조건 범위 : 찾을 조건이 들어 있는 셀 범위로 반드시 열 레이블과 조건이 입력된 셀을 같이 지정합니다.

= DCOUNT(Database, Field, Criteria)
= DCOUNTA(Database, Field, Criteria)

DCOUNT 지정한 범위에서 조건에 해당하는 숫자 데이터의 개수를 계산합니다.
DCOUNTA 지정한 범위에서 조건에 해당하는 데이터의 개수를 계산합니다.
형식 : = DCOUNT(범위, 항목, 조건 범위)
범위 : 데이터의 레이블을 포함한 전체 범위를 지정합니다.
항목 : 개수를 계산할 항목의 레이블이 입력된 셀, 혹은 해당 항목의 상대적 열 번호를 지정합니다.
조건 범위 : 찾을 조건이 들어 있는 셀 범위로 반드시 열 레이블과 조건이 입력된 셀을 같이 지정합니다.

DMAX 지정한 범위에서 조건에 해당하는 값의 최대값을 계산합니다.
DMIN 지정한 범위에서 조건에 해당하는 값의 최소값을 계산합니다.
형식 : = DMAX(범위, 항목, 조건 범위)
범위 : 데이터의 레이블을 포함한 전체 범위를 지정합니다.
항목 : 최대값(최소값)을 계산할 항목의 레이블이 입력된 셀, 혹은 해당 항목의 상대적 열 번호를 지정합니다.
조건 범위 : 찾을 조건이 들어 있는 셀 범위로 반드시 열 레이블과 조건이 입력된 셀을 같이 지정합니다.

DGET 지정한 범위에서 조건에 해당하는 데이터를 반환합니다.
형식 : = DGET(범위, 항목, 조건 범위)
범위 : 데이터의 레이블을 포함한 전체 범위를 지정합니다.
항목 : 데이터를 반환할 항목의 레이블이 입력된 셀, 혹은 해당 항목의 상대적 열 번호를 지정합니다.
조건 범위 : 찾을 조건이 들어 있는 셀 범위로 반드시 열 레이블과 조건이 입력된 셀을 같이 지정합니다.

예제 파일 **PART3** 고객별 현황　　**완성 파일** **PART3** 고객별 현황 완성

'고객별 현황' 예제를 B3:I14 영역을 선택한 후 이름 상자에 '고객현황'이라고 입력하고 Enter 키를 눌러 이름 정의합니다.

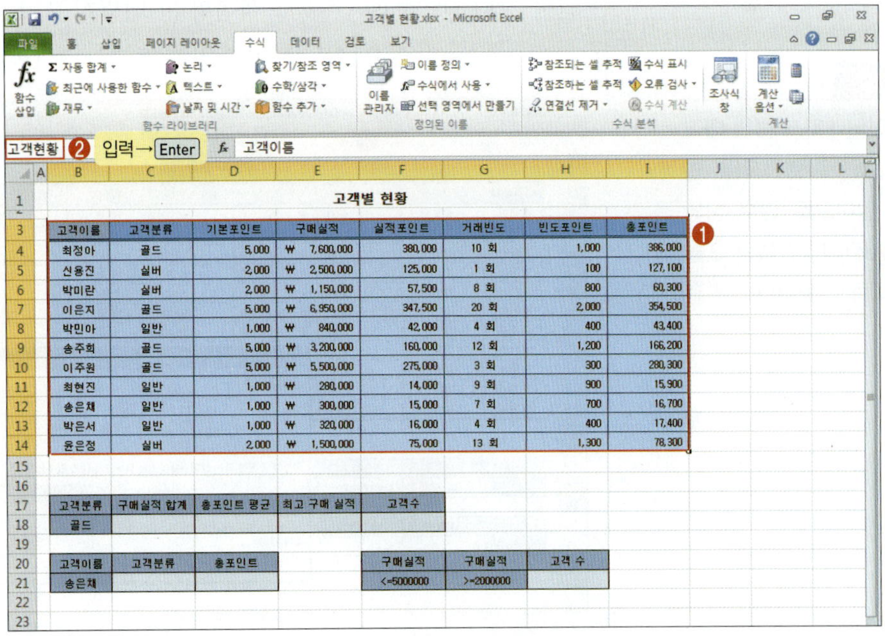

고객별 현황

고객이름	고객분류	기본포인트	구매실적	실적포인트	거래빈도	빈도포인트	총포인트
최정아	골드	5,000	₩ 7,600,000	380,000	10 회	1,000	386,000
신용진	실버	2,000	₩ 2,500,000	125,000	1 회	100	127,100
박미란	실버	2,000	₩ 1,150,000	57,500	8 회	800	60,300
이은지	골드	5,000	₩ 6,950,000	347,500	20 회	2,000	354,500
박민아	일반	1,000	₩ 840,000	42,000	4 회	400	43,400
송주희	골드	5,000	₩ 3,200,000	160,000	12 회	1,200	166,200
이주원	골드	5,000	₩ 5,500,000	275,000	3 회	300	280,300
최현진	일반	1,000	₩ 280,000	14,000	9 회	900	15,900
송은채	일반	1,000	₩ 300,000	15,000	7 회	700	16,700
박은서	일반	1,000	₩ 320,000	16,000	4 회	400	17,400
윤은정	실버	2,000	₩ 1,500,000	75,000	13 회	1,300	78,300

고객분류	구매실적 합계	총포인트 평균	최고 구매 실적	고객수
골드				

고객이름	고객분류	총포인트		구매실적	구매실적	고객 수
송은채				<=5000000	>=2000000	

C18셀을 선택한 후 '데이터베이스' 범주의 'DSUM' 함수를 선택합니다. 함수 인수 창의 Database란에 '고객현황'을 입력하고, Field란에 'E3'셀을 클릭하여 지정하고 Criteria란에 'B17:B18' 영역을 드래그한 후 [확인] 버튼을 클릭합니다.

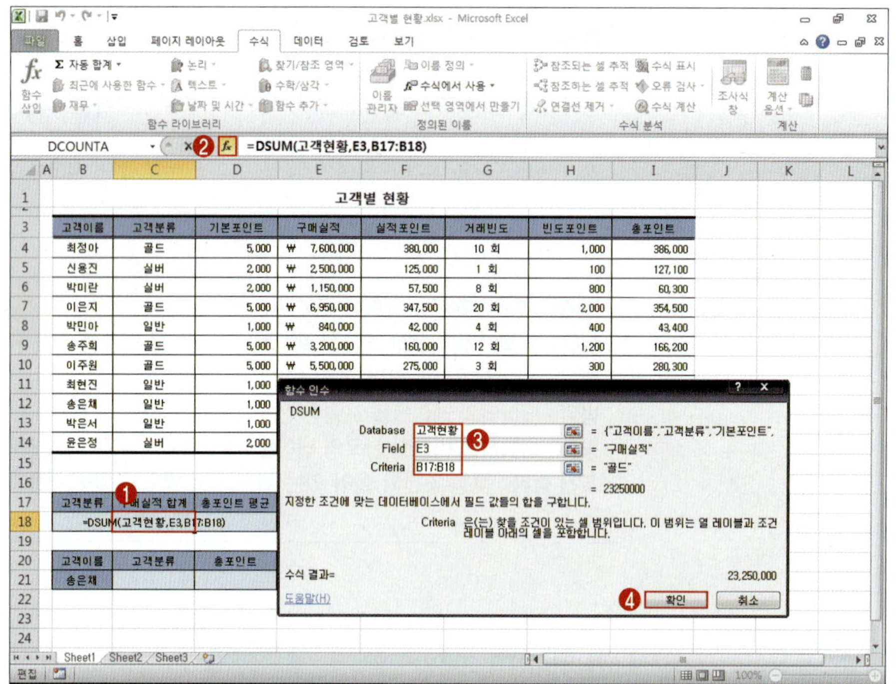

D18셀을 선택한 후 '데이터베이스' 범주의 'DAVERAGE' 함수를 선택합니다. 함수 인수 창의 Database란에 '고객현황'을 입력하고, Field란에 'I3'셀을 클릭하여 지정하고 Criteria란에 'B17:B18'영역을 드래그한 후 [확인] 버튼을 클릭합니다.

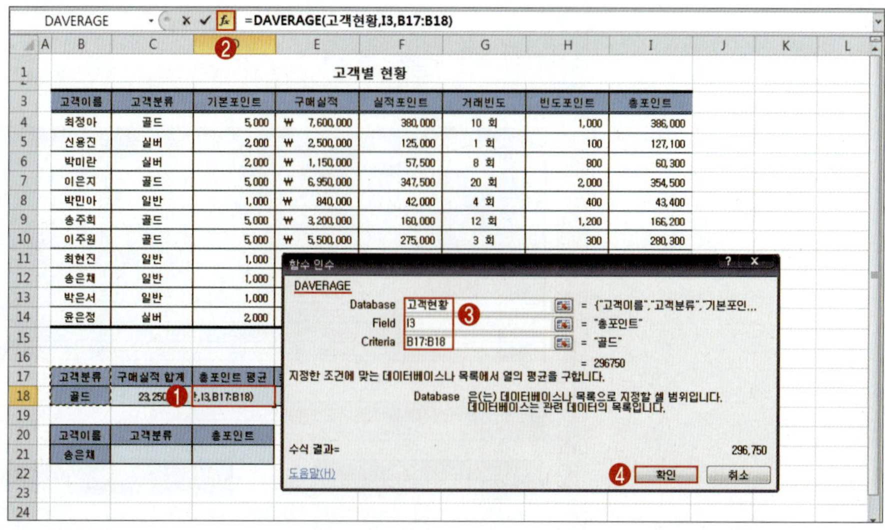

E18셀을 선택한 후 '데이터베이스' 범주의 'DMAX' 함수를 선택합니다. 함수 인수 창의 Database란에 '고객현황'을 입력하고, Field란에 'E3'셀을 클릭하여 지정하고 Criteria란에 'B17:B18' 영역을 드래그한 후 [확인] 버튼을 클릭합니다.

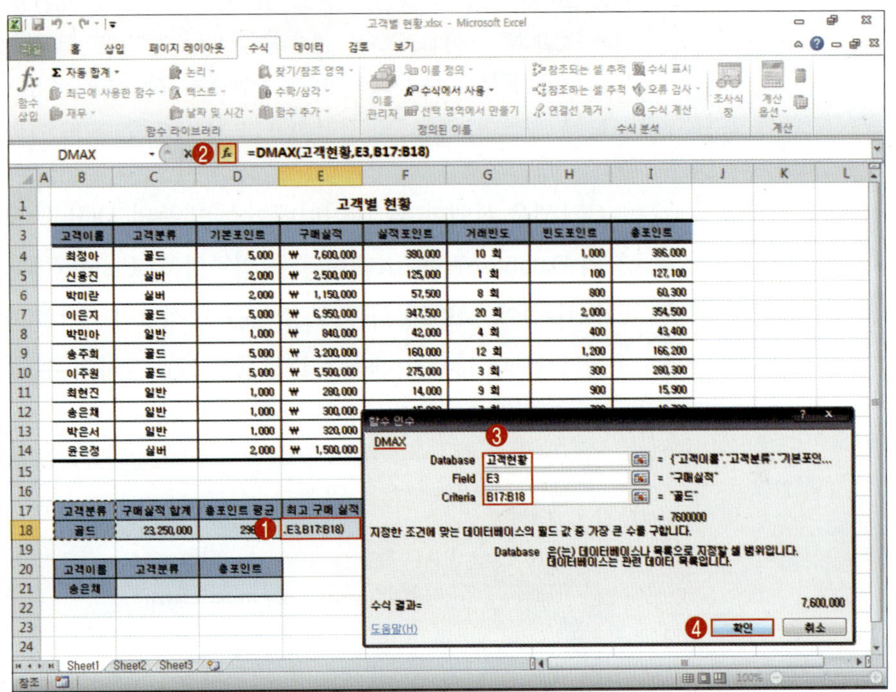

F18셀을 선택한 후 '데이터베이스' 범주의 'DCOUNTA' 함수를 선택합니다. 함수 인수 창의 Database란에 '고객현황'을 입력하고, Field란에 'B3'셀을 클릭하여 지정하고 Criteria란에 'B17:B18' 영역을 드래그한 후 [확인] 버튼을 클릭합니다.

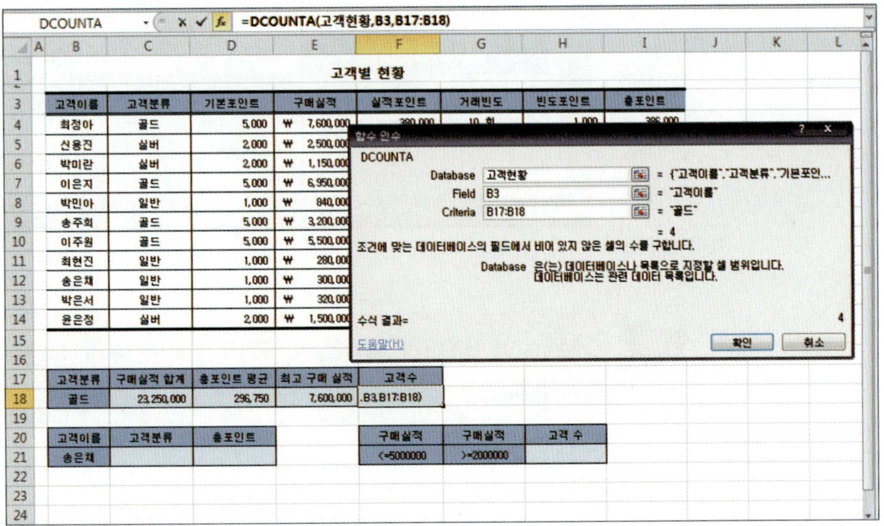

C21셀을 선택한 후 '데이터베이스' 범주의 'DGET' 함수를 선택합니다. 함수 인수
창의 Database란에 '고객현황'을 입력하고, Field란에 'C20'셀을 클릭하여 지정하고
Criteria란에 '$B$20:$B$21' 영역을 드래그한 후 [확인] 버튼을 클릭합니다. C21셀
을 클릭한 후 채우기 핸들을 D21셀로 드래그하여 수식 복사합니다. 자동 채우기 옵
션을 클릭하여 "서식없이 채우기"를 선택합니다.

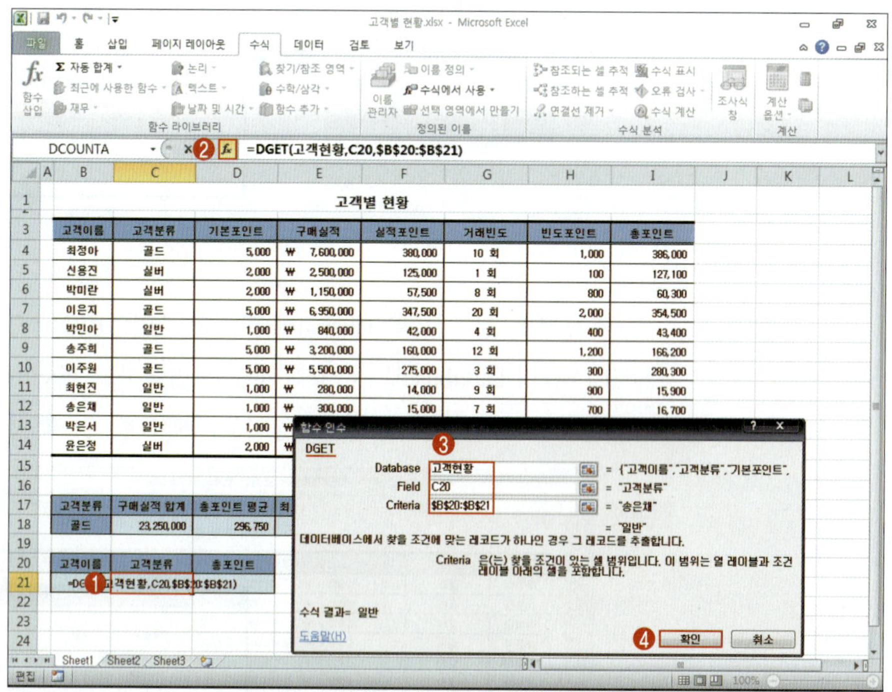

H21셀을 선택한 후 '데이터베이스' 범주의 'DCOUNT' 함수를 선택합니다. 함수 인수 창의 Database란에 '고객현황'을 입력하고, Field란에 'E3'셀을 클릭하여 지정하고 Criteria란에 'F20:G21'영역을 드래그한 후 [확인] 버튼을 클릭합니다.

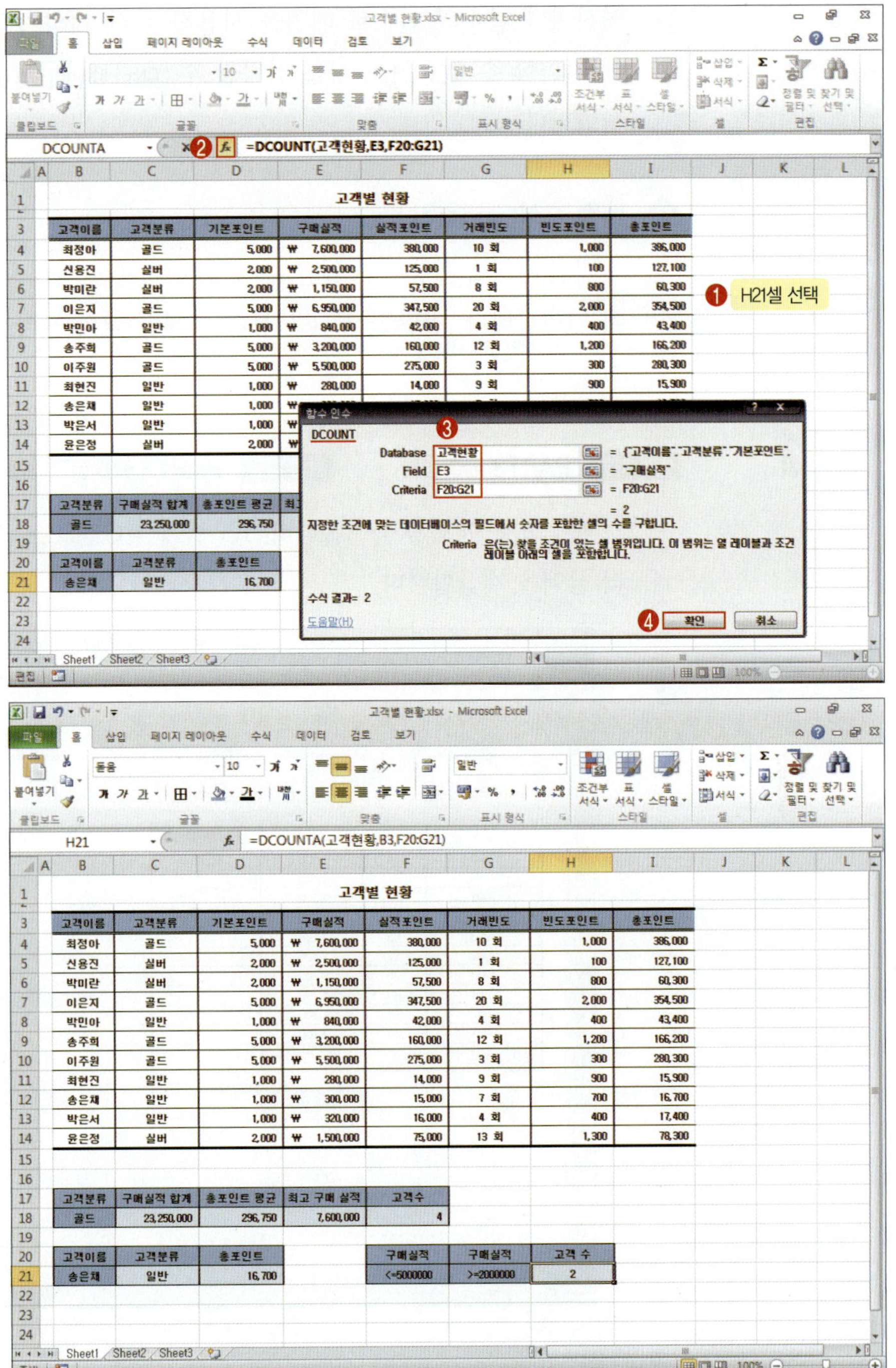

⬤⬤ 배열 함수로 계산하기

배열 함수는 일반 수식으로 처리할 수 없는 복잡한 계산을 할 때 유용합니다. 피연산자나 함수의 인수로 배열을 사용하고 한 개의 결과나 여러 개의 결과를 동시에 반환할 수 있으며 수식을 입력한 후 Ctrl + Shift + Enter 를 눌러서 결과 값을 계산합니다.

◆ 배열 수식 개념알기

배열 수식을 활용하면 일반 수식에 비해 계산 과정을 단축하는 효과를 얻을 수 있어 편리합니다. 간단한 계산을 통해 배열 수식의 원리를 살펴봅니다.

예제 파일 **PART3** 매출집계   **완성 파일** **PART3** 매출집계 완성

'매출집계' 예제를 불러옵니다. E3 셀에 '= C3*D3'수식을 입력한 후 Enter 키를 눌러 금액을 계산합니다.

품명	수량	단가	금액
P001	16	1,700	=C3*D3
P002	35	2,700	
F001	52	1,100	
F002	74	1,400	
F003	65	2,100	
J001	52	2,100	
J002	80	3,200	
S001	30	1,200	
S002	90	2,200	
S003	42	2,300	
총계			
		배열수식	

E3셀의 채우기 핸들을 아래로 드래그하여 수식 복사하고 E13 셀에 금액의 합계를 계산합니다.

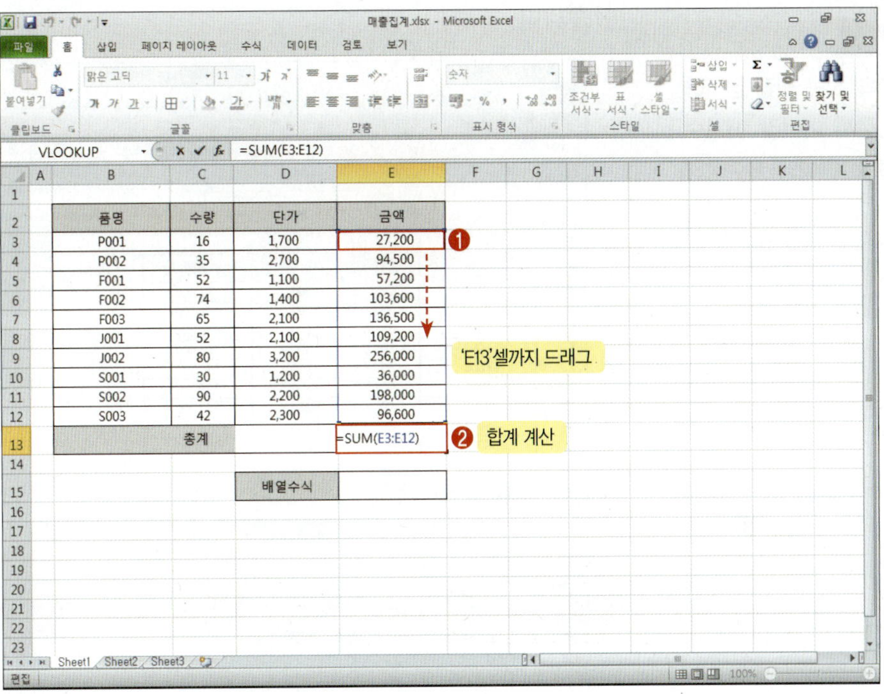

배열 함수를 이용해 총계를 계산하기 위해 E15 셀에 '= SUM(C3:C12∗D3:D12)' 수식을 입력한 후 Ctrl + Shift + Enter 를 눌러서 결과 값을 계산합니다.

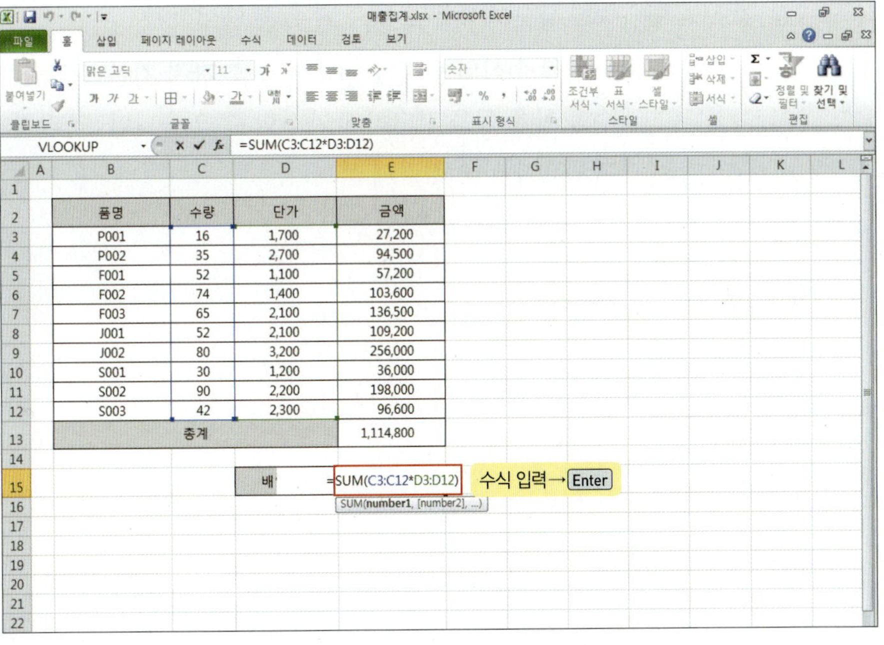

금액을 계산하는 과정 없이 직접 총계를 계산할 수 있습니다. E15셀을 선택하고 수식 입력줄을 확인해 보면 수식의 양끝에 { }(중괄호)가 표시되어 있음을 확인할 수 있습니다.

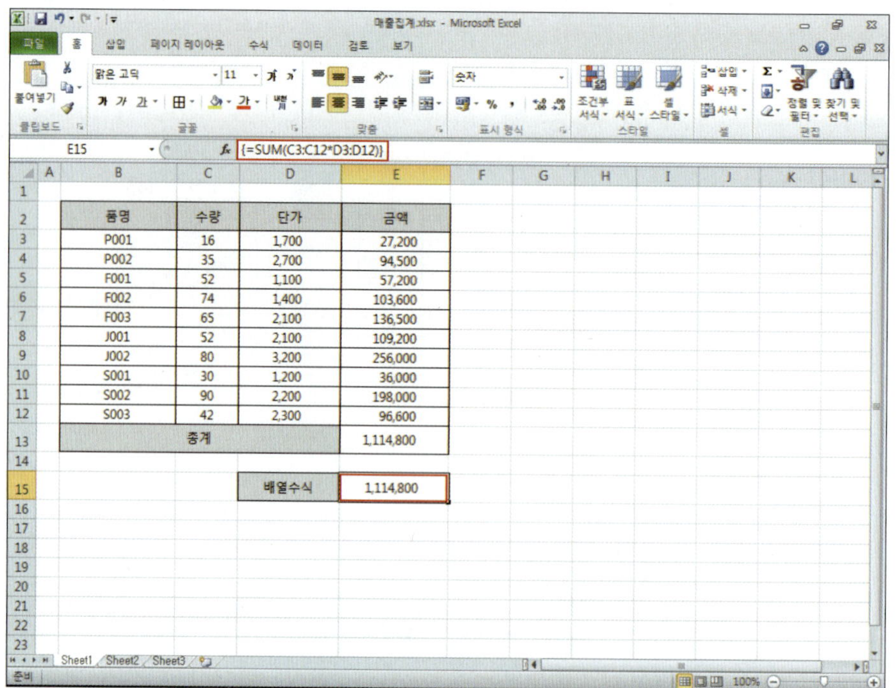

◆ 배열 함수로 조건별 개수 및 합계 계산하기

배열 수식의 원리를 이해하고 몇 가지 기본 수식을 익히면 다양한 조건에 따른 개수와 합계 등을 간단하게 계산할 수 있습니다. 조건별 수식이 만들어지는 과정을 살펴보고 수식을 정리해 봅니다.

'급여합계' 예제를 불러옵니다. F3셀에 ＝C3:C13＝"총무부" 수식을 입력한 후 Ctrl＋Shift＋Enter 를 눌러 계산합니다.

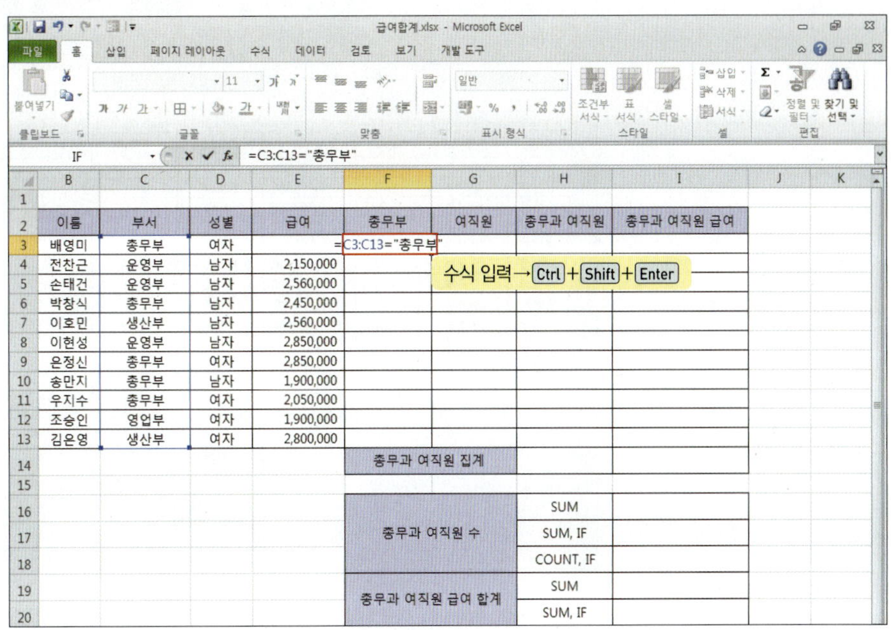

F3셀의 채우기 핸들을 아래로 드래그하여 수식을 복사합니다. 부서가 총무부인 경우는 'TRUE'가 총무부가 아닌 경우는 'FALSE'가 결과 값으로 표시됩니다.

G3셀에 = D3:D13 ="여자" 수식을 입력한 후 [Ctrl]+[Shift]+[Enter]를 눌러 계산합
니다.

G3셀의 채우기 핸들을 아래로 드래그하여 수식을 복사합니다. 성별이 여자인 경
우는 'TRUE'가 남자인 경우는 'FALSE'가 결과 값으로 표시됩니다.

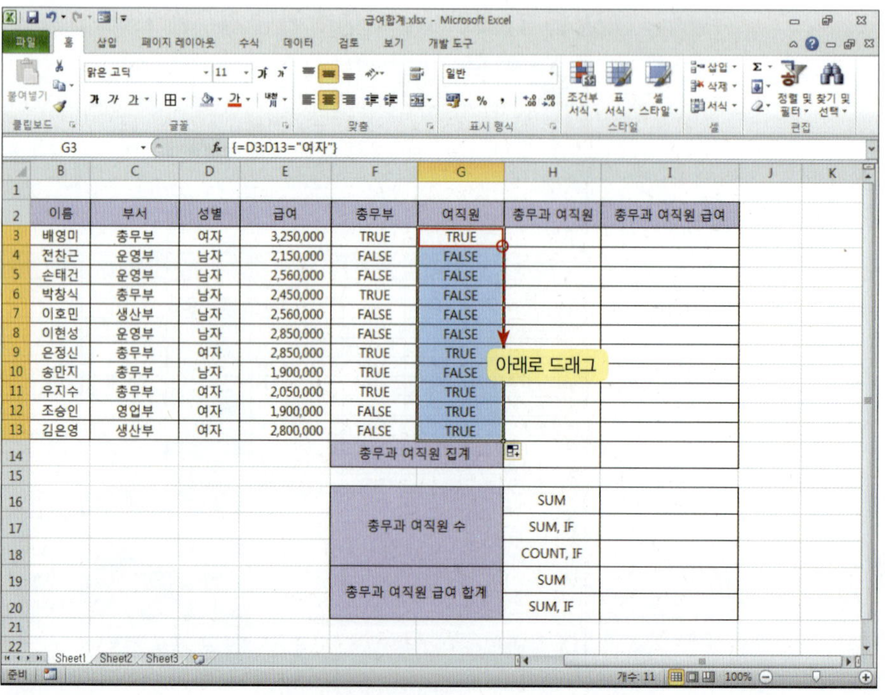

H3셀에 '= F3*G3'수식을 입력한 후 Enter 키를 눌러 금액을 계산합니다.

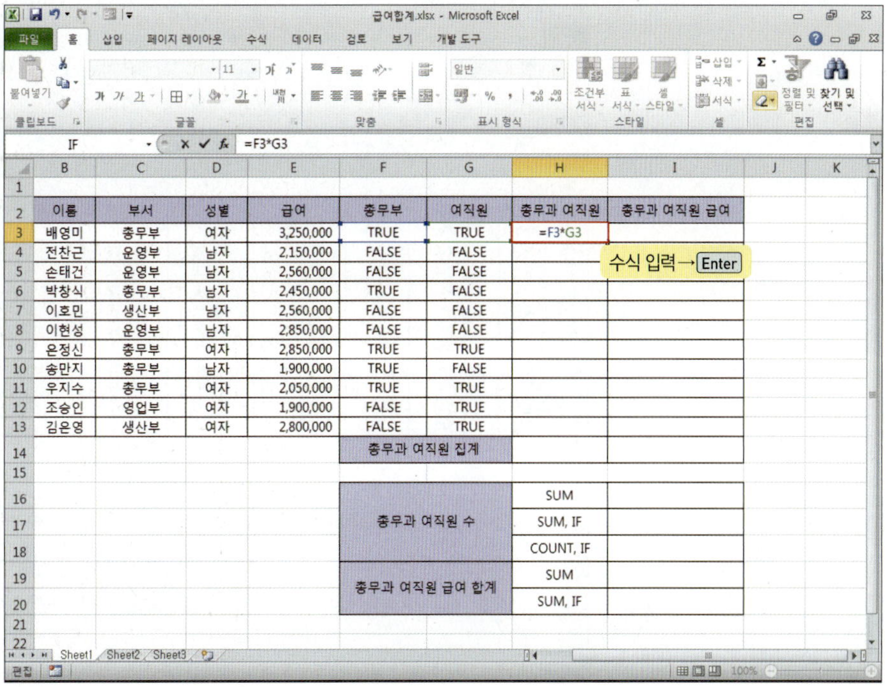

이름	부서	성별	급여	총무부	여직원	총무과 여직원	총무과 여직원 급여
배영미	총무부	여자	3,250,000	TRUE	TRUE	=F3*G3	
전찬근	운영부	남자	2,150,000	FALSE	FALSE		
손태건	운영부	남자	2,560,000	FALSE	FALSE		
박창식	총무부	남자	2,450,000	TRUE	FALSE		
이호민	생산부	남자	2,560,000	FALSE	FALSE		
이현성	운영부	남자	2,850,000	FALSE	FALSE		
온정신	총무부	여자	2,850,000	TRUE	TRUE		
송만지	총무부	남자	1,900,000	TRUE	FALSE		
우지수	총무부	여자	2,050,000	TRUE	TRUE		
조승인	영업부	여자	1,900,000	FALSE	TRUE		
김은영	생산부	여자	2,800,000	FALSE	TRUE		
				총무과 여직원 집계			
				총무과 여직원 수		SUM	
						SUM, IF	
						COUNT, IF	
				총무과 여직원 급여 합계		SUM	
						SUM, IF	

H3셀의 채우기 핸들을 아래로 드래그하여 수식을 복사합니다. AND 조건을 추출한 것처럼 부서가 총무부이면서 성별이 여자인 경우, 즉 두 조건을 모두 만족하는 경우만 '1'이 표시되고 나머지는 '0'이 표시됩니다.

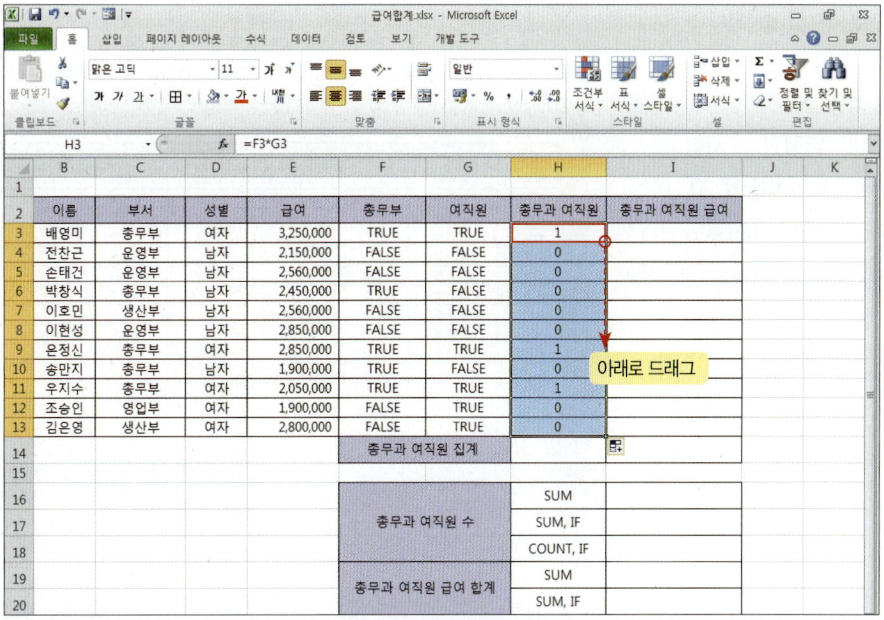

이름	부서	성별	급여	총무부	여직원	총무과 여직원	총무과 여직원 급여
배영미	총무부	여자	3,250,000	TRUE	TRUE	1	
전찬근	운영부	남자	2,150,000	FALSE	FALSE	0	
손태건	운영부	남자	2,560,000	FALSE	FALSE	0	
박창식	총무부	남자	2,450,000	TRUE	FALSE	0	
이호민	생산부	남자	2,560,000	FALSE	FALSE	0	
이현성	운영부	남자	2,850,000	FALSE	FALSE	0	
온정신	총무부	여자	2,850,000	TRUE	TRUE	1	
송만지	총무부	남자	1,900,000	TRUE	FALSE	0	
우지수	총무부	여자	2,050,000	TRUE	TRUE	1	
조승인	영업부	여자	1,900,000	FALSE	TRUE	0	
김은영	생산부	여자	2,800,000	FALSE	TRUE	0	
				총무과 여직원 집계			
				총무과 여직원 수		SUM	
						SUM, IF	
						COUNT, IF	
				총무과 여직원 급여 합계		SUM	
						SUM, IF	

TIP

배열 수식이 아닌 일반 수식이므로 수식 입력 후 Enter 키를 눌러 계산합니다.

TIP

엑셀에서 'TRUE'는 '1'로 'FALSE'는 '0'으로 취급하여 계산되며 곱을 계산하는 수식이므로 두 값 중 하나라도 'FALSE'가 있으면 '0'이 출력됩니다.

I3셀에 '=H3*E3'수식을 입력한 후 [Enter] 키를 눌러 금액을 계산합니다.

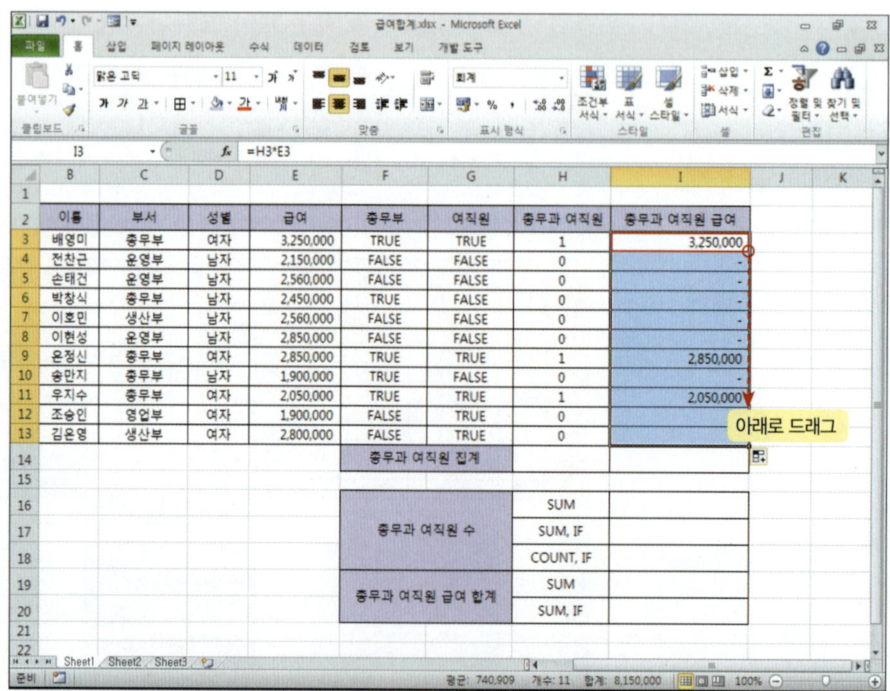

I3셀의 채우기 핸들을 아래로 드래그하여 수식을 복사합니다. H열의 값이 1인 경우만 급여가 표시되고 나머지는 '0'으로 계산됩니다.

H14셀에 H3:H13 영역의 합계를 계산합니다.

I14셀에 I3:I13 영역의 합계를 계산합니다.

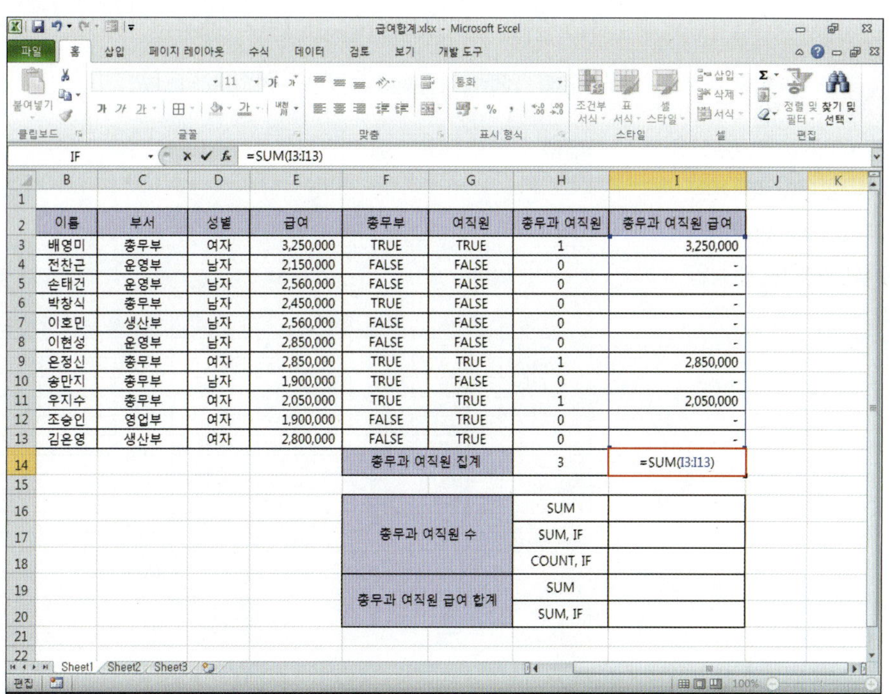

I16셀에 '= SUM((C3:C13 = "총무부")*(D3:D13 = "여자"))' 수식을 입력한 후 [Ctrl]+[Shift]+[Enter]를 눌러 계산합니다.

TIP

'= SUM(조건1*조건2)'는 조건이 두 개일 때 두 조건에 만족하는 개수를 계산하는 수식입니다.

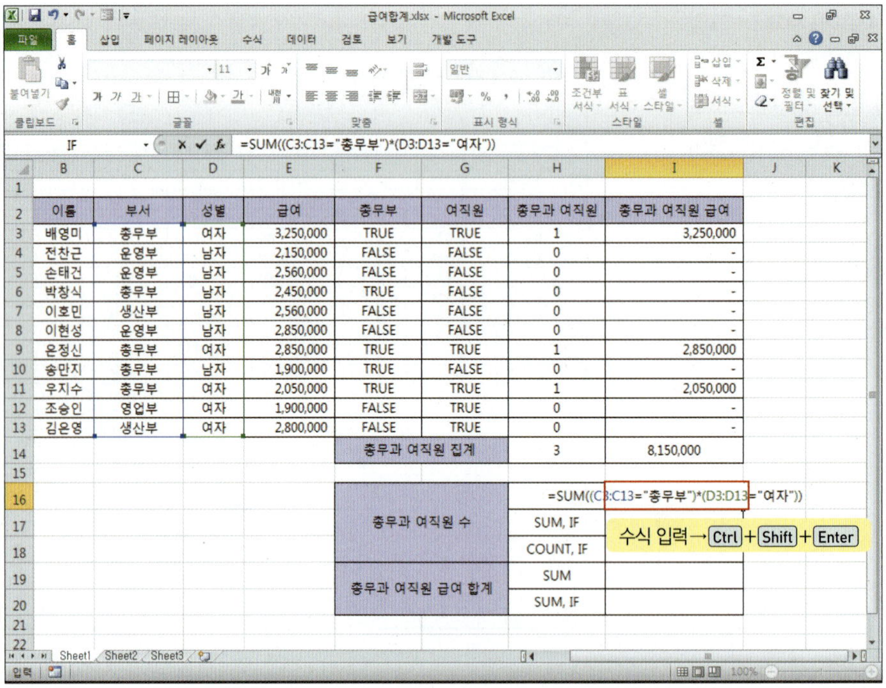

	B	C	D	E	F	G	H	I
2	이름	부서	성별	급여	총무부	여직원	총무과 여직원	총무과 여직원 급여
3	배영미	총무부	여자	3,250,000	TRUE	TRUE	1	3,250,000
4	전찬근	운영부	남자	2,150,000	FALSE	FALSE	0	-
5	손태건	운영부	남자	2,560,000	FALSE	FALSE	0	-
6	박창식	총무부	남자	2,450,000	TRUE	FALSE	0	-
7	이호민	생산부	남자	2,560,000	FALSE	FALSE	0	-
8	이현성	운영부	남자	2,850,000	FALSE	FALSE	0	-
9	온정신	총무부	여자	2,850,000	TRUE	TRUE	1	2,850,000
10	송만지	총무부	남자	1,900,000	TRUE	FALSE	0	-
11	우지수	총무부	여자	2,050,000	TRUE	TRUE	1	2,050,000
12	조승인	영업부	여자	1,900,000	FALSE	TRUE	0	-
13	김은영	생산부	여자	2,800,000	FALSE	TRUE	0	-
14					총무과 여직원 집계		3	8,150,000
16					총무과 여직원 수		=SUM((C3:C13="총무부")*(D3:D13="여자"))	
17							SUM, IF	
18							COUNT, IF	
19					총무과 여직원 급여 합계		SUM	
20							SUM, IF	

I17셀에 '= SUM(IF((C3:C13 = "총무부")*(D3:D13 = "여자"), 1))' 수식을 입력한 후 [Ctrl]+[Shift]+[Enter]를 눌러 계산합니다.

TIP

'= SUM(IF(조건1*조건2,1))'는 조건이 두 개일 때 두 조건에 만족하는 개수를 계산하는 수식입니다.

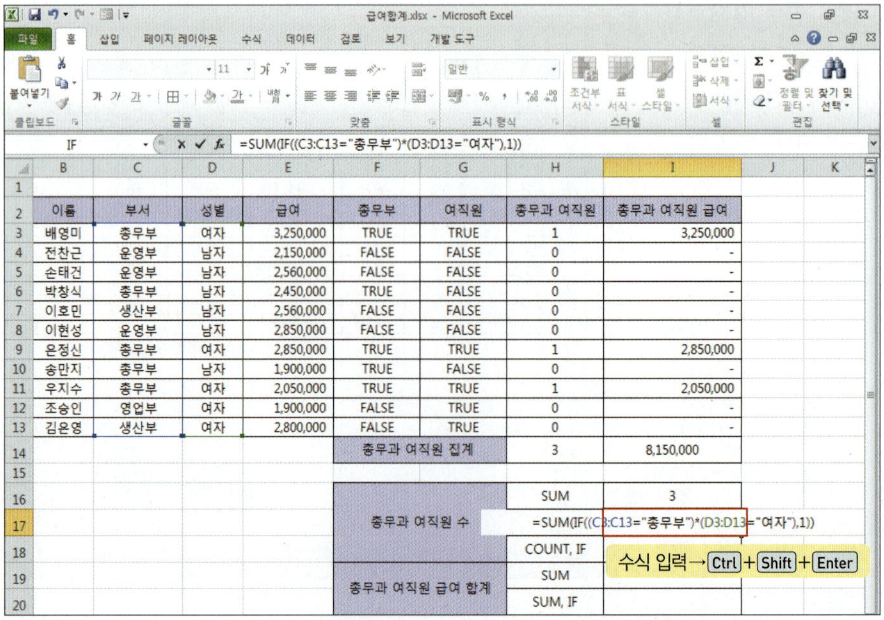

	B	C	D	E	F	G	H	I
2	이름	부서	성별	급여	총무부	여직원	총무과 여직원	총무과 여직원 급여
3	배영미	총무부	여자	3,250,000	TRUE	TRUE	1	3,250,000
4	전찬근	운영부	남자	2,150,000	FALSE	FALSE	0	-
5	손태건	운영부	남자	2,560,000	FALSE	FALSE	0	-
6	박창식	총무부	남자	2,450,000	TRUE	FALSE	0	-
7	이호민	생산부	남자	2,560,000	FALSE	FALSE	0	-
8	이현성	운영부	남자	2,850,000	FALSE	FALSE	0	-
9	온정신	총무부	여자	2,850,000	TRUE	TRUE	1	2,850,000
10	송만지	총무부	남자	1,900,000	TRUE	FALSE	0	-
11	우지수	총무부	여자	2,050,000	TRUE	TRUE	1	2,050,000
12	조승인	영업부	여자	1,900,000	FALSE	TRUE	0	-
13	김은영	생산부	여자	2,800,000	FALSE	TRUE	0	-
14					총무과 여직원 집계		3	8,150,000
16					총무과 여직원 수		SUM	3
17							=SUM(IF((C3:C13="총무부")*(D3:D13="여자"),1))	
18							COUNT, IF	
19					총무과 여직원 급여 합계		SUM	
20							SUM, IF	

I18셀에 '= COUNT(IF((C3:C13 = "총무부")*(D3:D13 = "여자"),1))' 수식을 입력한 후 Ctrl + Shift + Enter 를 눌러 계산합니다.

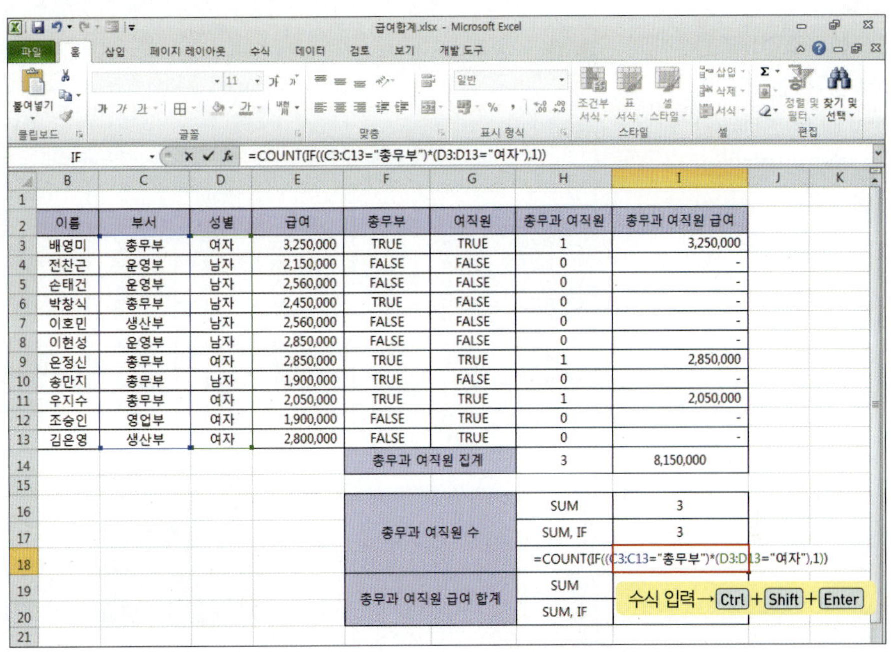

I19셀에 '= SUM((C3:C13 = "총무부")*(D3:D13 = "여자")*E3:E13)' 수식을 입력한 후 Ctrl + Shift + Enter 를 눌러 계산합니다.

I20셀에 '= SUM(IF((C3:C13 = "총무부")*(D3:D13 = "여자"),E3:E13))' 수식을 입력한 후 Ctrl + Shift + Enter 를 눌러 계산합니다.

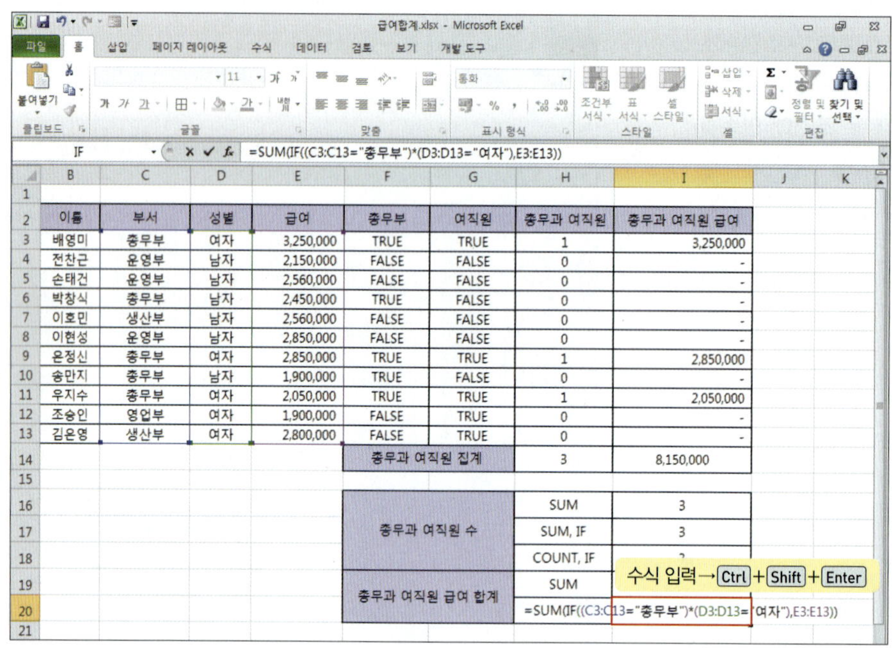

I16:I20 영역의 계산에 적용된 수식은 다른 조건별 값을 집계할 때도 유용하게 사용할 수 있습니다. 또한 조건의 개수와 상관없이 조건을 지정하는 부분만 추가하여 사용하면 됩니다.

예 조건이 두 개 일 때 합계 : '= SUM(IF(조건1*조건2,합산 범위))'

조건이 세 개 일 때 합계 : '= SUM(IF(조건1*조건2*조건3,합산 범위))'

예제 파일 증명서 발급

예제 파일 증명서 발급 완성

◉ **"증명서 발급" 파일을 열고 다음을 실행하시오.**

1 "직원 정보" 시트 데이터의 첫 행을 각 열의 이름으로 정의하시오. B2:M53 영역은 "직원정보"로 이름정의하시오.

2 B3셀에 유효성 검사 기능을 활용하여 "재직증명서, 경력증명서, 퇴직증명서"를 목록에서 선택하여 입력할 수 있도록 설정하시오(계산이 편리하도록 목록에서 한 개를 선택하시오.).

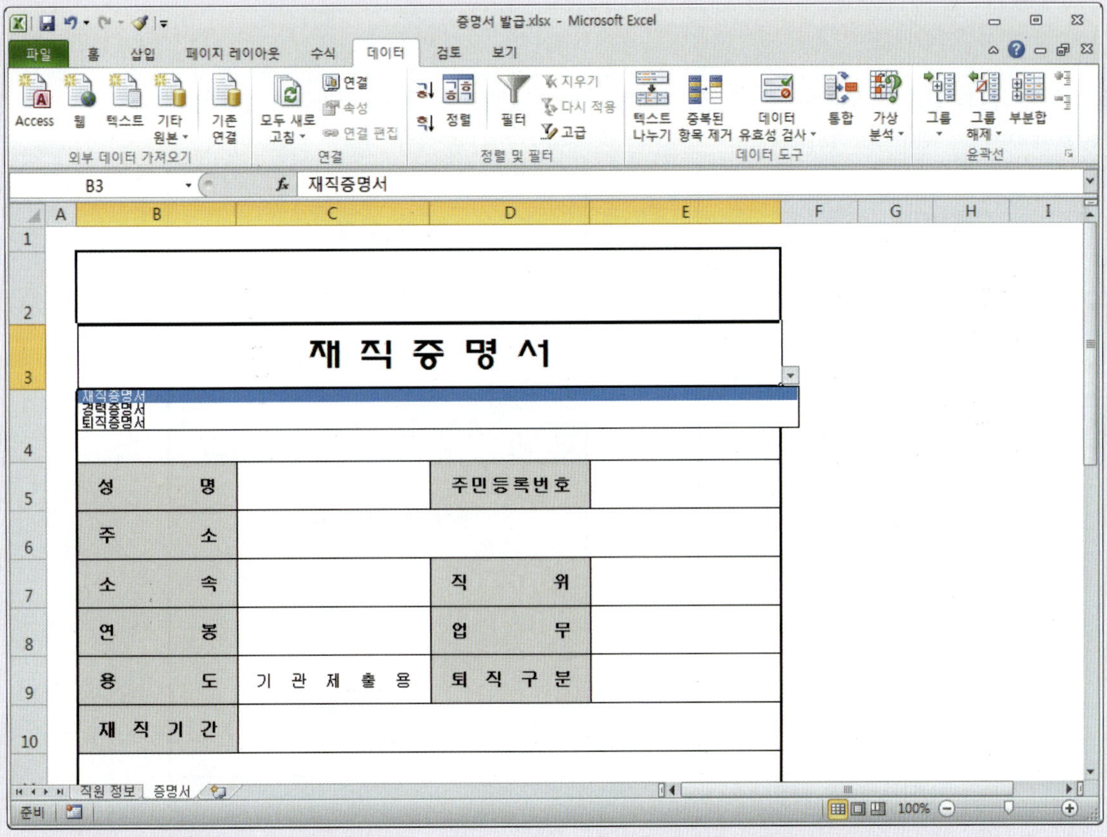

3 E5셀에 유효성 검사 기능을 활용하여 "직원 정보"시트의 "주민 번호"를 목록에서 선택하여 입력할 수 있도록 설정하시오(계산이 편리하도록 목록에서 한 개를 선택하시오.).

4 INDEX와 MATCH 함수를 사용하여 성명, 주소, 소속, 직위, 연봉, 업무를 계산하시오.

5 IF, INDEX, MATCH 함수를 사용하여 퇴직 구분을 계산하시오.

6 INDEX와 MATCH 함수를 사용하여 C10셀에는 입사일을 D10셀에는 퇴직일을 계산하시오.

7 E10셀에 DATEDIF 함수와 "&" 연산자를 사용하여 C10셀과 D10셀의 기간이 몇 년 몇 개월인지 계산하여 표시하시오. 표시 형식을 사용하여 계산 결과를 괄호()로 묶어 표시하시오.

8 B12셀에 IF, AND, OR 함수를 활용하여 B3셀이 "재직증명서"이고 E9셀이 "퇴직자"이거나, B3셀이 "퇴직증명서"이고 E9셀이 "재직중"이면 "발급불가"가 표시되고 그렇지 않은 경우는 "위 사실이 틀림없음을 증명합니다"가 표시되도록 설정하시오.

9 B14셀에 함수를 사용하여 현재 날짜가 표시되도록 하시오.

10 B12셀에 "발급불가"가 표시된 경우에만 빨간색, 굵은 글꼴이 표시되도록 조건부 서식을 적용하시오.

◉ **파일이 완성되면 B3셀의 증명서 종류와 E5셀의 주민등록번호를 임의로 선택하여 결과를 확인해 봅니다.**

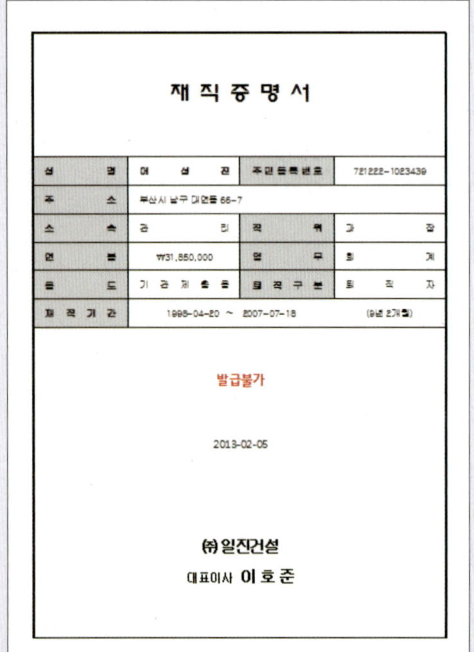

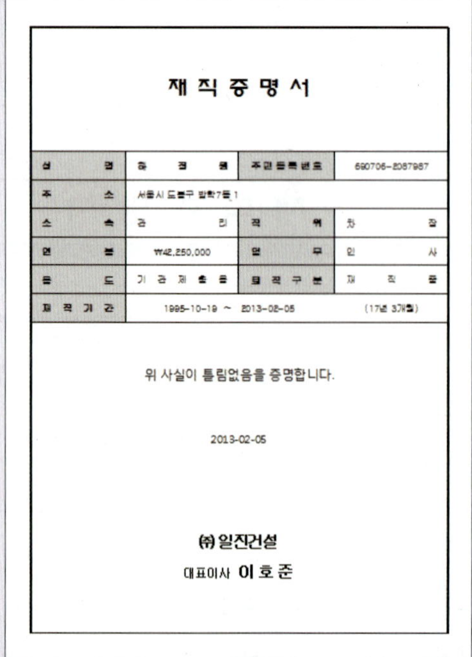

part 4

개체를 활용한 비주얼 문서 작성하기

일반적으로 엑셀 문서는 다른 프로그램으로 작업한 문서에 비해 이미지, 도형 등의 다양한 개체를 활용하지 않는 경우가 대부분이지만 간단한 그래픽 요소를 삽입함으로써 전체적인 문서에 시각적인 퀄리티를 높일 수 있습니다. 특히 Office 2010부터 변경된 스타일 메뉴는 쉽고 빠르게 비주얼 문서를 제작하는 데 활용할 수 있습니다.

1 다양한 개체로 눈에 띄는 문서 만들기

문서에 간단한 이미지와 워드 아트, 도형 등 그래픽 요소를 삽입하고 스타일이나 효과 등을 적용하여 문서에 어울리게 서식을 적용하고 배치해 보도록 합니다.

그림 / 워드 아트 / 도형 활용하기

예제 파일 **PART4** 신간 도서 목록   **완성 파일** **PART4** 신간 도서 목록 완성

'신간 도서 목록' 예제를 불러옵니다. B2셀을 클릭한 후 [삽입] 탭−[일러스트레이션] 그룹의 [그림] 메뉴를 클릭한 후 [그림 삽입] 대화 상자가 열리면 [PART4]의 logo.jpg 이미지를 선택하고 [삽입] 버튼을 클릭합니다.

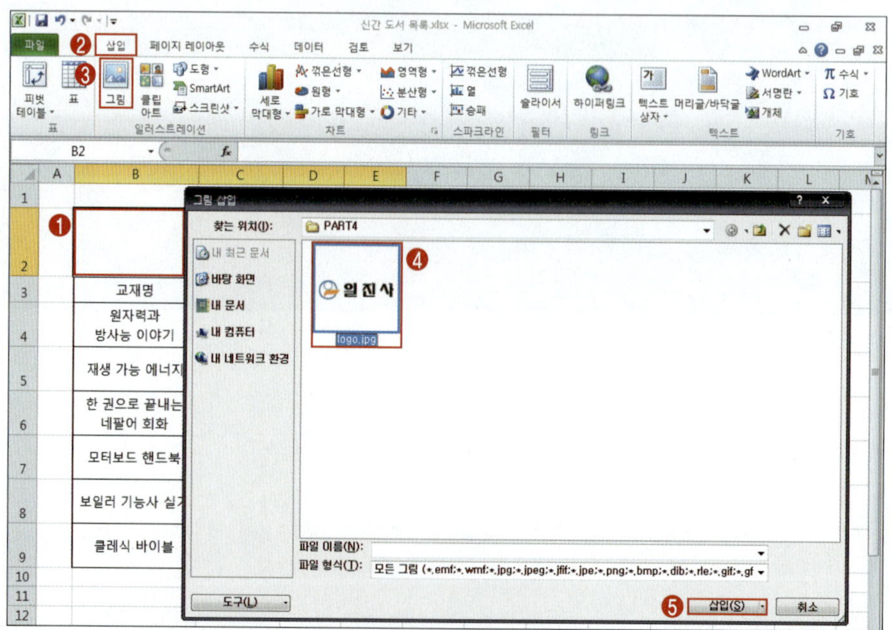

[그림 도구]−[서식] 탭−[그림 스타일] 그룹의 [그림 효과] 메뉴를 클릭한 후 [반사] 효과 중 [1/2 반사, 터치]를 선택합니다.

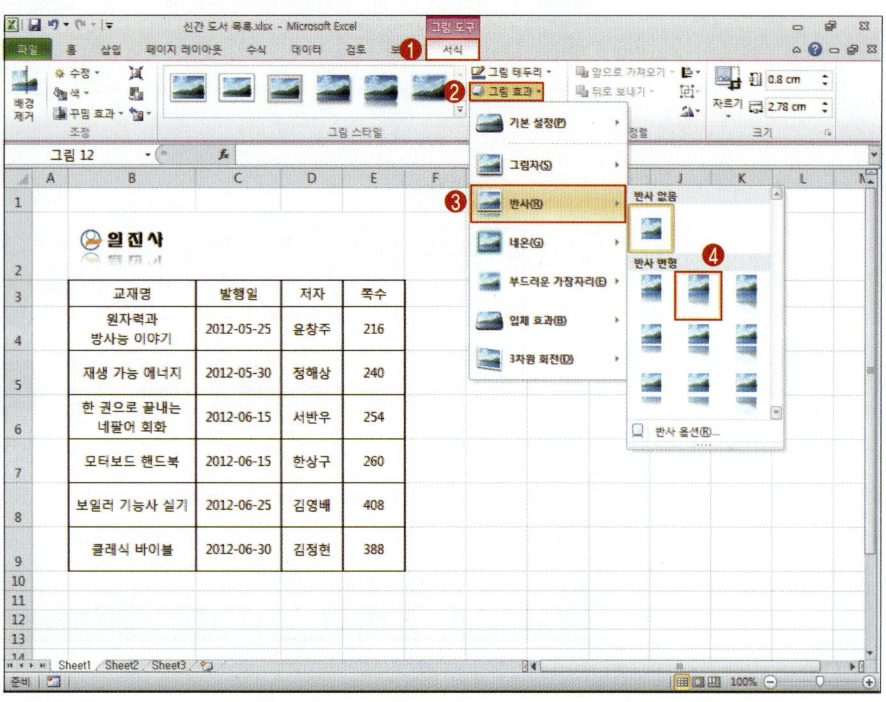

[삽입] 탭−[텍스트] 그룹의 [WordArt] 메뉴를 클릭한 후 [채우기− 빨강, 강조 2, 무광택 입체]를 선택합니다.

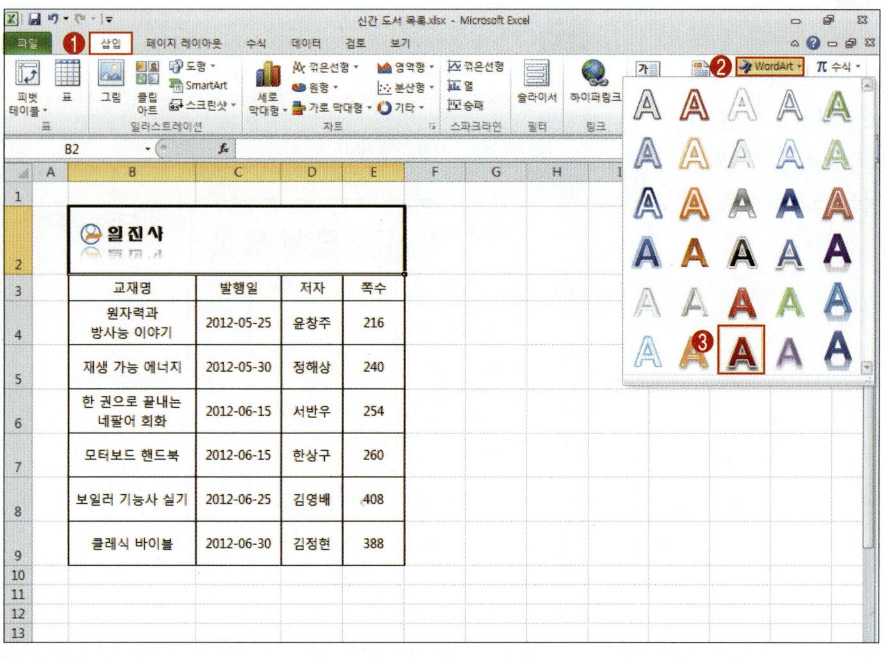

삽입된 워드아트 개체에 '신간 도서 목록'이라고 입력합니다.

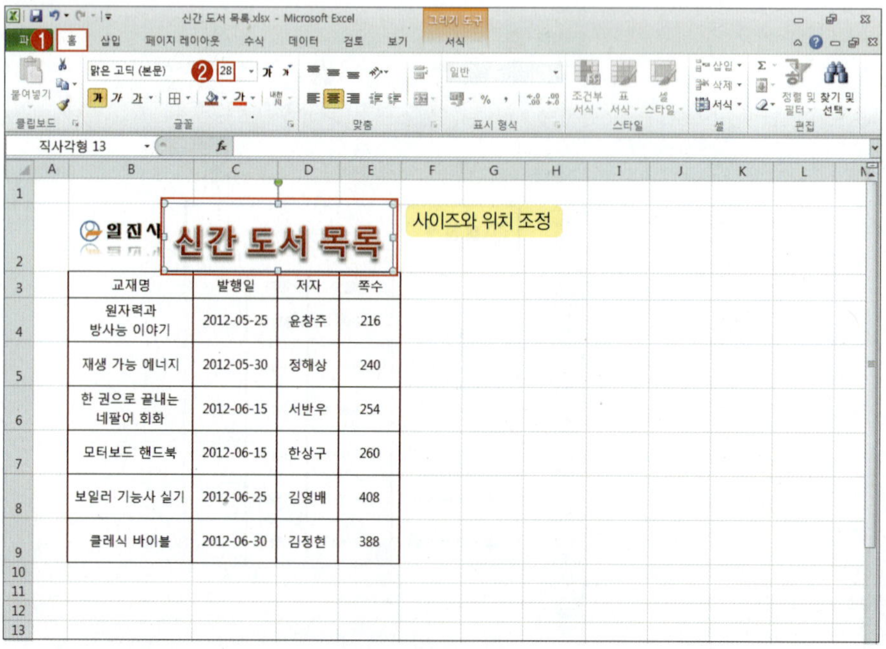

워드아트의 테두리 선을 선택하고 [홈] 탭－[글꼴] 그룹의 [글꼴 크기]를 '28'로 설정합니다. 가장자리 틀의 사이즈를 마우스로 드래그하여 줄인 후 로고 이미지 옆으로 이동합니다.

[삽입] 탭-[일러스트레이션] 그룹의 [도형] 메뉴를 클릭한 후 [사각형] 목록에 있는
[모서리가 둥근 직사각형]을 선택합니다.

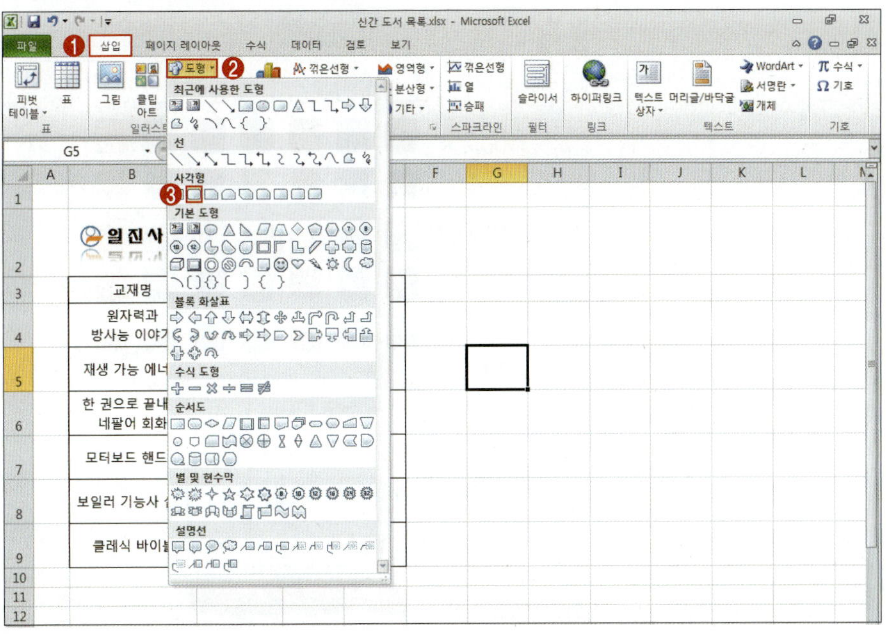

표 오른쪽 아래에 드래그하여 도형을 그려준 후 도형의 테두리를 클릭하여 선택
한 상태로 [그리기 도구]-[서식] 탭-[도형 스타일] 그룹의 [자세히] 버튼을 누릅니다.

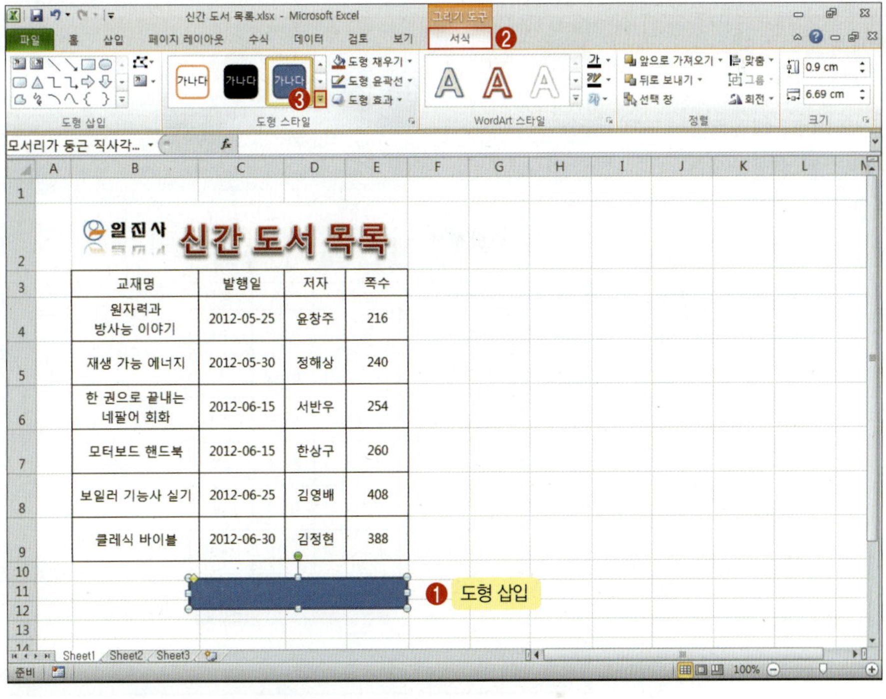

도형 스타일 목록이 펼쳐지면 [보통 효과-빨강, 강조2] 스타일을 선택하여 적용합니다.

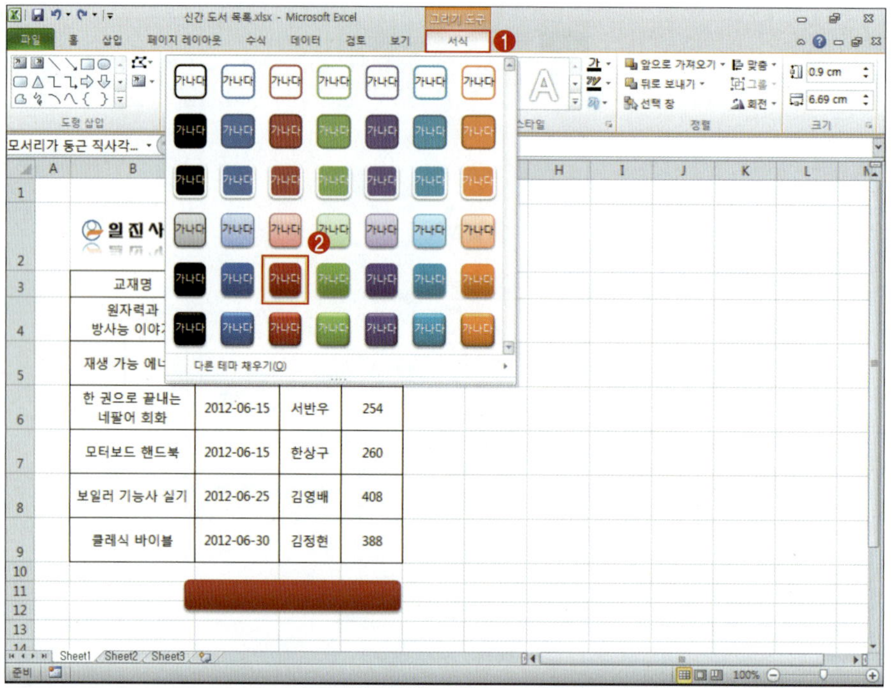

엑셀에서 도형에 텍스트를 입력할 때는 선택된 상태 그대로 텍스트를 입력하면 됩니다.

도형이 선택된 상태로 '홈페이지로 이동하기'를 입력합니다.

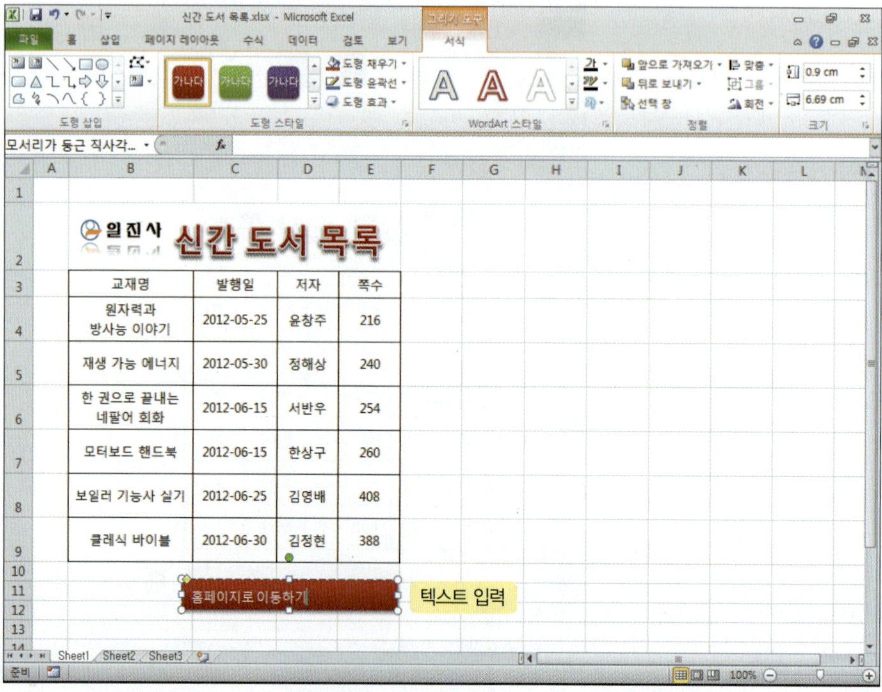

도형을 선택했을 때 나타나는 모양 조절 핸들을 오른쪽 방향으로 드래그하여 모서리 모양을 더 둥글게 변형합니다.

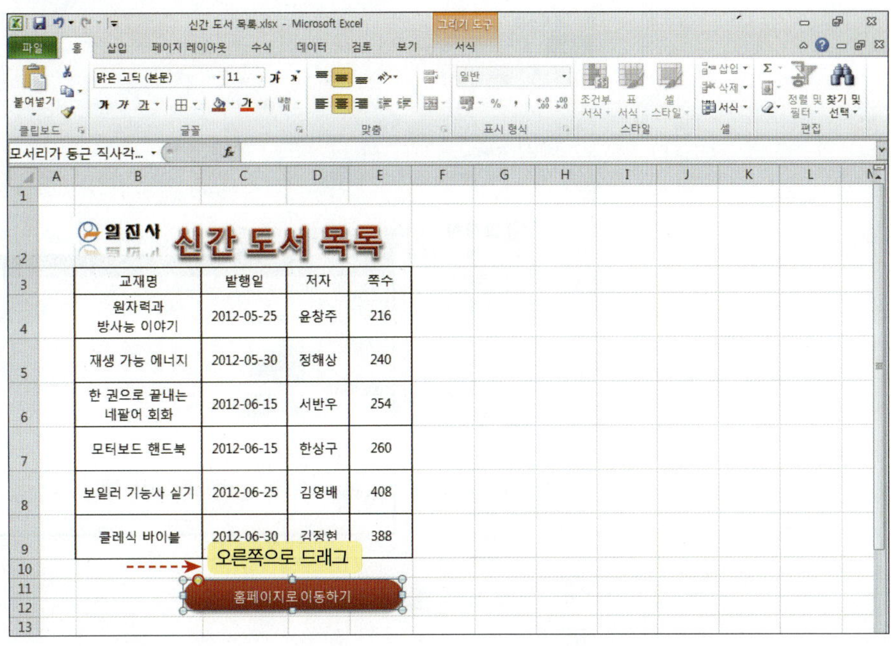

도형을 선택하고 [홈] 탭–[맞춤] 그룹의 [세로 가운데 맞춤]과 [가로 가운데 맞춤]을 설정하고 마우스 오른쪽 버튼을 눌러 [하이퍼링크] 메뉴를 선택합니다.

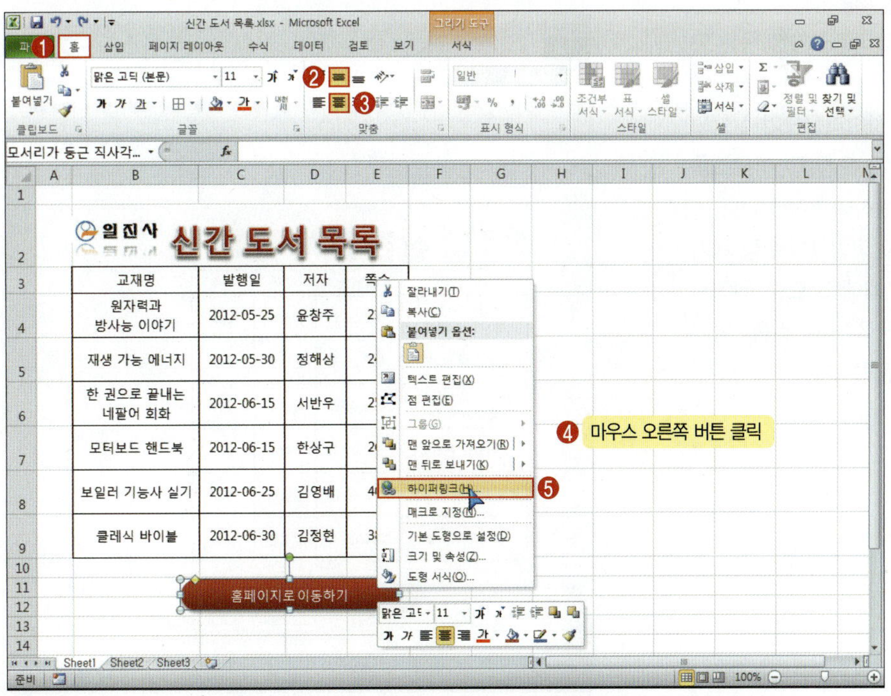

하이퍼링크 삽입 대화 상자가 열리면 주소란에 'http://www.iljinsa.co.kr'을 입력한 후 [확인] 버튼을 클릭합니다.

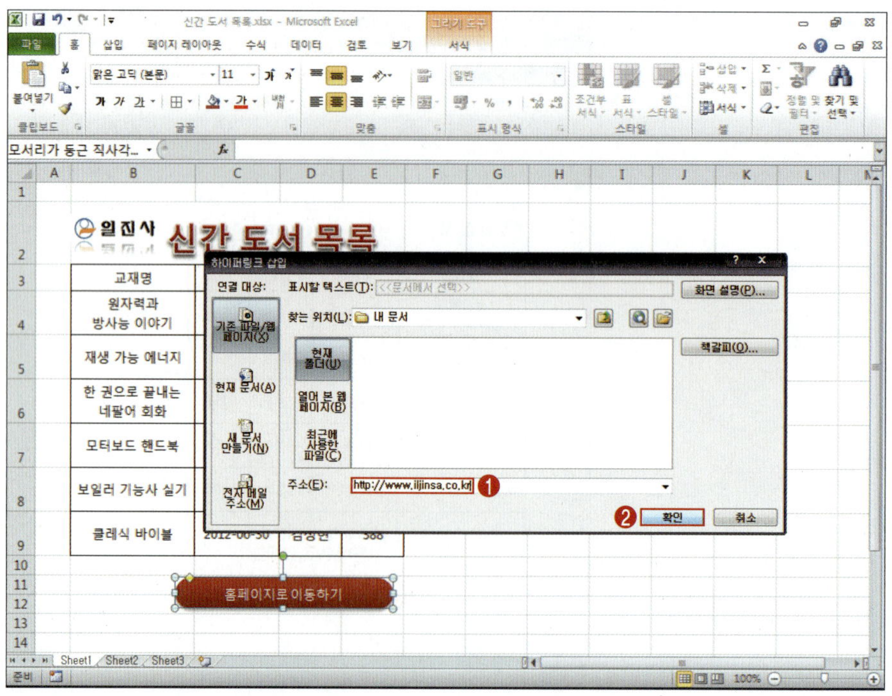

도형에 마우스를 가져갔을 때 하이퍼링크가 실행되는지 확인합니다.

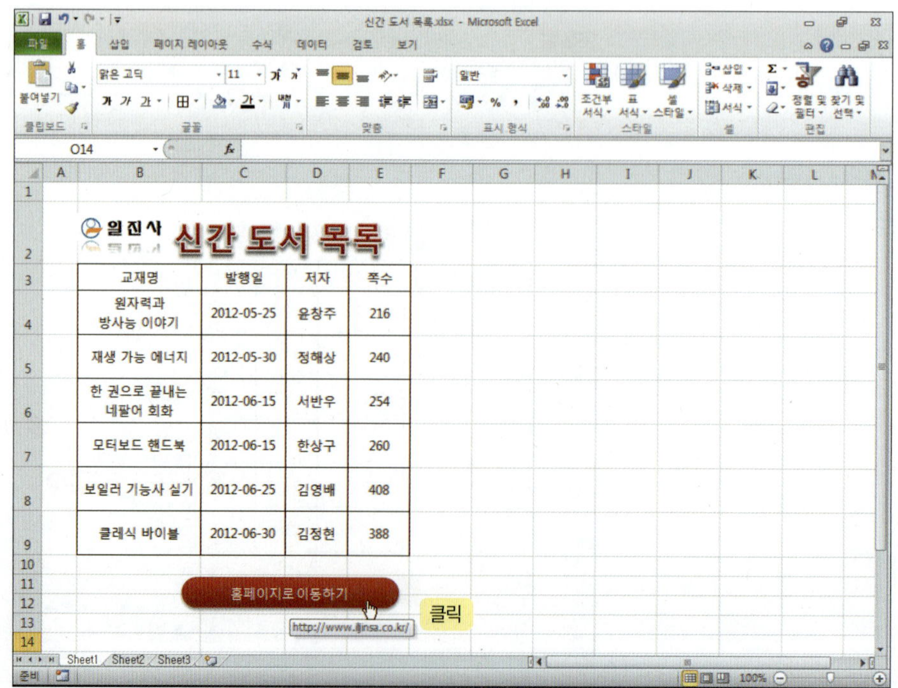

SmartArt를 활용한 조직도 만들기

조직도는 회사 내 부서 관리자와 일반 직원 등의 조직 관리 구조를 보여 주는 그래픽 개체입니다. 오피스 2010 버전부터 추가된 SmartArt 그래픽 기능을 이용하면 간편하게 조직도를 만들거나 편집할 수 있습니다.

예제 파일 **PART4** 조직도   완성 파일 **PART4** 조직도 완성

'조직도' 예제를 불러옵니다. [삽입] 탭－[일러스트레이션] 그룹의 [SmartArt] 메뉴를 클릭합니다.

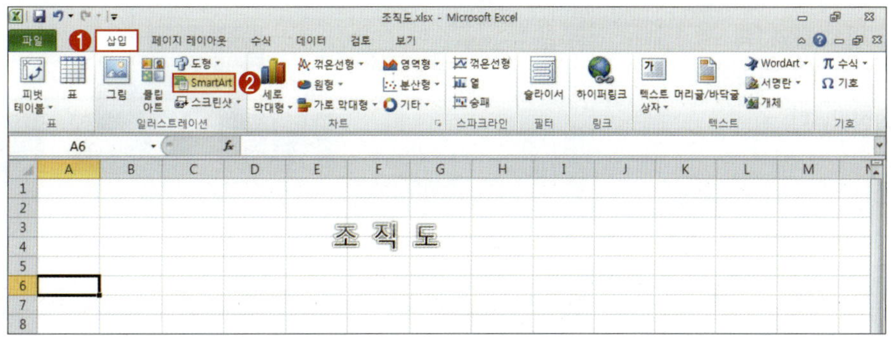

[SmartArt 그래픽 선택] 대화 상자에서 [계층 구조형]을 클릭하고 [조직도형]을 선택한 후 [확인] 버튼을 클릭합니다.

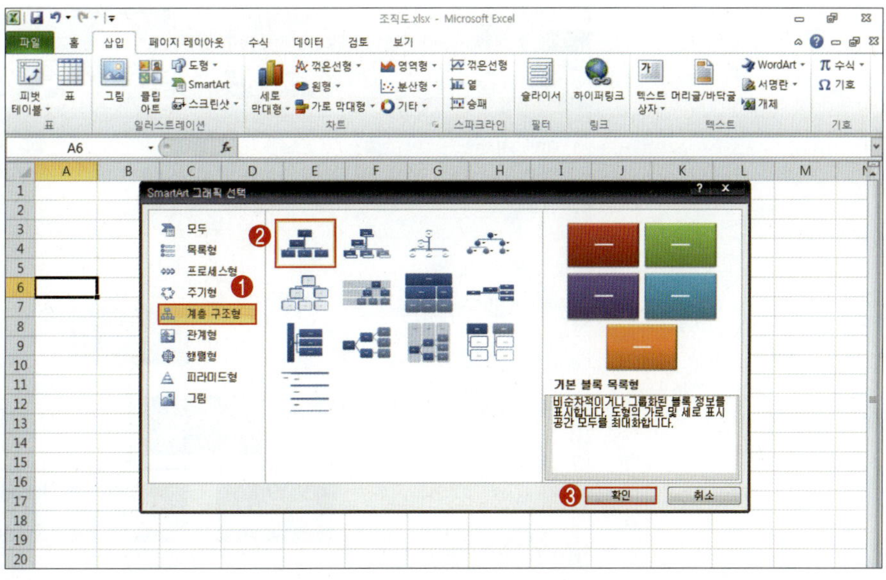

삽입된 조직도의 왼쪽에 있는 텍스트 창 맨 윗줄에 '대표이사'를 입력한 후 키보드의 방향키 또는 마우스를 이용하여 그 다음 줄로 이동하고 '비서실'을 입력합니다. 같은 방법으로 셋째 줄에 '총무부', 넷째 줄에 '영업부'를 입력합니다.

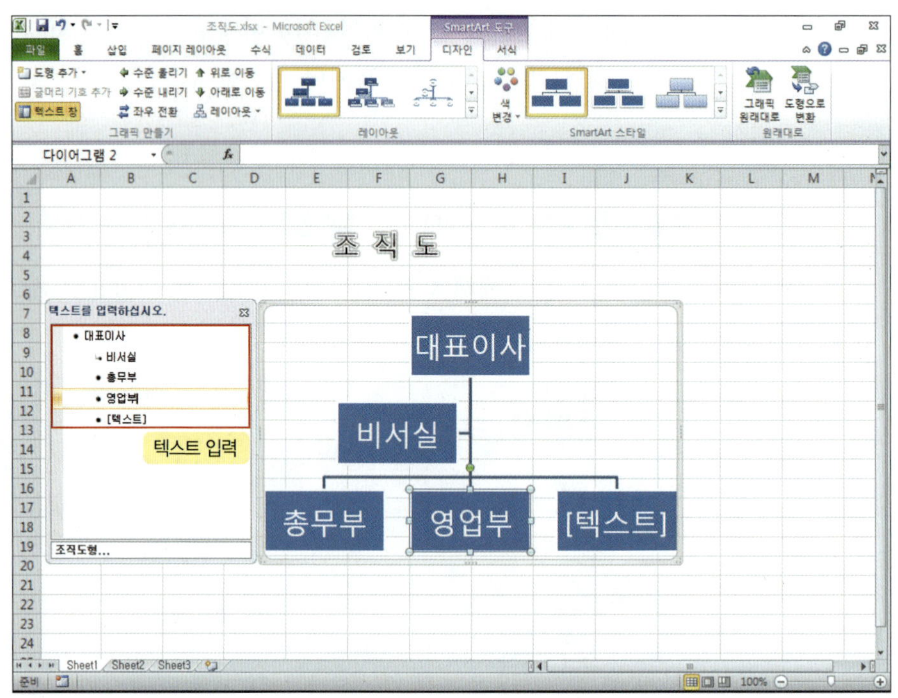

조직도의 '영업부'가 입력된 도형의 오른쪽 도형을 선택한 후 Delete 키를 눌러 삭제합니다.

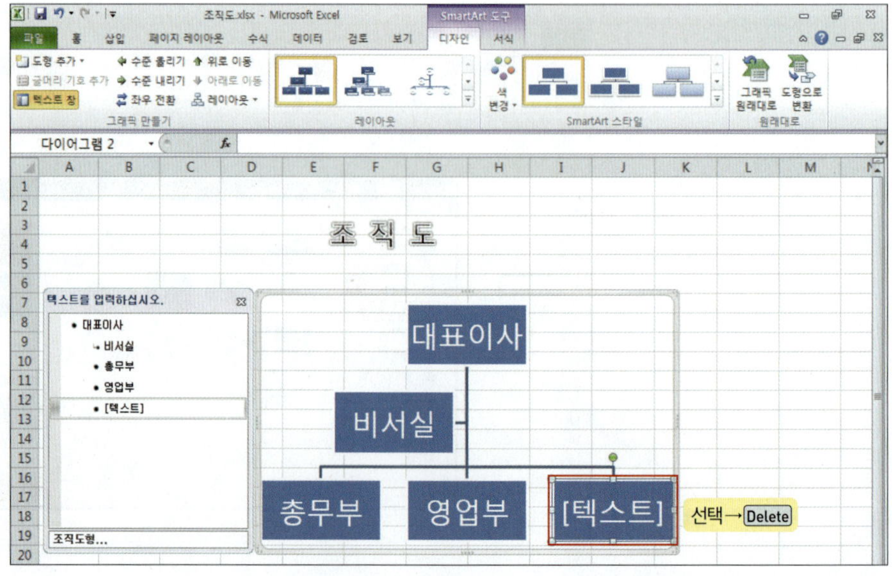

텍스트 창에서 '비서실' 오른쪽을 클릭한 후 Enter 키를 눌러 '비서실'과 같은 수준의 보조자가 삽입되면 '감사실'을 입력합니다.

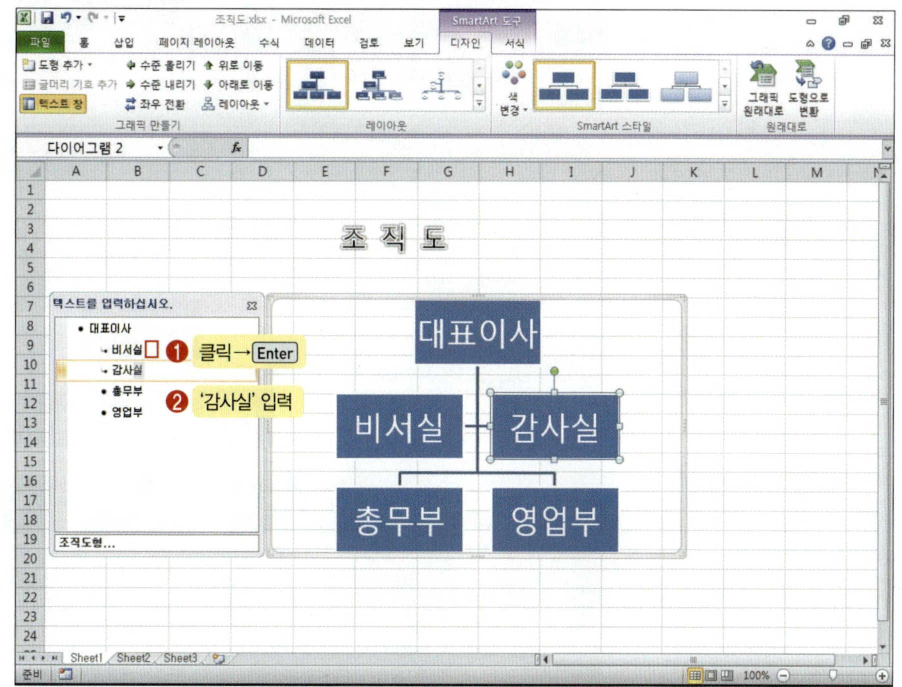

텍스트 창에서 '총무부' 오른쪽을 클릭한 후 Enter 키를 눌러 '총무부'와 같은 수준의 도형을 삽입합니다.

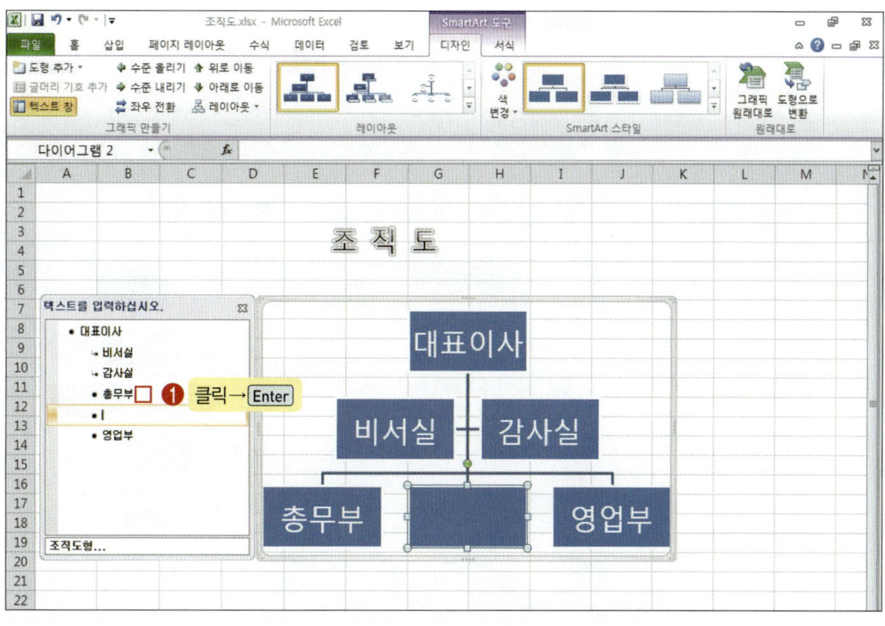

[SmartArt 도구]-[디자인] 탭의 [그래픽 만들기] 그룹의 [수준 내리기] 메뉴를 클릭하여
수준을 조정합니다.

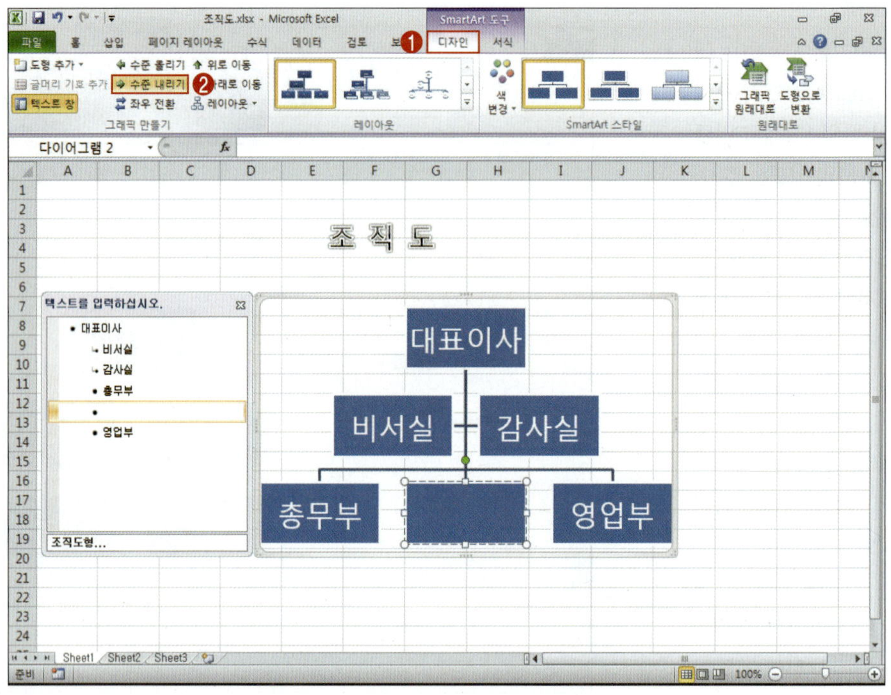

'관리팀'을 입력하고 Enter 키를 눌러 같은 수준의 도형이 삽입되면 '홍보팀'을 입
력합니다.

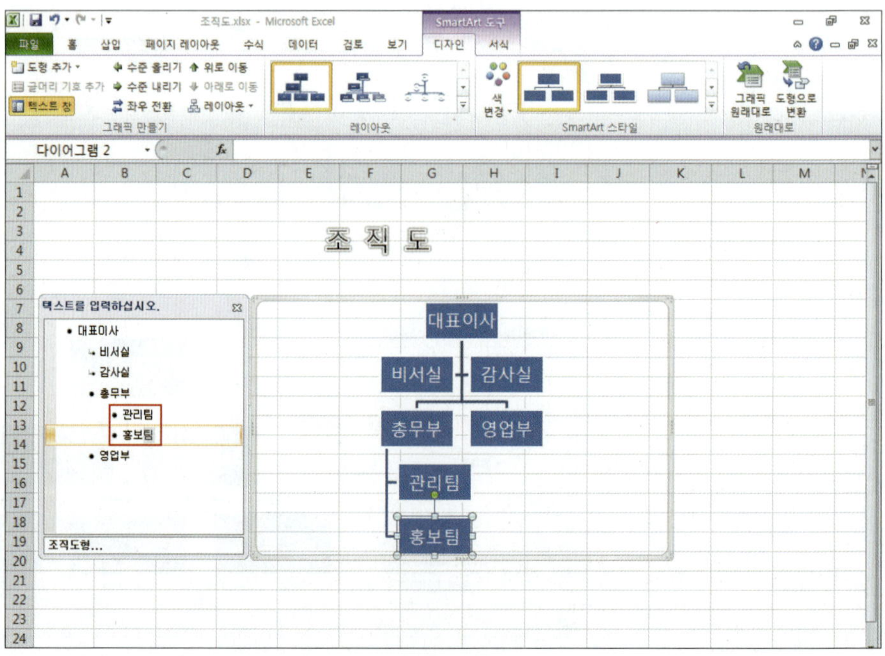

'영업부' 오른쪽을 클릭한 후 Enter 키를 눌러 같은 수준의 도형을 삽입합니다.

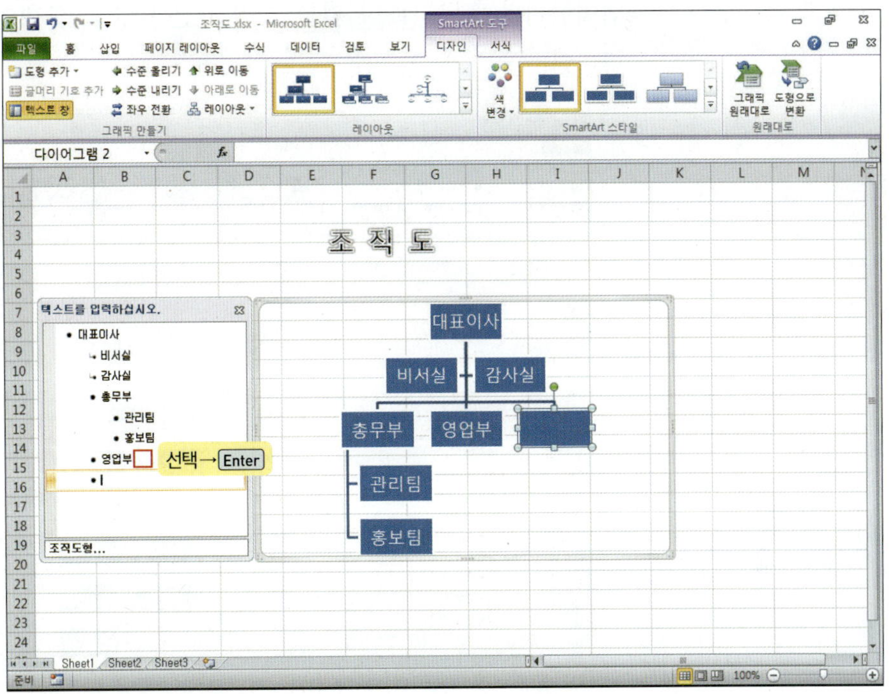

[SmartArt 도구]-[디자인] 탭의 [그래픽 만들기] 그룹의 [수준 내리기] 메뉴를 클릭하여
수준을 조정합니다.

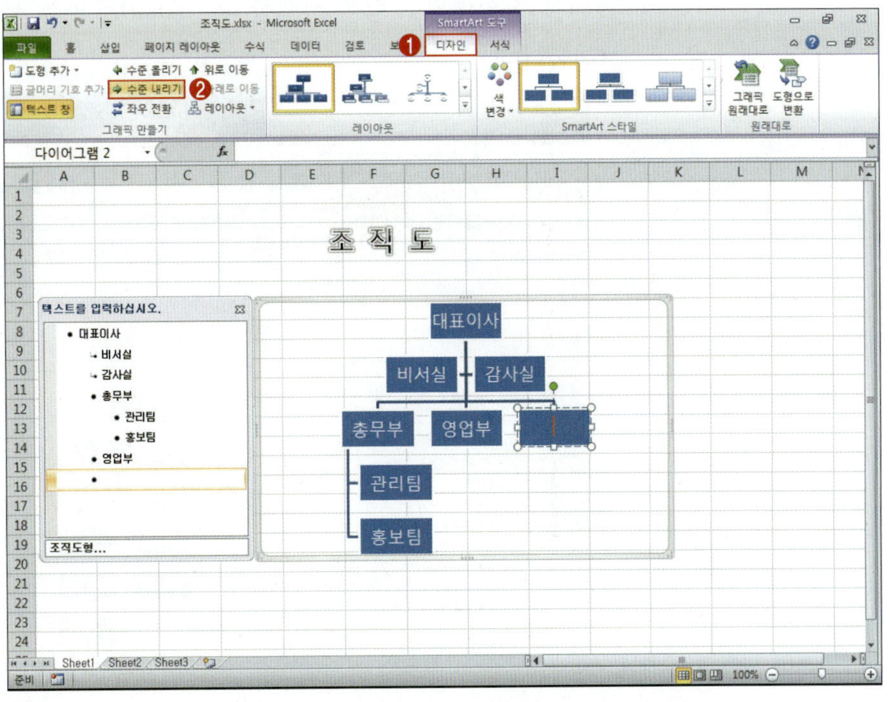

‘영업1팀’을 입력하고 [Enter] 키를 눌러 같은 수준의 도형이 삽입되면 ‘영업2팀’을 입력합니다. 다시 [Enter] 키를 눌러 같은 수준의 도형이 삽입되면 ‘영업3팀’을 입력합니다.

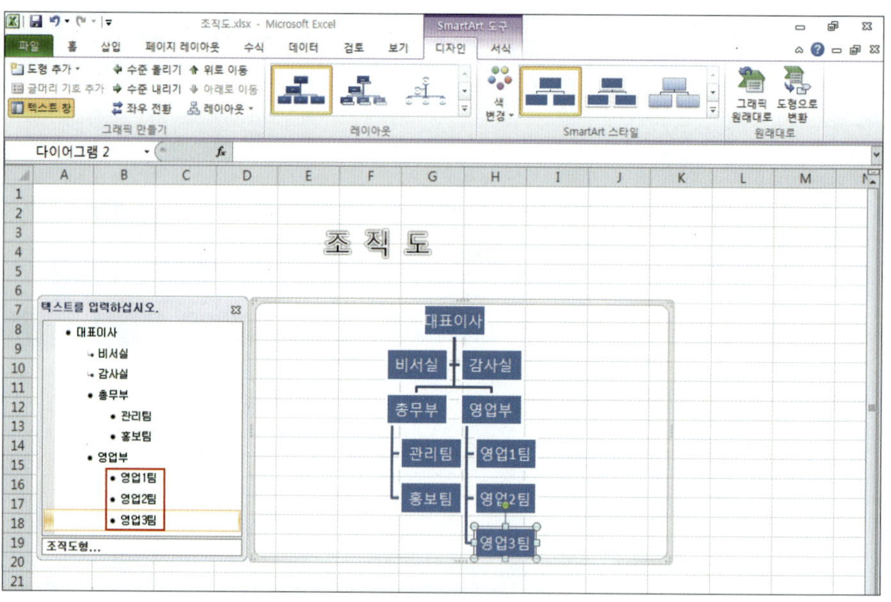

‘총무부’가 입력된 도형을 선택한 후 [SmartArt 도구]-[디자인] 탭의 [그래픽 만들기] 그룹의 [레이아웃] 메뉴 목록 버튼을 클릭하여 [표준]을 선택합니다. 같은 방법으로 ‘영업부’가 입력된 도형을 선택한 후 [레이아웃] 메뉴 목록 버튼을 클릭하여 [표준]을 선택합니다.

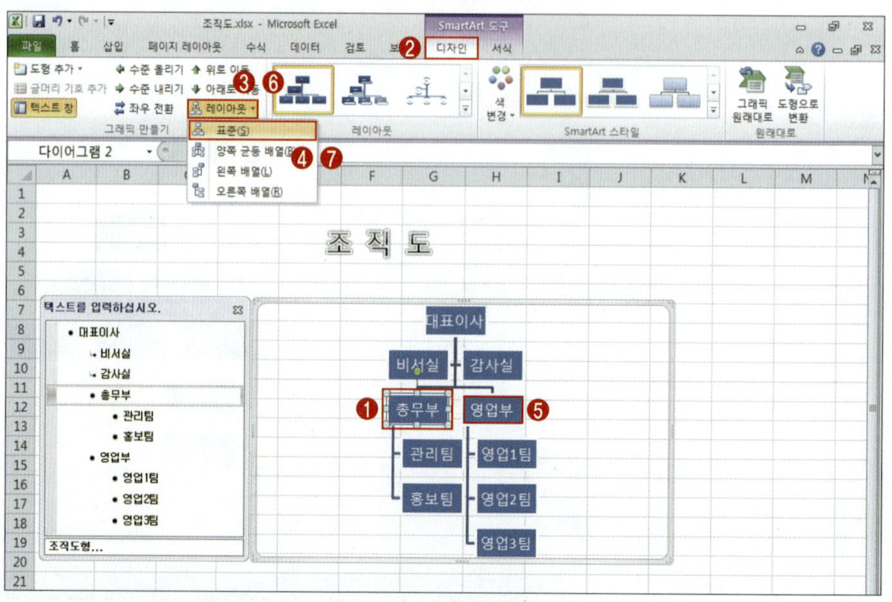

텍스트 창의 [닫기] 버튼을 클릭하여 창을 닫고 조직도의 크기와 위치를 조정합니다.

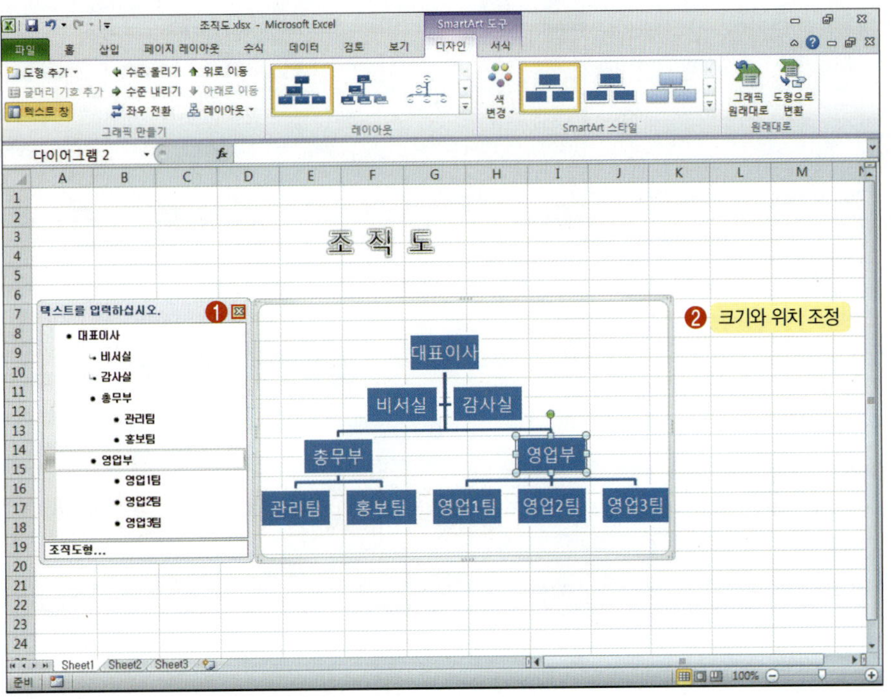

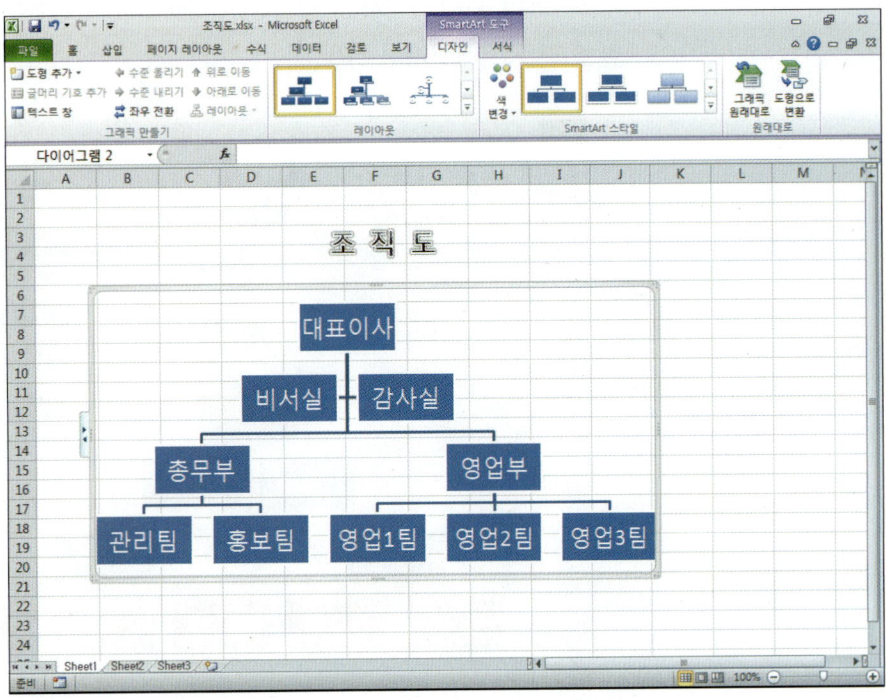

[SmartArt 도구]-[디자인] 탭의 [SmartArt 스타일] 그룹의 [색 변경] 메뉴 목록을 클릭하여 [색상형 범위- 강조색 4 또는 5]를 선택합니다.

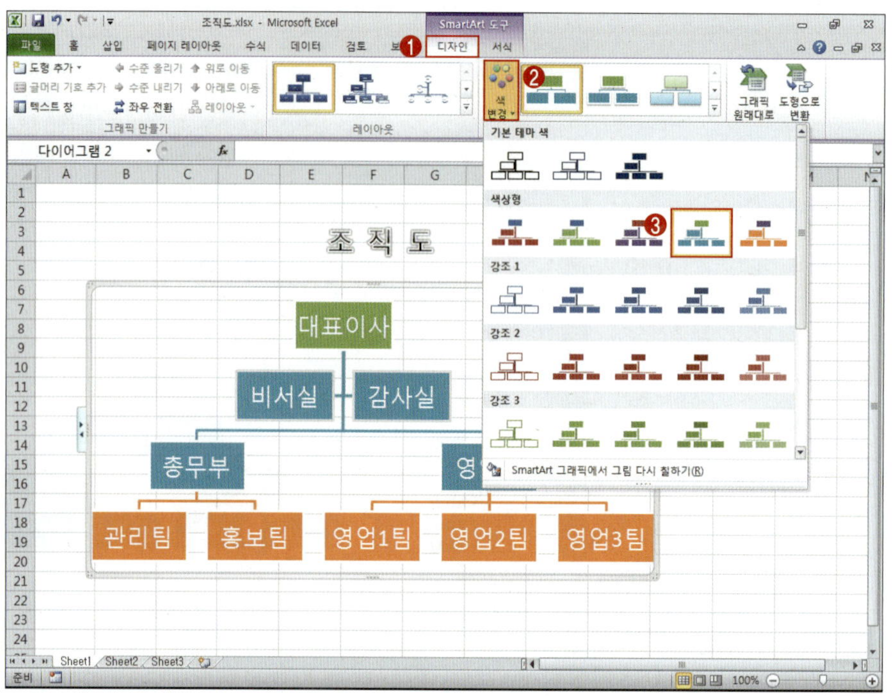

[SmartArt 도구]-[디자인] 탭의 [SmartArt 스타일] 그룹의 [자세히] 버튼을 클릭하여 [강한 효과]를 선택합니다.

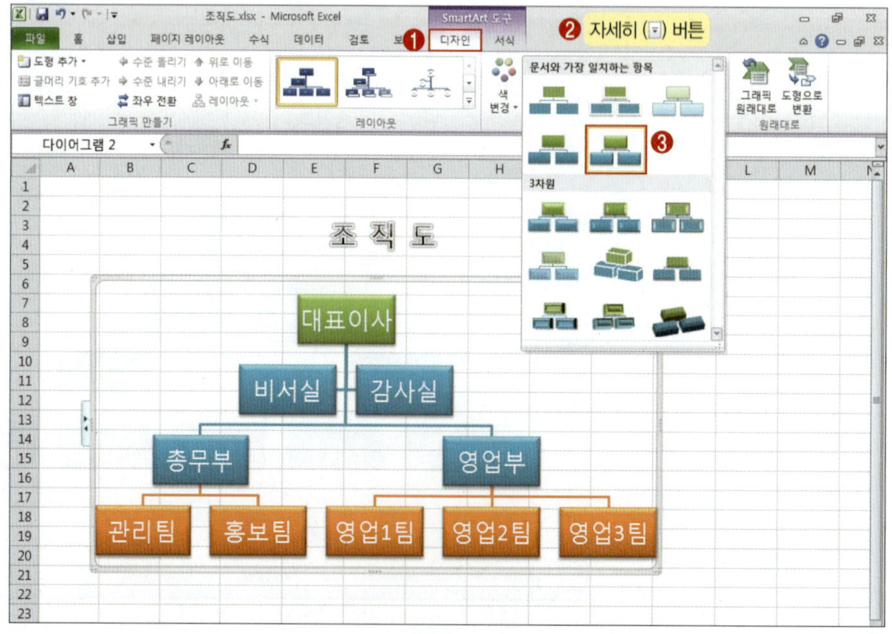

대표이사가 입력된 도형을 선택한 후 [SmartArt 도구]-[디자인] 탭의 [그래픽 만들기] 그룹의 [도형 모양 변경] 메뉴를 눌러 [육각형] 도형을 선택합니다.

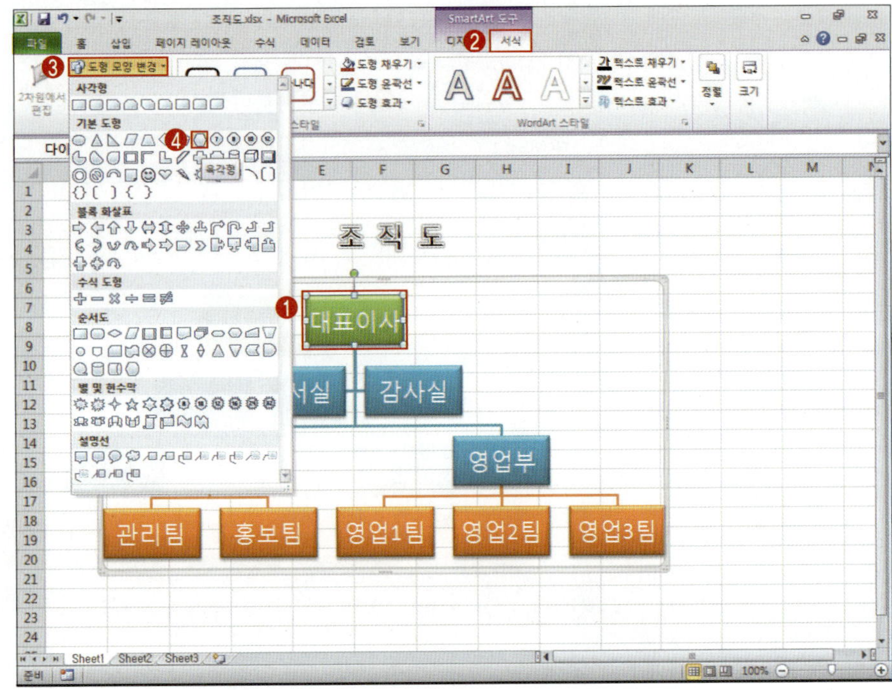

다시 [SmartArt 도구]-[디자인] 탭의 [그래픽 만들기] 그룹의 [크게] 메뉴를 여러 번 눌러 도형의 크기를 확대합니다.

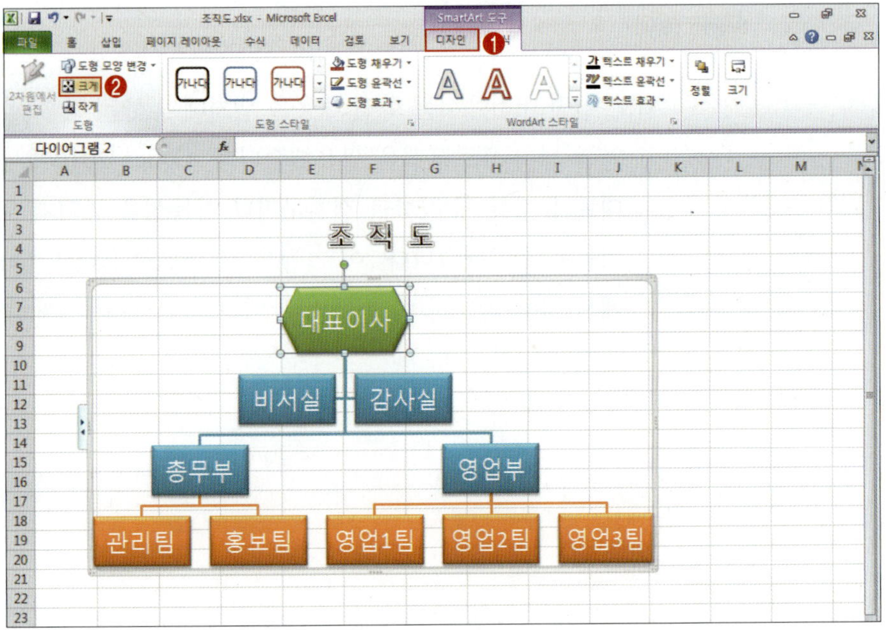

[보기] 탭−[표시] 그룹의 [눈금선] 항목을 체크 해제하여 좀 더 깔끔한 시트 배경으로 설정합니다.

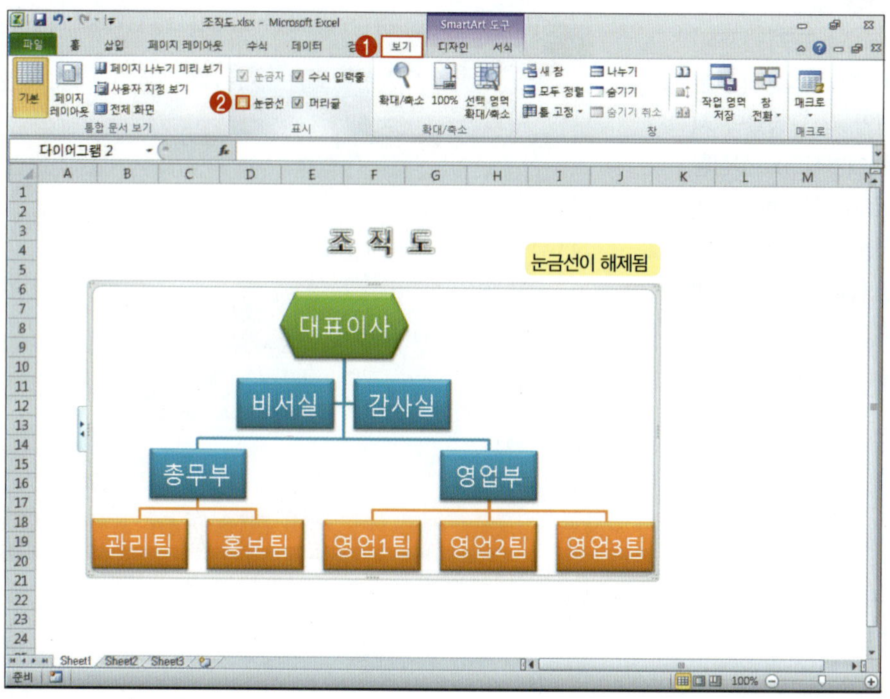

●● 스크린샷으로 화면 캡처하기

이전 버전에서는 화면 내용을 캡처해야 하는 경우 Print Screen 키를 사용하거나 다양한 캡처 프로그램을 활용했습니다. Office 2010에서는 작동 중인 프로그램을 그대로 유지한 채 정보를 캡처하거나 가독성을 높이기 위해 Office 파일에 스크린 샷 기능을 추가했습니다. 이 기능은 Microsoft Excel, Outlook, PowerPoint 및 Word에서 사용 가능하며, 컴퓨터에 열려 있는 창의 전체나 일부를 캡처하는 데 사용할 수 있습니다.

캡처하고자 하는 화면을 열어 놓고 엑셀 문서를 실행합니다.

[삽입] 탭 – [일러스트레이션] 그룹에서 [스크린샷] 메뉴를 클릭합니다. [사용할 수 있는 창]에서 캡처할 화면을 선택하거나 [화면 캡처]를 선택합니다.

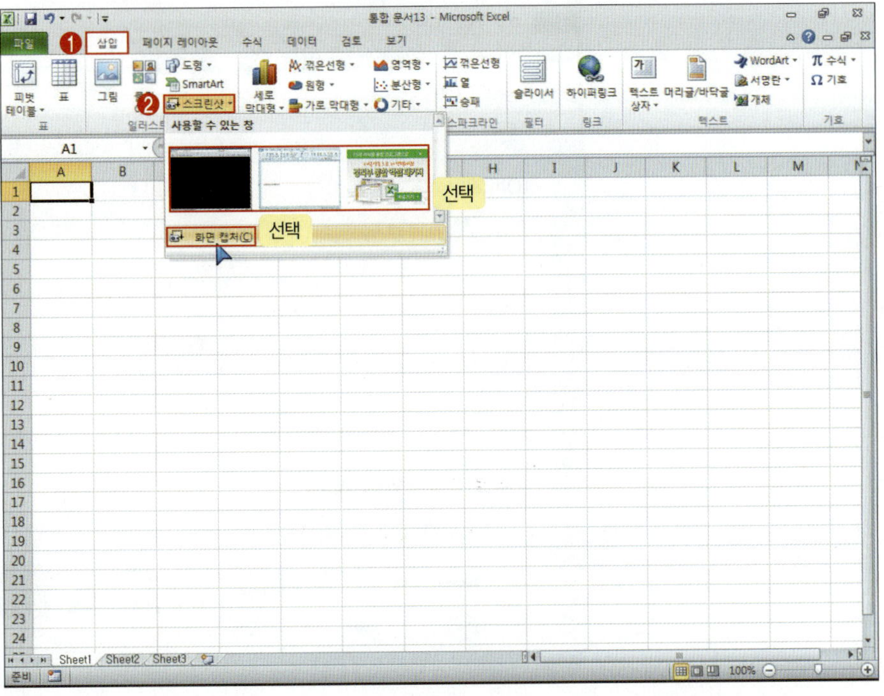

화면이 희미하게 보이는 상태에서 원하는 부분만큼 드래그하여 캡처할 영역을 설정합니다.

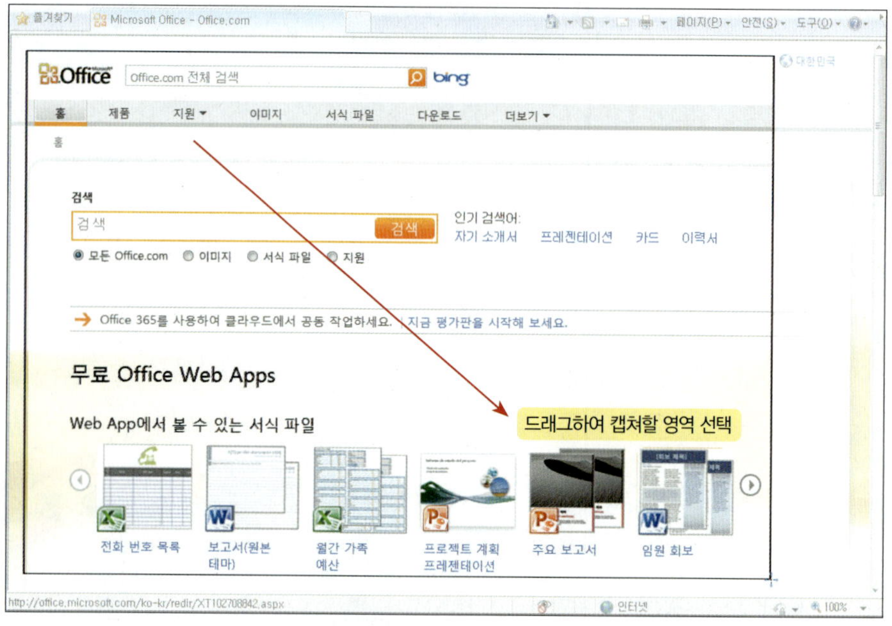

붙여넣기를 따로 할 필요없이 엑셀 문서에 곧바로 삽입되면 [그림 도구]-[서식] 탭의 메뉴를 활용하여 편집해서 사용합니다.

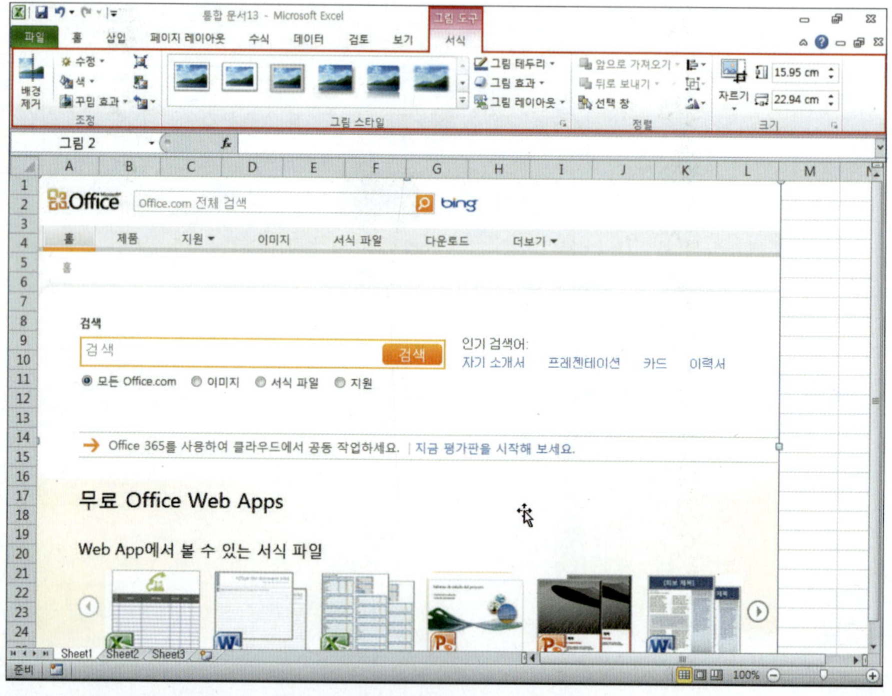

데이터가 한눈에 보이는 차트 작성하기

수치 데이터의 상대적인 크기를 한 눈에 파악할 수 있는 가장 좋은 방법은 차트로 표현하는 것입니다. 차트는 데이터를 그래픽으로 표현하여 한 눈에 효과적으로 분석할 수 있도록 돕는 역할을 합니다. 데이터의 특성에 따라 알맞은 차트를 작성하고 이를 표현하는 다양한 방법을 살펴보도록 합니다.

차트 종류와 용도 알아보기

차트를 작성하기 전에 차트의 종류별 특징과 적합한 용도를 먼저 알아봅니다.
차트에서 표현할 데이터의 내용에 따라 적절한 차트의 종류를 선택하여야 데이터를 효과적으로 전달할 수 있습니다.

〈막대 차트〉

항목간의 값을 막대의 길이로 비교할 때 주로 사용하며, 시간의 추이에 따른 변화를 나타낼 때도 사용됩니다. 비교 데이터를 표현할 때 효과적입니다.

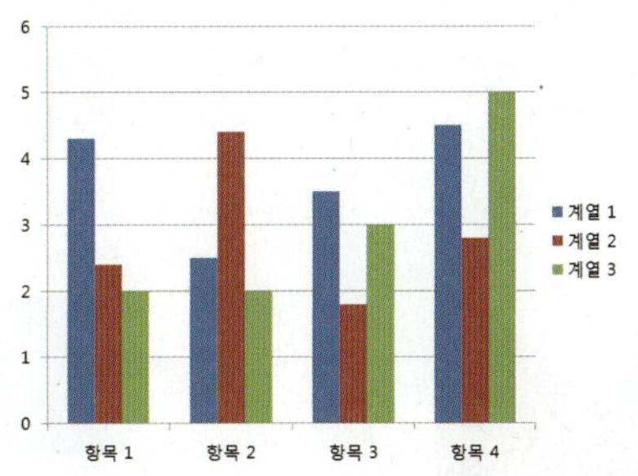

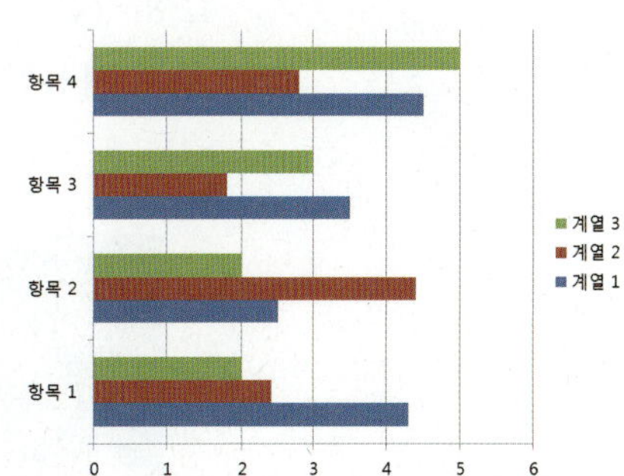

　일정 기간 동안의 데이터 변화를 직관적으로 비교하고자 할 때 사용하며, 연속적인 값의 변화를 표현할 수 있습니다.

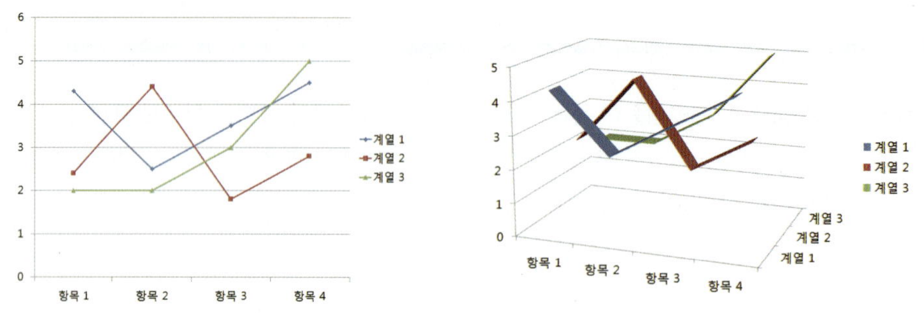

〈원형 차트〉

　데이터 요소의 값을 백분율로 환산하여 전체 항목의 합에 대한 각 항목의 비율을 나타냅니다. 한 개의 데이터 계열만 가지므로 축이 없습니다. 범례 대신 데이터 레이블로 항목을 표시하는 것이 좋습니다.

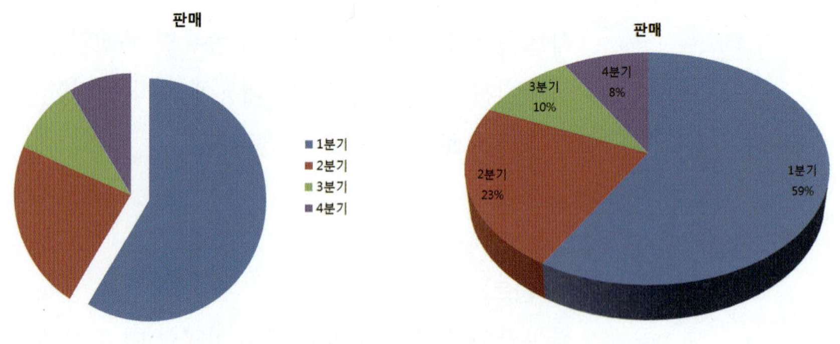

〈영역형 차트〉

　일정 기간 동안의 데이터 변화를 영역으로 표시하여 변화량을 직관적으로 분석할 때 주로 사용합니다.

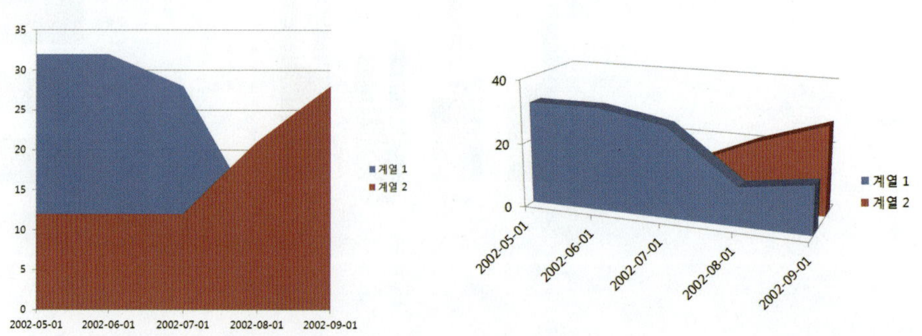

〈분산형 차트〉

 X축과 Y축을 모두 숫자로 표시하여 각 항목의 분산도, 즉 불규칙한 정도를 보여
주는 차트로 주로 과학 공학용 데이터 분석에 사용합니다.

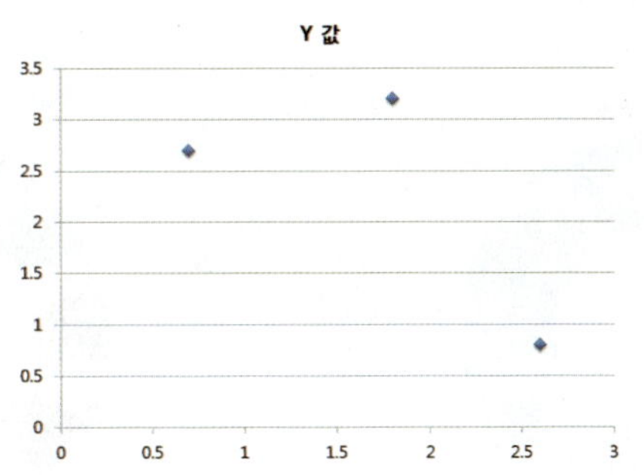
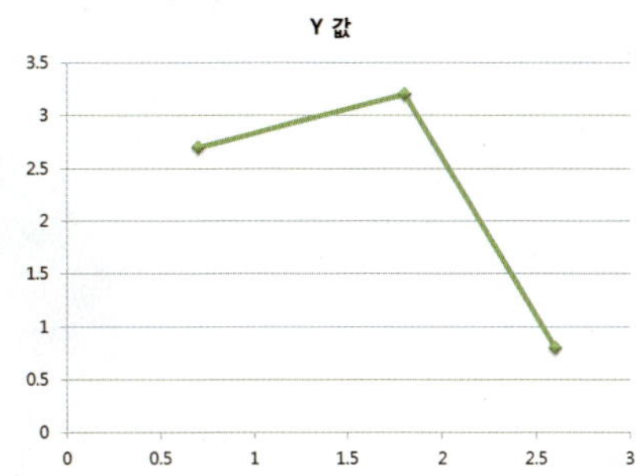

〈주식형 차트〉

 주식 변화 또는 기온 변화 등의 데이터 변화 추이를 분석할 때 주로 사용하는 차
트입니다.

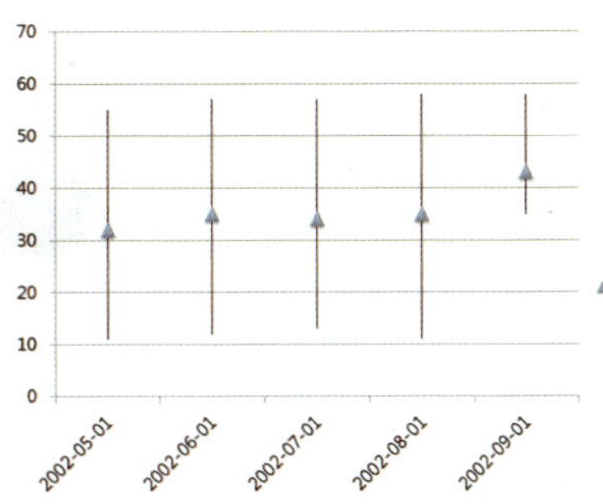
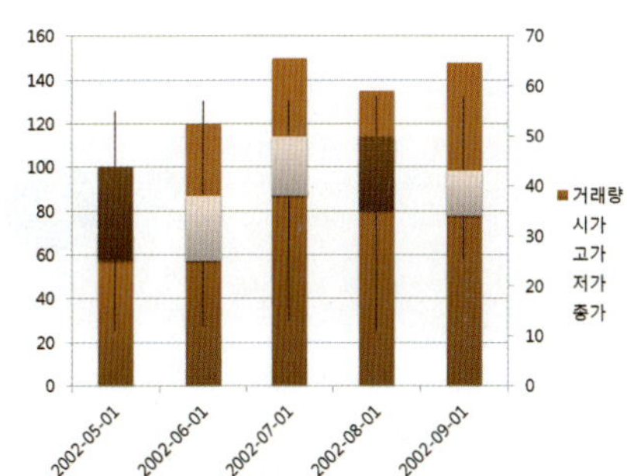

〈표면형 차트〉

 두 데이터 그룹에서 최적의 조합을 찾을 때 주로 사용하는 차트입니다.

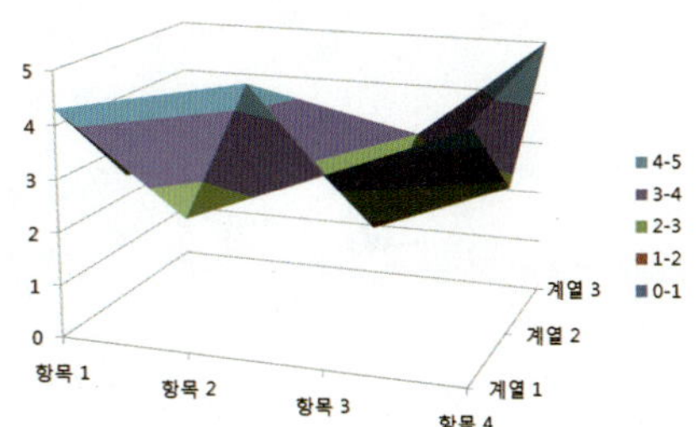
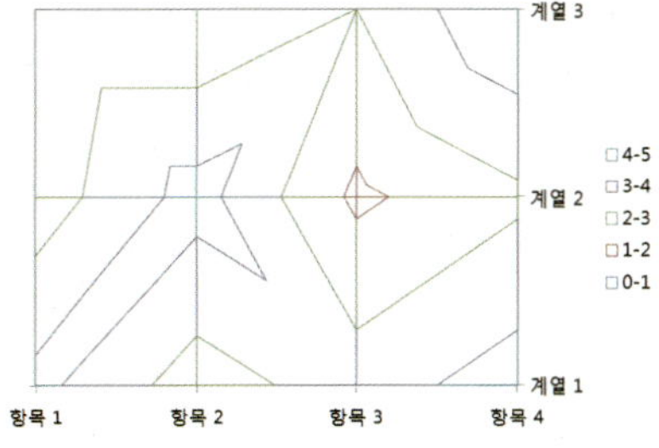

〈도넛형 차트〉

　데이터 요소의 값을 백분율로 환산하여 전체 항목의 합에 대한 각 항목의 비율을
나타냅니다. 한 개의 데이터 계열만 가지는 원형 차트와는 달리 여러 개의 데이터
계열을 갖는 차트입니다.

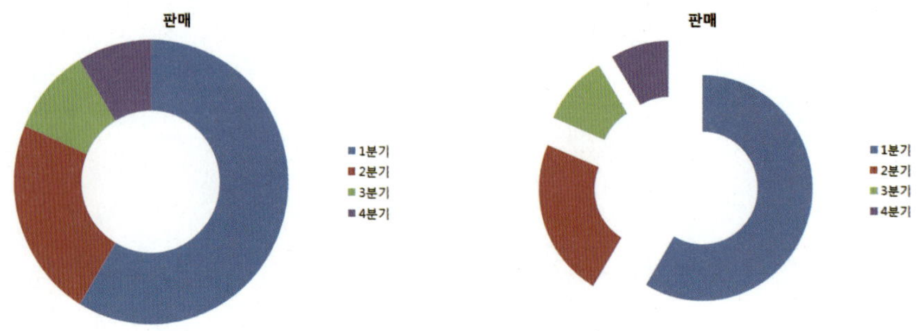

〈거품형 차트〉

　분산형 차트 중 하나로 계열 간의 항목 비교에 사용하며 계열 값이 세 개인 경우
에 주로 사용합니다.

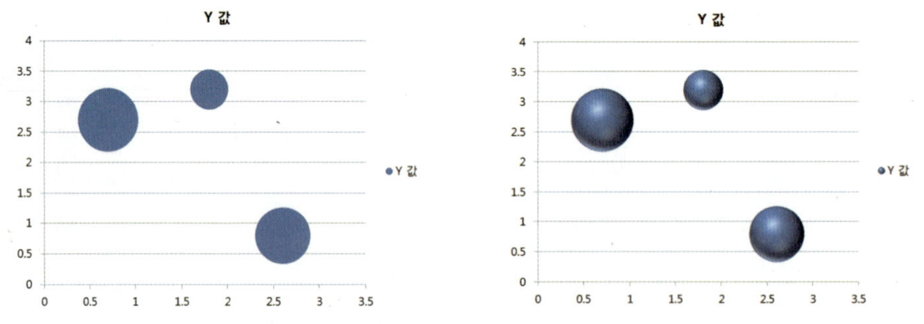

〈방사형 차트〉

　여러 항목간의 관계를 비교하여 분석할 때 사용하는 차트입니다.

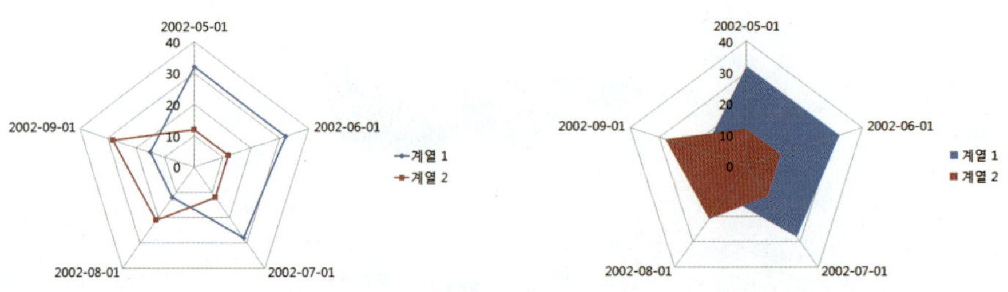

차트 요소 알아보기

차트에는 여러 가지 요소가 있습니다. 기본적으로 표시되는 요소도 있고, 필요에 따라 추가할 수 있는 요소도 있습니다. 차트 요소를 차트의 다른 위치로 이동하고 크기를 조정하거나 서식을 변경하여 차트 요소의 표시를 변경할 수 있으며, 표시하지 않으려는 차트 요소를 제거할 수도 있습니다.

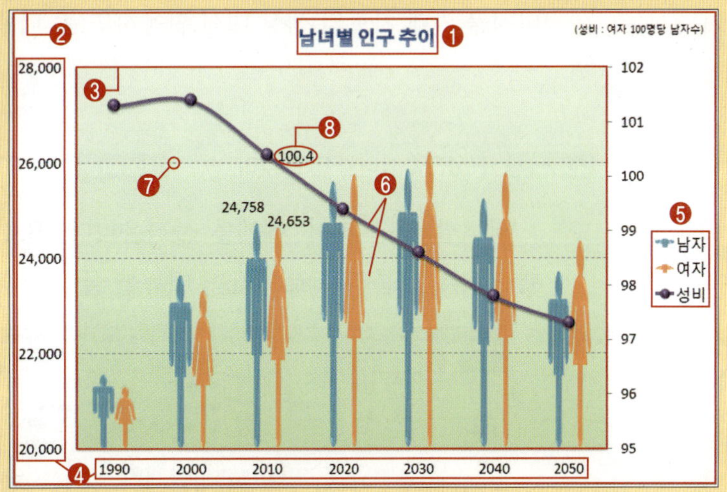

① **차트 제목** : 차트의 제목이 표시됩니다.

② **차트 영역** : 차트의 전체 또는 모든 차트 요소를 말합니다.

③ **그림 영역** : 차트의 데이터 계열이 표시되는 영역입니다. 2차원 차트에서는 모든 데이터 계열이 포함되고 축으로 둘러싸인 영역이며, 3차원 차트에서는 데이터 계열, 항목 이름, 눈금 레이블, 축 제목 등이 포함되며 축으로 둘러싸인 영역입니다.

④ **가로/세로 축** : 차트의 수평/수직 좌표로 일정한 간격으로 데이터 옵션이 표시되어 있습니다. 일반적으로 가로 축은 항목을 포함하는 축이며, 세로 축은 데이터를 포함하는 값 축입니다.

⑤ **차트 범례** : 차트의 데이터 계열이나 항목에 할당된 무늬 또는 색을 식별할 수 있도록 이름을 표시합니다.

⑥ **데이터 계열** : 엑셀의 데이터 시트 값에 입력한 데이터 값을 표시합니다. 차트의 각 데이터 계열은 고유의 색이나 무늬를 가집니다. 한 차트에 데이터 계열을 한 개 이상 그릴 수 있으며, 원형 차트에는 데이터 계열이 한 개만 있습니다.

⑦ **눈금선** : 옵션 축의 눈금값 높이를 표시하며, 눈금선만으로도 데이터 값을 대략 짐작할 수 있습니다.

⑧ **데이터 레이블** : 데이터 값에 대한 정보를 선택적으로 제공하는 레이블입니다.

이미지를 활용한 이중축 혼합 차트 만들기

차트 작성시 데이터 값의 차가 클 때에 작은 값을 차트에서 판독하기 어려운 경우가 있습니다. 이런 경우 작은 값의 계열을 보조 축과 다른 모양의 차트로 변경하면 좀 더 이해하기 쉬운 차트로 활용할 수 있습니다. 또한 막대 차트의 내용에 맞는 이미지를 막대 차트의 색상 대신 활용하면 좀 더 특별한 차트가 완성됩니다.

예제 파일 **PART4** 남녀별 인구 추이   완성 파일 **PART4** 남녀별 인구 추이 완성

'남녀별 인구 추이' 예제를 불러옵니다. B3:I3, B5:I7 영역을 선택한 후 [삽입] 탭−[차트] 그룹의 [세로 막대형] 메뉴를 클릭한 후 [묶은 세로 막대형]을 선택합니다.

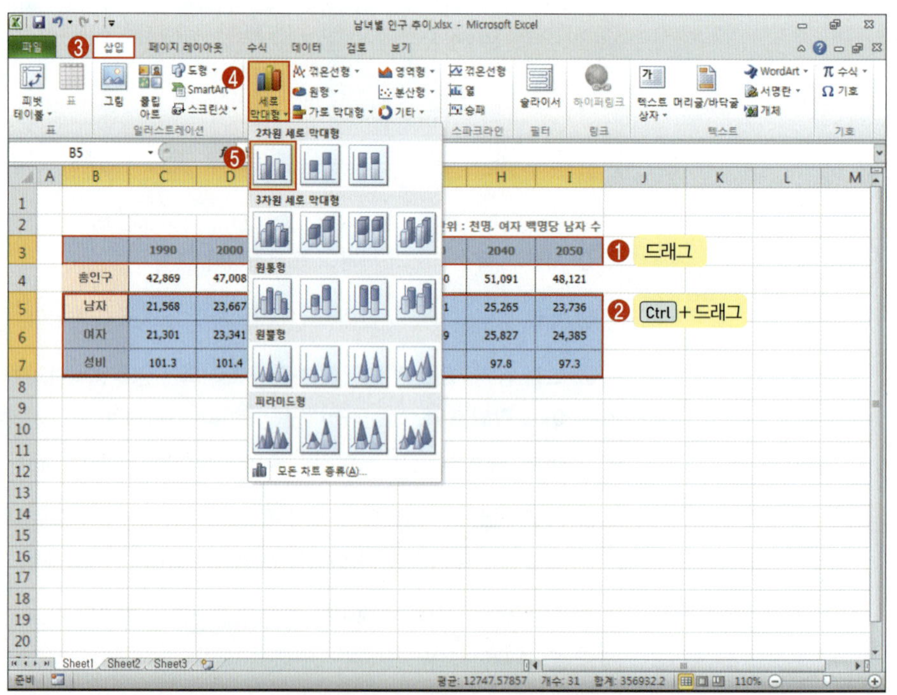

> **TIP** B3:I3, B5:I7 영역을 함께 선택하려면 B3:I3영역을 드래그한 후 Ctrl 키를 누르고 B5:I7 영역을 드래그합니다.

[차트 도구]-[디자인] 탭-[위치] 그룹의 [차트 이동] 메뉴를 클릭합니다.

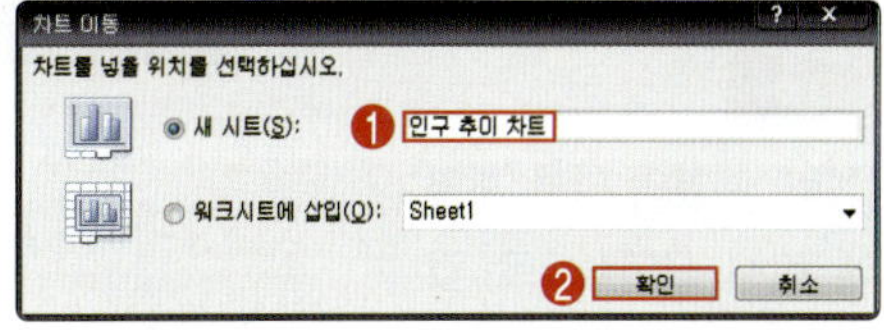

[차트 이동] 대화 상자가 열리면 [새 시트]를
선택한 후 '인구 추이 차트'라고 입력하고 [확
인] 버튼을 클릭합니다.

[차트 도구]-[디자인] 탭-[차트 레이아웃] 그룹의 [자세히] 버튼을 클릭한 후 [레이아
웃 1]을 선택합니다.

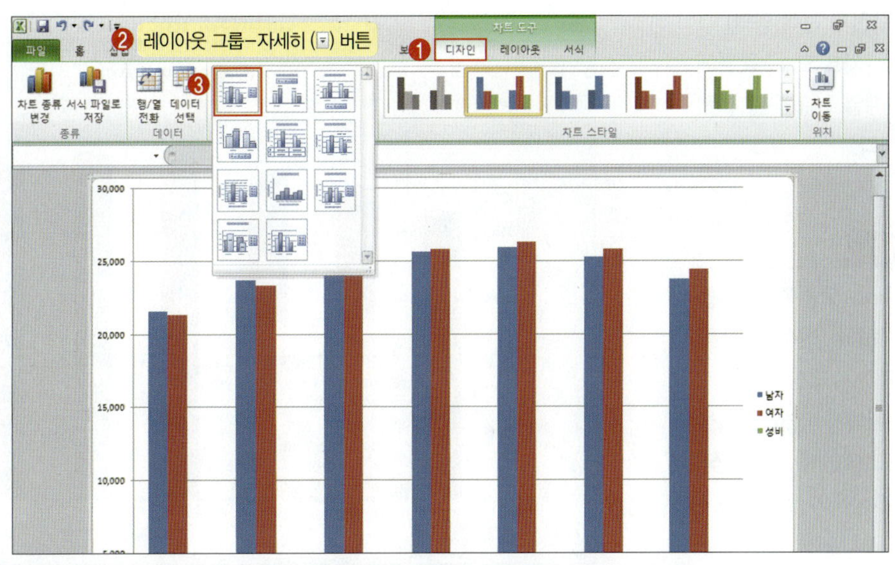

차트 영역 상단의 [차트 제목] 영역에 '남녀별 인구 추이'라고 입력합니다.

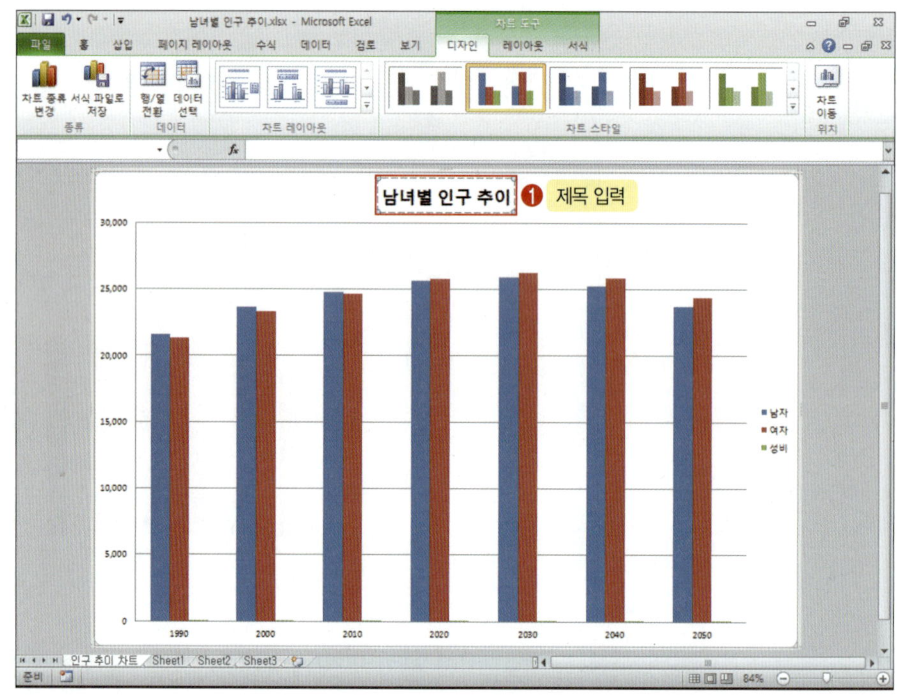

'성비' 계열을 선택한 후 마우스 오른쪽 버튼을 클릭하여 [데이터 계열 서식]을 선택합니다.

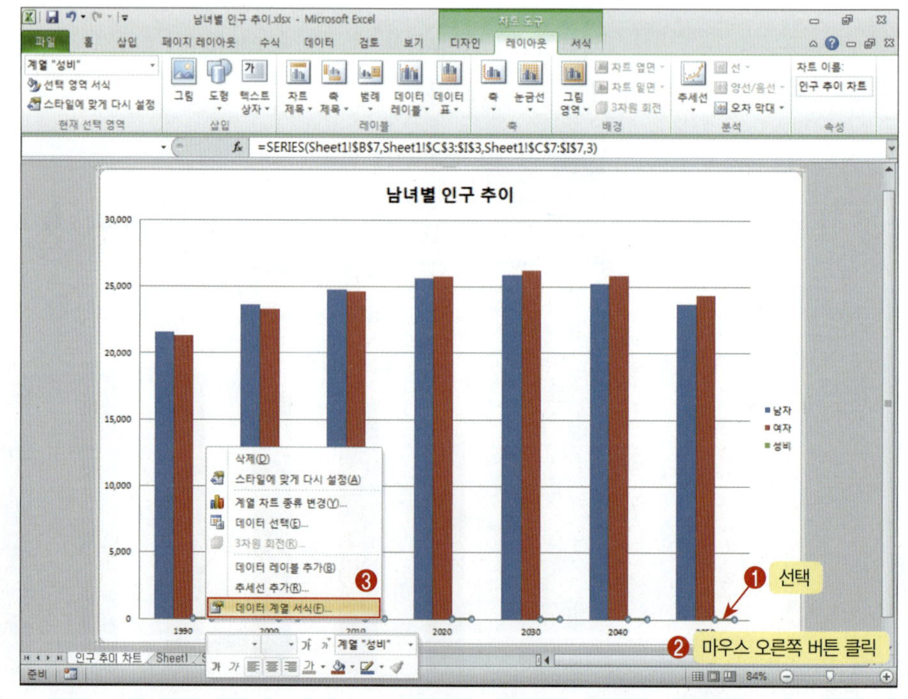

[데이터 계열 서식] 대화 상자가 열리면 [계열 옵션]의 '데이터 계열 지정'을 '보조 축'으로 설정합니다.

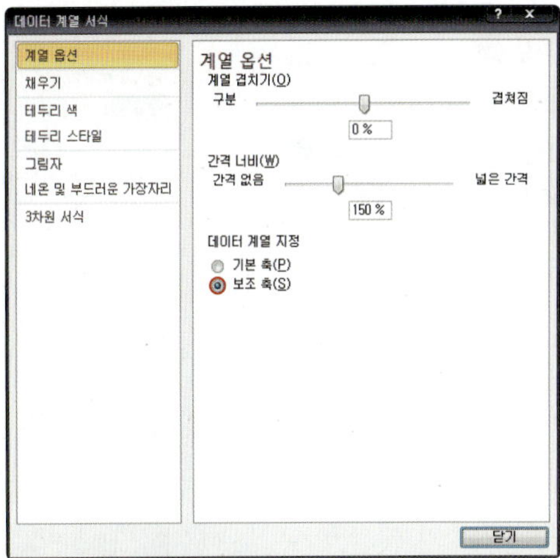

'성비' 계열이 선택된 상태로 [차트 도구]−[디자인] 탭−[종류] 그룹의 [차트 종류 변경] 메뉴를 클릭합니다. [차트 종류 변경] 대화 상자에서 [표식이 있는 꺾은선형]을 선택한 후 [확인] 버튼을 클릭합니다.

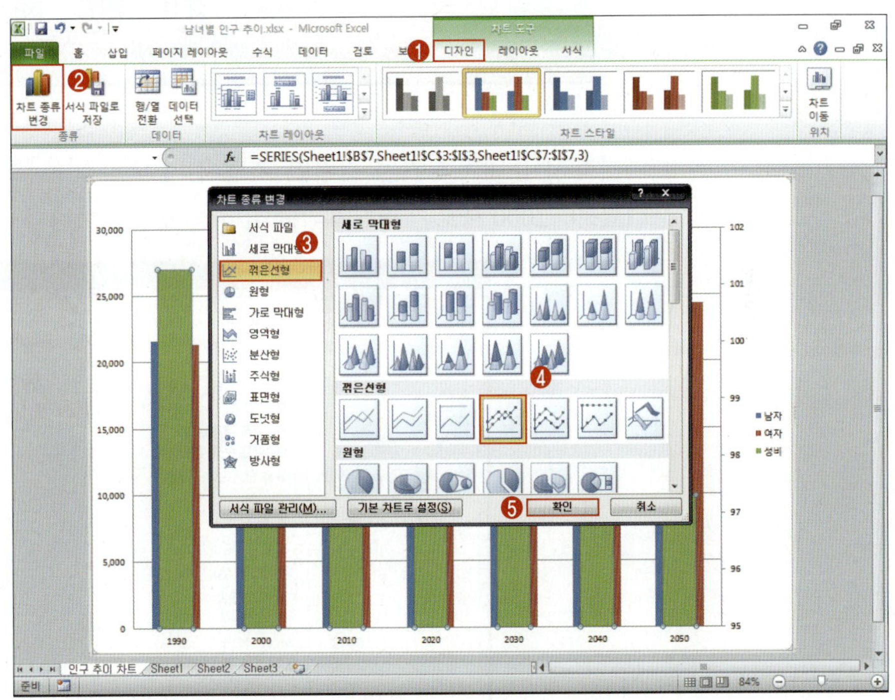

세로 값 축을 선택한 후 마우스 오른쪽 버튼을 클릭하고 [축 서식]을 선택합니다.

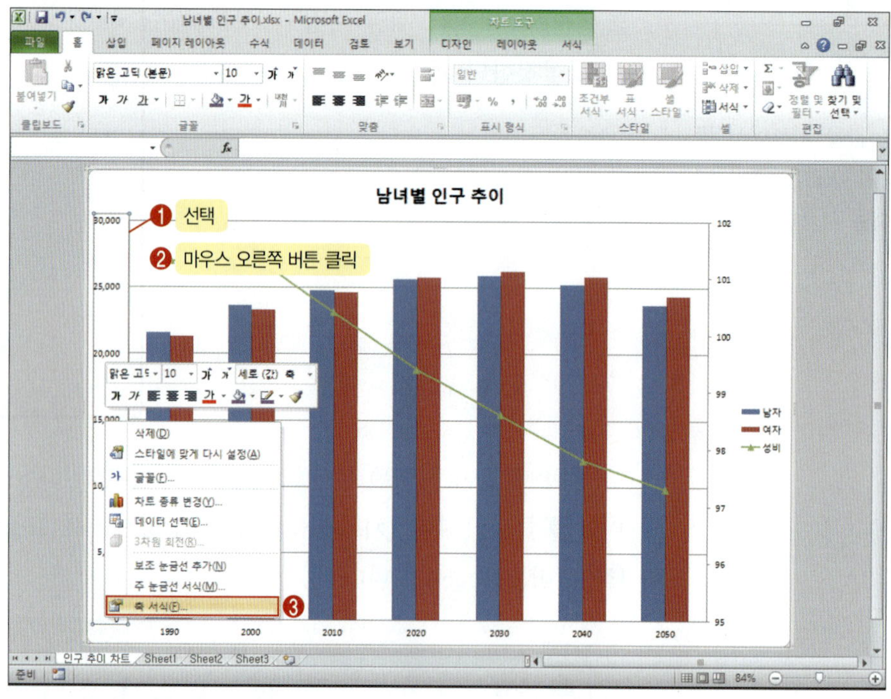

[축 서식] 대화 상자가 열리면 [축 옵션]의 '최소값'을 [고정], '20000'으로, '주 단위'를 [고정], '2000'으로 설정한 후 [닫기] 버튼을 클릭합니다.

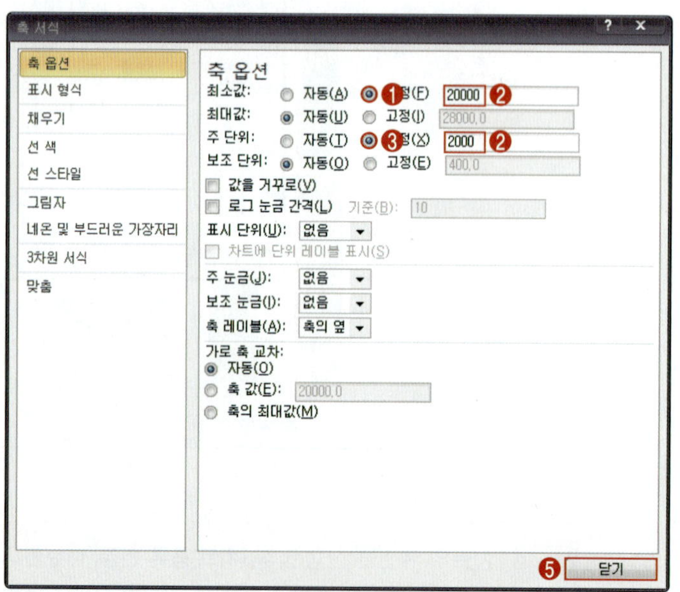

차트 영역을 선택한 후 [홈] 탭 – [글꼴] 그룹의 [글꼴 크기]를 '16'으로 설정합니다.

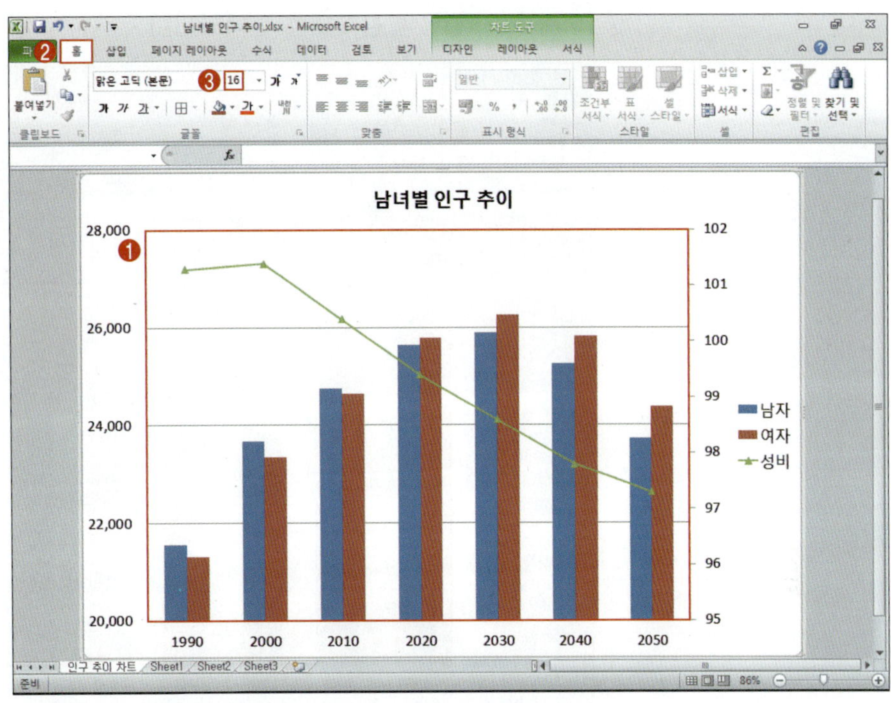

차트 제목을 선택한 후 [차트 도구] – [서식] 탭 – [WordArt 스타일] 그룹의 빠른 스타일 중 [그라데이션 채우기–파랑 강조 1]을 선택합니다.

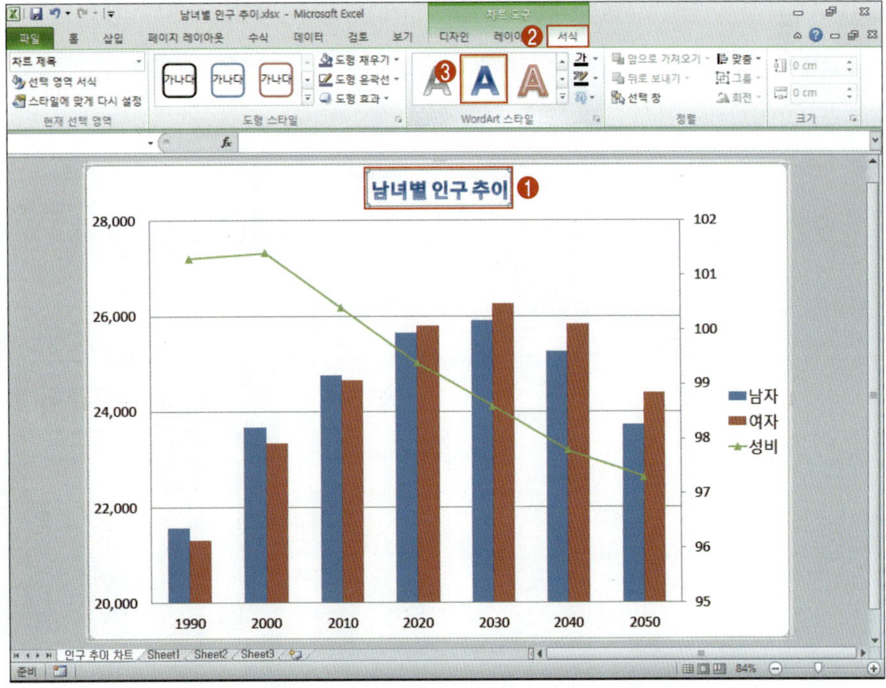

TIP

차트의 구성 요소도 다른 도형이나 텍스트 개체처럼 취급하여 스타일을 적용할 수 있습니다.

'그림 영역'을 선택한 후 [차트 도구]-[서식] 탭-[도형 스타일] 그룹의 빠른 스타일 중 [미세 효과-황록색, 강조 3]을 선택합니다.

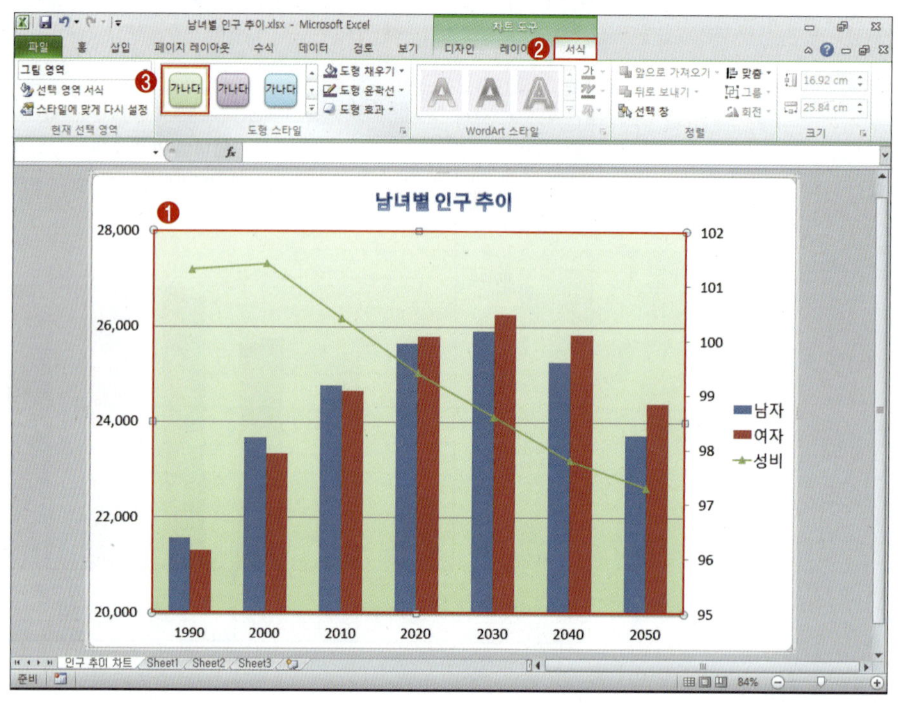

'세로 값 축 주 눈금선'을 선택한 후 [차트 도구]-[서식] 탭-[도형 스타일] 그룹의 [도형 윤곽선]을 클릭하여 [대시]-[파선]을 선택합니다.

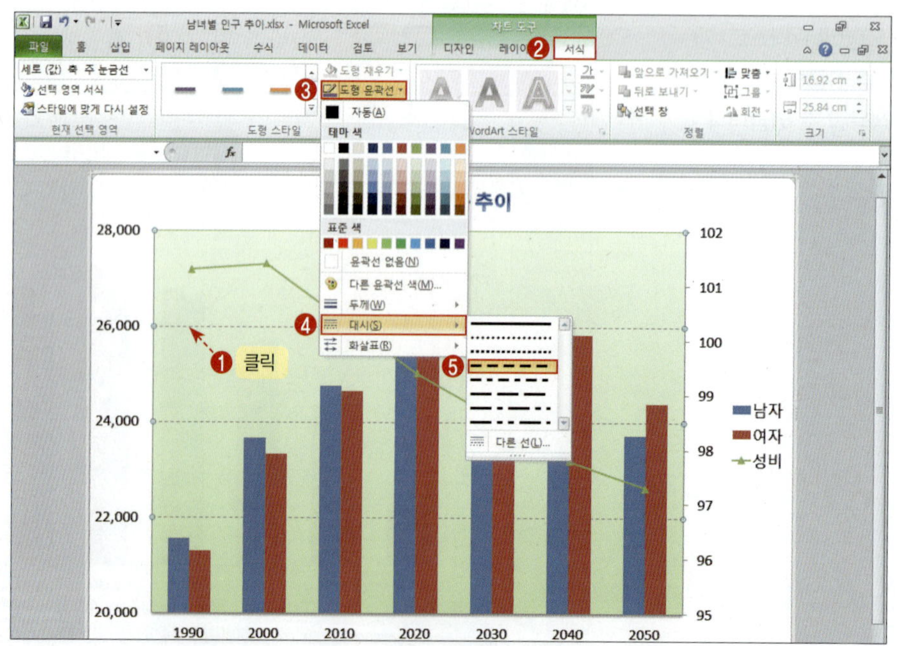

남자 계열을 선택한 후 [차트 도구]―[서식] 탭―[도형 스타일] 그룹의 [도형 채우기]를 클릭하여 [그림]을 선택합니다. [그림 삽입] 대화 상자에서 '남.png' 이미지를 선택한 후 [삽입] 버튼을 클릭합니다.

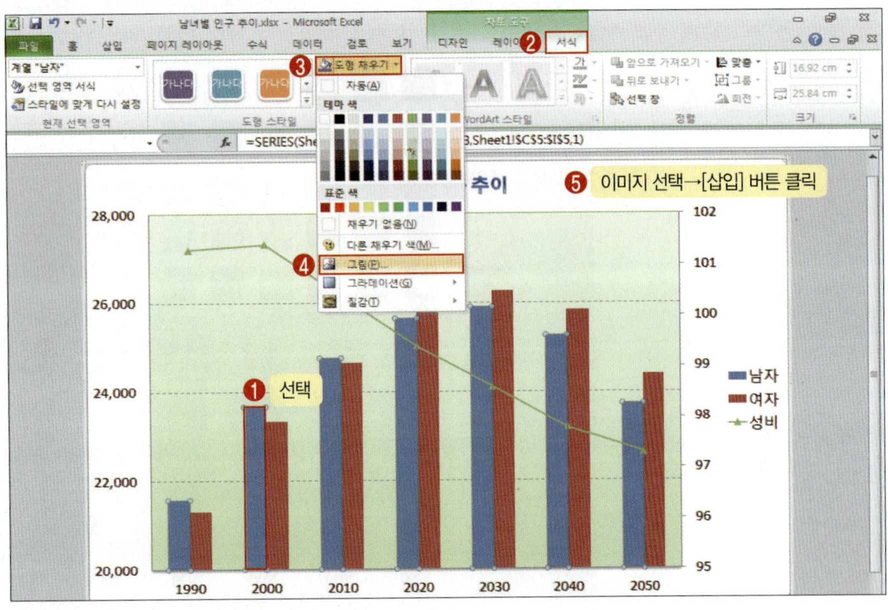

여자 계열을 선택한 후 [차트 도구]―[서식] 탭―[도형 스타일] 그룹의 [도형 채우기]를 클릭하여 [그림]을 선택합니다. [그림 삽입] 대화 상자에서 '여.png' 이미지를 선택한 후 [삽입] 버튼을 클릭합니다.

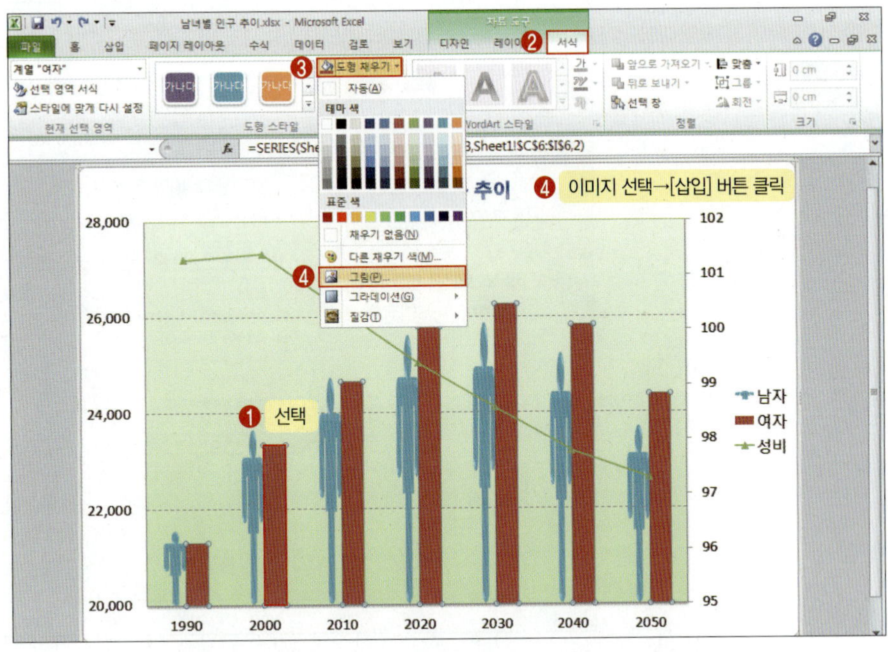

'성비' 계열을 선택한 후 [차트 도구]-[서식] 탭-[도형 스타일] 그룹의 빠른 스타일 중 [보통 효과-자주, 강조 4]를 선택합니다.

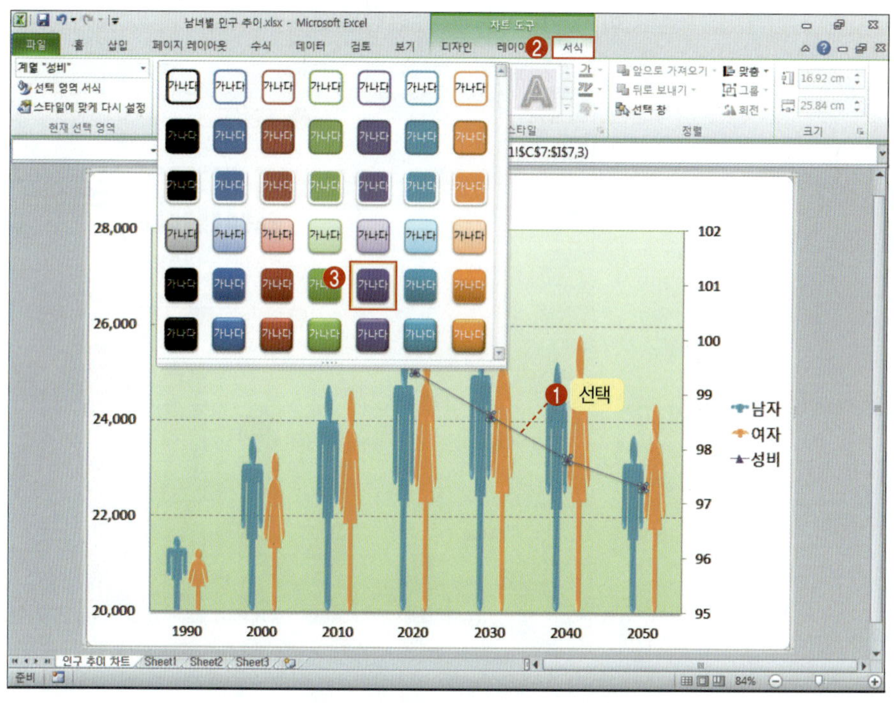

'성비' 계열이 선택된 상태로 마우스 오른쪽 버튼을 클릭하여 [데이터 계열 서식]을 선택합니다.

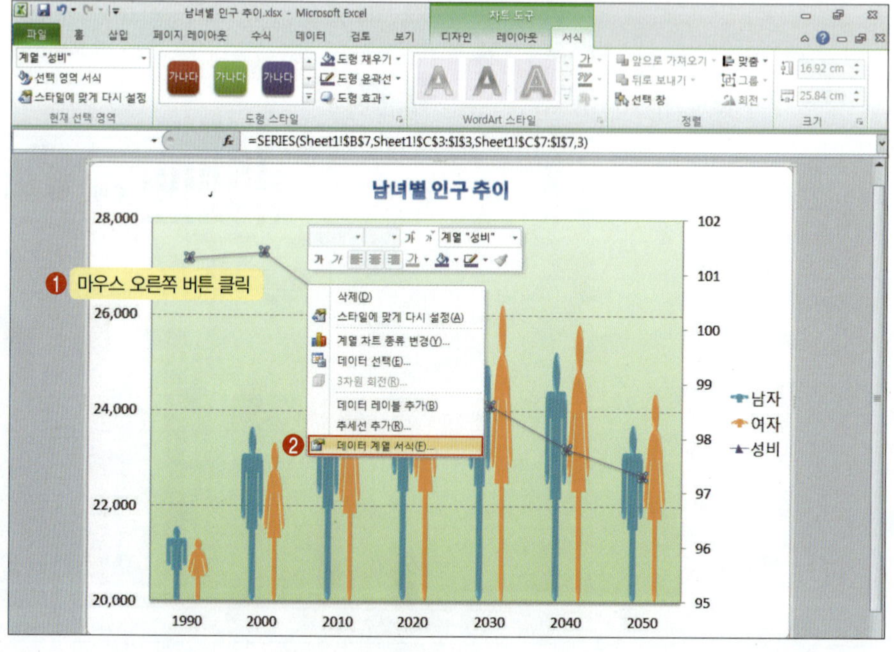

[데이터 계열 서식] 대화 상자의 [표식 옵션] 메뉴를 선택한 후 [기본 제공]을 클릭하고 형식을 '●'로, 크기를 '12'로 설정합니다.

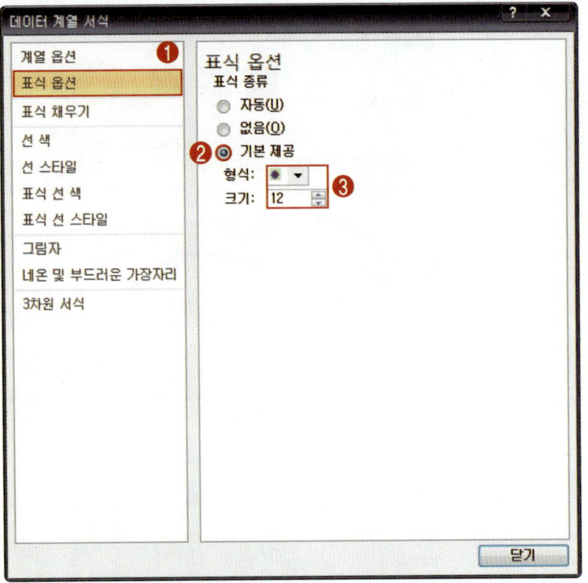

[선 스타일] 메뉴를 선택한 후 '너비'를 '4 pt'로 설정한 후 [완만한 선]을 체크한 후 [닫기] 버튼을 클릭합니다.

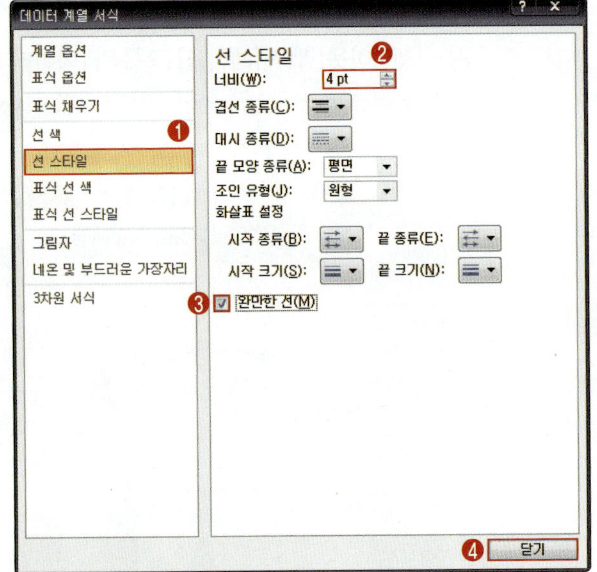

성비 계열이 선택된 상태로 [차트 도구]−[서식] 탭−[도형 스타일] 그룹의 [도형 효과]
를 클릭하여 [입체 효과]−[둥글게]를 선택합니다.

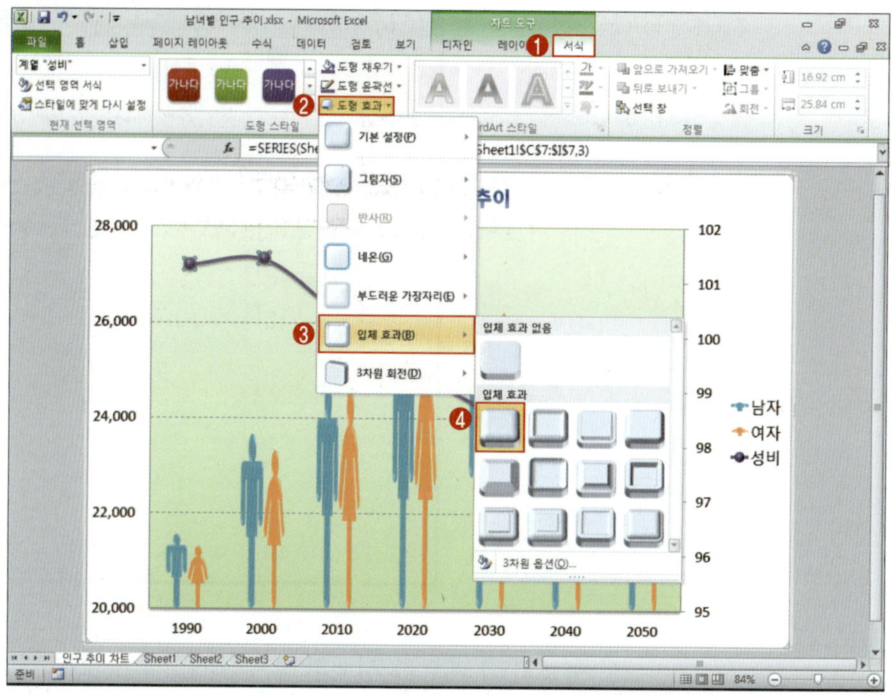

'성비' 계열이 선택된 상태로 2010년 표식을 한 번 더 클릭하여 선택하고, [차트 도
구]−[레이아웃] 탭−[레이블] 그룹의 [데이터 레이블]을 클릭하여 [오른쪽]을 선택합니다.

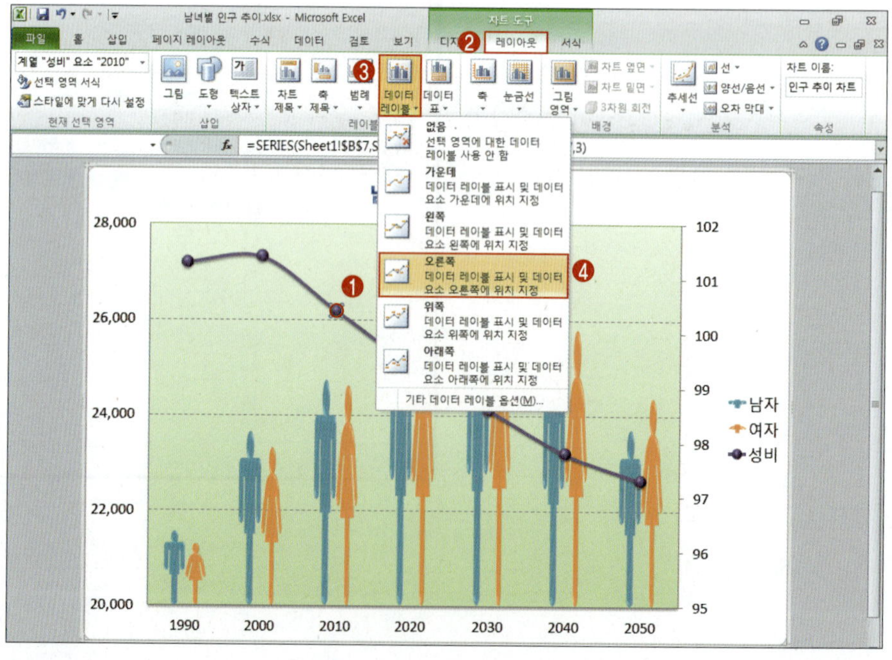

'남자' 계열이 선택된 상태로 2010년 항목을 한 번 더 클릭하여 선택하고 [차트 도구]-[레이아웃] 탭-[레이블] 그룹의 [데이터 레이블]을 클릭하여 [바깥쪽 끝에]를 선택합니다.

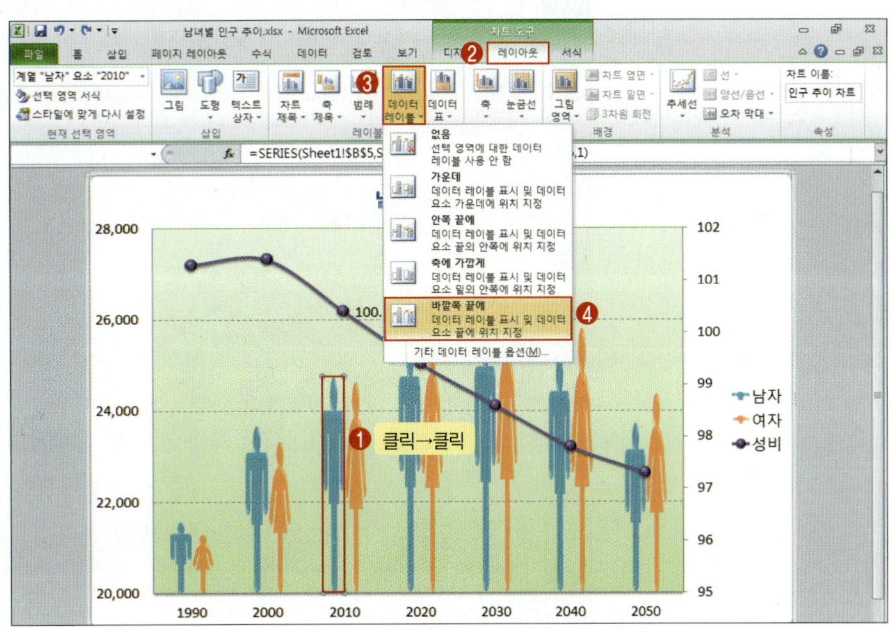

'여자' 계열이 선택된 상태로 2010년 항목을 한 번 더 클릭하여 선택하고 [차트 도구]-[레이아웃] 탭-[레이블] 그룹의 [데이터 레이블]을 클릭하여 [바깥쪽 끝에]를 선택합니다.

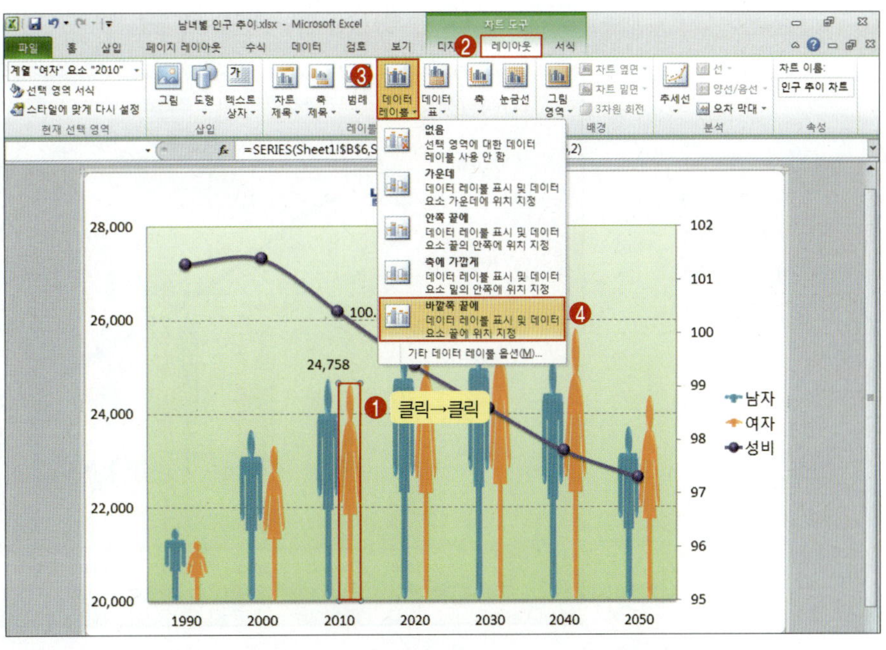

2010년도 항목에 표시된 데이터 레이블의 위치를 이동하여 겹치지 않고 보기 좋게 편집합니다.

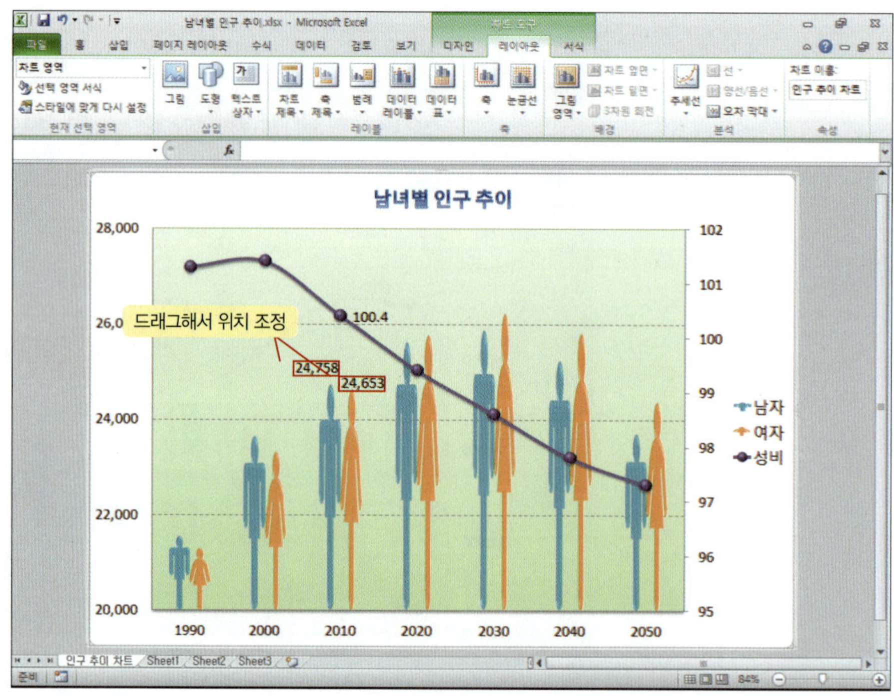

[차트 도구]-[레이아웃] 탭-[삽입] 그룹의 [텍스트 상자]를 선택합니다.

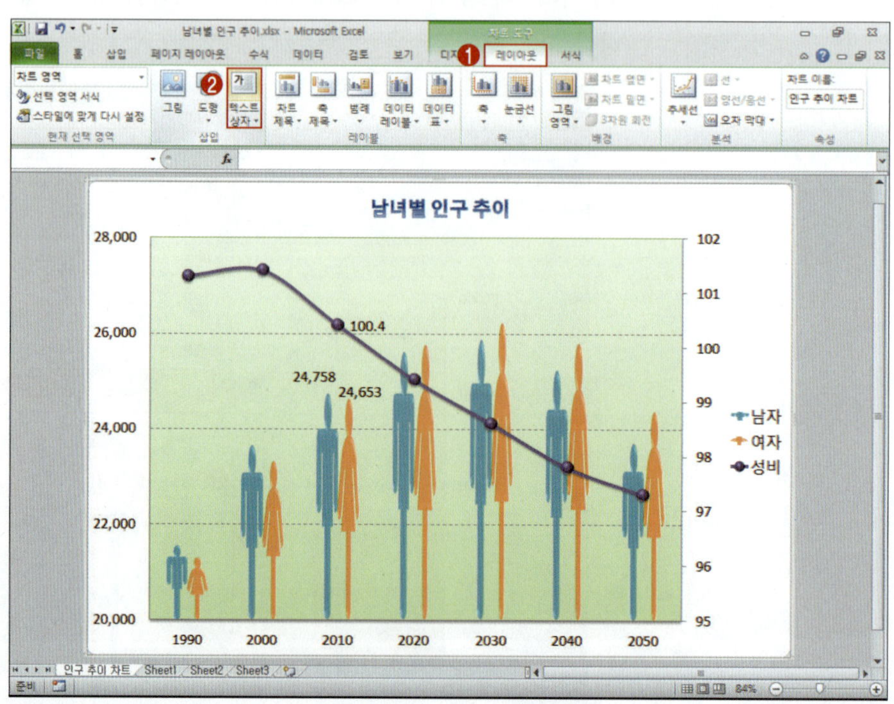

차트 영역의 오른쪽 상단에 클릭한 후 '(성비 : 여자 100명당 남자수)'라고 입력합니다.

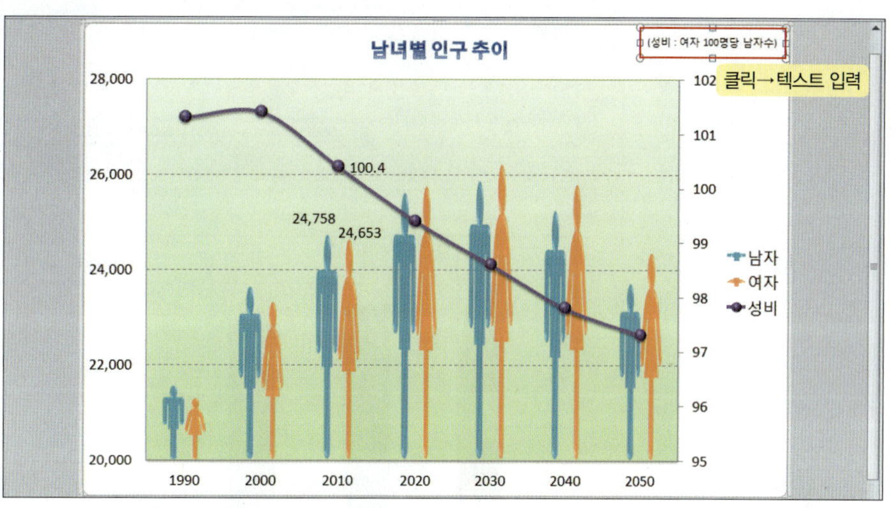

클립아트 이미지 활용하기

차트에 삽입할 적당한 이미지가 없는 경우 클립아트를 활용할 수 있습니다.
[삽입] 탭–**[일러스트레이션]** 그룹의 **[클립 아트]**를 클릭하면 오른쪽에 **[클립 아트]** 작업창이 열리게 됩니다. 검색품에 검색어를 입력한 후 **[이동]** 버튼을 눌러 차트에 어울릴만한 이미지를 검색합니다. 이미지가 검색되면 그 중 마음에 드는 이미지 위에 마우스를 대고 오른쪽에 나타나는 버튼을 눌러 **[복사]** 메뉴를 클릭합니다.

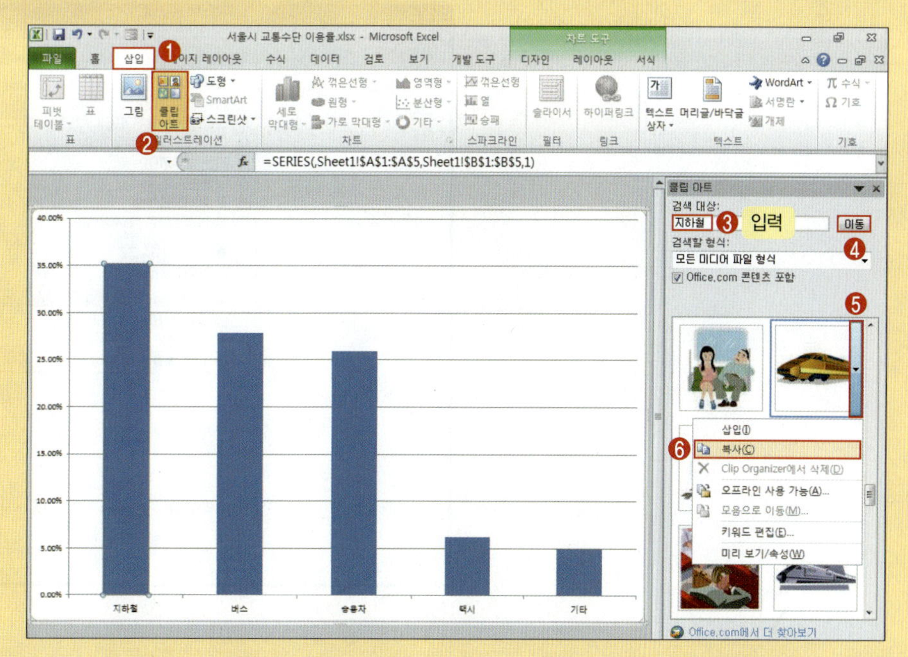

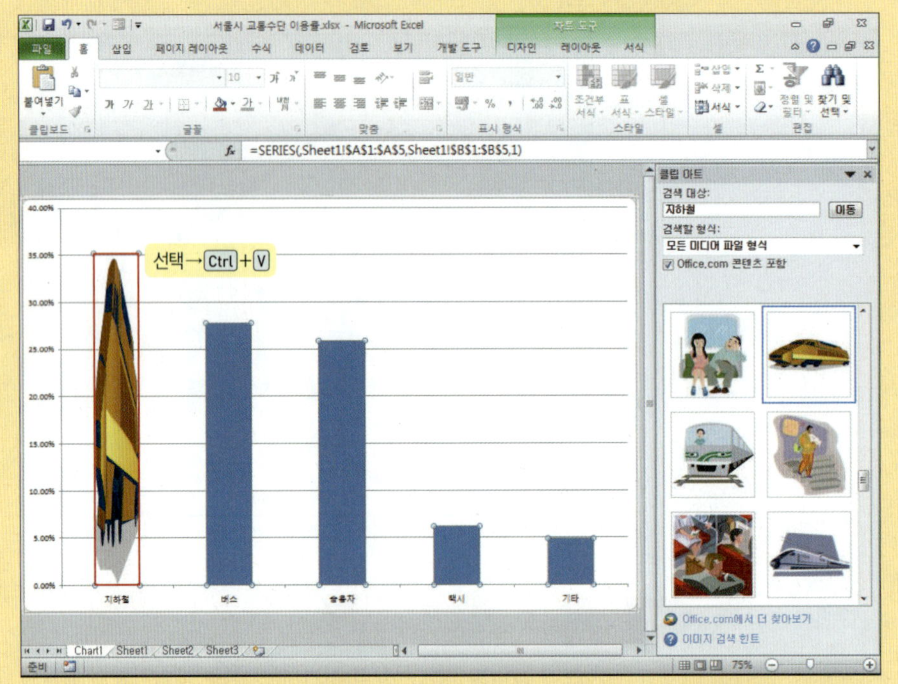

해당 영역 위에서 더블 클릭하여 [데이터 요소 서식] 대화 상자가 열리면 [채우기] 메뉴의 [다음 배율에 맞게 쌓기]를 선택한 후 이미지를 쌓을 단위를 설정합니다.

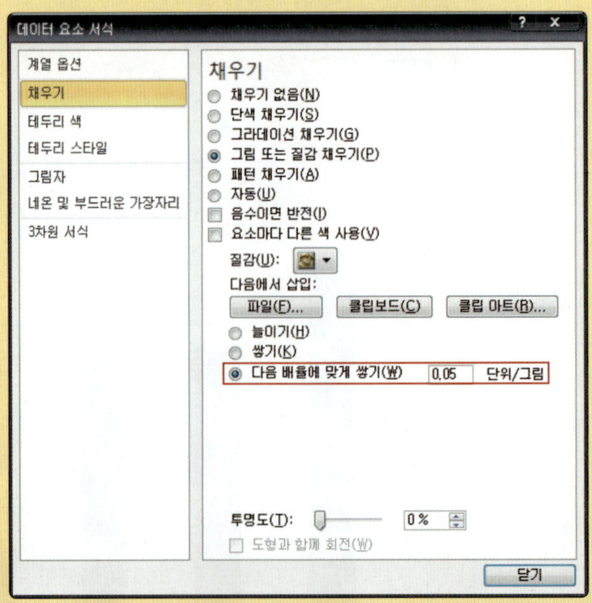

항목 또는 계열별로 어울리는 클립 아트 이미지를 설정할 수 있습니다.

막대 차트의 이미지를 배율에 맞게 쌓으려면...

이미지를 채우고자 하는 계열이 선택된 상태로 [데이터 계열 서식] 대화 상자의 [채우기] 메뉴를
선택한 후 '그림 또는 질감 채우기'를 선택하고 [파일] 버튼을 눌러 이미지를 선택합니다. '다음
배율에 맞게 쌓기'를 선택하고 이미지 한 개가 표시될 단위를 지정합니다. '쌓기'를 선택하는 경
우 엑셀에서 지정한 단위에 맞춰 이미지가 표시됩니다.

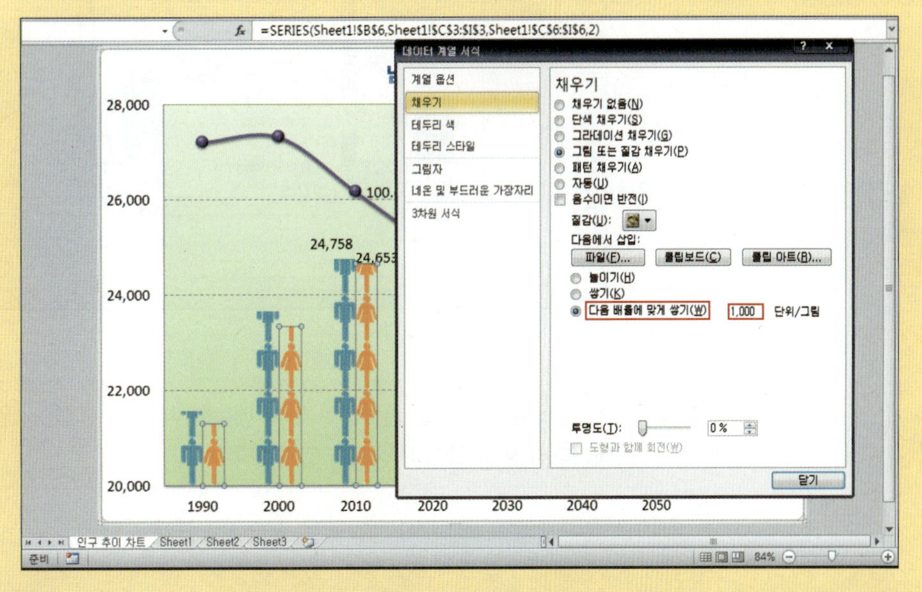

 **원본데이터 감추기**

한 개의 계열을 가진 데이터로 막대 차트를 만든 경우 옵션을 이용하면 자동으로 요소마다 다른 색을 설정할 수 있습니다. 완성된 차트의 경우 원본 데이터 값을 보지 않아도 데이터의 추이를 한 눈에 파악할 수 있으나 데이터 값을 지우거나 수정하면 차트에 바로 반영되어 함부로 수정 삭제할 수가 없습니다. 이 때 수식 입력줄을 편집하여 원본이 제거되어도 차트에 반영되지 않도록 연결을 끊어봅니다.

예제 파일 PART4 년도별 매출 실적　　　　**완성 파일** PART4 년도별 매출 실적 완성

'년도별 매출 실적' 예제를 불러옵니다. 차트의 데이터 계열 막대를 클릭하여 선택한 후 마우스 오른쪽 버튼을 클릭하여 [데이터 계열 서식]을 선택합니다.

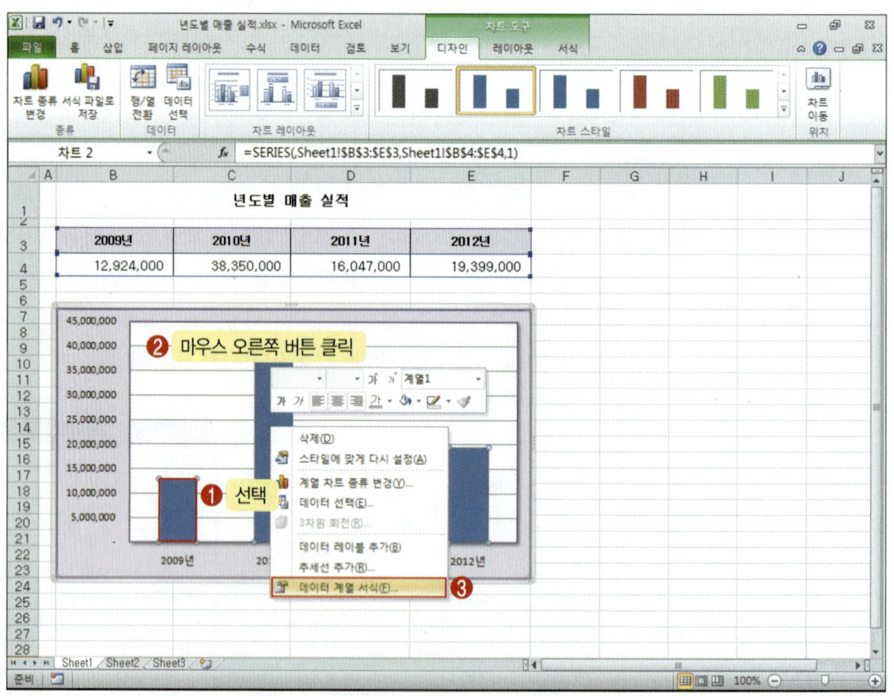

> **TIP**　마우스 오른쪽 버튼을 클릭하여 단축 메뉴를 사용하는 대신 계열 막대 위에서 더블 클릭해도 [데이터 계열 서식] 대화 상자가 열립니다.

[데이터 계열 서식] 대화 상자의 [채우기] 메뉴를 선택한 후 [요소마다 다른 색 사용]을
설정하고 [닫기] 버튼을 클릭합니다.

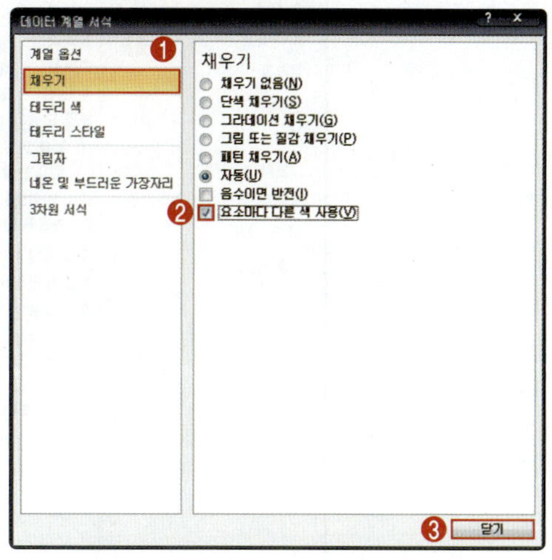

세로 값 축을 선택한 후 마우스 오른쪽 버튼을 클릭하고 [축 서식]을 선택합니다.

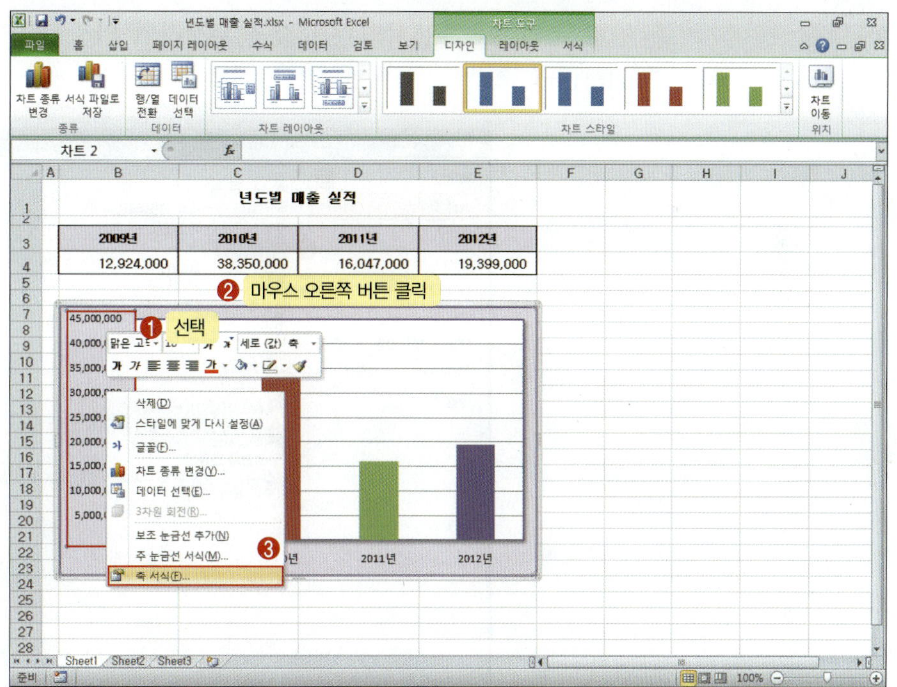

[축 서식] 대화 상자가 열리면 [축 옵션]의 '표시 단위'를 '백만'으로 설정합니다.

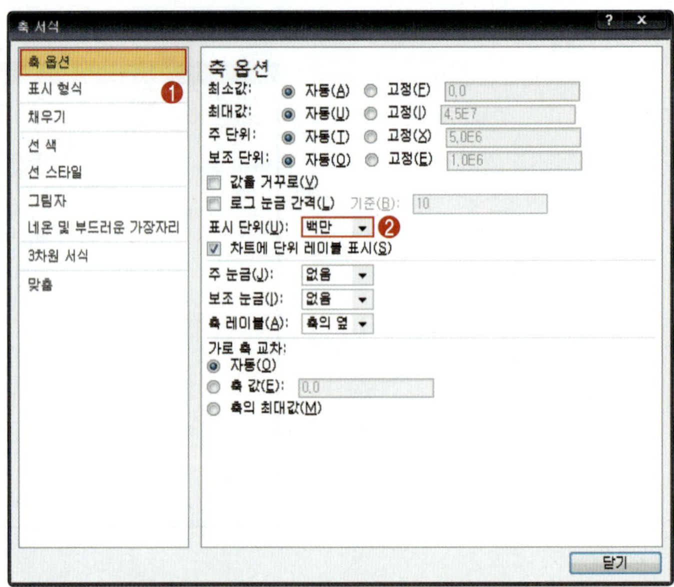

값 축의 '－'로 표시되는 '0'값을 수정하기 위해 [표시 형식]의 '범주'를 '통화'로 설정합니다.

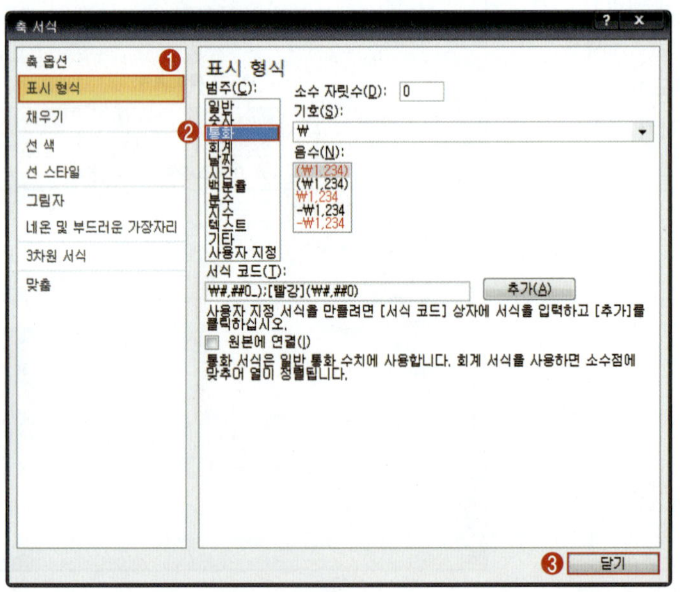

'백만' 위에서 더블 클릭 해도 [표시 단위 서식] 대화 상자를 열 수 있습니다.

'세로 값 축 표시 단위 레이블(백만)'을 선택한 후 오른쪽 마우스를 클릭하여 [표시 단위 서식]을 선택합니다.

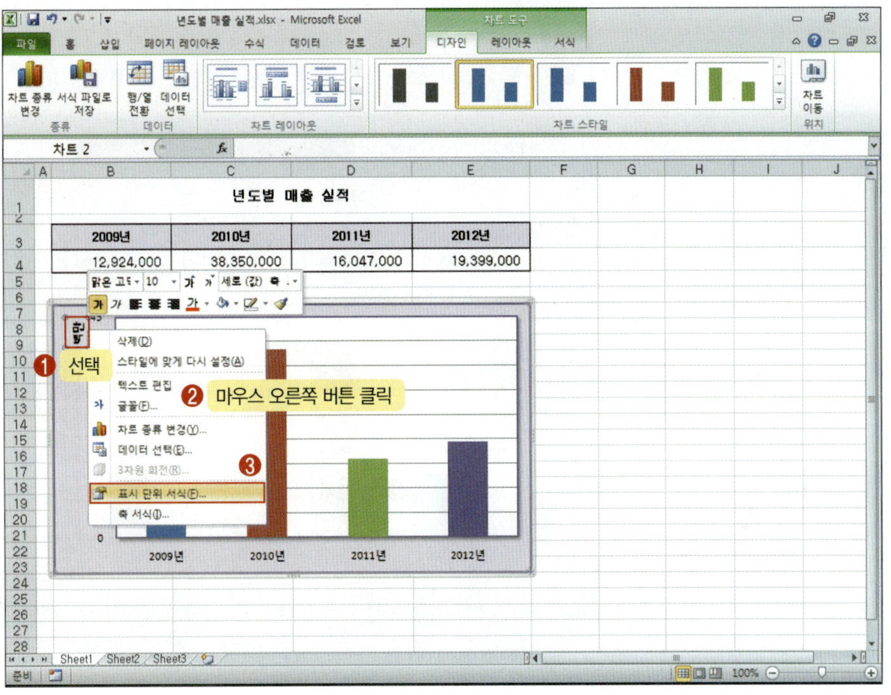

[표시 단위 레이블 서식] 대화 상자가 열리면 [맞춤]의 '텍스트 방향'을 '세로'로 변경한 후 [닫기] 버튼을 클릭합니다.

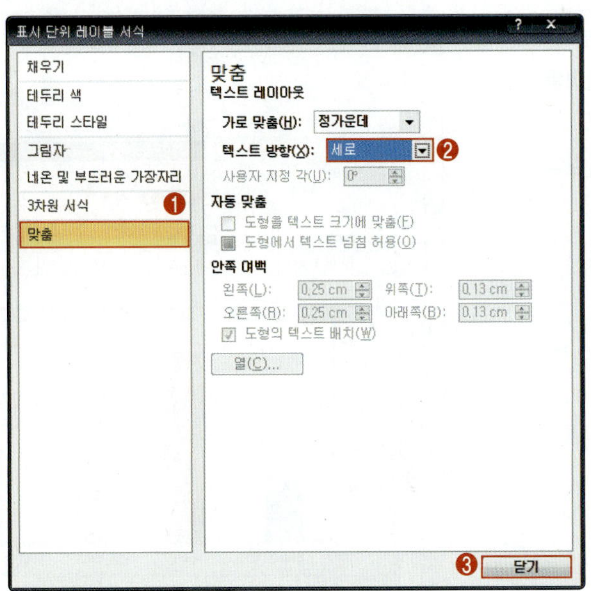

차트의 데이터 계열 막대를 클릭하여 선택한 후 수식 입력줄의 수식 전체를 드래
그하여 선택합니다.

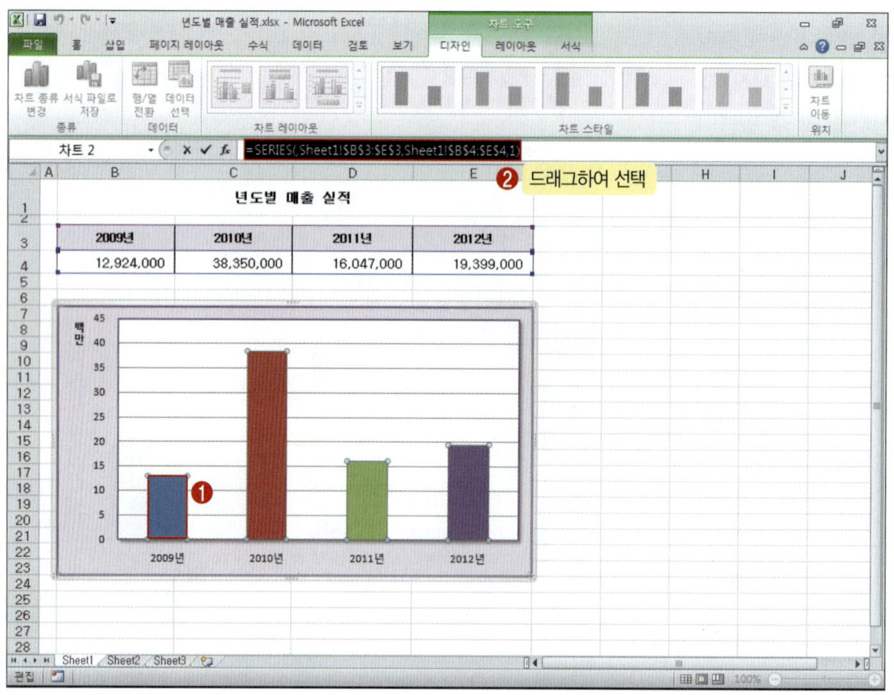

차트와 데이터의 연결을 끊어 데이터 원본을 삭제해도 차트에 영향을 주지 못
하도록 하기 위해 키보드의 F9 키를 눌러 참조 범위가 배열로 변경되도록 합니다.

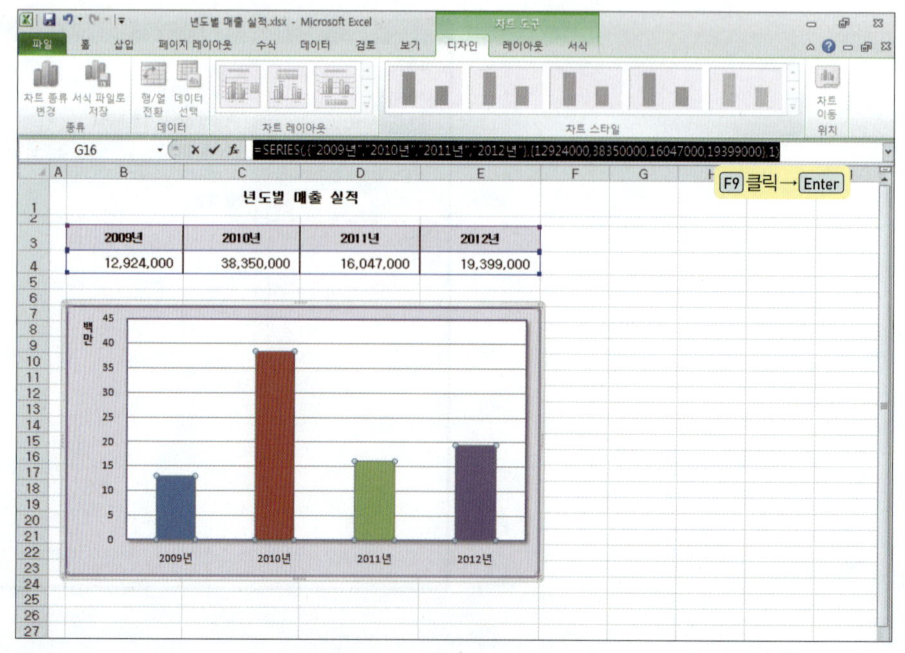

3행부터 6행까지의 행머리글을 드래그하여 선택하고, Ctrl + − 를 눌러 행 삭제
합니다.

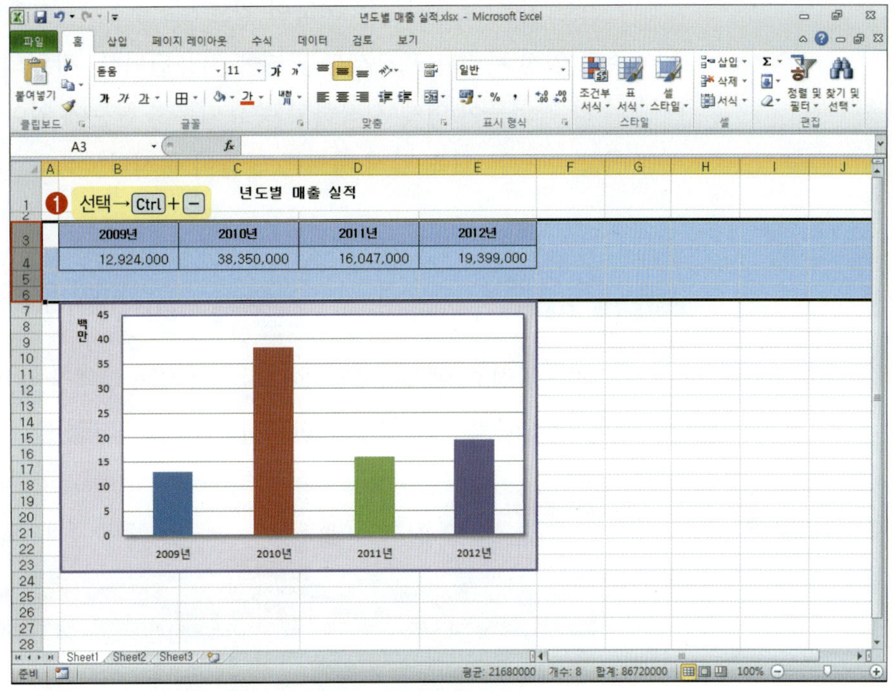

삭제된 원본과 관계없이 차트는 그대로 유지됩니다.

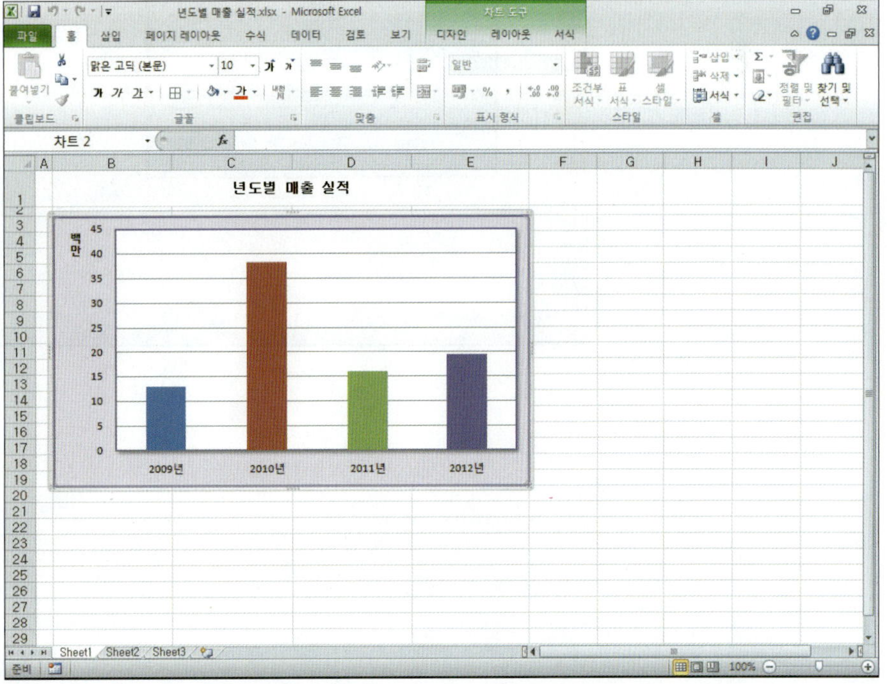

간트 차트(Gantt chart)는 미국의 간트(Gsnt H. L.)가 고안한 작업 진도표을 의미하며, 주로 일정 관리나 프로젝트 관리에 사용됩니다. 작업의 기간을 가로 막대로 표시하여 각 작업들이 언제 시작하고 종료되는지 한눈에 알아보기 편리합니다. 일정을 확인할 수 있는 교육 일정 차트를 만들어 봅시다.

예제 파일 **PART4** 교육 일정표   완성 파일 **PART4** 교육 일정표 완성

'교육 일정표' 예제를 불러옵니다. B2:E16 영역을 선택한 후 [삽입] 탭 – [차트] 그룹의 [가로 막대형] 메뉴를 클릭한 후 [누적 가로 막대형]을 선택합니다.

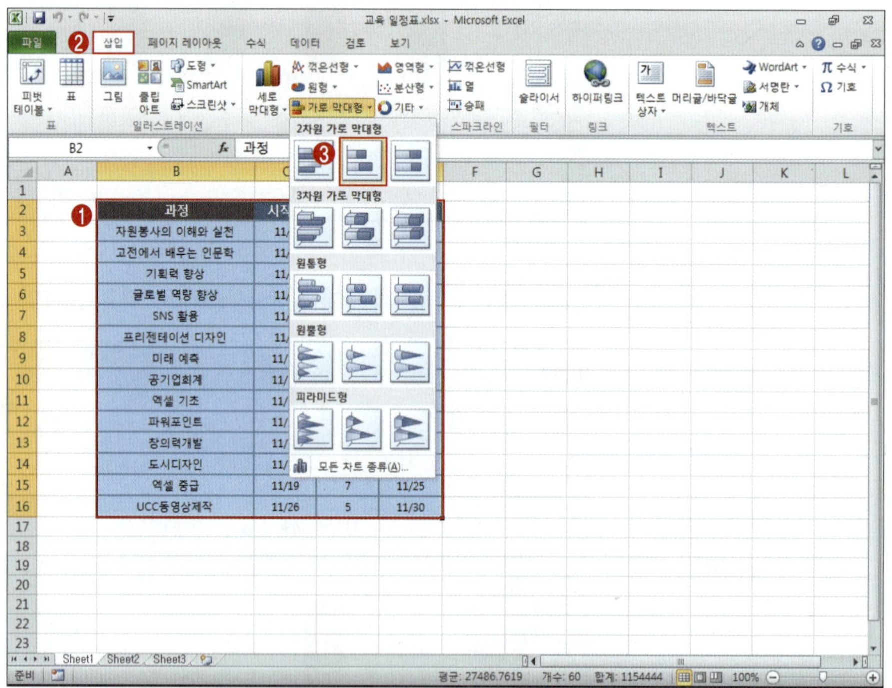

차트를 드래그하여 원하는 위치로 이동하고 사이즈를 조정하여 B18:J34 영역에 맞춥니다.

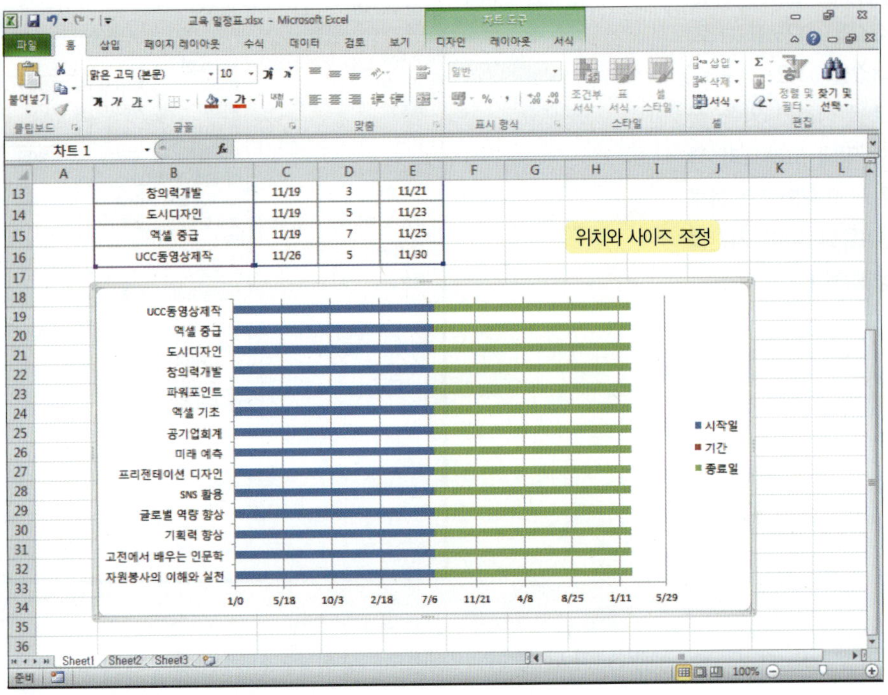

가로 값 축을 선택한 후 마우스 오른쪽 버튼을 클릭하고 [축 서식]을 선택합니다.

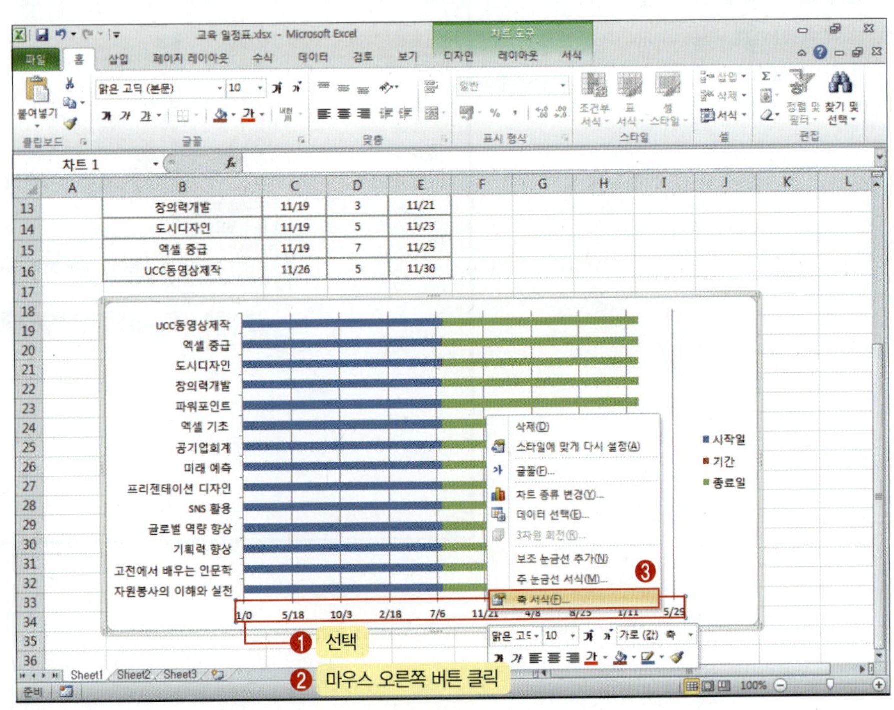

최소값을 '12-11-1'로,
최대값을 '12-11-30'
으로 설정하면 양쪽 끝
까지 막대 그래프가 꽉
채워서 표시되므로 하루
씩 여유를 두어 기간을
설정했습니다.

[축 서식] 대화 상자가 열리면 [축 옵션]의 '최소값'을 [고정], '12 – 10 – 31'로, '최대값'을 [고정], '12 – 12 – 2'로, '주 단위'를 '고정', '1'로 설정합니다.

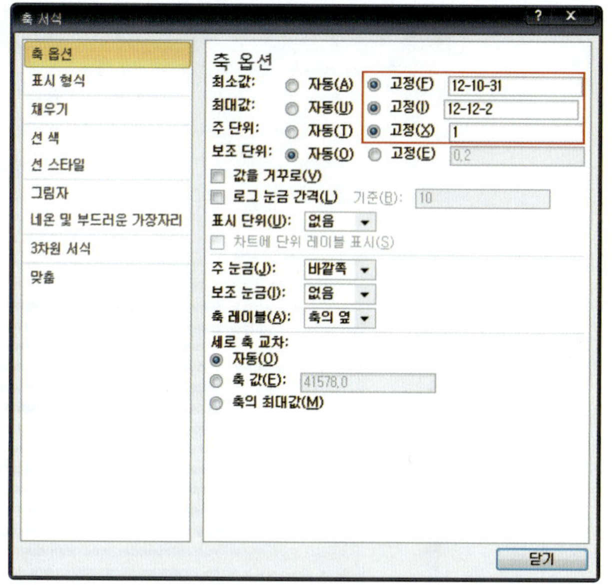

'표시 형식'을 'd'로 설정
하면 날짜의 년, 월, 일
중 일만 표시됩니다.

[표시 형식]의 '사용자 지정'을 선택한 후 '서식 코드'를 'd'로 설정한 후 [추가] 버튼을 눌러 추가하고, [닫기] 버튼을 클릭합니다.

‘시작일’ 계열을 선택한 후 [차트 도구]−[서식] 탭−[도형 스타일] 그룹의 [도형 채우기]
를 클릭하여 [채우기 없음]을 선택합니다.

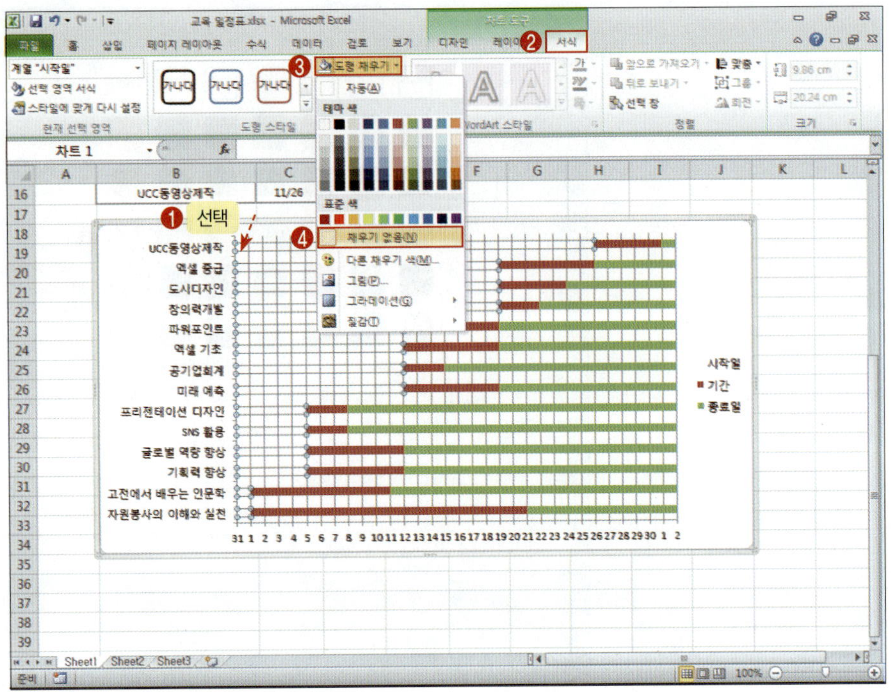

‘종료일’ 계열을 선택한 후 [차트 도구]−[서식] 탭−[도형 스타일] 그룹의 [도형 채우기]
를 클릭하여 [채우기 없음]을 선택합니다.

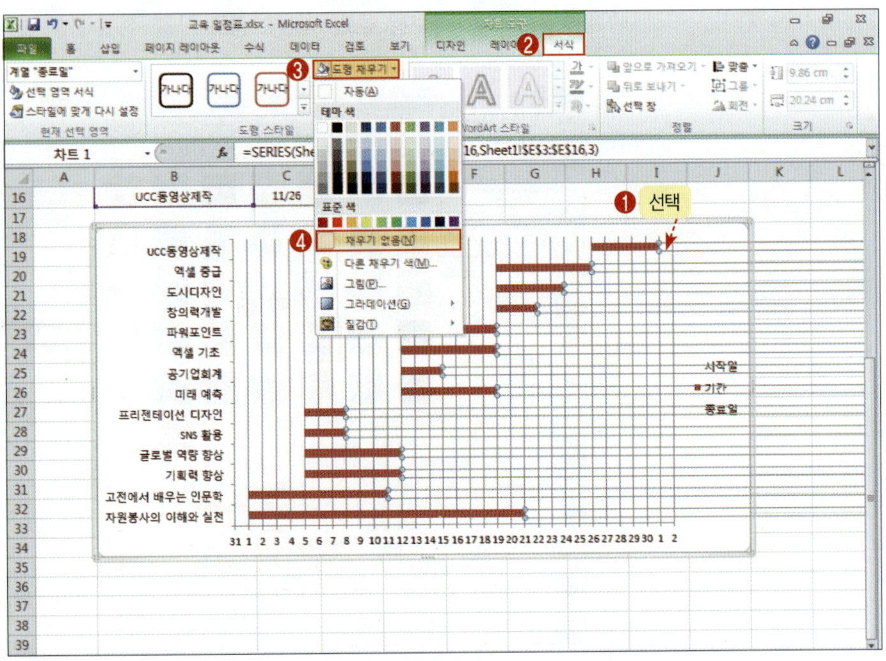

‘기간’ 계열을 선택한 후 [차트 도구]−[서식] 탭−[도형 스타일] 그룹의 빠른 스타일 중 [보통 효과−주황, 강조 6]을 선택합니다.

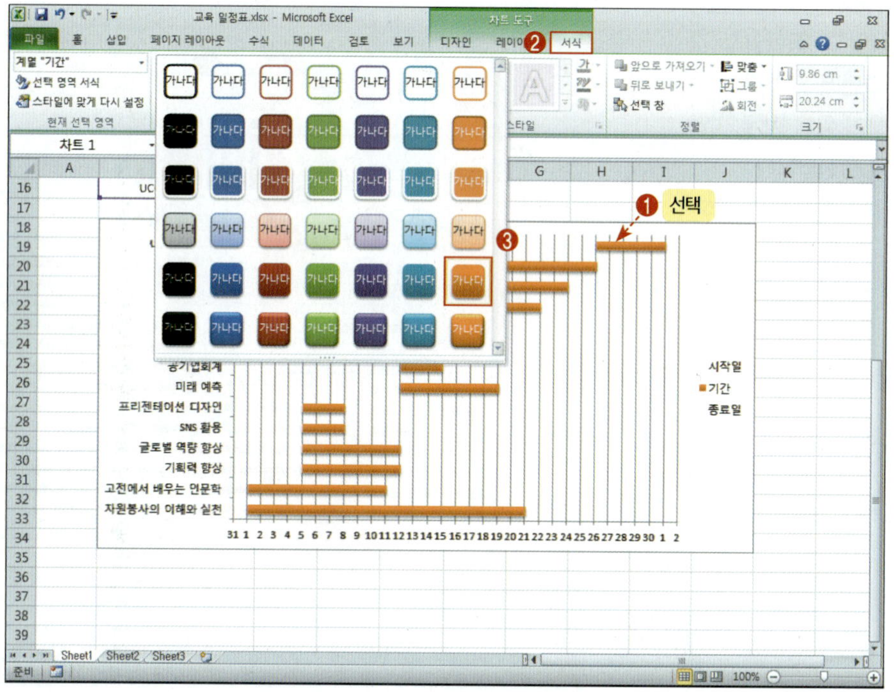

‘기간’ 계열이 선택된 상태로 ‘엑셀 중급’을 클릭하여 [차트 도구]−[서식] 탭−[도형 스타일] 그룹의 빠른 스타일 중 [보통 효과−빨강, 강조 2]를 선택합니다. 같은 방법으로 ‘엑셀 기초’에도 [보통 효과−빨강, 강조 2]를 적용합니다.

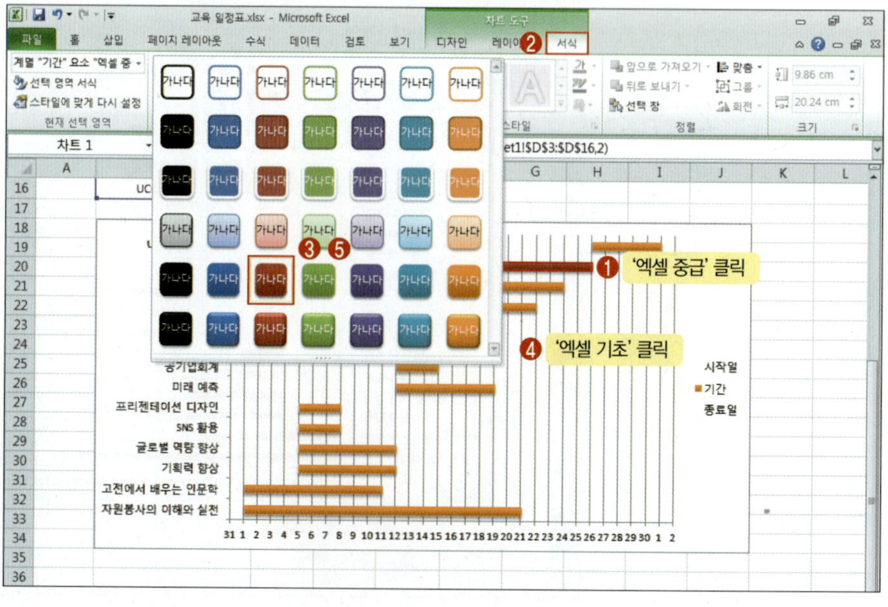

다시 '기간' 계열을 선택한 후 마우스 오른쪽 버튼을 클릭하여 '데이터 계열 서식'을 선택합니다.

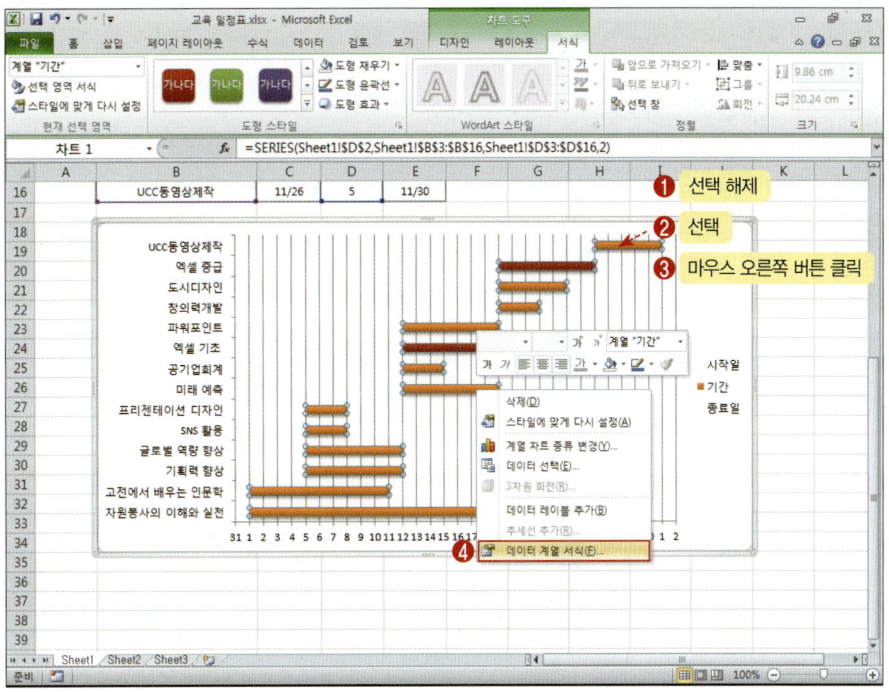

[데이터 계열 서식] 대화 상자의 [계열 옵션] 메뉴를 선택한 후 '간격 너비'를 '80 %'로 설정하고 [닫기] 버튼을 클릭합니다.

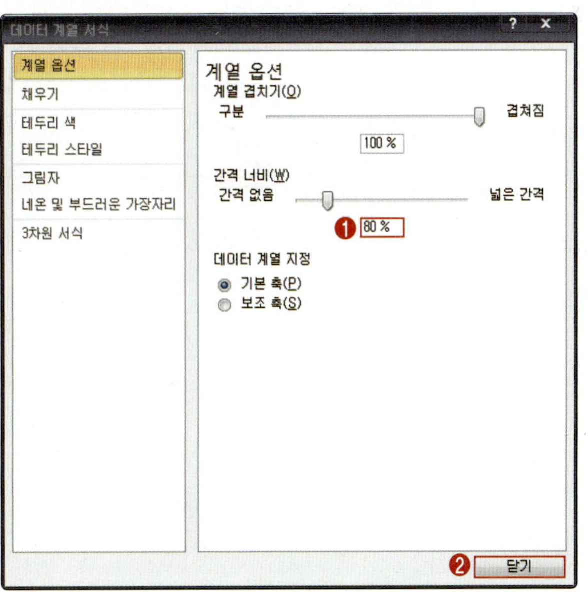

'범례'를 선택한 후 Delete 키를 눌러 삭제합니다.

가로 눈금선을 표시하기 위해 [차트 도구]-[레이아웃] 탭-[축] 그룹의 [눈금선]을 클릭하여 [기본 가로 눈금선]-[주 눈금선]을 선택합니다.

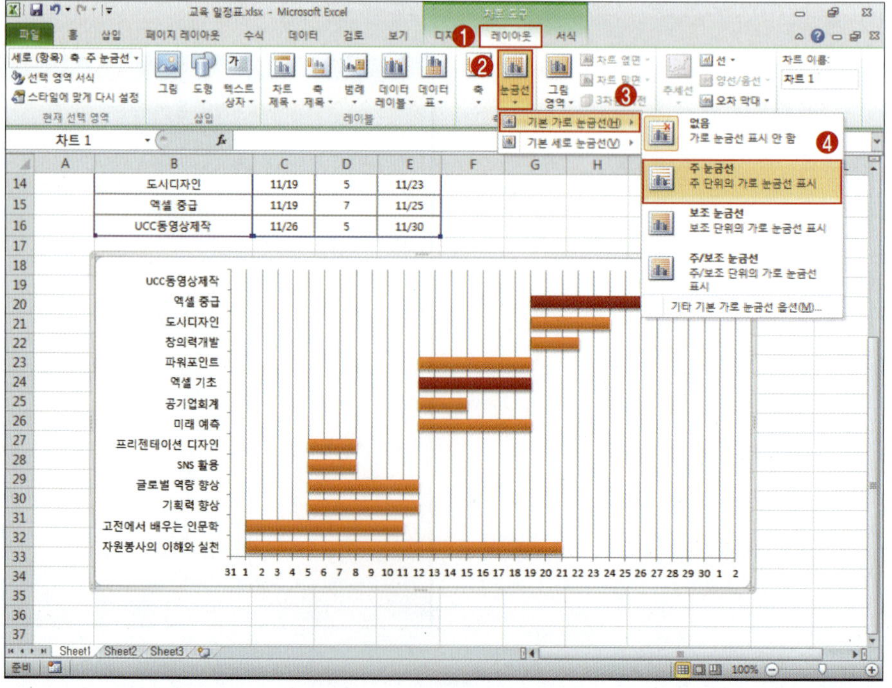

차트 제목을 표시하기 위해 [차트 도구]−[레이아웃] 탭−[레이블] 그룹의 [차트 제목]을 클릭하여 [차트 위]를 선택합니다.

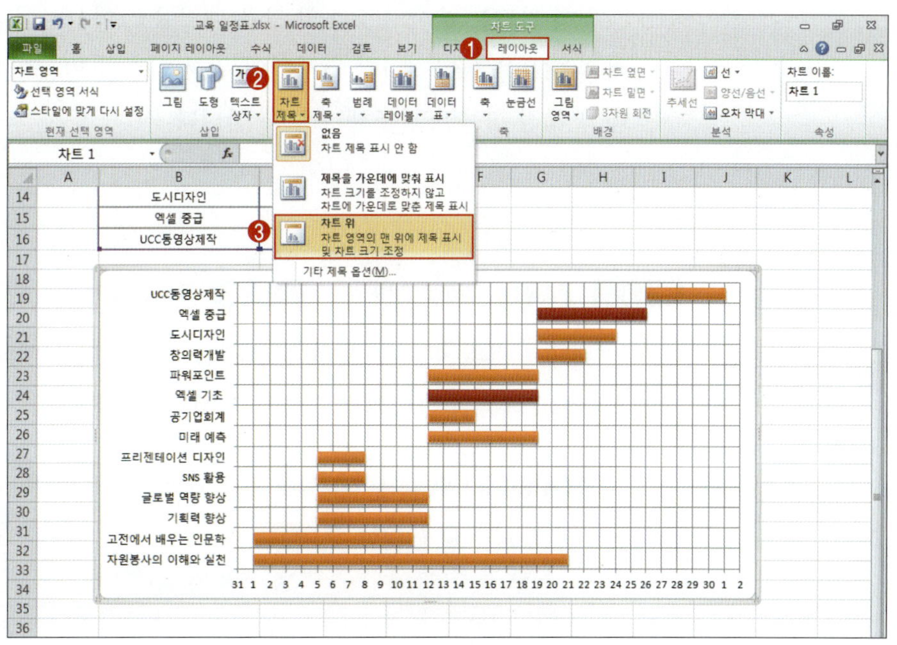

[차트 제목]에 '11월 교육 일정표'라고 입력하고 [홈] 탭−[글꼴] 그룹 메뉴의 [글꼴 크기]를 '14'로 설정합니다. 11월의 교육 일정을 한 눈에 확인할 수 있는 간트 차트가 완성되었습니다.

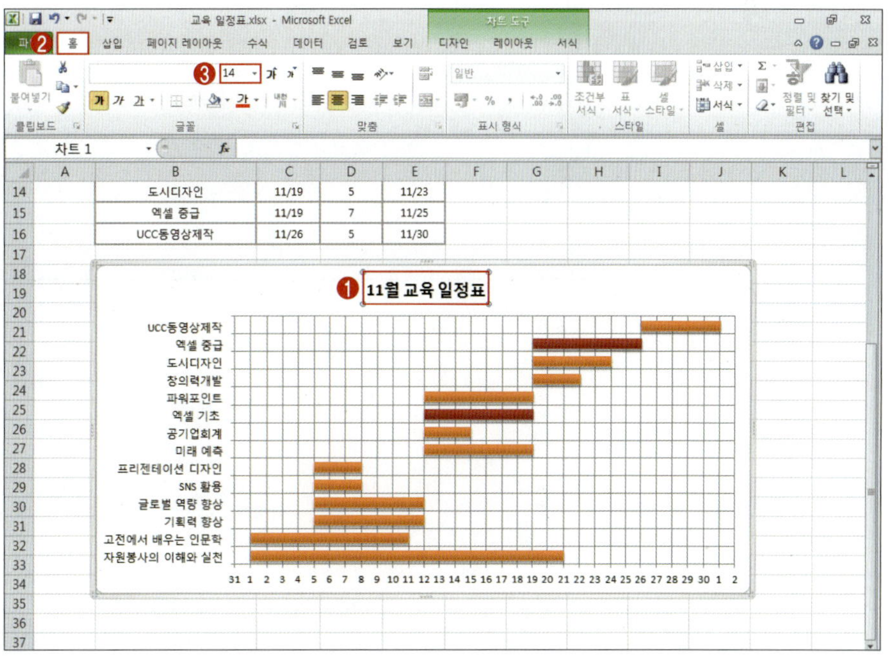

특정 요소를 강조한 입체 원형 차트 만들기

원형 차트는 데이터 요소의 값을 백분율로 환산하여 전체 항목의 합에 대한 각 항목의 비율을 나타냅니다. 3차원의 원형 차트를 만들어 좀 더 입체적인 서식을 지정하고 특정 항목만 강조해 보도록 합니다.

예제 파일 **PART4** 재테크 순위   **완성 파일** **PART4** 재테크 순위 완성

'재테크 순위' 예제를 불러옵니다. B5:C9 영역을 선택하고, [삽입] 탭-[차트] 그룹의 [원형] 메뉴를 클릭한 후 [3차원 원형]을 선택합니다.

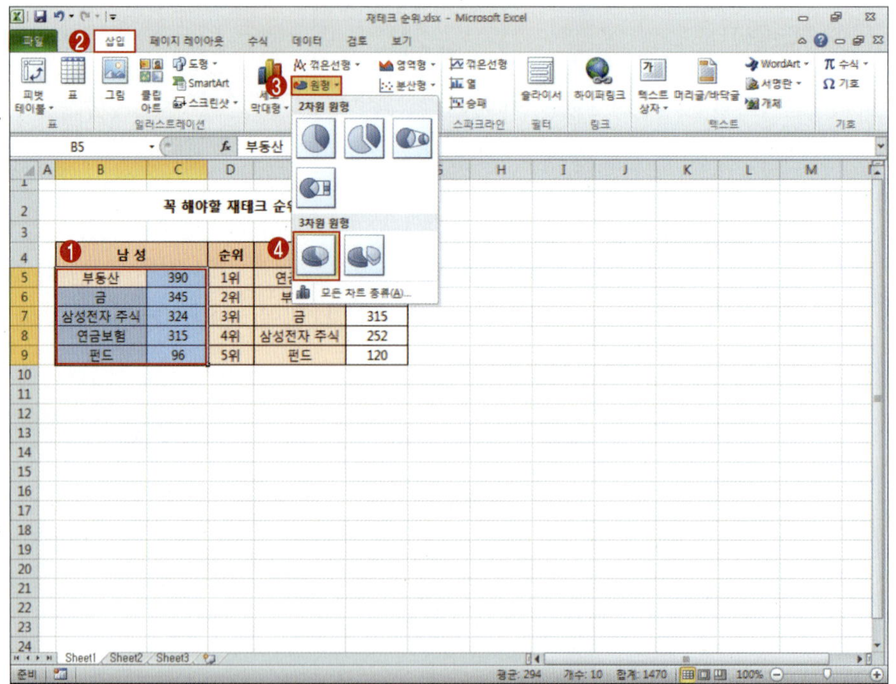

삽입된 차트를 드래그하여 B11:F22 영역에 맞추어 위치와 크기를 조절합니다. Alt 키를 누른 채로 조절하면 셀에 맞추어 조절할 수 있습니다.

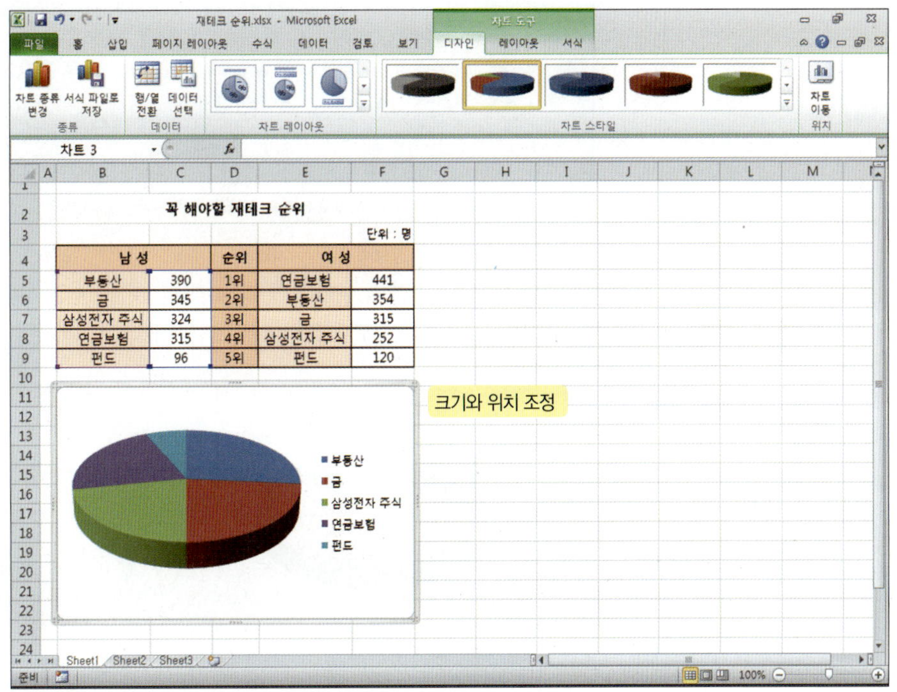

[차트 도구]−[디자인] 탭−[차트 레이아웃] 그룹의 [레이아웃 1]을 선택합니다.

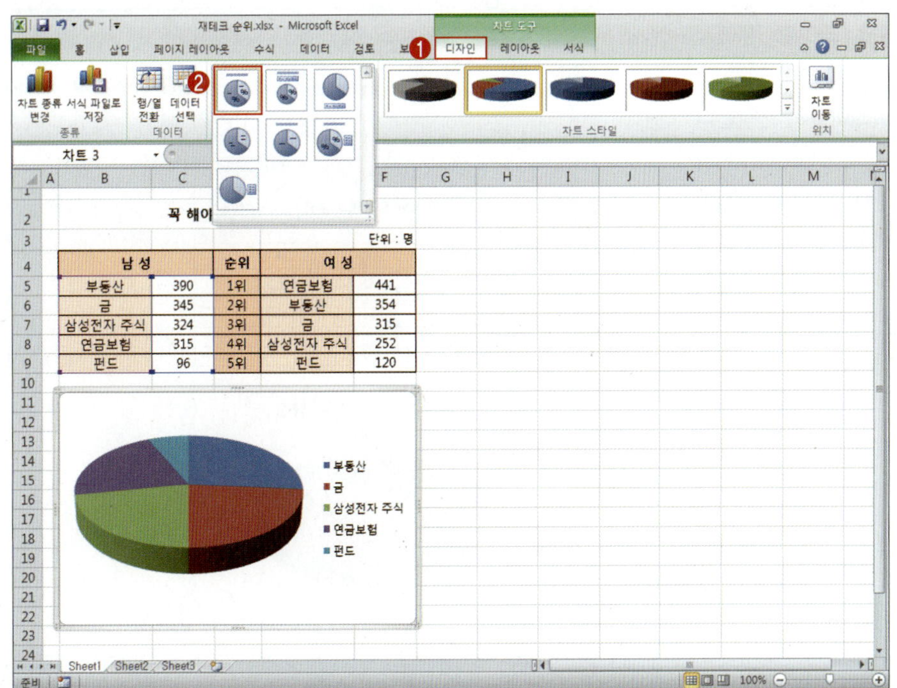

'차트 제목' 영역에 '꼭 해야할 재테크 순위 – 남성'이라고 입력하고 [홈] 탭 – [글꼴] 그룹 – [글꼴 크기]를 '14'로 설정합니다.

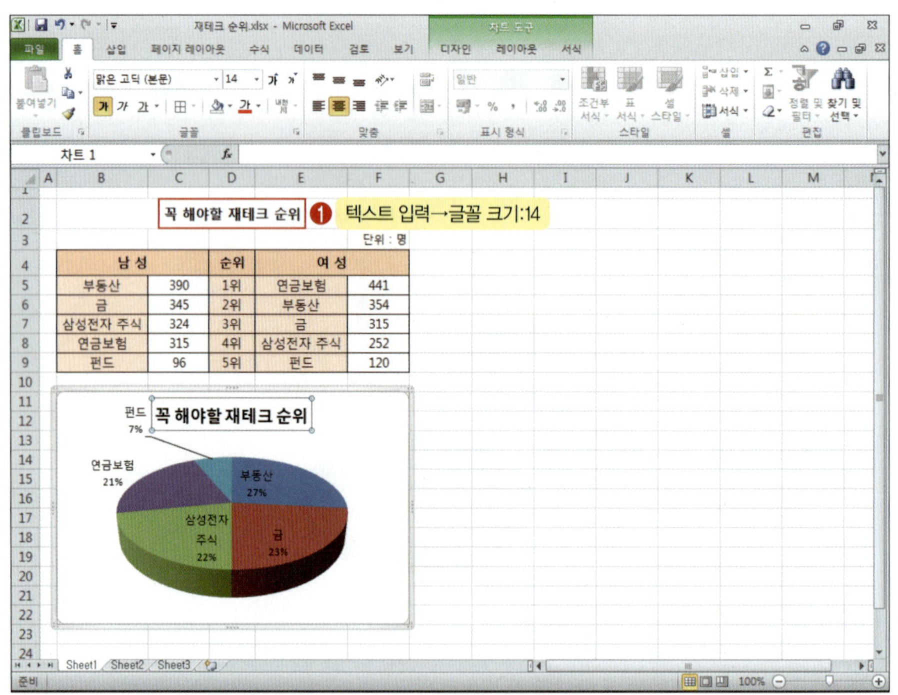

[연금보험]과 [펀드]의 데이터 레이블을 선택한 후 차트 안쪽으로 드래그합니다.

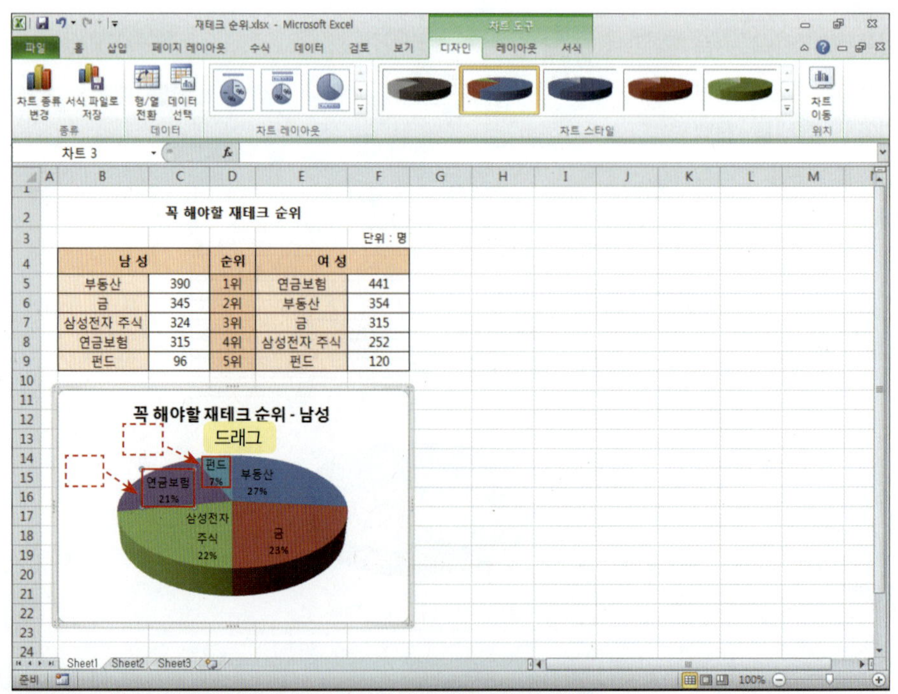

TIP

데이터 레이블 위에서 한 번 클릭하면 모든 데이터 레이블이 선택됩니다. 이때 선택하고자 하는 항목의 데이터 레이블 위에서 한 번 더 클릭하면 해당 데이터 레이블만 별도로 선택할 수 있습니다.

'그림 영역'을 클릭하여 선택한 후 차트 영역에 꽉 차도록 크기를 확대합니다.

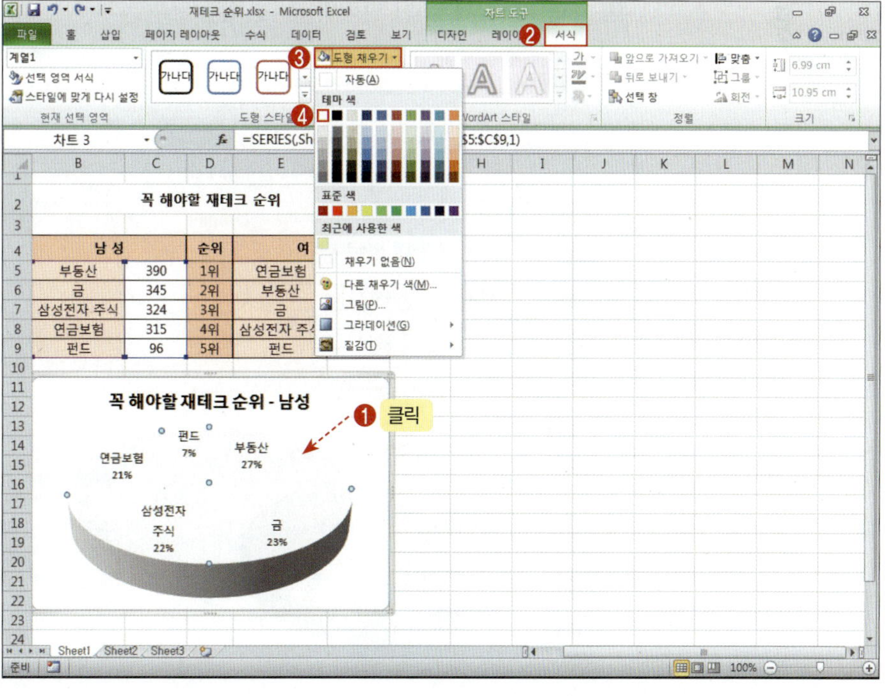

색상을 변경하기 위해 차트의 원형 부분을 선택한 후 [차트 도구]-[서식] 탭-[도형 스타일] 그룹의 [도형 채우기]를 선택한 후 [흰색, 배경 1]을 적용합니다.

차트의 원형 부분이 선택된 상태로 [차트 도구]−[서식] 탭−[도형 스타일] 그룹의 [도
형 채우기]의 [그라데이션]−[선형 대각선−오른쪽 아래에서 왼쪽 위로]를 선택합니다.

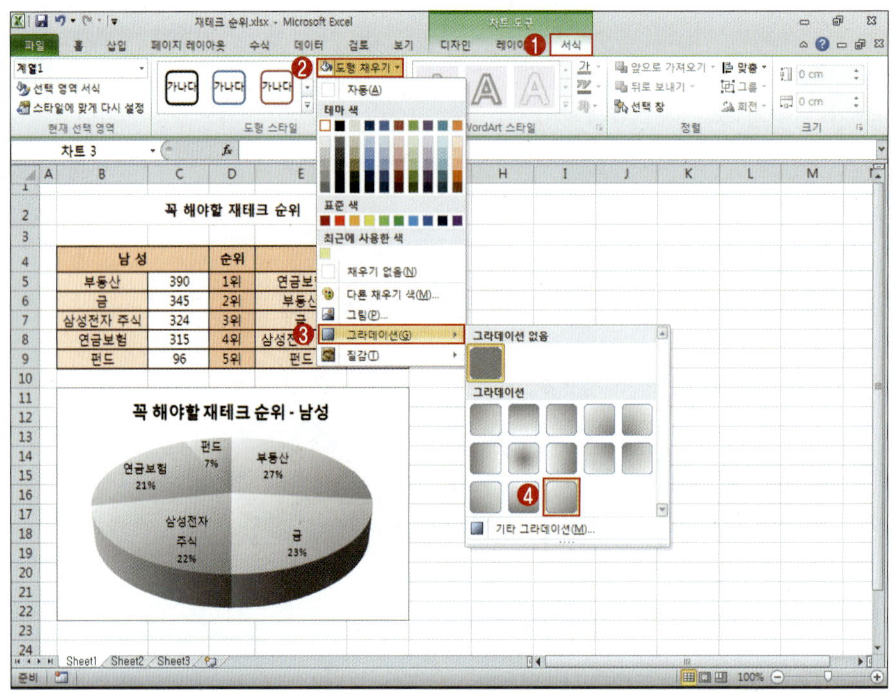

차트의 원형 부분이 선택된 상태로 [차트 도구]−[서식] 탭−[도형 스타일] 그룹의 [도
형 효과]의 [입체 효과]−[디벗]을 선택합니다.

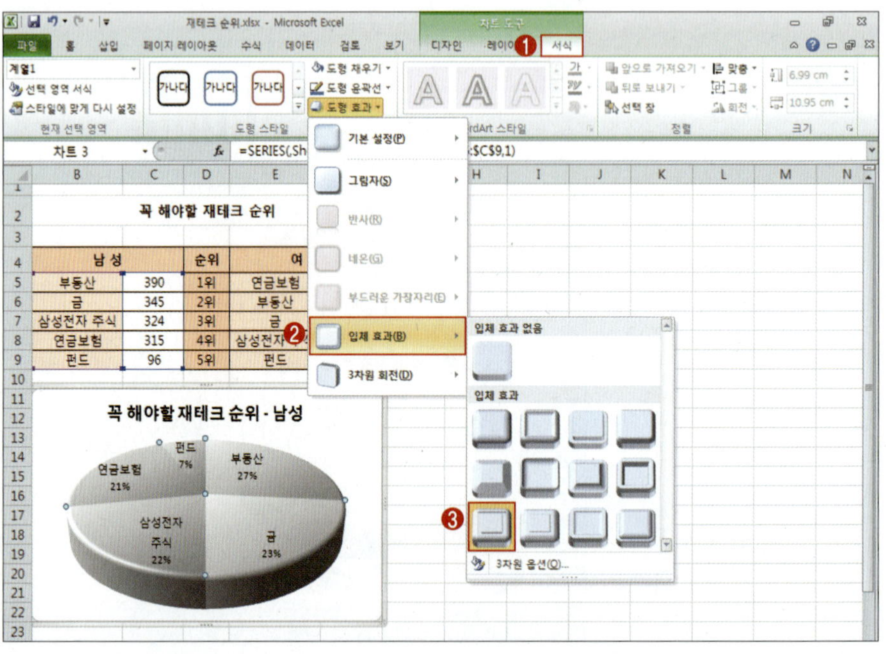

부동산 항목이 선택된 상태로 더블 클릭해도 [데이터 요소 서식] 대화 상자를 열 수 있습니다.

차트의 원형 부분이 선택된 상태로 [부동산] 항목 위에서 한 번 더 클릭한 후 마우스 오른쪽 버튼을 클릭하고 [데이터 요소 서식] 메뉴를 클릭합니다.

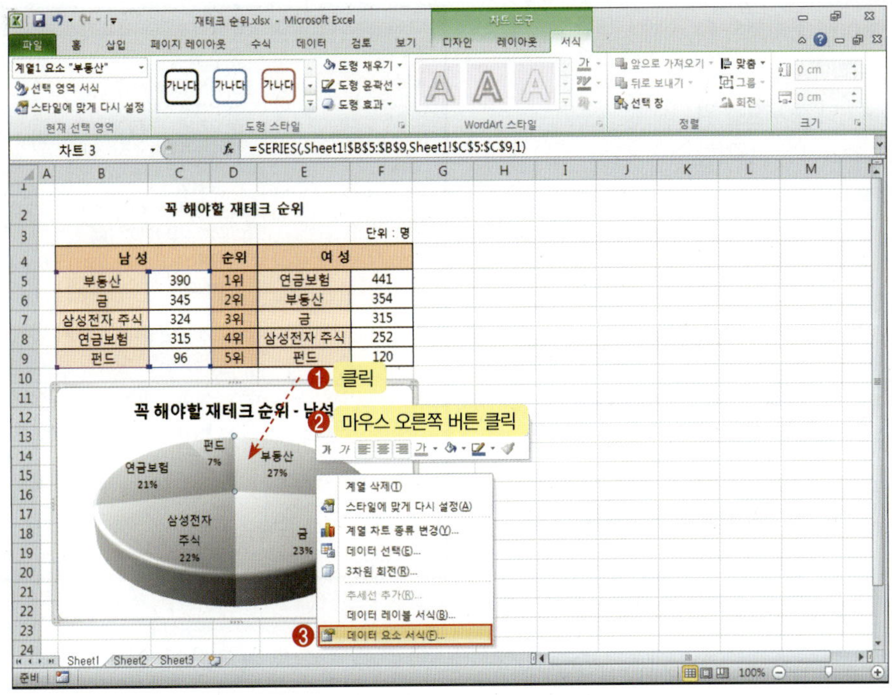

[데이터 요소 서식] 대화 상자의 [채우기] 메뉴를 클릭한 후 [그라데이션 채우기]를 선택하고 첫 번째 중지점을 선택한 후 색상을 설정합니다.

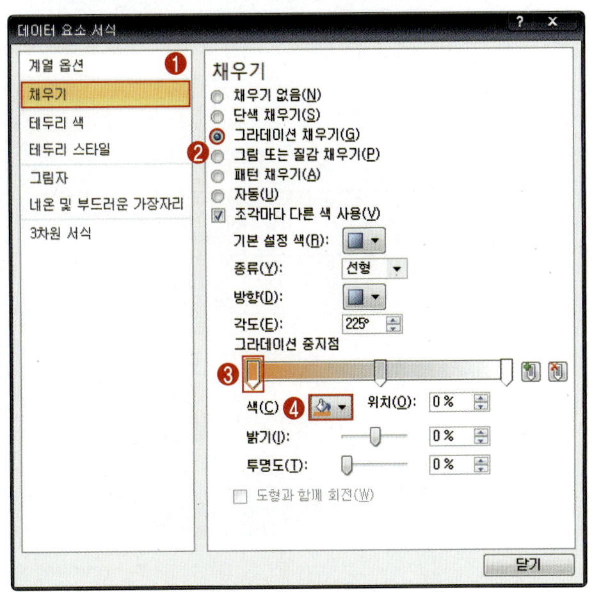

두 번째 중지점을 선택한 후 위로 드래그하여 제거합니다. 세 번째 중지점을 선택
한 후 색상을 설정한 후 [닫기] 버튼을 클릭합니다.

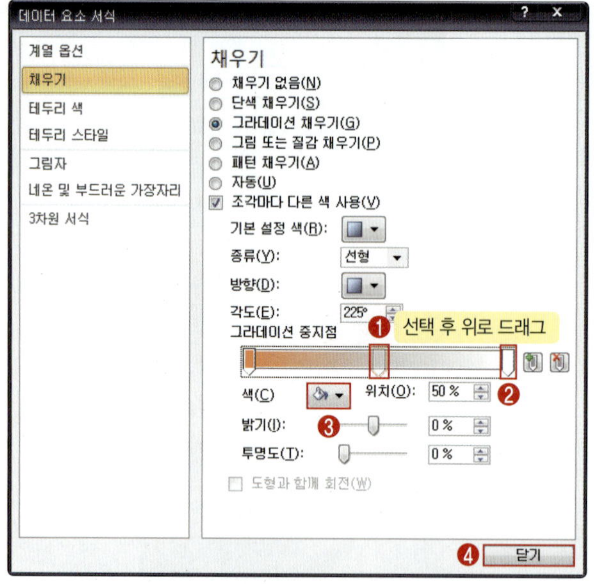

[부동산] 항목을 바깥쪽으로 드래그하여 원형에서 분리합니다. [부동산] 데이터 레
이블을 선택한 후 [홈] 탭 – [글꼴] 그룹에서 [글꼴 크기]를 '12'로 하여 [굵게]를 적용합
니다.

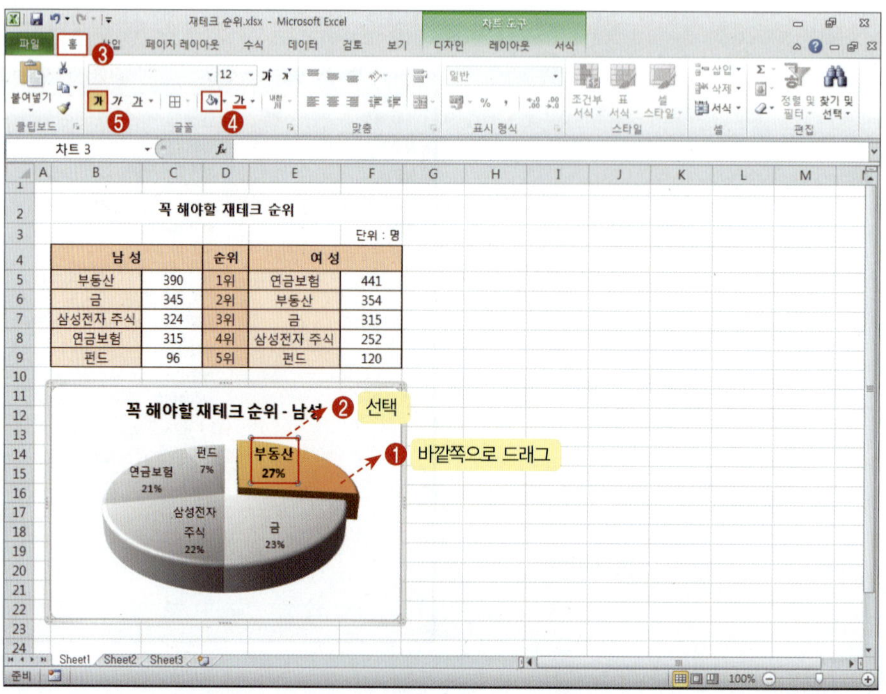

차트를 선택하고 Ctrl 과 Shift 를 누른 상태로 오른쪽으로 드래그하여 복제합니다.

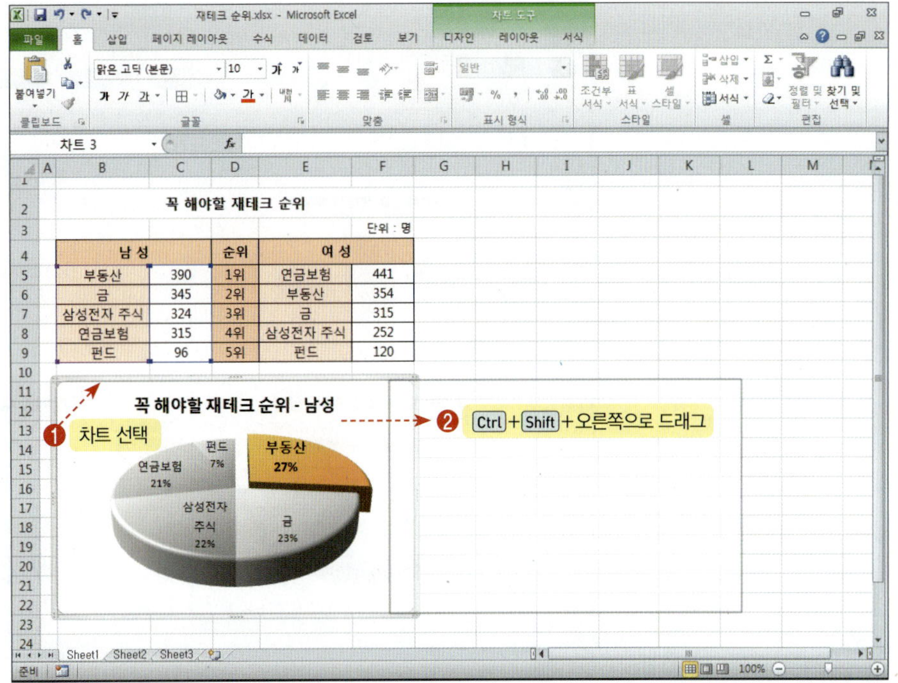

복제된 차트의 [차트 제목]을 '꼭 해야할 재테크 순위 – 여성'으로 변경합니다.

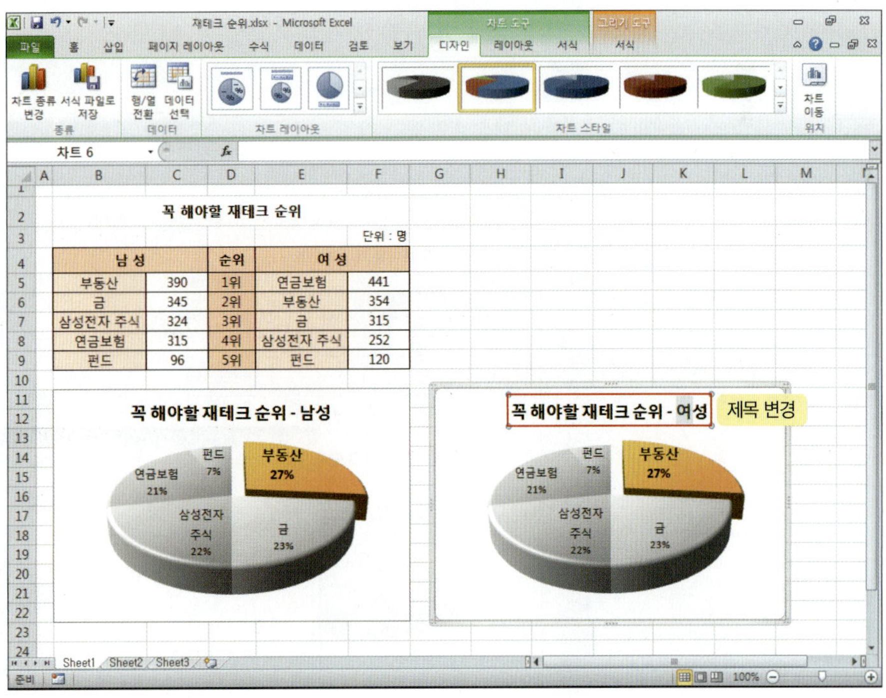

[차트 도구]-[디자인] 탭-[데이터] 그룹의 [데이터 선택]을 선택합니다.

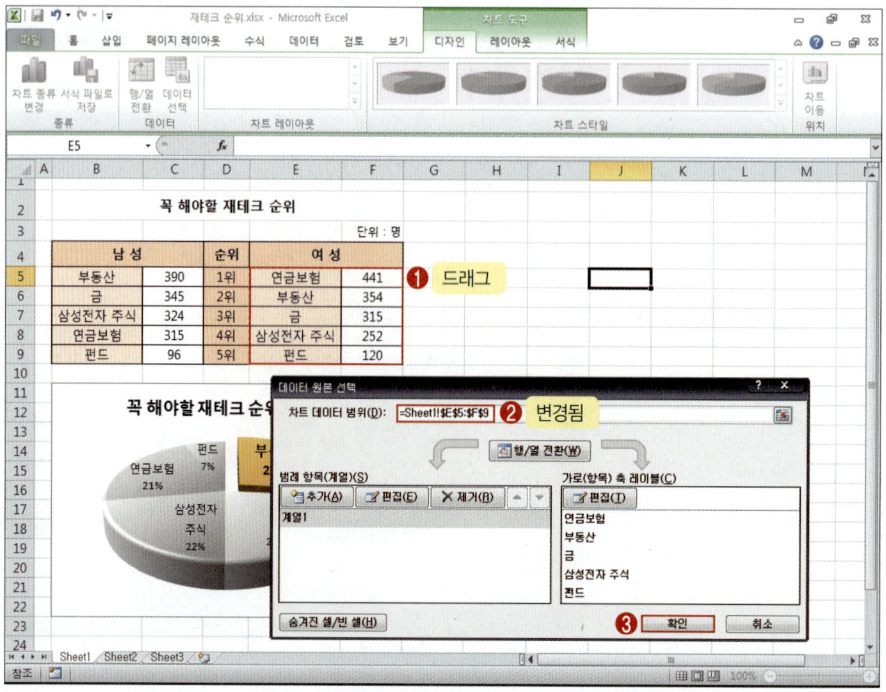

[데이터 원본 선택] 대화 상자의 '차트 데이터 범위'에 E5:F9 영역을 드래그하여 적용한 후 [확인] 버튼을 클릭합니다.

변경된 차트 데이터 범위의 값에 맞추어 차트 항목의 값이 변경됩니다.

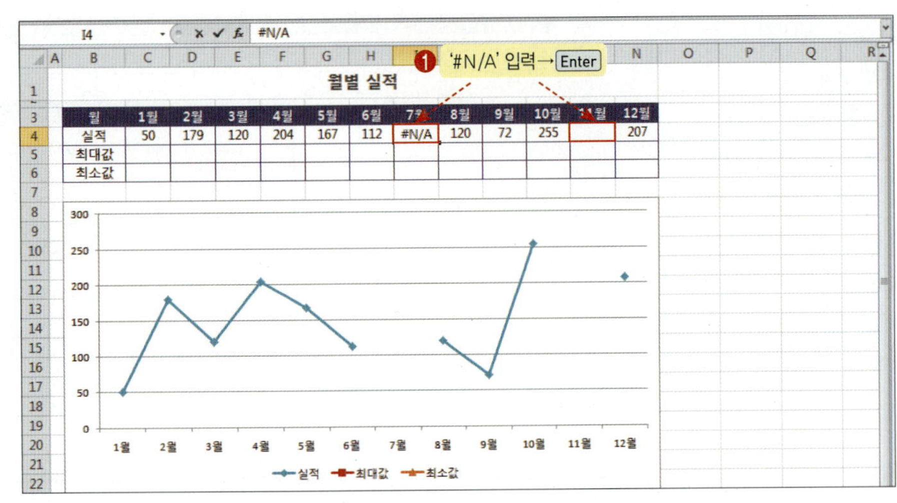

함수를 활용해 꺾은선 차트에 최대값/최소값 표시하기

꺾은선 차트에 적용된 데이터 값 중 빈 셀이 있으면 차트의 선이 연결되지 않습니다. 오류값을 이용해 이 선을 연결하고 꺾은선 차트에 표시된 값 중 최대값 최소값을 함수로 계산하여 표시해 보도록 합니다.

예제 파일　**PART5** 월별 실적 차트　　　완성 파일　**PART5** 월별 실적 차트 완성

'월별 실적 차트' 예제를 불러옵니다. I4 셀과 M4 셀에 '#N/A'를 입력한 후 Enter 키를 누릅니다.

> **TIP**
> '#N/A'가 표시된 셀은 차트에 표시되지 않는 대신 빈 셀이 아니므로 4월과 6월 데이터 선은 연결됩니다.

월	1월	2월	3월	4월	5월	6월	7월	8월	9월	10월	11월	12월
실적	50	179	120	204	167	112	#N/A	120	72	255		207
최대값												
최소값												

값이 입력되지 않아 연결되지 않았던 7월과 11월의 선이 연결됩니다.

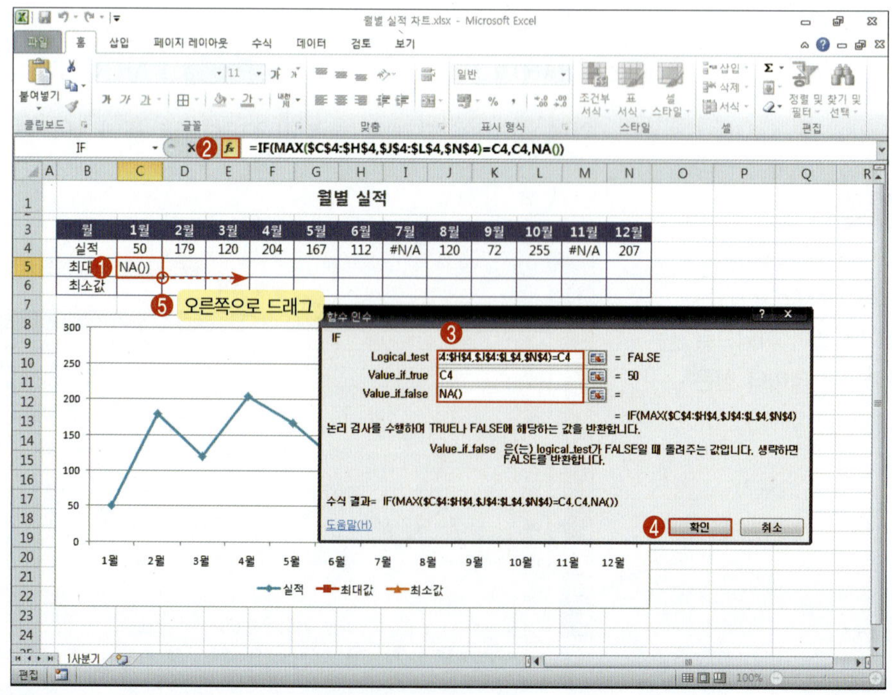

C5 셀에 '= IF(MAX($C$4:$H$4,$J$4:$L$4,$N$4) = C4,C4,NA())' 수식을 입력한 후 수식을 복사합니다.

TIP

1. MAX 함수의 범위는 오류값이 입력된 I4, M4셀을 제외하고 C4:H4, J4:L4, N4 영역만 선택한 후 F4 키를 눌러 절대참조 설정합니다.

2. IF 함수의 Value_if_false 값에 입력한 NA()는 결과값으로 오류값인 #N/A를 표시해줍니다. '#N/A'가 표시된 셀은 차트에 표시되지 않습니다.

C6 셀에 '= IF(MIN($C$4:$H$4, $J$4:$L$4, $N$4) = C4, C4, NA())' 수식을 입력한 후 수식을 복사합니다.

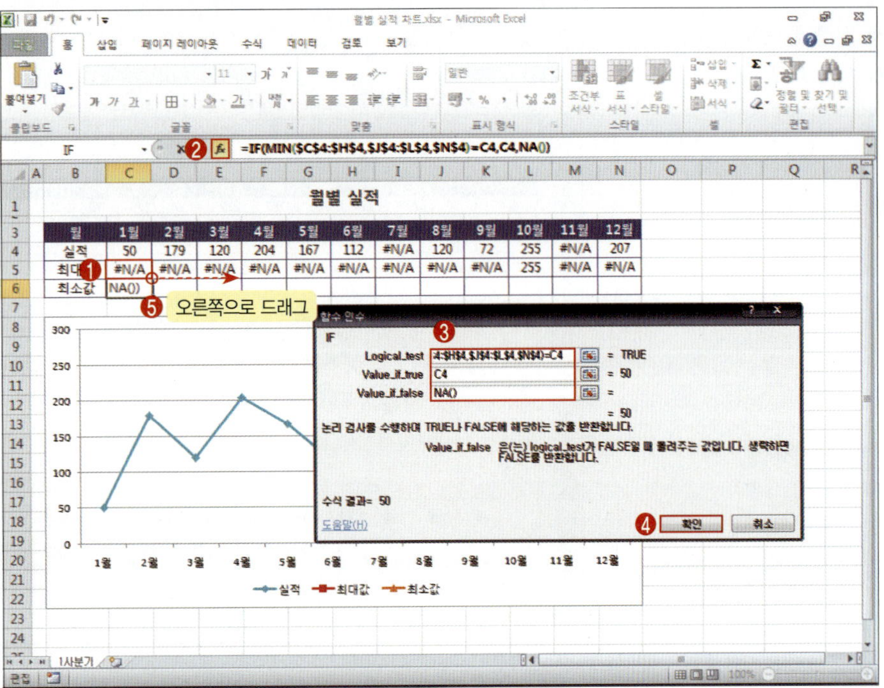

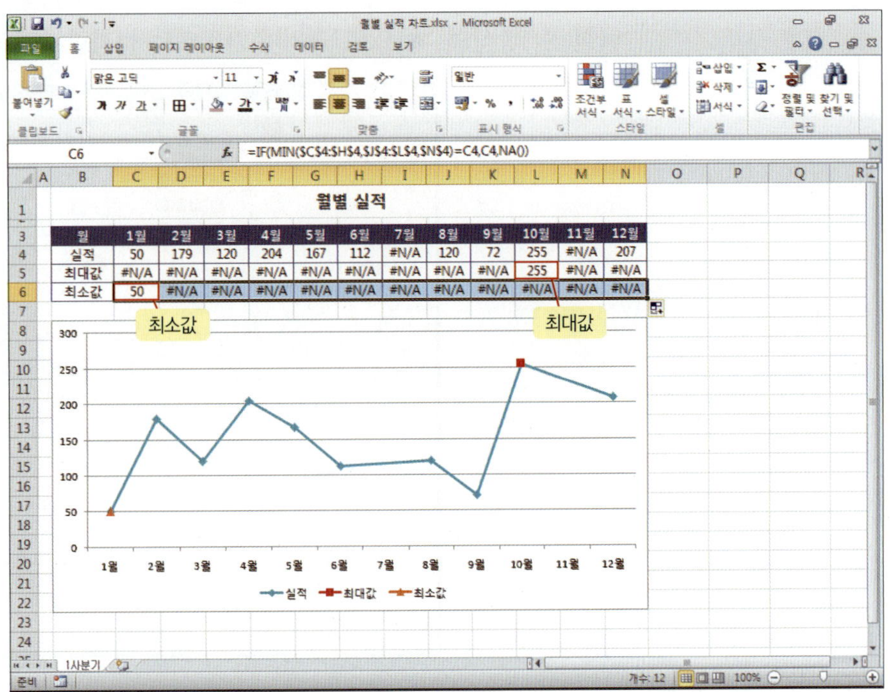

10월의 데이터 표식을 선택한 후 마우스 오른쪽 버튼을 클릭하여 '데이터 계열 서식'을 클릭합니다.

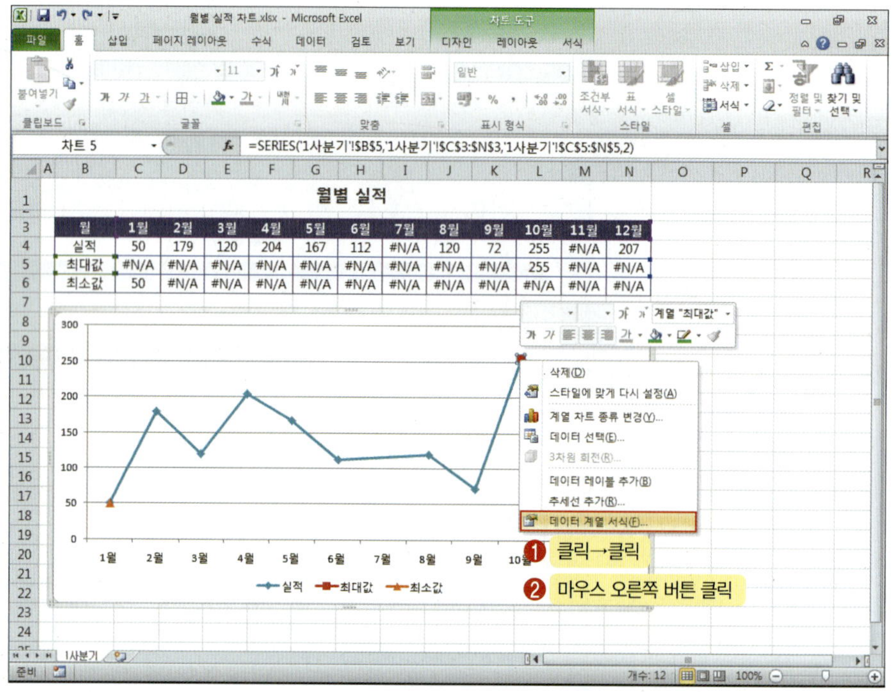

[데이터 계열 서식] 대화 상자가 열리면 [표식 옵션] 메뉴를 선택하고 [기본 제공]을 선택한 후 '형식'을 '●'으로 '크기'를 '10'으로 설정한 후 [닫기] 버튼을 클릭합니다.

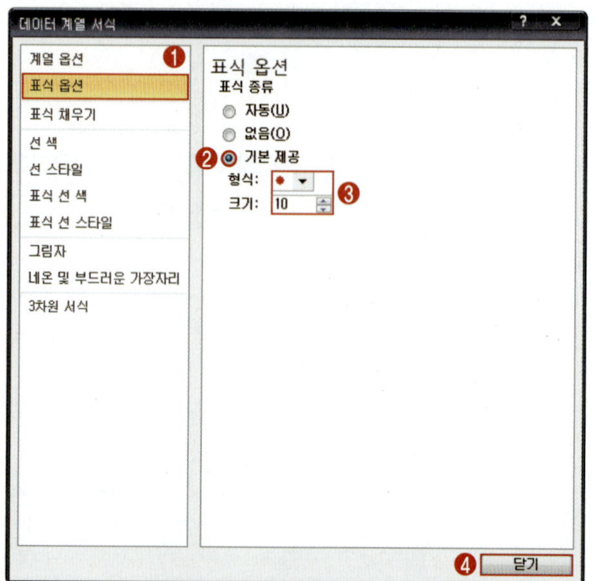

10월의 데이터 표식이 선택된 상태로 [차트 도구] − [레이아웃] 탭 − [레이아웃] 그룹의 [데이터 레이블]을 선택한 후 [위쪽]을 선택합니다.

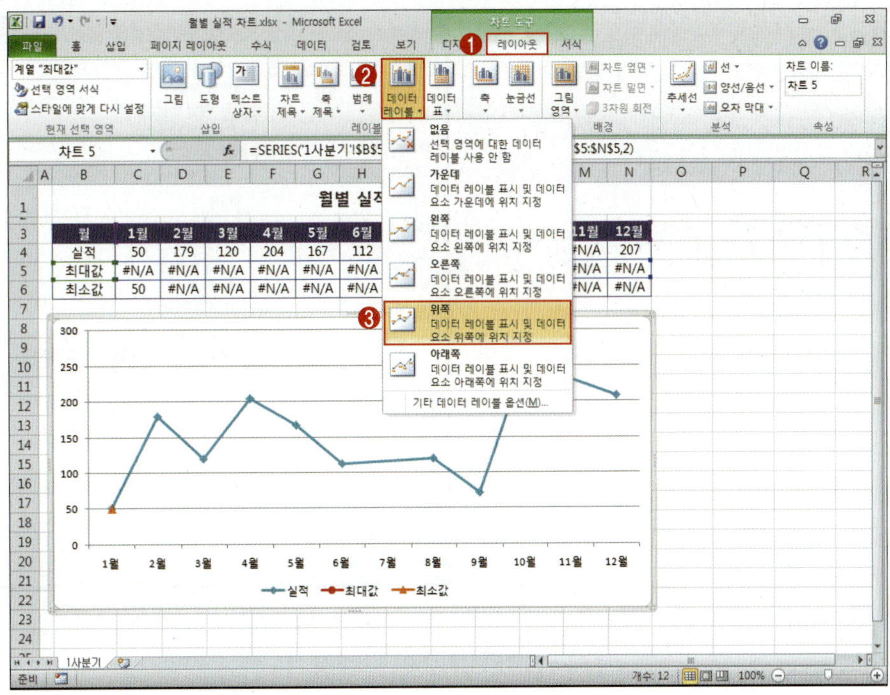

10월 데이터 레이블을 선택한 후 마우스 오른쪽 버튼을 클릭하여 [데이터 레이블 서식]을 클릭합니다.

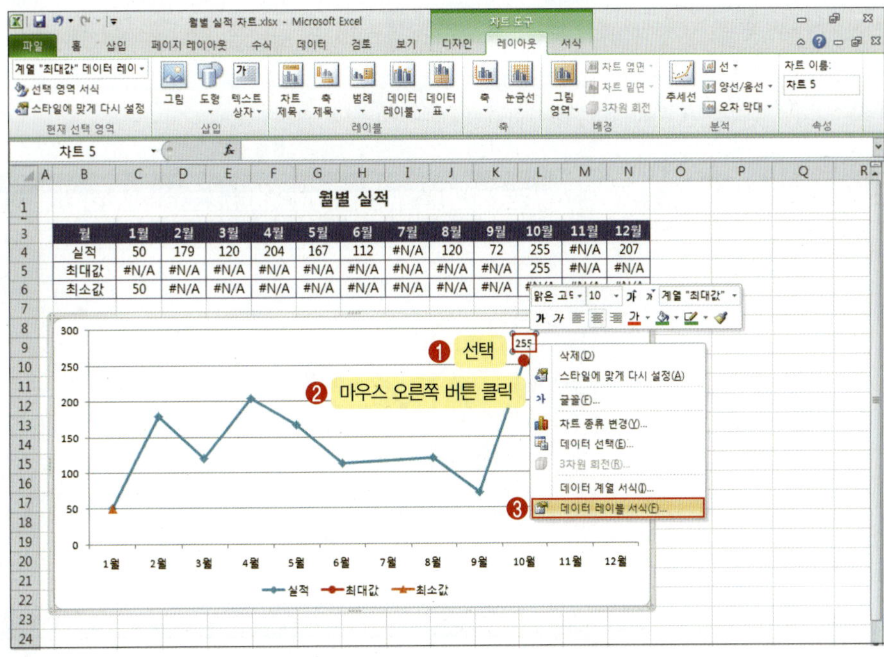

TIP

10월 데이터 레이블 위에서 더블 클릭해도 [데이터 레이블 서식] 대화 상자가 열립니다.

[데이터 레이블 서식] 대화 상자가 열리면 [레이블 옵션] 메뉴의 '레이블 내용'을 [계열 이름]과 [값]을 체크하고 '구분 기호'를 '공백'으로 설정한 후 [닫기] 버튼을 클릭합니다.

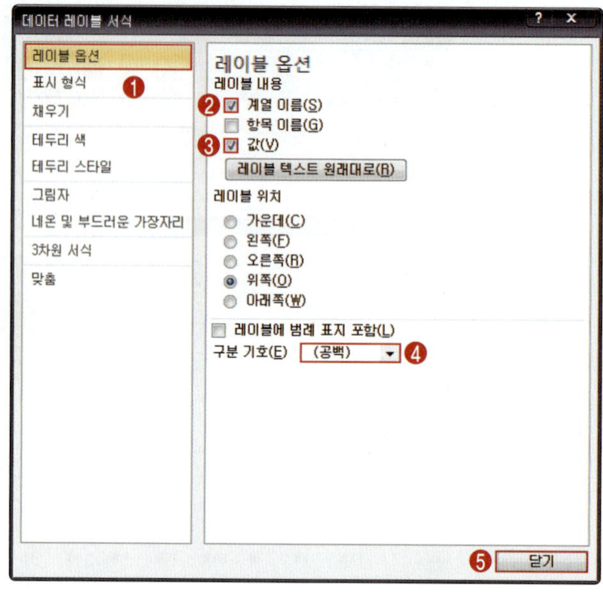

1월 데이터 표식을 선택한 후 위와 같은 방법으로 '형식'을 '●'으로 '크기'를 '10'으로 설정하고, '레이블 내용'의 [계열 이름]과 [값]이 공백으로 구분되어 표시되도록 설정합니다.

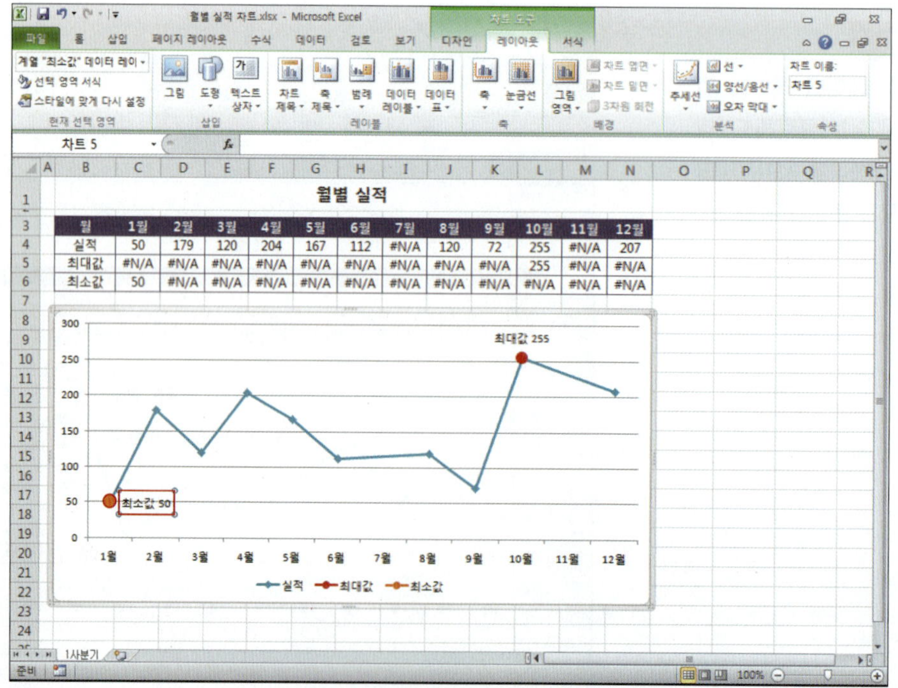

1월과 10월의 데이터 레이블을 각각 선택하고 [홈] 탭 – [글꼴] 그룹에서 [글꼴 크기]를 '11'로 하여 [굵게]를 적용합니다.

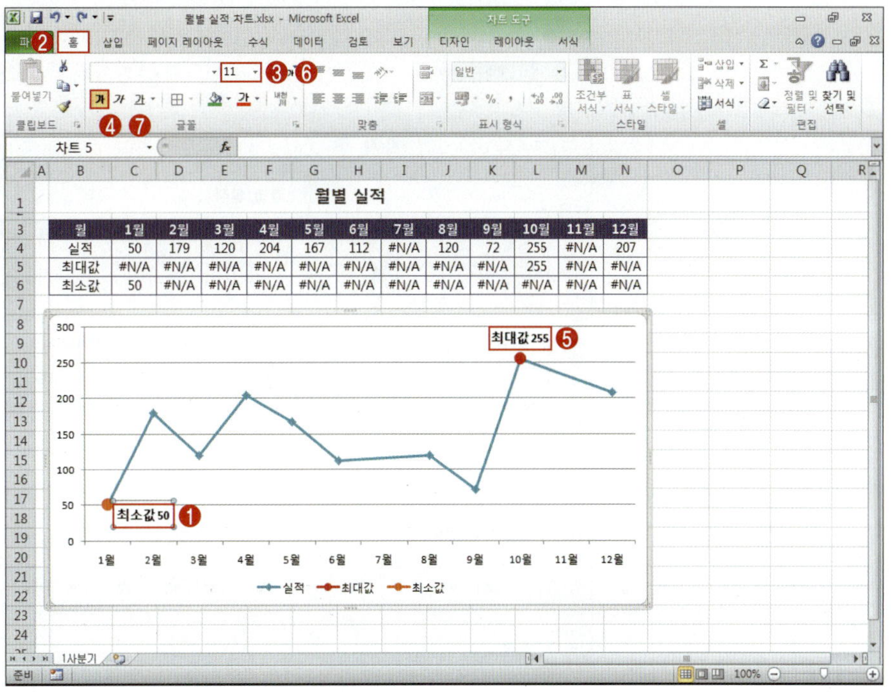

'범례'를 선택한 후 Delete 키를 눌러 삭제합니다.

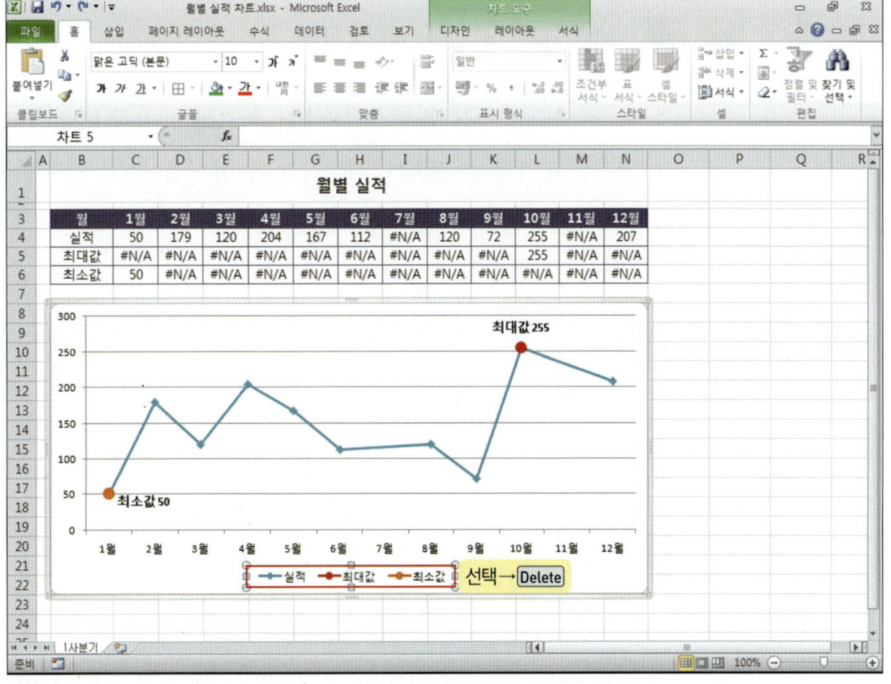

값이 없는 월의 데이터 선이 연결되고 최대값과 최소값이 표시된 꺾은선 그래프
가 완성됩니다.

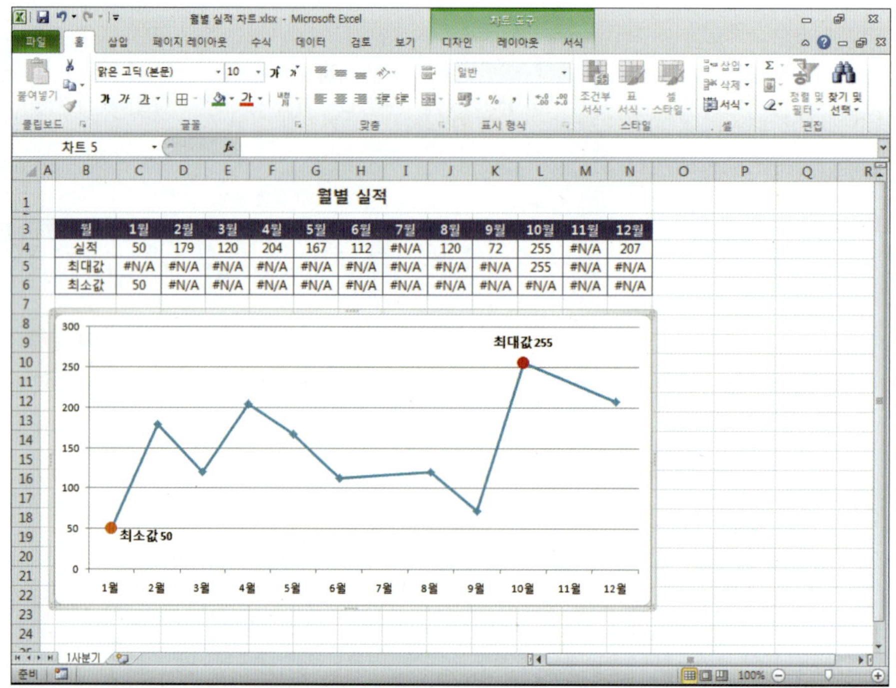

차트대신 간편하게! 스파크라인 표시하기

스파크라인은 엑셀 2010에서 추가된 기능으로 데이터의 흐름을 꺾은선과 막대 차
트로 표현할 수 있습니다. 차트의 형식을 하고 있지만 하나의 셀 안에 값의 변화를
표시한다는 차이점이 있고, 무엇보다도 공간을 별도로 차지하지 않고 쉽게 만들 수
있다는 것이 장점입니다.

'설비투자지수' 예제를 불러옵니다. 스파크라인을 표시할 첫 셀인 'J4' 셀을 선택한 후 [삽입] 탭 – [스파크라인] 그룹에서 [꺾은선형]을 클릭합니다.

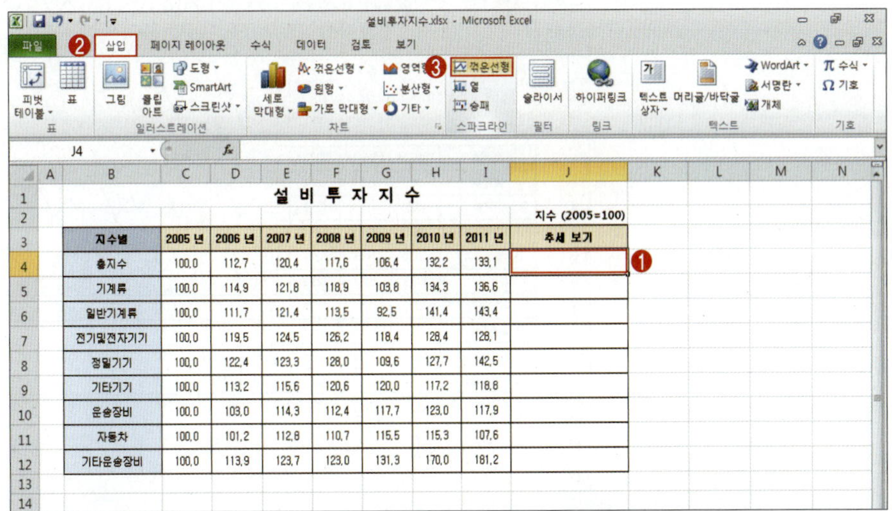

TIP

스파크라인을 배치할 위치 선택 영역의 '위치 범위'는 J4셀로 자동 적용됩니다.

[스파크라인 만들기] 대화 상자가 열리면 원하는 데이터 선택 영역의 '데이터 범위'에 C4:I4 영역을 드래그하여 지정한 후 [확인] 단추를 클릭합니다.

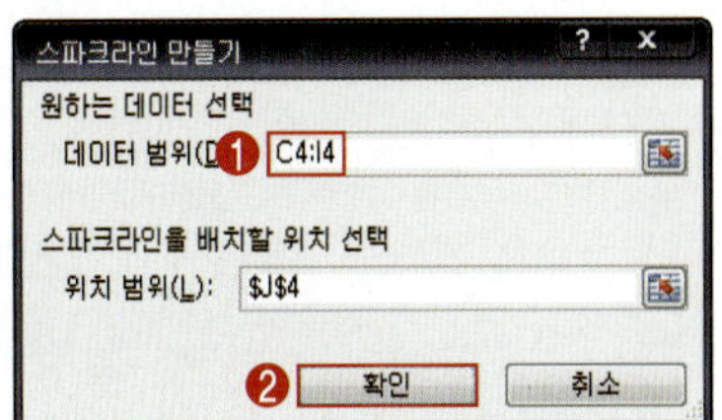

[스파크라인 도구] – [디자인] 탭 – [표시] 그룹의 [높은 점]과 [낮은 점]을 체크합니다.

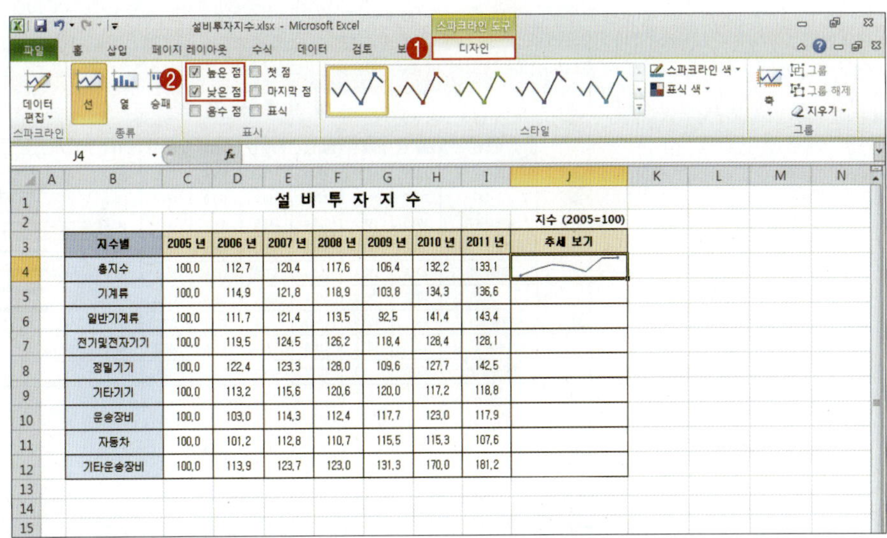

[스파크라인 도구]-[디자인] 탭-[스타일] 그룹의 빠른 스타일 중 [스파크라인 스타일 색상형 #4]를 선택합니다.

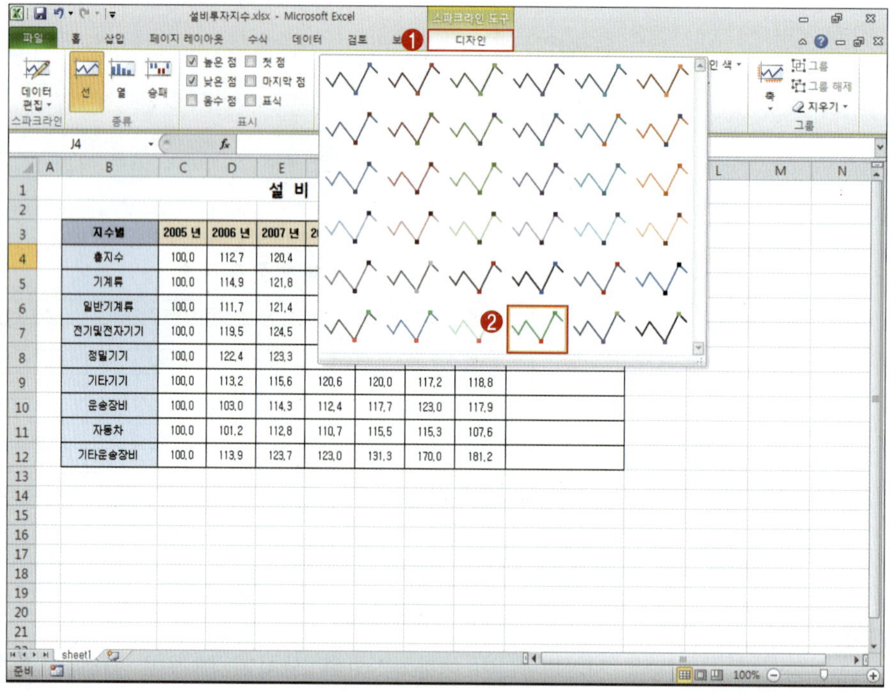

[스파크라인 도구]-[디자인] 탭-[스타일] 그룹의 [스파크라인 색]-[두께]를 '1$_{1/2}$pt'로 설정합니다.

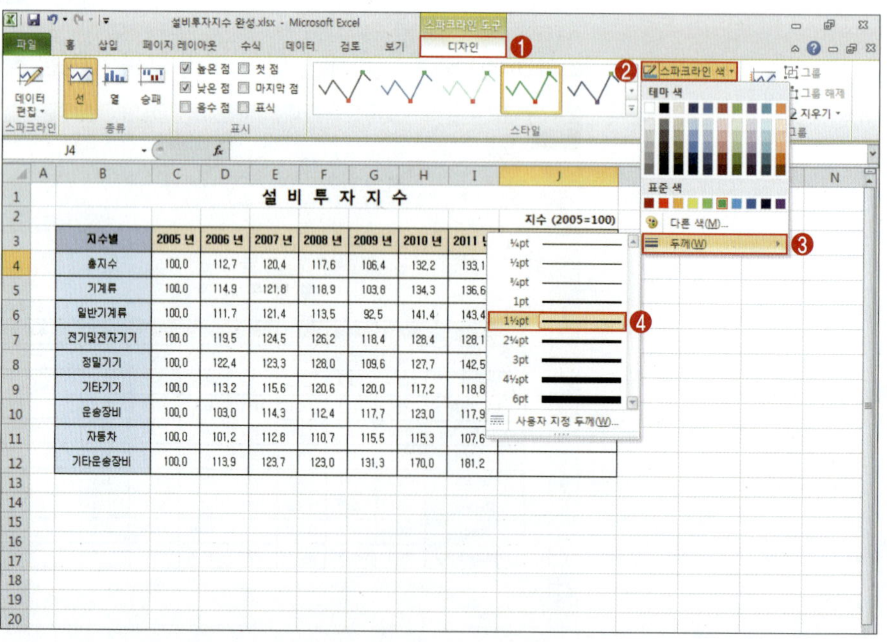

스파크라인이 첫 셀에 삽입되면 채우기 핸들을 이용하여 마지막 셀까지 복사하면 해당 영역에 데이터의 추세를 나타내는 스파크라인이 완성됩니다.

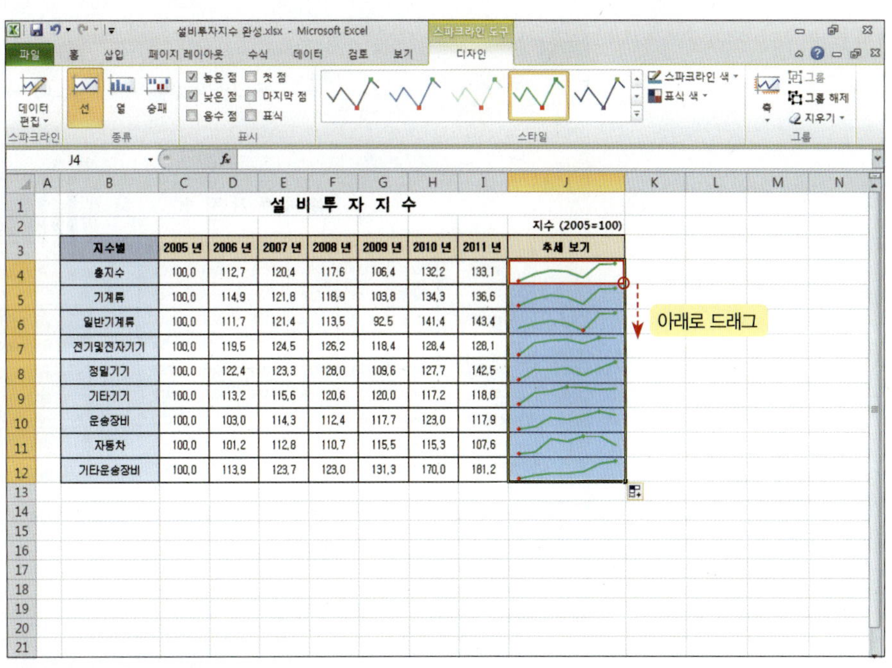

스파크라인의 종류를 변경하기 위해 [스파크라인 도구]-[디자인] 탭-[종류] 그룹의 [열]을 선택합니다.

TIP

스파크라인 종류를 변경해도 이전에 설정한 스타일은 그대로 적용됩니다.

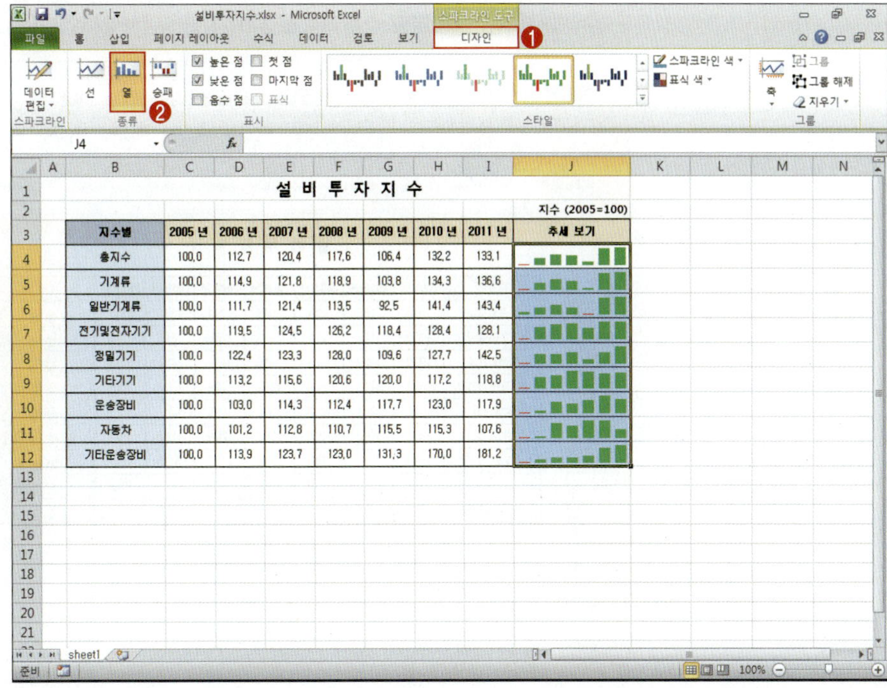

다른 막대와 색상이 같은 '높은 점'의 색상을 변경하기 위해 [스파크라인 도구]-[디자인] 탭-[스타일] 그룹의 [표식 색]-[높은 점]을 [연한 파랑]으로 설정합니다.

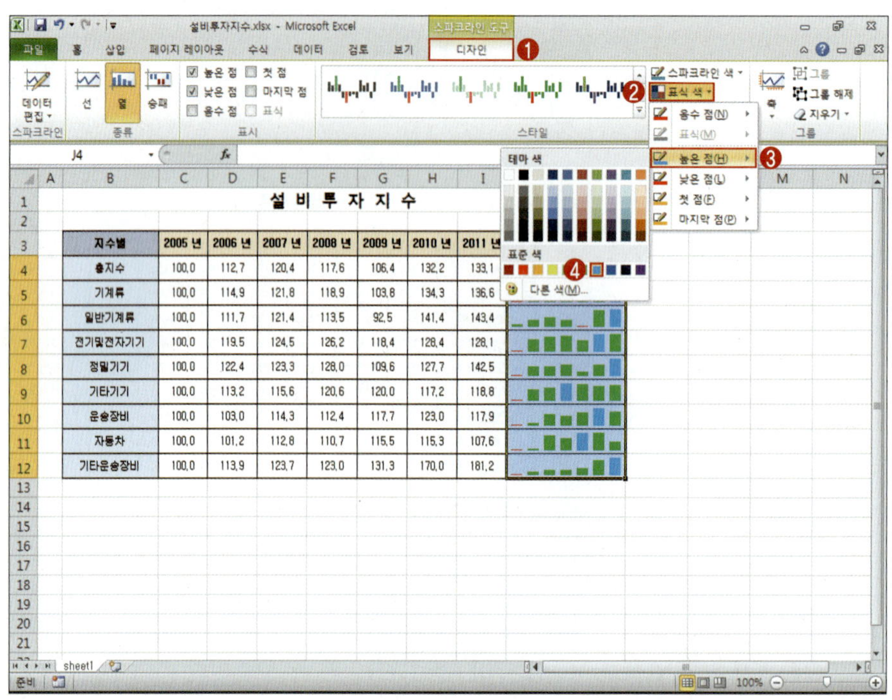

> **TIP** 스파크라인은 [Delete]키를 눌러 제거할 수 없으므로 [스파크라인 도구]-[디자인] 탭-[그룹] 그룹의 [지우기]-[선택한 스파크라인 지우기]를 눌러 삭제합니다.

예제 파일 가전제품 판매 현황 차트

예제 파일 가전제품 판매 현황 차트 완성

◉ "가전제품 판매 현황 차트" 파일을 열고 가전제품의 수량과 금액을 이용하여 "묶은 세로 막대형" 차트를 만들고 다음과 같이 편집하시오.

1 빠차트의 위치를 B14:H30 영역에 위치하도록 이동하고 사이즈를 조정하시오.

2 "수량"은 "보조축"으로 설정하여 오른쪽에 별도로 축이 표시되도록 하고, "표식이 있는 꺾은선형" 차트로 변경하시오.

3 세로 (값)축은 표시 형식을 "통화"로 기호는 "없음"으로 설정하고, 보조 세로 (값) 축은 표시 형식을 "일반"으로 설정하시오.

4 세로 (값)축의 단위를 다음과 같이 설정하시오.

최대값 : 50000000

주 단위 : 10000000

5 범례의 위치는 "아래쪽"으로 설정하시오.

6 차트 위쪽 가장자리에 "모서리가 둥근 직사각형"을 삽입한 후 "가전제품 판매현황" 텍스트를 삽입하고 텍스트의 위치가 가운데로 정렬되도록 설정하시오.

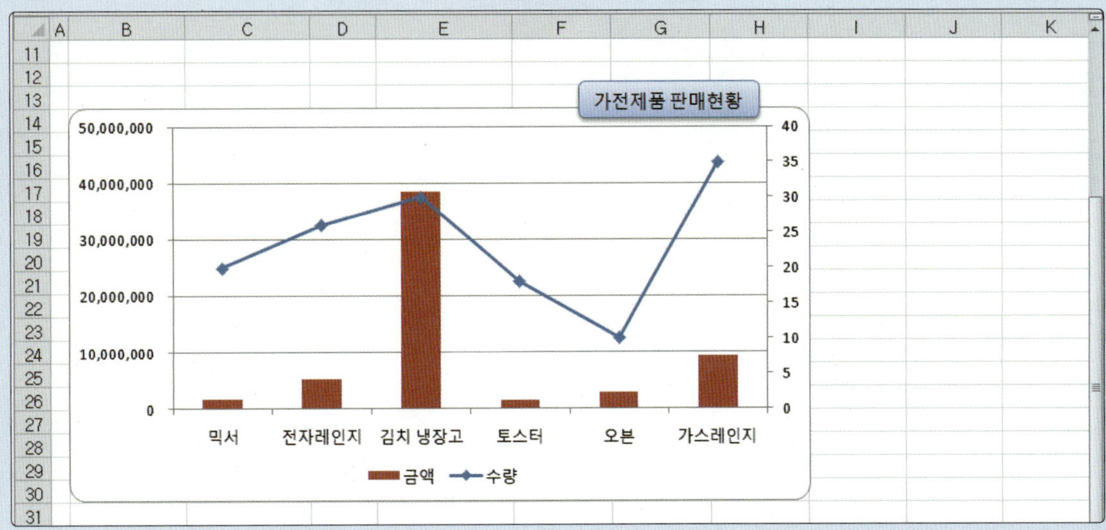

 교육 전후 평가표 차트

 교육 전후 평가표 차트 완성

◉ "교육 전후 평가표 차트" 파일을 열고 B4:D8 영역의 데이터를 이용하여 "채워진 방사형" 차트를 만들고 다음과 같이 편집하시오.

1 차트의 위치를 F4:K16 영역에 위치하도록 이동하고 사이즈를 조정하시오.

2 계열 "전"을 선택한 후 채우기 색을 [차트 도구]–[서식] 탭–[도형 스타일] 그룹–[도형 채우기] 메뉴–[다른 채우기 색]을 사용하여 색상을 선택하고 투명도를 "70%"로 설정하시오. 계열 "후"도 같은 방법으로 색상을 선택하고 투명도를 "70%"로 설정하시오.

3 항목 레이블은 황록색 계열로 채우기 색을 지정하시오.

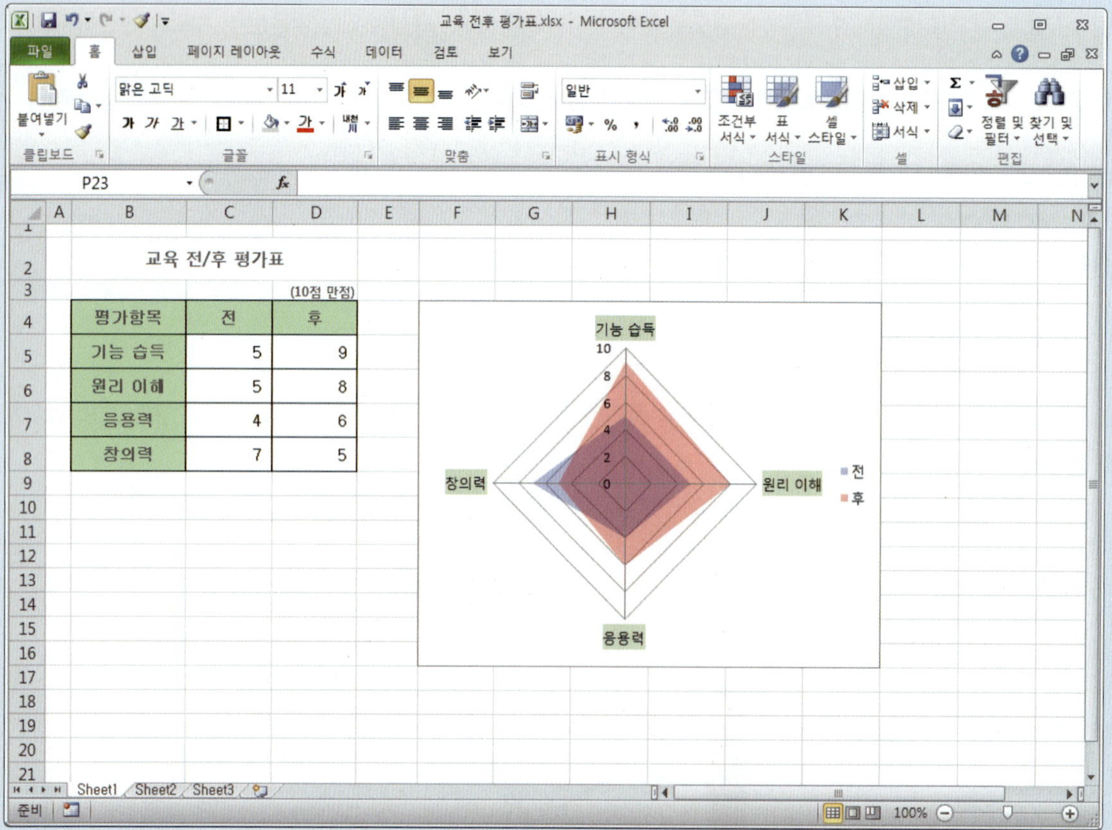

part 5

효율적인 데이터베이스 관리와 보안

데이터베이스의 구조를 살펴보고 워크시트에 입력한 데이터를 효율적으로 관리하고 분석할 수 있는 기능에 대해 알아봅니다. 또한 비밀을 요하거나 내용의 수정이 불가한 문서를 보호하는 방법을 알아봅니다.

1 데이터베이스 관리와 분석

엑셀에서는 스프레드시트 기능 뿐 아니라 데이터베이스 기능도 제공합니다. 또한 엑서스 등의 데이터베이스 관리 프로그램에 비해 쉽게 배울 수 있다는 장점 때문에 많이 사용되고 있습니다. 데이터베이스 기능을 이용하면 대량의 데이터를 효율적으로 관리하고 분석할 수 있습니다. 정렬, 필터, 부분합, 피벗 테이블 등의 기능을 사용하여 다량의 데이터에서 원하는 데이터를 쉽게 검색하고 요약하고 정리해 보도록 합니다.

데이터베이스의 구조

◆ 데이터베이스란?

데이터베이스는 대량의 데이터를 특정한 용도로 사용할 수 있도록 체계적으로 정리해 놓은 것을 말합니다. 우리가 일상생활에서 흔히 볼 수 있는 주소록이나 전화번호부 등도 일종의 데이터베이스라고 볼 수 있습니다.

◆ 데이터베이스의 구성 요소

엑셀에서 데이터란 셀에 입력된 내용을 말하고, 데이터베이스란 이 셀들이 일정한 규칙으로 모여 있는 데이터 목록을 말합니다. 데이터베이스를 관리하고 분석하기 위해서는 반드시 일정한 항목을 만들고 그 항목과 관련된 데이터를 순서대로 입력해야 합니다.

입력한 데이터는 다양한 방식으로 정렬하고, 특정 조건에 따라 검색할 수 있어야 하므로 데이터베이스로서의 형태를 갖추어야 합니다. 데이터베이스는 필드, 필드명, 레코드로 구성됩니다.

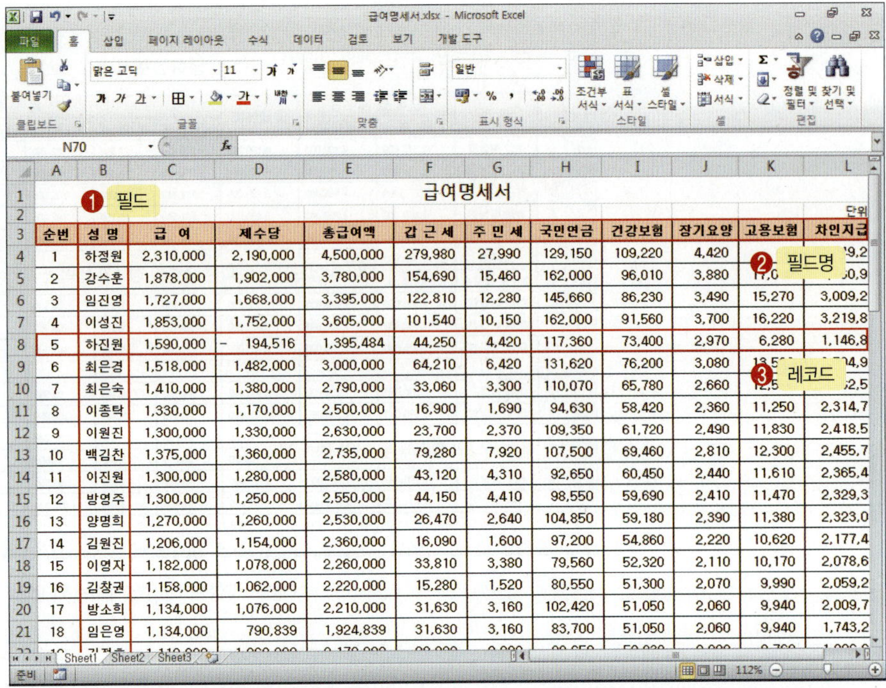

❶ **필드(Field)** : 데이터베이스의 열 방향의 데이터 모음을 의미합니다.

❷ **필드명(Field Name)** : 각 필드의 첫 행에 표시되는 필드의 이름입니다.

❸ **레코드(Record)** : 데이터베이스의 행 방향의 데이터 모음을 의미하며, 하나 이상의 필드로 구성됩니다.

◆ 데이터베이스 작성시 주의사항

데이터베이스 기능을 이용해 관리 분석할 데이터베이스의 경우, 기능을 효율적으로 사용하기 위해 지켜져야 할 몇 가지 주의 사항이 있습니다.

① 필드의 첫 행에는 반드시 필드명을 입력합니다.

② 필드명이 입력된 셀을 병합하지 않습니다.

③ 각 필드에는 동일한 종류의 정보를 입력합니다.

④ 필드를 최대한 세분하여 작성하여 하나의 필드에 하나의 정보만 입력되도록 합니다.

⑤ 데이터베이스의 범위에 빈 행이나 빈 열이 없어야 합니다.

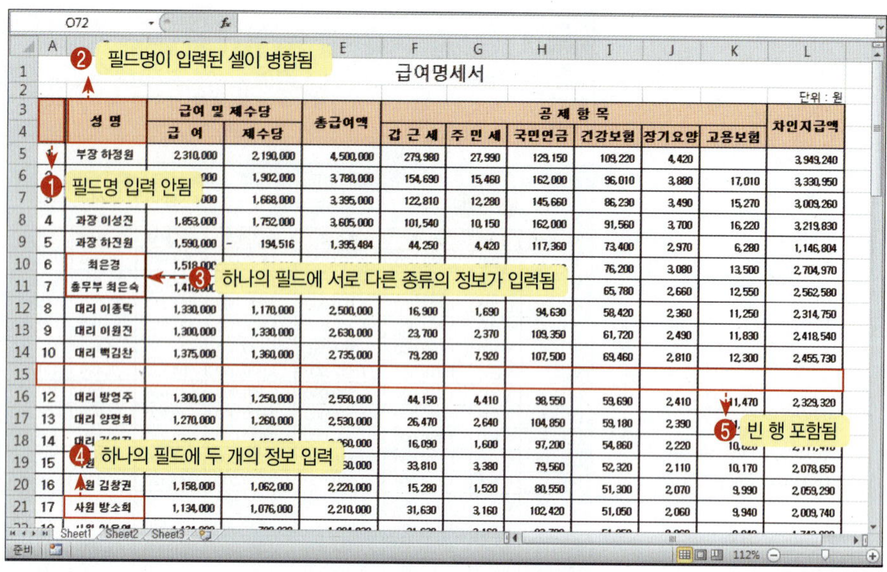

〈잘못 작성된 데이터베이스의 예〉

표 삽입 기능을 이용한 데이터베이스 작성하기

데이터를 입력할 때 표 삽입 기능을 활용하면 데이터베이스의 작성시 지켜져야할 규칙에 맞추어 입력할 수 있고, 수식이나 서식이 데이터가 입력된 범위에 맞춰 자동으로 복사되어 편리합니다.

예제 파일 **PART5** 공채 결과   **완성 파일** **PART5** 공채 결과 완성

'공채 결과' 예제를 불러옵니다. A3셀을 클릭한 후 [삽입] 탭 – [표] 그룹의 [표] 메뉴를 클릭합니다. [표 만들기] 대화 상자가 열리면 [확인] 버튼을 클릭합니다.

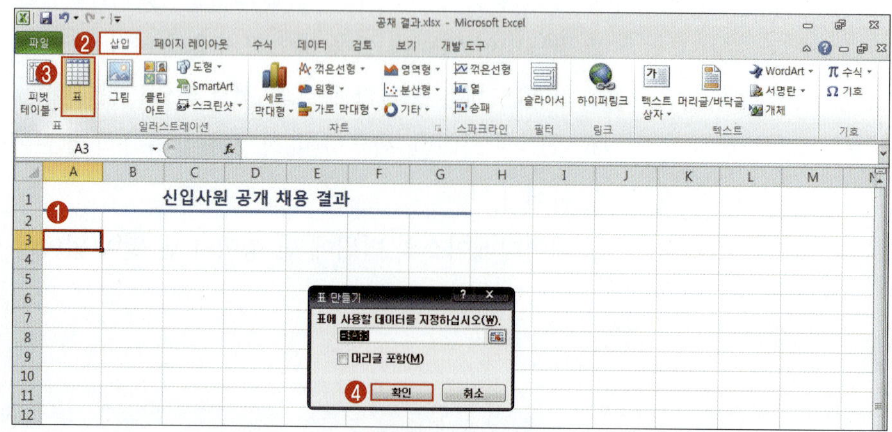

선택된 A3셀을 기준으로 표 범위가 지정되고 리본 메뉴에 [표] 도구가 나타나며, [표] 도구－[속성] 그룹의 [표 이름]이 '표1'로 설정됩니다.

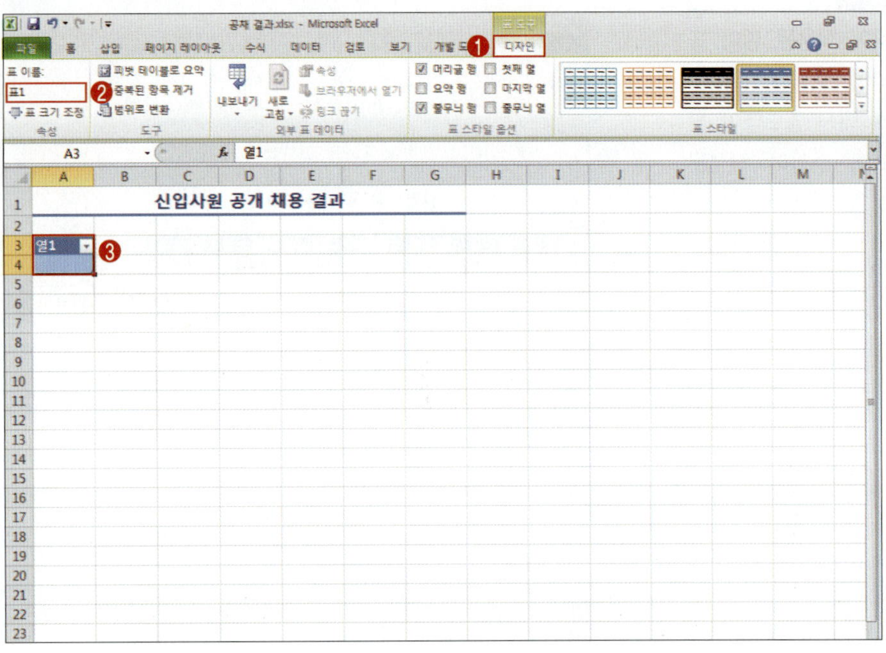

A3:G3 영역에 열머리글인 응시번호, 성명, 성별, 필기, 적성, 총점, 합격여부를 입력합니다. A4:E4 영역에도 1, 하정원, 남, 43, 46을 순서대로 입력합니다.

F4셀을 클릭하여 등호(=)를 입력한 후 D4셀을 클릭하고, '+'를 입력한 후 다시 E4 셀을 클릭하고 Enter 키를 누릅니다.

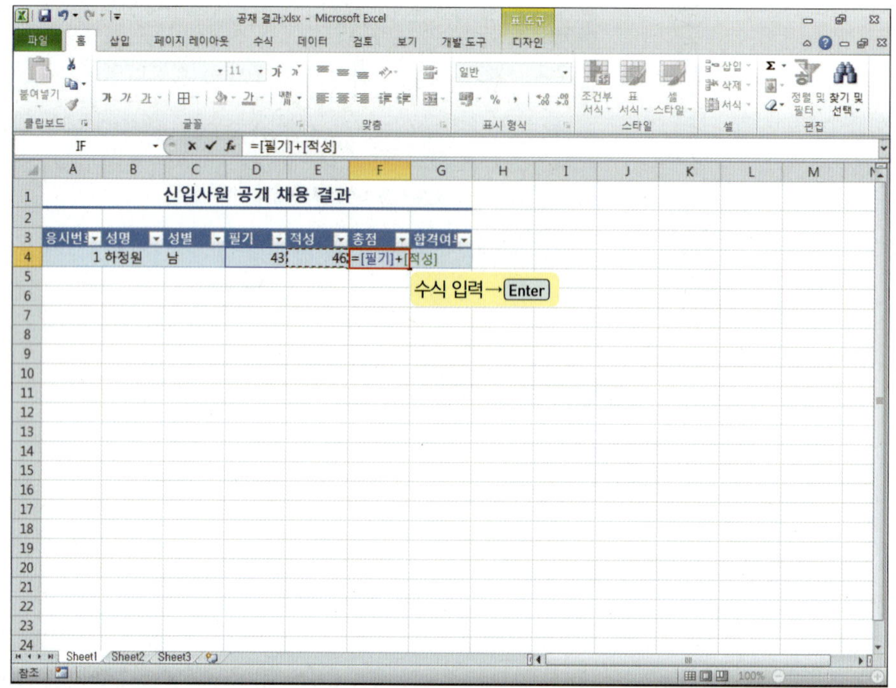

G4셀을 클릭한 후 '= IF([총점]〉= 80, "1차 합격", "불합격")' 수식을 작성합니다.

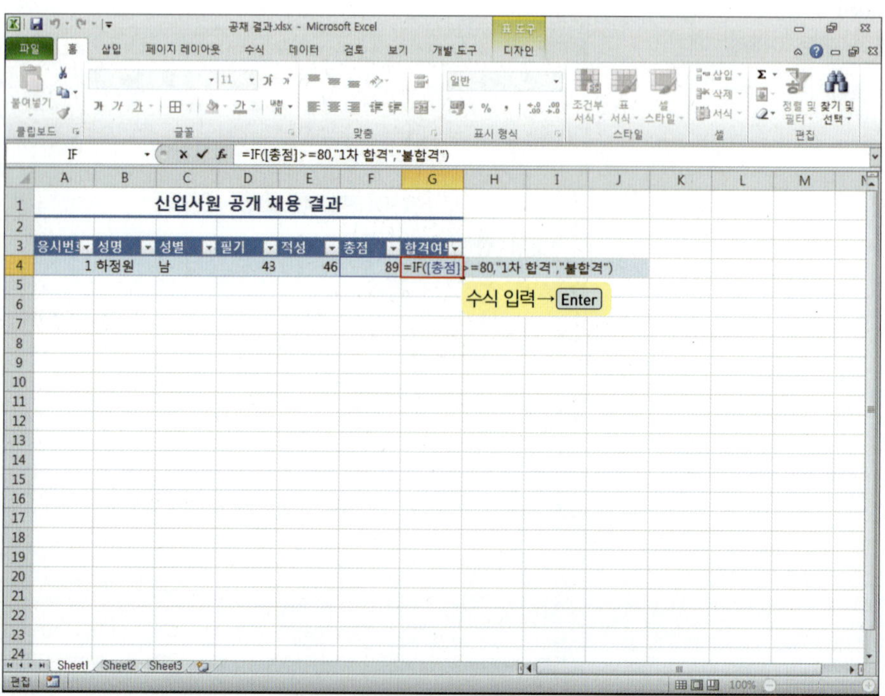

표의 정렬과 열 너비를 조정합니다. 나머지 데이터도 입력합니다. E열의 '적성' 필드의 데이터까지만 입력하면 '총점'과 '합격여부'는 자동으로 수식이 복사되어 완성됩니다.

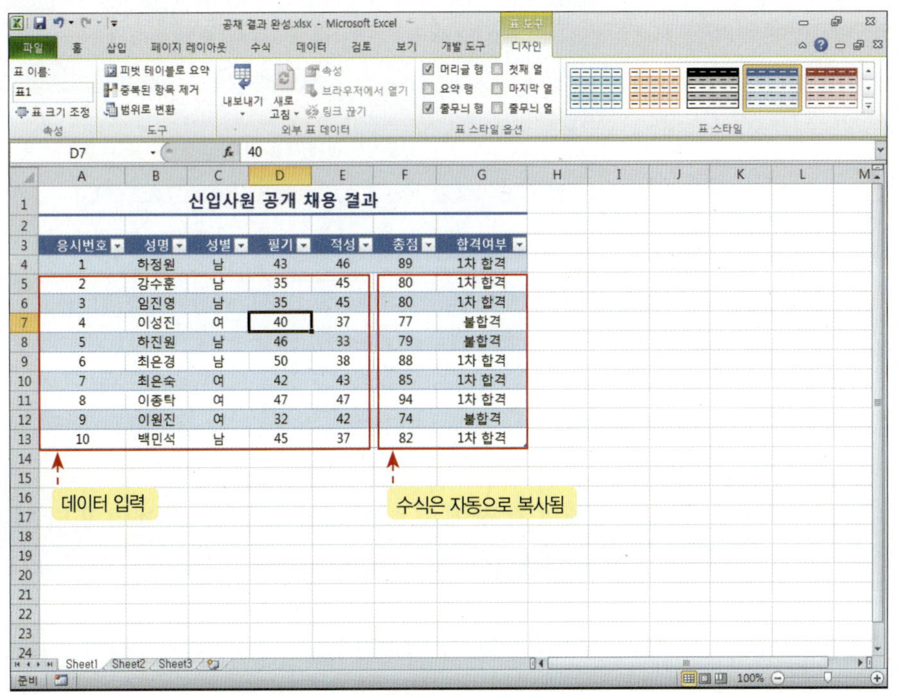

〈입력할 데이터〉

응시번호	성명	성별	필기(50)	적성(50)	총점수	합격여부
1	하정원	남	43	46	89	1차합격
2	강수훈	남	35	45	80	1차합격
3	임진영	남	35	45	80	1차합격
4	이성진	여	40	37	77	불합격
5	하진원	남	46	33	79	불합격
6	최은경	남	50	38	88	1차합격
7	최은숙	여	42	43	85	1차합격
8	이종탁	여	47	47	94	1차합격
9	이원진	여	32	42	74	불합격
10	백민석	남	45	37	82	1차합격

표 영역을 선택했을 때 리본 메뉴에 나타나는 [표] 도구 – [디자인] 탭의 [표 스타일], [표 스타일 옵션] 등의 메뉴를 설정합니다.

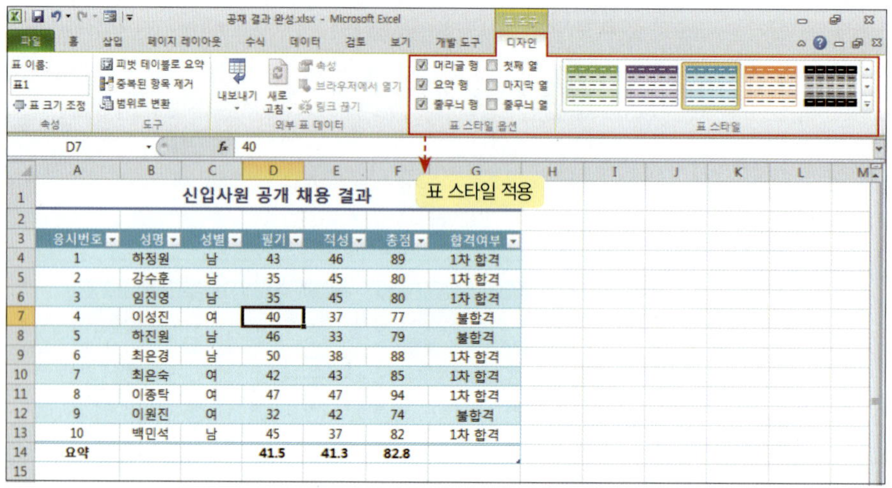

3행의 각 셀에 표시된 필터 단추 중 C3셀의 필터 단추를 클릭하고 "남"을 해제하여 완성합니다.

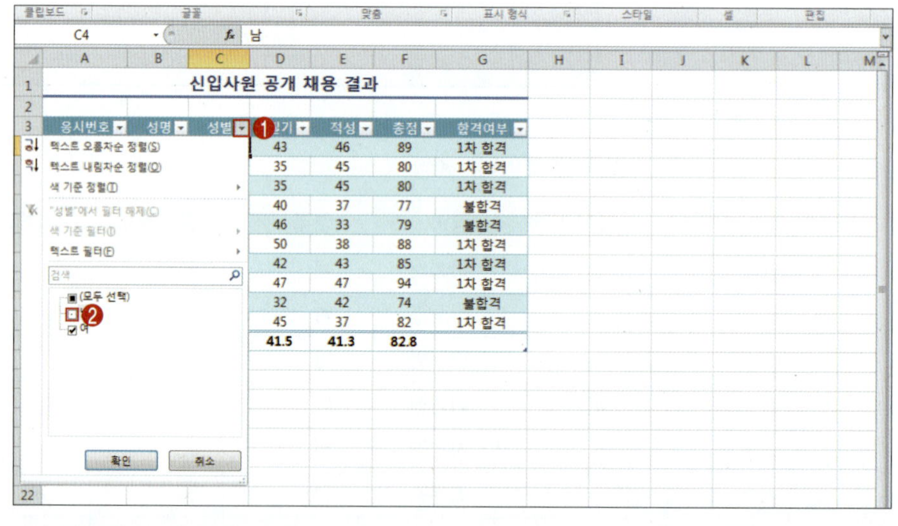

레코드 관리 기능을 이용하면 다량의 데이터가 입력되어 있을 때 조건을 지정하여 원하는 레코드를 빠르게 찾을 수 있고 새로운 데이터를 추가하거나 기존의 데이터를 삭제, 변경할 수도 있습니다. 데이터 각각의 항목에 대한 대화 상자를 표시하여 자료의 추가, 삭제, 변경하는 방법을 알아봅니다.

예제 파일 **PART5** 유치원 일람표   **완성 파일** **PART5** 유치원 일람표 완성

'유치원 일람표' 예제를 불러옵니다. [파일] 탭을 클릭한 후 [옵션] 메뉴를 클릭합니다.

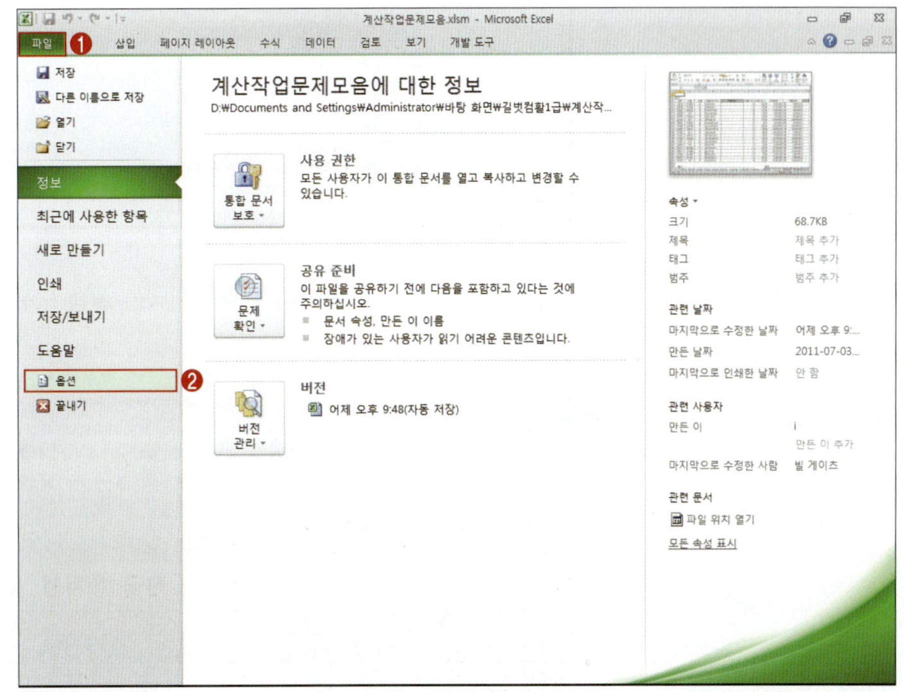

[Excel 옵션]의 [빠른 실행 도구 모음]을 선택한 후 [모든 명령]의 [레코드 관리]를 선택한 후 [추가] 버튼을 눌러 빠른 실행 도구 모음 목록에 추가한 후 [확인] 버튼을 클릭합니다.

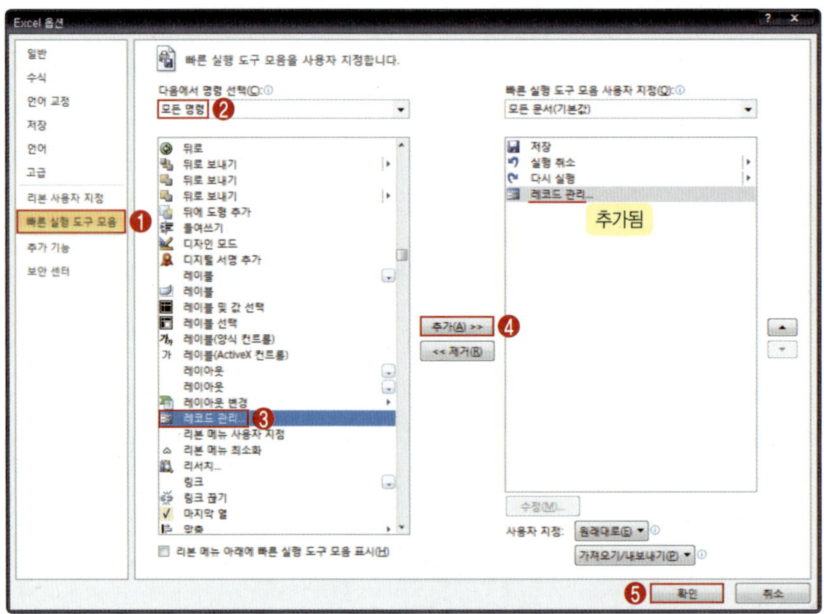

데이터베이스 안에 셀 포인터를 두고 [빠른 실행 도구 모음]에 추가된 [레코드 관리] 메뉴를 선택합니다.

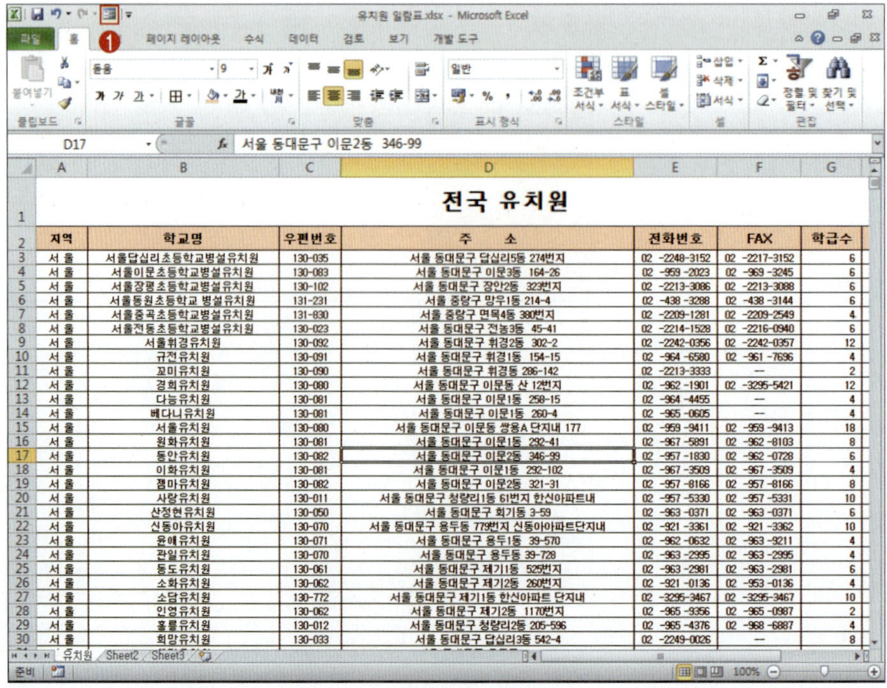

[레코드 관리] 대화 상자
의 제목 표시줄에는 시
트 이름이 표시됩니다.

[레코드 관리] 대화 상자가 열리면 특정 조
건에 맞는 레코드를 검색하기 위해 [조건] 버
튼을 클릭합니다.

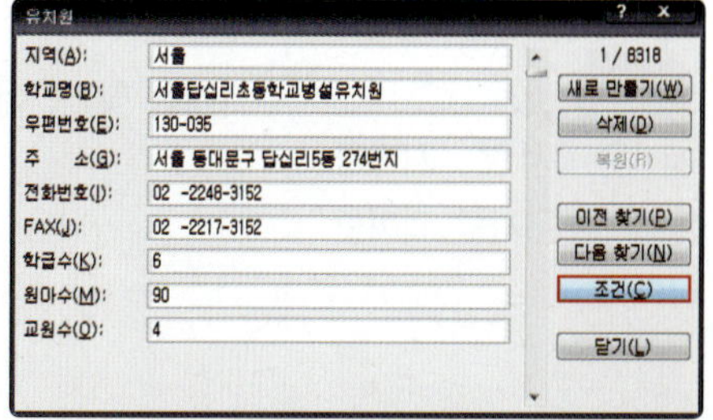

대화 상자의 각 필드의 입력란이 비워지
면 [지역]란에 '부산'이라고 입력하고, [원아
수]란에 '>＝100'을 입력한 후 [다음 찾기] 버
튼을 클릭합니다.

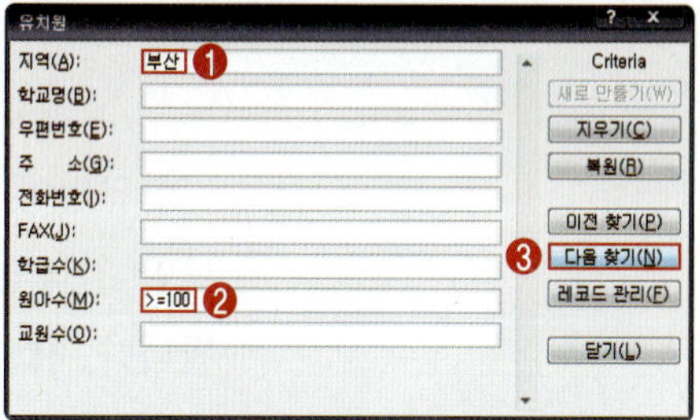

조건에 맞는 레코드가 검색되어 대화 상
자에 표시됩니다. [이전 찾기] 버튼 또는 [다음
찾기] 버튼을 클릭하면 조건에 맞는 레코드
만 검색되어 나타납니다.

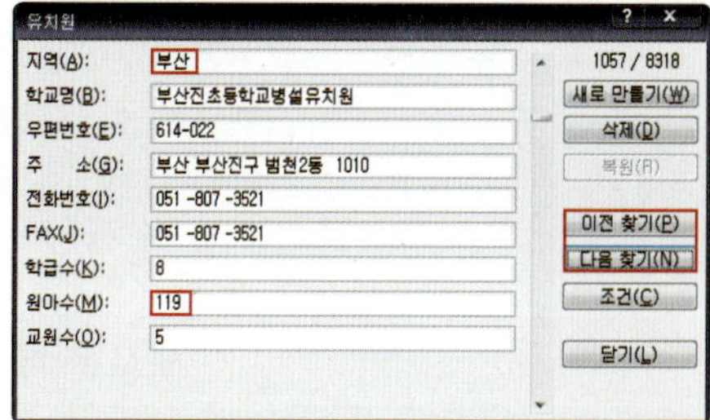

레코드 이동 방법

다음 레코드 — [다음 찾기] 버튼 클릭, Enter 키, 아래쪽 방향키
이전 레코드 — [이전 찾기] 버튼 클릭, 위쪽 방향키
마지막 레코드 — Page Down 키
처음 레코드 — Page Up 키

조건을 수정하여 레코드를 검색하기 위해
[조건] 버튼을 클릭하면 이전에 입력한 조건
이 대화 상자에 표시됩니다. 새로운 조건을
입력하기 위해 [지우기] 버튼을 클릭합니다.

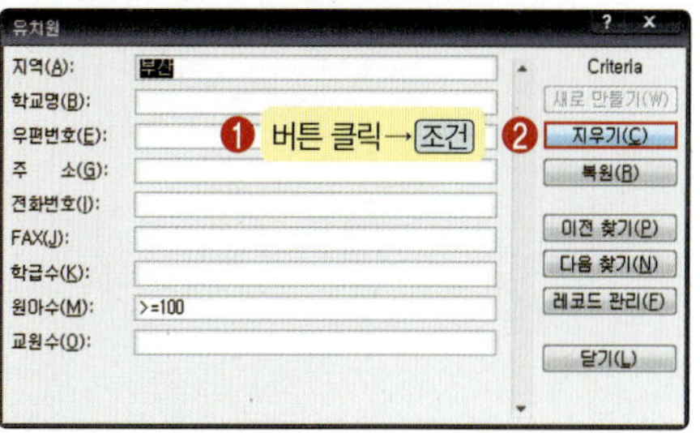

[학급명]란에 '사*'를 입력한 후 [다음 찾기] 버튼을 클릭합니다.

학교명이 '사'로 시작하는 레코드만 검색되어 대화 상자에 표시됩니다. [다음 찾기]를 계속 눌러 '사'로 시작하는 레코드를 검색할 수 있습니다.

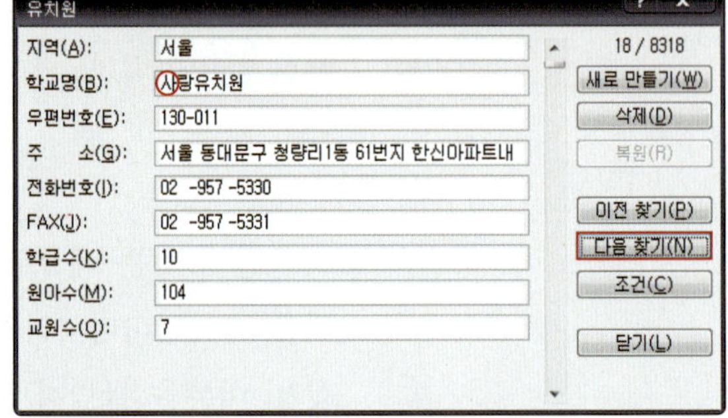

새로운 데이터를 추가하기 위해 [새로 만들기] 버튼을 클릭합니다.

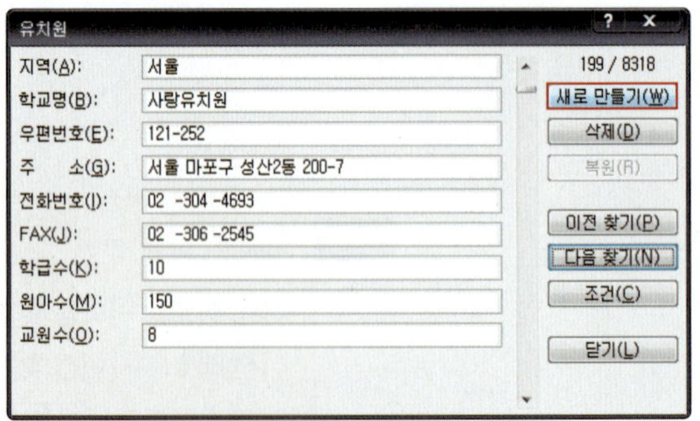

새로운 데이터 정보를 다음과 같이 입력한 후 [닫기] 버튼을 클릭합니다.

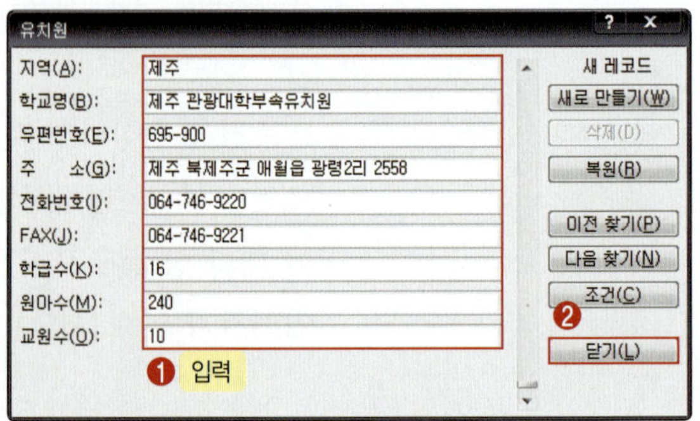

데이터베이스의 맨 마지막 다음 행에 추가한 데이터가 추가됩니다.

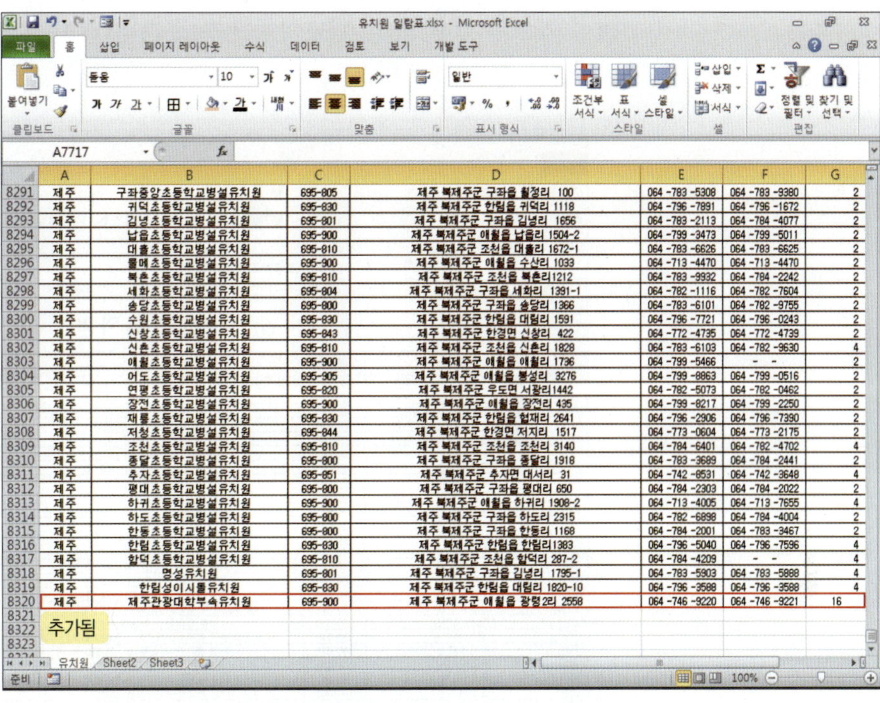

[레코드 관리] 대화 상자에서 `Page up` 단축키를 눌러 삭제하고자 하는 첫 번째 레코드를 검색한 후 [삭제] 버튼을 클릭합니다.

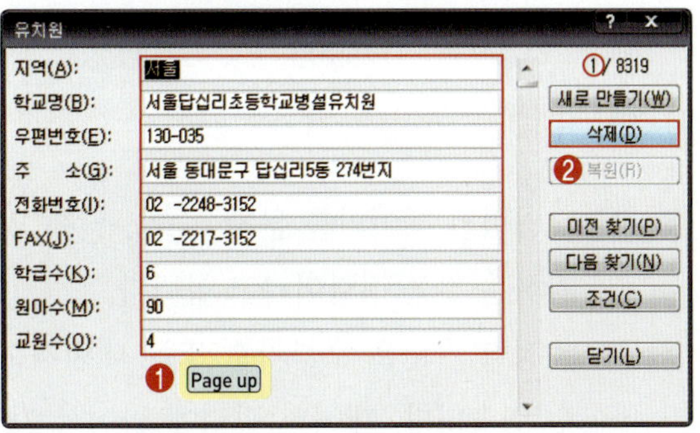

해당 레코드가 영구히 삭제된다는 메시지가 나타나면 [확인] 버튼을 클릭합니다.

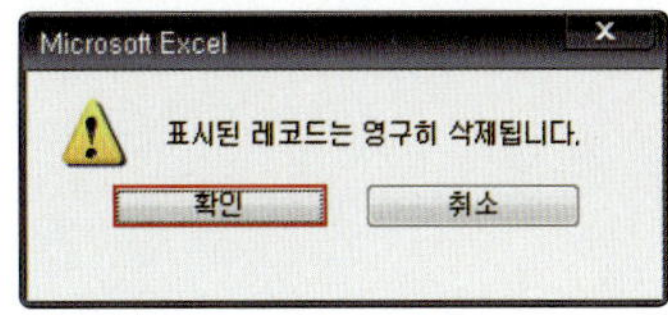

레코드가 삭제되고 다음 레코드가 대화 상자에 표시되면 [닫기] 버튼을 클릭하여 대화 상자를 닫습니다. 워크시트에도 삭제한 레코드가 사라진 것을 확인할 수 있습니다.

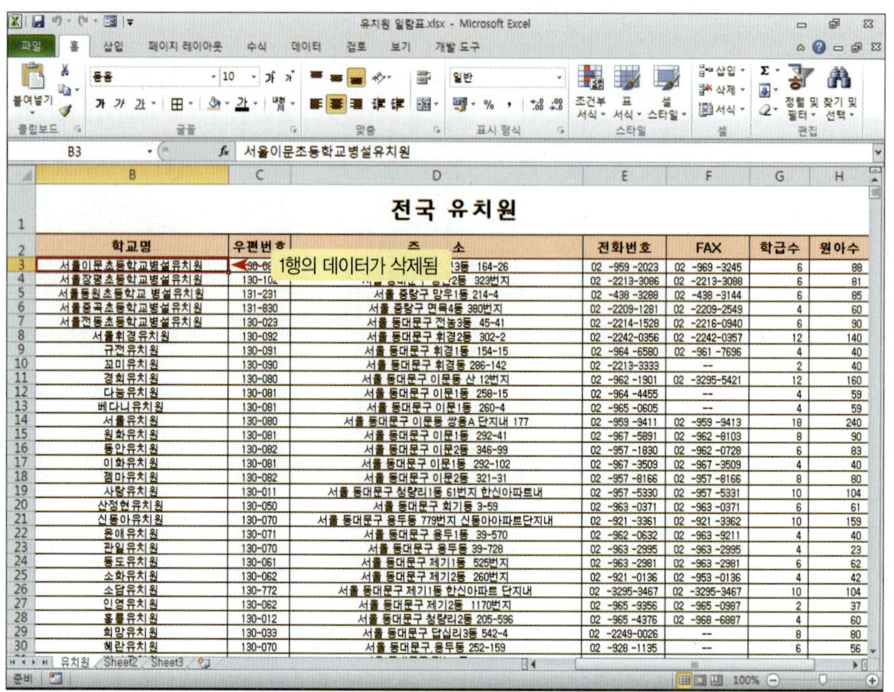

데이터 정렬하기

입력된 데이터를 문자, 숫자, 날짜 및 시간 데이터를 일정한 기준에 맞추어 재배치하는 것을 정렬이라고 합니다.

정렬 기준은 오름차순 또는 내림차순으로 나눠지며 최대 64개의 기준을 지정할 수 있습니다. 데이터 관리에 있어서 가장 기본적으로 수행되는 작업이므로 상황에 따른 정렬 방법을 다양하게 살펴보도록 합니다.

'직원 정보 데이터' 예제를 불러옵니다. '부서' 필드의 셀을 하나 선택하고, [데이터] 탭—[정렬 및 필터] 그룹의 [오름차순 정렬] 메뉴를 클릭하여 정렬합니다.

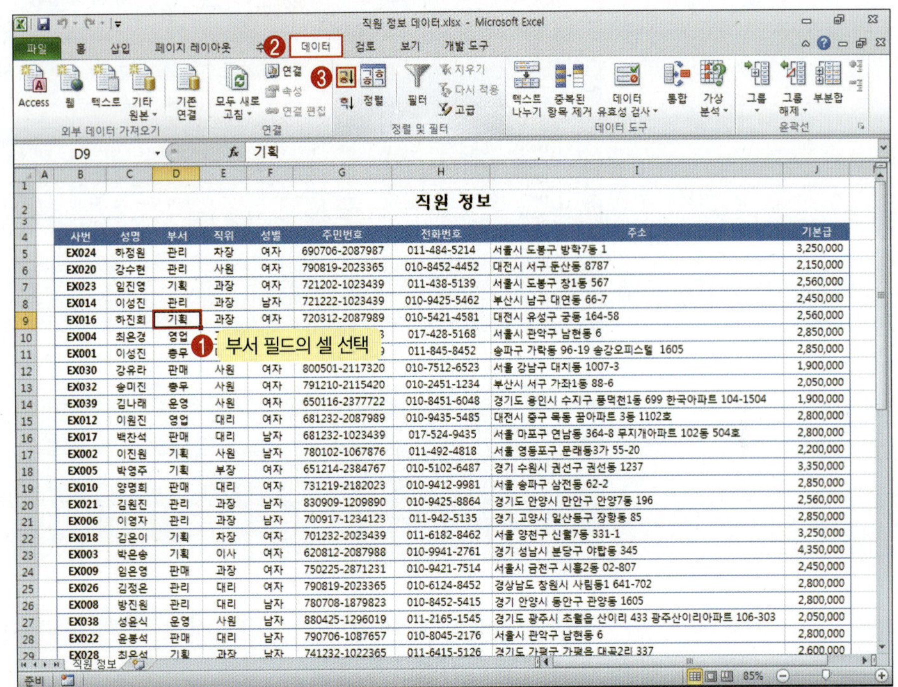

오름차순

숫자—문자—논리 값—오류 값—빈 셀 순으로 데이터를 정렬합니다.

숫자의 경우 1, 2, 3.,..., 문자의 경우 가, 나, 다 또는 A, B, C 순으로 정렬됩니다.

내림차순

오류 값—논리 값—문자—숫자—빈 셀 순으로 데이터를 정렬합니다.

숫자의 경우 3, 2, 1.,..., 문자의 경우 다, 나, 가 또는 C, B, A 순으로 정렬됩니다.

'직위' 필드의 셀을 하나 선택하고 [데이터] 탭 – [정렬 및 필터] 그룹의 [내림차순 정렬]
메뉴를 클릭하여 정렬합니다.

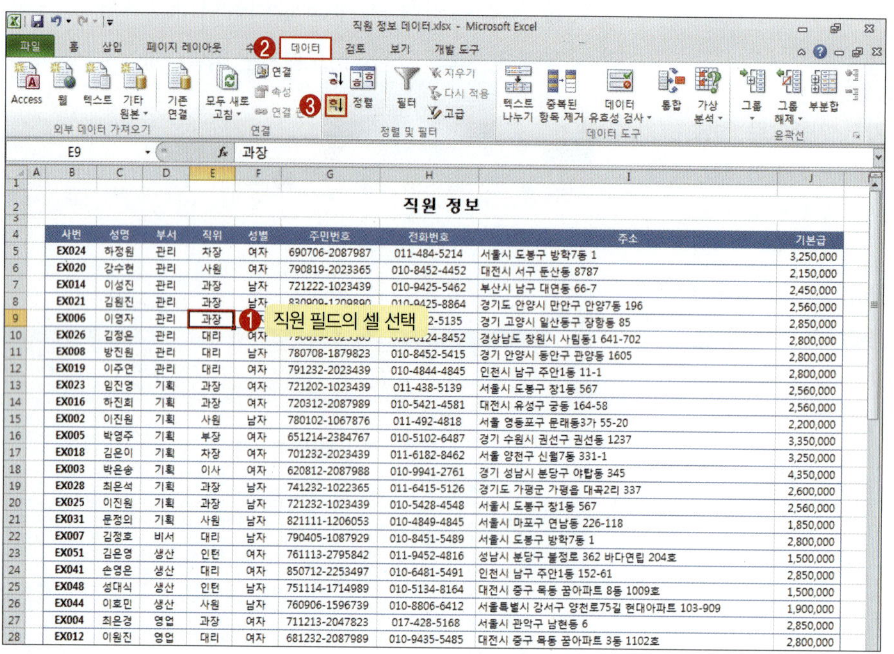

직원 정보

사번	성명	부서	직위	성별	주민번호	전화번호	주소	기본급
EX024	하정원	관리	차장	여자	690706-2087987	011-484-5214	서울시 도봉구 방학7동 1	3,250,000
EX020	강수현	관리	사원	여자	790819-2023365	010-8452-4452	대전시 서구 둔산동 8787	2,150,000
EX014	이성진	관리	과장	남자	721222-1023439	010-9425-5462	부산시 남구 대연동 66-7	2,450,000
EX021	김원진	관리	과장	남자	830909-1209890	010-9425-8864	경기도 안양시 만안구 안양7동 196	2,560,000
EX006	이영자	관리	과장	여자	2-5135		경기 고양시 일산동구 장항동 85	2,850,000
EX026	김정온	관리	대리	여자	790819-2023365	010-6124-8452	경상남도 창원시 사림동1 641-702	2,800,000
EX008	방진원	관리	대리	남자	780708-1879823	010-8452-5415	경기 안양시 동안구 관양동 1605	2,800,000
EX019	이주연	관리	대리	여자	791232-2023439	010-4844-4845	인천시 남구 주안1동 11-1	2,800,000
EX023	임진명	기획	과장	여자	721202-1023439	011-438-5139	서울시 도봉구 창1동 567	2,560,000
EX016	하진회	기획	과장	여자	720312-2087989	010-5421-4581	대전시 유성구 궁동 164-58	2,560,000
EX002	이진원	기획	사원	남자	780102-1067876	011-492-4818	서울 영등포구 문래동3가 55-20	2,200,000
EX005	박영주	기획	부장	여자	651214-2384767	010-5102-6487	경기 수원시 권선구 권선동 1237	3,350,000
EX018	김은이	기획	차장	여자	701232-2023439	011-6182-8462	서울 양천구 신월7동 331-1	3,250,000
EX003	박은송	기획	이사	여자	620812-2087988	010-9941-2761	경기 성남시 분당구 야탑동 345	4,350,000
EX028	최은석	기획	과장	남자	741232-1022365	011-6415-5126	경기도 가평군 가평읍 대곡2리 337	2,600,000
EX025	이진원	기획	과장	남자	721232-1023439	010-5428-4548	서울시 도봉구 창1동 567	2,560,000
EX031	문정의	기획	사원	남자	821111-1206053	010-4849-4845	서울시 마포구 연남동 226-118	1,850,000
EX007	김정호	비서	대리	남자	790405-1087929	010-8451-5489	서울시 도봉구 방학7동 1	2,800,000
EX051	김은영	생산	인턴	여자	761113-2795842	011-9452-4816	성남시 분당구 불정로 362 바다연립 204호	1,500,000
EX041	손영은	생산	대리	여자	850712-2253497	010-6481-5491	인천시 남구 주안1동 152-61	2,850,000
EX048	성대식	생산	인턴	남자	751114-1714989	010-5134-8164	대전시 중구 목동 꿈아파트 8동 1009호	1,500,000
EX044	이호민	생산	사원	남자	760906-1596739	010-8806-6412	서울특별시 강서구 양천로75길 현대아파트 103-909	1,900,000
EX004	최은경	영업	과장	여자	711213-2047823	017-428-5168	서울시 관악구 남현동 6	2,850,000
EX012	이원진	영업	대리	여자	681232-2087989	010-9435-5485	대전시 중구 목동 꿈아파트 3동 1102호	2,800,000

'직위'를 기준으로 내림차순 정렬되지만 '부서'를 기준으로 오름차순 정렬했던 것
은 다시 흐트러집니다.

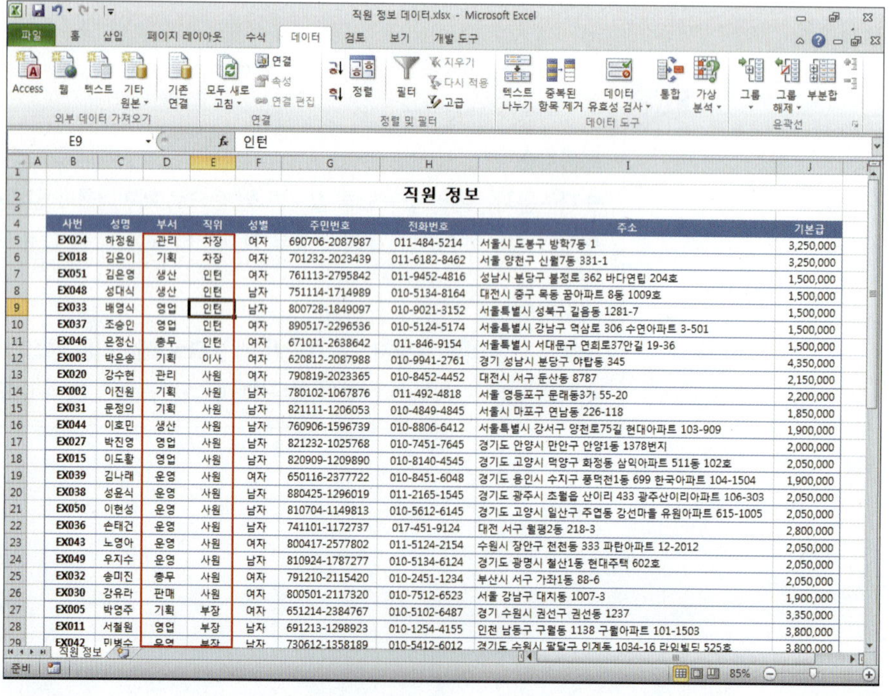

직원 정보

사번	성명	부서	직위	성별	주민번호	전화번호	주소	기본급
EX024	하정원	관리	차장	여자	690706-2087987	011-484-5214	서울시 도봉구 방학7동 1	3,250,000
EX018	김은이	기획	차장	여자	701232-2023439	011-6182-8462	서울 양천구 신월7동 331-1	3,250,000
EX051	김은영	생산	인턴	여자	761113-2795842	011-9452-4816	성남시 분당구 불정로 362 바다연립 204호	1,500,000
EX048	성대식	생산	인턴	남자	751114-1714989	010-5134-8164	대전시 중구 목동 꿈아파트 8동 1009호	1,500,000
EX033	배명식	영업	인턴	남자	800728-1849097	010-9021-3152	서울특별시 성북구 길음동 1281-7	1,500,000
EX037	조승인	영업	인턴	여자	890517-2296536	010-5124-5174	서울특별시 강남구 역삼로 306 수연아파트 3-501	1,500,000
EX046	은정신	총무	인턴	여자	671011-2638642	011-846-9154	서울특별시 서대문구 연희로37안길 19-36	1,500,000
EX003	박은송	기획	이사	여자	620812-2087988	010-9941-2761	경기 성남시 분당구 야탑동 345	4,350,000
EX020	강수현	관리	사원	여자	790819-2023365	010-8452-4452	대전시 서구 둔산동 8787	2,150,000
EX002	이진원	기획	사원	남자	780102-1067876	011-492-4818	서울 영등포구 문래동3가 55-20	2,200,000
EX031	문정의	기획	사원	남자	821111-1206053	010-4849-4845	서울시 마포구 연남동 226-118	1,850,000
EX044	이호민	생산	사원	남자	760906-1596739	010-8806-6412	서울특별시 강서구 양천로75길 현대아파트 103-909	1,900,000
EX027	박진영	영업	사원	남자	821232-1025768	010-7451-7645	경기도 안양시 만안구 안양1동 1378번지	2,000,000
EX015	이도황	영업	사원	남자	820909-1209890	010-8140-4545	경기도 고양시 덕양구 화정동 삼익아파트 511동 102호	2,050,000
EX039	김나래	운영	사원	여자	650116-2377722	010-8451-6048	경기도 용인시 수지구 풍덕천1동 699 한국아파트 104-1504	1,900,000
EX038	성윤식	운영	사원	남자	880425-1296019	011-2165-1545	경기도 광주시 초월읍 산이리 433 광주산이리아파트 106-303	2,050,000
EX050	이현성	운영	사원	남자	810704-1149813	010-5612-6145	경기도 고양시 일산구 주엽동 강선마을 유원아파트 615-1005	2,050,000
EX036	손태건	운영	사원	남자	741101-1172737	017-451-9124	대전 서구 월평2동 218-3	2,800,000
EX043	노영아	운영	사원	여자	800417-2577802	011-5124-2154	수원시 장안구 천천동 333 파란아파트 12-2012	2,050,000
EX049	우지수	운영	사원	남자	810924-1787277	010-5134-6124	경기도 광명시 철산1동 현대주택 602호	2,050,000
EX032	송미진	총무	사원	여자	791210-2115420	010-2451-1234	부산시 서구 가좌1동 88-6	2,050,000
EX030	강유라	판매	사원	여자	800501-2117320	010-7512-6523	서울 강남구 대치동 1007-3	1,900,000
EX005	박영주	기획	부장	여자	651214-2384767	010-5102-6487	경기 수원시 권선구 권선동 1237	3,350,000
EX011	서철원	영업	부장	남자	691213-1298923	010-1254-4155	인천 남동구 구월동 1138 구월아파트 101-1503	3,800,000
EX042	미병수	운영	부장	남자	730612-1358189	010-5412-6012	경기도 수원시 팔달구 인계동 1034-16 라인빌딩 525호	3,800,000

여러 가지 기준 또는 사용자 지정 정렬 기준을 적용하여 정렬하기 위해 [데이터] 탭−[정렬 및 필터] 그룹의 [정렬] 메뉴를 클릭합니다.

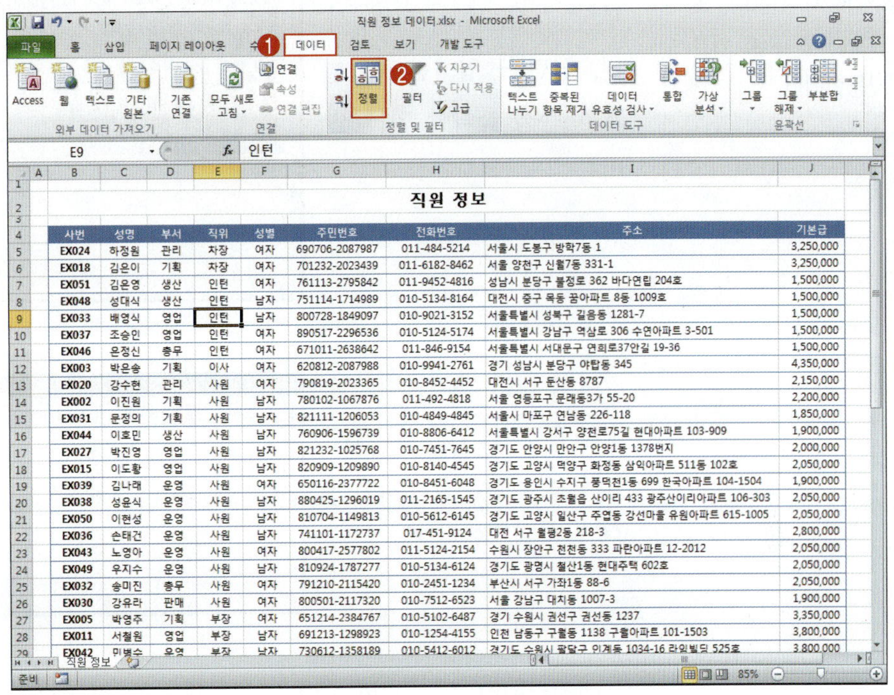

[정렬] 대화 상자가 열리면 [정렬 기준]을 '부서'로, [정렬]을 '오름차순'으로 설정합니다.

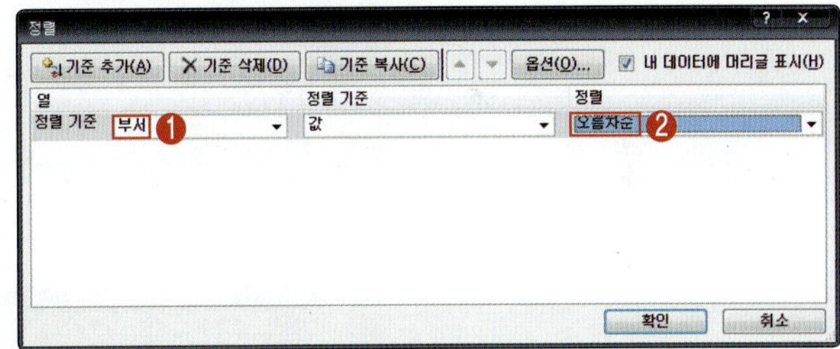

[기준 추가] 버튼을 누른 후 [다음 기준]을 '직위'로, [정렬]을 '사용자 지정 목록'으로 설정합니다.

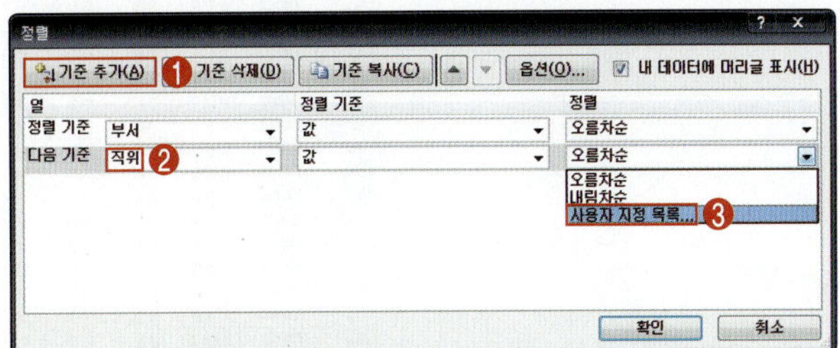

[사용자 지정 목록] 대화 상자의 [목록 항목]에 '이사, 부장, 차장, 과장, 대리, 사원, 인턴'을 입력한 후 [추가] 버튼을 클릭한 후 [확인] 버튼을 누릅니다.

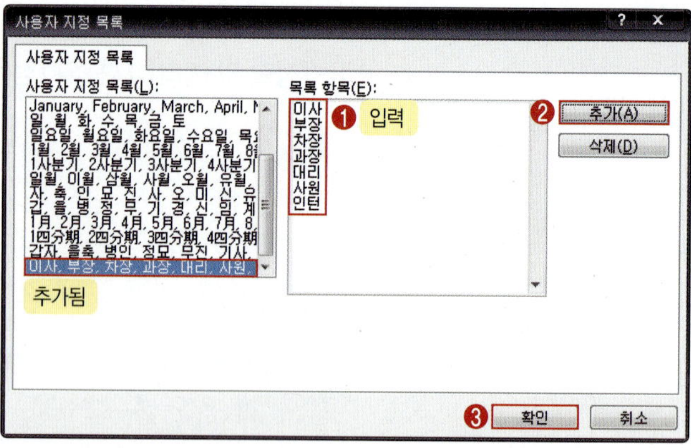

다시 [기준 추가] 버튼을 누른 후 [다음 기준]을 '기본급'으로, [정렬]을 '내림차순'으로 설정합니다.

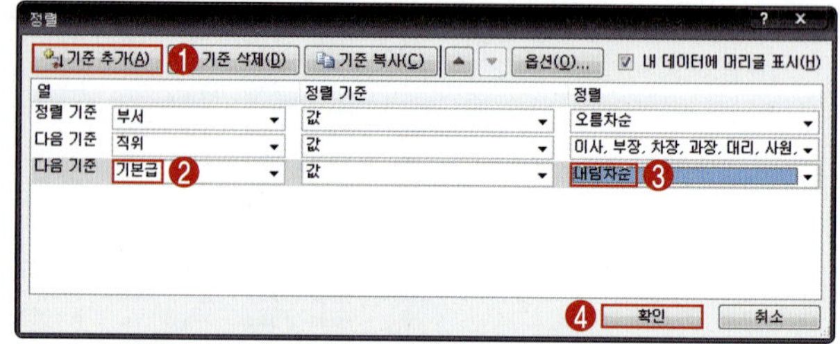

데이터베이스가 세 가지 정렬 기준에 모두 맞추어 정렬됩니다.

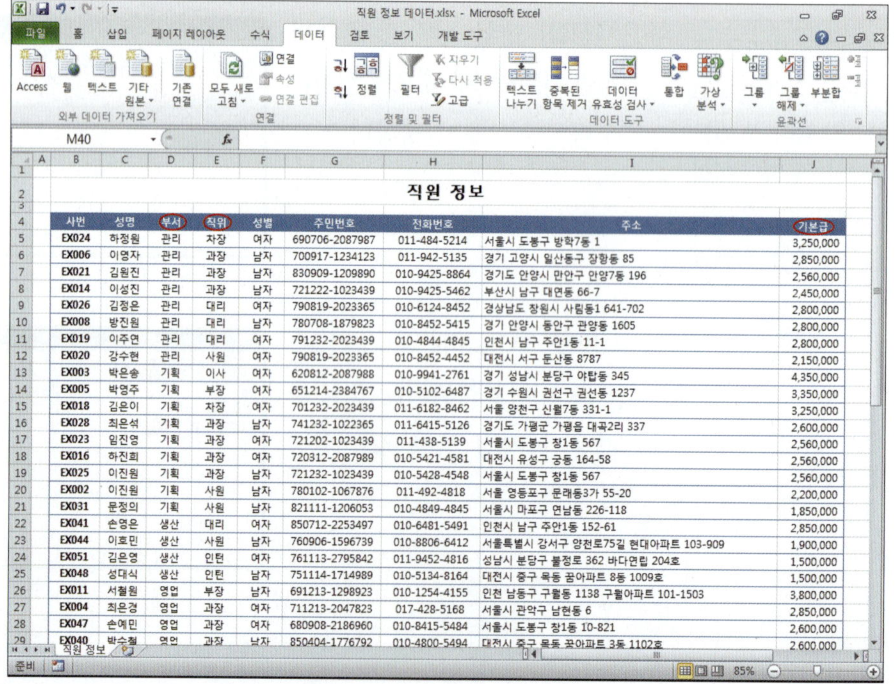

●● 데이터 가로 방향으로 정렬하기

일반적으로 데이터를 정렬하면 세로 방향으로 정렬하게 됩니다. 간단한 옵션 변경 만으로 표의 방향에 따라 가로 방향으로 정렬해야 하는 경우의 정렬 방법을 알아봅니다.

예제 파일 **PART5** 교육 신청 내역   완성 파일 **PART5** 교육 신청 내역 완성

'교육 신청 내역' 예제를 불러옵니다. B4:S10 영역을 선택한 후 [데이터] 탭－[정렬 및 필터] 그룹의 [정렬] 메뉴를 클릭합니다.

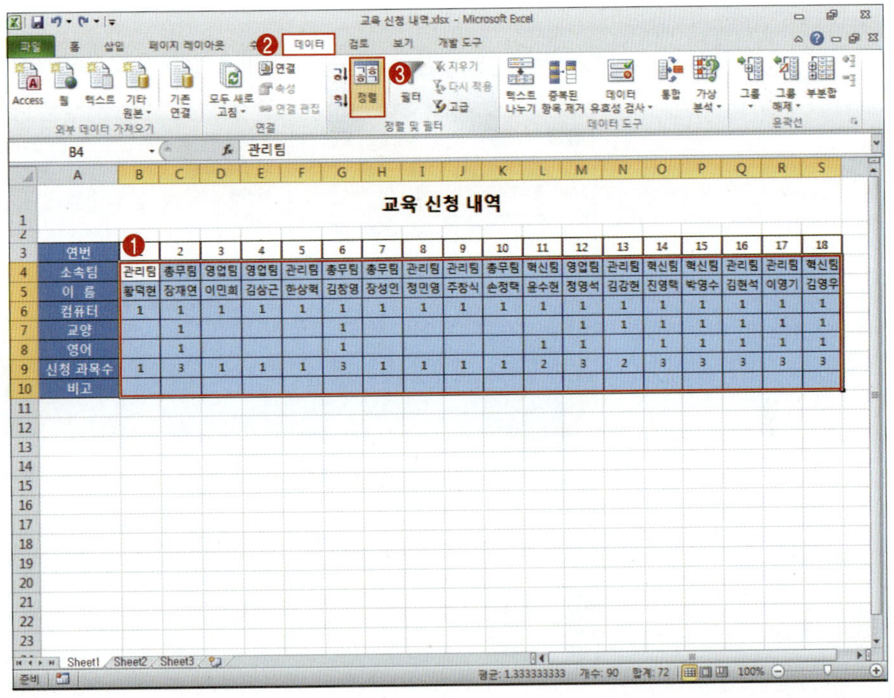

TIP 가로로 정렬하는 경우 '내 데이터에 머리글 표시' 항목이 비활성화되어 데이터 범위 내의 첫 번째 열을 머리글로 설정할 수 없으므로 머리글을 제외한 나머지 데이터 영역만을 먼저 선택한 후 정렬 기능을 사용합니다.

[정렬] 대화 상자가 열리면 [정렬 옵션]의 '왼쪽에서 오른쪽'을 선택한 후 [확인] 버튼을 클릭합니다.

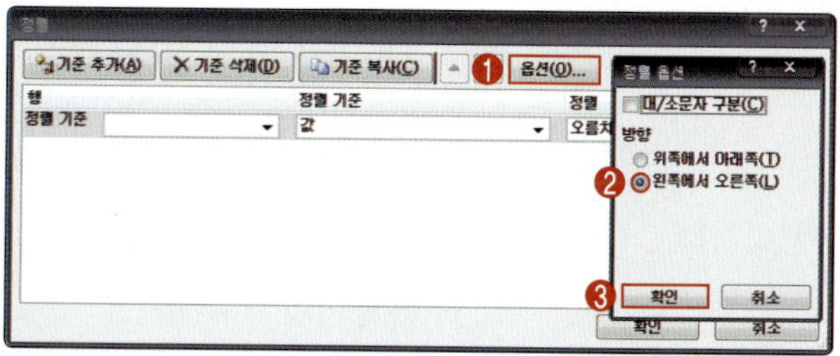

'정렬 기준'을 '행4'로 선택하고 [확인] 버튼을 클릭합니다.

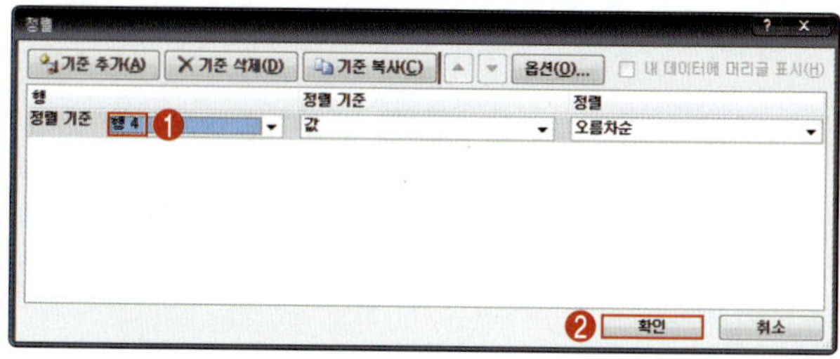

데이터가 소속팀을 기준으로 가로 방향으로 정렬됩니다.

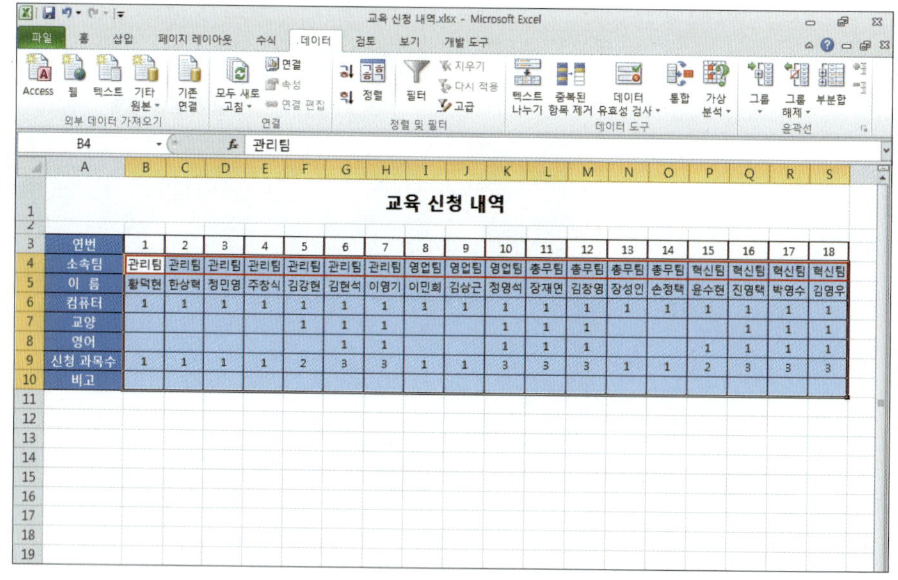

교육 신청 내역

연번	1	2	3	4	5	6	7	8	9	10	11	12	13	14	15	16	17	18
소속팀	관리팀	관리팀	관리팀	관리팀	관리팀	관리팀	관리팀	영업팀	영업팀	영업팀	총무팀	총무팀	총무팀	총무팀	혁신팀	혁신팀	혁신팀	혁신팀
이 름	황덕현	한상혁	정민영	주창식	김강현	김현석	이영기	이민회	김상근	정명석	장재연	김창영	장성인	손정택	윤수현	진영택	박영수	김영우
컴퓨터	1	1	1	1	1	1	1	1	1	1	1	1	1	1	1	1	1	1
교양					1	1	1				1	1	1			1	1	1
영어						1	1				1	1	1		1	1	1	1
신청 과목수	1	1	1	1	2	3	3	1	1	3	3	3	1	1	2	3	3	3
비고																		

자동 필터로 추출하기

다량의 데이터에서 원하는 자료만을 추출하는 기능이 필터 기능입니다. 필터 기능은 작업중인 데이터베이스에서 직접 필터 버튼을 사용하는 자동 필터와 좀 더 다양하고 복잡한 데이터 검색시 사용되는 고급 필터로 구분됩니다. 우선 자동 필터를 사용하여 쉽고 빠르게 여러 조건에 맞는 데이터를 추출해 보도록 합니다.

'소모품 구입 명세서' 예제를 불러옵니다. 데이터베이스에 셀 포인터를 두고 [데이터] 탭 - [정렬 및 필터] 그룹의 [필터] 메뉴를 클릭합니다.

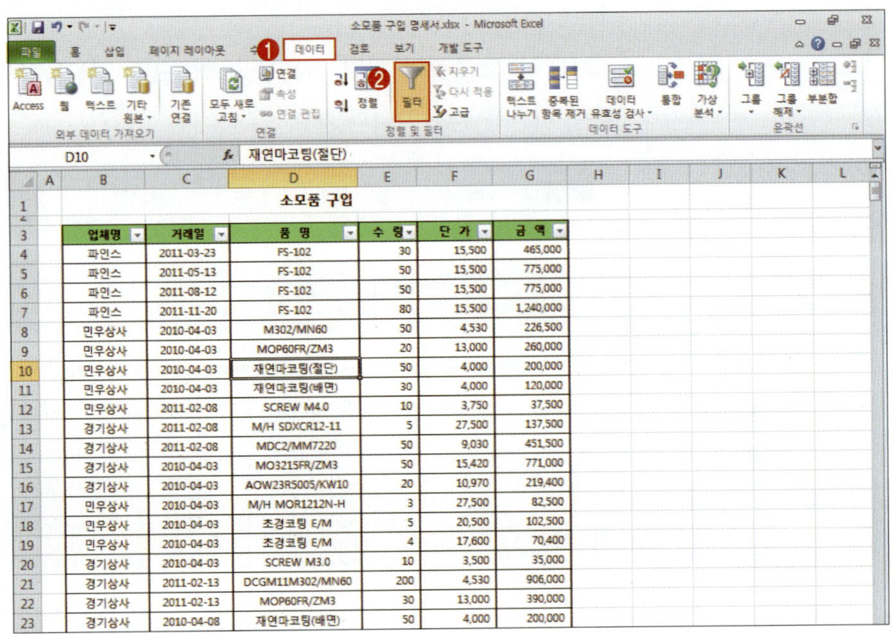

데이터베이스의 필드명에 필터 버튼이 표시되면 '업체명' 오른쪽의 필터 버튼을 눌러 [텍스트 필터] - [포함]을 선택합니다.

[사용자 지정 자동 필터] 대화 상자가 열리면 '상사'라고 입력한 후 [확인] 버튼을 클릭합니다.

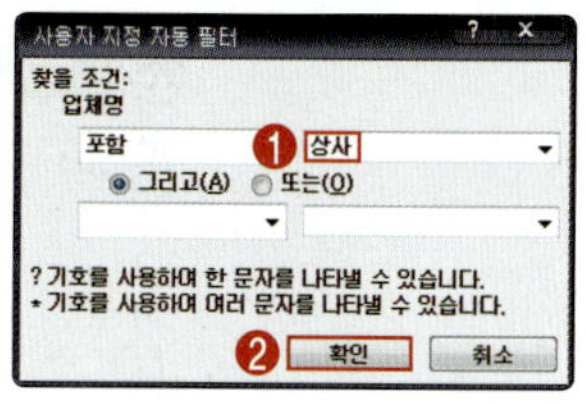

'거래일' 오른쪽의 필터 버튼을 눌러 [모두 선택]을 해제한 후 '2011년'을 체크하고 [확인] 버튼을 클릭합니다.

'금액' 오른쪽의 필터 버튼을 눌러 [숫자 필터]-[크거나 같음]을 선택합니다.

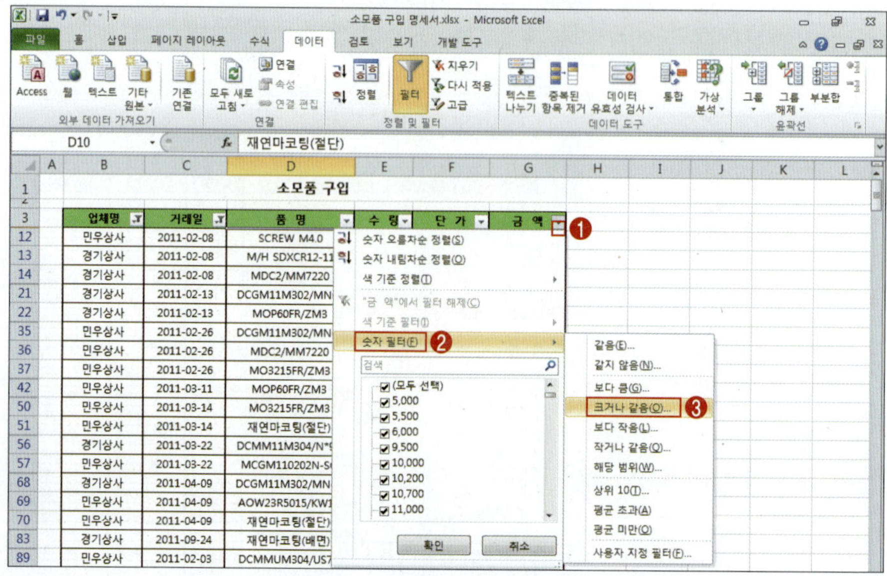

[사용자 지정 자동 필터] 대화 상자가 열리면 '2000000'이
라고 입력한 후 [확인] 버튼을 클릭합니다.

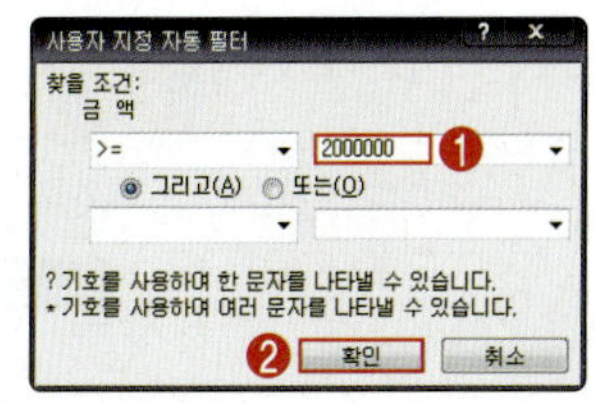

여러 가지 조건에 만족하는 결과만 추출되어 화면에 표시됩니다.

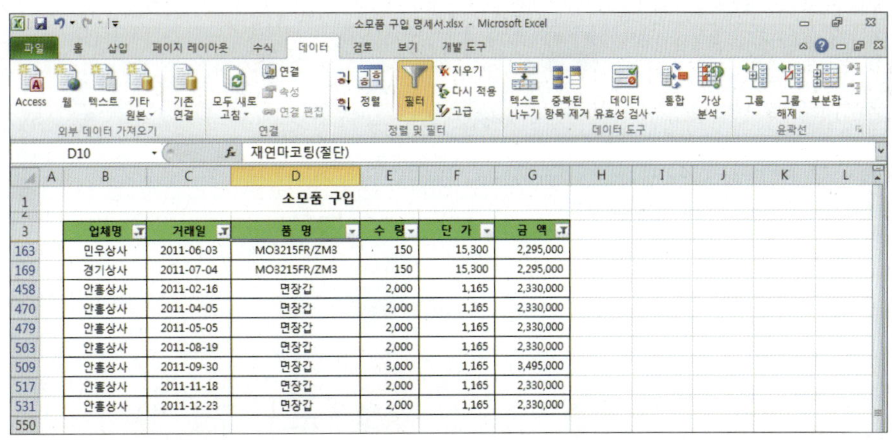

TIP 'Sheet1'을 선택한 후 [데이터] 탭-[정렬 및 필터] 그룹의 [필터] 메뉴를 클릭하면 필터가 해제됩니다.

 색조와 상위/하위값으로 필터하기

[예제 파일] **PART5** 수영 대회 기록   [완성 파일] **PART5** 수영 대회 기록 완성

'수영 대회 기록' 예제를 불러옵니다. 데이터베이스에 셀 포인터를 두고 [데이터] 탭-[정렬 및 필터] 그룹의 [필터] 메뉴를 클릭합니다.

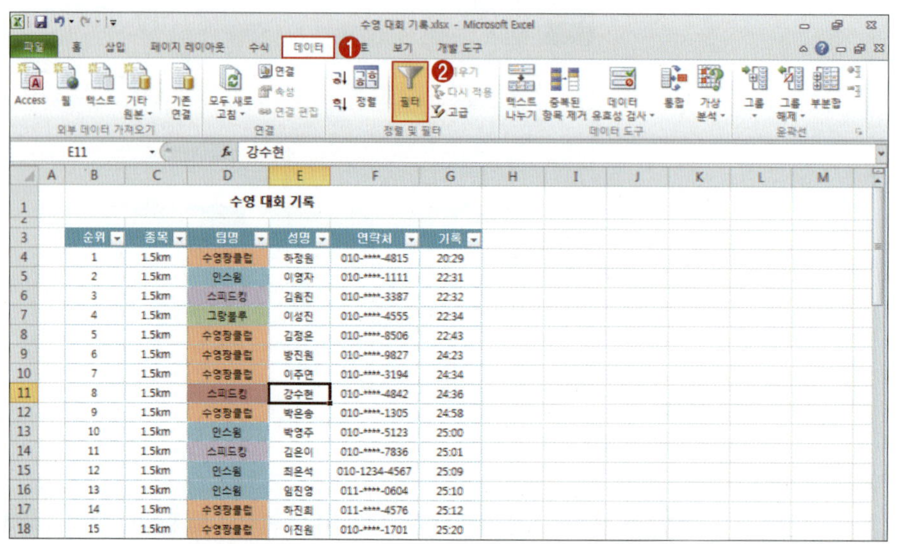

데이터베이스의 필드명에 필터 버튼이 표시되면 '팀명' 오른쪽의 필터 버튼을 눌러 [색 기준 필터] 목록의 [주황색]을 선택합니다.

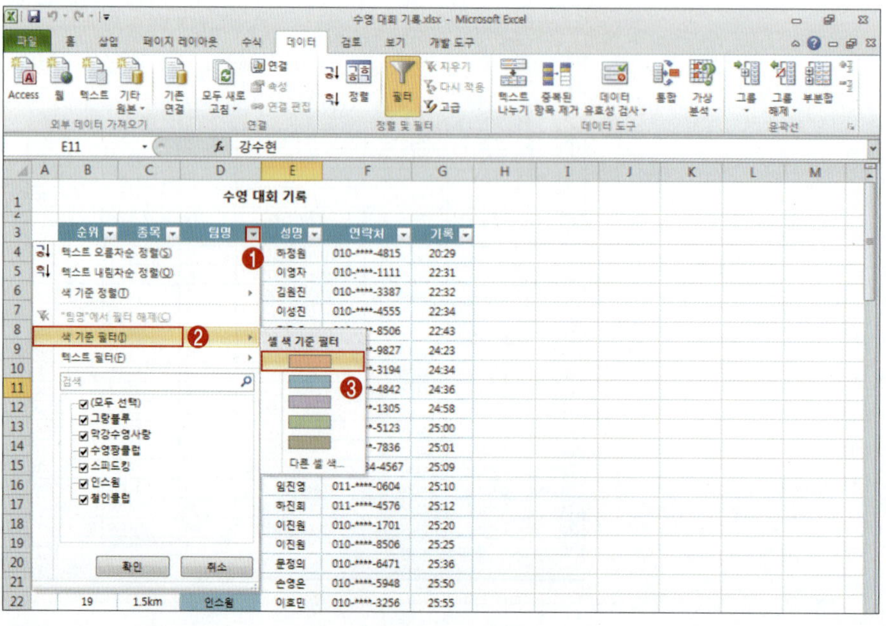

'기록' 오른쪽의 필터 버튼을 눌러 [숫자 필터] 목록의 [상위 10]을 선택합니다.

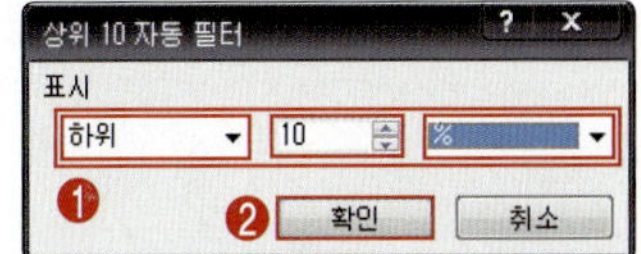

수영 종목의 경우 시간을 나타내는 숫자 데이터가 작을수록 순위가 높은 것이므로 하위 10 %를 선택하면 상위권 순위 10 %가 추출됩니다.

[상위 10 자동 필터] 대화 상자의 '하위', '10', '%'를 설정한 후 [확인] 버튼을 클릭합니다.

사용자 지정으로 채우기 색이 '주황색'으로 설정되어 있는 '수영짱클럽'의 10 % 순위권 이내의 자료가 추출됩니다.

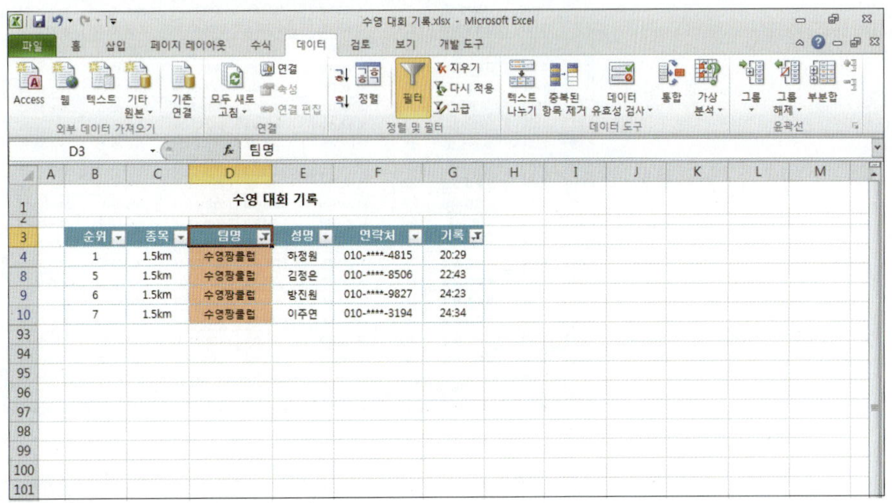

　고급 필터 기능을 사용하면 다양하고 복잡한 여러 가지 조건을 사용하여 데이터를 필터링할 수 있습니다. 자동 필터는 여러 필드에 필터 조건을 지정할수록 AND 조건으로 결합하여 적용되어 결과 데이터는 점점 적어집니다. 이에 반해 고급 필터는 여러 필드에 OR 조건을 부여하거나 다른 위치에 결과를 추출하는 경우에 유용하게 사용할 수 있습니다. 고급 필터를 사용하려면 먼저 워크시트에 조건을 입력하여야 합니다.

예제 파일 **PART5** 임대 현황　　　**완성 파일** **PART5** 임대 현황 완성

'임대 현황' 예제를 불러온 후 K5:L7 영역에 다음 조건을 입력합니다.

건물이름	수납확인
베스트빌딩	○
대진빌딩	○

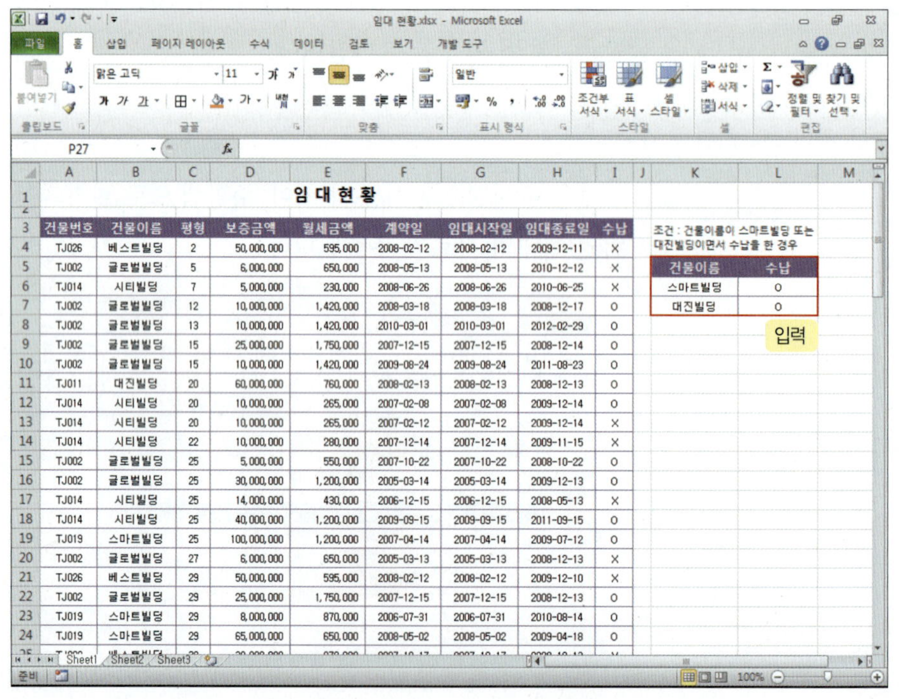

1. 조건 필드명을 입력할 때에는 원본 필드명과 맞춤법이나 띄어쓰기까지도 똑같아야 합니다. 필드명이 긴 경우 복사해서 사용하는 것도 좋은 방법입니다.

2. 두 가지 조건의 결과가 모두 'TRUE'이어야 하는 'AND'조건이므로 같은 행에 '건물이름'과 '수납'조건을 입력합니다. 스마트빌딩도 수납된 결과만을 추출하고 대진빌딩도 수납된 결과만을 추출해야 하므로 수납의 'O' 조건은 두 행 모두 입력해야 합니다.

예를 들어 다음과 같이 조건을 입력했다면 대진빌딩의 경우 수납이 'O'인 경우와 'X'인 경우 모두 결과 데이터로 추출됩니다.

건물이름	수납확인
베스트빌딩	○
대진빌딩	

데이터베이스에 셀 포인터를 두고 [데이터] 탭–[정렬 및 필터] 그룹의 [고급] 메뉴를 클릭합니다.

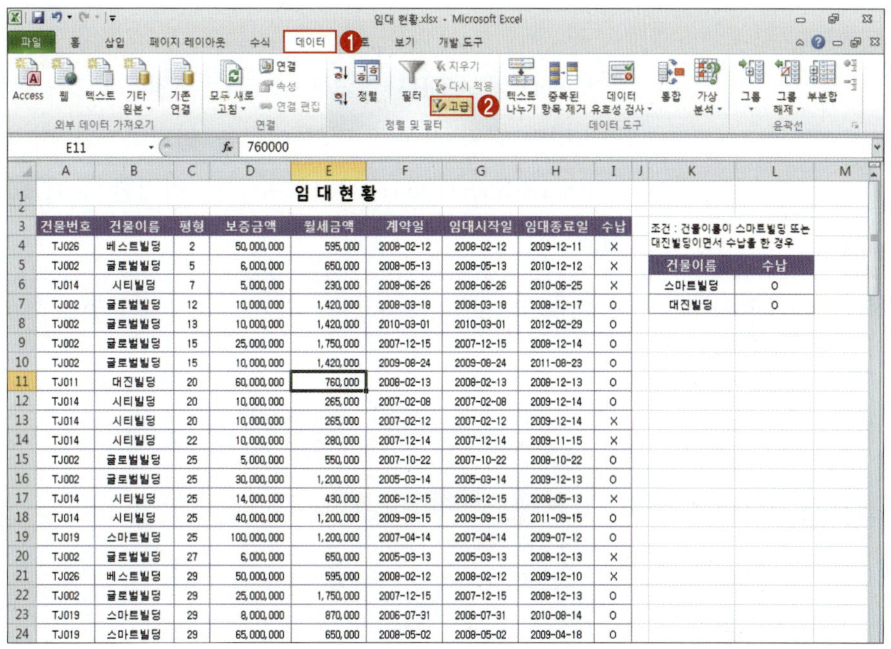

[고급 필터] 대화 상자가 열리면 '다른 장소에 복사'를 선택한 후 '목록 범위'에 'A3:J92'를 '조건 범위'에 'K5:L7'을 드래그하여 적용하고, '복사 위치'에 'A96'셀을 클릭하여 적용한 후 [확인] 버튼을 클릭합니다.

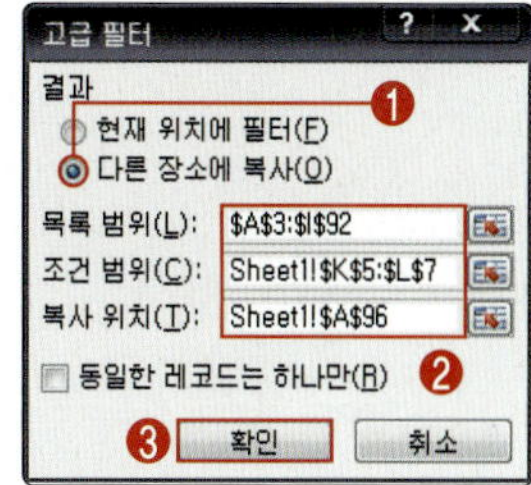

A96 셀부터 필터의 결과 데이터가 추출되어 표시됩니다.

'Sheet2'의 A3:B3 영역에 '조건1, 조건2'라고 입력합니다. 또는 원본 데이터의 필드명과 같지 않은 임의의 이름을 입력하거나 비워두어도 좋습니다. A4셀에는 '= YEAR(Sheet1!G4) = 2010' 수식을 입력한 후 Enter 키를 누르면 'FLASE'가 표시됩니다.

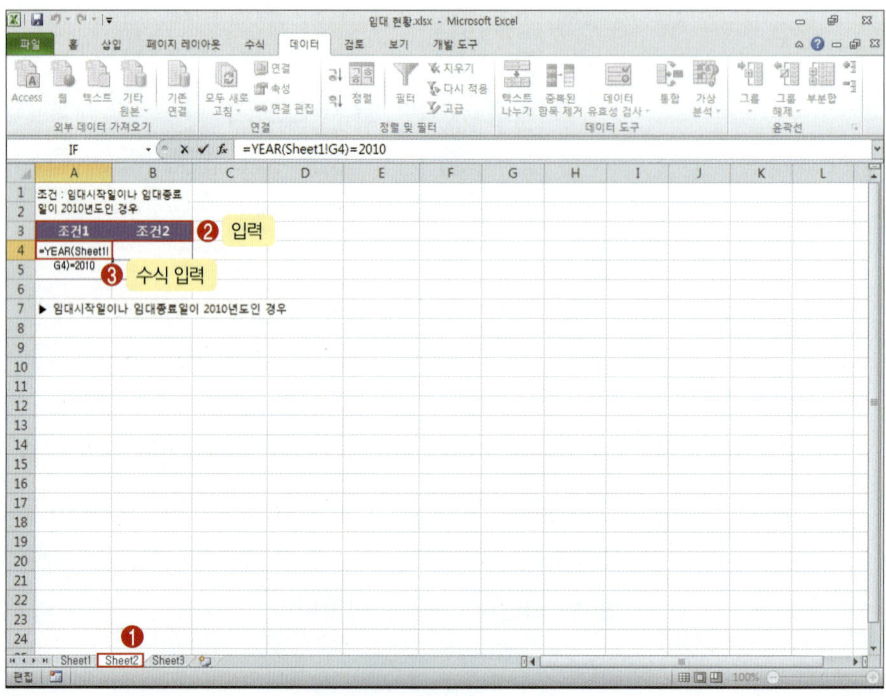

B5셀에는 '= YEAR(Sheet1!H4) = 2010' 수식을 입력한 후 [Enter]키를 누르면 'FLASE'가 표시됩니다.

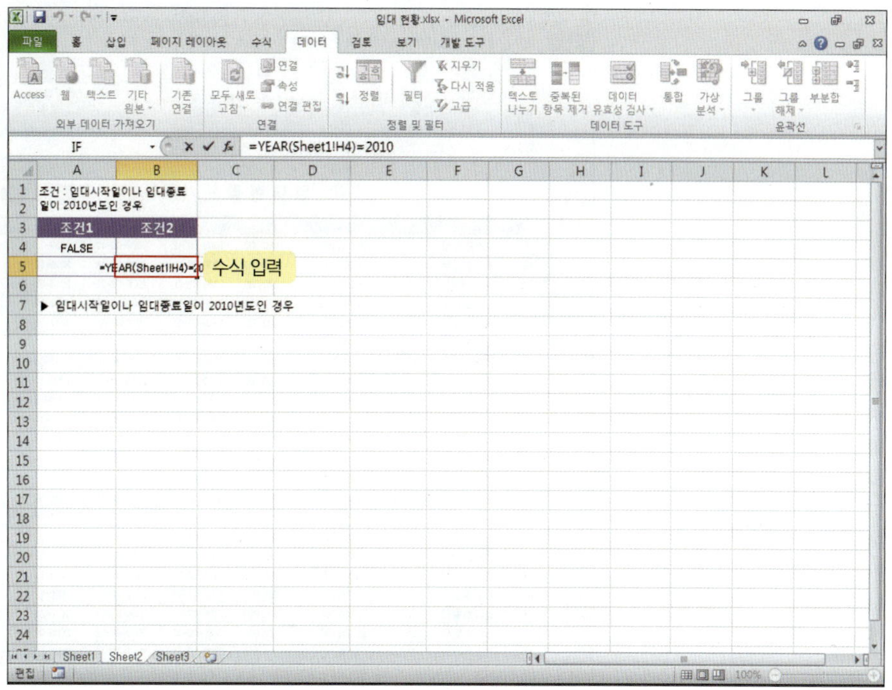

조건 입력 내용

조건 1	조건 2
= YEAR(Sheet1!G4) = 2010	
	= YEAR(Sheet1!H4) = 2010

조건(화면에 표시된 내용)

조건 1	조건 2
FALSE	
	FALSE

두 가지 조건의 결과 중 하나 이상만 'TRUE'이면 되는 'OR' 조건이므로 첫 번째 조건이 입력된 다음 행에 두 번째 조건을 입력합니다. 조건으로 수식을 입력했으므로 결과 값은 조건식에 반영된 열의 첫번째 값을 기준으로 '참'인지 '거짓'인지를 판별하여 'TRUE' 또는 'FALSE'를 표시하게 됩니다.

'Sheet1'의 B3, D3, E3, G3, H3 셀을 Ctrl 키를 누른 채 클릭하여 선택한 후 Ctrl + C 를 눌러 복사합니다.

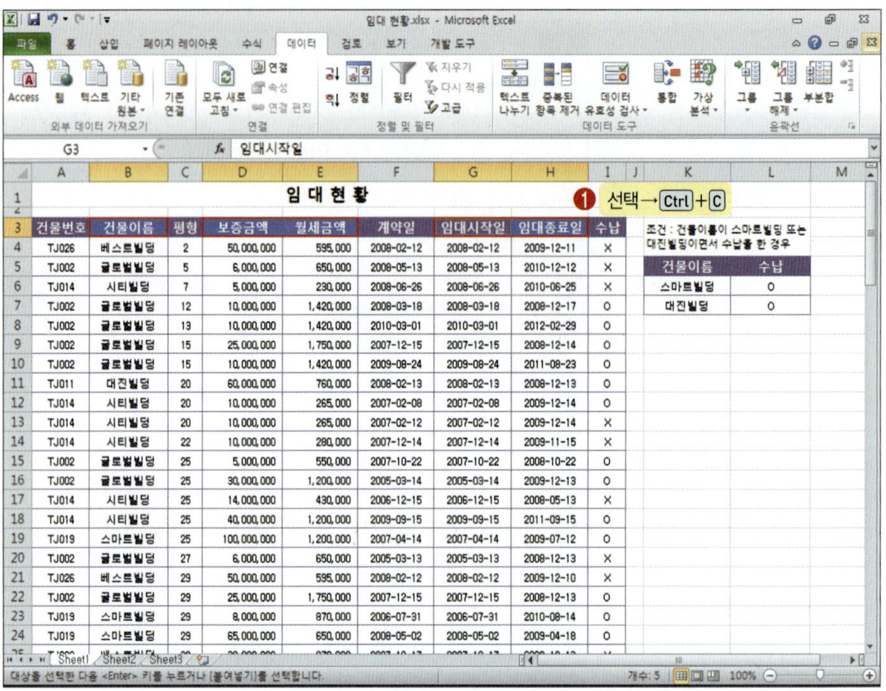

'Sheet2'의 A8셀을 클릭한 후 Ctrl + V 를 눌러 붙여넣기 합니다.

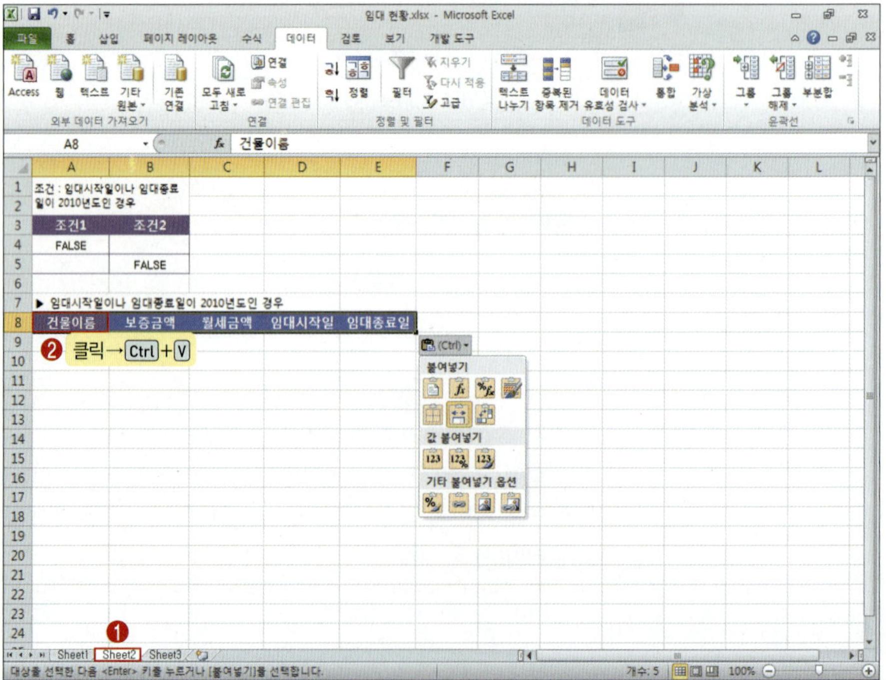

필드명과 연결되지 않은 빈 셀에 셀 포인터를 두고 [데이터] 탭 – [정렬 및 필터] 그룹의 [고급] 메뉴를 클릭합니다.

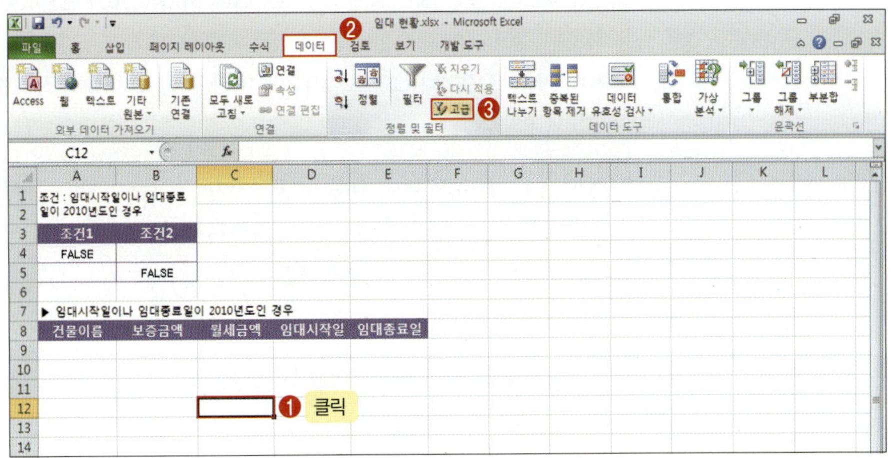

[고급 필터] 대화 상자가 열리면 '다른 장소에 복사'를 선택한 후 '목록 범위'에 'Sheet21'의 'A3:J92'를 '조건 범위'에 'A3:B5'를 '복사 위치'에 'A8:E8'을 드래그하여 적용한 후 [확인] 버튼을 클릭합니다.

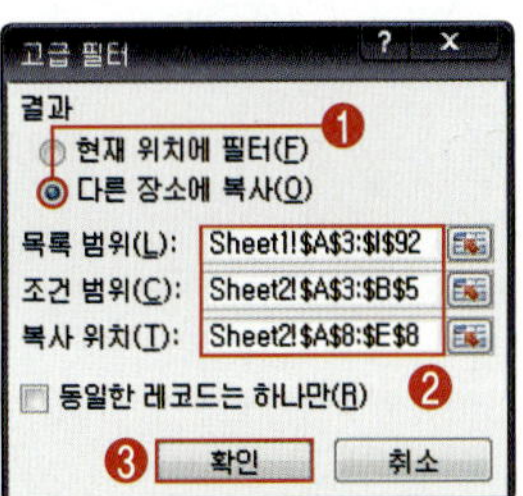

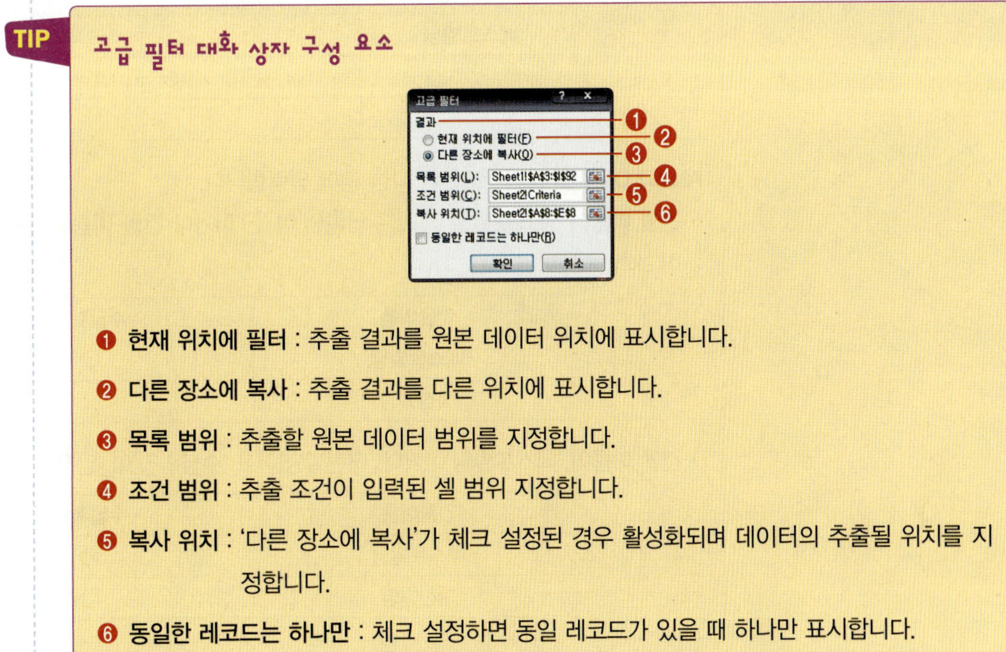

TIP 고급 필터 대화 상자 구성 요소

❶ **현재 위치에 필터** : 추출 결과를 원본 데이터 위치에 표시합니다.

❷ **다른 장소에 복사** : 추출 결과를 다른 위치에 표시합니다.

❸ **목록 범위** : 추출할 원본 데이터 범위를 지정합니다.

❹ **조건 범위** : 추출 조건이 입력된 셀 범위 지정합니다.

❺ **복사 위치** : '다른 장소에 복사'가 체크 설정된 경우 활성화되며 데이터의 추출될 위치를 지정합니다.

❻ **동일한 레코드는 하나만** : 체크 설정하면 동일 레코드가 있을 때 하나만 표시합니다.

고급 필터의 조건 지정 방법

고급 필터는 조건을 어떻게 지정했느냐에 따라 결과가 달라지므로 원하는 조건을 정확하게 입력하는 것이 매우 중요합니다. 조건을 지정할 때 대표 문자인 '?', '*' 등도 사용할 수 있습니다. 특히 AND 조건이냐 OR 조건이냐에 따라 행의 위치가 달라지므로 다음 예시를 보면서 정리해 보도록 합니다.

AND 조건 : 조건을 같은 행에 입력합니다.

• 건물 이름이 '베스트빌딩'이고 '수납확인'이 'O'인 데이터

건물이름	수납확인
베스트빌딩	○

• 건물 이름이 '베스트빌딩'이고 '수납확인'이 '○'이고 건물주 성이 '김'씨인 데이터

건물이름	수납확인	건물주
베스트빌딩	○	김*

OR 조건 : 조건을 다른 행에 입력합니다.

• 건물 이름이 '베스트빌딩'이거나 '수납확인'이 '○'인 데이터

건물이름	수납확인
베스트빌딩	
	○

• 건물 이름이 '베스트빌딩'이거나 '수납확인'이 '○'이거나 건물주 성이 '김'씨인 데이터

건물이름	수납확인	건물주
베스트빌딩		
	○	
		김*

AND와 OR 결합 조건 : 조건을 다른 행에 입력합니다.

• 건물 이름이 '베스트빌딩'이고 '수납확인'이 '○'이거나 건물 이름이 '대진빌딩'이고 '수납확인'이 '×'인 데이터

건물이름	수납확인
베스트빌딩	○
대진빌딩	×

• 건물 이름이 '베스트빌딩'이거나 '대진빌딩'이고 '수납확인'이 '○'인 데이터

건물이름	수납확인
베스트빌딩	○
대진빌딩	○

A8:E29 영역에 조건에 만족하는 데이터의 건물이름, 보증금액, 월세금액, 임대시작일, 임대종료일 필드의 내용만 추출되어 결과 데이터로 표시됩니다.

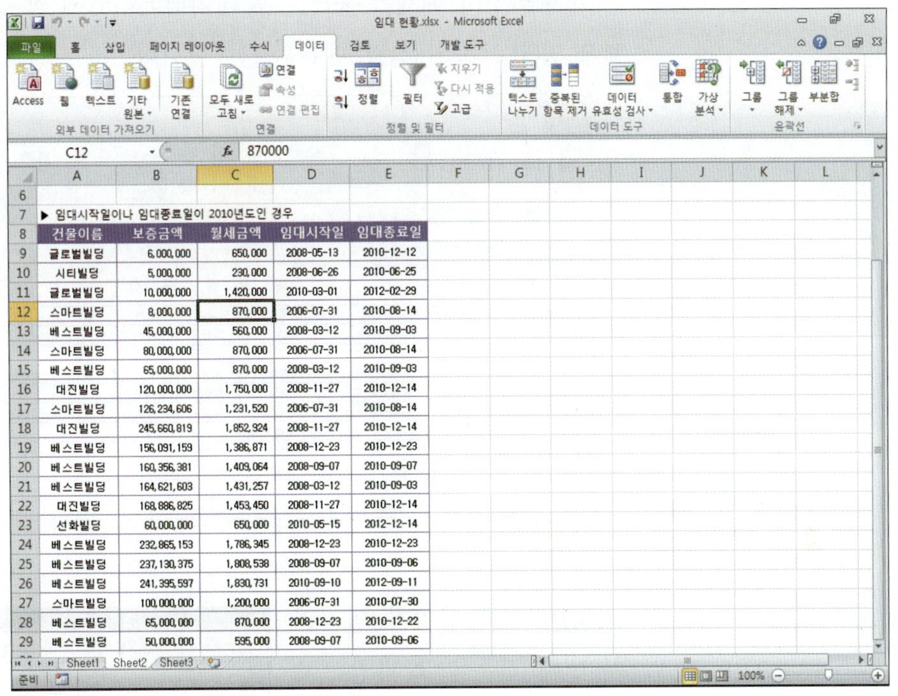

부분합으로 항목별 데이터 집계하기

부분합은 특정 필드를 기준으로 데이터별로 그룹화하고 그룹화된 항목별로 합계, 평균, 개수, 최대값, 최소값 등을 자동으로 계산할 수 있어 데이터의 그룹별 집계를 할 때 자주 사용됩니다. 부분합 기능을 사용하기 전에는 반드시 부분합을 구하려는 항목별로 정렬을 해야 합니다.

'학과별 성적' 예제를 불러온 후 데이터베이스에 셀 포인터를 두고 [데이터] 탭－[정렬 및 필터] 그룹의 [정렬] 메뉴를 클릭합니다.

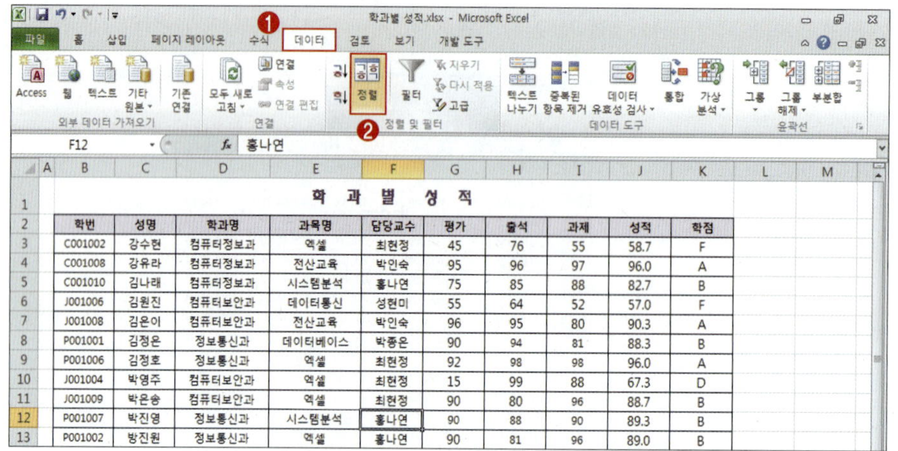

[정렬] 대화 상자가 열리면 첫 번째 기준을 '학과명'으로 두 번째 기준을 '과목명'으로 설정한 후 [확인] 버튼을 클릭합니다.

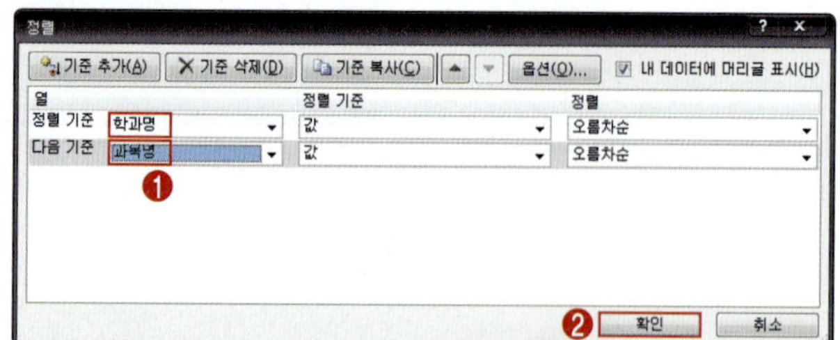

데이터베이스에 셀 포인터를 두고 [데이터] 탭－[윤곽선] 그룹의 [부분합] 메뉴를 클릭합니다.

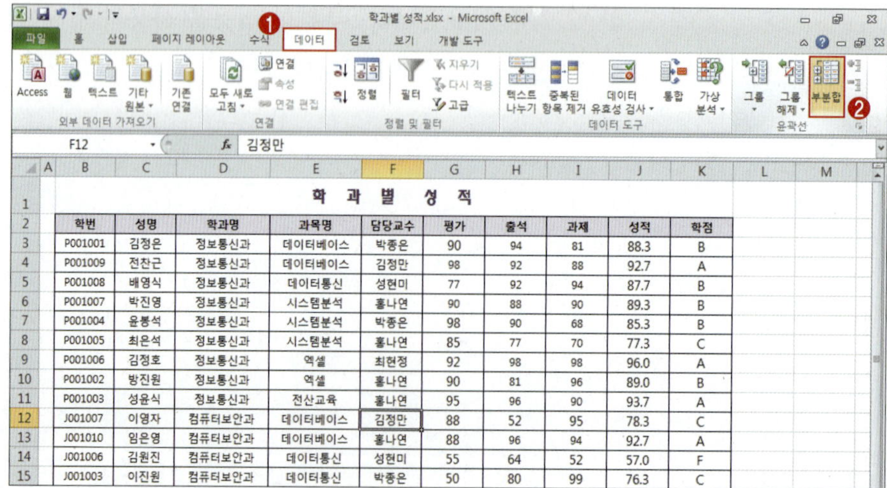

[부분합] 대화 상자의 [그룹화할 항목]을 '학과명'으로 [사용할 함수]를 '평균'으로 [부분합 계산 항목]을 '평가, 출석, 과제, 성적'으로 선택한 후 [확인] 버튼을 클릭합니다.

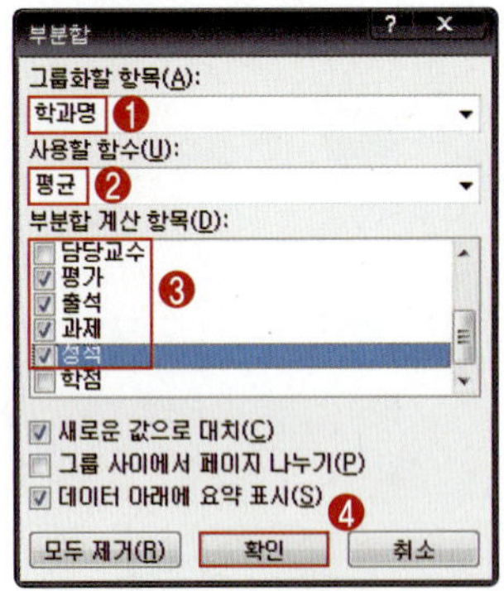

학과별로 평가, 출석, 과제, 성적의 평균이 계산됩니다.

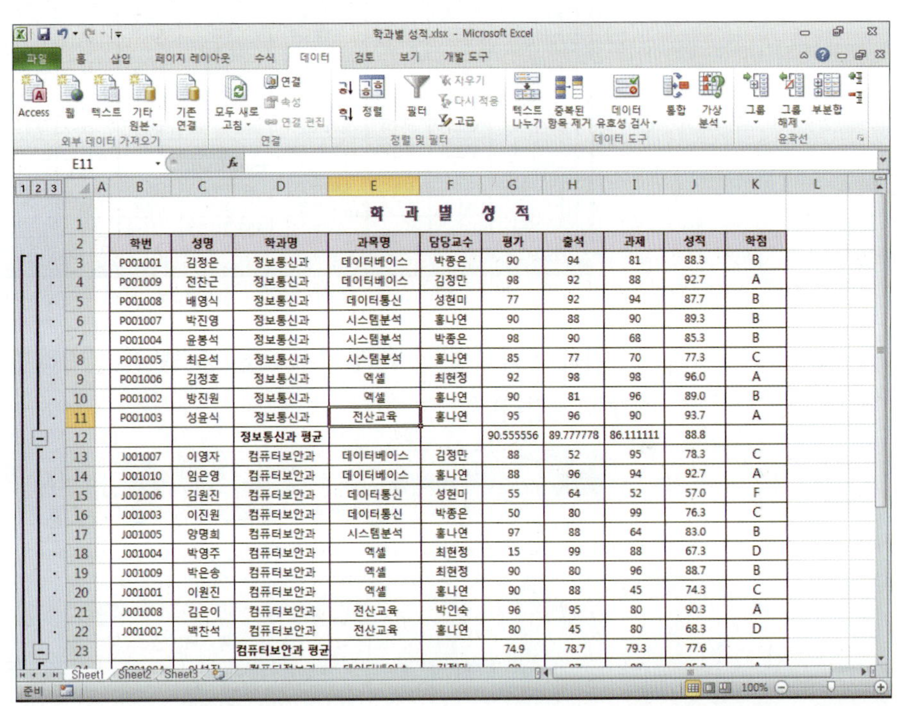

학번	성명	학과명	과목명	담당교수	평가	출석	과제	성적	학점
P001001	김정은	정보통신과	데이터베이스	박종은	90	94	81	88.3	B
P001009	전찬근	정보통신과	데이터베이스	김정만	98	92	88	92.7	A
P001008	배영식	정보통신과	데이터통신	성현미	77	92	94	87.7	B
P001007	박진영	정보통신과	시스템분석	홍나연	90	88	90	89.3	B
P001004	윤봉석	정보통신과	시스템분석	박종은	98	90	68	85.3	B
P001005	최은석	정보통신과	시스템분석	홍나연	85	77	70	77.3	C
P001006	김정호	정보통신과	엑셀	최현정	92	98	98	96.0	A
P001002	방진원	정보통신과	엑셀	홍나연	90	81	96	89.0	B
P001003	성윤식	정보통신과	전산교육	홍나연	95	96	90	93.7	A
		정보통신과 평균			90.555556	89.777778	86.111111	88.8	
J001007	이영자	컴퓨터보안과	데이터베이스	김정만	88	52	95	78.3	C
J001010	임은영	컴퓨터보안과	데이터베이스	홍나연	88	96	94	92.7	A
J001006	김원진	컴퓨터보안과	데이터통신	성현미	55	64	52	57.0	F
J001003	이진원	컴퓨터보안과	데이터통신	박종은	50	80	99	76.3	C
J001005	양명희	컴퓨터보안과	시스템분석	홍나연	97	88	64	83.0	B
J001004	박영주	컴퓨터보안과	엑셀	최현정	15	99	88	67.3	D
J001009	박은송	컴퓨터보안과	엑셀	최현정	90	80	96	88.7	B
J001001	이원진	컴퓨터보안과	엑셀	홍나연	90	88	45	74.3	C
J001008	김은이	컴퓨터보안과	전산교육	박인숙	96	95	80	90.3	A
J001002	백찬석	컴퓨터보안과	전산교육	홍나연	80	45	80	68.3	D
		컴퓨터보안과 평균			74.9	78.7	79.3	77.6	

다시 [데이터] 탭 – [윤곽선] 그룹의 [부분합] 메뉴를 클릭합니다. [부분합] 대화 상자의 [그룹화할 항목]을 '과목명'으로 [사용할 함수]를 '평균'으로 [부분합 계산 항목]을 '평가, 출석, 과제, 성적'으로 선택합니다. '새로운 값으로 대치'를 해제한 후 [확인] 버튼을 클릭합니다.

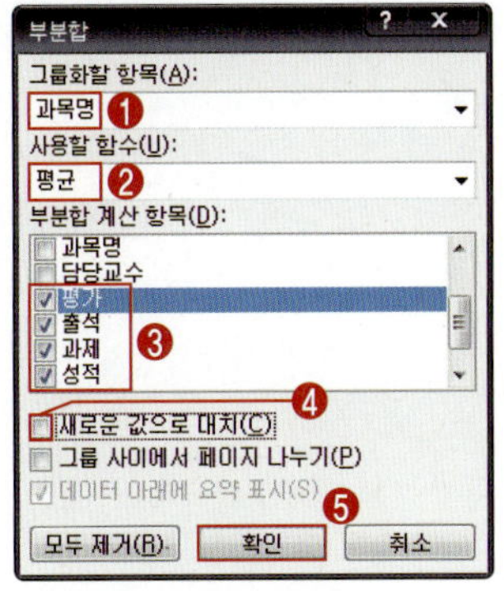

각 학과의 과목명별로 '평가, 출석, 과제, 성적'의 평균이 계산됩니다.

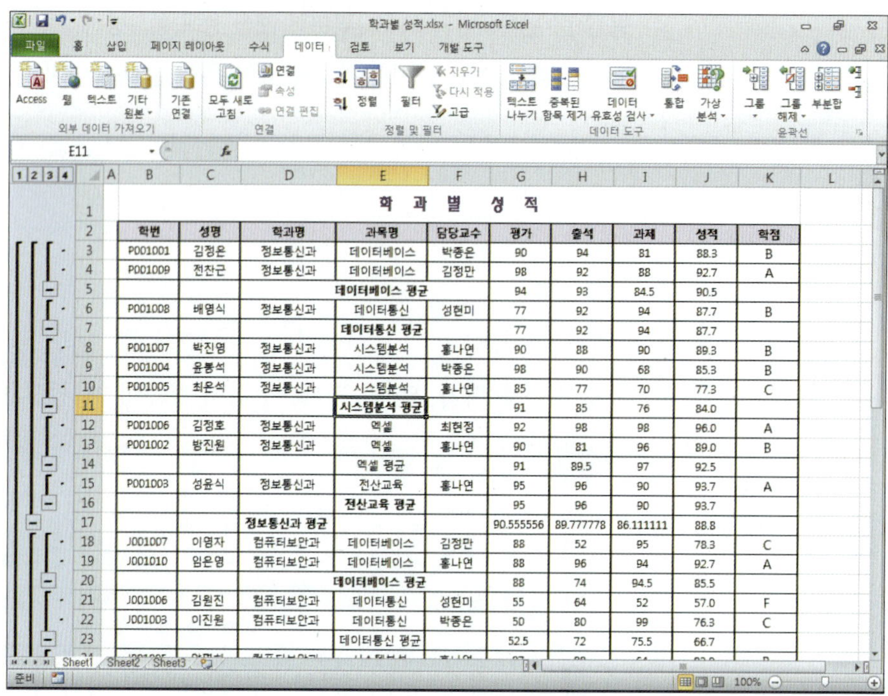

왼쪽 윤곽선 창의 윤곽 기호 버튼 중 3번을 클릭하면 과목명 이하의 원본 데이터
가 숨겨집니다.

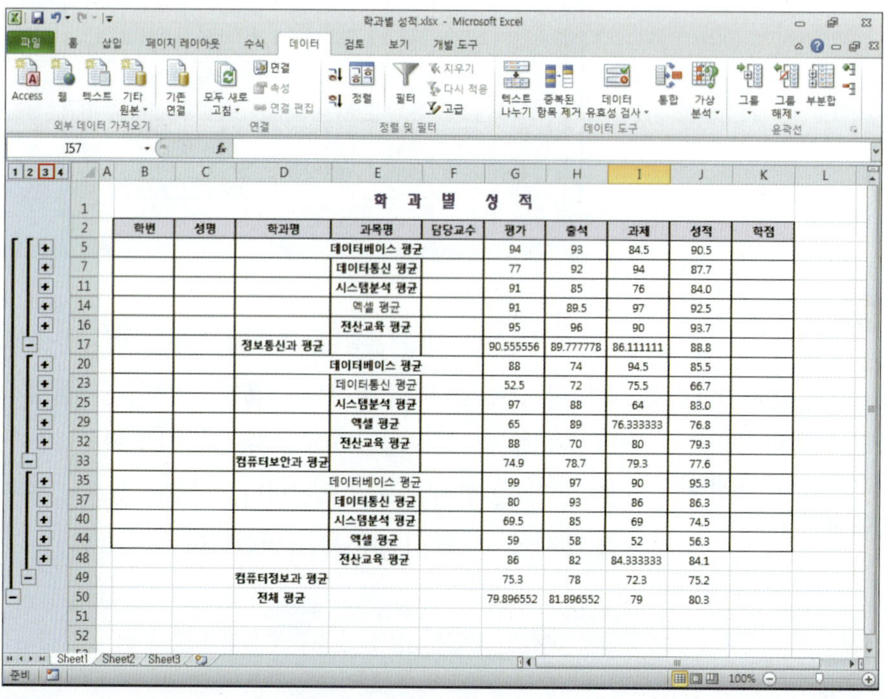

윤곽 기호를 사용하여 하위 수준의 데이터를 숨기거나 나타낼 수 있습니다.

1 : 총계만 표시

2 : 첫 번째 소계와 총계 표시

3 : 첫 번째와 두 번째 소계 및 총계 표시

4 : 전체 데이터 및 계를 표시

+ : 숨기기 되어 있는 하위 수준의 데이터를 표시

− : 하위 수준의 데이터를 숨김

화면에 보이는 데이터만 다른 시트에 복사하기 위해 D2:E50, G2:J50 영역을 드래그하여 선택한 후 [홈] 탭−[편집] 그룹의 [찾기 및 선택]−[이동 옵션] 메뉴를 클릭합니다.

그대로 결과 데이터를 복사해서 다른 위치에 붙이면 하위 데이터를 숨기기 전의 데이터 전체가 복사되므로 위의 방법을 사용합니다.

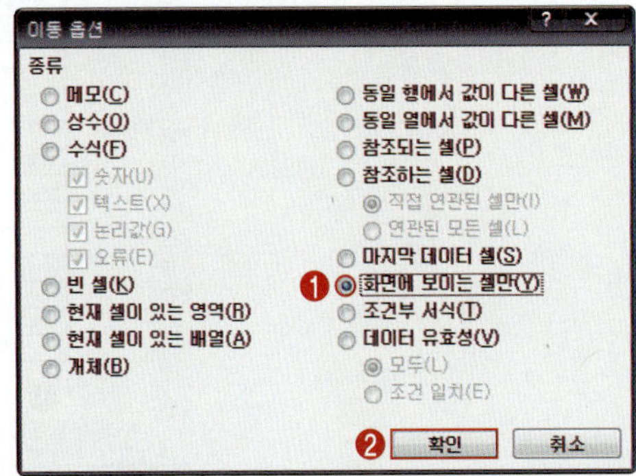

[이동 옵션] 대화 상자가 열리면 '화면에 보이는 셀만'을 선택한 후 [확인] 버튼을 클릭합니다.

화면에 보이는 셀만 선택되면 Ctrl+C 를 눌러 복사합니다.

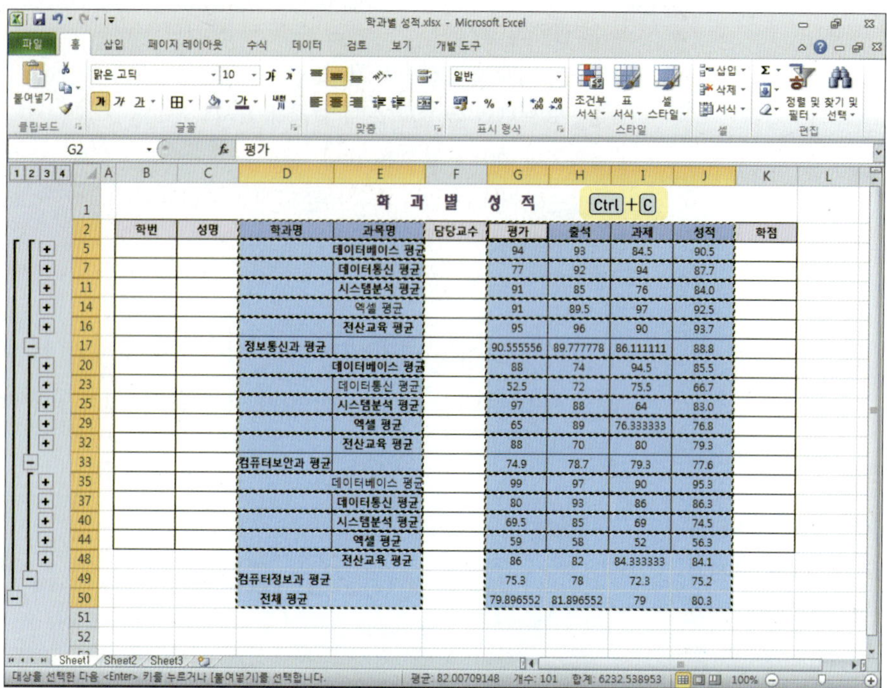

'Sheet2'의 B3 셀을 클릭한 후 Ctrl+V 를 눌러 붙여넣기 한 후 테두리, 숫자 데이터의 소수 자리수 등을 설정하여 보기 좋게 편집합니다.

'Sheet1'을 선택하고 [데이터] 탭−[윤곽선] 그룹의 [그룹 해제]−[윤곽 지우기] 메뉴를 클릭합니다.

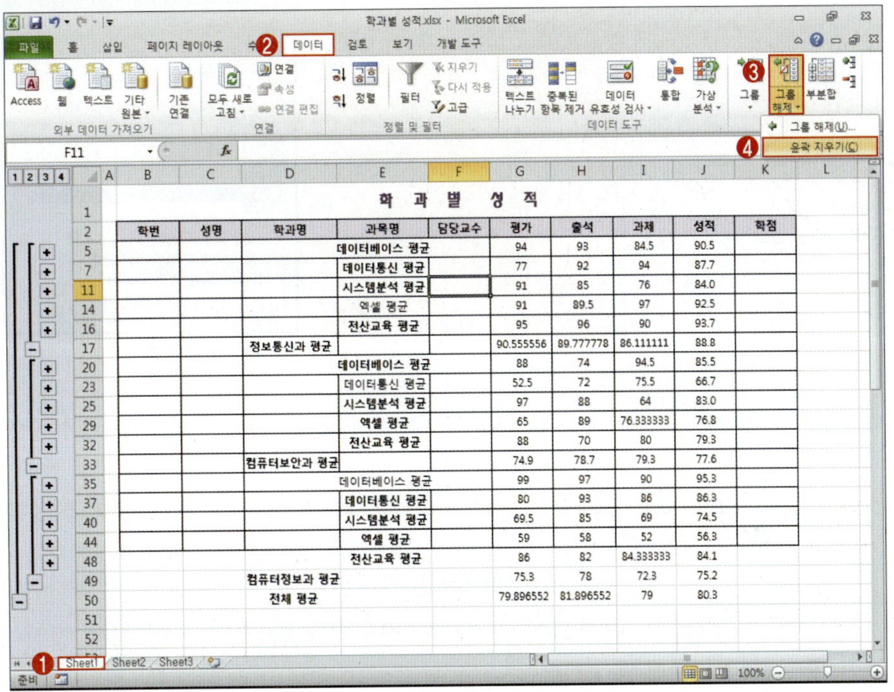

왼쪽의 윤곽선 창이 화면에서 사라집니다.

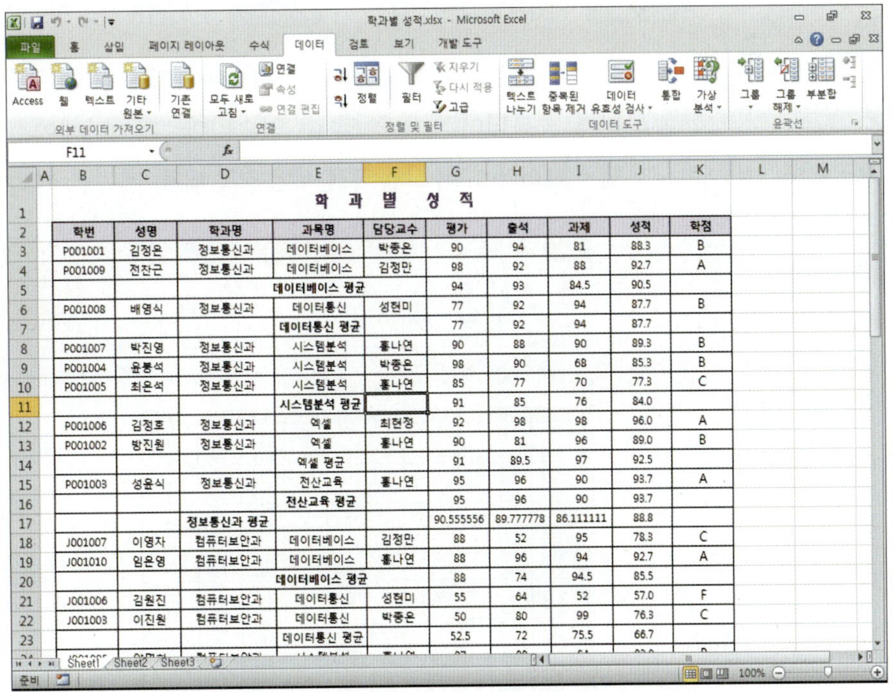

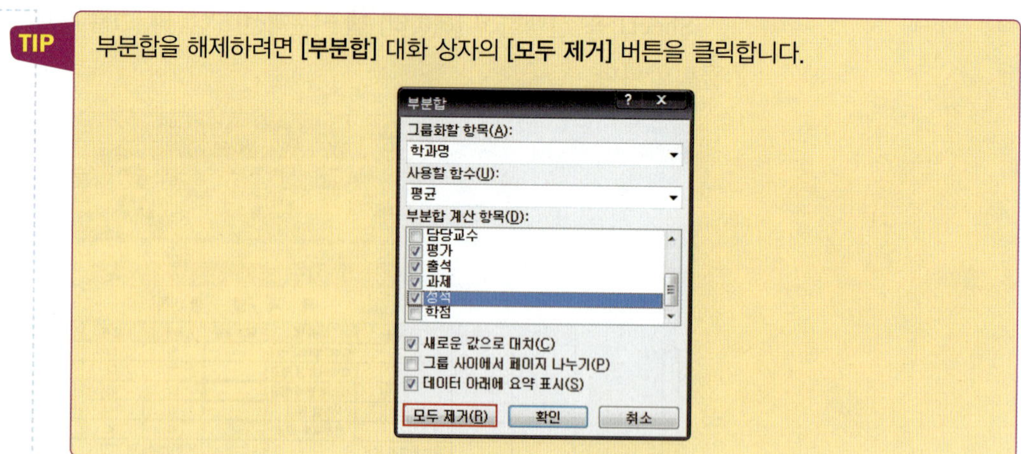

중복된 항목 제거하기

다량의 데이터를 관리하다 보면 데이터를 갱신하는 과정에서 이미 입력한 자료를 반복하여 입력되는 경우가 있습니다. 이런 경우 일일이 확인하는 번거로움 없이 중복된 항목 제거 메뉴를 사용하면 편리하게 제거할 수 있습니다.

`예제 파일` **PART5** 사원 정보   `완성 파일` **PART5** 사원 정보 완성

'사원 정보' 예제를 불러옵니다. 데이터를 살펴보면 은정신, 김은영 사원의 데이터가 중복되어 있음을 알 수 있습니다. 데이터베이스에 셀 포인터를 두고 [데이터] 탭−[데이터 도구] 그룹의 [중복된 항목 제거] 메뉴를 클릭합니다.

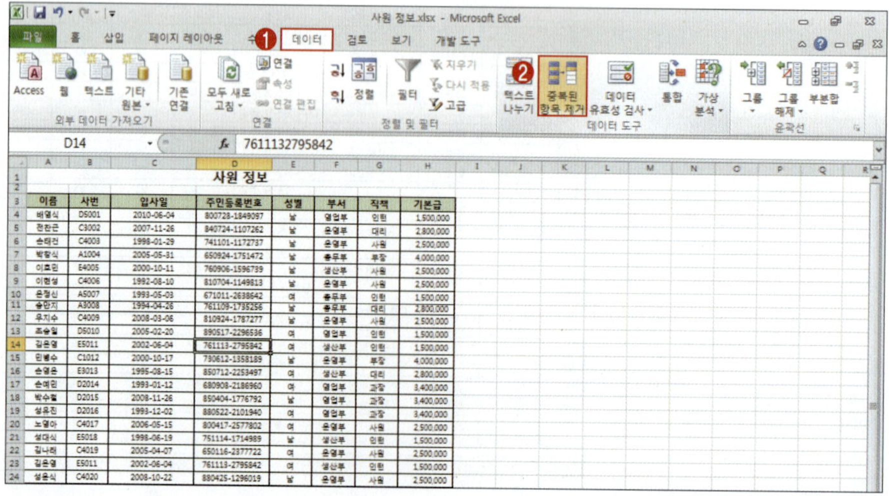

이 예제에서는 중복된 레코드 전체의 값이 같으므로 열이 모두 체크되어 있는 상태에서도 중복된 레코드가 제거됩니다. 그렇지 않은 경우에는 [모두 선택 취소] 버튼을 누른 후 그 레코드에서 고유한 값을 가진 '사번', '학번', '주민등록번호' 등의 열 머리글을 선택하면 중복된 레코드를 잘 제거할 수 있습니다.

[중복된 항목 제거] 대화 상자의 [확인] 버튼을 클릭합니다.

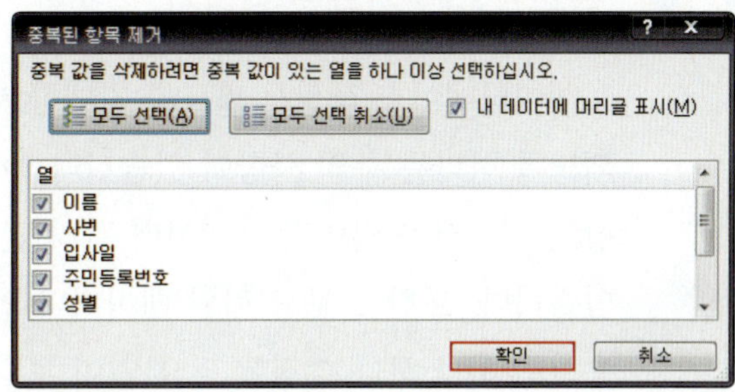

전체 레코드 중 30개의 값은 그대로 유지되고 2개의 중복값이 제거된다는 메시지가 표시됩니다. [확인] 버튼을 클릭합니다.

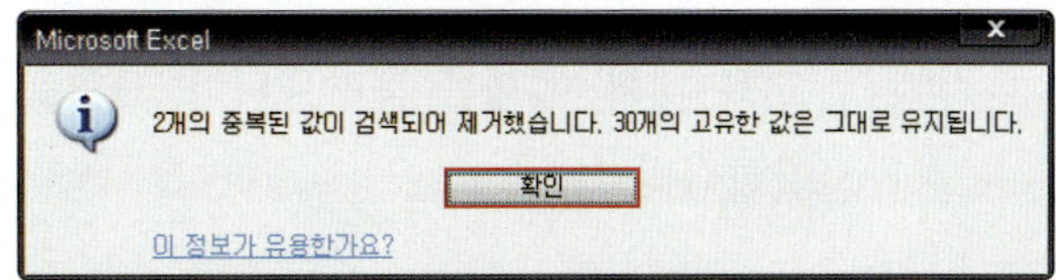

35행까지 표시되었던 데이터 중 2개의 행이 제거되어 33행까지만 표시됩니다.

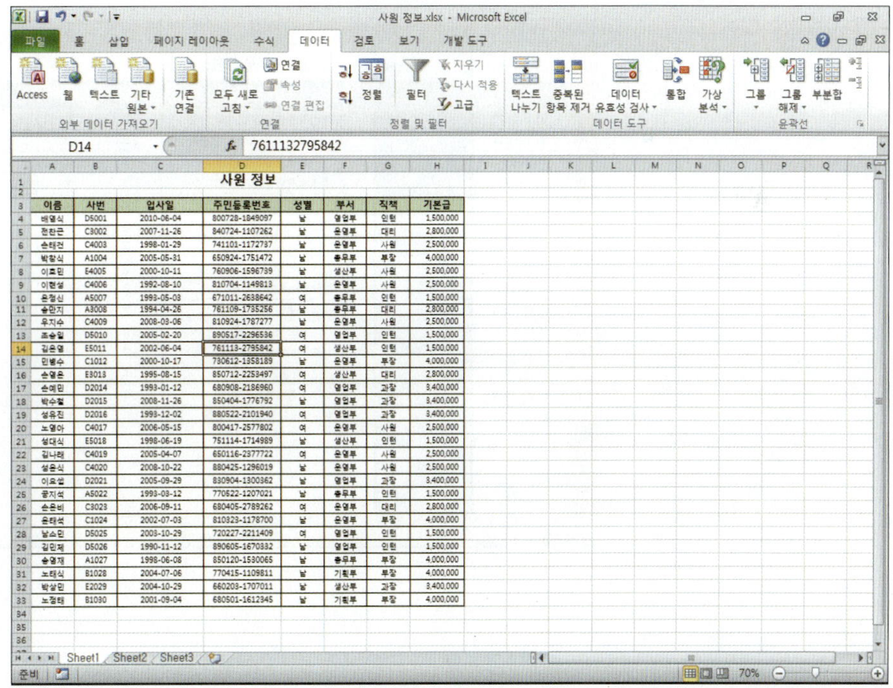

	이름	사번	입사일	주민등록번호	성별	부서	직책	기본급
4	배영식	D5001	2010-06-04	800728-1849097	남	영업부	인턴	1,500,000
5	전찬근	C3002	2007-11-26	840724-1107262	남	운영부	대리	2,800,000
6	손태전	C4003	1998-01-29	741101-1172737	남	운영부	사원	2,500,000
7	박창식	A1004	2005-05-31	650924-1751472	남	총무부	부장	4,000,000
8	이효민	E4005	2000-10-11	760906-1596739	남	생산부	사원	2,500,000
9	이현설	C4006	1992-08-10	810704-1149813	남	운영부	사원	2,500,000
10	은철신	A5007	1993-05-03	671011-2638642	여	총무부	인턴	1,500,000
11	송만지	A3008	1994-04-26	761109-1735256	남	총무부	대리	2,800,000
12	우지수	C4009	2008-03-06	810924-1787277	남	운영부	사원	2,500,000
13	조순일	D5010	2005-02-20	890517-2296536	여	영업부	인턴	1,500,000
14	김은열	E5011	2002-06-04	761113-2795842	여	생산부	인턴	1,500,000
15	민병수	C1012	2000-10-17	730612-1358189	남	운영부	부장	4,000,000
16	손열은	E3013	1995-08-15	850712-2253497	여	생산부	대리	2,800,000
17	손예민	D2014	1993-01-12	680908-2186960	여	영업부	과장	3,400,000
18	박수철	D2015	2008-11-26	850404-1776792	남	영업부	과장	3,400,000
19	성유진	D2016	1993-12-02	880522-2101940	여	영업부	과장	3,400,000
20	노영아	C4017	2006-05-15	800417-2577802	여	운영부	사원	2,500,000
21	성대식	E5018	1998-06-19	751114-1714989	남	생산부	인턴	1,500,000
22	김나래	C4019	2005-04-07	650116-2377722	여	운영부	사원	2,500,000
23	성손식	C4020	2008-10-22	880425-1296019	남	운영부	사원	2,500,000
24	이효섭	D2021	2005-09-29	830904-1300362	남	영업부	과장	3,400,000
25	공지석	A5022	1993-03-12	770522-1207021	남	총무부	인턴	1,500,000
26	손은비	C3023	2006-09-11	680405-2789262	여	운영부	대리	2,800,000
27	윤태석	C1024	2002-07-03	810323-1178700	남	운영부	부장	4,000,000
28	남스민	D5025	2003-10-29	720227-2211409	여	영업부	인턴	1,500,000
29	김민제	D5026	1990-11-12	890605-1670332	남	영업부	인턴	1,500,000
30	송영재	A1027	1998-06-08	850120-1530065	남	총무부	부장	4,000,000
31	노태식	B1028	2004-07-06	770415-1109811	남	기획부	부장	4,000,000
32	박상민	E2029	2004-10-29	660203-1707011	남	생산부	과장	3,400,000
33	노정태	B1030	2001-09-04	680501-1612345	남	기획부	부장	4,000,000

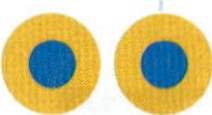 텍스트 나누기와 변경하기

데이터베이스 작성시 필드를 최대한 세분하여 하나의 필드에 하나의 정보만 입력되도록 하라는 주의 사항이 있습니다. 이미 입력된 데이터 중 한 필드에 두 가지 이상의 데이터가 입력되어 데이터 관리 및 분석시 어려움이 있다면 필드를 분리할 수 있습니다. 또한 잘못 입력된 데이터나 업데이트해야 하는 자료도 바꾸기 기능을 이용하면 하나 하나 수정할 필요 없이 편리하게 변경할 수 있습니다.

예제 파일 **PART5** 교육 계획   **완성 파일** **PART5** 교육 계획 완성

'교육 계획' 예제를 불러옵니다. B열을 선택한 후 Ctrl++를 눌러 한 개의 열을 삽입합니다.

TIP

Ctrl++는 열 또는 행을 삽입하는 단축키입니다. 삭제할 때에는 Ctrl+-를 사용합니다.

A2셀에는 '시작일'을 B2셀에는 '종료일'을 입력합니다. A3:A17 영역을 선택한 후 [데이터] 탭 – [데이터 도구] 그룹의 [텍스트 나누기] 메뉴를 클릭합니다.

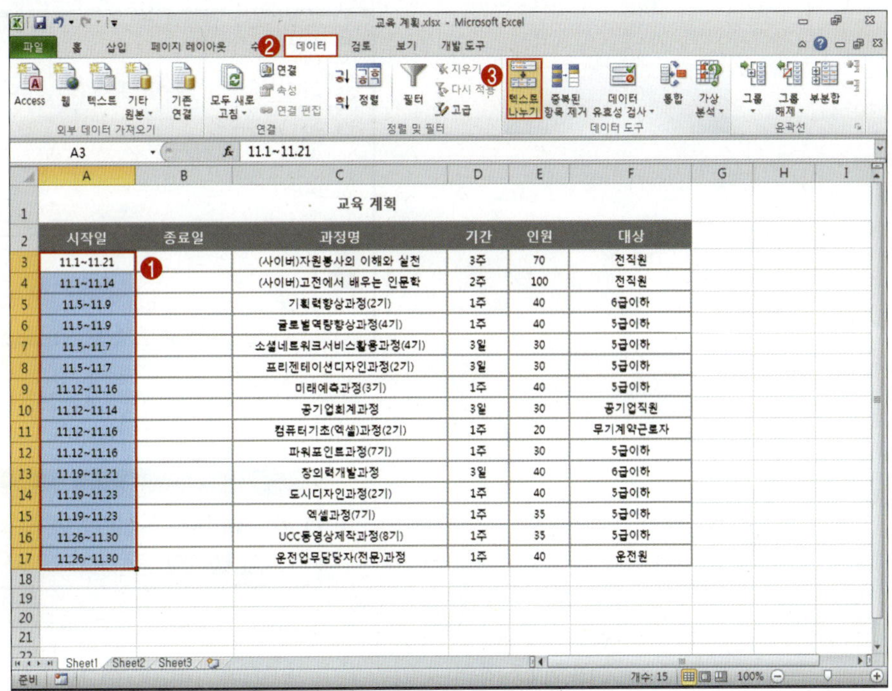

[텍스트 마법사–3단계 중 1단계] 대화 상자에서 '구분 기호로 분리됨'이 선택된 상태로 [다음] 버튼을 클릭합니다.

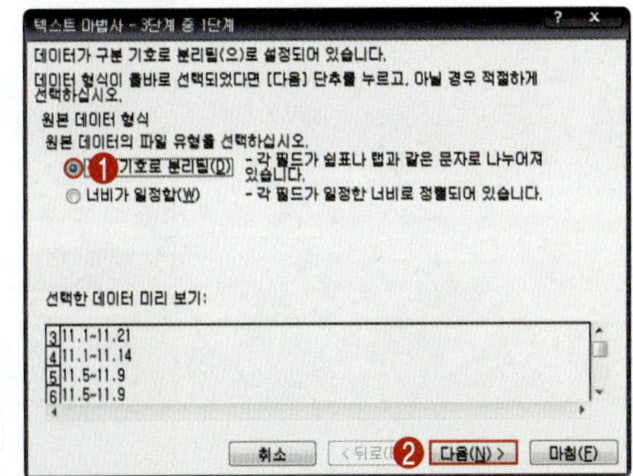

[텍스트 마법사–3단계 중 2단계] 대화 상자에서 '기타'를 선택한 후 구분 기호로 '–'를 입력한 후 [다음] 버튼을 클릭합니다.

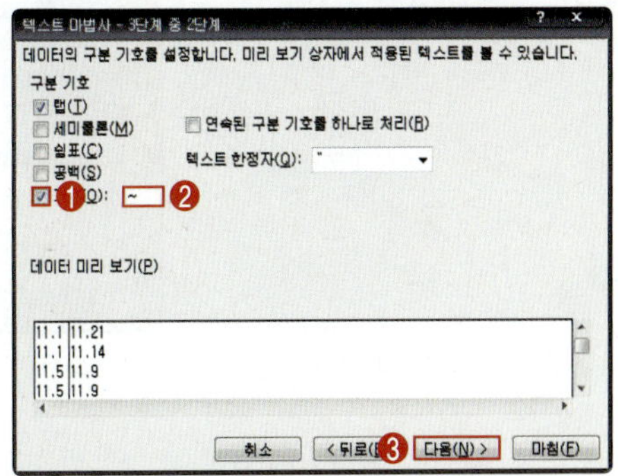

[텍스트 마법사–3단계 중 3단계] 대화 상자에서 '열 데이터 서식'이 '일반'으로 선택된 상태로 [마침] 버튼을 클릭합니다.

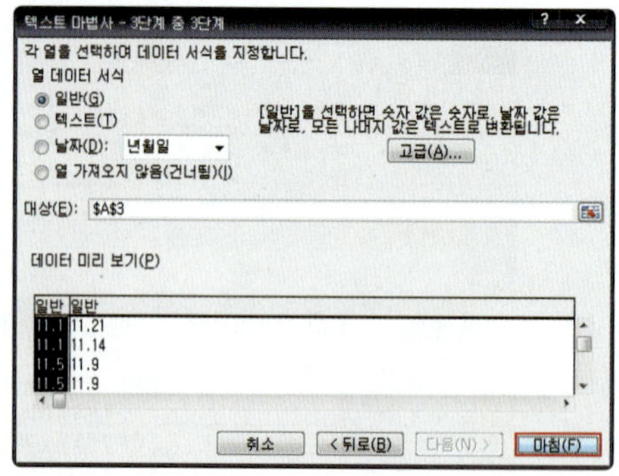

메시지 창이 열리면 [확인] 버튼을 누릅니다.

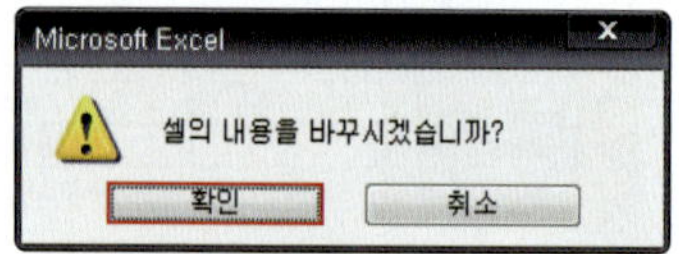

A3:A17 영역에 입력되어 있던 데이터가 A3:B17 영역에 나뉘어 입력됩니다.

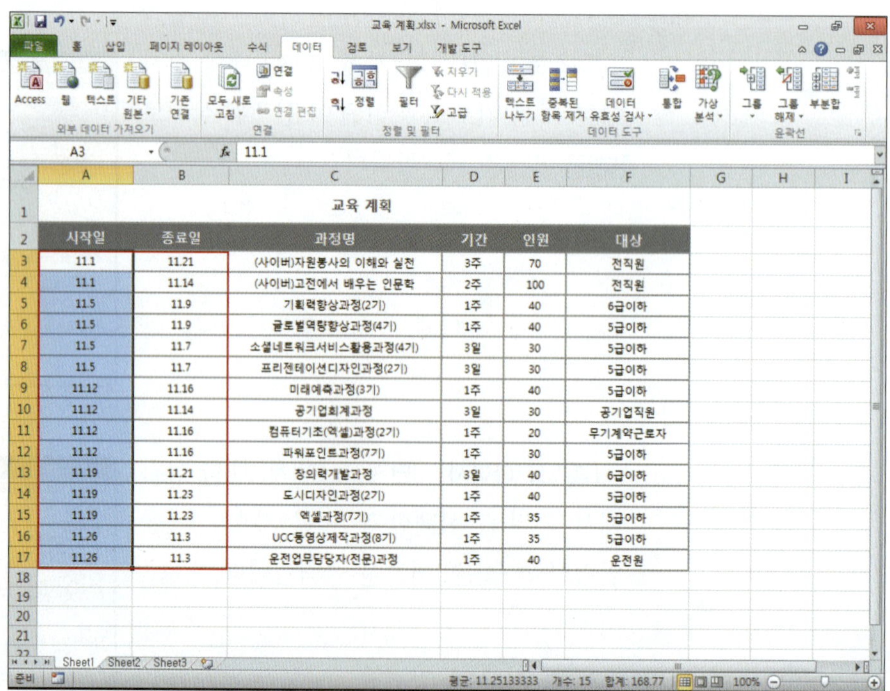

A3:B17 영역을 선택하고 입력된 데이터를 날짜 데이터로 바꾸기 위해 [홈] 탭−
[편집] 그룹의 [찾기 및 선택]−[바꾸기] 메뉴를 클릭합니다.

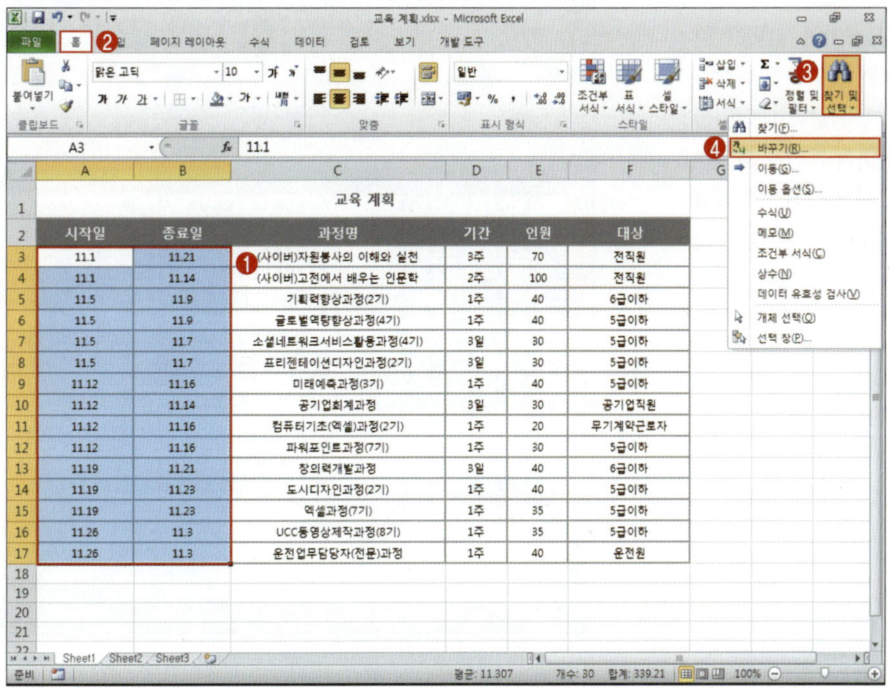

[찾기 및 바꾸기] 대화 상자의 [찾을 내용]을 ‘.’으로 [바꿀 내용]을 ‘−’로 변경한 후 [모
두 바꾸기] 버튼을 클릭합니다.

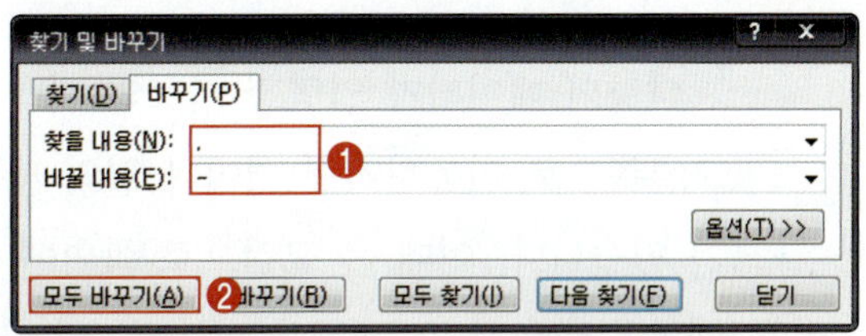

메시지 창이 열리면 [확인] 버튼을 클릭 한 후 [바꾸기]창의 [닫기] 버튼도 눌러 닫
습니다.

선택 영역의 데이터가 날짜 형식의 데이터로 변경됩니다.

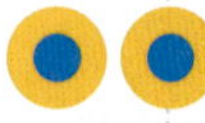

틀 고정으로 행/열머리글 고정하기

다량의 데이터가 입력된 시트의 내용을 분석할 때 셀 포인터를 아래쪽으로 또는 오른쪽으로 이동시키면 행이나 열의 제목이 입력된 셀이 보이지 않아 불편한 경우가 있습니다. 이때 틀 고정으로 화면에 계속해서 보여줄 부분을 고정해 두면 행 열 제목을 확인하기 위해 스크롤바를 위아래로 드래그하며 봐야하는 번거로움을 줄일 수 있어 편리합니다.

'사원 종합 정보' 예제를 불러옵니다. 스크롤 바를 드래그하여 화면 오른쪽과 아래쪽의 데이터가 보이게 했을 때 제목열과 제목행이 보이지 않음을 확인합니다.

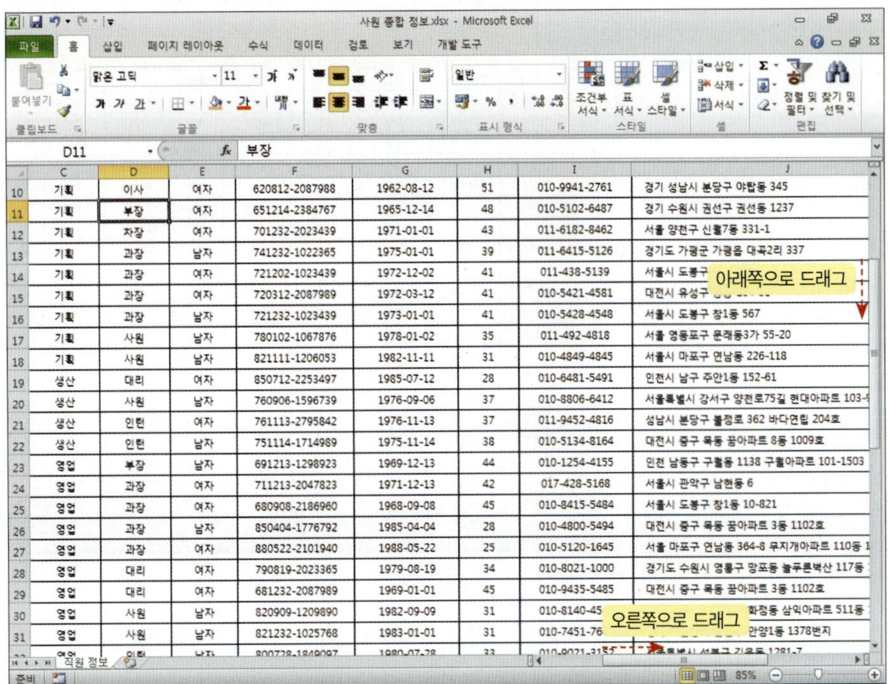

[보기] 탭-[창] 그룹의 [틀 고정]-[첫 행 고정] 메뉴를 클릭합니다.

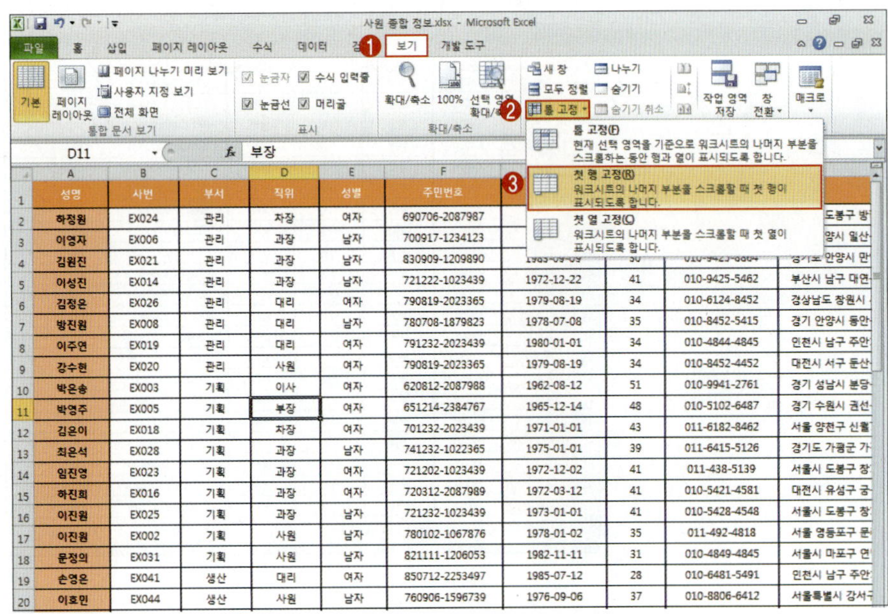

스크롤 바를 아래로 드래그해도 1행의 열머리글이 화면에 보이도록 고정됩니다.

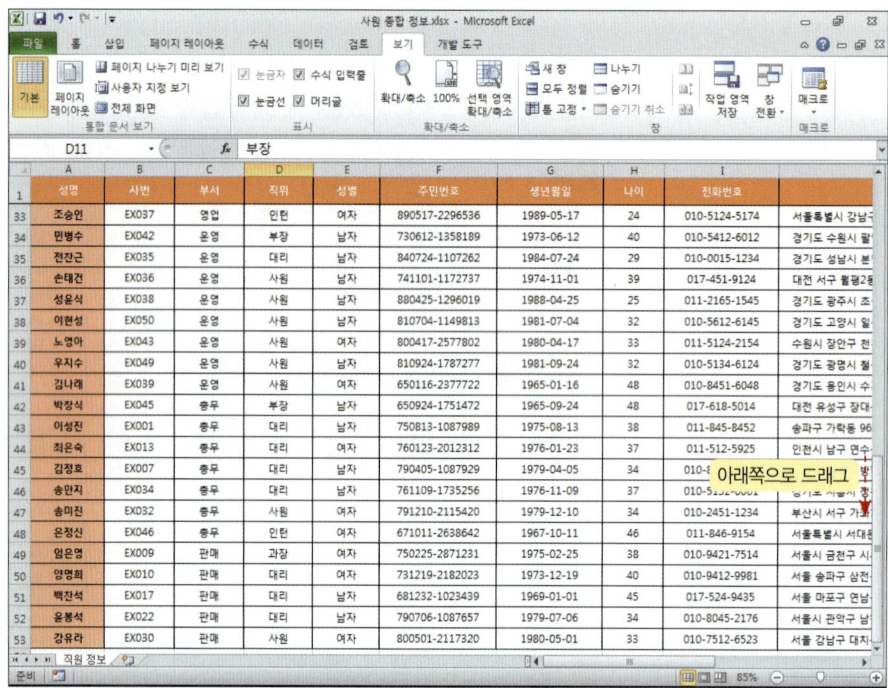

[보기] 탭 – [창] 그룹의 [틀 고정] – [첫 열 고정] 메뉴를 클릭합니다.

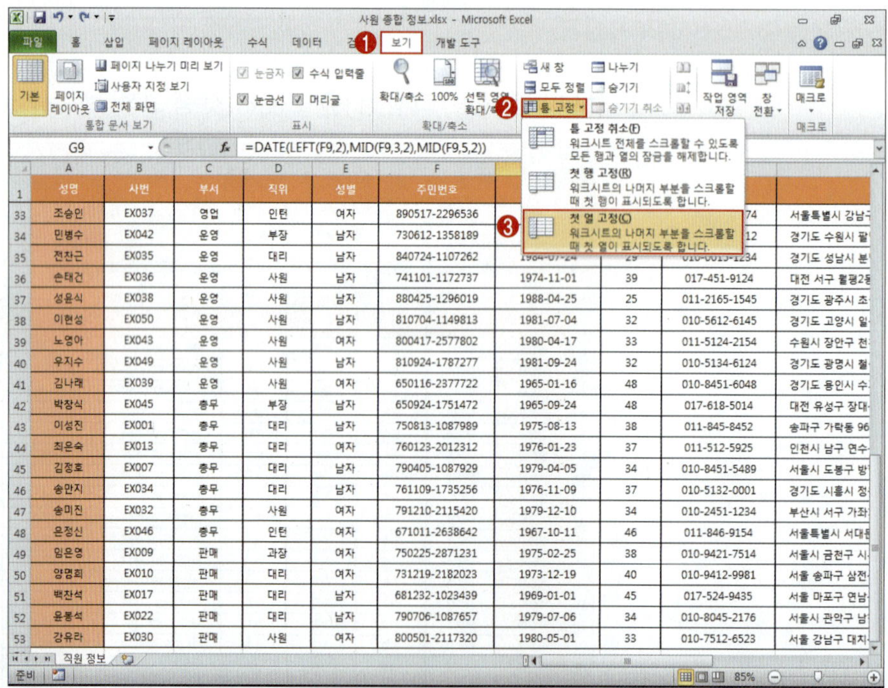

첫 행 고정은 해제되고 스크롤 바를 오른쪽으로 드래그해도 A열의 행머리글이 화면에 보이도록 고정됩니다.

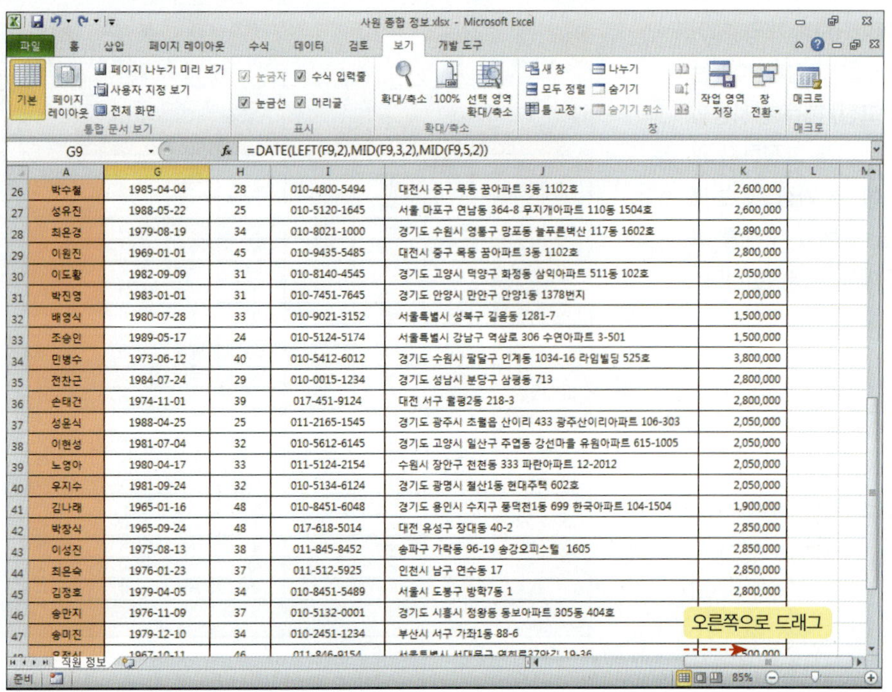

첫 열 고정은 해제하고 원하는 행열을 한꺼번에 고정하기 위해 [보기] 탭-[창]그룹의 [틀 고정]-[틀 고정 취소] 메뉴를 클릭합니다.

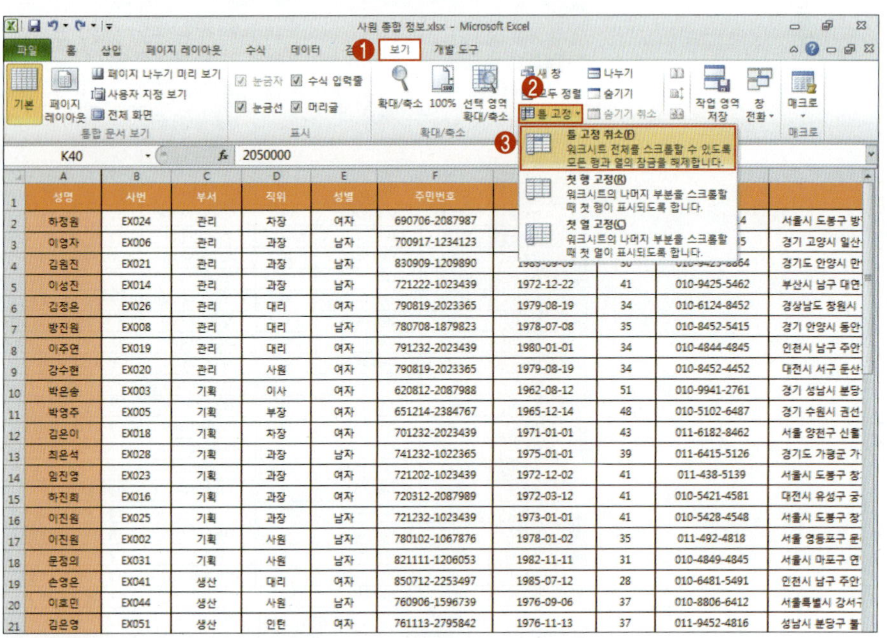

행과 열을 동시에 고정
하거나 여러 개의 행이
나 열을 고정할 때에는
[틀 고정] 메뉴를 사용합
니다. 이때 고정하지 않
을 셀 중 가장 첫 번째
셀을 선택한 후 [틀 고
정] 메뉴를 클릭합니다.

C2셀을 선택한 후 [보기] 탭 – [창] 그룹의 [틀 고정] – [틀 고정] 메뉴를 클릭합니다.

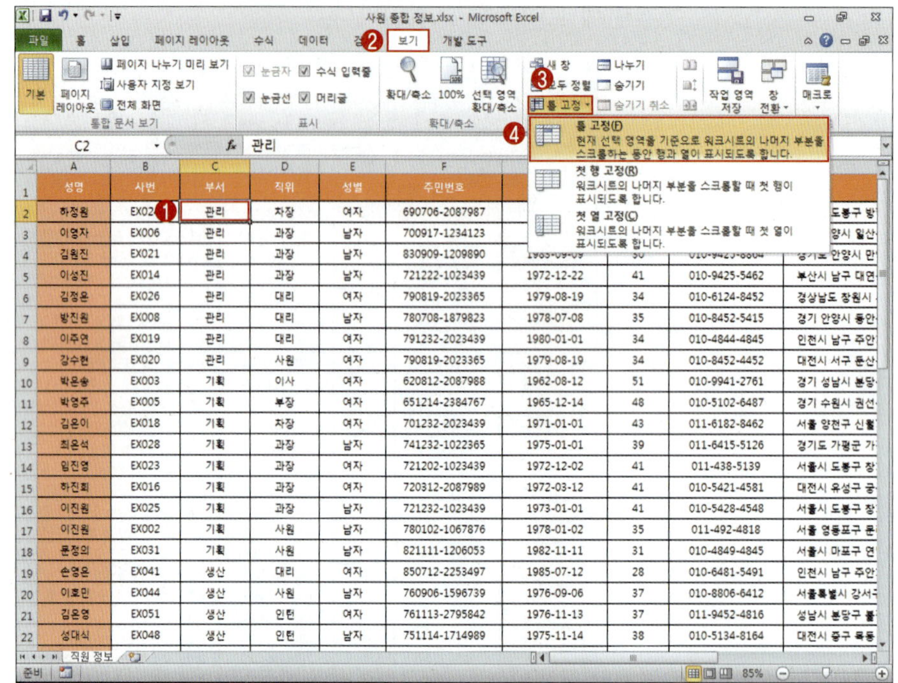

C2셀을 기준으로 왼쪽과 위쪽의 행과 열이 고정되어 스크롤바를 드래그하여 화면을 이동하여도 1행과 A, B열이 고정적으로 화면에 표시됩니다.

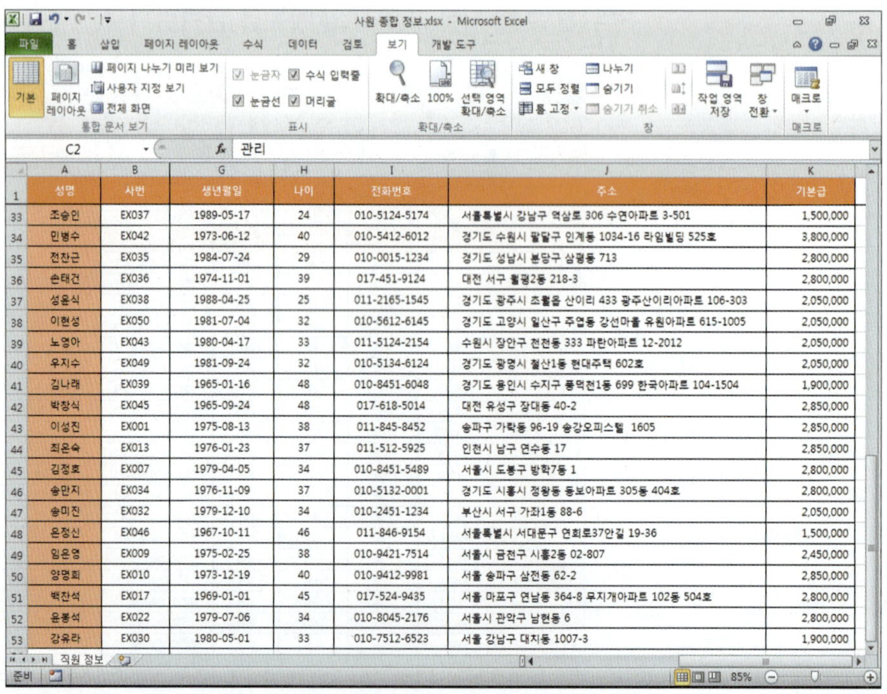

두 개의 시트를 나란히 비교하고 작업 영역 저장하기

다른 파일 또는 시트에 작성해 놓은 내용끼리 비교하거나 참고해야 할 경우 여러 개의 창을 한 화면에 배치해 놓고 작업을 할 수 있습니다. 또한 워크시트의 내용이 많아 한 화면에서 내용을 한꺼번에 보며 작업하기 어려운 경우 멀리 떨어진 자료도 함께 보며 작업할 수 있도록 창을 나누어 보기도 합니다. 한 번에 완료할 수 없는 작업의 경우 여러 창을 배치한 작업 화면을 그대로 작업 영역 파일로 저장하여 다시 같은 작업을 할 때 사용할 수 있습니다.

예제 파일 **PART5** 영업 현황   **완성 파일** **PART5** 영업 현황 분석

'영업 현황' 예제를 불러옵니다. 한 개의 통합 문서로 저장된 데이터를 두 개의 창으로 나누어 보기 위해 [보기] 탭-[창] 그룹의 [새 창] 메뉴를 클릭합니다.

제목 표시줄에 각각 통합 문서의 제목으로 영업 현황:1, 영업 현황:2가 표시되고 작업 표시줄에도 영업 현황:1, 영업 현황:2 작업 창이 표시됩니다.

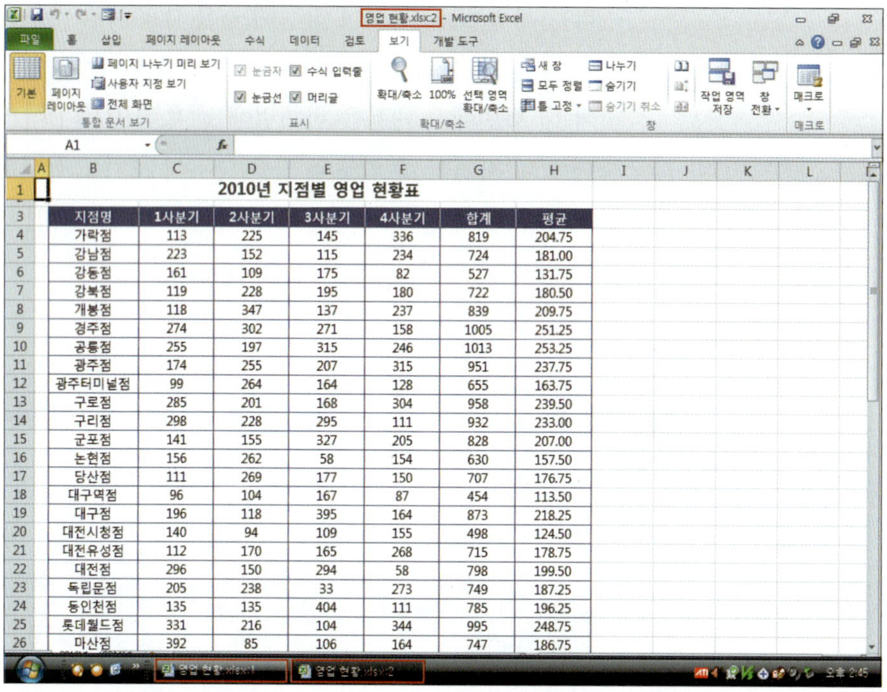

2010년 지점별 영업 현황표

지점명	1사분기	2사분기	3사분기	4사분기	합계	평균
가락점	113	225	145	336	819	204.75
강남점	223	152	115	234	724	181.00
강동점	161	109	175	82	527	131.75
강북점	119	228	195	180	722	180.50
개봉점	118	347	137	237	839	209.75
경주점	274	302	271	158	1005	251.25
공릉점	255	197	315	246	1013	253.25
광주점	174	255	207	315	951	237.75
광주터미널점	99	264	164	128	655	163.75
구로점	285	201	168	304	958	239.50
구리점	298	228	295	111	932	233.00
군포점	141	155	327	205	828	207.00
논현점	156	262	58	154	630	157.50
당산점	111	269	177	150	707	176.75
대구역점	96	104	167	87	454	113.50
대구점	196	118	395	164	873	218.25
대전시청점	140	94	109	155	498	124.50
대전유성점	112	170	165	268	715	178.75
대전점	296	150	294	58	798	199.50
독립문점	205	238	33	273	749	187.25
동인천점	135	135	404	111	785	196.25
롯데월드점	331	216	104	344	995	248.75
마산점	392	85	106	164	747	186.75

영업 현황:2에서 '2011년' 시트를 선택합니다.

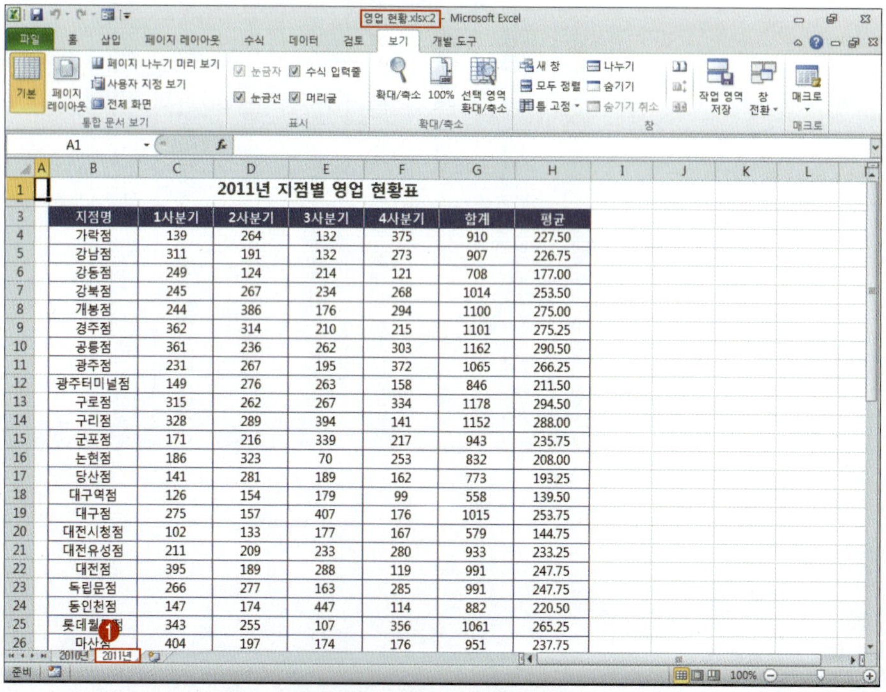

2011년 지점별 영업 현황표

지점명	1사분기	2사분기	3사분기	4사분기	합계	평균
가락점	139	264	132	375	910	227.50
강남점	311	191	132	273	907	226.75
강동점	249	124	214	121	708	177.00
강북점	245	267	234	268	1014	253.50
개봉점	244	386	176	294	1100	275.00
경주점	362	314	210	215	1101	275.25
공릉점	361	236	262	303	1162	290.50
광주점	231	267	195	372	1065	266.25
광주터미널점	149	276	263	158	846	211.50
구로점	315	262	267	334	1178	294.50
구리점	328	289	394	141	1152	288.00
군포점	171	216	339	217	943	235.75
논현점	186	323	70	253	832	208.00
당산점	141	281	189	162	773	193.25
대구역점	126	154	179	99	558	139.50
대구점	275	157	407	176	1015	253.75
대전시청점	102	133	177	167	579	144.75
대전유성점	211	209	233	280	933	233.25
대전점	395	189	288	119	991	247.75
독립문점	266	277	163	285	991	247.75
동인천점	147	174	447	114	882	220.50
롯데월드점	343	255	107	356	1061	265.25
마산점	404	197	174	176	951	237.75

TIP

현재 상태에서 창을 전환하려면 작업 표시줄의 작업 창을 클릭하거나 **[보기] 탭-[창] 그룹의 [창 전환]** 메뉴를 클릭하여 창 이름을 선택해도 됩니다.

두 개의 창을 모두 화면에 표시하기 위해 [보기] 탭−[창] 그룹의 [모두 정렬] 메뉴를 클릭합니다.

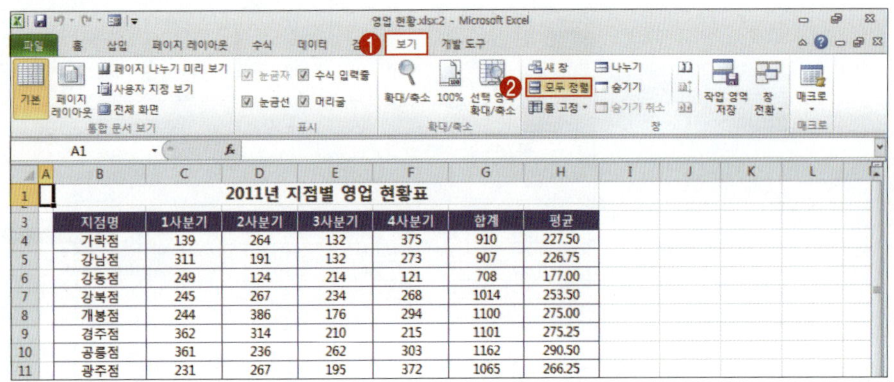

[창 정렬] 대화 상자의 '세로'를 선택하고 [확인] 버튼을 클릭합니다. '2010년' 시트와 '2011년' 시트 창이 세로로 정렬되어 한 화면에 표시됩니다.

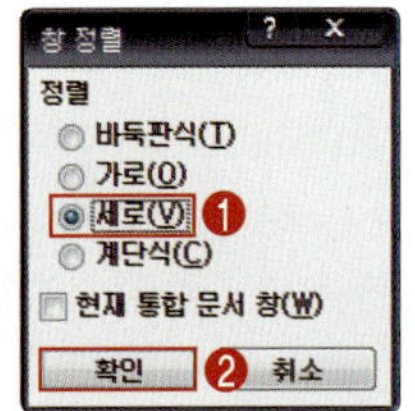

왼쪽의 영업 현황:2 창에서 스크롤 바를 드래그하면 왼쪽 창만 활성화되어 조정됩니다.

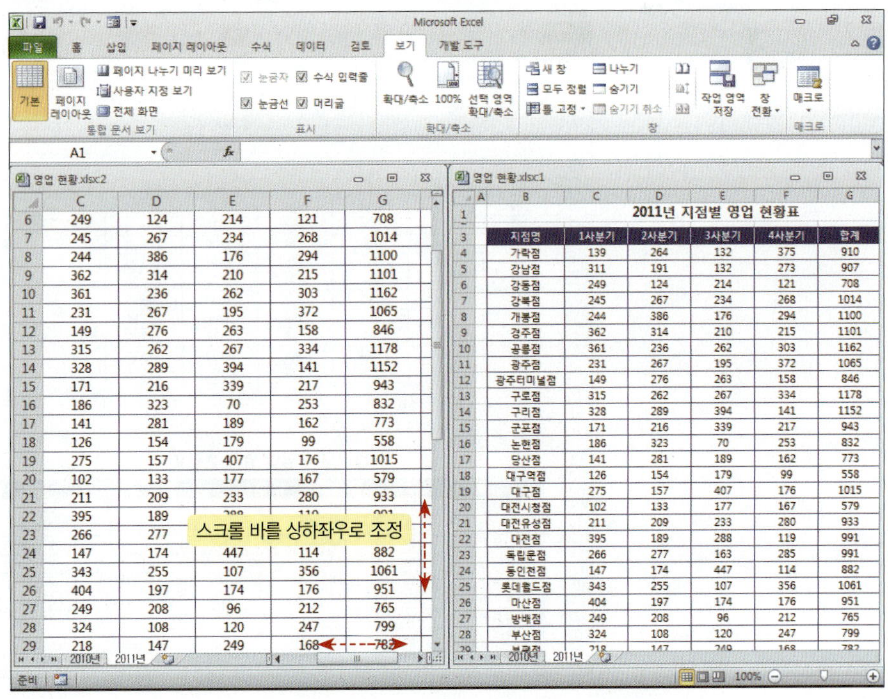

양쪽 창을 나란히 보며 분석하기 위해 [보기] 탭－[창] 그룹의 [나란히 보기] 메뉴를 클릭합니다.

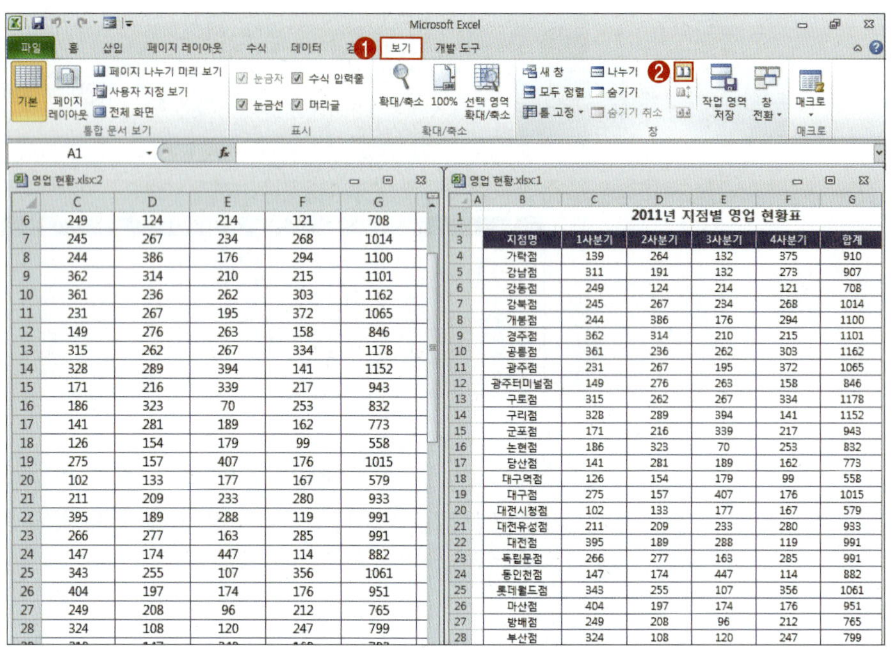

[나란히 보기]와 함께 [동시 스크롤]이 설정되면 [보기] 탭－[창] 그룹의 [모두 정렬] 메뉴를 클릭하고 다시 '세로'를 선택한 후 [확인] 버튼을 클릭합니다.

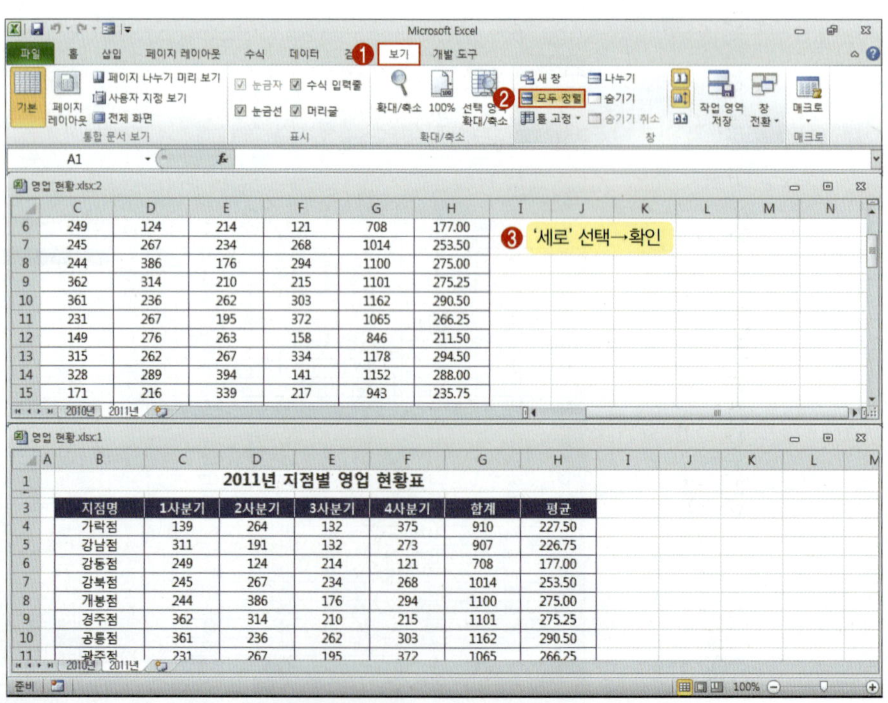

한 쪽 창에서 스크롤 바를 드래그하면 나머지 한 쪽의 스크롤 바도 함께 움직여 나란히 분석할 수 있게 됩니다.

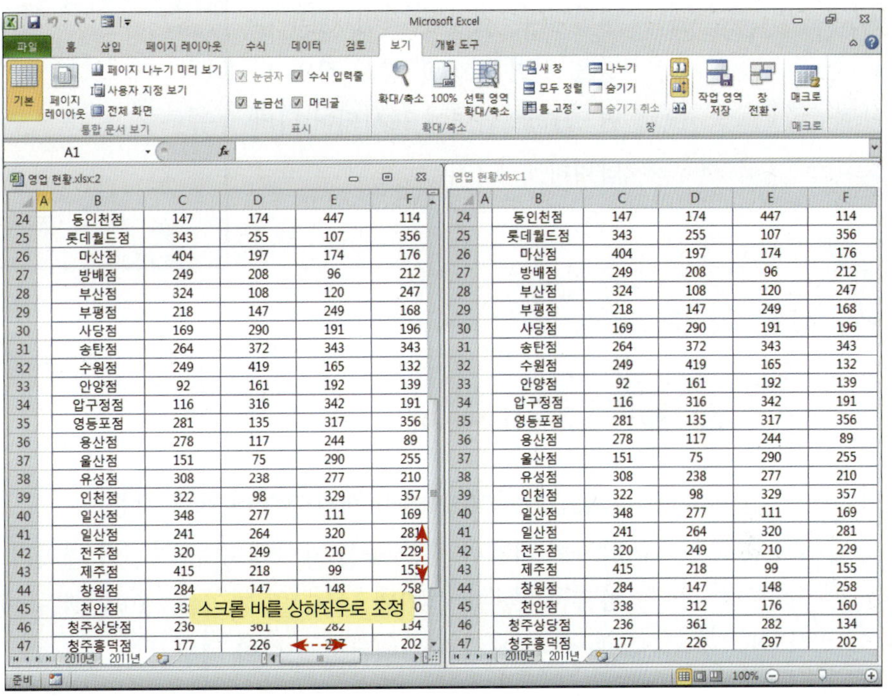

작업하던 상태를 그대로 저장하기 위해 [보기] 탭-[창] 그룹의 [작업 영역 저장] 메뉴를 클릭합니다.

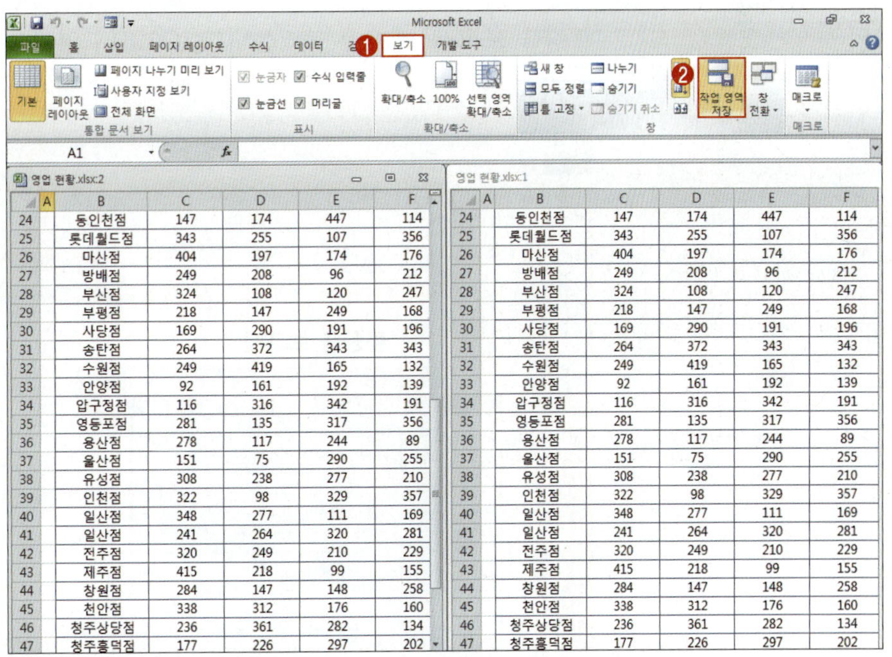

파일 이름을 '영업 현황 분석'
으로 입력한 후 [저장] 버튼을 클
릭합니다. 저장된 작업 영역 파
일을 열면 저장할 당시 작업 화
면 그대로 화면에 표시되어 나타
납니다.

●● 데이터 통합하기

연관성이 있는 여러 개의 데이터 표를 각종 함수를 이용하여 하나의 데이터로 통
합하여 합계나 평균 등을 계산해 주는 기능이 데이터 통합 기능입니다. 데이터 통
합을 이용하면 분기별, 연도별, 지역별, 종류별로 작성된 같은 유형의 데이터에서
필요한 데이터를 선택하여 별도의 계산식을 사용하지 않고도 집계표를 만들 수 있
어 편리합니다.

예제 파일 **PART5** 불량률 보고서　　　　완성 파일 **PART5** 불량률 보고서 완성

'불량률 보고서' 예제를 불러옵니다. C6:F18 영역을 선택한 후 [데이터] 탭－[데이
터 도구] 그룹의 [통합] 메뉴를 클릭합니다.

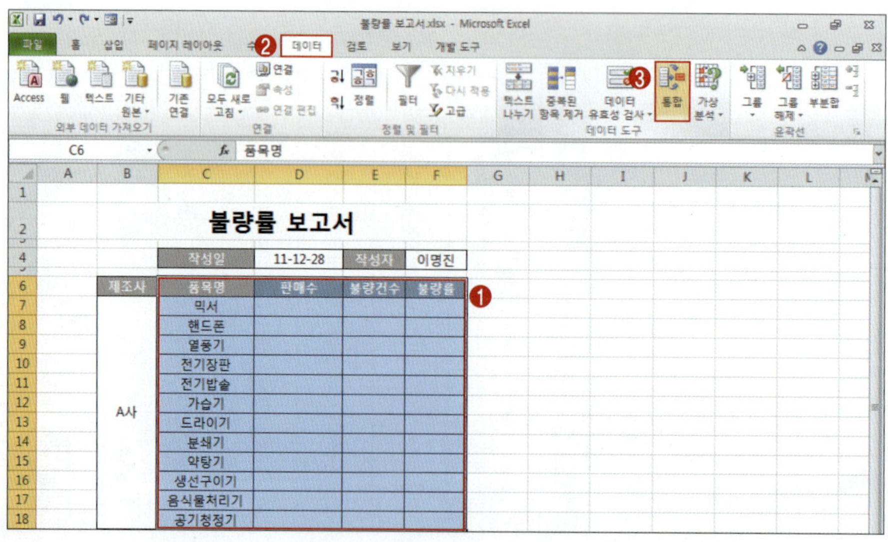

1. 모든 참조 영역의 데이터 범위의 첫 행과 왼쪽 열을 제목 행과 제목 열로 사용하려면 '첫 행'과 '왼쪽 열'을 체크 설정합니다.

2. '원본 데이터 연결' 항목을 선택하면 통합 데이터에 윤곽 표시가 나타나고, 원본 데이터가 업데이트되면 통합시트의 집계 결과에도 업데이트가 적용됩니다.

[통합] 대화 상자가 열리면 [함수]는 '평균'을 선택하고 [참조]란에 'A사' 시트의 C6:F18 영역을 드래그하여 적용한 후 [추가] 버튼을 클릭하여 [모든 참조 영역]에 표시되도록 합니다.

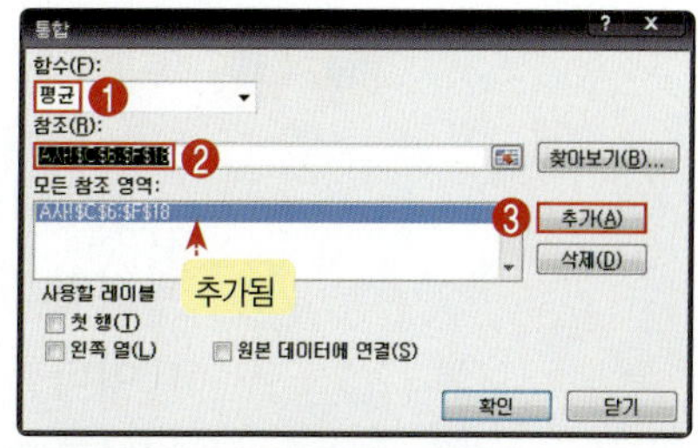

다시 'B사' 시트의 C6:F16 영역을 드래그하여 적용한 후 [추가] 버튼을 클릭하여 [모든 참조 영역]에 표시되도록 합니다.

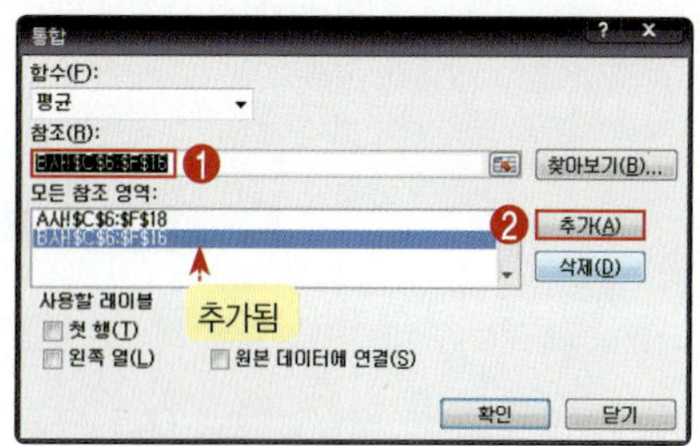

'C사'시트의 C6:F14 영역을 드래그하여 적용한 후 [추가] 버튼을 클릭하여 [모든 참조 영역]에 표시되도록 한 후 '첫 행'과 '왼쪽 열'을 체크하고 [확인] 버튼을 클릭합니다.

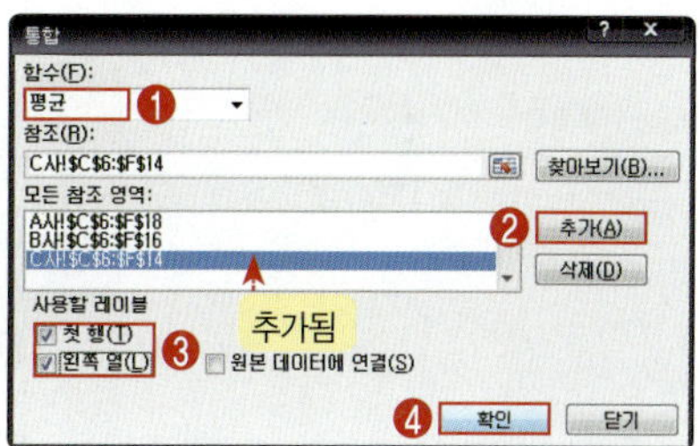

각 시트의 품목명별로 판매수, 불량건수, 불량률의 평균값이 집계되어 표시됩니다.

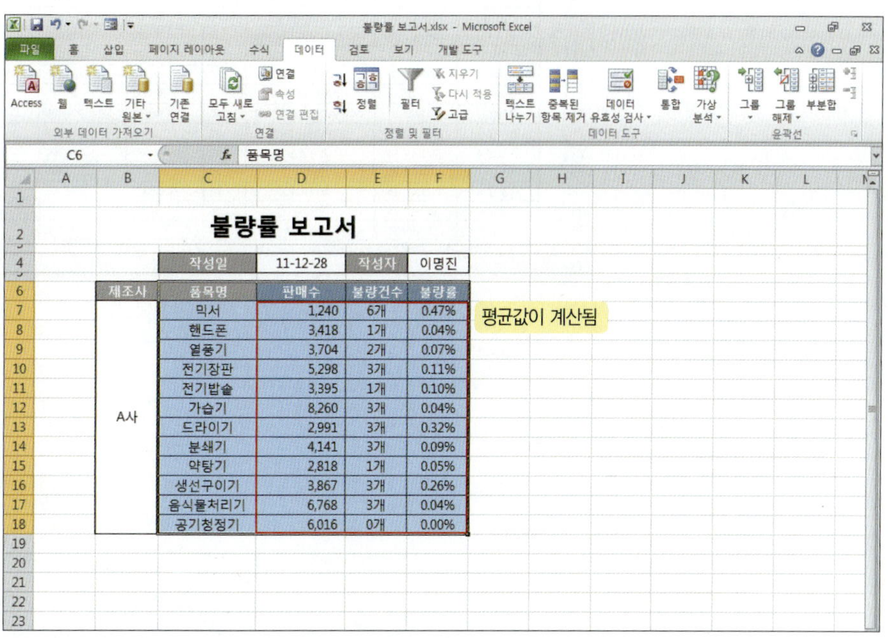

 **피벗 테이블로 최적화된 보고서 만들기**

데이터를 여러 가지 시각으로 분석하거나 요약하여야 하는 경우 가장 빠르고 효과적인 방법 중 하나가 바로 피벗 테이블 기능입니다. 피벗 테이블은 기존에 작성된 데이터를 재구성하여 새로운 형태의 보고서로 재탄생시켜 주어 보다 효과적으로 데이터를 분석할 수 있도록 도와줍니다.

예제 파일 **PART5** 소모품 구입   완성 파일 **PART5** 소모품 구입 완성

'소모품 구입' 예제를 불러옵니다. 데이터베이스에 셀 포인터를 두고 [삽입] 탭－[표] 그룹의 [피벗 테이블] 메뉴를 클릭합니다.

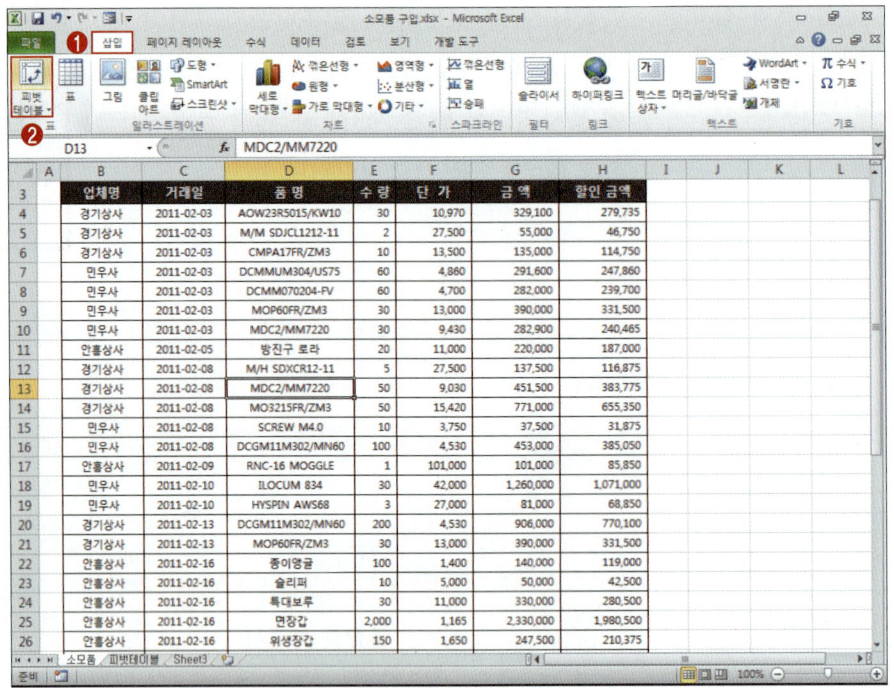

[피벗 테이블 만들기] 대화 상자가 열리면 '기존 워크시트'를 선택한 후 '피벗테이블' 시트의 A3셀을 클릭한 후 [확인] 버튼을 클릭합니다.

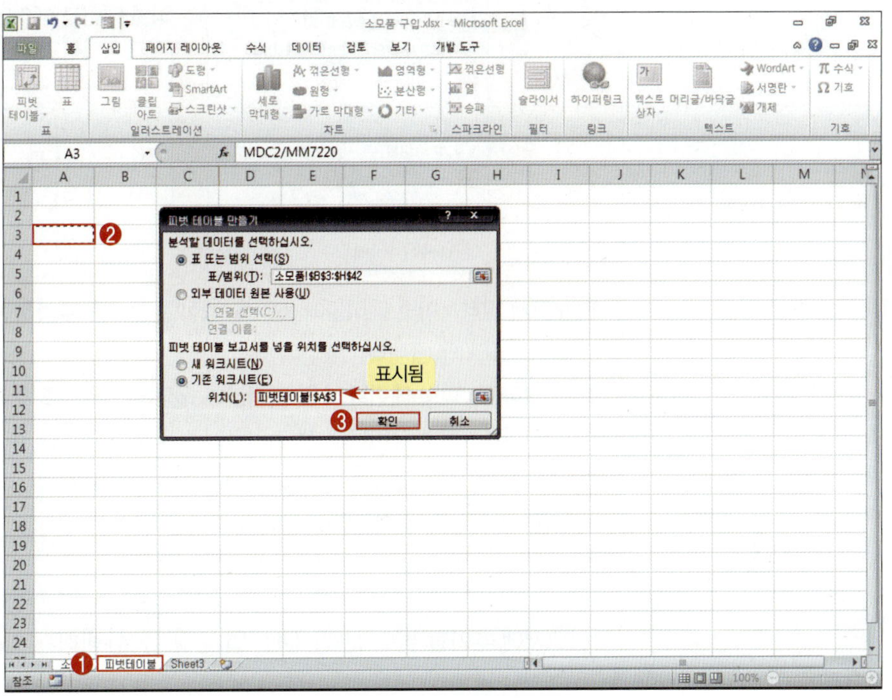

'피벗테이블' 시트에 레이아웃을 설정할 수 있도록 피벗 테이블 영역 창이 화면에 표시됩니다.

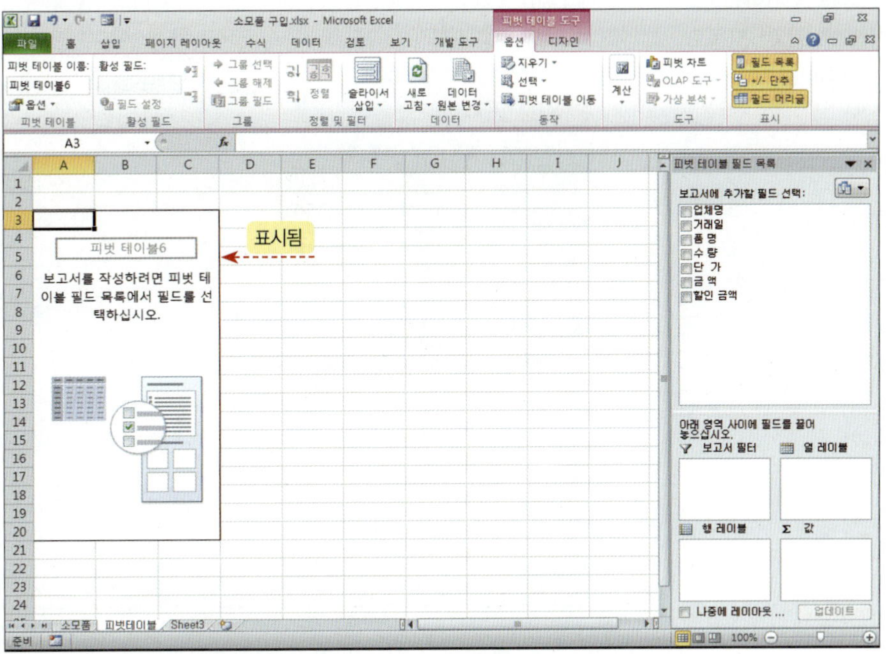

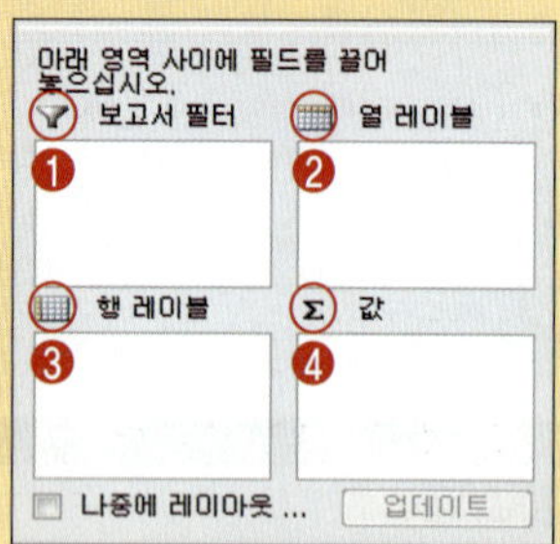

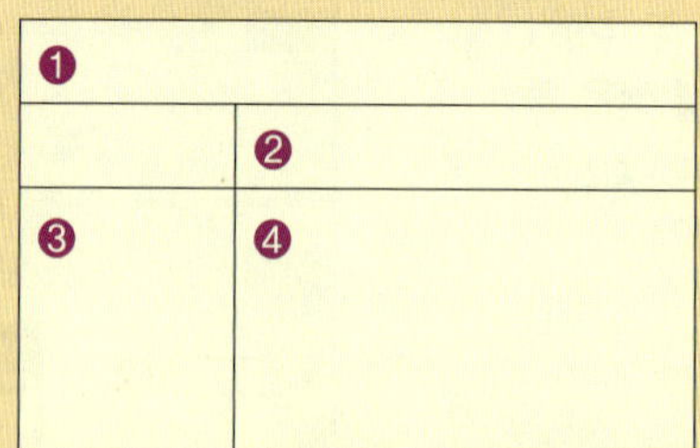

❶ **보고서 필터** : 피벗 테이블에 조건을 지정할 필드를 추가하여 원하는 조건에 따라 추출된 데이터를 표시해 줍니다.

❷ **열 레이블** : 피벗 테이블의 열 머리글에 해당하는 필드를 추가하여 표의 위쪽에 표시합니다.

❸ **행 레이블** : 피벗 테이블의 행 머리글에 해당하는 필드를 추가하여 표의 왼쪽에 표시합니다.

❹ **값** : 행 레이블과 열 레이블이 교차되는 집계값이 표시됩니다. 적당한 함수를 선택하면 합계, 평균, 개수 등의 결과값이 계산되어 나타납니다.

[보고서에 추가할 필드 선택]에서 '업체명'을 선택하여 '보고서 필터' 영역으로 드래그합니다. '거래일'을 '행 레이블' 영역으로, '금액'과 '할인 금액'을 '값' 영역으로 드래그합니다. 선택한 필드에 맞추어 워크시트에 피벗 테이블이 만들어집니다.

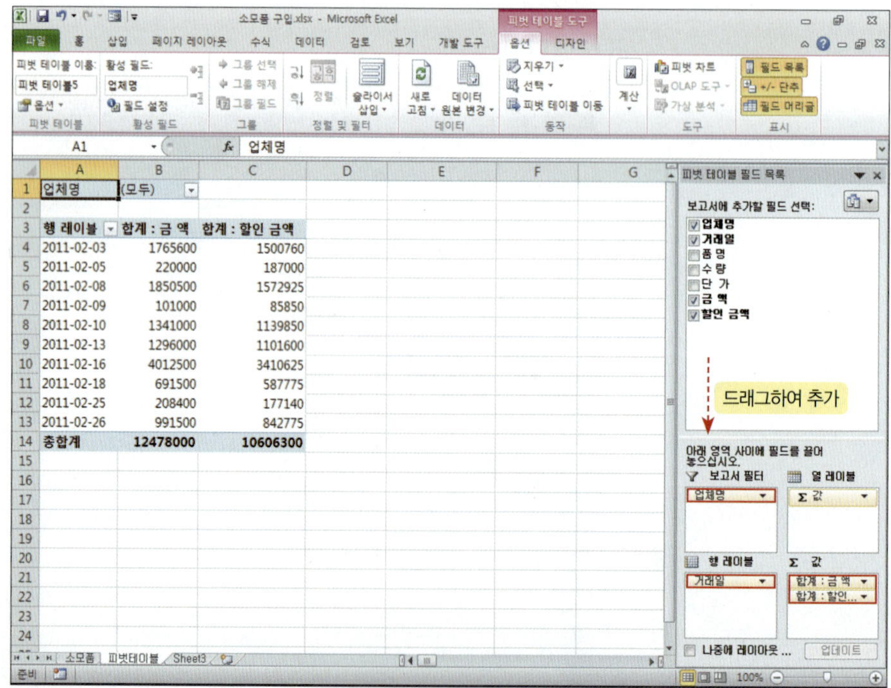

값 영역의 '합계:금액' 위에서 마우스 오른쪽 버튼을 클릭한 후 [값 필드 설정] 메뉴를 클릭합니다.

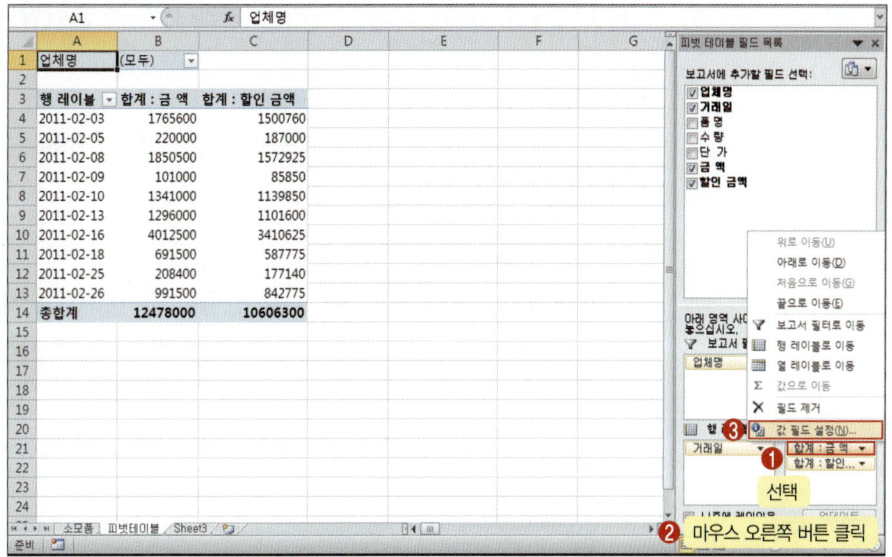

[값 필드 설정] 대화 상자가 열리면 '평균'을 선택한 후 [확인] 버튼을 클릭합니다. 같은 방법으로 값 영역의 '합계:금액'도 '평균:할인 금액'으로 변경합니다.

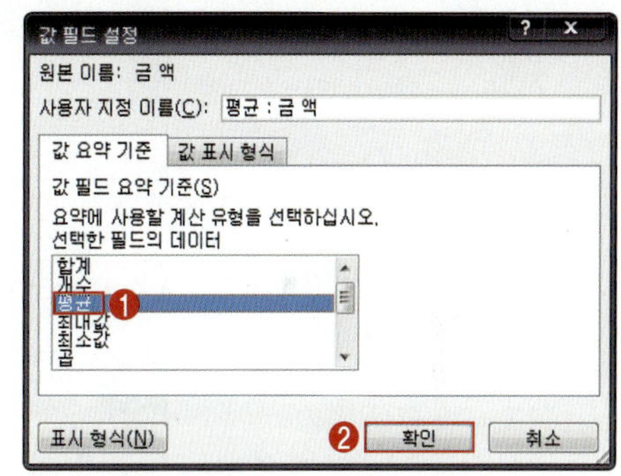

A4 셀을 선택하고 마우스 오른쪽 버튼을 클릭한 후 '그룹' 메뉴를 선택합니다.

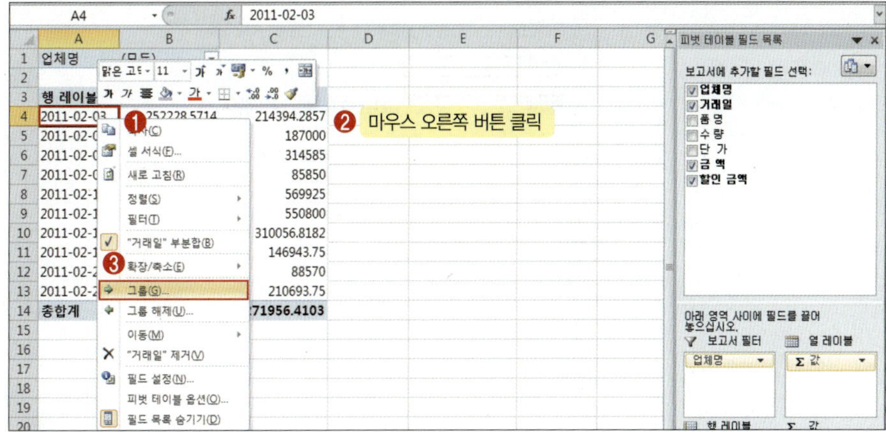

[그룹화] 대화 상자가 열리면 '시작'을 '2011 – 02 – 01'로 변경하고 단위의 '월'을 클릭하여 해제하고 '일'을 선택합니다. '날짜 수'를 '10'으로 변경하고 [확인] 버튼을 클릭합니다.

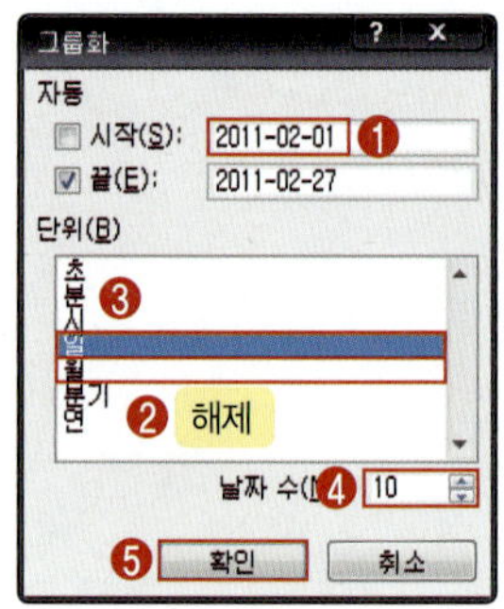

거래일이 그룹화되면 A4 셀을 선택한 후 '02/01 ~ 02/10'을 입력합니다.

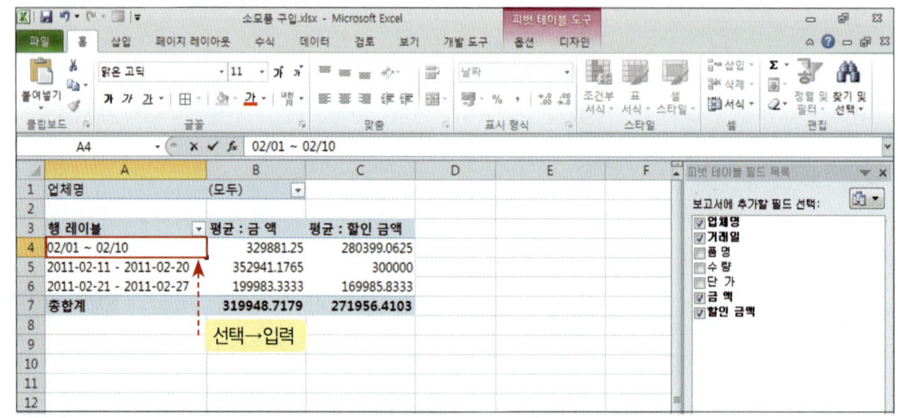

A5 셀에 '02/11 ~ 02/20'을, A6 셀에 '02/21 ~ 02/27'을 입력합니다.

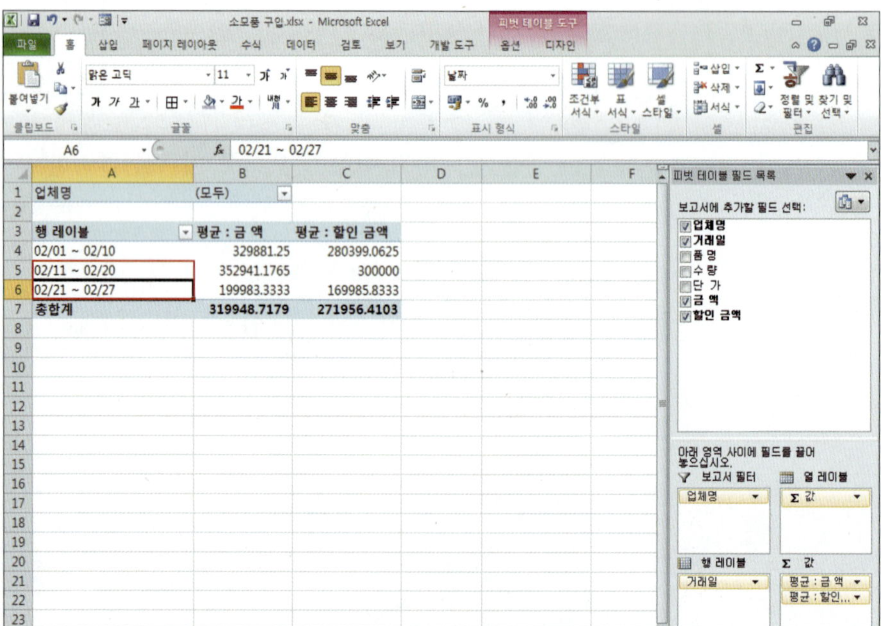

B4:C7 영역을 선택한 후 [홈] 탭-[표시 형식] 그룹의 [회계] 형식을 선택하여 적용합니다.

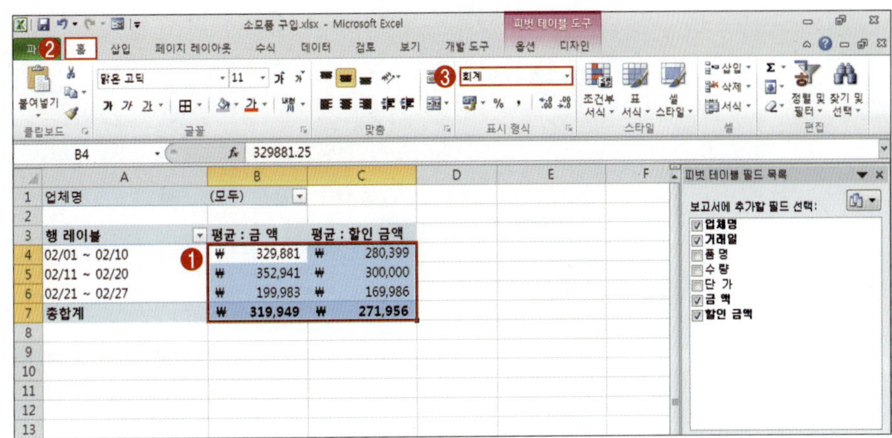

[피벗 테이블 도구]-[디자인] 탭-[레이아웃] 그룹의 [보고서 레이아웃]-[개요 형식으로 표시] 메뉴를 클릭합니다. 행 레이블이 '거래일'로 변경되어 표시됩니다.

TIP

개요 형식을 선택하면 A3셀에 '행 레이블' 대신 '거래일'이 표시됩니다.

TIP

보고서 레이아웃

압축 형식으로 표시 : 행 레이블에 여러 개의 필드를 지정하면 하나의 열에 모든 필드를 표시합니다.

개요 형식으로 표시 : 압축 형식과 동일하게 필드를 단계별로 표시하고 각각의 열에 필드를 표시합니다.

테이블 형식으로 표시 : 필드를 각 열에 표시하되 단계마다 새로운 행이 아닌 같은 행에서부터 데이터를 표시합니다.

[피벗 테이블 도구]-[디자인] 탭-[피벗 테이블 스타일] 그룹의 [피벗 스타일 보통1]을 선택하여 적용합니다.

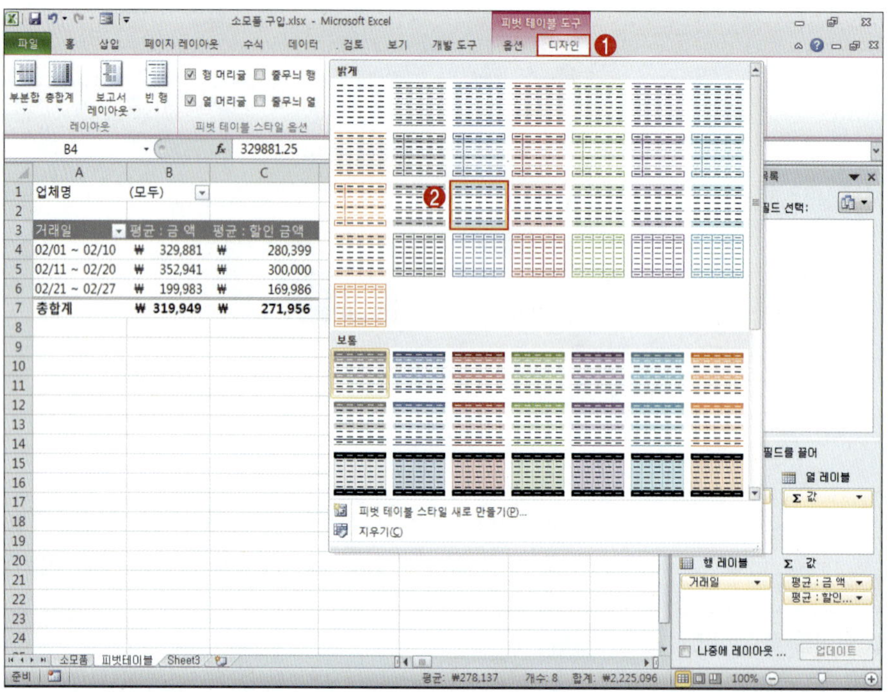

업체명 필드의 필터 단추를 클릭하여 '여러 항목 선택'을 체크하고 '민우사'를 체크해제한 후 [확인] 버튼을 클릭합니다.

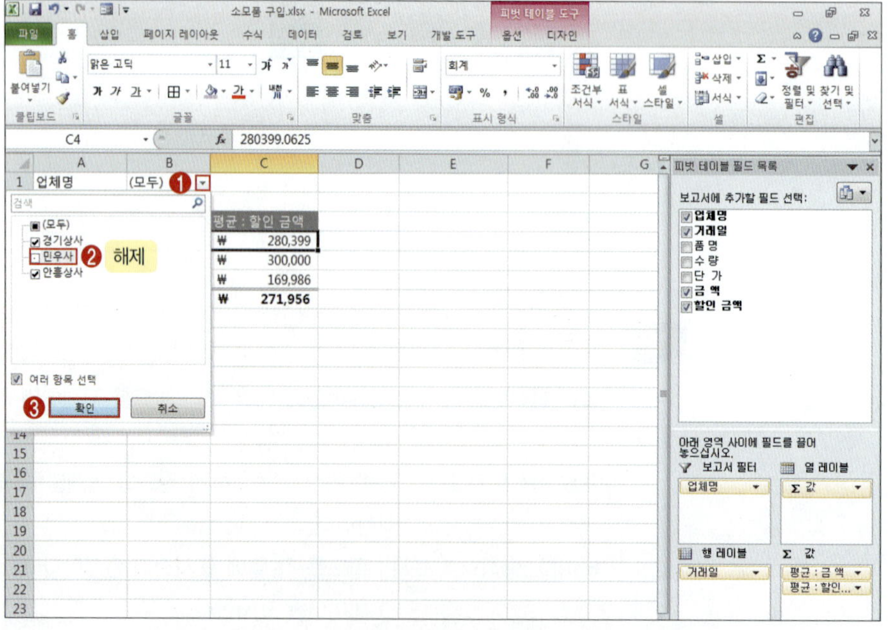

셀 포인터를 피벗 테이블 영역 이외의 위치에 두면 [피벗 테이블 도구] 메뉴와 피벗 테이블 영역 창이 화면에서 없어지고 새로운 형태로 재구성된 피벗 테이블만 화면에 표시됩니다.

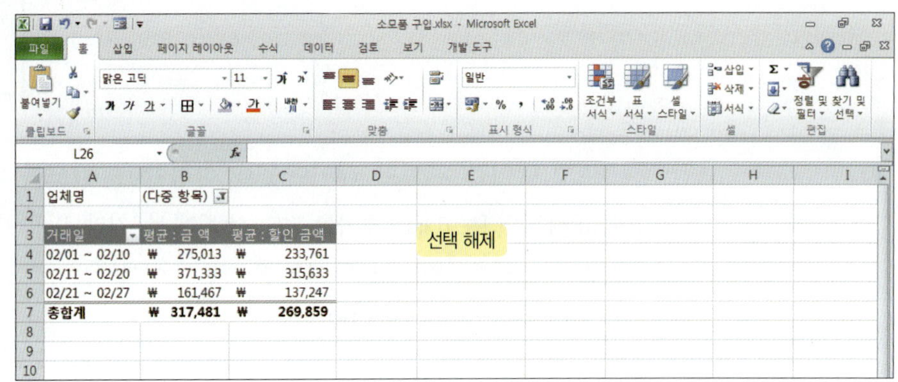

슬라이서를 이용해 피벗 테이블 필터하기

슬라이서는 피벗 테이블 보고서의 데이터를 보다 편리하게 분석할 수 있도록 엑셀 2010에서 새롭게 추가된 기능입니다. 필터 영역에 필드를 추가하는 방법에 비해 여러 개의 필드에 필터 조건을 적용할 수 있다는 점에서 편리합니다.

예제 파일 PART5 고객 현황   **완성 파일** PART5 고객 현황 완성

'고객 현황' 예제를 불러옵니다. 데이터베이스에 셀 포인터를 두고 [삽입] 탭-[표] 그룹의 [피벗 테이블] 메뉴를 클릭합니다.

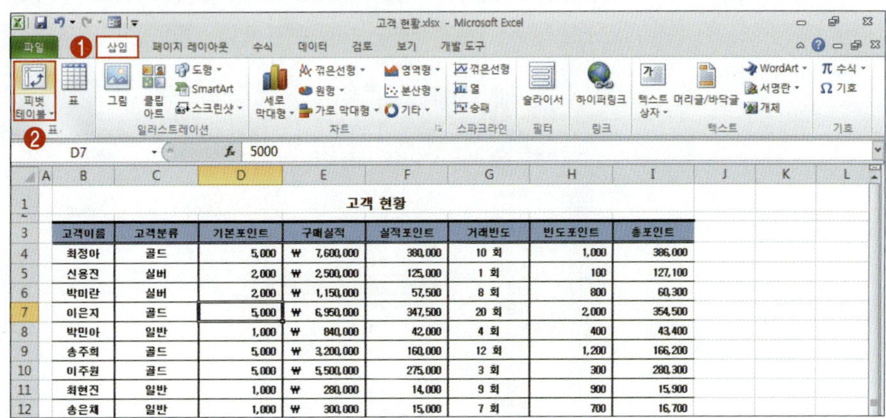

[피벗 테이블 만들기] 대화 상자가 열리면 '새 워크시트'가 선택된 상태로 [확인] 버튼을 클릭합니다.

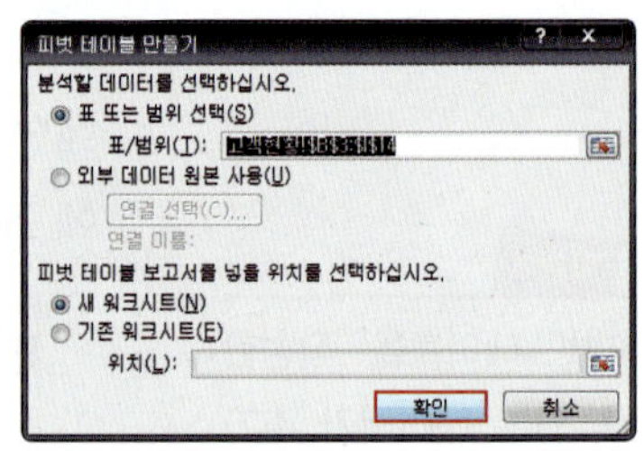

'피벗 테이블' 시트에 레이아웃을 설정할 수 있도록 피벗 테이블 영역 창이 화면에 표시되면 [보고서에 추가할 필드 선택]에서 '거래 빈도'를 선택하여 '열 레이블' 영역으로, '고객 분류'와 '고객 이름'을 '행 레이블' 영역으로 '구매 실적'과 '총포인트'를 '값' 영역으로 드래그합니다.

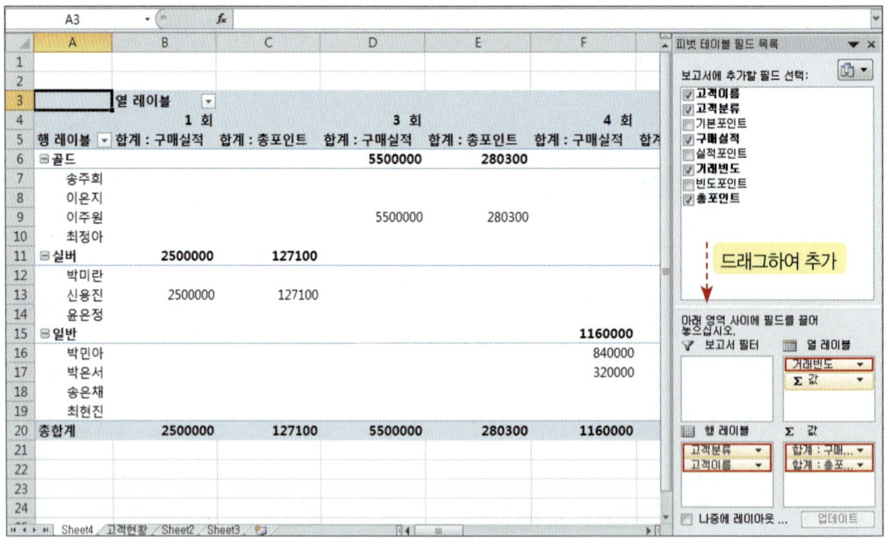

B4셀을 클릭한 후 마우스 오른쪽 버튼을 클릭한 후 [그룹] 메뉴를 클릭합니다.

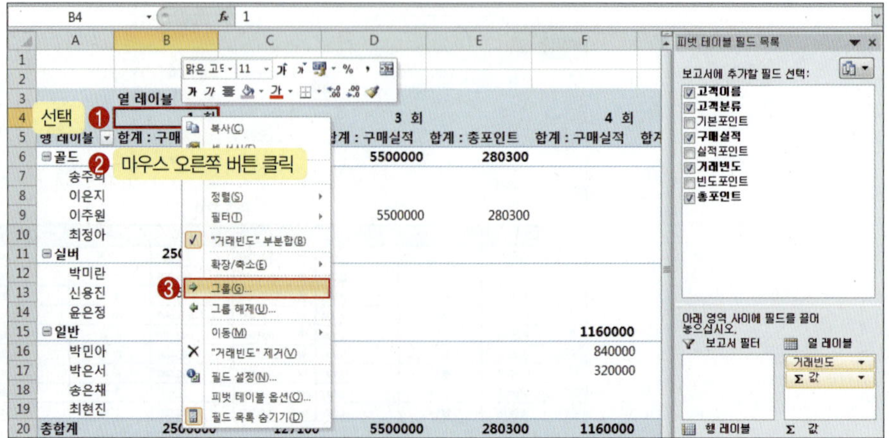

[그룹화] 대화 상자의 '단위'를 '10'으로 설정한 후 [확인] 버튼을 클릭합니다.

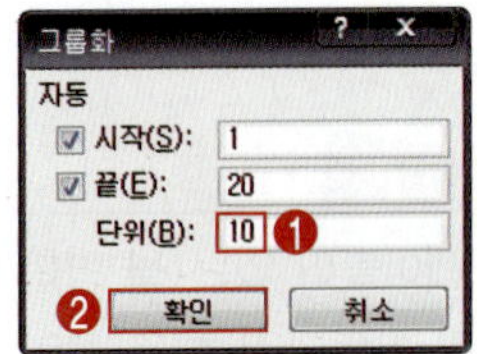

[피벗 테이블 도구]-[디자인] 탭-[레이아웃] 그룹의 [총 합계]-[열의 총합계만 설정] 메뉴를 클릭합니다. 행의 총합계는 제거되고 화면에 열의 총합계만 표시됩니다.

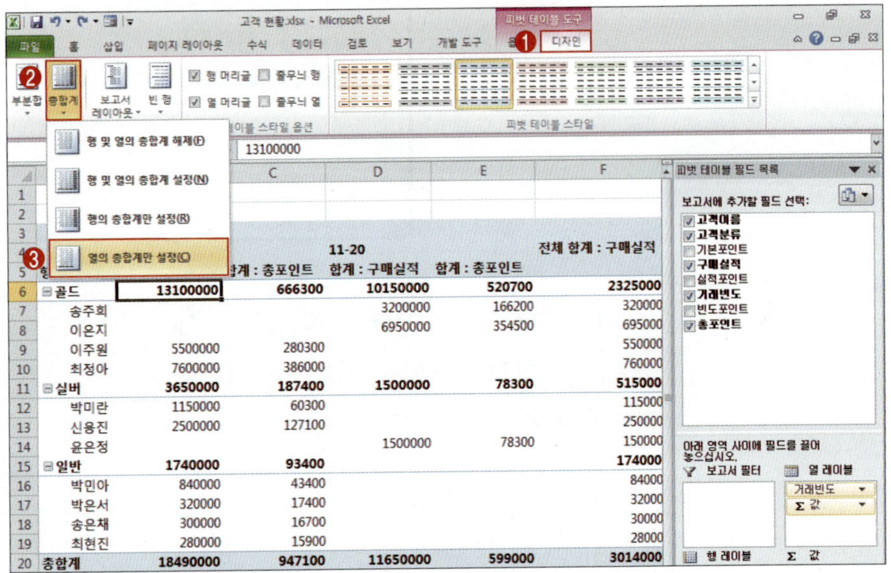

피벗 테이블 영역 안에 셀 포인터를 두고 마우스 오른쪽 버튼을 클릭하여 [피벗 테이블 옵션] 메뉴를 클릭합니다.

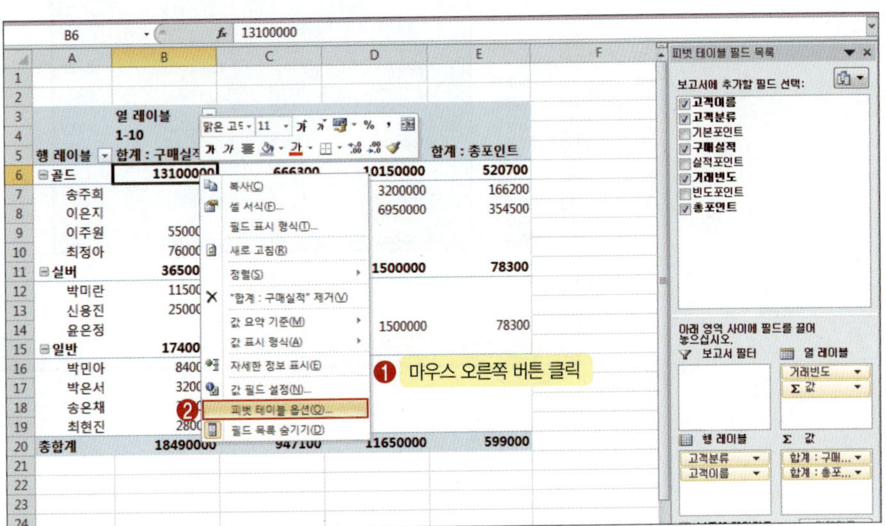

[피벗 테이블 옵션] 대화 상자가 열리면 '레이블이 있는 셀 병합 및 가운데 맞춤'을 체크하고 '빈 셀 표시'란에 '없음'을 입력한 후 [확인] 버튼을 클릭합니다.

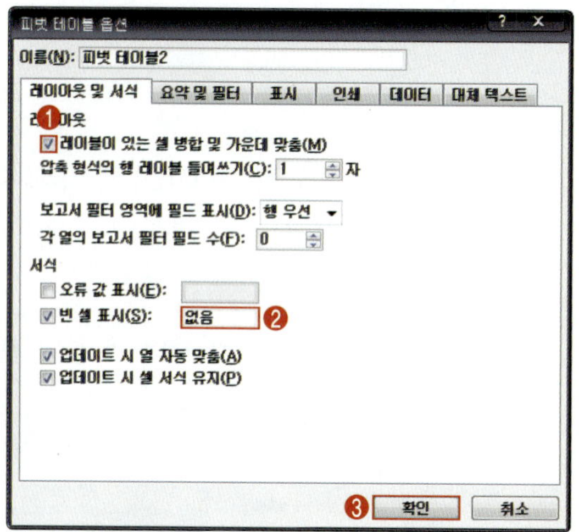

B6:E20 영역을 선택한 후 [홈] 탭−[표시 형식] 그룹의 [쉼표 스타일]과 [홈] 탭−[맞춤] 그룹의 [가운데 맞춤] 메뉴를 설정합니다.

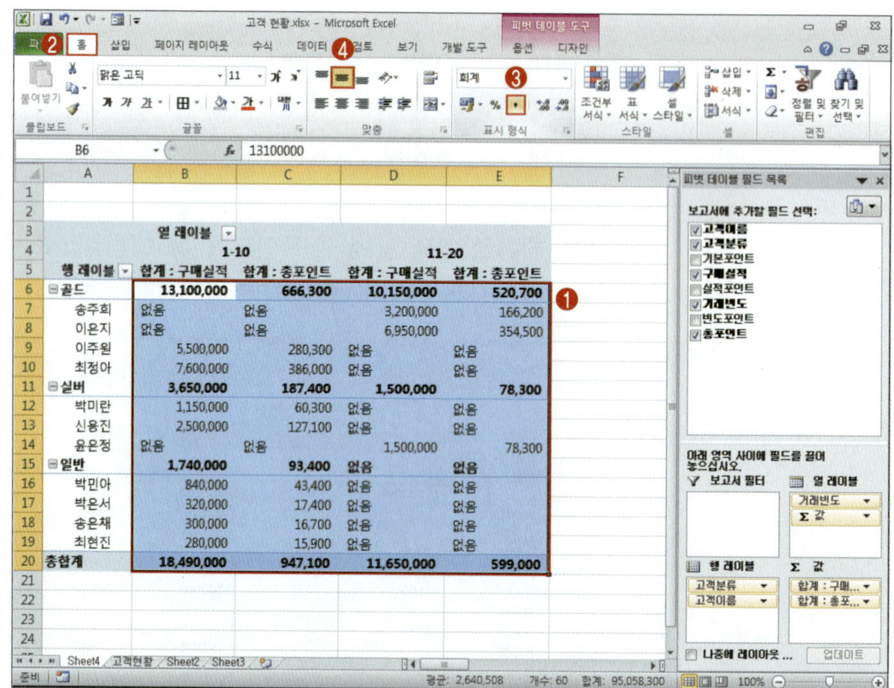

피벗 테이블 영역에 셀 포인터를 두고 [피벗 테이블 도구]-[디자인] 탭-[레이아웃] 그룹의 [보고서 레이아웃]-[테이블 형식으로 표시] 메뉴를 클릭합니다.

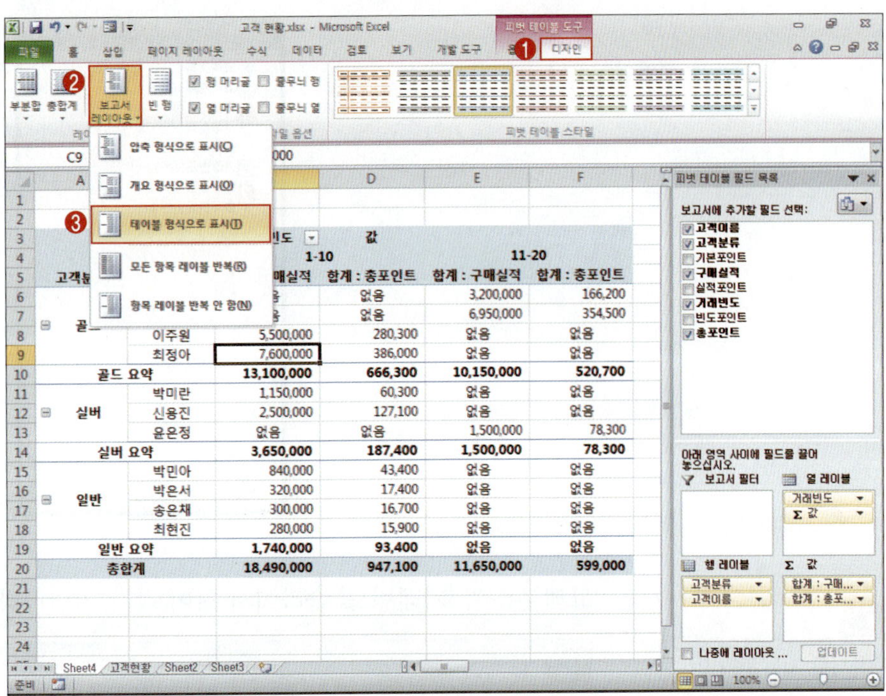

[피벗 테이블 도구]-[옵션] 탭-[정렬 및 필터] 그룹의 [슬라이서 삽입] 메뉴를 클릭합니다.

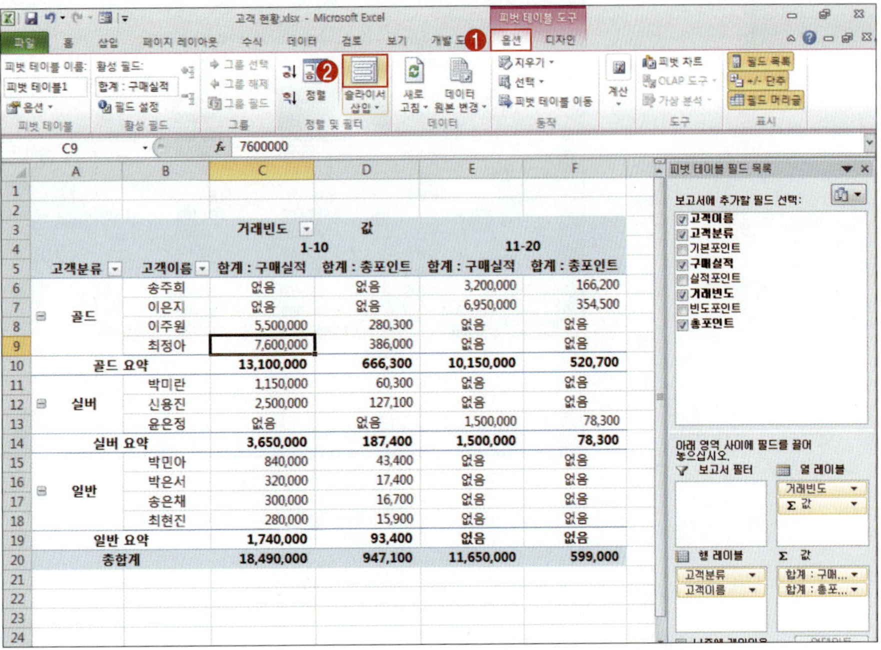

[슬라이서 삽입] 대화 상자가 열리면 '고객분류'와 '거래빈도'를 선택한 후 [확인] 버튼을 클릭합니다.

슬라이서를 사용하면 여러 개의 필드에 필터 조건을 지정할 수 있습니다.

'고객분류'와 '거래빈도' 슬라이서 창이 각각 열립니다.

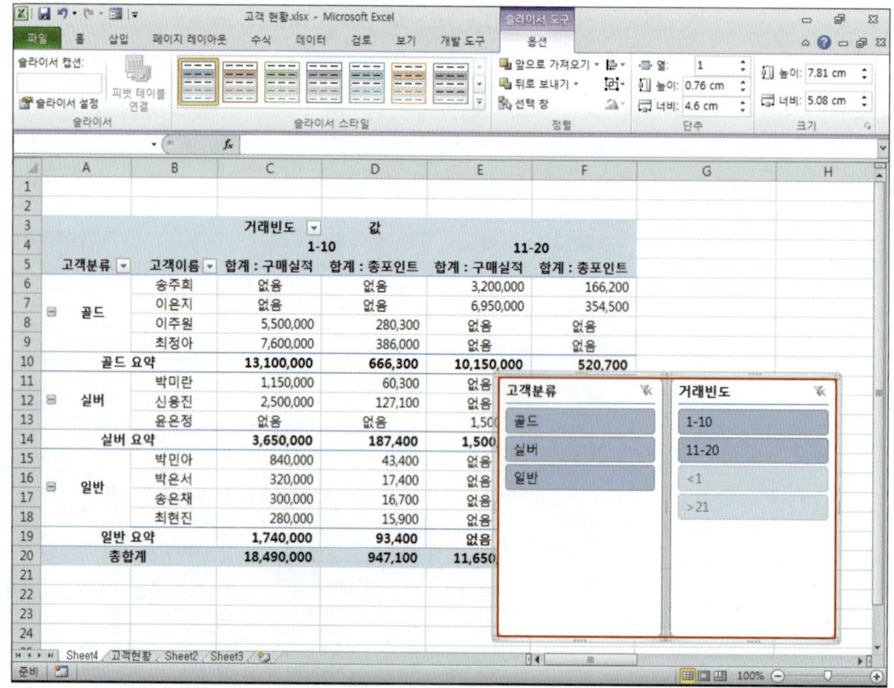

‘고객분류’ 슬라이서의 ‘골드’를 선택한 후 Ctrl 키를 누른 상태로 ‘실버’를 선택하고 ‘거래빈도’ 슬라이서의 ‘1–10’을 선택하면 선택된 필터 조건에 맞게 추출된 결과만 피벗 테이블에 표시됩니다.

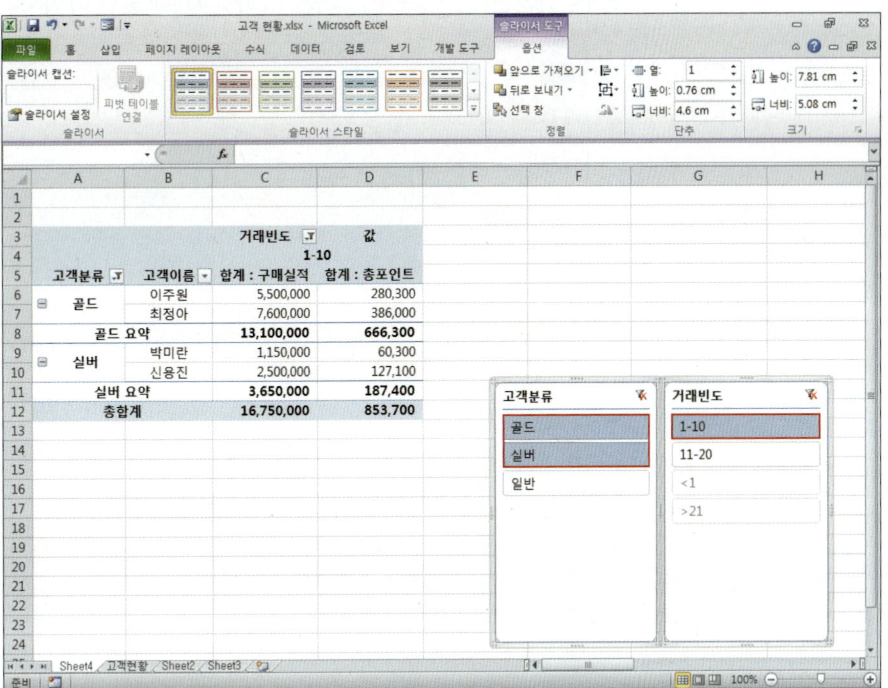

피벗 테이블로 최적화된 보고서 만들기

작성된 피벗 테이블 보고서를 이용하여 피벗 차트를 만들 수 있습니다. 피벗 테이블로 재구성된 데이터를 시각적으로 비교 분석할 수 있습니다. 일반 데이터가 아닌 피벗 테이블의 데이터와 연결된 차트라는 특징만 다를 뿐 4장에서 익힌 차트 작성 방법을 그대로 사용하면 됩니다.

'임대 현황 차트' 예제를 불러옵니다. 피벗 테이블에 셀 포인터를 두고 [피벗 테이블 도구]-[옵션] 탭-[도구] 그룹의 [피벗 차트]를 클릭합니다.

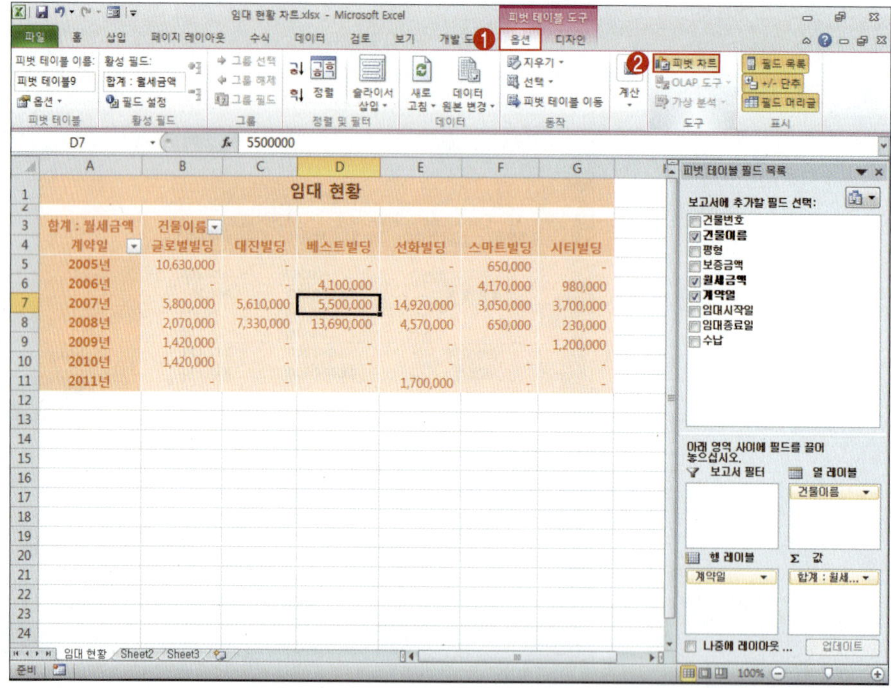

[차트 삽입] 대화 상자가 열리면 '묶은 원통형'을 선택한 후 [확인] 버튼을 클릭합니다.

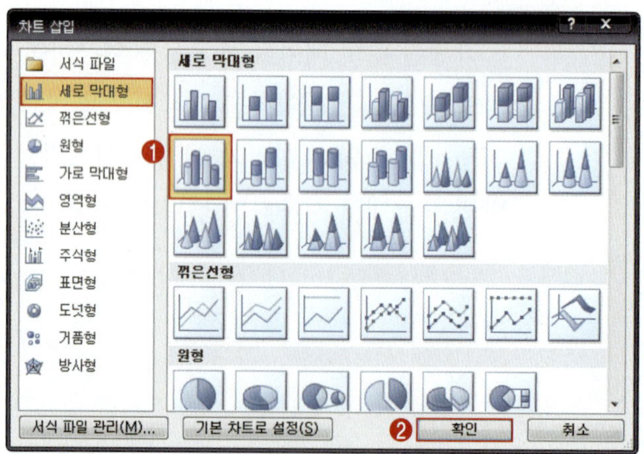

피벗 테이블의 데이터로 피벗 차트가 만들어집니다.

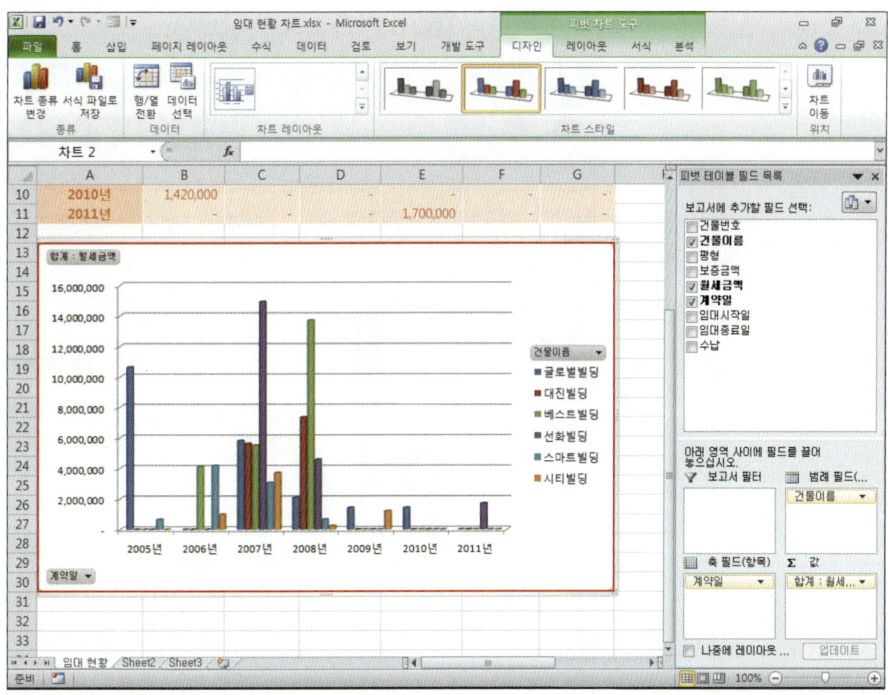

차트 영역 왼쪽 하단의 '계약일' 버튼을 클릭한 후 '2007년'과 '2008년'을 선택하고 [확인] 버튼을 클릭합니다.

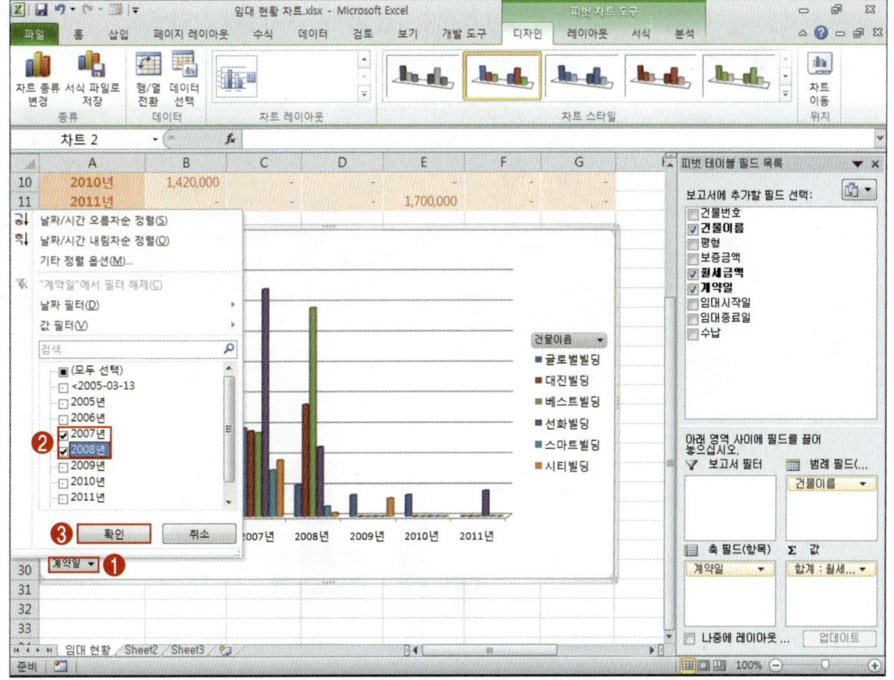

차트 영역 오른쪽의 '건물이름' 버튼을 클릭한 후 '대진빌딩', '베스트빌딩', '선화빌딩'을 선택하고 [확인] 버튼을 클릭합니다.

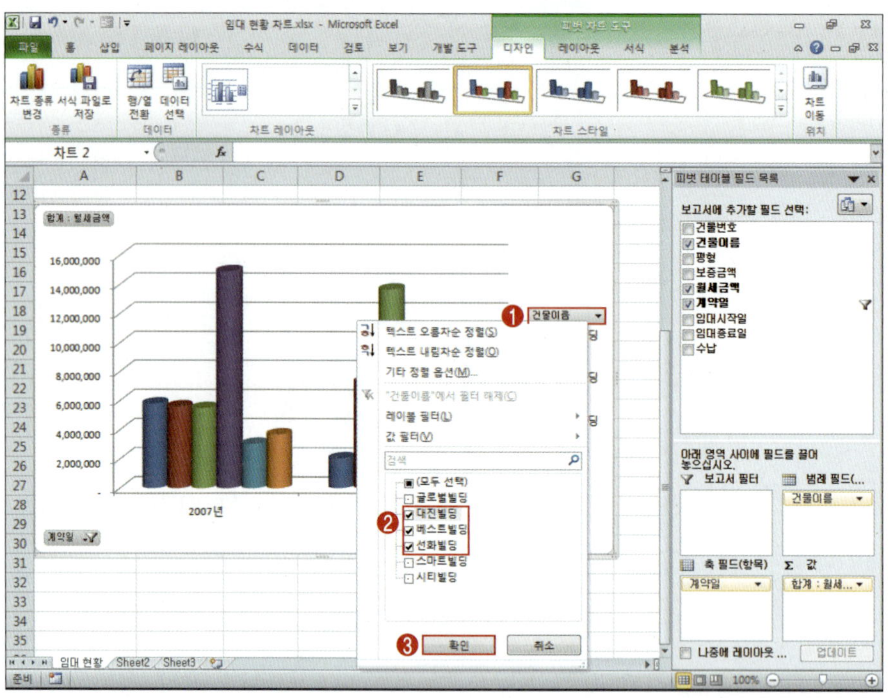

차트에서 필터 버튼을 이용하면 피벗 테이블의 데이터도 함께 필터링됩니다. 일반 차트를 편집하는 방법과 같이 [피벗 차트 도구]의 다양한 메뉴를 활용하여 보기 좋은 차트를 완성합니다.

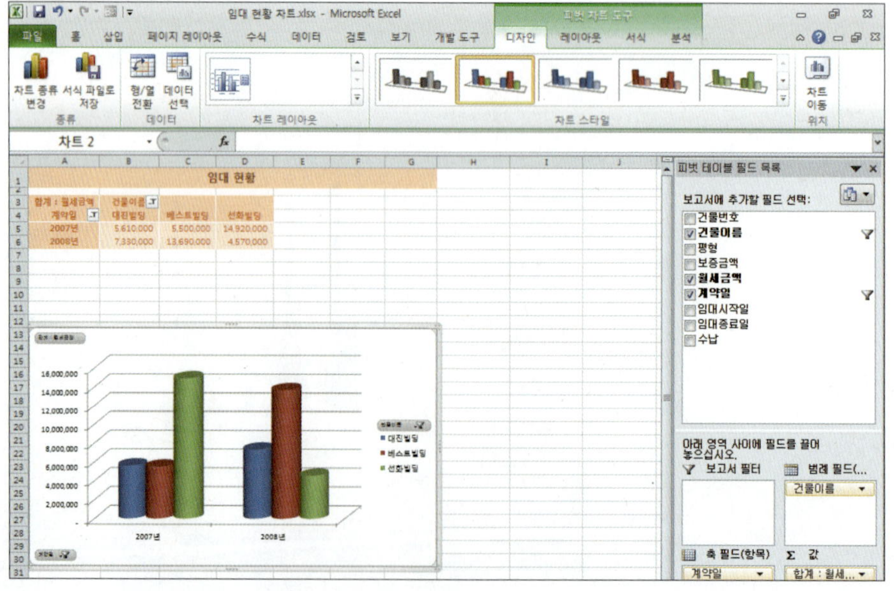

2 데이터를 예측해 보는 가상 분석

아직 확정되지 않은 데이터를 미리 예측해 봄으로써 확정된 결과에 근접하면서 신속한 의사 결정을 하는데 도움을 주기 위한 가상 분석 도구들을 사용해 보도록 합니다.

●●●● 데이터 표 기능으로 만드는 데이터 변동표

수식에 적용될 값의 변화에 따른 결과 값의 변화를 표 형태로 보여주는 기능입니다. 데이터의 변화와 결과 값의 추이를 한 눈에 볼 수 있어 편리합니다.

예제 파일 PART5 불량률 계산   **완성 파일** PART5 불량률 계산 완성

'불량률 계산' 예제를 불러옵니다. 판매수와 불량건수의 변동에 따른 불량률의 변화를 데이터 표 기능으로 계산해 보기 위해 'D5'셀을 클릭한 후 수식 입력줄의 수식을 드래그하고  를 눌러 복사합니다.

TIP

D5셀의 수식은 상대 주소이므로 셀을 그대로 복사하면 수식에 참조된 셀 주소가 변경되므로 셀 참조의 변화 없이 복사하려면 수식 입력줄의 수식을 복사하여 사용합니다.

	A	B	C	D	E	F	G	H	I	J	K	L	M	N	O
1															
2		[A]사 믹서의 불량률													
3		판매수		1000											
4		불량건수		3											
5		불량률		=D4/D3											
6															
7															
8		판매수와 불량건수에 따른 불량률 변화													
9					불량건수										
10				1	2	3	4	5	6	7	8	9	10		
11			500												
12		판매수	1000												

Esc 키를 눌러 범위를 해제한 후 C10 셀에서 Ctrl + V 를 눌러 복사한 수식을 붙여넣기 하면 D5셀과 같은 수식 및 결과가 표시됩니다.

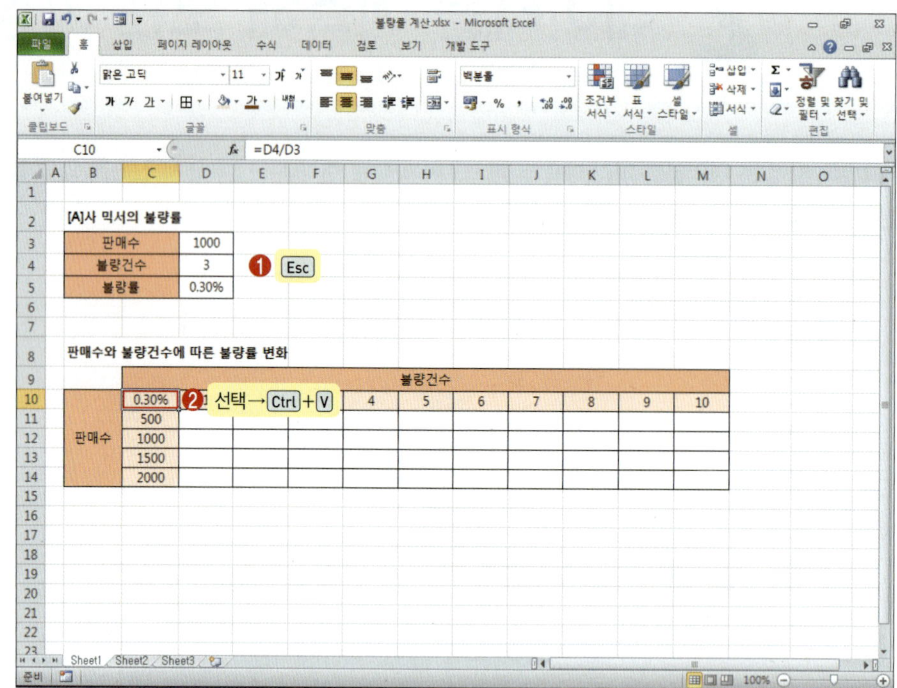

데이터 표를 적용할 C10:M14 영역을 선택한 후 [데이터] 탭 – [데이터 도구] 그룹의 [가상 분석] – [데이터 표] 메뉴를 클릭합니다.

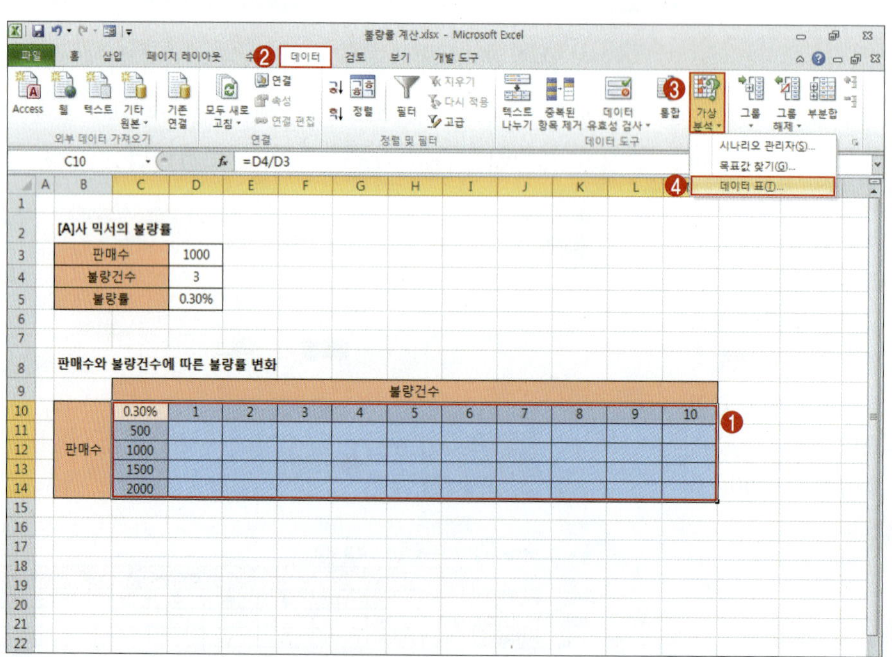

[데이터 표] 대화 상자가 열리면 '행 입력 셀'에 'D4'를 '열 입력 셀'에 'D3'을 클릭하여 지정한 후 [확인] 버튼을 클릭합니다.

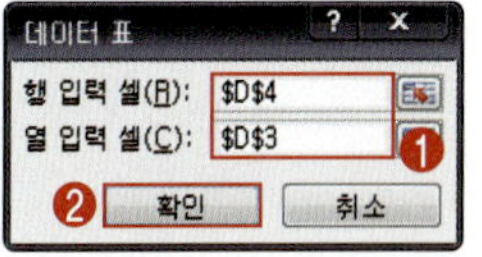

불량건수나 판매수의 변화에 따른 불량률의 변동값이 계산되어 표시됩니다.

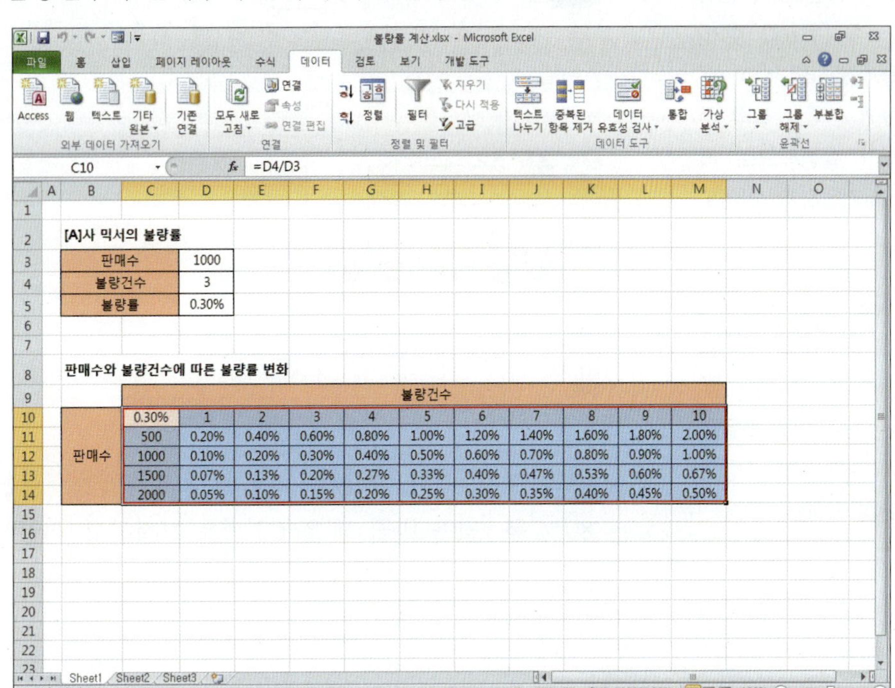

[A]사 믹서의 불량률

판매수	1000
불량건수	3
불량률	0.30%

판매수와 불량건수에 따른 불량률 변화

판매수 \ 불량건수	0.30%	1	2	3	4	5	6	7	8	9	10
	500	0.20%	0.40%	0.60%	0.80%	1.00%	1.20%	1.40%	1.60%	1.80%	2.00%
	1000	0.10%	0.20%	0.30%	0.40%	0.50%	0.60%	0.70%	0.80%	0.90%	1.00%
	1500	0.07%	0.13%	0.20%	0.27%	0.33%	0.40%	0.47%	0.53%	0.60%	0.67%
	2000	0.05%	0.10%	0.15%	0.20%	0.25%	0.30%	0.35%	0.40%	0.45%	0.50%

TIP

1. '행 입력 셀' – 행을 기준으로 나열된 변동값의 셀 주소 지정합니다.
   '열 입력 셀' – 열을 기준으로 나열된 변동값의 셀 주소 지정합니다.

2. '행 입력 셀'에는 '불량건수'의 값이 10행에 입력되어 있으므로 'D4'를, '열 입력 셀'에는 '판매수'의 값이 C열에 입력되어 있으므로 'D3'을 지정합니다.

원하는 값으로 예측해 보는 목표값 찾기

목표 결과값을 미리 정해 놓고 이 값을 얻기 위해 수식에 반영될 입력값이 얼마인지를 역추적하는 예측 방법이 목표값 찾기입니다. 목표로 정한 평균 달성률에 도달하기 위해 4분기 생산량이 얼마나 되어야 하는지 계산해 보도록 합니다.

'달성률' 예제를 불러옵니다. D8셀을 선택한 후 [데이터] 탭－[데이터 도구] 그룹의 [가상 분석]－[목표값 찾기] 메뉴를 클릭합니다.

TIP

1. 수식 셀을 먼저 선택한 후 [목표값 찾기]를 실행하면 '수식 셀'란에 선택한 셀의 주소가 설정되므로 따로 지정하지 않아도 됩니다.

2. '찾는 값'은 사용자가 원하는 목표값을 입력하고 '값을 바꿀 셀'은 목표값에 도달하기 위해 값을 조정할 셀을 지정합니다.

[목표값 찾기] 대화 상자의 '수식 셀'란에 'D8'을, '찾는 값'은 '80 %'를, '값을 바꿀 셀'은 'C7'셀을 지정하고 [확인] 버튼을 클릭합니다.

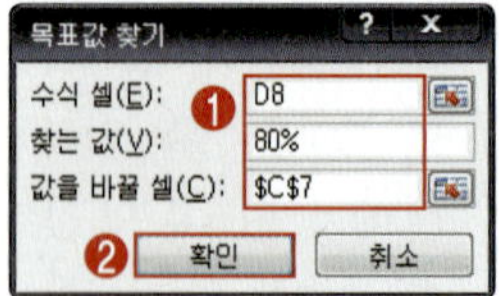

[목표값 찾기 상태] 대화 상자의 [확인] 버튼을 클릭하여 계산된 값이 그대로 유지되도록 합니다.

TIP

[목표값 찾기 상태] 대화 상자의 [취소] 버튼을 클릭하면 목표값 찾기를 실행하기 전 상태로 되돌아 갑니다.

다양한 상황을 요약해 주는 시나리오

시트에 입력된 자료값이 변화됨에 따라 결과값에 어떻게 영향을 주는지를 가상의 상황으로 분석하는 기능입니다. 이자율 분석, 손익 분석, 주가 분석 등에 활용할 수 있으며, 여러 가지 상황에 따른 여러 개의 셀 값에 대한 추이를 알아낼 수 있다는 점에서 사용자가 목표로 하는 결과값을 계산하기 위한 특정 데이터 값을 유추해 보는 목표값 찾기와는 차이가 있습니다.

예제 파일 **PART5** 영업 이익률   완성 파일 **PART5** 영업 이익률 완성

'영업 이익률' 예제를 불러옵니다. 다음 셀에 각각 이름을 지정합니다.

C3셀 : 성인요금, D3셀 : 어린이요금

C7셀 : 영업이익, C8셀 : 영업이익률

TIP

셀 이름은 공백을 포함할 수 없으므로 주의합니다.

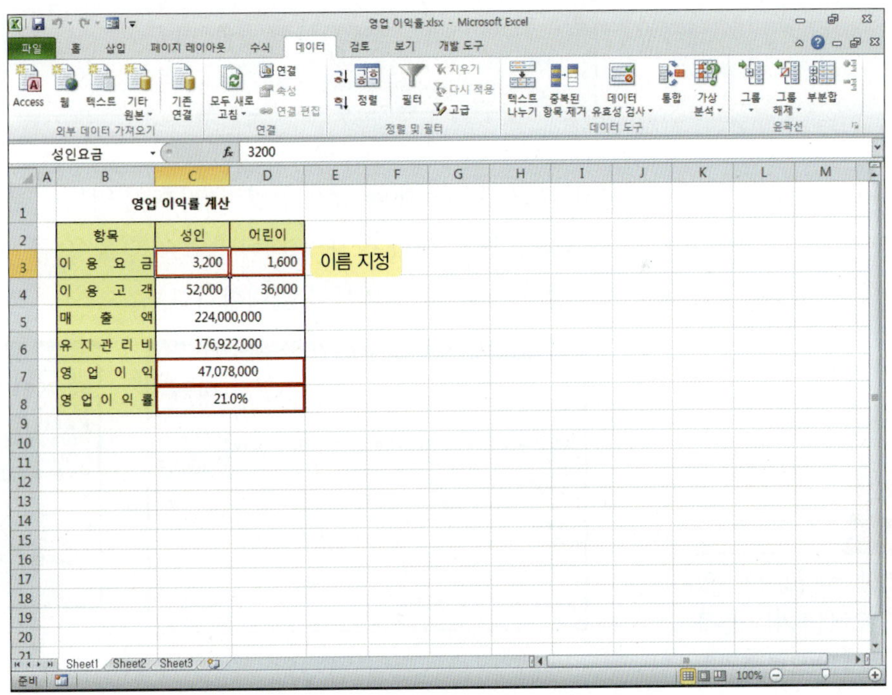

D8셀을 선택한 후 [데이터] 탭-[데이터 도구] 그룹의 [가상 분석]-[시나리오 관리자]
메뉴를 클릭합니다.

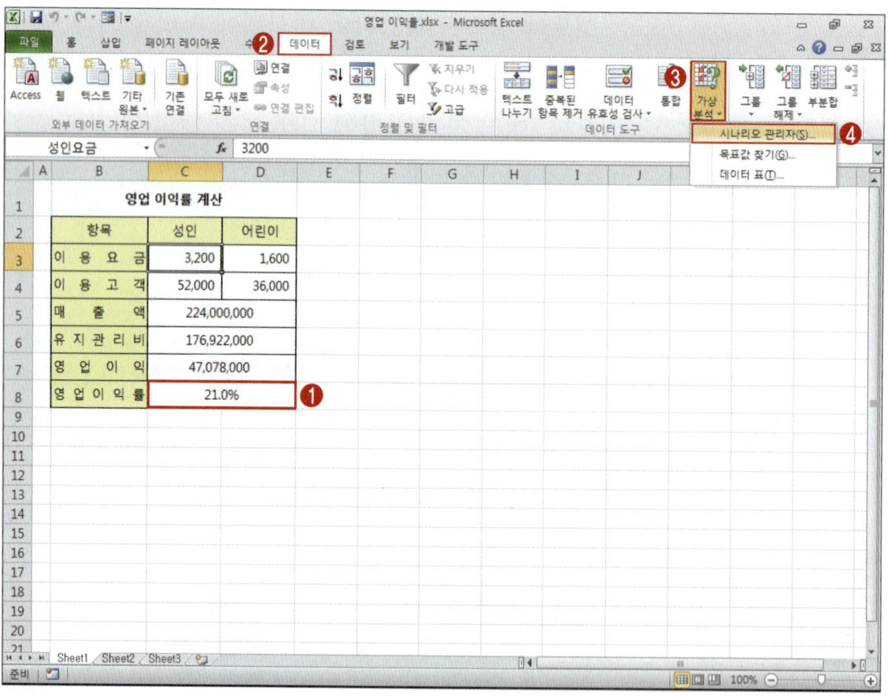

[시나리오 관리자] 대화 상자가 열리면 [추가] 버튼을 클릭합니다.

[시나리오 편집] 대화 상자의 '시나리오 이름'을 '요금 인상'으로 '변경 셀'을 'C3:D3'
으로 설정한 후 [확인] 버튼을 클릭합니다.

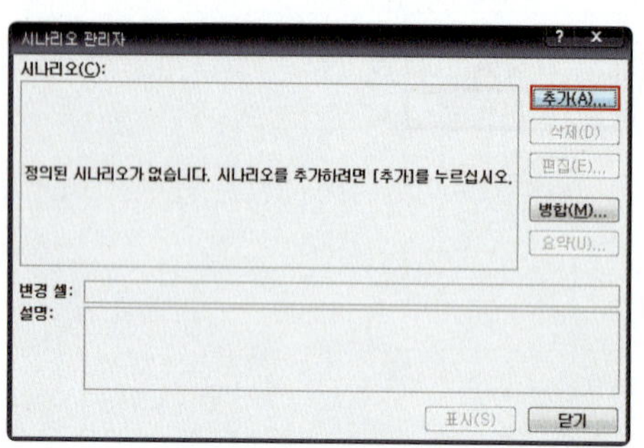
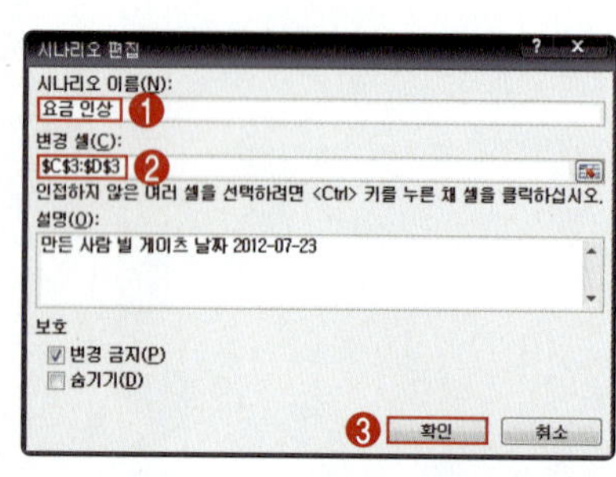

[시나리오 값] 대화 상자의 '성인요금'을 '3600'으로 '어린
이요금'을 '1800'으로 설정한 후 [추가] 버튼을 클릭합니다.

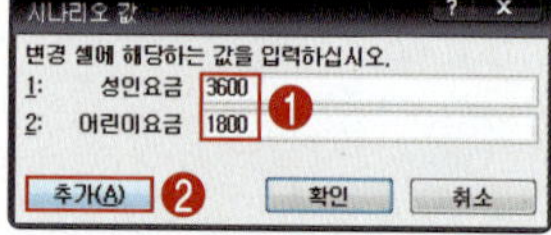

[시나리오 추가] 대화 상자의 '시나리오 이름'을 '요금 인하'로 '변경 셀'을 'C3:D3'으로 설정한 후 [확인] 버튼을 클릭합니다.

[시나리오 값] 대화 상자의 '성인요금'을 '2800'으로 '어린이요금'을 '1400'으로 설정한 후 [확인] 버튼을 클릭합니다.

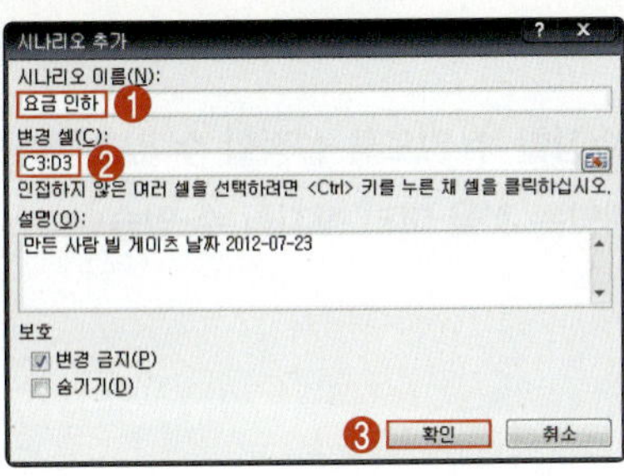

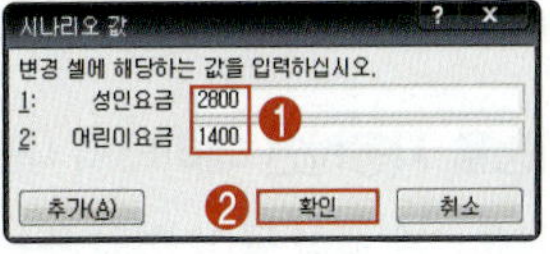

시나리오 설정이 잘못되어 편집하거나 삭제하려면 [편집] 또는 [삭제] 버튼을 사용합니다.

[시나리오 관리자] 대화 상자의 [요약] 버튼을 클릭합니다.

[시나리오 요약] 대화 상자의 결과 셀을 'C7:D8'로 설정한 후 [확인] 버튼을 클릭합니다.

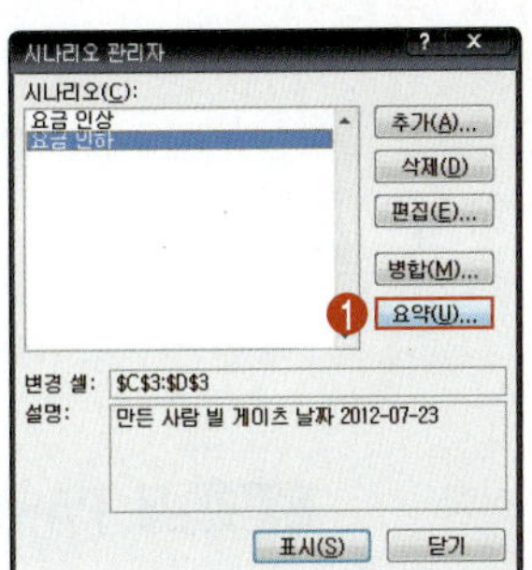

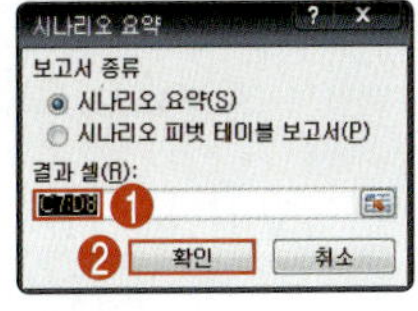

시나리오 요약 결과가 새로운 시트에 출력됩니다. 변경 셀과 결과 셀에 각각 이름을 정의하였으므로 지정된 이름이 시나리오에 표시되어 내용을 파악하기 편리합니다.

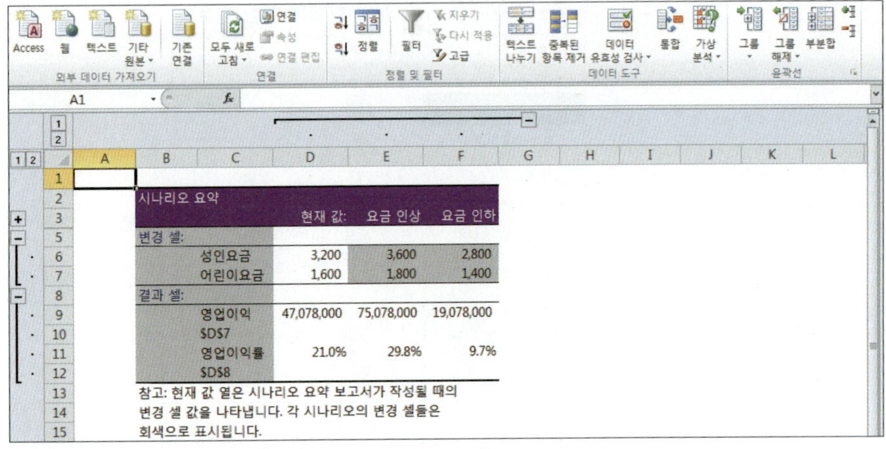

3 데이터 보호와 문서 보안 설정

엑셀의 보안 기능을 사용하면 데이터의 내용을 수정할 수 없도록 설정할 수 있습니다. 다른 사용자가 임의대로 내용을 변경하거나 실수로 데이터나 셀 서식 등이 변경 또는 삭제되는 것을 미리 방지할 수 있습니다.

통합 문서에 암호 설정하기

통합 문서에 암호를 설정하면 다른 사용자가 문서를 열거나 편집하는 데 제약을 주어 문서를 보호할 수 있습니다.

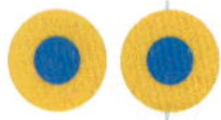 **예제 파일** **PART5** 정비 현황   **완성 파일** **PART5** 정비 현황 완성

'정비 현황' 예제를 불러옵니다. 통합 문서를 암호로 보호하려면 파일을 다시 저장해야 합니다. [파일] 탭의 [다른 이름으로 저장]을 클릭합니다.

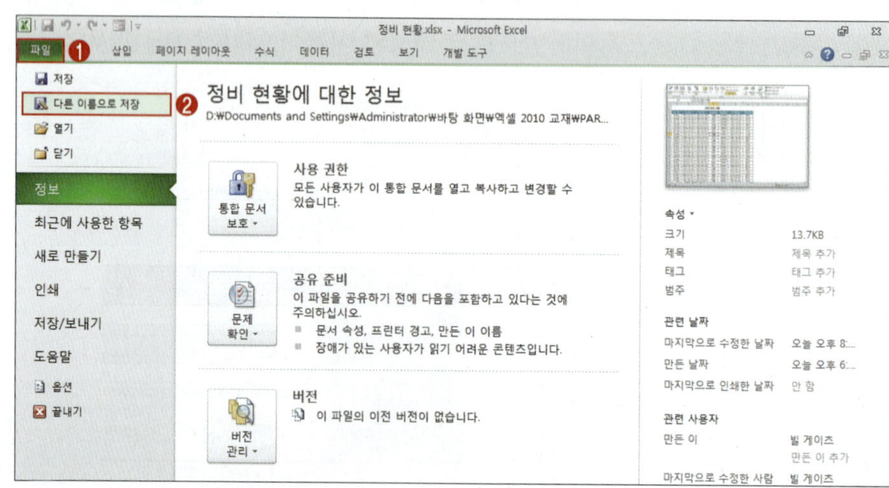

[다른 이름으로 저장] 대화 상자가 나타나면 하단의 [도구]–[일반 옵션]을 클릭합니다.

일반 옵션 대화 상자가 나타나면 [열기 암호]를 '1357'로 [쓰기 암호]를 '2468'로 각각 설정하고 [확인] 버튼을 클릭합니다.

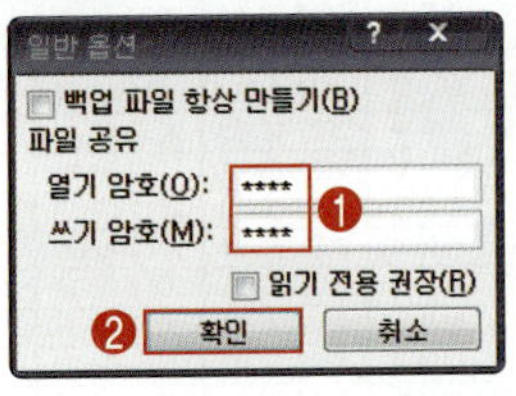

[암호 확인] 대화 상자가 열리면 [열기 암호]와 [쓰기 암호]를 순서대로 한 번 더 입력한 후 [확인] 버튼을 클릭하고 [다른 이름으로 저장] 대화 상자의 [저장] 버튼을 클릭합니다.

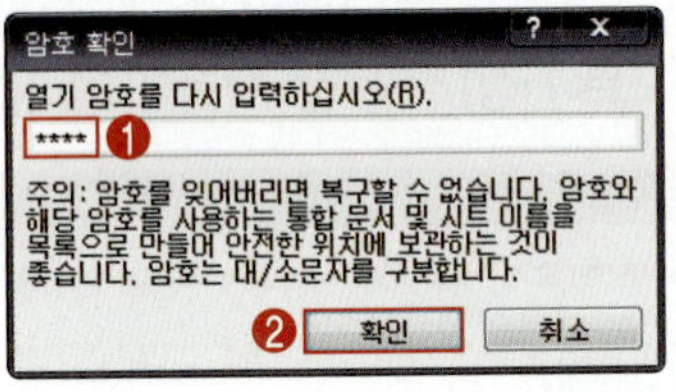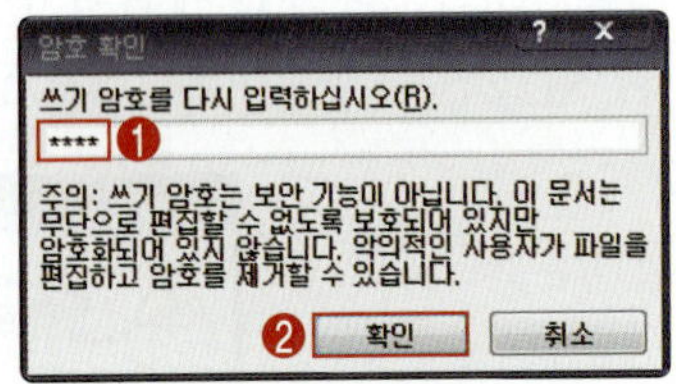

파일을 닫았다가 다시 열면 [암호] 대화 상자가 나타납니다. 이전에 설정한 열기 암호(1357)을 입력한 후 [확인] 버튼을 클릭합니다.

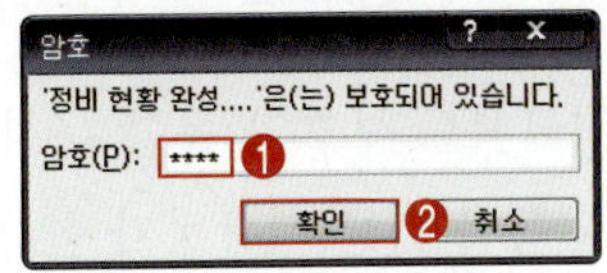

여기에서는 읽기 암호만 아는 것으로 가정하고 쓰기 암호를 입력하는 대화 상자에서 [읽기 전용] 버튼을 클릭합니다.

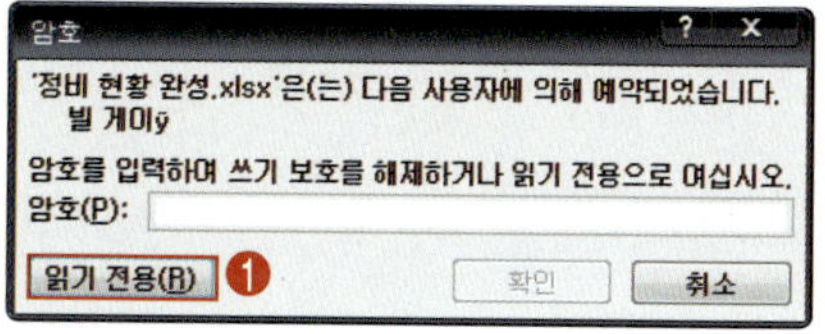

읽기 전용으로 파일을 열면 파일의 제목 표시줄에 [읽기 전용]이 표시됩니다.

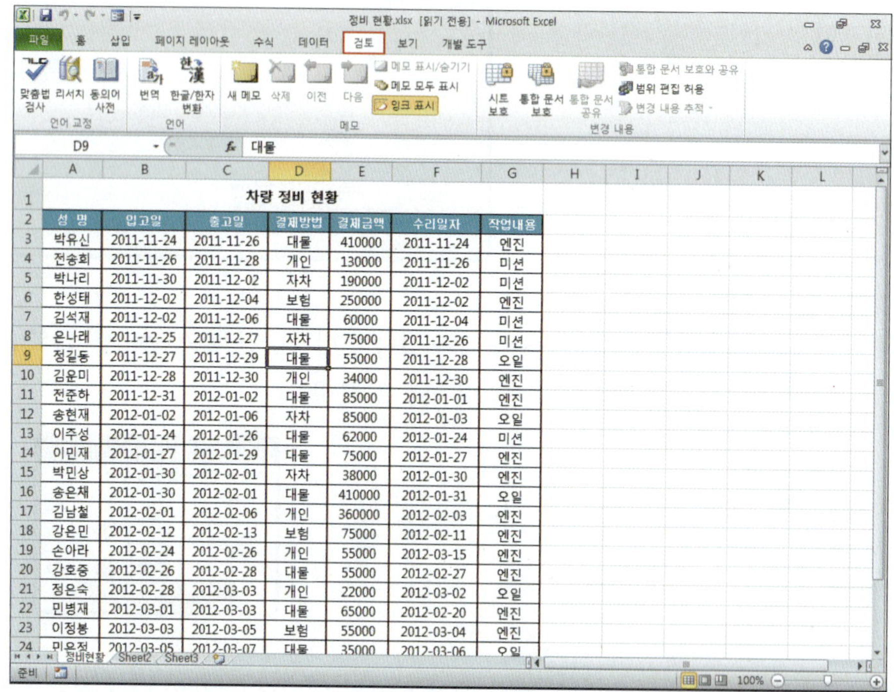

열린 통합 문서의 일부 내용을 수정하고 [빠른 실행 도구 모음]의 [저장] 메뉴를 클릭하면 다음과 같은 메시지가 표시됩니다. 수정된 내용을 저장하려면 [확인] 버튼을 클릭한 후 [다른 이름으로 저장] 메뉴를 사용하여 새로운 이름으로 저장합니다.

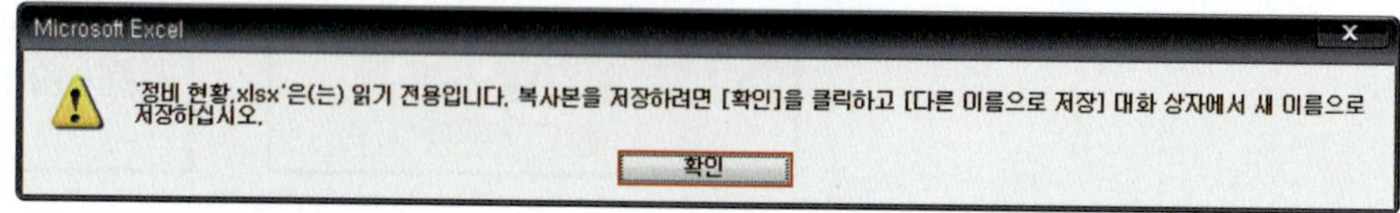

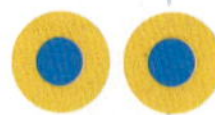 **다양한 방법으로 문서 보호하기**

워크시트 보호와 통합 문서 보호 기능을 사용하면 워크시트의 내용이나 시트명, 위치 등을 다른 사용자가 함부로 수정하는 것을 미리 방지할 수 있습니다.

'단가표 및 견적서' 예제를 불러옵니다. [검토] 탭−[변경 내용] 그룹의 [시트 보호] 메뉴를 클릭합니다.

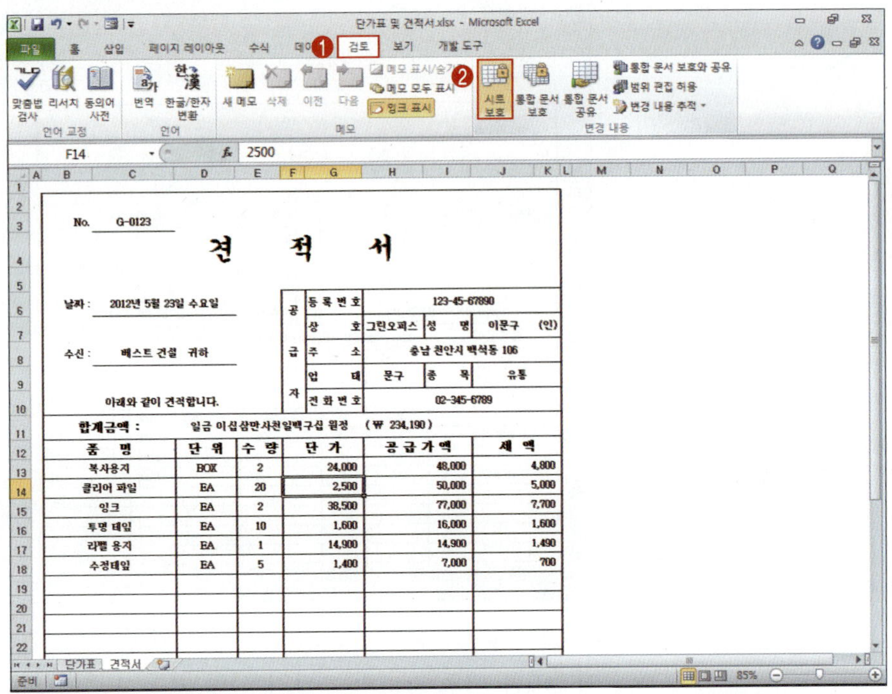

시트 보호시 암호를 설정하면 시트 보호를 해제할 때에도 암호를 알아야 하므로 반드시 기억해 두어야 합니다.

[시트 보호] 대화 상자가 나타나면 허용할 내용을 체크한 후 암호를 입력하지 않고 [확인] 버튼을 클릭합니다.

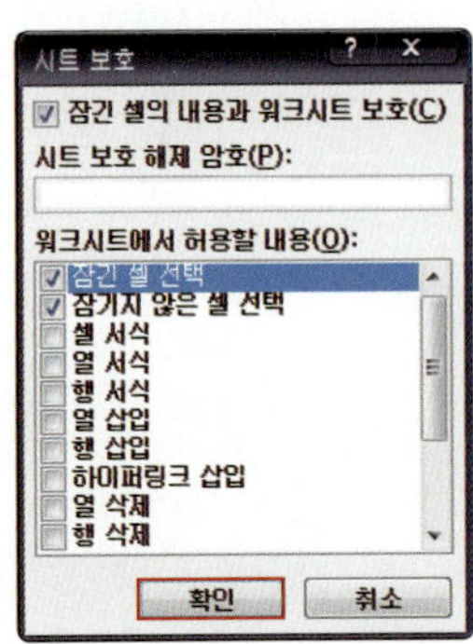

편집이 가능한 '단가표' 시트와는 달리 '견적서' 시트의 내용을 수정하려고 하면 다음과 같은 메시지 창이 나타나 편집할 수 없습니다.

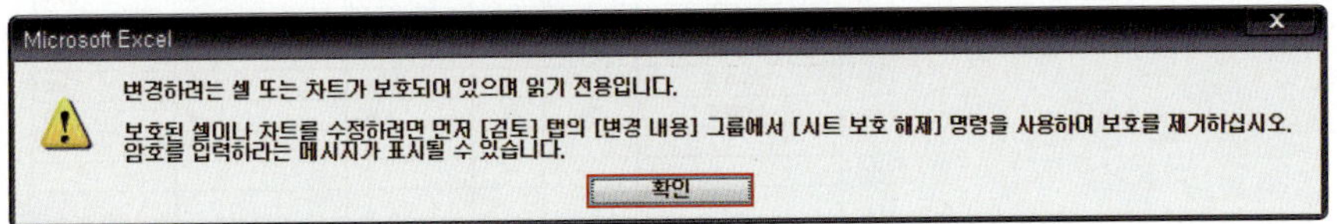

시트 보호를 해제하려면 [검토] 탭 –[변경 내용] 그룹의 [시트 보호 해제] 메뉴를 클릭합니다.

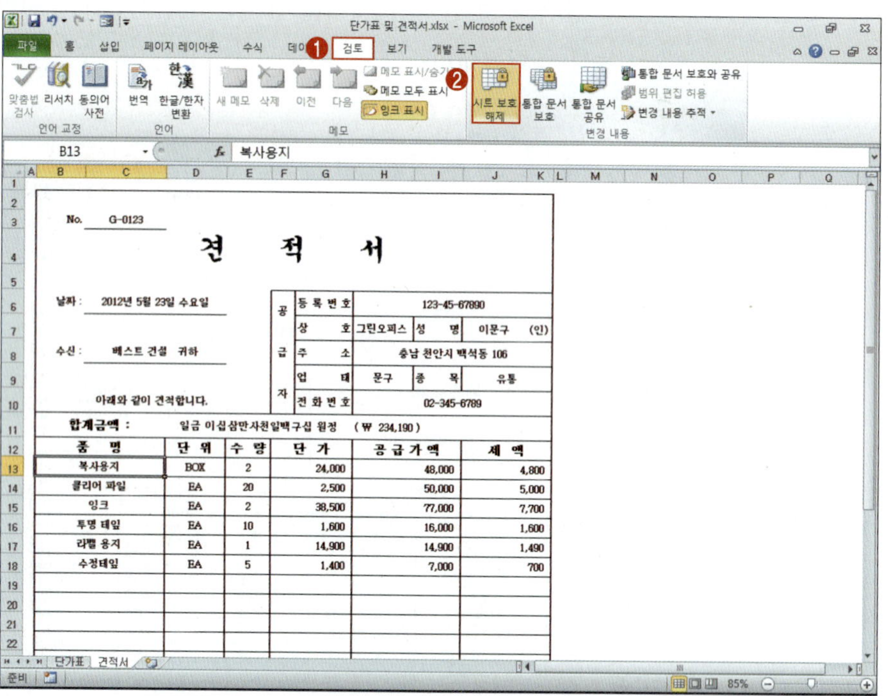

이번에는 시트 보호와는 달리 시트 이름 변경이나 이동, 복사 등을 할 수 없도록 설정하기 위해 [검토] 탭 –[변경 내용] 그룹의 [통합 문서 보호] 메뉴를 클릭합니다.

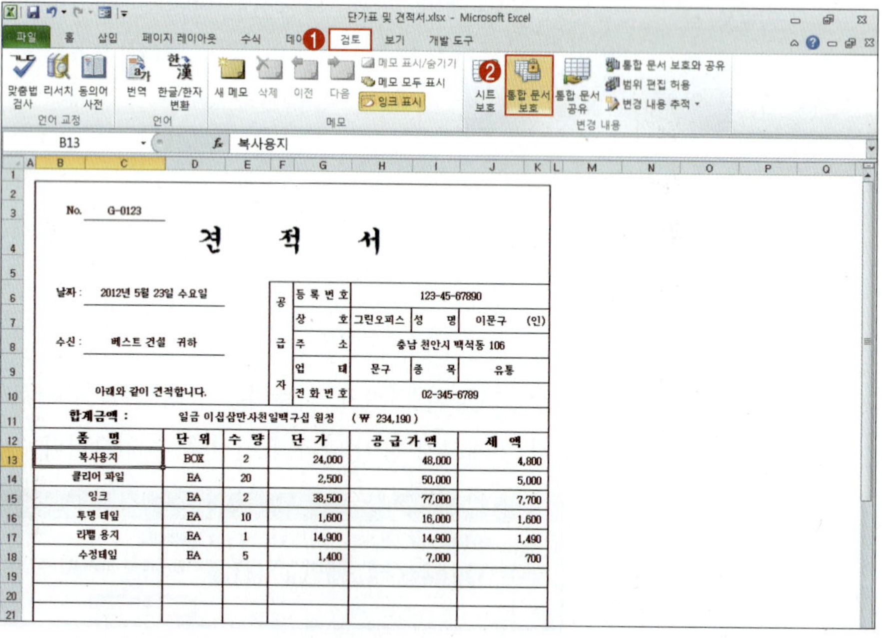

'구조'는 워크시트의 삭
제, 이동, 숨김 시트 추
가 등의 시트 관련 기능
을 보호하는 기능이고
'창'은 창을 최대화하거
나 크기 변경 또는 이동
할 수 없도록 보호하는
기능입니다.

[구조 및 창 보호] 대화 상자에서 암호를 '1324'로 입력한 후 [확인] 버튼을 클릭합니다.

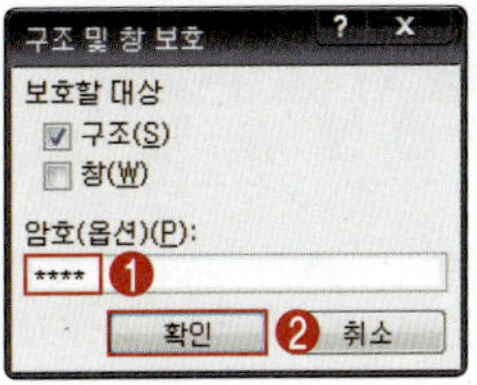

[암호 확인] 대화 상자가 나타나면 앞에서 입력한 '1324'를 암호로 입력한 후 [확인] 버튼을 클릭합니다.

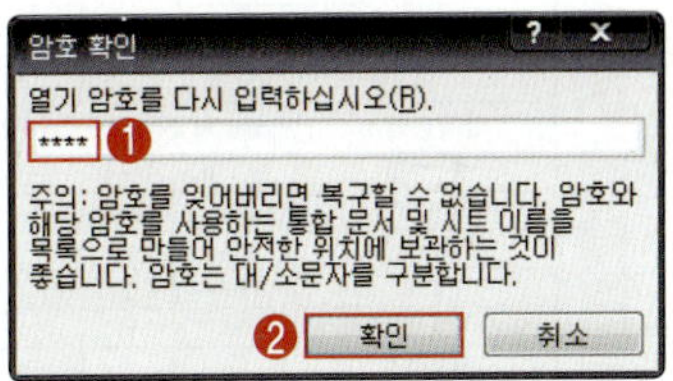

시트 탭에서 마우스 오른쪽 버튼을 클릭한 후 단축 메뉴를 살펴보면 시트 관련 메뉴들이 비활성화 되어 사용할 수 없음을 확인할 수 있습니다.

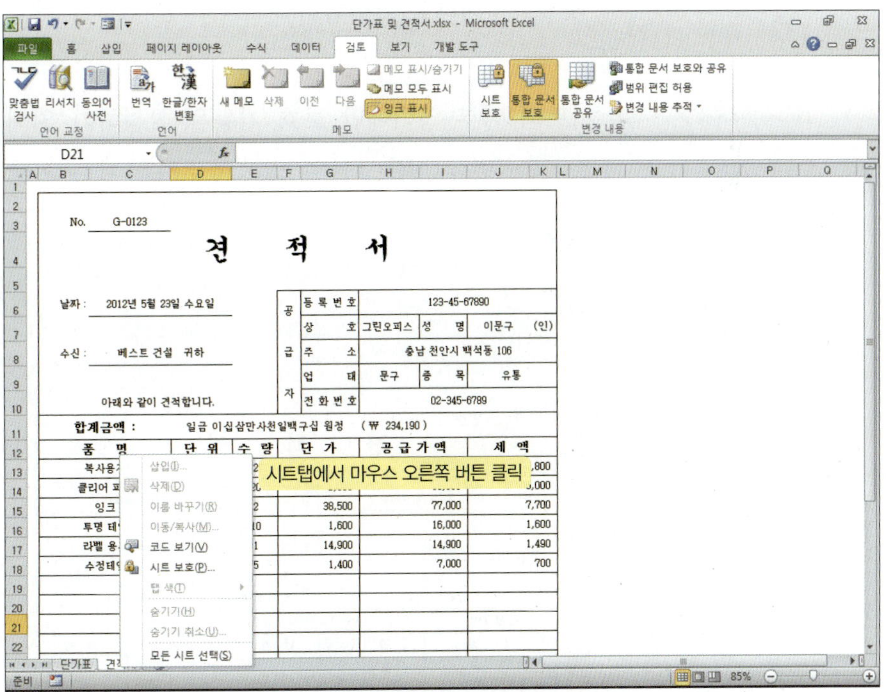

통합 문서 보호 기능을 해제하기 위해 [검토] 탭 – [변경 내용] 그룹의 [통합 문서 보호] 메뉴를 클릭합니다.

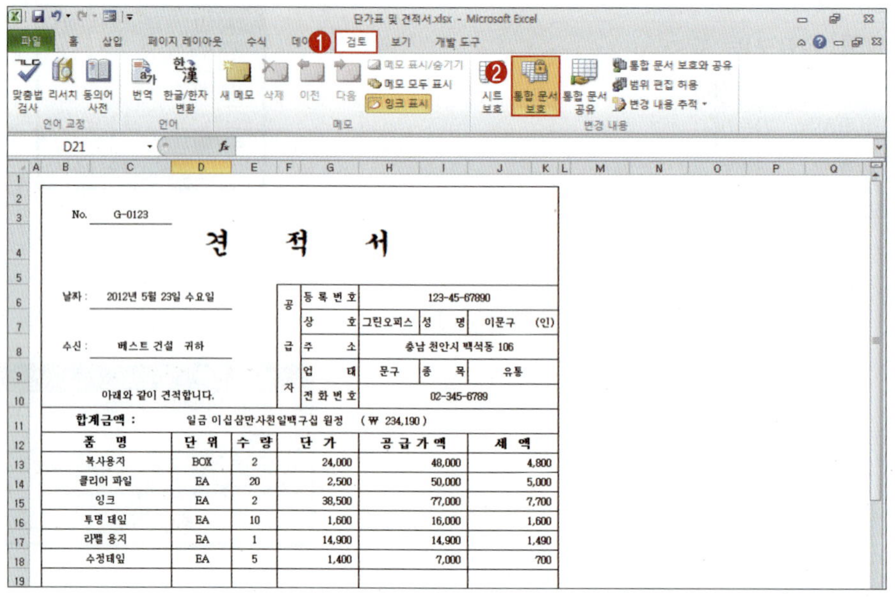

[통합 문서 보호 해제] 대화 상자에 암호인 '1324'를 입력한 후 [확인] 버튼을 클릭합니다.

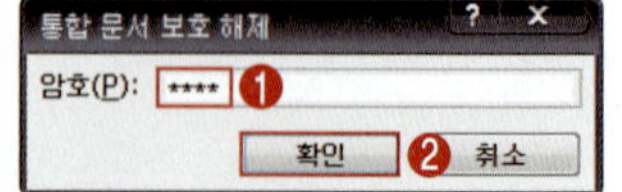

시트의 일부 영역에만 보호 기능을 설정하기 위해 E13:E18 영역을 선택한 후 [검토] 탭 – [변경 내용] 그룹의 [범위 편집 허용] 메뉴를 클릭합니다.

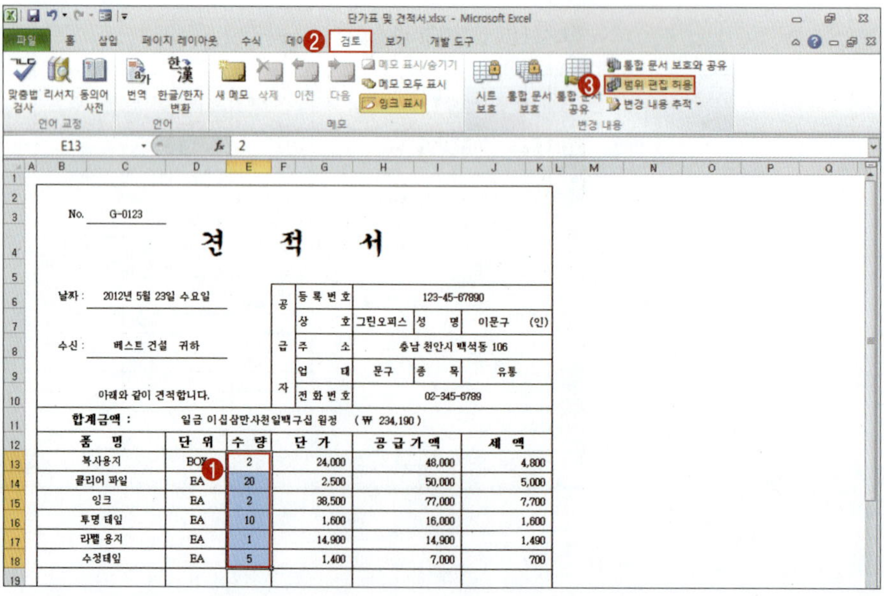

[범위 편집 허용] 대화 상자가 열리면 [새로 만들기] 버튼을 클릭합니다.
[새 범위] 대화 상자의 [확인] 버튼을 클릭합니다.

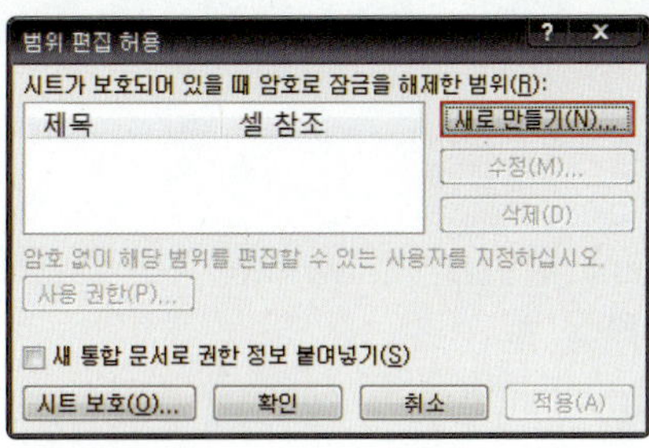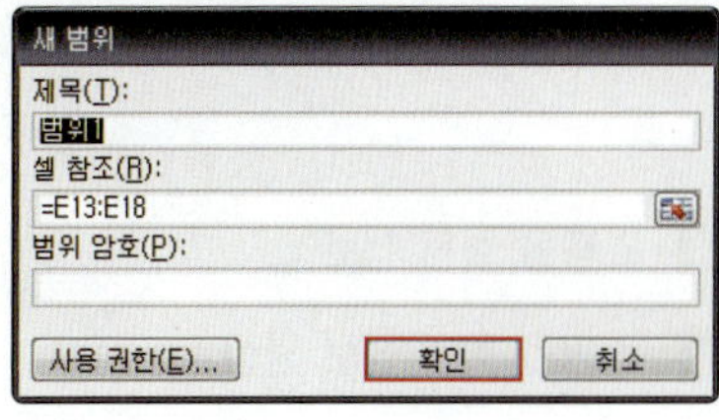

[범위 편집 허용] 대화 상자가 열리면 [시트 보호] 버튼을 클릭합니다.
[시트 보호] 대화 상자의 허용할 내용을 체크한 후 암호를 입력하지 않고 [확인] 버튼을 클릭합니다.

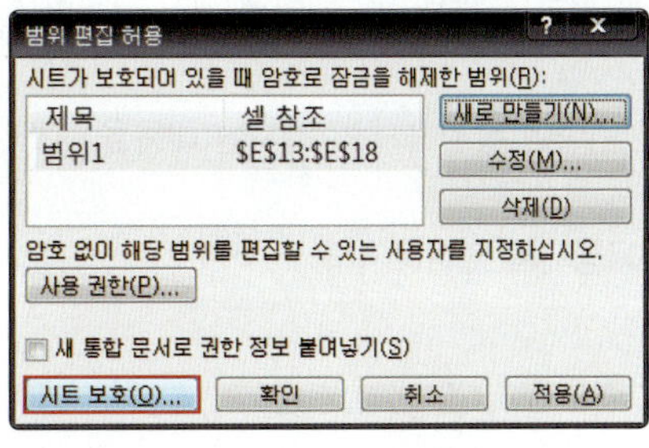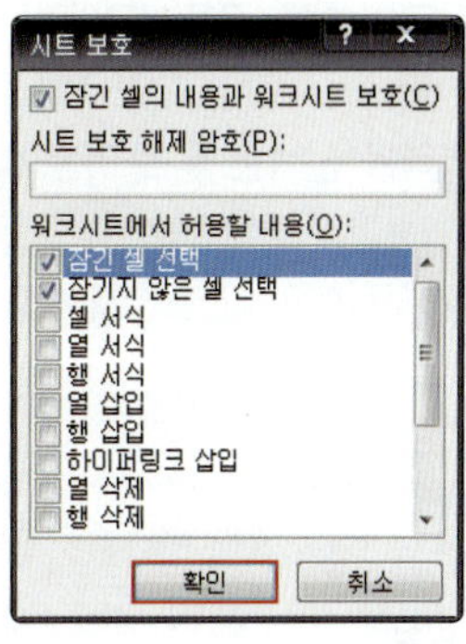

E13:E18 영역에 데이터를 입력하여 편집할 수 있으나 E13:E18 영역 이외의 다른 셀에 데이터를 입력하면 다음과 같은 경고창이 나타나 편집할 수 없습니다.

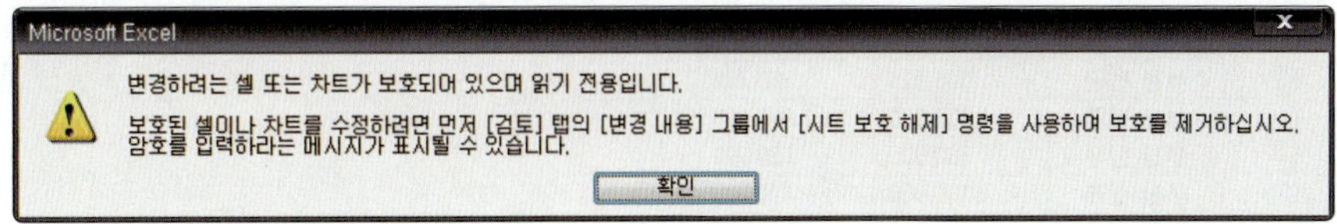

예제 파일 쇼핑몰 회원 정보

예제 파일 쇼핑몰 회원 정보 완성

◉ **"쇼핑몰 회원 정보" 파일을 열고 다음을 실행하시오.**

1 주민번호를 기준으로 중복된 자료를 제거하시오.

2 데이터를 지역은 서울, 부산, 인천, 대전, 경기 순으로, 성별은 오름차순 정렬하시오.

3 지역별로 구매총액, 쿠폰지급액의 합계와 평균을 계산하고 지역별 계산 결과만 화면에 표시되도록 하시오.

4 G4:I46 영역을 선택한 후 보이는 셀만 선택하여 복사하시오. 복사한 내용을 "지역 집계" 시트의 B4셀에 붙여넣기 하시오.

5 "지역 집계" 시트의 12행의 서식만 13~16행까지 붙여넣기 하고, 바꾸기 기능을 사용하여 B열의 "요약"을 "합계"로 모두 변경 하시오.

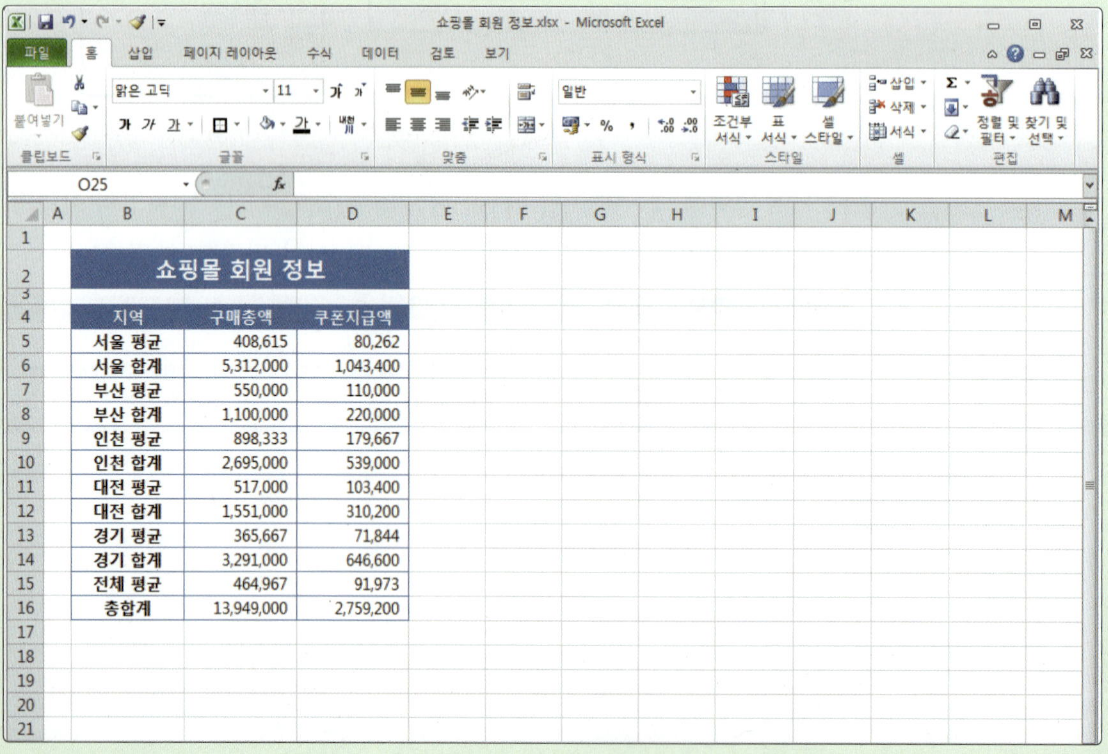

◉ **"성적 통계" 파일을 열고 다음을 실행하시오.**

1 "성적 통계" 시트의 데이터를 이용하여 새로운 시트에 피벗 테이블을 삽입하고 시트명을 "학년별 학과별 통계"로 변경하시오.

2 열 레이블을 "학년"으로 행 레이블을 "학과"로 값을 "중간 고사의 평균", "기말 고사의 평균", "총합계의 평균"으로 설정하시오.

3 수치 데이터는 모두 소수 첫째 자리까지 표시되도록 표시 형식을 설정하시오.

4 피벗 테이블 옵션을 이용해 "레이블이 있는 셀 병합 및 가운데 맞춤"을 설정하고 "행 총합계 표시"는 해제하시오.

5 보고서 레이아웃은 "개요 형식"으로 설정하시오.

6 "학과"와 "학년" 슬라이서가 표시되도록 삽입하시오.

7 슬라이서를 사용하여 "미디어영상, 인터넷보안, 컴퓨터정보"와 "1학년"의 정보만 피벗 테이블에 표시되도록 설정하시오.

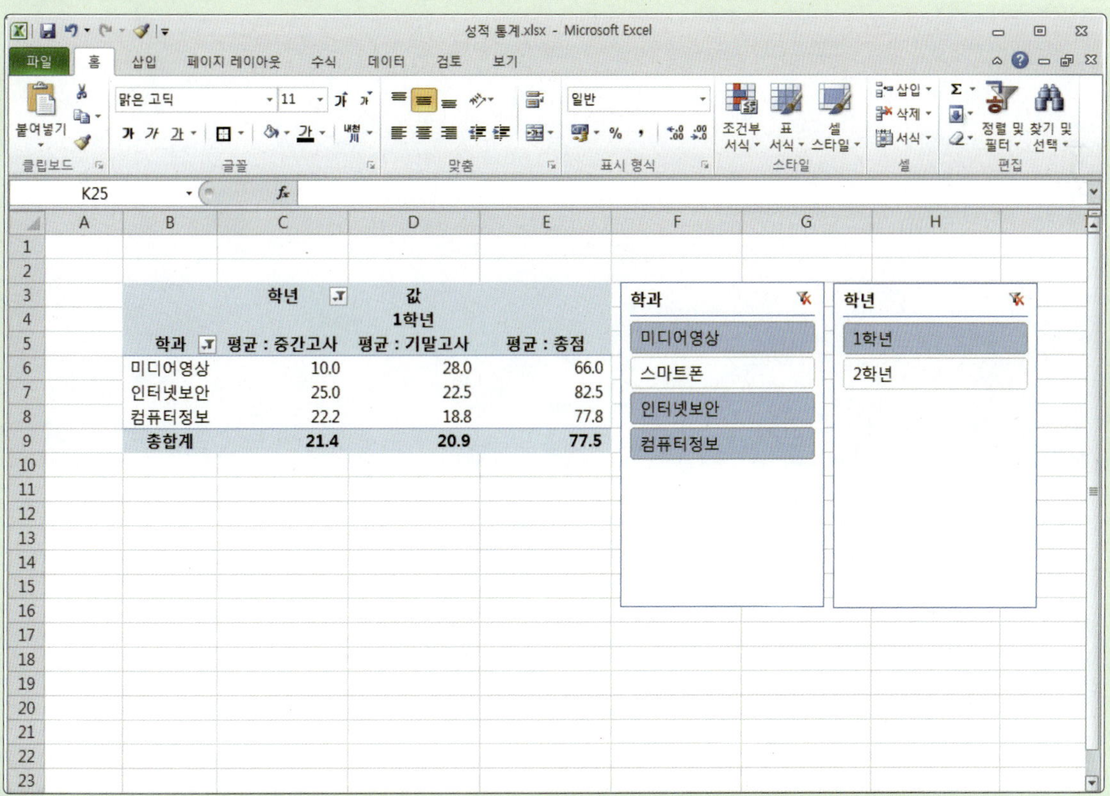

EXCEL 2010

part 6

컨트롤과 매크로로 동적인 문서로 거듭나기

통합 문서에 확인란, 옵션 단추, 콤보 상자 등의 컨트롤 도구를 사용하면 동적인 처리가 가능해집니다. 또한 반복 작업을 자동으로 처리하도록 해 주는 매크로 기능을 이용하면 업무를 좀 더 빠르고 편리하게 처리할 수 있습니다.

1 컨트롤 도구 활용하기

확인란, 옵션 단추, 콤보 상자, 목록 상자, 스크롤 막대 등 데이터를 일일이 입력하지 않아도 선택하거나 클릭하여 원하는 결과를 얻을 수 있도록 해주는 것이 컨트롤입니다. 컨트롤은 [양식 컨트롤]과 [ActiveX 컨트롤]로 나뉩니다. 여기에서는 엑셀 프로그램에 내장되어 연결이 간단한 [양식 컨트롤]을 사용하여 문서를 작성해 봅니다.

● ● 목록 상자를 이용한 사원 검색 카드 만들기

데이터 목록에서 원하는 데이터를 선택할 수 있도록 제공되는 컨트롤이 목록 상자입니다. 함수와 함께 이용하여 선택된 데이터에 알맞은 정보가 검색되어 나타나도록 검색 카드를 만들어 봅니다.

예제 파일 **PART6** 사원 검색 카드   완성 파일 **PART6** 사원 검색 카드 완성

'사원 검색 카드' 예제를 불러옵니다. '사원 정보' 시트에서 D5:D36 영역을 선택하고 이름 상자에 '사원이름'이라고 입력하고 Enter 키를 누릅니다. 같은 방법으로 B5:K36 영역에 '사원정보'라고 이름 정의합니다.

TIP

1. 이름 정의 시 띄어쓰기를 할 수 없으므로 주의합니다.
2. 4행은 데이터가 아닌 열 레이블이므로 포함되지 않도록 합니다.

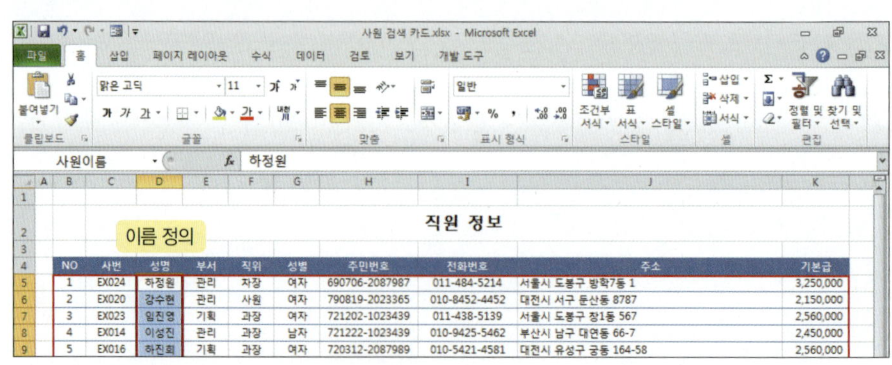

'사원별 정보 카드' 시트로 이동하고 [개발 도구] 탭-[컨트롤] 그룹의 [삽입]-[양식 컨트롤]-[목록 상자]를 클릭합니다.

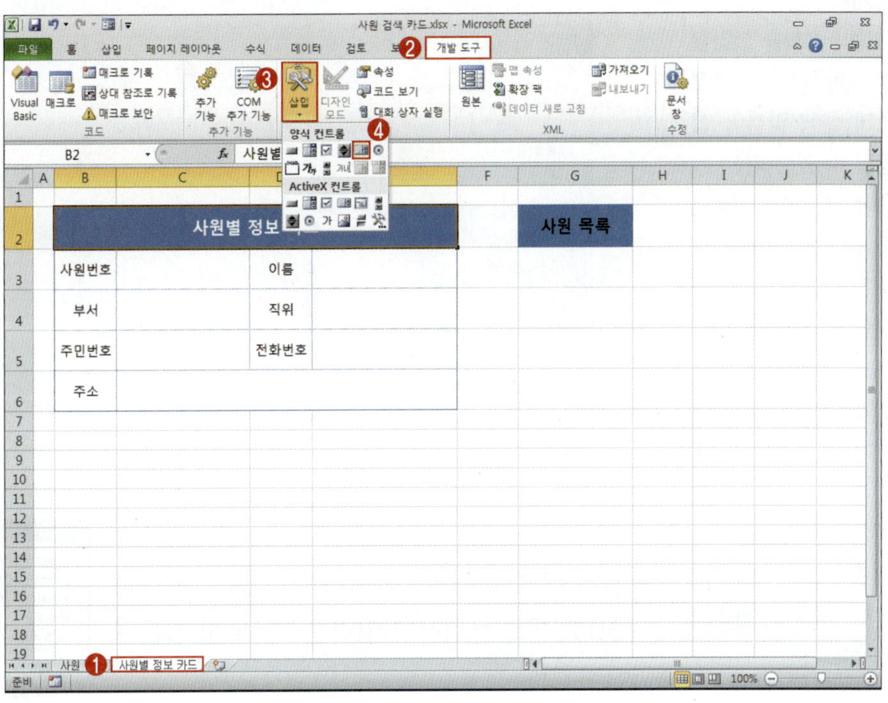

> **TIP** 리본 메뉴에 개발 도구 탭이 표시되지 않은 경우 **[파일]** 탭-**[옵션]** 메뉴를 눌러 **[Excel 옵션]** 창이 열리면 **[리본 사용자 지정]**을 선택한 후 오른쪽 메뉴 목록 중에서 **[개발 도구]** 항목을 체크하면 나타납니다.

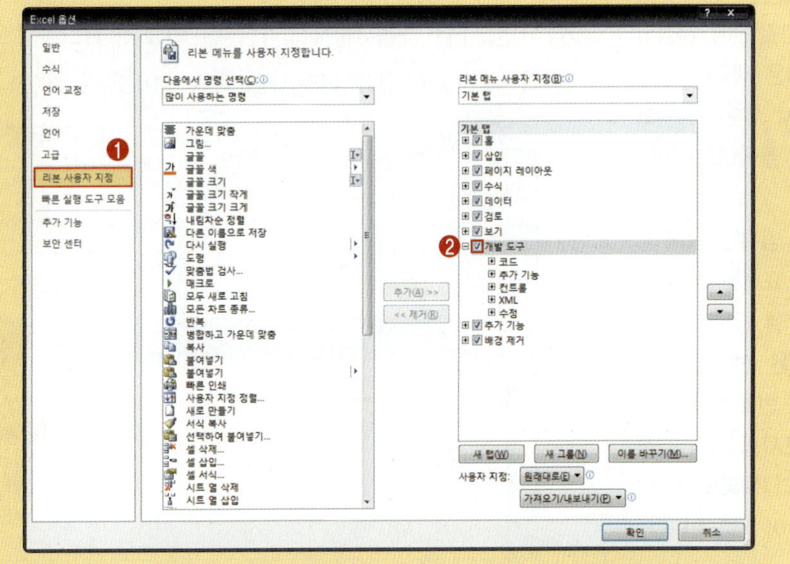

G3:G6 영역에 맞춰 드래그하여 삽입한 후 [개발 도구] 탭-[컨트롤] 그룹의 [속성]을 클릭합니다.

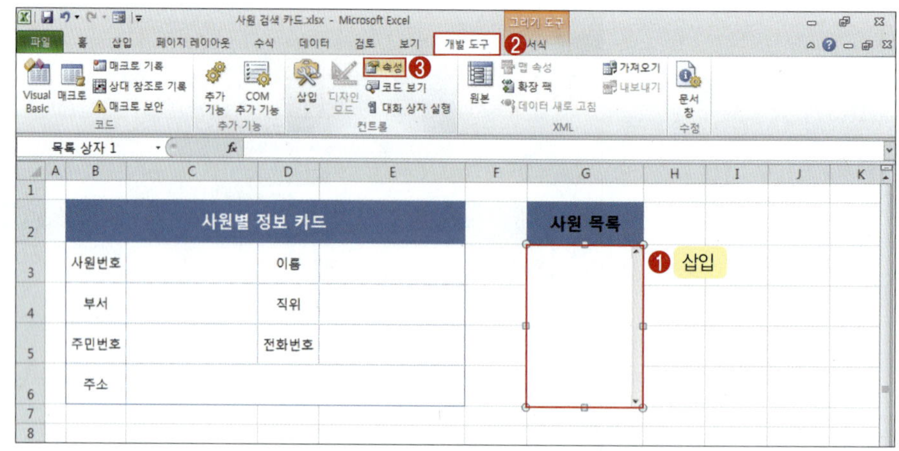

[컨트롤 서식] 대화 상자가 열리면 [컨트롤] 탭의 [입력 범위]에 '사원이름'을, [셀 연결]에는 '$H$2'셀을 클릭하여 입력한 후 [확인] 버튼을 누릅니다.

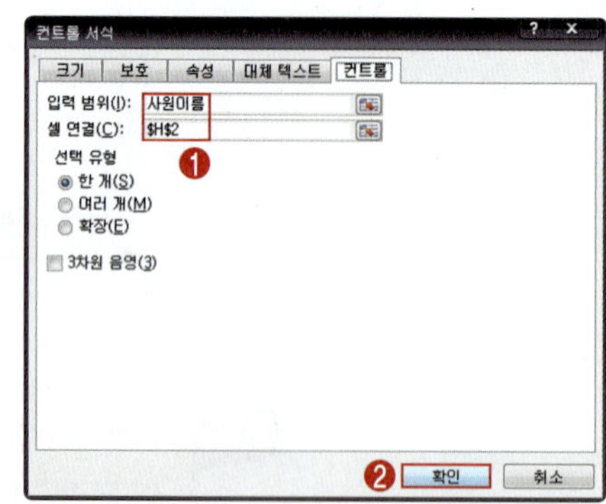

임의의 셀을 클릭하여 목록 상자 선택을 해제하고 사원 목록에서 사원 이름을 선택하면 사원 목록 내에서의 일련 번호가 H2셀에 표시됩니다. C3셀을 선택하고 함수식 '= VLOOKUP(H2,사원정보,2,0)'을 입력합니다.

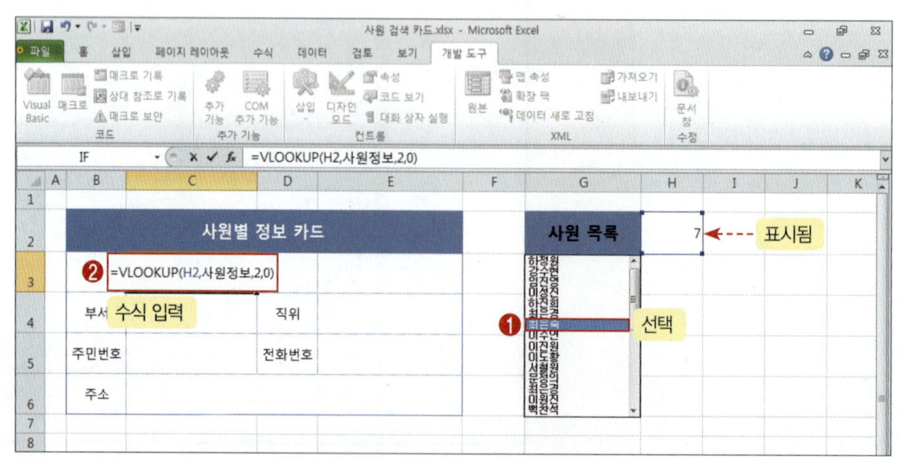

나머지 셀에도 다음의 수식을 작성하여 입력합니다.

E3셀 : = VLOOKUP(H2,사원정보,3,0)

C4셀 : = VLOOKUP(H2,사원정보,4,0)

E4셀 : = VLOOKUP(H2,사원정보,5,0)

C5셀 : = VLOOKUP(H2,사원정보,7,0)

E5셀 : = VLOOKUP(H2,사원정보,8,0)

C6셀 : = VLOOKUP(H2,사원정보,9,0)

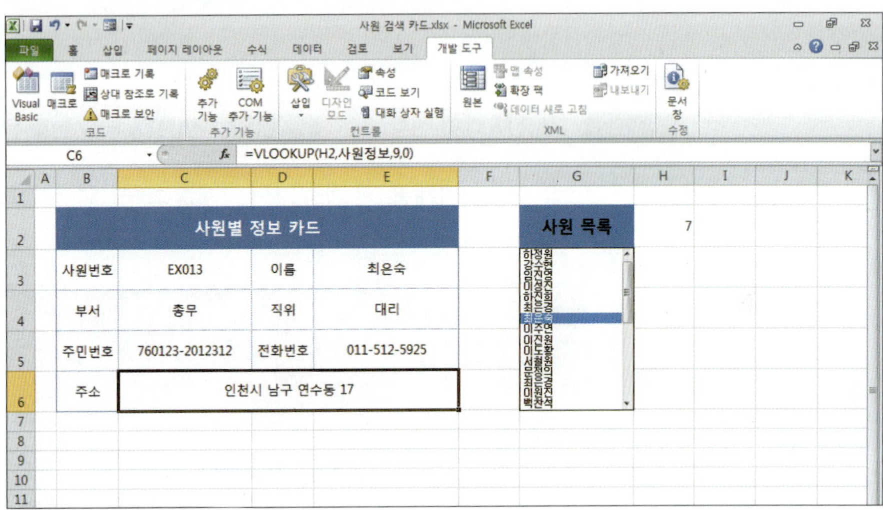

H2셀의 글자색을 흰색으로 설정하여 화면에 셀 값이 보이지 않도록 하고 직원이름을 선택했을 때 사원별 정보가 맞게 표시되는지 확인합니다.

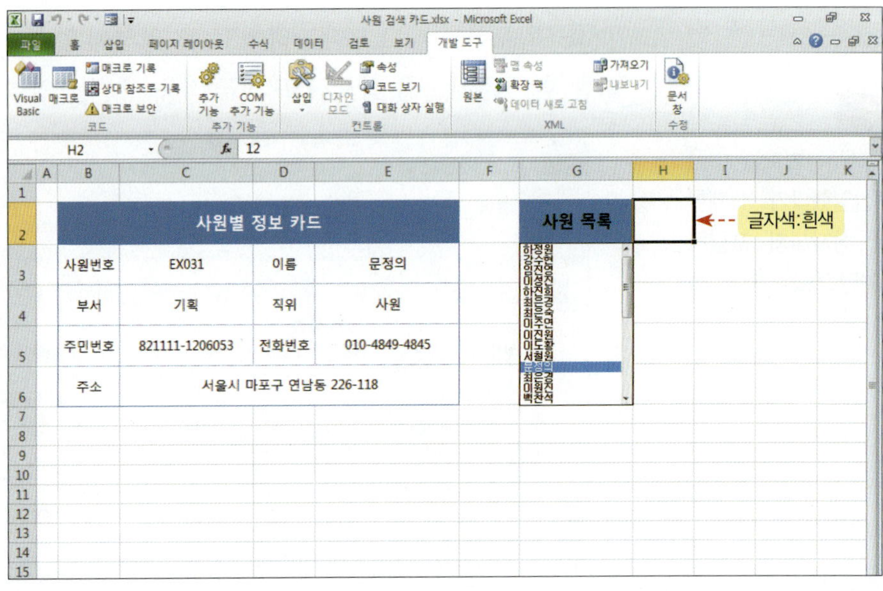

콤보 상자와 옵션 단추로 매출 현황 집계하기

콤보 상자는 앞서 사용했던 일정한 개수만큼의 데이터를 보여주는 목록 상자와는 달리 하나의 데이터만 화면에 표시되므로 콤보 버튼을 눌러 원하는 데이터를 선택해야 합니다. 옵션 단추는 여러 개의 항목 중 한 개만 선택할 수 있는 컨트롤로 한 개를 선택하면 다른 하나는 해제됩니다. 이 두 가지 컨트롤과 수식을 활용하여 조건에 맞추어 매출 현황을 집계해 봅니다.

예제 파일 **PART6 매출 현황** 완성 파일 **PART6 매출 현황 완성**

'매출 현황' 예제를 불러옵니다. [개발 도구] 탭-[컨트롤] 그룹의 [삽입]-[양식 컨트롤]-[그룹 상자]를 클릭합니다.

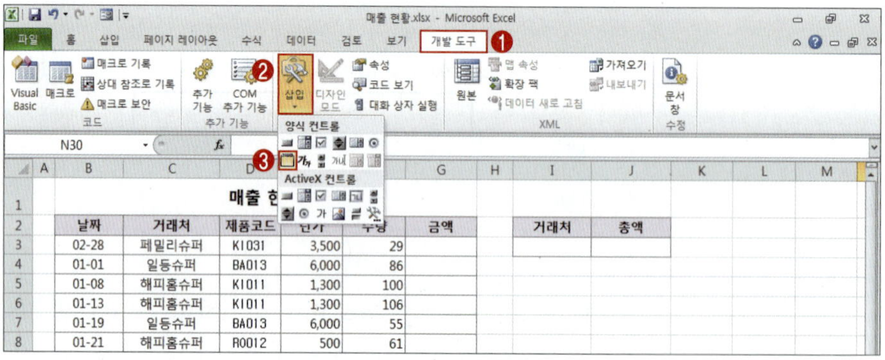

Alt를 누른 상태로 드래그하여 I5:J8 영역에 맞추어 삽입한 후 '그룹 상자1'에 클릭한 후 기존 내용을 삭제하고 '세금 적용 여부'를 입력합니다.

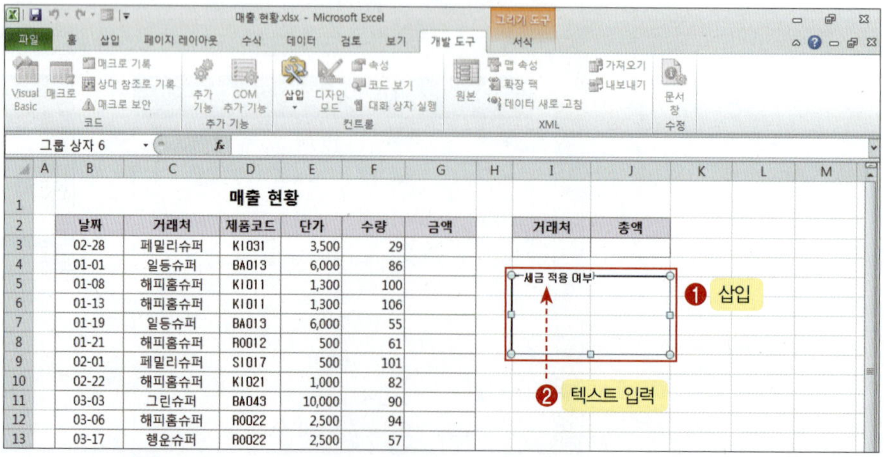

TIP
그룹 상자 번호는 이전에 삽입했다가 삭제한 그룹 상자까지 포함하여 일련값으로 자동 설정됩니다.

[개발 도구] 탭-[컨트롤] 그룹의 [삽입]-[양식 컨트롤]-[옵션 단추]를 클릭합니다.

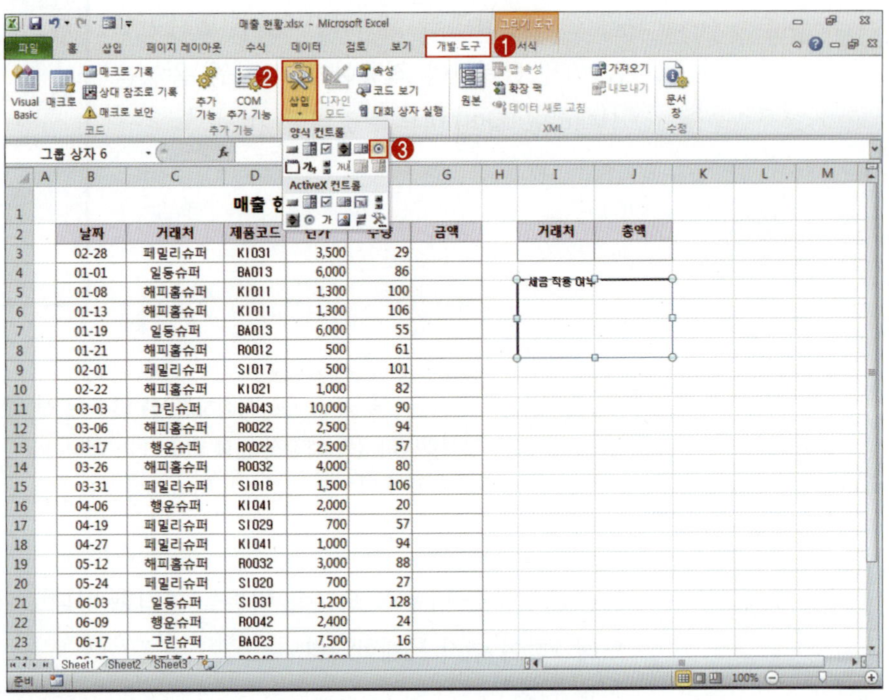

그룹 상자 안쪽에 드래그하여 삽입한 후 '옵션 단추1'을 삭제하고 '부가세 적용'이
라고 입력합니다.

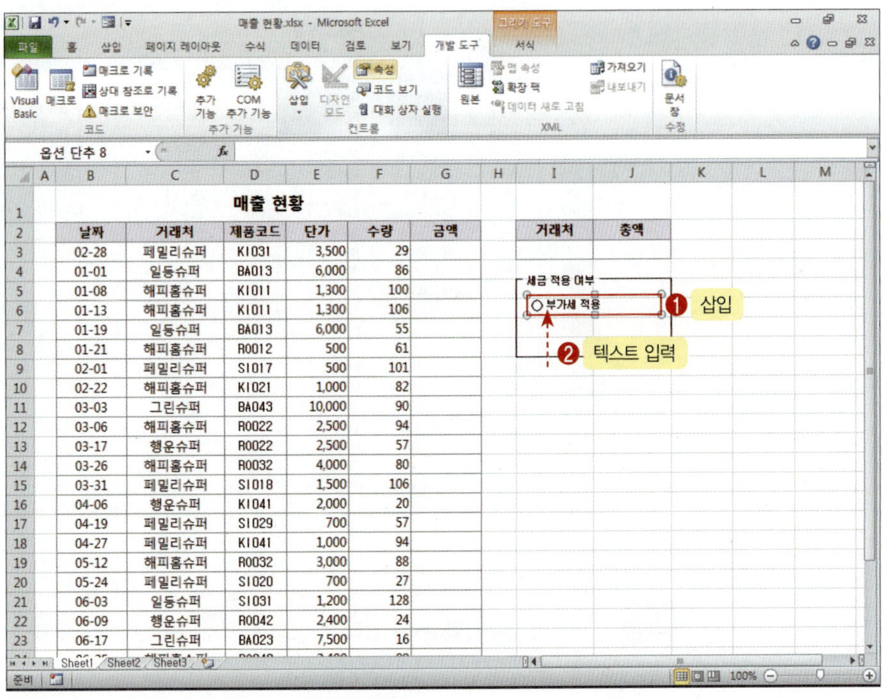

[컨트롤 서식] 대화 상자가 열리면 [컨트롤] 탭의 '선택한 상태'를 선택합니다. '셀 연결'란에 K5셀을 클릭하여 적용한 후 '3차원 음영'을 선택하고 [확인] 버튼을 클릭합니다.

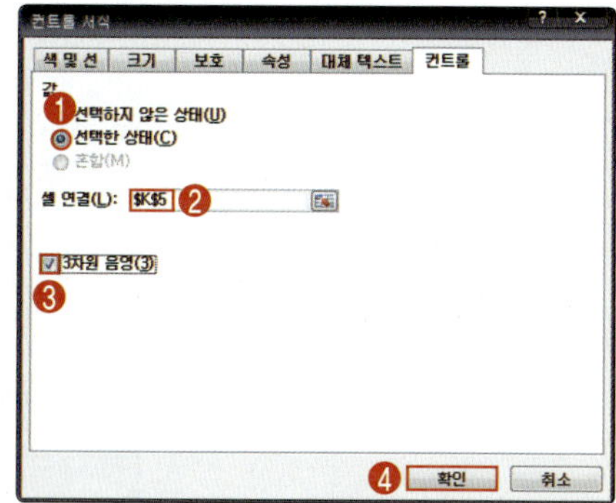

> **TIP**
> 1. '값'은 현재 선택된 단추의 상태를 지정하고 '셀 연결'은 선택한 값의 일련 번호가 반환되어 표시될 셀을 지정합니다. (목록의 첫 번째 값이 '1'이 됩니다.)
> 2. 좀 더 입체적인 옵션 단추로 설정하기 위해 '3차원 음영'을 선택합니다.

옵션 단추를 마우스 오른쪽 버튼을 클릭한 상태로 Ctrl + Shift 를 누르고 아래로 드래그하여 수직 복제합니다.

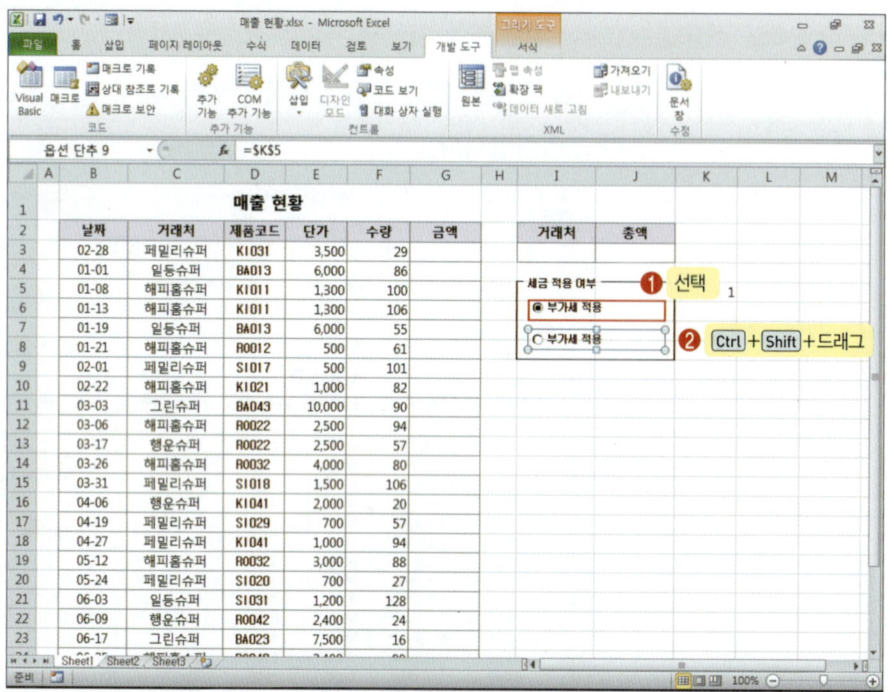

> **TIP**
> Ctrl 과 Shift 를 누른 상태로 상하로 드래그하면 수직 복제, Ctrl 과 Shift 를 누른 상태로 좌우로 드래그하면 수평 복제됩니다.

‘부가세 미적용’으로 텍스트를 수정하고 [개발 도구] 탭-[컨트롤] 그룹의 [속성] 메뉴를 클릭합니다.

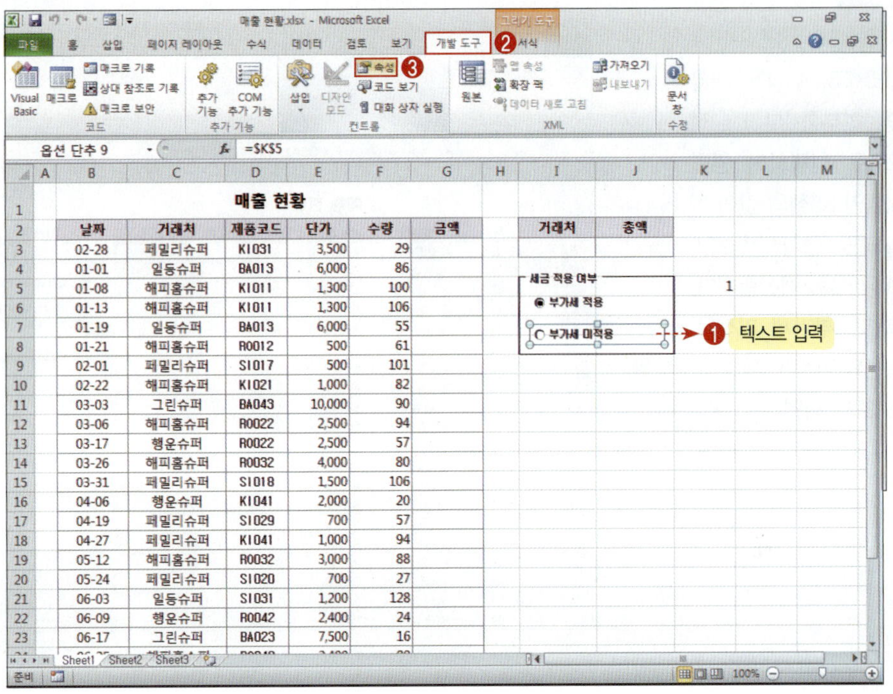

[컨트롤 서식] 대화 상자가 열리면 [컨트롤] 탭의 ‘선택한 상태’를 선택합니다. ‘셀 연결’란에 K5셀을 클릭하여 적용한 후 ‘3차원 음영’을 선택하고 [확인] 버튼을 클릭합니다.

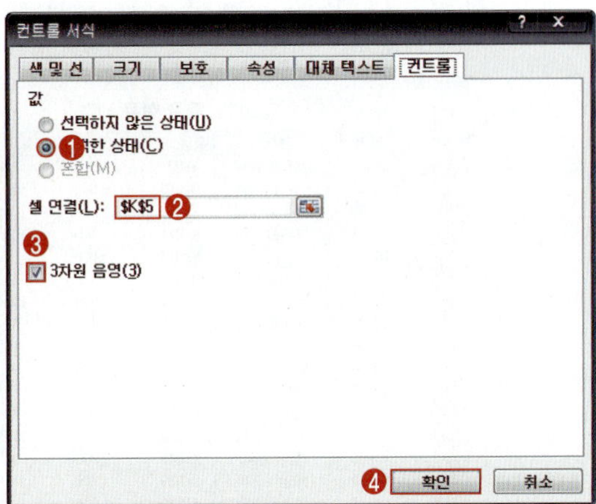

G3셀을 선택한 후 '= IF($K$5 = 1,E3 * F3 * 1.1,E3 * F3)' 수식을 입력하고 Enter 키를 누릅니다.

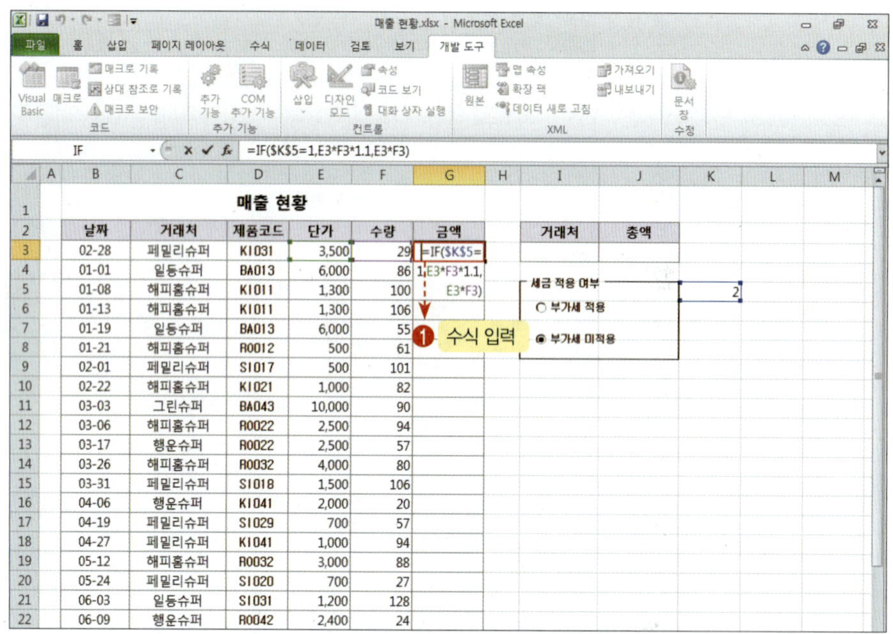

G3셀의 채우기 핸들을 더블 클릭하여 수식을 복사한 후 '세금 적용 여부'의 '부가세 적용'과 '부가세 미적용'을 눌렀을 때 각각 값이 정확히 표시되는지 확인합니다.

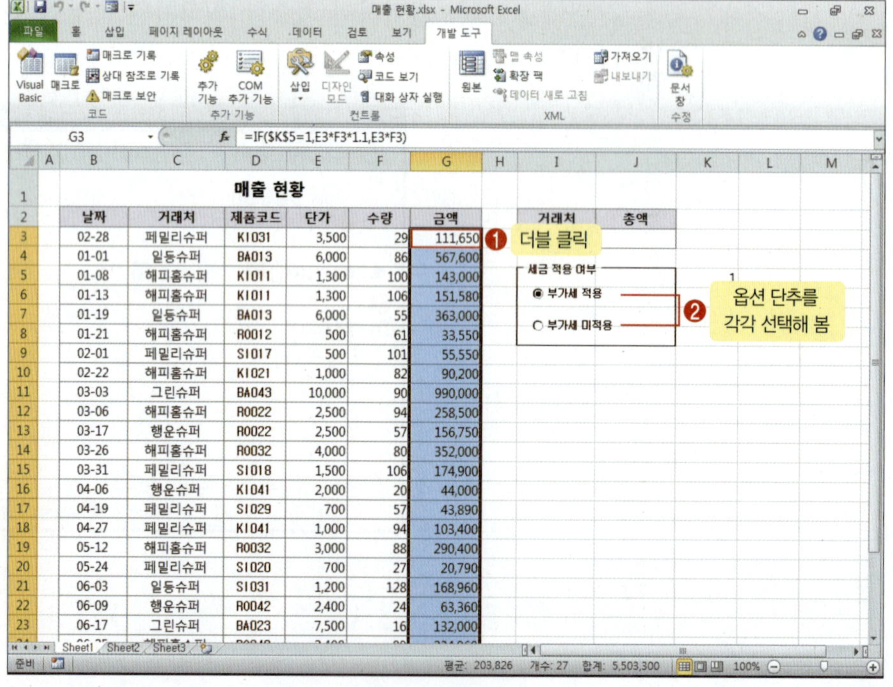

[개발 도구] 탭-[컨트롤] 그룹의 [삽입]-[양식 컨트롤]-[콤보 상자]를 클릭합니다.

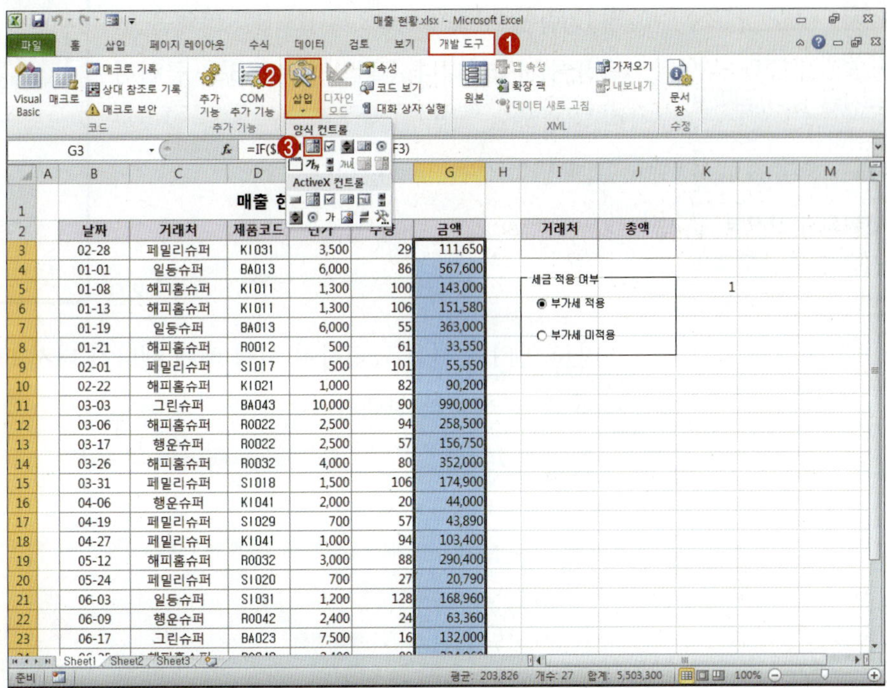

Alt 를 누른 상태로 드래그하여 I3셀에 맞추어 삽입합니다.

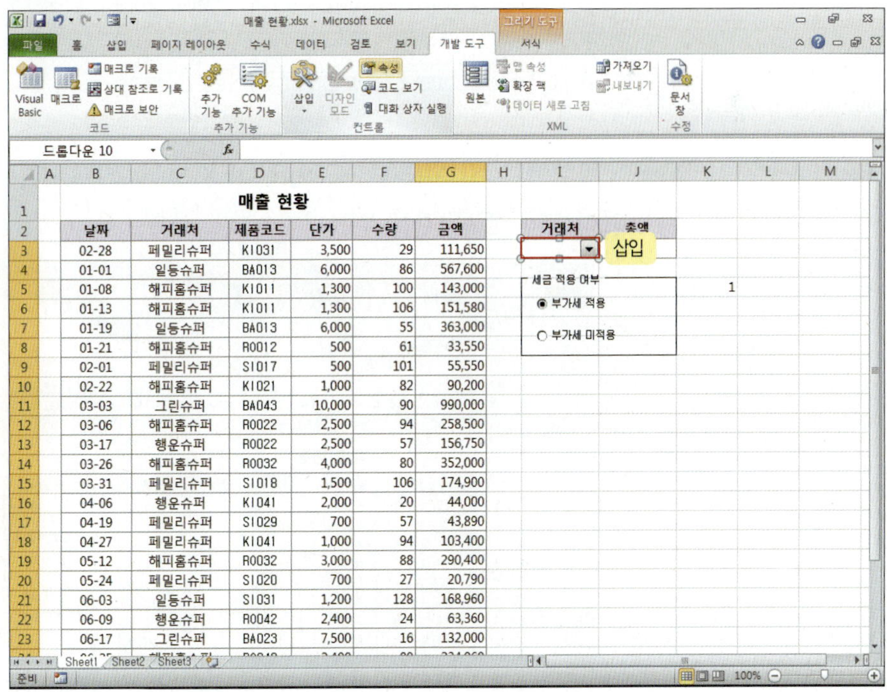

[컨트롤 서식] 대화 상자가 열리면 [컨트롤] 탭의 [입력 범위]에 'Sheet2'의 B3:B7' 영역을 선택하여 지정합니다. '셀 연결'은 'K3'을 클릭하여 지정하고 '목록 표시 줄 수'는 '5'를 입력한 후 [확인] 버튼을 클릭합니다.

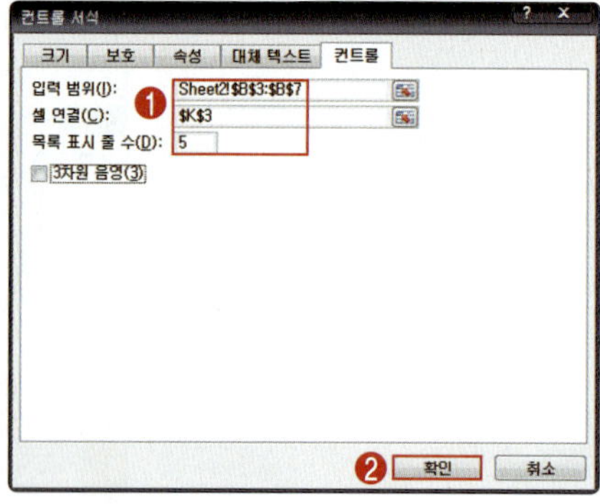

다른 임의의 셀을 클릭하여 선택 해제 했다가 다시 I3셀의 콤보 단추를 눌러 거래처 목록 중 하나를 선택합니다.

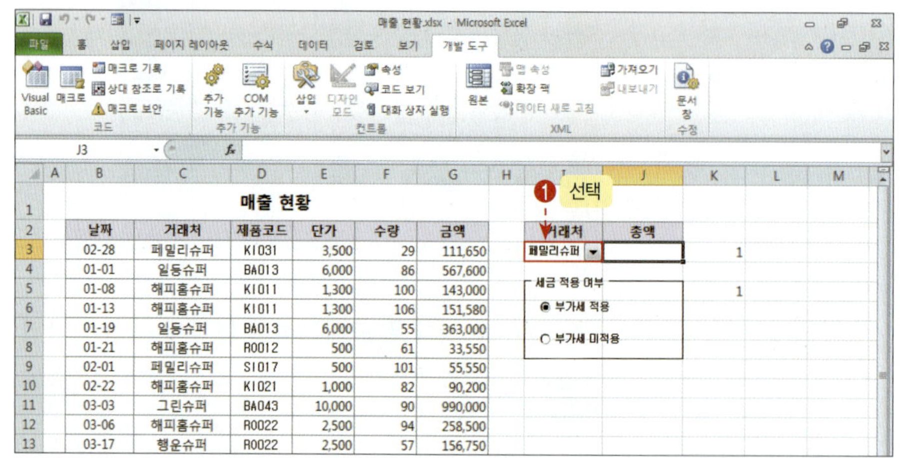

J3셀에 '= SUMIF(C3:C29,INDEX(Sheet2!B3:B7,Sheet1!K3),G3:G29)' 수식을 입력한 후 Enter 키를 누릅니다.

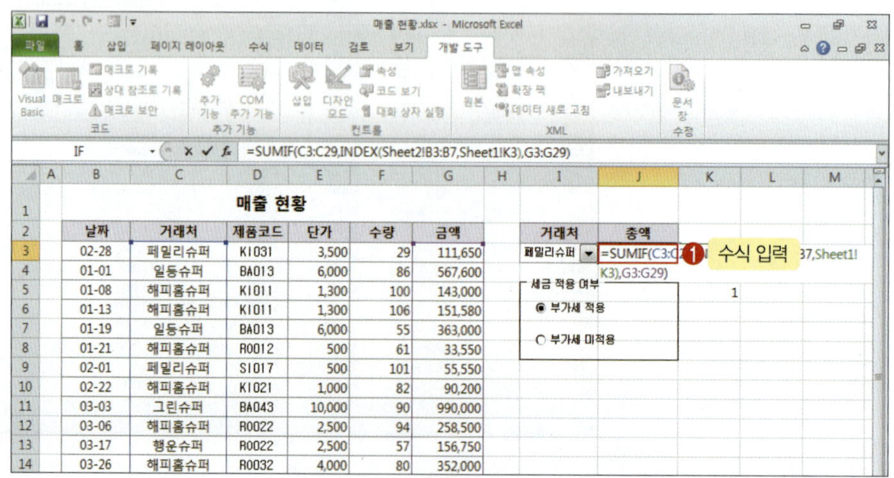

K3, K5셀의 글자 색을 흰색으로 변경하여 화면에 보이지 않도록 설정한 후 거래
처 및 세금 적용 여부를 선택하여 값이 변경되는 것을 확인합니다.

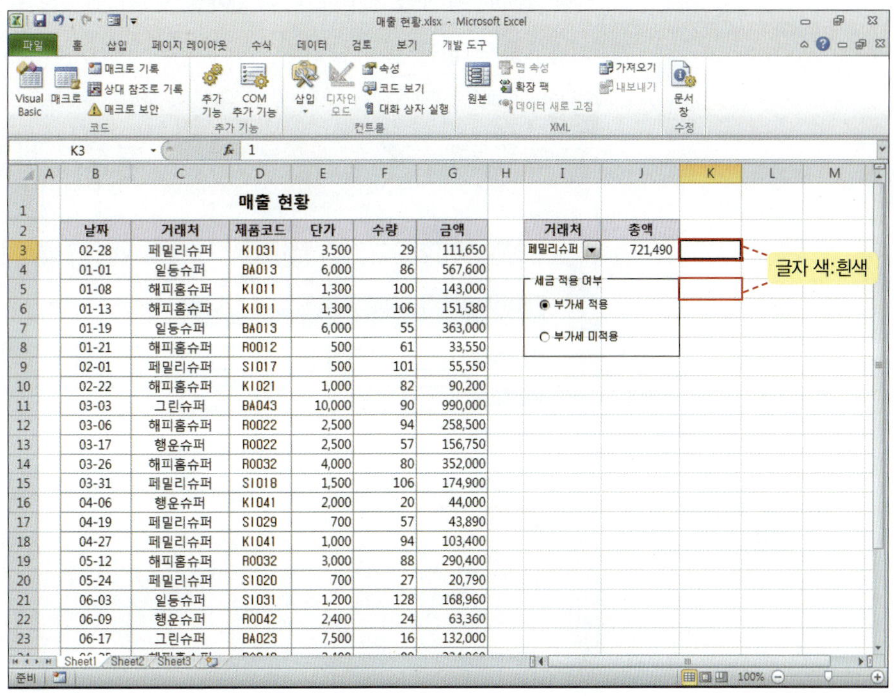

스크롤 막대를 이용한 재무 설계표 만들기

스크롤 막대를 좌우로 스크롤하면 셀에 입력된 값을 증가 또는 감소시켜 연결된
셀의 값도 함께 조절할 수 있습니다. 앞서 배운 수식과 스크롤 막대를 사용하여 저
축 플랜 시트를 만들어 봅니다.

'저축 플랜' 예제를 불러옵니다. [개발 도구] 탭－[컨트롤] 그룹의 [삽입]－[양식 컨트롤]－[스크롤 막대]를 클릭합니다.

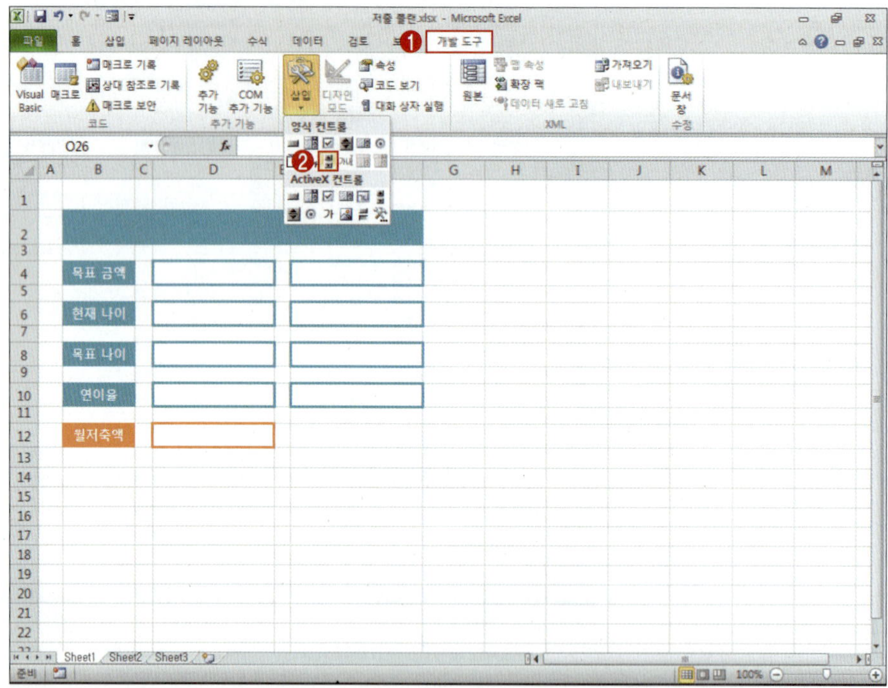

F4셀에 드래그하여 삽입합니다.

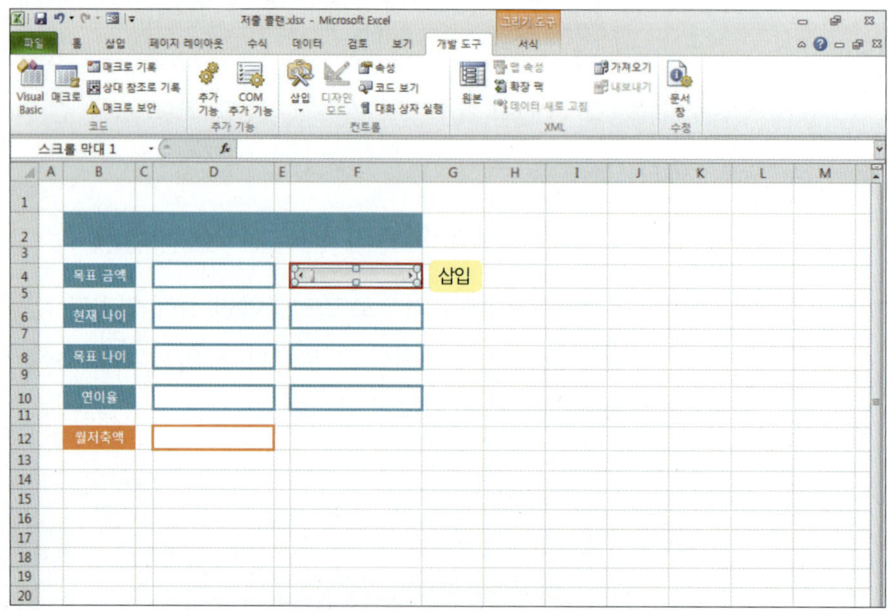

F4셀에 삽입된 '스크롤 막대'를 오른쪽 마우스를 클릭하여 선택한 후 Ctrl과 Shift를 누른 상태로 아래로 드래그하여 F6, F8, F10셀 안에 보기 좋게 수직 복제합니다.

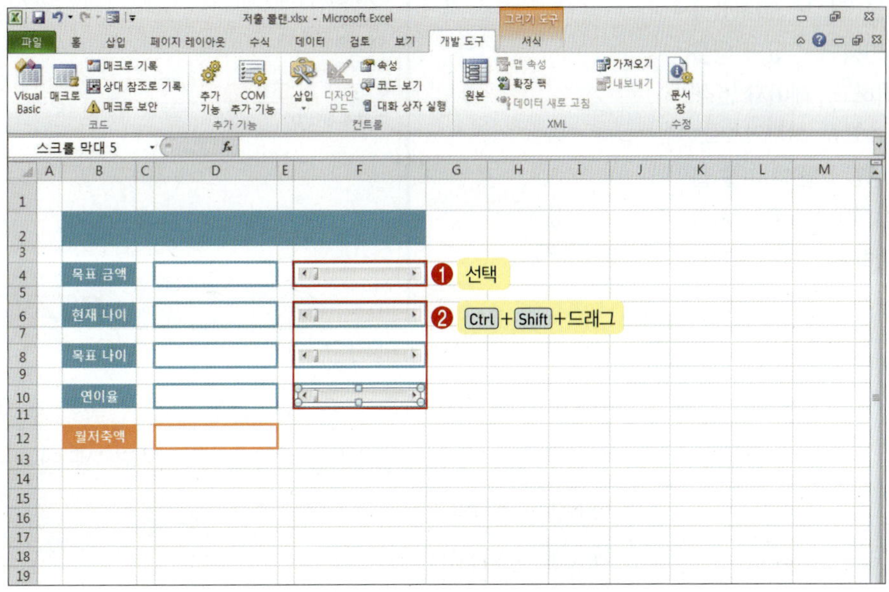

F4셀에 삽입된 스크롤 막대를 선택한 후 [개발 도구] 탭 – [컨트롤] 그룹의 [속성]을 클릭합니다.

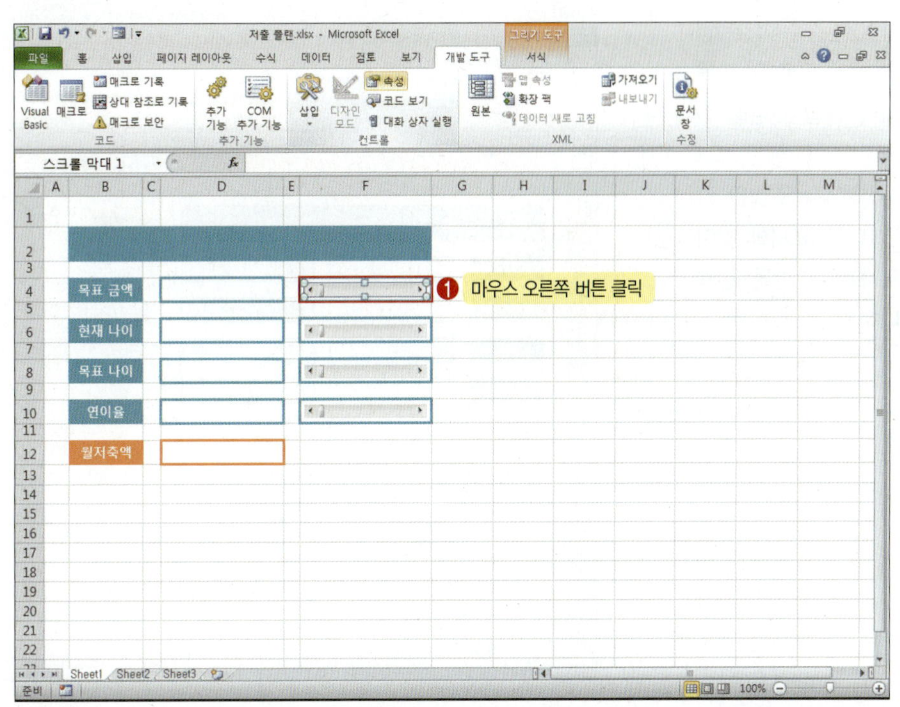

[컨트롤 서식] 대화 상자가 열리면 '셀 연결'을 '$F$4'셀로 지정합니다.

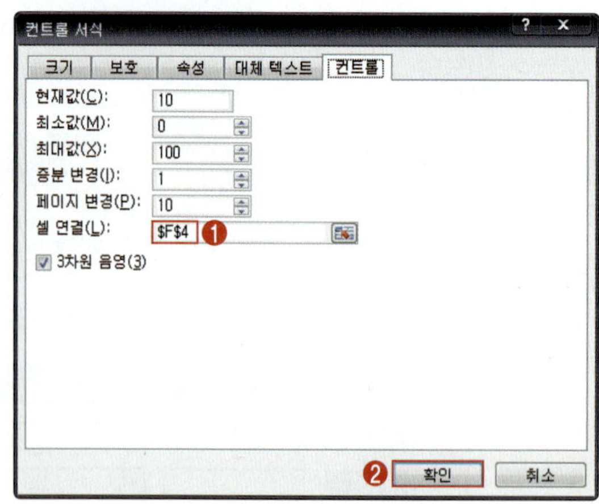

다른 셀에 삽입된 스크롤 막대들도 각각 선택한 후 마우스 오른쪽 버튼을 클릭하여 단축메뉴 중 [컨트롤 서식] 메뉴를 선택하고 '셀 연결'을 다음과 같이 설정합니다.

F6셀 – $D$6

F8셀 – $D$8

F10셀 – $F$10

B2셀을 선택하고 '= D8&"세까지 "&F4&"억 만들기"' 수식을 입력합니다.

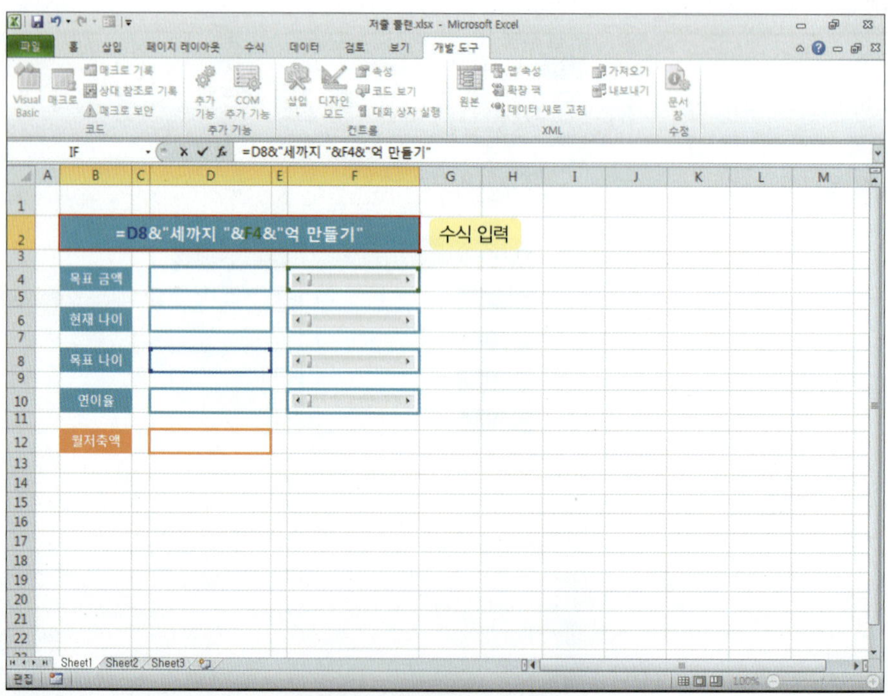

D4, D10, D12셀에 다음 수식을 입력한 후 D4와 D12셀에는 통화 형식을 D10셀
은 백분율 형식을 지정합니다.

D4셀 수식 : = F4 * 100000000 − 형식 : 통화

D10셀 수식 : = F10/100 − 형식 : 백분율

D12셀 수식 : = PMT(D10/12, (D8 − D6) * 12,, − D4) − 형식 : 통화

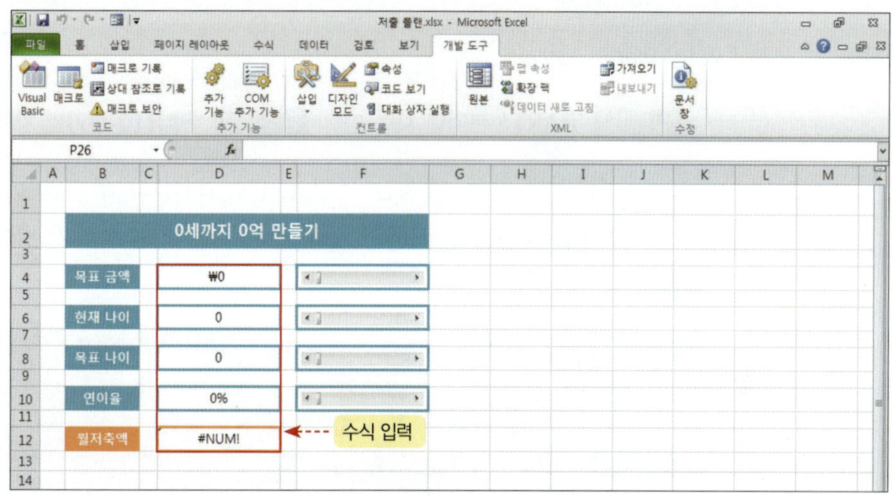

스크롤 막대를 조절하여 원하는 나이와 금액, 이율로 조정해 보면 목표에 맞는 월
저축액을 확인해 볼 수 있습니다.

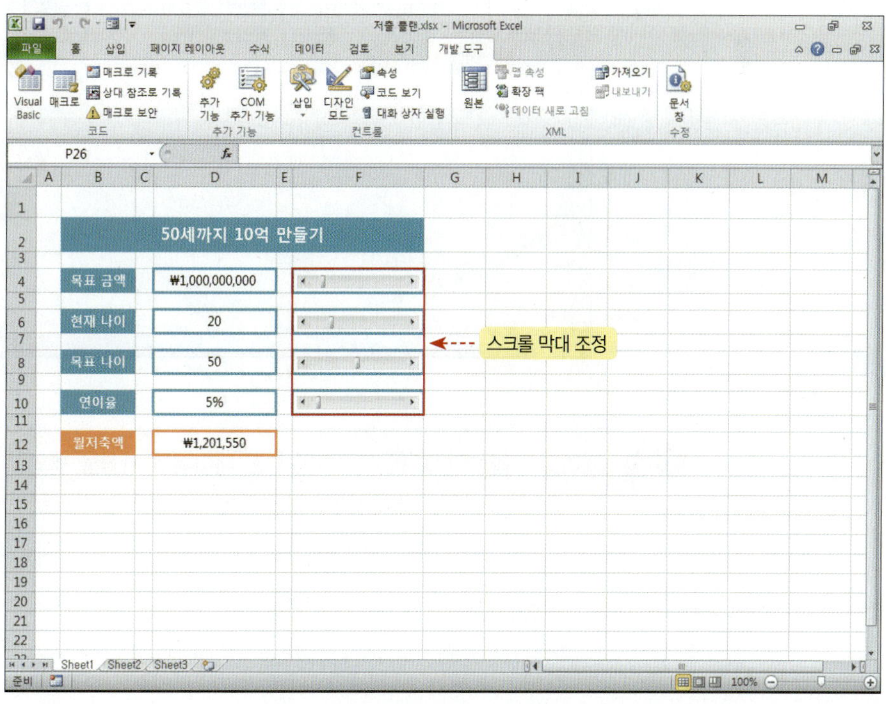

◉◉ 확인란 단추로 차트에 반영될 데이터 지정하기

옵션 단추와는 달리 몇 개의 항목을 선택해도 관계없는 것이 확인란 단추입니다.
체크 박스라고도 불리는 옵션 단추를 활용하여 데이터의 일정 항목만 선택적으로
차트에 적용하는 방법을 살펴봅니다.

예제 파일 PART6 분기별 차트　　　　**완성 파일** PART3 분기별 차트 완성

'분기별 차트' 예제를 불러옵니다. B4:B11 영역을 선택한 후 Ctrl + C 를 눌러 복
사하고 I4셀을 클릭하고 Ctrl + V 를 눌러 붙여넣기 합니다. 붙여넣기 옵션의 '값'을
선택합니다.

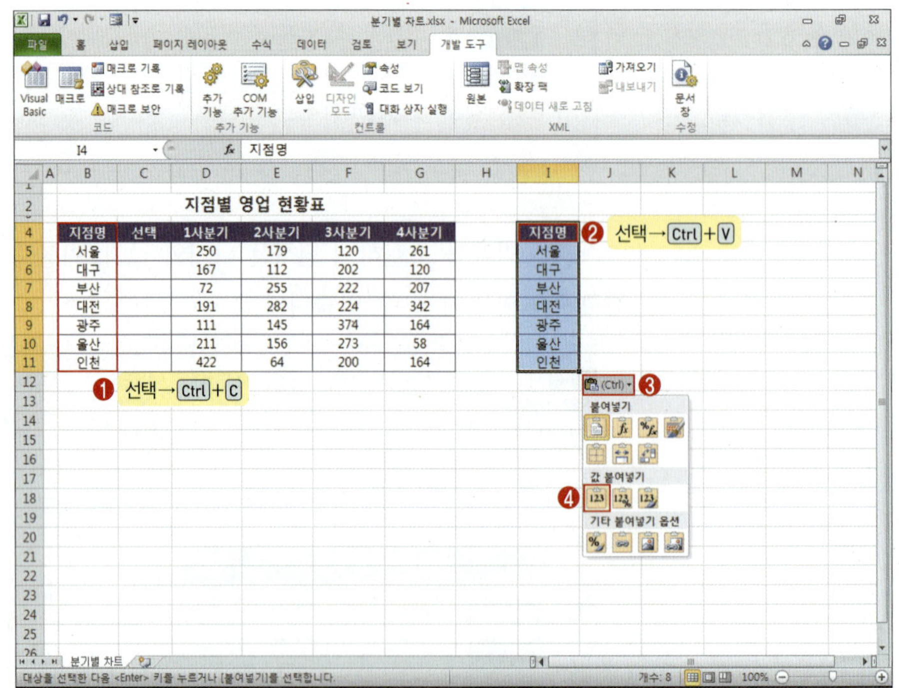

TIP 붙여넣기 옵션의 '값'을 선택하면 원본 데이터의 서식을 제외한 값만 붙여넣기 됩니다.

같은 방법으로 D4:G4 영역을 복사하여 J4셀에 붙여넣기 한 후 붙여넣기 옵션의 '값'을 선택합니다.

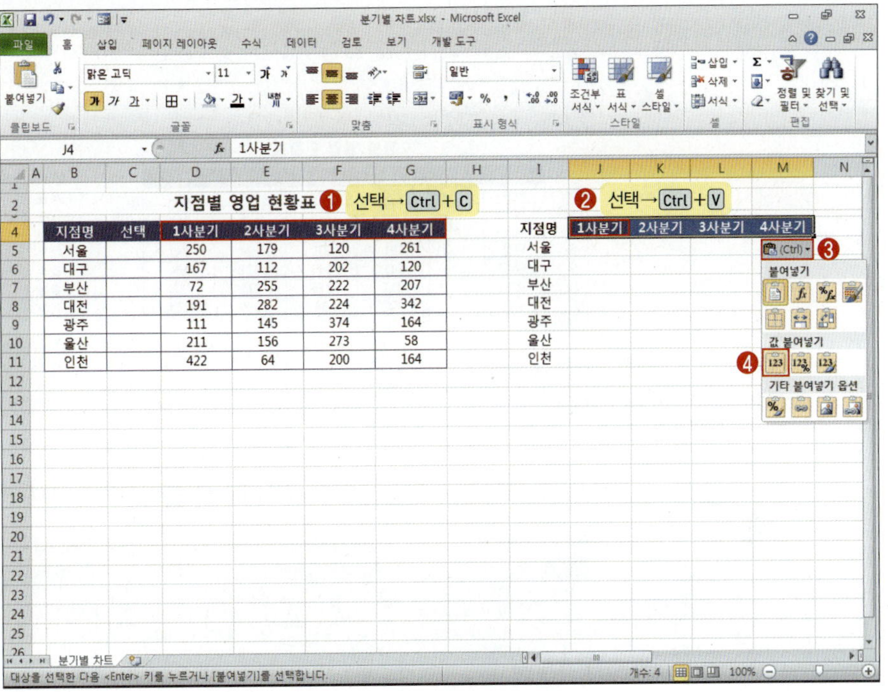

[개발 도구] 탭 - [컨트롤] 그룹의 [삽입] - [양식 컨트롤] - [확인란]을 클릭합니다.

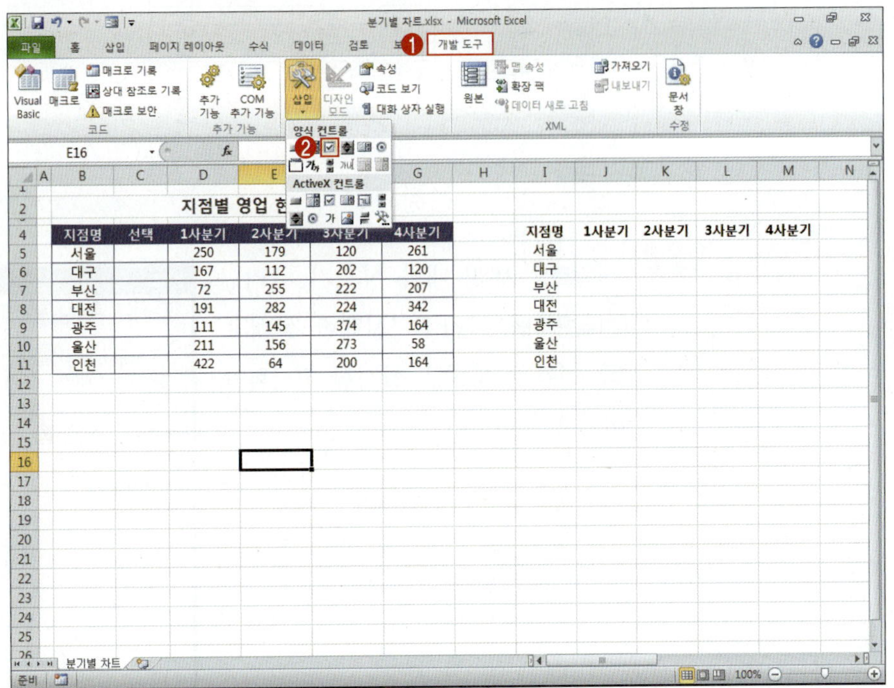

C5셀에 드래그하여 삽입한 후 '확인란 1' 텍스트를 지웁니다.

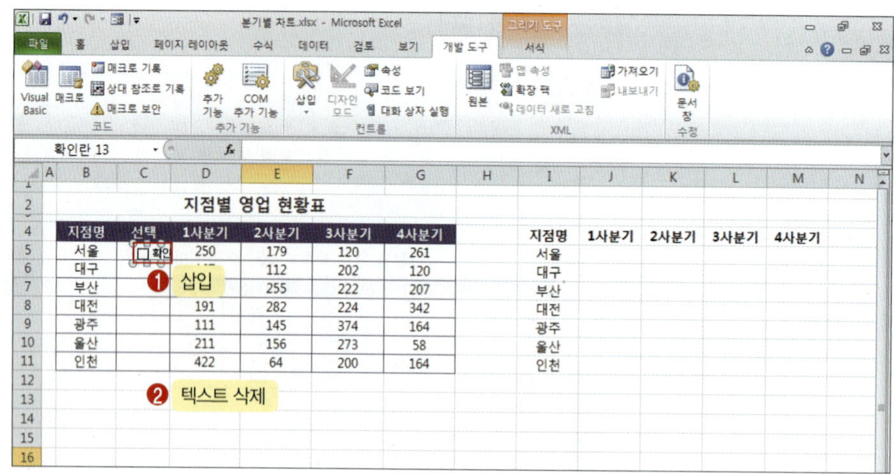

[개발 도구] 탭 - [컨트롤] 그룹의 [속성]을 클릭합니다.

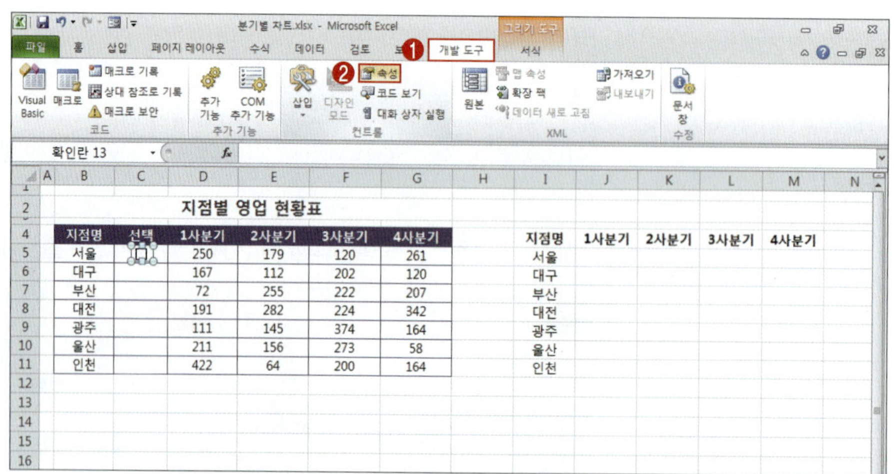

[컨트롤 서식] 대화 상자가 열리면 [컨트롤] 탭의 '값'은 '선택한 상태'로 '셀 연결'은 'C5'로 설정한 후 [확인] 버튼을 클릭합니다.

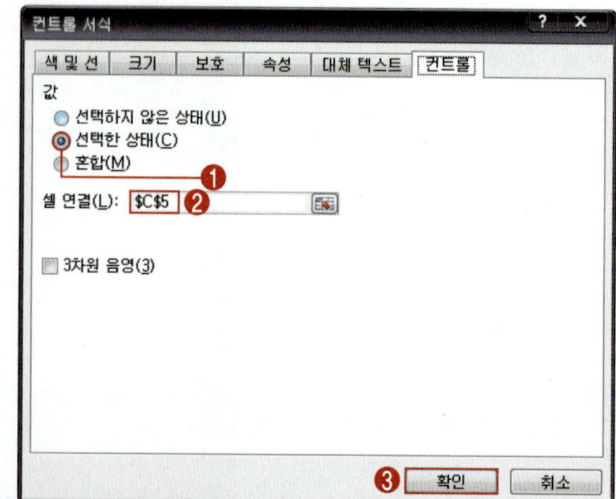

C5셀에 삽입된 '확인란' 버튼을 오른쪽 마우스를 클릭하여 선택한 후 Ctrl 과 Shift 를 누른 상태로 아래로 드래그하여 C6:C11 영역의 각 셀에 수직 복제합니다.

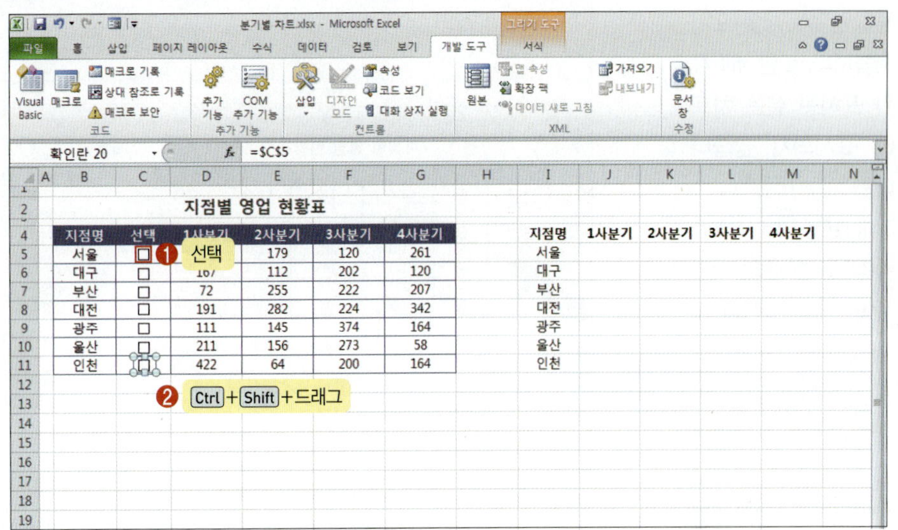

C6셀에 삽입된 확인란 컨트롤을 선택하고 [컨트롤 서식] 대화 상자를 열고 [컨트롤] 탭의 '값'은 '선택한 상태'로 '셀 연결'은 'C6'으로 설정한 후 [확인] 버튼을 클릭합니다. C7:C11 영역의 확인란 컨트롤도 '값'은 '선택한 상태'로 '셀 연결'은 컨트롤이 삽입된 셀 주소로 설정합니다.

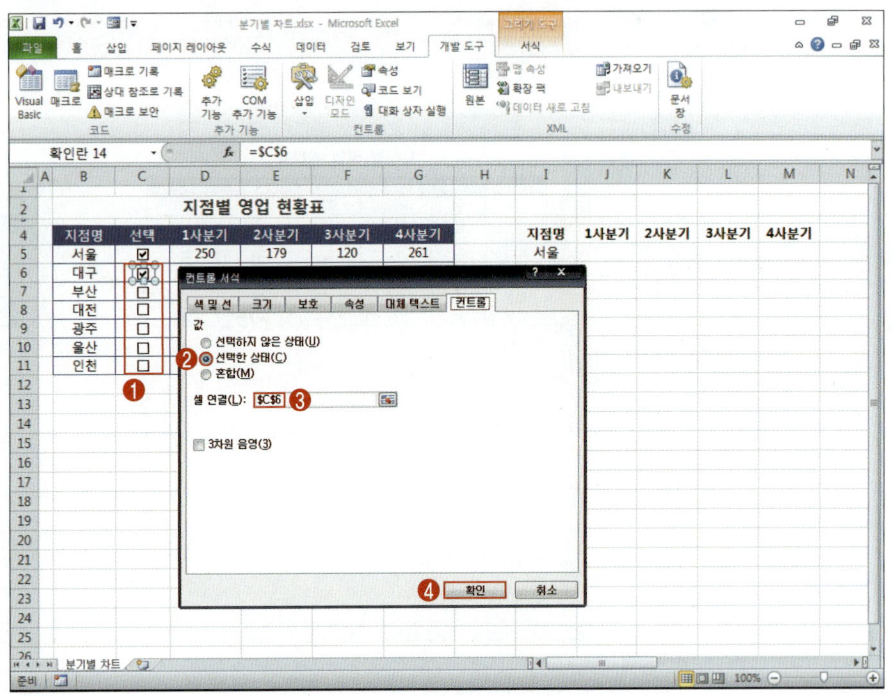

1. NA()는 결과값으로 오류값인 '#N/A'를 표시해줍니다. 또한 '#N/A'가 표시된 셀은 차트에 표시되지 않습니다.

2. '= IF($C5, D5, NA())' 수식은 'C5' 셀의 '확인란'에 체크 설정이 되어 있으면 'TRUE'이므로 'D5'셀의 값을 반환하고 차트에 데이터를 표시합니다. 반대로 '확인란'에 체크 설정이 되어 있지 않으면 'FALSE'이므로 'NA()'의 결과값인 '#N/A'를 반환하여 차트에 데이터가 표시되지 않습니다.

J5셀을 선택한 후 '= IF($C5, D5, NA())' 수식을 입력합니다.

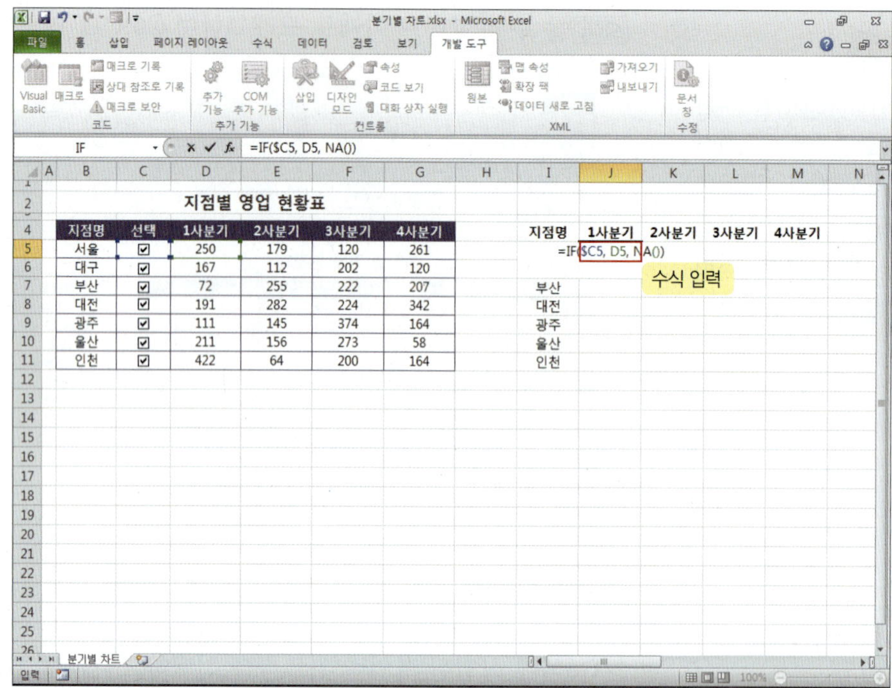

J5셀의 채우기 핸들을 드래그하여 J5:M11 영역에 수식을 복사합니다.

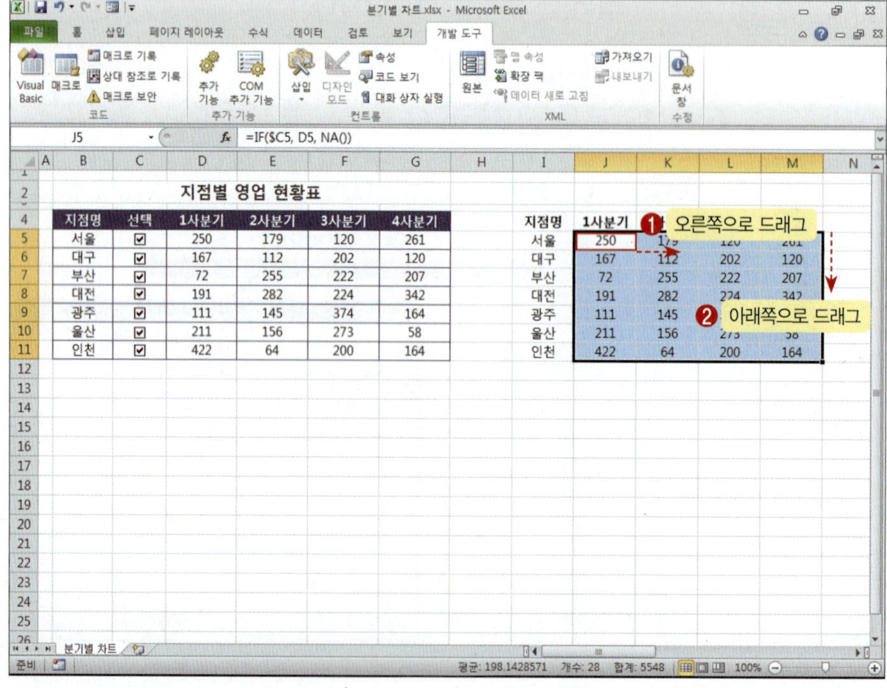

I4:M11 영역을 선택한 후 [삽입] 탭 - [차트] 그룹의 [꺾은선형] - [표식이 있는 꺾은선형]을 클릭합니다.

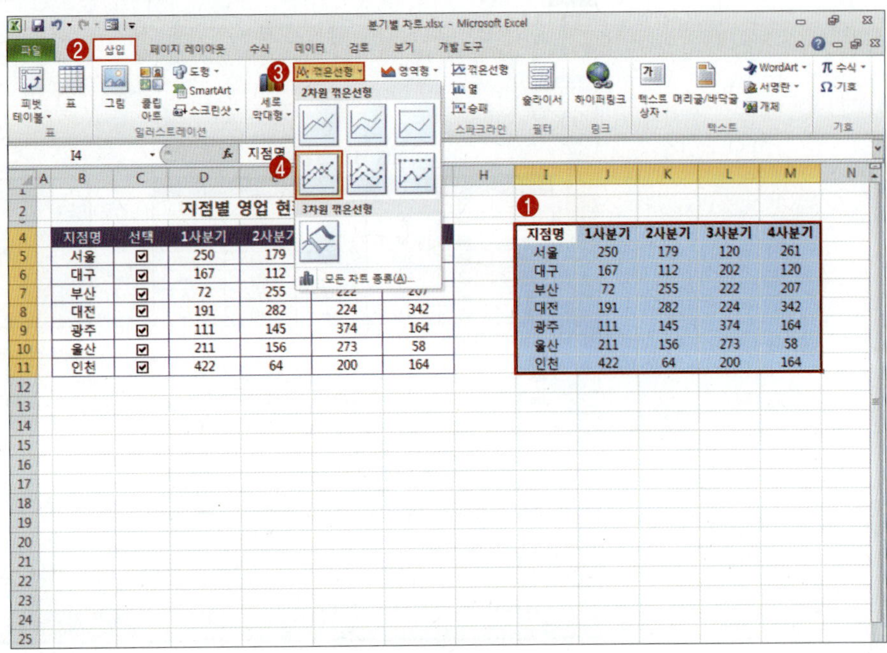

삽입된 차트의 위치나 크기를 조정한 후 [차트 도구] - [디자인] 탭 - [데이터] 그룹의 [행/열 전환]을 클릭합니다.

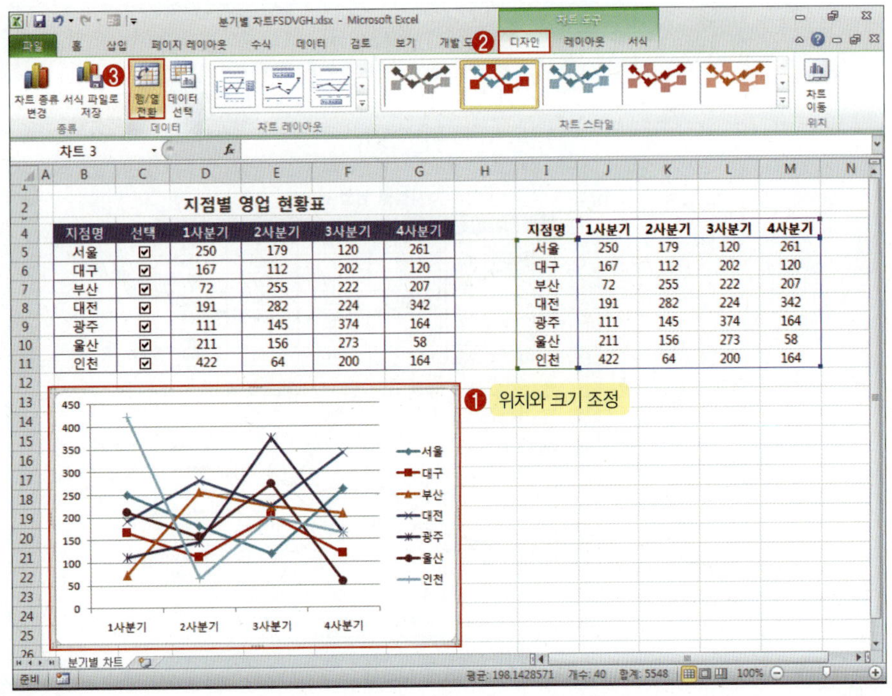

I4:M11 영역을 선택한 후 글자 색상을 흰색으로 설정하여 보이지 않게 합니다.

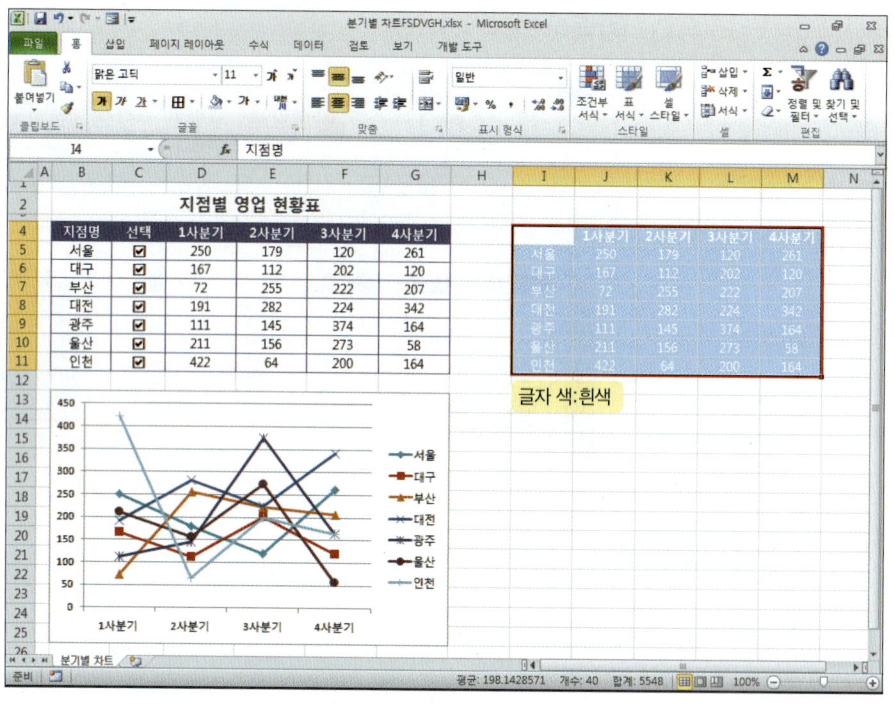

차트에 표시하지 않을 지점의 확인란을 체크 해제하면 차트에서도 표시되지 않습니다.

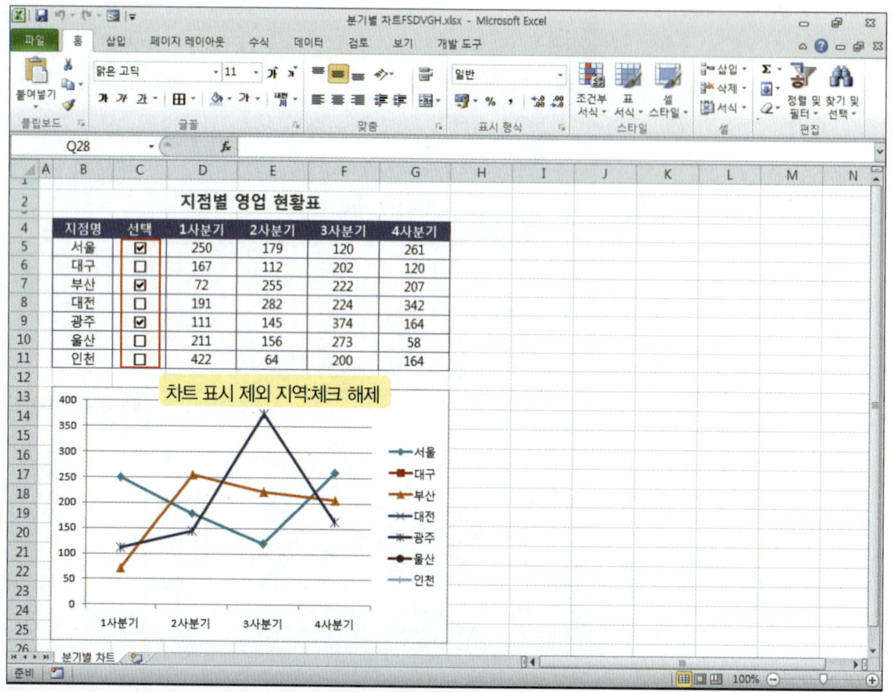

2 매크로로 반복되는 작업을 스피드하게~

매크로를 사용하면 반복되는 복잡한 작업을 한 번에 자동으로 처리할 수 있습니다. 특히 미리 기록해 놓은 매크로를 단축키, 양식, 도형 등과 연결해서 사용하면 훨씬 더 편리하고 빠르게 작업을 처리할 수 있어 효율적입니다.

매크로 보안 설정

매크로가 포함된 문서를 열 때 경고 메시지가 표시되지 않고 곧바로 실행할 수 있는 상태로 문서를 표시하려면 보안 수준을 조정합니다.

[개발 도구] 탭 – [코드] 그룹의 [매크로 보안]을 클릭합니다.

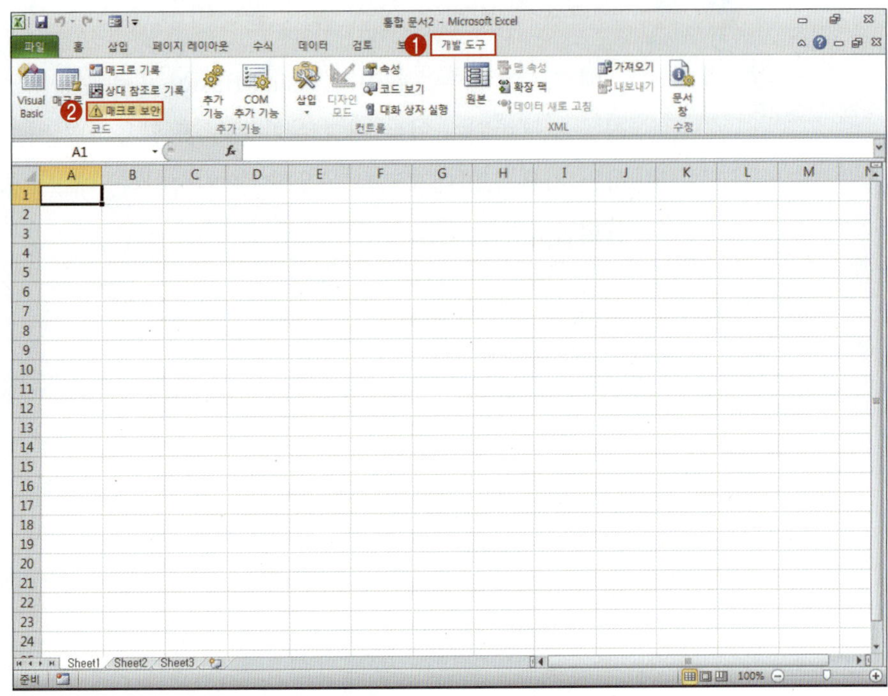

[보안 센터] 대화 상자가 열리면 [매크로 설정] 메뉴의 '모든 매크로 포함'을 선택하고 [확인] 버튼을 클릭합니다.

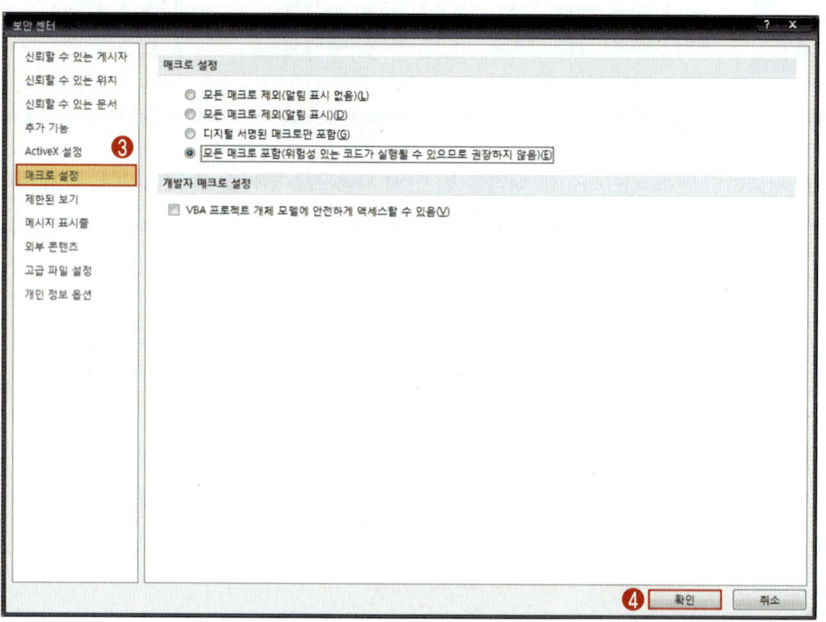

매크로를 이용한 자동 필터 실행하기

매크로는 비주얼 베이직(Visual Basic) 프로그래밍 언어로 구축되어 있습니다. 그러나 도구화되어 있는 매크로 기능을 잘 활용하면 비주얼 베이직 언어를 다루지 못하는 사용자도 매크로를 사용할 수 있습니다. 매크로를 기록하고 실행하는 방법을 살펴봅니다.

‘수납 확인’ 예제를 불러옵니다. [개발 도구] 탭–[코드] 그룹의 [매크로 기록]을 클릭합니다.

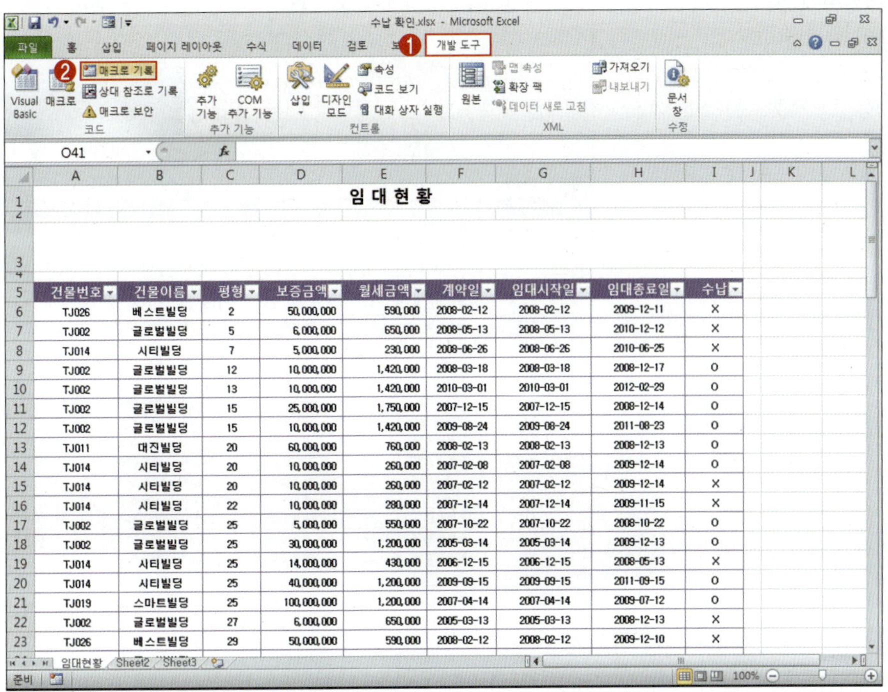

[매크로 기록] 대화 상자가 열리면 ‘매크로 이름’을 ‘완납’으로 설정하고 [확인] 버튼을 클릭합니다.

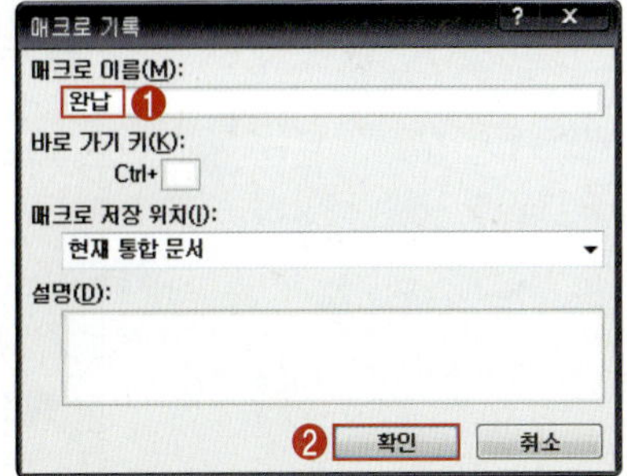

TIP

1. ‘매크로의 이름’은 공백 및 특수 문자, 셀 주소를 사용할 수 없습니다. 반드시 첫 글자가 문자로 시작되어야 하며 이름을 잘못 입력하면 매크로 이름이 유효하지 않다는 오류 메시지가 나타납니다.
2. ‘바로 가기 키’에 영문자를 입력하면 매크로를 실행할 때 단축키를 사용할 수 있습니다. 대문자로 입력하는 경우 Ctrl + Shift 를 동시에 누르는 단축키가 지정됩니다.

작업 내용이 기록되기 시작합니다. 수납 필드의 필터 버튼을 클릭하여 'X'를 해제
한 후 [확인] 버튼을 클릭합니다.

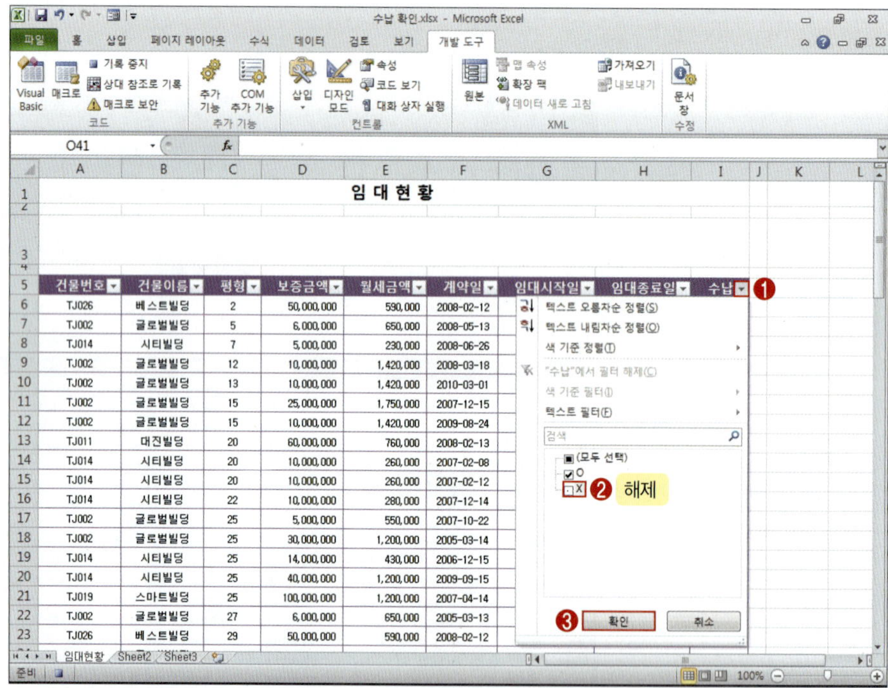

[개발 도구] 탭-[코드] 그룹의 [기록 중지]를 클릭하면 매크로 기록이 중지됩니다.

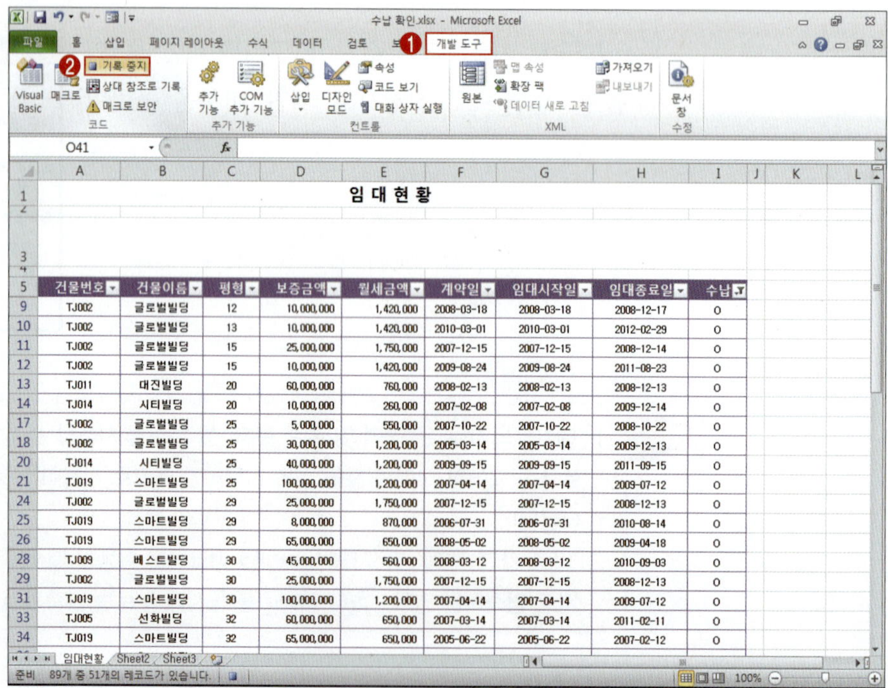

다시 [매크로 기록] 버튼을 클릭한 후 '매크로
이름'을 '미납'으로 설정하고 [확인] 버튼을 클릭
합니다.

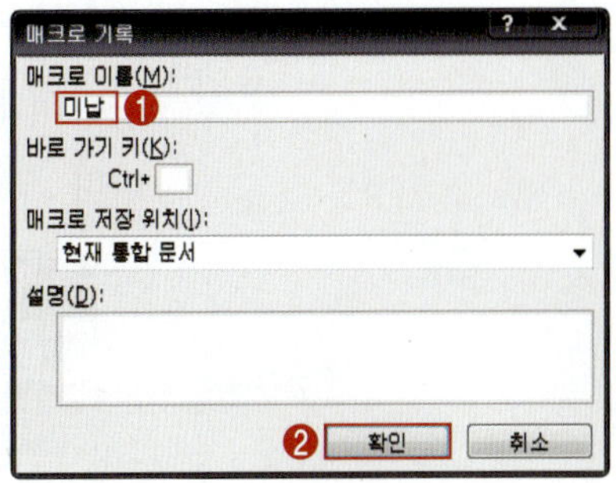

수납 필드의 필터 버튼을 클릭하여 '모두 선택'을 클릭한 후 'O'를 해제하고 [확인]
버튼을 클릭합니다. [개발 도구] 탭−[코드] 그룹의 [기록 중지]를 클릭하면 매크로 기
록을 중지합니다.

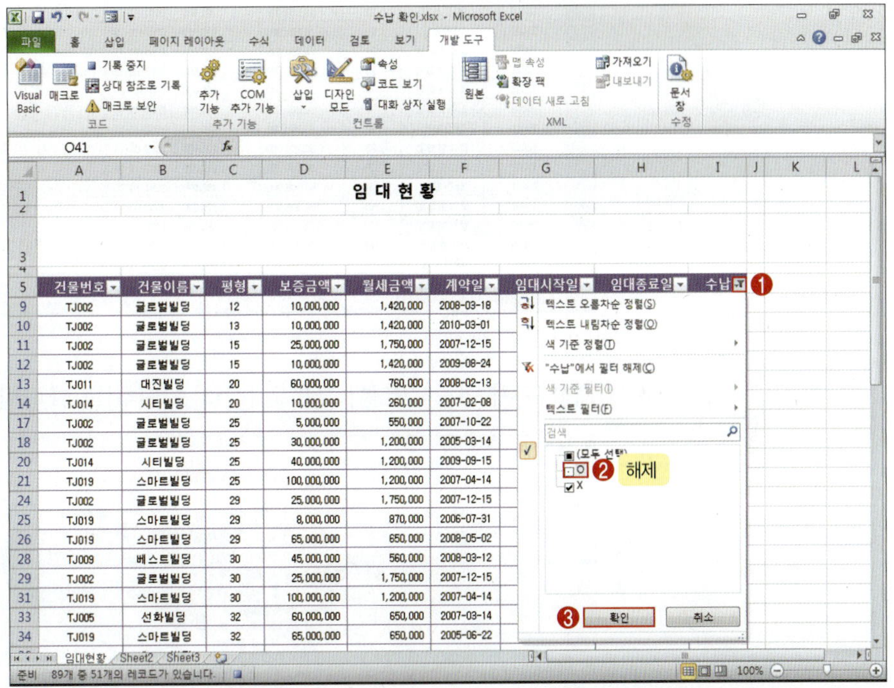

다시 [매크로 기록] 버튼을 클릭한 후 '매크로
이름'을 '전체'로 설정하고 [확인] 버튼을 클릭합
니다.

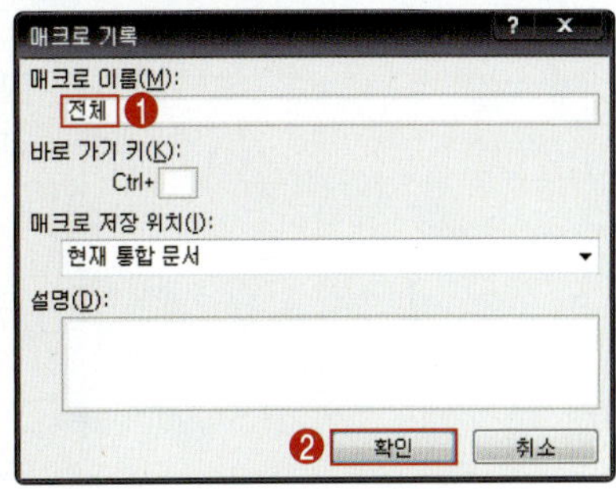

수납 필드의 필터 버튼을 클릭하여 '모두 선택'을 클릭한 후 [확인] 버튼을 클릭합니다. [개발 도구] 탭-[코드] 그룹의 [기록 중지]를 클릭하여 매크로 기록을 중지시킵니다.

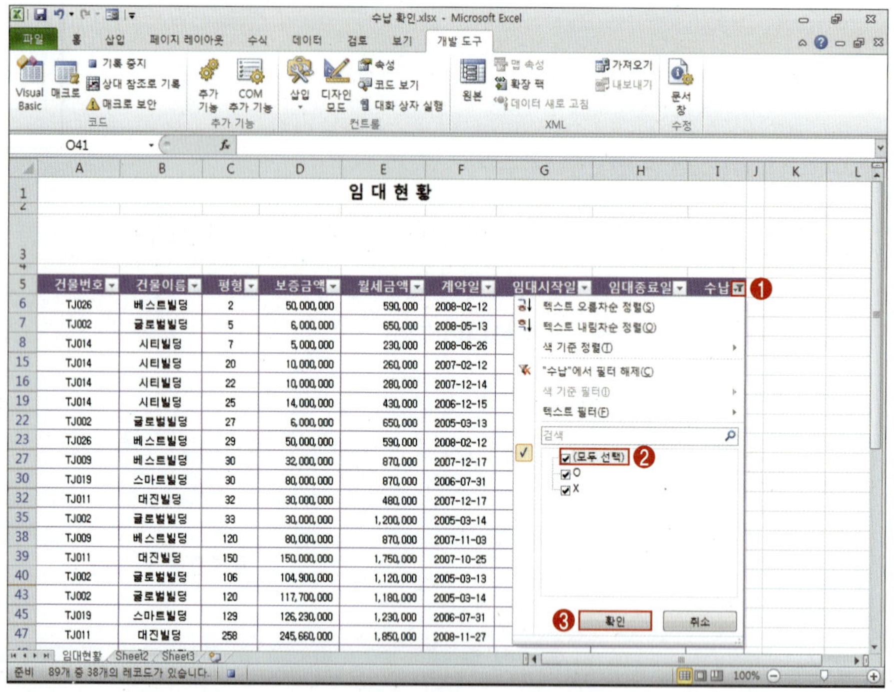

[개발 도구] 탭-[컨트롤] 그룹의 [삽입]-[단추]를 클릭합니다.

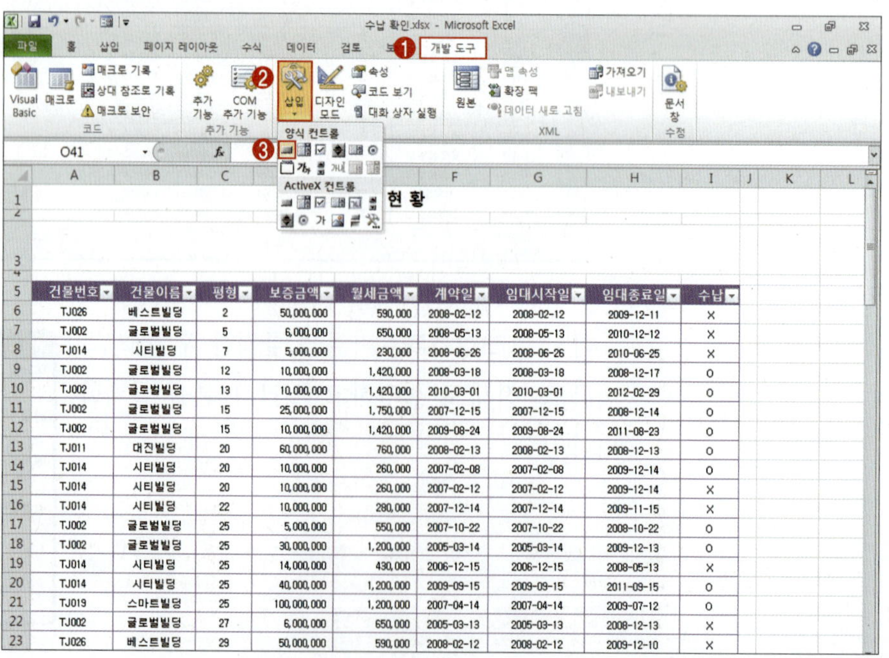

A3 셀에 드래그하여 삽입하면 [매크로 지정] 대화 상자가 열립니다.

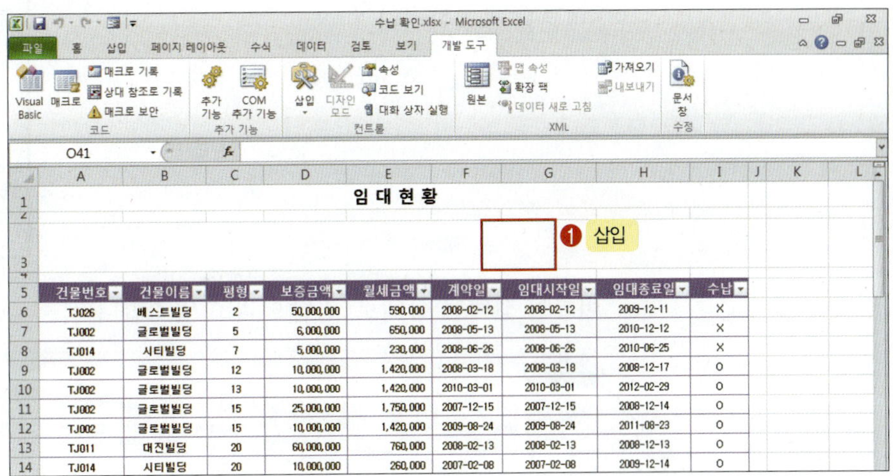

'완납'을 선택한 후 [확인] 버튼을 클릭한 후 버튼이 선택된 상태로 '완납'이라고 입력합니다.

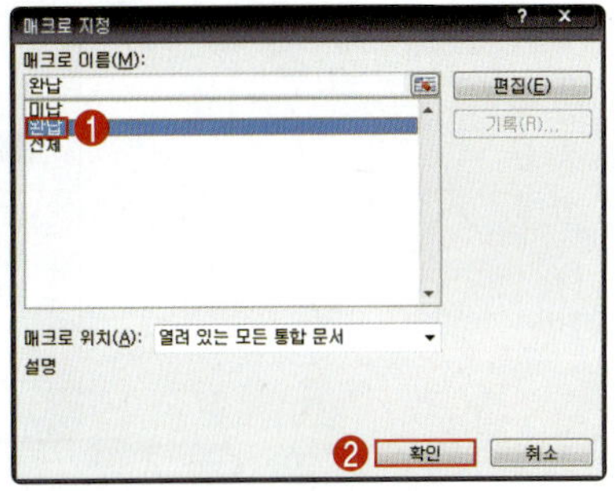

'완납' 버튼을 선택한 후 Ctrl 과 Shift 를 누른 상태로 오른쪽로 드래그하여 수평 복사합니다. 복사한 버튼이 선택된 상태로 오른쪽 마우스를 클릭하여 [매크로 지정] 메뉴를 선택합니다.

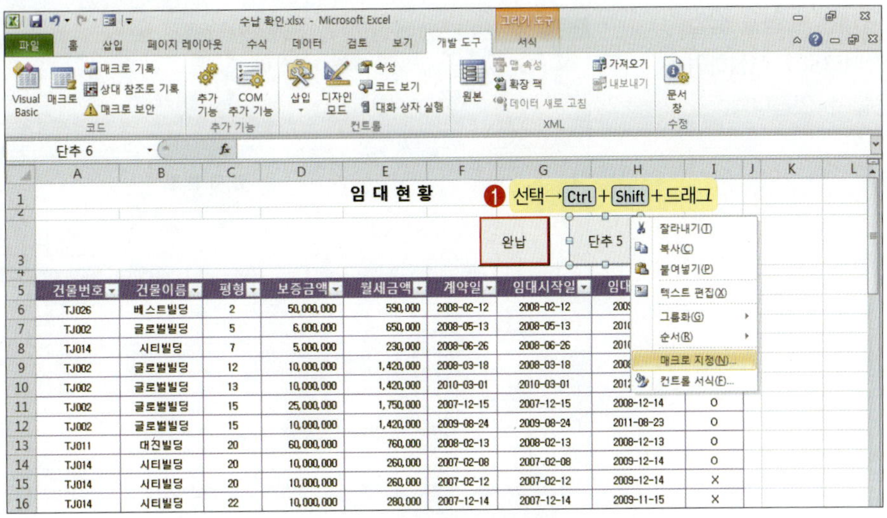

[매크로 지정] 대화 상자의 '미납'을 선택한 후 [확인] 버튼을 클릭합니다.

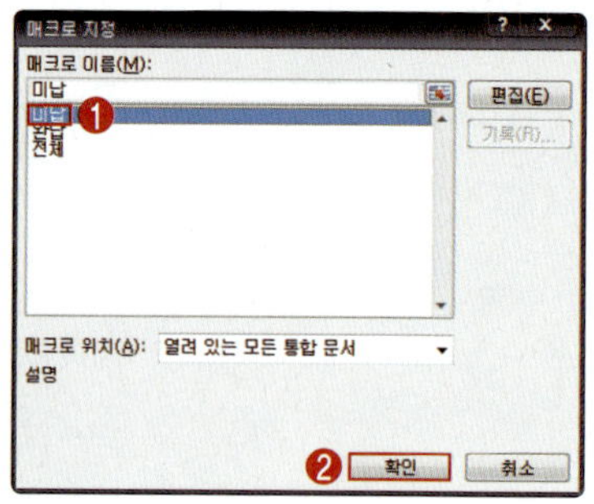

버튼이 선택된 상태로 '미납'이라고 입력합니다.

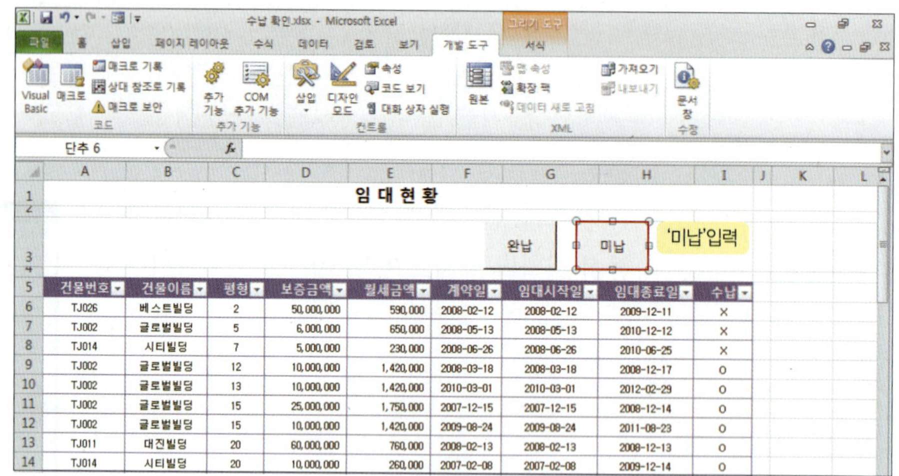

'미납' 버튼을 선택한 후 Ctrl과 Shift를 누른 상태로 오른쪽로 드래그하여 수평 복사합니다. 같은 방법으로 '전체' 매크로를 지정하고 '전체'를 입력합니다. 각 버튼을 클릭하여 연결된 매크로가 잘 실행되는지 확인합니다.

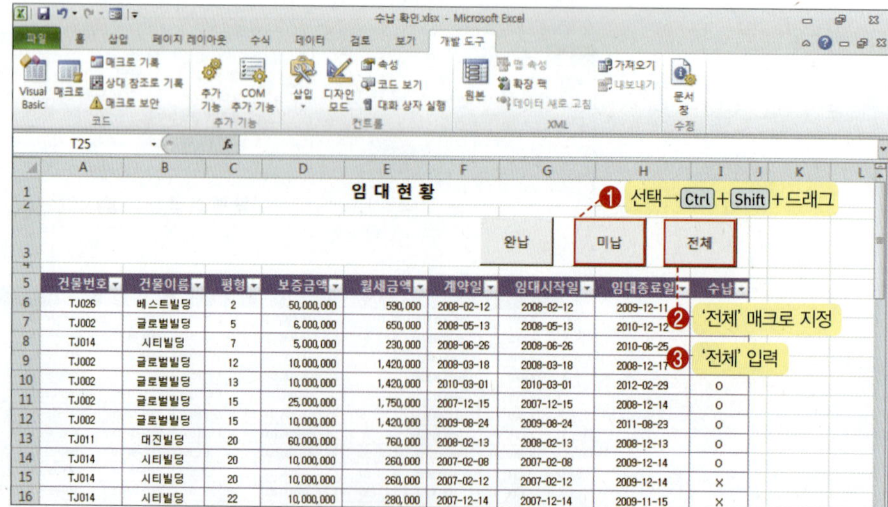

매크로를 적용한 파일을 저장하기 위해 [파일] 탭의 [다른 이름으로 저장]을 선택합니다.

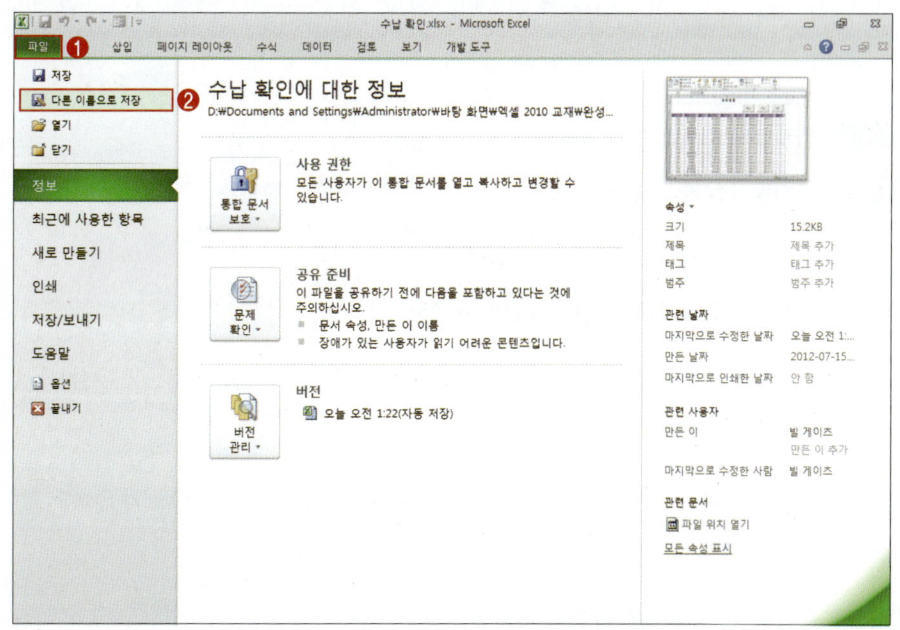

[다른 이름으로 저장] 대화 상자가 열리면 '파일 형식'을 'Excel 매크로 사용 통합 문서(＊.slxm)'을 선택한 후 [저장] 버튼을 클릭하여 저장합니다.

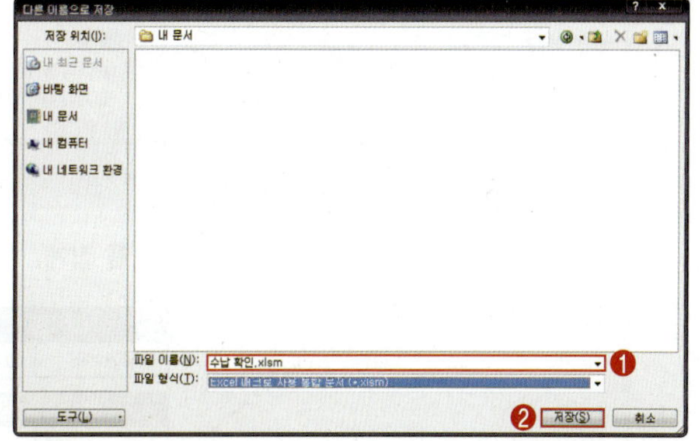

TIP

1. 'Excel 통합 문서(*.xlsx)' 파일 형식으로 저장하면 매크로가 포함되지 않으므로 매크로가 기록되어 있는 통합 문서를 저장할 때는 'Excel 매크로 사용 통합 문서 (*.slxm)' 파일 형식을 사용합니다.
2. 매크로를 편집하거나 삭제하려면 [개발 도구] 탭-[코드] 그룹의 [매크로] 메뉴를 클릭하여 실행합니다.

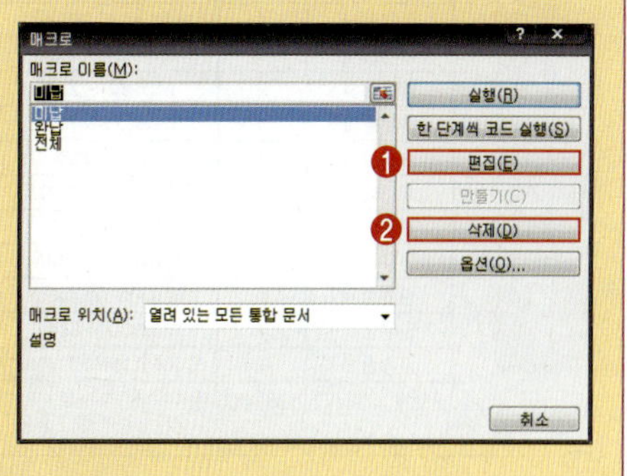

예제 파일 업체별 소모품 집계

예제 파일 업체별 소모품 집계 완성

◉ **"업체별 소모품 집계" 파일을 열고 다음을 실행하시오.**

1 E5:G5 영역의 각 셀에 옵션 단추(양식 컨트롤)을 삽입하고 각각 "경기상사", "민우상사", "안흥상사"가 표시되도록 입력하고, I4셀에 셀 연결이 되도록 설정하시오.

2 옵션 단추를 클릭하면 선택된 업체명의 수량이 E8셀에 표시되도록 CHOOSE와 SUMIF 함수를 사용하여 계산한 후 F8:G8 영역에 수식 복사하여 단가, 금액이 표시되도록 하시오.

3 I열은 숨기기 설정하여 보이지 않게 하시오.

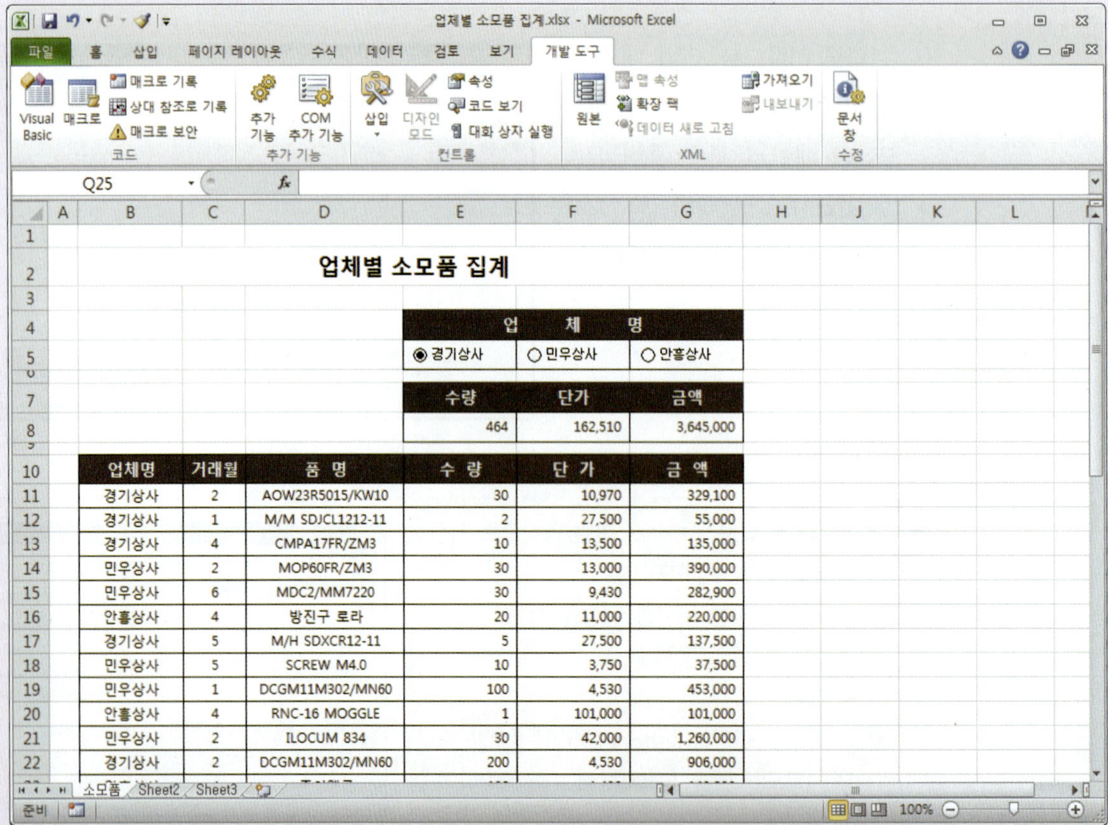

엑셀 2010

2013년 2월 20일 인쇄
2013년 2월 25일 발행

저   자 : 이주현
펴낸이 : 이정일

펴낸곳 : 도서출판 **일진사**
www.iljinsa.com

140-896 서울시 용산구 효창원로 64길 6
대표전화 : 704-1616, 팩스 : 715-3536
등록번호 : 제1979-000009호(1979. 4. 2)

값 20,000원

ISBN : 978-89-429-1345-9